"十三五"国家重点出版物出版规划项目·航天先进技术研究与应用系列

THEORY, PRACTICE AND APPLICATION OF HEAT TRANSFER

热传递理论、实践与应用

孙宝芝 杨龙滨 主 编

韩怀志 张 鹏 葛 坤 副主编

U0223085

哈尔滨工业大学出版社
HARBIN INSTITUTE OF TECHNOLOGY PRESS

内 容 简 介

本书按照热传递的理论体系共分四篇,每篇包括四章。第一篇是导热,内容包括导热基础理论、导热分析与计算、工程应用中的导热问题和导热的实验研究。第二篇是对流换热,内容包括对流换热的基本理论、典型对流换热过程准则关联式、对流换热在工程实际中的应用和对流换热过程实验研究。第三篇是辐射换热,内容包括热辐射基本定律及辐射特性、辐射换热的计算、工程应用中的热辐射问题和辐射实验。第四篇是换热器,内容包括换热器类型、换热器设计理论、换热器的应用和换热器实验。

本书内容以热传递理论为主,同时兼顾了热传递理论在能源动力、航空航天、核动力工程等方面的应用及其实验研究,具有较强的实用性。本书内容丰富,文字简明,篇幅适中,可作为能源动力、航空航天、核动力工程等专业本科教材,也可作为相应专业教师及有关科技人员的参考书。

图书在版编目(CIP)数据

热传递理论、实践与应用/孙宝芝,杨龙滨主编
. —哈尔滨:哈尔滨工业大学出版社,2021.5
ISBN 978-7-5603-7859-6

Ⅰ. ①热… Ⅱ. ①孙… ②杨… Ⅲ. ①传热-研究
Ⅳ. ①TK124

中国版本图书馆 CIP 数据核字(2019)第 029913 号

策划编辑　王桂芝
责任编辑　刘　瑶
出版发行　哈尔滨工业大学出版社
社　　址　哈尔滨市南岗区复华四道街 10 号　邮编 150006
传　　真　0451-86414749
网　　址　http://hitpress.hit.edu.cn
印　　刷　哈尔滨市石桥印务有限公司
开　　本　787mm×1092mm　1/16　印张 26.25　字数 655 千字
版　　次　2021 年 5 月第 1 版　2021 年 5 月第 1 次印刷
书　　号　ISBN 978-7-5603-7859-6
定　　价　68.00 元

前　言

本书按照热传递理论体系，分别从导热、对流换热、辐射换热和换热器方面着重介绍热传递理论的基本概念、基本定理、求解方法的基础上，每一篇还详细阐述了热传递理论在能源动力、航空航天、核动力工程等领域应用时所涉及到的内容及应用时的注意事项，从而帮助相关专业学生了解专业基础知识在后续专业课程中的应用情况，同时考虑到实验研究依然是目前热传递理论的主要研究手段之一，因此每一篇的最后一章讨论了热传递理论的实验研究方法、测量原理、实验设备设施等，为学生开展实验研究奠定基础。

本书重视热工问题的科学分析方法，密切联系工程实际，反映国内外在该领域科学技术的新成果，同时注意吸取国内外同类书籍编写方面的先进经验，以便更好地适应教学及各方面的实际需要。本书内容详尽，重点突出，注重理论和实践的结合，可作为能源动力、航空航天、核动力工程等专业本科生教学参考书，也可供相关领域的技术人员参考使用。

本书编写工作由哈尔滨工程大学动力与能源工程学院孙宝芝、杨龙滨、韩怀志、张鹏、葛坤共同完成。本书由孙宝芝、杨龙滨任主编，韩怀志、张鹏、葛坤任副主编。全书共四篇，每篇4章，共16章。第一篇由杨龙滨编写，第二篇的第5、6、8章由孙宝芝编写，第三篇由张鹏编写，第四篇的第14、15、16章由韩怀志编写，第二篇的第7章、第四篇的第13章由葛坤编写。全书由孙宝芝统稿。

王金忠教授一直十分关心本书的编写工作，在本书的策划、编写和审定的各个阶段都提出了许多意见和建议，对提高本书的质量做出了很大贡献。本书编写过程参考了有关的文献资料，仅向这些文献的著作者表示衷心的感谢。同时还要感谢编者的学生们，对本书手稿做了认真的文字校订工作。

由于编者学识水平有限，书中难免存在疏漏或不当之处，恳请读者批评指正。

编　者

2020 年 11 月

目　　录

第一篇　导　　热

第二篇　对流换热

第三篇 辐射换热

第四篇 换 热 器

第一篇　导　　热

第 1 章　导热基础理论

1.1　导热基本概念 —— 傅里叶定律

由热力学第二定律可知,凡是存在温度差的地方,就有热量自发地从高温物体传向低温物体,或从物体的高温部分传向低温部分。自然界中物质形态(固态、液态或者气态)的内能是与组成它们的微观粒子(分子、原子和自由电子)的永恒运动相关联的。当物体各部分之间不发生相对位移时,依靠分子、原子及自由电子等微观粒子的热运动而产生的热能传递称为热传导(heat conduction),简称导热。例如,固体内部热量从温度较高的部分传递到温度较低的部分,以及温度较高的固体把热量传递给与之接触的另一温度较低的固体都是导热现象。需要指出的是,对于绝大多数应用技术方面的导热都是针对固体而言的,虽然实际在液体和气体中同样有导热现象,但在考虑对流问题时,一般不包括导热的传热模式。

1.1.1　各类物体的导热机理

从微观角度来看,气体、液体、导电固体和非导电固体的导热机理是不同的。气体中,导热是气体分子不规则热运动时相互碰撞的结果。气体的温度越高,其分子的运动动能越大,不同能量水平的分子相互碰撞,使热量从高温处传到低温处。导电固体中有相当多的自由电子,它们在晶格之间像气体分子那样运动(称为电子气)。自由电子的运动在导电固体的导热中起着主要作用。在非导电固体中,导热是通过晶格结构的振动,即原子、分子在其平衡位置附近的振动来实现的。晶格结构振动的传递常称为弹性声波,弹性声波能量的量子化表示称为声子(phonon),与辐射能量的量子化表示 —— 光子(photon)相类似。至于液体中的导热机理还存在着不同的观点。一种观点认为,液体中的导热机理定性上类似于气体,只是情况更复杂,因为液体分子间的距离比较近,分子间的作用力对碰撞过程的影响远比气体大。另一种观点则认为液体的导热机理类似于非导电固体,主要靠弹性声波的作用。导热微观机理的进一步论述已超出本书的范围,有兴趣的读者可参阅有关专著。本书以后的论述仅限于导热现象的宏观规律。

1.1.2　温度场

像重力场、速度场等一样,物体中存在着温度的场,称为温度场(temperature field)。它是各个时刻物体中各点温度所组成的集合,又称为温度分布(temperature distribution)。一般来说,物体的温度场是空间与时间的函数,即

$$t = f(x, y, z, \tau) \tag{1.1}$$

温度场可以分为两大类:一类是稳态工作条件下的温度场,此时物体中各点的温度不随时间而变,称为稳态温度场或定常温度场(steady temperature field);另一类是工作条件变动时的温度场,温度分布随时间而变,例如热机(如内燃机、蒸汽轮机、航空发动机等)的部件在启动、停机或者变工况时出现的温度场,这种温度场称为非稳态温度场,也称为非定常温度场或瞬态温度场(unsteady or transient temperature field)。

稳态温度分布的表达式可简化为

$$t = f(x, y, z) \tag{1.2}$$

当物体的温度仅在一个坐标方向有变化时,例如两个各自保持均匀温度的平行平面间的导热,此时的温度场称为一维稳态温度场。

温度场中同一瞬间相同温度各点连成的面称为等温面(isothermal surface)。在任何一个二维的截面上等温面表现为等温线(isotherm)。温度场习惯上用等温面图或等温线图来表示,图 1.1 是用等温线图表示温度场的实例。

根据等温线的上述定义,物体中的任一条等温线要么形成一个封闭的曲线,要么终止在物体表面上,它不会与另一条等温线相交。当等温线图上每两条相邻

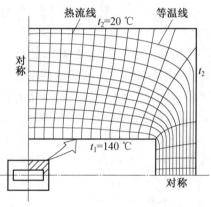

图 1.1　用等温线图表示温度场的实例

等温线间的温度间隔相等时,等温线的疏密可直观地反映出不同区域导热热流密度的大小。

1.1.3　导热基本定律

在传热学中,单位时间传递的热量称为热流量,用 Φ 表示,单位为 W。大量实践经验证明,单位时间内通过单位截面积所传导的热量,正比于当地垂直于截面方向上的温度变化率,即

$$\frac{\Phi}{A} \sim \frac{\partial t}{\partial x}$$

此处,x 是垂直于面积 A 的坐标轴。引入比例常数可得

$$\Phi = -\lambda A \frac{\partial t}{\partial x} \tag{1.3}$$

这就是导热基本定律,即傅里叶定律(Fourier's law of heat conduction)的数学表达式。式中负号表示热量传递的方向指向温度降低的方向,这是满足热力学第二定律所必需的。傅里叶定律用文字表述为:在导热过程中,单位时间内通过给定截面的导热量,正比于

垂直该截面方向上的温度变化率和截面积，而热量传递的方向则与温度升高的方向相反。

单位时间通过单位面积的热流量称为热流密度，用 q 表示，单位为 $\mathrm{W/m^2}$。通过一维（如 x 方向）的稳态导热，可用傅里叶定律表示为

$$q = \frac{\Phi}{A} = -\lambda \frac{\partial t}{\partial x} \tag{1.4}$$

式中，$\frac{\partial t}{\partial x}$ 为物体沿 x 方向的温度变化率；q 为物体沿 x 方向传递的热流密度（严格地说热流密度是矢量，所以 q 应是热流密度矢量在 x 方向的分量）。当物体的温度是 3 个坐标的函数时，3 个坐标方向上的单位矢量与该方向上热流密度分量的乘积合成一个空间热流密度矢量，记为 $\boldsymbol{q}$。傅里叶定律的一般形式数学表达式是对热流密度矢量写出的，其形式为

$$\boldsymbol{q} = -\lambda \operatorname{grad} t = -\lambda \frac{\partial t}{\partial x} \boldsymbol{n} \tag{1.5}$$

式中，$\operatorname{grad} t$ 为空间某点的温度梯度（temperature gradient）；$\boldsymbol{n}$ 为通过该点的等温线上的法向单位矢量，指向温度升高的方向，式（1.5）中等式右侧的负号表示热流密度的方向与温度梯度的方向相反。在笛卡尔坐标系中，热流密度矢量可以写成

$$\boldsymbol{q} = q_x \boldsymbol{i} + q_y \boldsymbol{j} + q_z \boldsymbol{k}$$

在工程中一般考虑简单几何形状物体的导热，此时热流密度通常都垂直于物体表面。为方便起见，往往将坐标轴设置成与物体表面垂直，这样热流密度就可以不用矢量形式，而直接按坐标轴方向考虑其正负，即同向为正，反向为负。

对于二维稳态导热问题，可用等温线及热流线来定量且形象地表述一个导热过程。图 1.2(a) 表示微元面积 dA 附近的温度分布及垂直于该微元面积的热流密度矢量。在整个物体中，热流密度矢量的走向可以用热流线来表示。热流线是一组与等温线处处垂直的曲线，通过平面上任一点的热流线与该点的热流密度矢量相切。在图 1.2(b) 中，虚线表示热流线，相邻两条热流线之间所传递的热流量处处相等，相当于构成了一个热流通道。这种图解方法作为求解二维稳态导热的近似方法曾得到广泛应用，随着计算技术的发展，近年来已被数值计算方法所取代。但这种表示方法为数值计算结果的后处理提供了借鉴。图 1.1 所示的等温线就是根据数值计算的结果利用后处理软件绘制而成的。

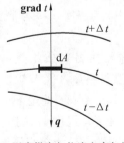 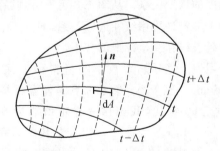

(a) 温度梯度与热流密度矢量　　　　(b) 等温线（实线）与热流线（虚线）

图 1.2　等温线与热流线

导热基本定律（即傅里叶定律）是解决导热问题的基础，由该定律可知，要计算通过物体的导热热流量 Φ 时，除了需要知道物体材料的导热特性（导热系数 λ）之外，还必须知道物体的温度场，所以求解温度场是导热分析计算的主要任务。还需指出，傅里叶定律只适用于

各向同性物体。对于工程中大量各向异性的物体，热流密度矢量的方向不仅与温度梯度有关，还与导热系数的方向有关，因此热流密度与温度梯度不一定在同一直线上。对各向异性物体中导热分析比较复杂，已超出倍数的范畴，在此不再赘述。

1.2　物质导热特性

导热系数是表征材料导热性能优劣的参数，是一种热物性参数（thermal physical property），单位为 W/(m·K)。不同材料的导热系数不同，即使是同一种材料，导热系数还与温度等因素有关。一般来说，金属材料的导热系数最高，良导电体（如银和铜），也是良导热体，液体次之，气体最小。

导热系数的定义式由傅里叶定律的数学表达式给出，由式(1.5)得

$$\lambda = -\frac{\boldsymbol{q}}{\frac{\partial t}{\partial x}\boldsymbol{n}} \tag{1.6}$$

数值上，它等于在单位温度梯度作用下物体内热流密度矢量的模。

工程计算采用的各种物质的导热系数的数值都是用专门实验测定出来的，测定导热系数的方法有稳态法与非稳态法两大类，傅里叶定律是稳态法测定的基础。有关测试方法可见文献[6～9]。

导热系数的值取决于物质的种类和温度等因素。金属的导热系数很高，常温(20 ℃)条件下的典型数值是：纯铜为 399 W/(m·K)，碳钢[含碳量（质量分数）$w_C \approx 1.5\%$] 为 36.7 W/(m·K)。气体的导热系数很小，如 20 ℃ 时干空气的导热系数为 0.025 9 W/(m·K)。但气体中的氢气(H_2)和氦气(He)的导热系数远高于其他气体，为其他气体的 5～10 倍。液体的导热系数介于金属和气体之间，如 20 ℃ 时水的导热系数为 0.599 W/(m·K)，而 0 ℃ 时的固态冰的导热系数为 2.22 W/(m·K)。非金属固体的导热系数在很大范围内变化，数值高的同液体相近，如耐火黏土砖 20 ℃ 时的导热系数值为 0.71～0.85 W/(m·K)，数值低的则接近甚至低于空气导热系数的数量级。图 1.3 给出了多种物质的导热系数对温度的依变关系。从图 1.3 可以看到：在比较广阔的温度区间内的实用计算中，大多数材料的 λ 都容许采用线性近似关系，即 $\lambda = \lambda_0(a + bt)$，式中 t 为温度，a、b 为常量，λ_0 为该直线段的延长线在纵坐标上的截距。

习惯上把导热系数小的材料称为保温材料，又称隔热材料或绝热材料（insulating material）。至于小到多少才算是保温材料则与各国保温材料生产及节能技术水平有关。20 世纪 50 年代，我国这一界定值取为 0.23 W/(m·K)，到 20 世纪 80 年代则规定为 0.14 W/(m·K)，而在 1992 年的我国国家标准中，规定凡平均温度不高于 350 ℃ 时、导热系数不大于 0.12 W/(m·K) 的材料称为保温材料。矿渣棉、硅藻土等都属于这类材料。近年来，我国发展生产了岩棉板、岩棉玻璃布缝毡、膨胀珍珠岩、膨胀塑料及中孔微珠等许多新型隔热材料，它们都有容积质量轻、隔热性能好、价格便宜、施工方便等优点。如岩棉玻璃布缝毡在 0 ℃ 时的导热系数仅为 0.031 W/(m·K)。保温材料出厂时一般都附有厂家提供的导热系数的数据。这些效能高的保温材料多呈蜂窝状多孔性结构。严格地说，多孔性结构的材料不再是均匀的连续介质，所谓导热系数是一种"折算导热系数"或称"表观导热系

数"(apparent thermal conductivity)。高温时,这些保温材料中热量转移的机理包括蜂窝体结构的导热及穿过微小气孔的导热两种方式;在更高温度时,穿过微气孔不仅有导热,同时还有辐射。多孔材料内的热量传递是水分从高温区向低温区迁移来实现的,因此多孔材料的导热系数受湿度的影响很大。由于水分的渗入、挤排,替换了相当一部分空气,所以湿材料的导热系数比干材料和水都要大。例如,干砖的导热系数 $\lambda = 0.35$ W/(m·K),水的导热系数 $\lambda = 0.6$ W/(m·K),而湿砖的导热系数可达到 1.0 W/(m·K) 左右。

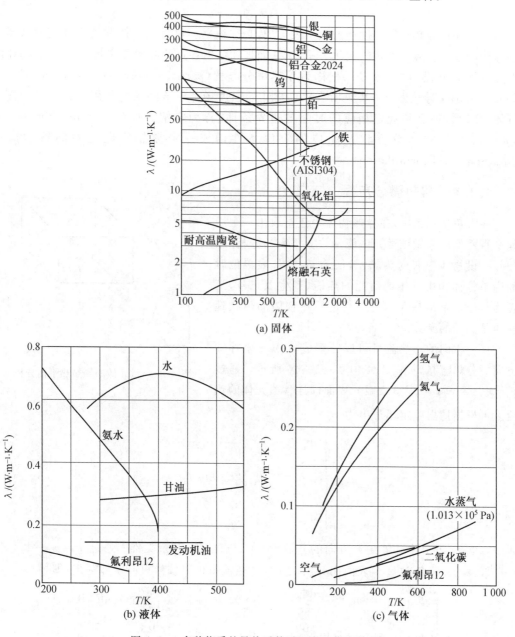

图 1.3　多种物质的导热系数对温度的依变关系

1.3　导热问题的数学描写

傅里叶定律确定了热流密度矢量与温度梯度之间的关系,但是要确定热流密度的大小,关键在于确定温度梯度;而要确定温度梯度,必须进一步知道导热物体内的温度分布 —— 温度场,即

$$t = f(x, y, z, \tau)$$

为了获得导热物体温度场的数学表达式,必须根据能量守恒定律和傅里叶定律来建立物体中的温度场应当满足的变化关系式,从而把物体内各点的温度关联起来,建立起物体的温度场微分方程,该微分方程就称为导热微分方程(partial differenxial equation of heat conduction)。导热微分方程是所有导热物体的温度场都应该满足的通用方程。对于各个具体的问题,还必须规定相应的时间与边界条件,称为定解条件(conditions fuɪ unique solution)。导热微分方程及相应的定解条件构成一个导热问题完整的数学描写(mathematical formulation)。

1.3.1　导热微分方程

在直角坐标系中,在导热物体中任意取出一个微元平行六面体来做该微元体能量收支平衡的分析(图1.4)。设物体中有内热源,其值为 $\dot{\Phi}$,它代表单位时间内单位体积中产生或消耗的热能(产生取正号,消耗为负号),单位是 W/m³。假定导热物体的热物理性质是温度的函数。

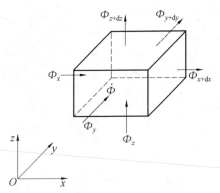

图 1.4　微元体的导热热平衡分析

任一方向的总热流量可以分解成 x、y、z 坐标轴方向的分热流量,如图 1.4 中 Φ_x、Φ_y、Φ_z 所示。通过 $x = x$、$y = y$、$z = z$ 这 3 个微元表面而导入微元体的热流量可根据傅里叶定律写出为

$$
\begin{cases}
(\Phi_x)_x = -\lambda \left(\dfrac{\partial t}{\partial x}\right)_x \mathrm{d}y\mathrm{d}z \\[2mm]
(\Phi_y)_y = -\lambda \left(\dfrac{\partial t}{\partial y}\right)_y \mathrm{d}x\mathrm{d}z \\[2mm]
(\Phi_z)_z = -\lambda \left(\dfrac{\partial t}{\partial z}\right)_z \mathrm{d}x\mathrm{d}y
\end{cases}
\tag{1.7}
$$

式中,$(\Phi_x)_x$ 表示热流量在 x 方向的分量 Φ_x 在 x 点的值,其余类推。通过 $x = x + \mathrm{d}x$、$y = y + \mathrm{d}y$、$z = z + \mathrm{d}z$ 这 3 个表面而导出微元体的热流量也可按傅里叶定律写出,即

$$
\begin{cases}
(\Phi_x)_{x+\mathrm{d}x} = (\Phi_x)_x + \dfrac{\partial \Phi_x}{\partial x}\mathrm{d}x = (\Phi_x)_x + \dfrac{\partial}{\partial x}\left[-\lambda \left(\dfrac{\partial t}{\partial x}\right)_x \mathrm{d}y\mathrm{d}z\right]\mathrm{d}x \\[3mm]
(\Phi_y)_{y+\mathrm{d}y} = (\Phi_y)_y + \dfrac{\partial \Phi_y}{\partial y}\mathrm{d}y = (\Phi_y)_y + \dfrac{\partial}{\partial y}\left[-\lambda \left(\dfrac{\partial t}{\partial y}\right)_y \mathrm{d}x\mathrm{d}z\right]\mathrm{d}y \\[3mm]
(\Phi_z)_{z+\mathrm{d}z} = (\Phi_z)_z + \dfrac{\partial \Phi_z}{\partial z}\mathrm{d}z = (\Phi_z)_z + \dfrac{\partial}{\partial x}\left[-\lambda \left(\dfrac{\partial t}{\partial z}\right)_z \mathrm{d}x\mathrm{d}y\right]\mathrm{d}z
\end{cases}
\tag{1.8}
$$

对于微元体,按照能量守恒定律,在任一时间间隔内有以下热平衡关系:

导入微元体的总热流量＋微元体内热源的生成热

＝导出微元体的总热流量＋微元体热力学能(即内能)的增量 (1.9)

式(1.9)中其他两项的表达式为

$$微元体热力学能的增量 = \rho c \frac{\partial t}{\partial \tau} \mathrm{d}x \, \mathrm{d}y \, \mathrm{d}z \tag{1.10}$$

$$微元体内热源的生成热 = \dot{\Phi} \mathrm{d}x \, \mathrm{d}y \, \mathrm{d}z \tag{1.11}$$

式中,ρ、c、$\dot{\Phi}$ 及 τ 分别为微元体的密度、比热容、单位时间内单位体积中内热源的生成热及时间。

将式(1.7)、式(1.8)、式(1.10)及式(1.11)代入式(1.9),经整理得

$$\rho c \frac{\partial t}{\partial \tau} = \frac{\partial}{\partial x}\left(\lambda \frac{\partial t}{\partial x}\right) + \frac{\partial}{\partial y}\left(\lambda \frac{\partial t}{\partial y}\right) + \frac{\partial}{\partial z}\left(\lambda \frac{\partial t}{\partial z}\right) + \dot{\Phi} \tag{1.12}$$

这是笛卡儿坐标系(Cartesian coordinates)中三维非稳态导热微分方程的一般形式,其中 ρ、c、$\dot{\Phi}$ 及 λ 均是变量。现在针对一系列具体情形导出式(1.12)的相应简化形式。

(1) 导热系数为常数。

此时式(1.12)化为

$$\frac{\partial t}{\partial \tau} = a\left(\frac{\partial^2 t}{\partial x^2} + \frac{\partial^2 t}{\partial y^2} + \frac{\partial^2 t}{\partial z^2}\right) + \frac{\dot{\Phi}}{\rho c} \tag{1.13}$$

式中,$a = \lambda / \rho c$ 称为热扩散率或热扩散系数(thermal diffusivity)。

(2) 导热系数为常数、无内热源。

此时式(1.13)化为

$$\frac{\partial t}{\partial \tau} = a\left(\frac{\partial^2 t}{\partial x^2} + \frac{\partial^2 t}{\partial y^2} + \frac{\partial^2 t}{\partial z^2}\right) \tag{1.14}$$

这就是常物性、无内热源的三维非稳态导热微分方程。

(3) 常物性、稳态。

此时式(1.13)可改写为

$$\frac{\partial^2 t}{\partial x^2} + \frac{\partial^2 t}{\partial y^2} + \frac{\partial^2 t}{\partial z^2} + \frac{\dot{\Phi}}{\lambda} = 0 \tag{1.15}$$

数学上,式(1.15)称为泊松(Poisson)方程,是常物性、稳态、三维且有内热源问题的温度场控制方程式。

(4) 常物性、无内热源、稳态。

这时式(1.13)简化成以下拉普拉斯(Laplace)方程:

$$\frac{\partial^2 t}{\partial x^2} + \frac{\partial^2 t}{\partial y^2} + \frac{\partial^2 t}{\partial z^2} = 0 \tag{1.16}$$

对于圆柱坐标系及球坐标系中的导热问题,采用类似的分析方法,也可导出相应坐标系中的导热微分方程。

圆柱坐标系中的导热微分方程为

$$\rho c \frac{\partial t}{\partial \tau} = \frac{1}{r} \frac{\partial}{\partial r}\left(\lambda r \frac{\partial t}{\partial r}\right) + \frac{1}{r^2} \frac{\partial}{\partial \varphi}\left(\lambda \frac{\partial t}{\partial \varphi}\right) + \frac{\partial}{\partial z}\left(\lambda \frac{\partial t}{\partial z}\right) + \dot{\Phi} \tag{1.17}$$

同理,球坐标系中的导热微分方程为

$$\rho c \frac{\partial t}{\partial \tau} = \frac{1}{r^2} \frac{\partial}{\partial r}\left(\lambda r^2 \frac{\partial t}{\partial r}\right) + \frac{1}{r^2 \sin^2 \theta} \frac{\partial}{\partial \varphi}\left(\lambda \frac{\partial t}{\partial \varphi}\right) + \frac{1}{r^2 \sin \theta} \frac{\partial}{\partial \theta}\left(\lambda \sin \theta \frac{\partial t}{\partial \theta}\right) + \dot{\Phi} \tag{1.18}$$

这里要再一次指出,式(1.12)、式(1.17)、式(1.18)都是能量守恒定律应用于导热问题的表现形式。3 式中等号左边是单位时间内微元体热力学能的增量[非稳态项(transient term)],等号右边的前 3 项之和是通过界面的导热而使微元体在单位时间内增加的能量[扩散项(diffusion term)],最后一项是源项(source term)。如果在某一坐标方向上温度不发生变化,该方向的净导热量为零,相应的扩散项即从导热微分方程中消失。例如,对常物性、无内热源的一维稳态导热问题,式(1.12)最终简化成为

$$\frac{\mathrm{d}^2 t}{\mathrm{d} x^2} = 0 \tag{1.19}$$

对于式(1.17)、式(1.18),同样可以做类似式(1.12)的各种简化,这留给读者自行去完成。

1.3.2　定解条件

导热微分方程式是描写导热过程共性的数学表达式。求解导热问题,实质上可归结为对导热微分方程式的求解。为了获得满足某一具体导热问题的温度分布,还必须给出用以表征该特定问题的一些附加条件。这些使微分方程获得适合某一特定问题的解的附加条件,称为定解条件。对非稳态导热问题,定解条件有两个方面,即给出初始时刻温度分布的初始条件(initial condition),以及给出导热物体边界上温度或换热情况的边界条件(boundary condition)。导热微分方程及定解条件构成了一个具体导热问题的完整的数学描写。对于稳态导热问题,定解条件中没有初始条件,仅有边界条件。

导热问题的常见边界条件可归纳为以下 3 类:

(1) 规定了边界上的温度值,称为第一类边界条件。此类边界条件最简单的典型例子就是规定边界温度保持常数,即 t_w=常量。对于非稳态导热,这类边界条件要求给出以下关系式:

$$\tau > 0 \text{ 时}, t_w = f_1(\tau) \tag{1.20}$$

(2) 规定了边界上的热流密度值,称为第二类边界条件。此类边界条件最简单的典型例子就是规定边界上的热流密度保持定值,即 q_w = 常数。对于非稳态导热,这类边界条件要求给出以下关系式:

$$\tau > 0 \text{ 时}, -\lambda \left(\frac{\partial t}{\partial n}\right)_w = f_2(\tau) \tag{1.21}$$

式中,n 为表面 A 的法线方向。

(3) 规定了边界上物体与周围流体间的表面传热系数 h 以及周围流体的温度 t_f,称为第三类边界条件。以物体被冷却为例:

$$-\lambda \left(\frac{\partial t}{\partial n}\right)_w = h(t_w - t_f) \tag{1.22}$$

对非稳态导热,式中 h、t_f 均是 τ 的函数。式(1.22)中,n 为换热表面的外法线;t_w、$\left(\frac{\partial t}{\partial n}\right)_w$ 都是未知的,但是它们之间的联系由式(1.22)所规定。该式无论对固体被加热还是被冷却都适用。

以上3种边界条件与数学物理方程理论中的3类边界条件相对应,又分别称为 Dirichlet 条件、Neumann 条件与 Robin 条件。在处理复杂的实际工程问题时,还会遇到下列两种情形。

(4) 辐射边界条件。如果导热物体表面与温度为 T_c 的外界环境只发生辐射换热,则应有

$$-\lambda \frac{\partial T}{\partial n} = \varepsilon\sigma (T_w^4 - T_c^4) \tag{1.23}$$

式中,n 为壁面的外法线方向;ε 为导热物体表面的发射率。当航天器在太空中飞行时,航天器上的发热元件向太空的散热就属于这类边界条件。

(5) 界面连续条件。对于发生在不均匀材料中的导热问题,不同材料的区域分别满足导热微分方程。由于导热系数呈阶跃式变化,无论分析求解还是数值计算,均采取分区进行的方式。假定两种材料接触良好,这时在两种材料的分界面上应该满足以下温度与热流密度连续的条件:

$$t_{\mathrm{I}} = t_{\mathrm{II}}, \left(\lambda \frac{\partial t}{\partial n}\right)_{\mathrm{I}} = \left(\lambda \frac{\partial t}{\partial n}\right)_{\mathrm{II}} \tag{1.24}$$

1.3.3　热扩散率的物理意义

以物体受热升温的情况为例来做分析。在物体受热升温的非稳态导热过程中,进入物体的热量沿途不断地被吸收而使当地温度升高,此过程持续到物体内部各点温度全部扯平为止。由热扩散率的定义式 $a = \lambda/(\rho c)$ 可知:① 分子 λ 是物体的导热系数,λ 越大,在相向的温度梯度下可以传导更多的热量;② 分母 ρc 是单位体积的物体温度升高 1 ℃ 所需的热量,ρc 越小,温度上升 1 ℃ 所吸收的热量越少,可以剩下更多的热量继续向物体内部传递,使物体内各点的温度更快地随界面温度的升高而升高。热扩散率 a 是 λ 与 $1/(\rho c)$ 两个因子的结合,a 越大,表示物体内部温度扯平的能力越大。这种物理上的意义还可以从另一个角度来加以说明,即从温度的角度看,a 越大,材料中温度变化传播得越迅速。可见,a 也是材料传播温度变化能力大小的指标,并因此有"导温系数"之称。热扩散率在理解非稳态导热问题的特性中具有重要意义,这将在下一章中进一步说明。

1.3.4　导热微分方程的适用范围

傅里叶定律实际上是基于热扰动的传递速度是无限大的假定之上的。对于一般的工程技术中发生的非稳态导热问题,热流密度不是很高,过程作用的时间足够长,过程发生的尺度范围也足够大,傅里叶定律以及基于该定律而建立起来的导热微分方程是完全适用的。关于这一点,下一章中还要进一步说明。对于下列 3 种情形,傅里叶定律及导热微分方程是不适用的:

(1) 当导热物体的温度接近 0 K(绝对零度)时 —— 温度效应。

(2) 当过程的作用时间极短,与材料本身固有的时间尺度相接近时 —— 时间效应。每一种材料都有一个固有的时间尺度,它反映辐射能量与材料微观作用的时间,这个时间尺度称为松弛时间或弛豫时间。对一般金属,其值在 $10^{-13} \sim 10^{-12}$ s。极短时间的激光脉冲加工就可能属于这种情形。

（3）当过程发生的空间尺度极小，与微观粒子的平均自由行程相接近时 —— 尺度效应。例如，对于通过气层的导热，当气层所在空间的尺度与气体分子的平均自由行程接近时，傅里叶定律就不再适用。大量实验证实，通过厚度为纳米级别的薄膜的导热，薄膜的导热系数明显低于常规尺度材料的数值，掌握这种现象的规律对大规模集成电路的制造非常重要。

凡是傅里叶定律不适用的导热问题统称为非傅里叶导热（non—Fourier heat conduction），对这类导热问题的研究是近代微米纳米传热学（micro and nano heat transfer）的一个重要内容。

第 2 章　　导热分析与计算

2.1　　一维稳态导热

本节介绍几种典型的一维稳态导热问题的分析解法。所谓"一维",是指导热物体的温度仅在一个坐标方向发生变化。

2.1.1　通过平壁的导热

1. 单层平壁

已知一个单层平壁两侧恒温为 t_1、t_2,壁厚 δ 如图 2.1 所示,建立坐标系,温度只在 x 方向变化。试确定温度分布并求热流密度 q。

(1) 温度分布。

当 $\lambda = \mathrm{const}$ 时,直角坐标系下无内热源的一维稳态导热完整的数学描写为

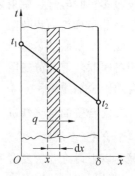

图 2.1　　单层平壁

$$\begin{cases} \dfrac{\mathrm{d}^2 t}{\mathrm{d} x^2} = 0 \\[2mm] t \big|_{x=0} = t_1 \\[2mm] t \big|_{x=\delta} = t_2 \end{cases}$$

对微分方程积分得其通解(连续积分两次)为

$$t = c_1 x + c_2$$

式中,c_1、c_2 均为常数,由边界条件确定。

代入边界条件,得该条件下其温度分布为

$$t = \frac{t_2 - t_1}{\delta} x + t_1$$

由上式可知物体内温度分布呈线性关系,即温度分布曲线的斜率(温度梯度)是常数,即 $\dfrac{\mathrm{d}t}{\mathrm{d}x} = \dfrac{t_2 - t_1}{\delta}$。

(2) 热流密度 q。

根据傅里叶定律,结合温度分布函数,得通过平壁的热流密度为

$$q = \frac{\lambda(t_1 - t_2)}{\delta} = \frac{\lambda}{\delta} \Delta t \tag{2.1}$$

若表面积为 A,则通过平壁的导热热流量为

$$\Phi = \frac{\lambda A(t_1 - t_2)}{\delta} = A \frac{\lambda}{\delta} \Delta t \tag{2.2}$$

上述两式是通过平壁导热的计算公式,揭示了 q、Φ 与 A、λ、δ、Δt 之间的关系。

热量传递是自然界的一种转换过程,与自然界的其他转换过程类同,如电量的转换以及动量、质量等的转换。其共同规律可表示为

过程中的转换量 = 过程中的动力 / 过程中的阻力

在平板导热中,导热热流量 $\Phi = A\dfrac{\lambda}{\delta}\Delta t$,即

$$\Phi = \frac{\Delta t}{\delta/(\lambda A)} \tag{2.3}$$

式中,Φ 为热流量,是导热过程的转移量;Δt 为温差,是导热过程的动力;$\delta/(\lambda A)$ 为导热过程的阻力。

由此引出热阻的概念:热转移过程的阻力称为热阻。不同的热量转移有不同的热阻,其分类较多,如导热热阻、辐射热阻、对流热阻等。对于平板导热而言又分面积热阻 R_A(位面积的导热热阻称为面积热阻)和热阻 R(整个平板导热热阻)。

在一个串联的热量传递过程中,若通过各串联环节的热流量相同,则串联过程的总热阻等于各串联环节的分热阻之和。因此,稳态传热过程的热阻是由各个环节的热阻组成的,且符合热阻叠加原则。

2. 复合壁的导热情况

复合壁(多层壁)就是由几层不同材料叠加在一起组成的复合壁。以下讨论 3 层复合壁的导热问题(图 2.2)。

假设层与层间接触良好,没有引起附加热阻(也称为接触热阻),也就是说,通过层间分界面时不会发生温度降低。

已知各层材料厚度分别为 δ_1、δ_2、δ_3,对应导热系数分别为 λ_1、λ_2、λ_3,多层壁内外表面温度分别为 t_1、t_4,其中间温度 t_2、t_3 未知,$\lambda = \text{const}$,确定通过多层壁的热流密度 q。

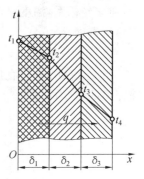

图 2.2　3 层复合壁

根据平壁导热公式可知各层热阻为

$$\frac{t_1 - t_2}{q} = \frac{\delta_1}{\lambda_1}$$

$$\frac{t_2 - t_3}{q} = \frac{\delta_2}{\lambda_2}$$

$$\frac{t_3 - t_4}{q} = \frac{\delta_3}{\lambda_3}$$

根据串联热阻叠加原理得多层壁的总热阻为(适用条件:无内热源,一维稳态导热)

$$\frac{t_1 - t_4}{q} = \frac{\delta_1}{\lambda_1} + \frac{\delta_2}{\lambda_2} + \frac{\delta_3}{\lambda_3} \tag{2.4}$$

则多层壁热流密度的计算公式为

$$q = \frac{t_1 - t_4}{\dfrac{\delta_1}{\lambda_1} + \dfrac{\delta_2}{\lambda_2} + \dfrac{\delta_3}{\lambda_3}} \tag{2.5}$$

依次类推,n 层平壁的计算公式为

$$q = \frac{t_1 - t_{n+1}}{\displaystyle\sum_{i=1}^{n} \frac{\delta_i}{\lambda_i}} \tag{2.6}$$

解得热流密度后,层间分界面上的未知温度 t_2、t_3 即可求出,如 t_2 为

$$t_2 = t_1 - q \frac{\delta_1}{\lambda_1} \tag{2.7}$$

说明:当导热系数 λ 对温度有依变关系,即导热系数是温度的线性函数 $\lambda = \lambda_0(1 + bt)$ 时,只需求得该区域平均温度下的 λ 值,代入以上公式即可求出正确结果。

两个名义上互相接触的固体表面,实际上接触仅发生在一些离散的面积元上,如图 2.3 所示。在未接触的界面之间的间隙中常常充满空气,热量将以导热及辐射的方式穿过气隙层。这种情况与两固体表面真正完全接触相比,增加了附加的传递阻力,称为接触热阻。对于需要强化换热的情形,如肋片表面,接触热阻是有害的。当采用在圆管上缠绕金属带以生成环肋或在管束间套以金属薄片形成管片式换热器时,采用胀管或浸镀锡液的操作都是为了有效地减少接触热阻。当界面间有了接触热阻时,界面上的温度就不再连续,如图 2.3 所示。目前,不同接触情况下的接触热阻主要靠实验测定。

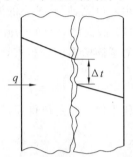

图 2.3　固体表面间的实际接触情况

2.1.2　通过圆筒壁的导热

1. 单层圆筒壁

已知一个圆筒内、外半径分别为 r_1、r_2,内、外表面温度恒定,分别为 t_1、t_2,若采用圆柱坐标系 (r, φ, z) 求解,则成为沿半径方向的一维导热问题,如图 2.4 所示,假设 $\lambda =$ const。

（1）圆筒壁的温度分布。

根据圆柱坐标系中的导热微分方程

$$\rho c \frac{\partial t}{\partial \tau} = \frac{1}{r} \frac{\partial}{\partial r}\left(\lambda r \frac{\partial t}{\partial r}\right) + \frac{1}{r^2} \frac{\partial}{\partial \varphi}\left(\lambda \frac{\partial t}{\partial \varphi}\right) + \frac{\partial}{\partial z}\left(\lambda \frac{\partial t}{\partial z}\right) + \dot{\Phi}$$

得常物性、稳态、一维、无内热源圆筒壁的导热微分方程为

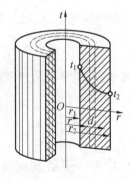

图 2.4　单层圆筒壁

$$\frac{\mathrm{d}}{\mathrm{d}r}\left(r \frac{\mathrm{d}t}{\mathrm{d}r}\right) = 0 \tag{2.8}$$

如图 2.4 建立坐标系,边界条件为

$$t\big|_{r=r_1} = t_1$$

$$t\big|_{r=r_2} = t_2$$

对此方程积分得其通解(连续积分两次)为

$$t = c_1 \ln r + c_2$$

式中,c_1、c_2 为常数,由边界条件确定。

代入边界条件,得

$$c_1 = \frac{t_2 - t_1}{\ln(r_2/r_1)}$$

$$c_2 = t_1 - \ln(r_1)\frac{t_2 - t_1}{\ln(r_2/r_1)}$$

将 c_1、c_2 代入导热微分方程的通解中,得圆筒壁的温度分布为

$$t = t_1 + \frac{t_2 - t_1}{\ln(r_2/r_1)}\ln(r/r_1) \tag{2.9}$$

由此可见,圆筒壁中的温度分布呈对数曲线,而平壁中的温度分布呈线性分布。

(2)圆筒壁导热的热流密度。

对圆筒壁温度分布求导得

$$\frac{\mathrm{d}t}{\mathrm{d}r} = \frac{1}{r}\frac{t_2 - t_1}{\ln(r_2/r_1)} \tag{2.10}$$

代入傅里叶定律得通过圆筒壁的热流密度为

$$q = -\lambda\frac{\mathrm{d}t}{\mathrm{d}r} = -\frac{\lambda}{r}\frac{t_2 - t_1}{\ln(r_2/r_1)} \tag{2.11}$$

由此可见,通过圆筒壁导热时,不同半径处的热流密度与半径成反比。

(3)圆筒壁面的热流量。

$$\Phi = 2\pi rlq = \frac{2\pi l\lambda(t_1 - t_2)}{\ln(r_2/r_1)} \tag{2.12}$$

由此可见,通过整个圆筒壁面的热流量不随半径的变化而变化。

2. 多层圆筒壁

根据热阻的定义,通过圆筒壁的导热热阻为

$$R = \frac{\Delta t}{\Phi} = \frac{\ln(r_2/r_1)}{2\pi l\lambda} \tag{2.13}$$

同理,对于多层圆筒壁的导热问题,可根据热阻叠加原理求得通过多层圆筒壁的热流量,即

$$\Phi = \frac{2\pi l(t_1 - t_4)}{\ln(d_2/d_1)/\lambda_1 + \ln(d_3/d_2)/\lambda_2 + \ln(d_4/d_3)/\lambda_3} \tag{2.14}$$

2.1.3　变截面或变导热系数的导热问题

求解导热问题的主要途径一般分为两步:

(1)求解导热微分方程,获得温度场。

(2)根据傅里叶定律和已获得的温度场计算热流量。

对于稳态、无内热源、第一类边界条件下的一维导热问题,可以不通过温度场而直接获得热流量。此时,一维傅里叶定律为

$$\Phi = -A\lambda(T)\frac{\mathrm{d}t}{\mathrm{d}x}$$

当 $\lambda = \lambda(t)$,$A = A(x)$ 时,有

$$\Phi = -\lambda(t)A(x)\frac{\mathrm{d}t}{\mathrm{d}x} \tag{2.15}$$

分离变量后积分,并注意到热流量 Φ 与 x 无关(稳态),得

$$\Phi \int_{x_1}^{x_2} \frac{\mathrm{d}x}{A(x)} = -\int_{t_1}^{t_2} \lambda(t)\mathrm{d}t \frac{t_2 - t_1}{t_2 - t_1} = -\frac{\int_{t_1}^{t_2} \lambda(t)\mathrm{d}t}{t_2 - t_1}(t_2 - t_1) \tag{2.16}$$

令 $\bar{\lambda} = \dfrac{\int_{t_1}^{t_2} \lambda(t)\mathrm{d}t}{t_2 - t_1}$,则由式(2.16)得

$$\Phi = \frac{\bar{\lambda}(t_1 - t_2)}{\int_{x_1}^{x_2} \dfrac{\mathrm{d}x}{A(x)}} \tag{2.17}$$

当 λ 随温度呈线性分布,即 $\lambda = \lambda_0(1 + bt)$ 时,有

$$\bar{\lambda} = \lambda_0 \left(1 + b \frac{t_1 + t_2}{2}\right)$$

实际上,不论 λ 如何变化,只要能计算出平均导热系数,就可以利用前面讲过的所有定导热系数公式,只是需要将 λ 换成平均导热系数。

下面来讨论当 $\lambda = \lambda_0(1 + bt)$ 时,平壁内的温度是如何分布的。

如图 2.5 所示,当 $b > 0$ 时,随着温度 t 沿 x 方向不断减小,相应的 λ 也不断减小,由傅里叶定律 $\Phi = -A\lambda(\mathrm{d}t/\mathrm{d}x)$ 得到,$|\mathrm{d}t/\mathrm{d}x|$ 逐渐增加;反之,当 $b < 0$ 时,随着温度 t 沿 x 方向不断减小,相应的 λ 不断增加,$|\mathrm{d}t/\mathrm{d}x|$ 逐渐减小;而当 $b = 0$ 时,$\lambda = \mathrm{const}$,$|\mathrm{d}t/\mathrm{d}x|$ 保持不变。

对于 $A = A(x) \neq \mathrm{const}$ 时平壁内的温度分布留给读者自行考虑。

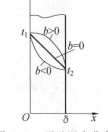

图 2.5 平壁温度分布

2.1.4 肋片导热问题

所谓肋片(fin)是指依附于基础表面上的扩展表面,图 2.6 给出了 4 种典型的肋片结构。肋片可以由管子整体轧制或缠绕、嵌套金属薄片并经加工制成。加工的方法有焊接、浸镀(如镀锡)或胀管等。

通过肋片的导热有一个特点,就是在肋片伸展的方向上有表面的对流传热及辐射传热.因而肋片中沿导热热流传递的方向上热流量是不断变化的。分析肋片的导热要回答两个问题:从基础面伸出部分(即肋片)的温度沿导热热量传递的方向是如何变化的,以及通过肋片的散热热流量(也可简称散热量)有多少。本节仍从导热微分方程出发来解决这些问题,但重点放在等截面直肋[图 2.6(a)(b)]上,对环肋只介绍分析的结果。

这里要特别指出,在学习本课程时,读者要注意对复杂的工程传热问题经过适当简化建立起合理的物理与数学模型,从而运用已有的数学及传热学知识进行求解的一整套分析方法。本节对等截面直肋、温度计套管及太阳能集热器的吸热板的分析都是运用这种方法的例子,并以肋片温度场为重点,详细地介绍这种分析方法。

1. 通过等截面直肋的导热

如图 2.7(a) 所示,已知肋根温度为 t_0,周围流体温度为 t_∞,且 $t_0 > t_\infty$,h 为复合换热的

表面传热系数。这里要确定肋片中的温度分布及通过肋片的散热量。

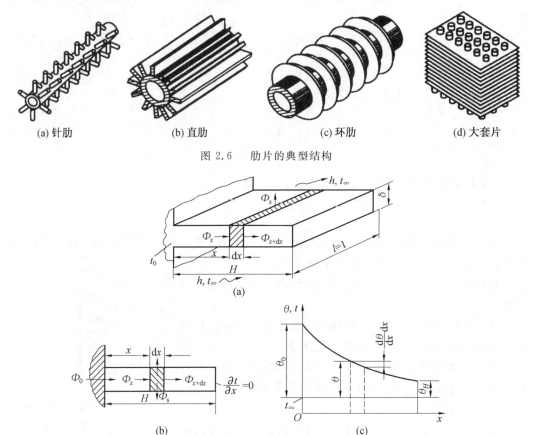

(a) 针肋　　　　　(b) 直肋　　　　　(c) 环肋　　　　　(d) 大套片

图 2.6　　肋片的典型结构

图 2.7　　通过肋片的热量传递

　　根据给出条件,做出如下假设:① 肋片在垂直于纸面方向(即深度方向) 很长,不考虑温度沿该方向的变化,因此取单位长度分析;② 材料导热系数 λ 及表面传热系数 h 均为常数,沿肋高方向肋片横截面积 A_c 不变;③ 表面上的换热热阻 $1/h$ 远大于肋片的导热热阻 δ/λ,即肋片上任意截面上的温度均匀不变;④ 肋片顶端视为绝热,即 $\mathrm{d}t/\mathrm{d}x = 0$。

　　在上述假设条件下,复杂的肋片导热问题就转化为一维稳态导热,如图 2.7(b) 所示。但是肋片导热不同于前面的平壁和圆筒壁的导热。从图 2.7 中可以看出,肋片的边界为肋根和肋端,分别为第一和第二类边界条件,但肋片的周边也要与周围流体进行对流换热,将该项热量作为肋片的内热源进行处理,这样肋片的导热问题就简化成一维有内热源的稳态导热问题。其相应的导热微分方程为

$$\frac{\mathrm{d}^2 t}{\mathrm{d}x^2} + \frac{\dot{\Phi}}{\lambda} = 0 \qquad\qquad (2.18\,\mathrm{a})$$

计算区域的边界条件是

$$\begin{cases} x=0,\ t=t_0 \\ x=H,\ \mathrm{d}t/\mathrm{d}x = 0 \end{cases} \qquad\qquad (2.18\,\mathrm{b})$$

针对长度为 $\mathrm{d}x$ 的微元体,参与换热的截面周长为 P,则微元表面的总散热量为

$$\Phi_s = (P\mathrm{d}x)h(t - t_\infty) \qquad\qquad (2.19)$$

微元体的体积为 $A_c \mathrm{d}x$，那么微元体的折算源项为

$$\dot{\Phi} = -\frac{\Phi_s}{A_c \mathrm{d}x} = -\frac{Ph(t - t_\infty)}{A_c} \tag{2.20}$$

负号表示肋片向环境散热，所以源项取负。

将式(2.20)代入式(2.18a)，得

$$\frac{\mathrm{d}^2 t}{\mathrm{d}x^2} = \frac{Ph(t - t_\infty)}{\lambda A_c} \tag{2.21}$$

式(2.21)为温度 t 的二阶非齐次常微分方程。为求解方便，引入过余温度 $\theta = t - t_\infty$，使式(2.21)变形成为二阶齐次方程，可得所研究问题的完整数学描写为

$$\begin{cases} \dfrac{\mathrm{d}^2\theta}{\mathrm{d}x^2} = m^2\theta \\ x = 0, \theta = \theta_0 = t_0 - t_\infty \\ x = H, \dfrac{\mathrm{d}\theta}{\mathrm{d}x} = 0 \end{cases} \tag{2.22}$$

式中，m 为一常量，$m = \sqrt{hP/(\lambda A_c)}$。

式(2.22)是一个二阶线性齐次常微分方程，其通解为

$$\theta = c_1 \mathrm{e}^{mx} + c_2 \mathrm{e}^{-mx} \tag{2.23}$$

式中，c_1、c_2 均为积分常数，由边界条件确定。将边界条件代入式(2.23)得

$$\begin{cases} c_1 + c_2 = \theta_0 \\ c_1 m \mathrm{e}^{mH} - c_2 m \mathrm{e}^{-mH} = 0 \end{cases} \tag{2.24}$$

求解，得

$$\begin{cases} c_1 = \theta_0 \dfrac{\mathrm{e}^{-mH}}{\mathrm{e}^{mH} + \mathrm{e}^{-mH}} \\ c_2 = \theta_0 \dfrac{\mathrm{e}^{mH}}{\mathrm{e}^{mH} + \mathrm{e}^{-mH}} \end{cases}$$

将 c_1、c_2 代入通解，得肋片中的温度分布为

$$\theta = \theta_0 \frac{\mathrm{e}^{mx} + \mathrm{e}^{2mH}\mathrm{e}^{-mx}}{1 + \mathrm{e}^{2mH}} = \theta_0 \frac{\mathrm{ch}[m(x-H)]}{\mathrm{ch}(mH)} \tag{2.25}$$

令 $x = H$，即可从式(2.25)得出肋端温度的计算式为

$$\theta_H = \frac{\theta_0}{\mathrm{ch}(mH)} \tag{2.26}$$

据能量守恒定律可知，由肋片散入外界的全部热流量都必须通过 $x = 0$ 处的肋根截面。将式(2.25)代入傅里叶定律的表达式，即得通过肋片散入外界的热流量为

$$\Phi_{x=0} = -\lambda A_c \left(\frac{\mathrm{d}\theta}{\mathrm{d}x}\right)_{x=0} = -\lambda A_c \theta_0 (-m) \frac{\mathrm{sh}(mH)}{\mathrm{ch}(mH)}$$

$$= \lambda A_c \theta_0 m \mathrm{th}(mH) = \frac{hP}{m}\theta_0 m \mathrm{th}(mH) \tag{2.27}$$

上述结论是在假设肋端绝热的情况下推出的，即 $x = H, \mathrm{d}t/\mathrm{d}x = 0$，可应用于大量实际肋片，特别是薄而长结构的肋片，进而获得实用上足够精确的结果。若必须考虑肋端的散热，则 $x = H, \mathrm{d}t/\mathrm{d}x \neq 0$，上述公式不适用，此时可在肋端添加第三类边界条件进行求解。计算热流量 Φ 有一种比较简便的方法，若肋片的厚度为 δ，引入假想高度 $H' = H + \dfrac{\delta}{2}$ 代替实际

肥高 H,仍按式(2.27)计算 Φ。这种处理方法实际上是基于这样一种想法,即为了照顾末梢端面的散热而把端面积铺展到侧面上去。

例 2.1　一种利用对比法测定材料导热系数的装置示意图如图 2.8 所示。用导热系数已知的材料 A 及待测导热系数的材料 B 制成相同尺寸的两个长圆柱体,并垂直地安置于温度为 t_s 的热源上,采用相同的方法冷却两个圆柱体,并在离开热源相同的距离 x_1 处测定两柱体的温度 t_A 及 t_B。已知 $\lambda_A = 200\ \mathrm{W/(m \cdot K)}$, $t_A = 75\ ℃$, $t_B = 65\ ℃$, $t_s = 100\ ℃$, $t_\infty = 25\ ℃$。试确定 λ_B 的值。

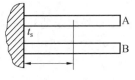

图 2.8　例 2.1 图

解　这是一个应用肋片导热进行实际问题分析的典型。根据肋片导热的分析知,肋片温度分布函数为 $\theta = c_1 \mathrm{e}^{mx} + c_2 \mathrm{e}^{-mx}$,对于长肋片,由于肋端温度为有限大小,则只有 $c_1 = 0$,所以其温度分布函数简化为 $\theta = c_2 \mathrm{e}^{-mx}$,当 $x - 0$ 时,$\theta = \theta_s = t_E - t_\infty$,则 $\theta = (t_s - t_\infty)\mathrm{e}^{-mx}$。对于柱体 A 和 B,分别得

$$t_A - t_\infty = (t_s - t_\infty)\mathrm{e}^{-m_A x_1}$$
$$t_B - t_\infty = (t_s - t_\infty)\mathrm{e}^{-m_B x_1}$$

上两式联立,解得

$$\lambda_B = \lambda_A \left(\frac{\ln \dfrac{t_A - t_\infty}{t_s - t_\infty}}{\ln \dfrac{t_B - t_\infty}{t_s - t_\infty}} \right)^2$$

与该题类似,也可以在柱体 A 和 B 上测得温度相同的点,进而确定另一柱体的导热系数,读者可根据以上方法进行求解。

2. 通过环肋及三角形截面直肋的导热

前面推导的等截面直肋的情况是肋片求解中一种最为简单的情况。变截面直肋或等厚度环肋的情况要复杂一些,因为对于这些情况,截面积 A_c 不能再作为常量处理,因而其基本微分方程式的求解要复杂得多。为了表征肋片散热的有效程度,引入肋效率的概念,它有以下物理意义:

$$\eta_f = \frac{实际散热量}{假设整个肋表面处于肋基温度下的散热量} \tag{2.28}$$

已知肋效率 η_f 即可计算出肋片的实际散热量。对于等截面直肋,其肋效率为

$$\eta_f = \frac{\dfrac{hP}{m}\theta_0 \mathrm{th}(mH)}{hPH\theta_0} = \frac{\mathrm{th}(mH)}{mH} \tag{2.29}$$

对于直肋,假定肋片长度 l 比其厚度 δ 要大得多,所以可取出单位长度来研究。其中参与换热的周界 $P = 2$,于是有

$$mH = \sqrt{\frac{hP}{\lambda A_c}}H = \sqrt{\frac{2h}{\lambda \delta \times 1}}H = \sqrt{\frac{2h}{\lambda \delta}}H \tag{2.30}$$

对于环肋,理论分析表明,肋效率也是参数 mH 的单值函数。假定环的内半径远大于其厚度,则式(2.30)同样成立。将式(2.30)的分子分母同时乘以 $H^{1/2}$,得

$$mH = \sqrt{\frac{hP}{\lambda \delta H}}H^{3/2} = \sqrt{\frac{2h}{\lambda A_L}}H^{3/2} \tag{2.31}$$

式中，A_L 为肋片的纵剖面积，$A_L = \delta H$。实际上，往往采用以肋效率 η_f 与式(2.31)所示的

mH 或 $\sqrt{\dfrac{2h}{\lambda A_L}} H^{3/2}$ 为坐标的曲线，来表示各种肋片的理论解的结果，如图2.9所示。

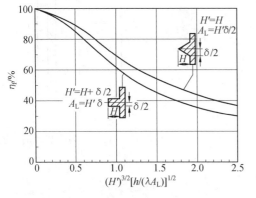
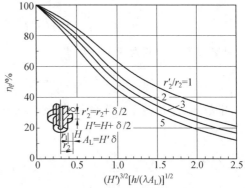

(a) 等截面直肋和三角形肋片的效率曲线　　　　　(b) 环肋片的效率曲线

图 2.9　效率曲线

以上介绍的是单个肋片的效率，实际上肋片总是成组地被采用的，如图2.10所示。设流体的温度为 t_f，流体与整个表面的表面传热系数为 h，肋片的表面积为 A_f，两个肋片之间的根部表面积为 A_r，根部温度为 t_0，则所有肋片与根部面积之和为 A_0，则 $A_0 = A_f + A_r$。计算该表面的对流换热量时，若以 $t_0 - t_f$ 为温差，则有

$$
\begin{aligned}
\Phi &= A_r h(t_0 - t_f) + A_f \eta_f h(t_0 - t_f) \\
&= h(t_0 - t_f)(A_r + \eta_f A_f) \\
&= A_0 h(t_0 - t_f) \frac{A_r + \eta_f A_f}{A_0} \\
&= A_0 \eta_0 h(t_0 - t_f)
\end{aligned} \tag{2.32}
$$

图 2.10　肋化表面
示意图

式中

$$
\eta_0 = \frac{A_r + \eta_f A_f}{A_r + A_f} \tag{2.33}
$$

称为肋面总效率(overall fin surface efficiency)。显然，肋片总效率高于肋片效率，在换热器设计中有所应用。

2.1.5　具有内热源的导热

以上各节讨论的都是一维无内热源的导热问题。实际上，在工程技术领域中常常遇到有内热源的导热问题，例如电器及线圈中有电流通过时的发热，家庭居室的地热，化工中的放热、吸热反应，以及核能装置中燃料元件的链式裂变反应等所引起的热传递等。

首先讨论平壁中具有均匀内热源的情形。

设图2.11所示的平壁具有均匀的内热源 $\dot\Phi$，其两侧同时与温度为 t_f 的流体发生对流换热，表面传热系数为 h，现在要确定平板中任一 x 处的温度及通过该截面处的热流密度。

由于对称性，只要研究板厚的一半即可。这样，在板的中心截面上应为第二类边界条件中的绝热边界，而在板的外表面应为第三类边界条件，因此这一问题的数学描写为

$$\begin{cases} \dfrac{\mathrm{d}^2 t}{\mathrm{d}x^2} + \dfrac{\dot{\Phi}}{\lambda} = 0 \\ x = 0, \dfrac{\mathrm{d}t}{\mathrm{d}x} = 0 \\ x = \delta, -\lambda \dfrac{\mathrm{d}t}{\mathrm{d}x} = h(t - t_\mathrm{f}) \end{cases} \tag{2.34}$$

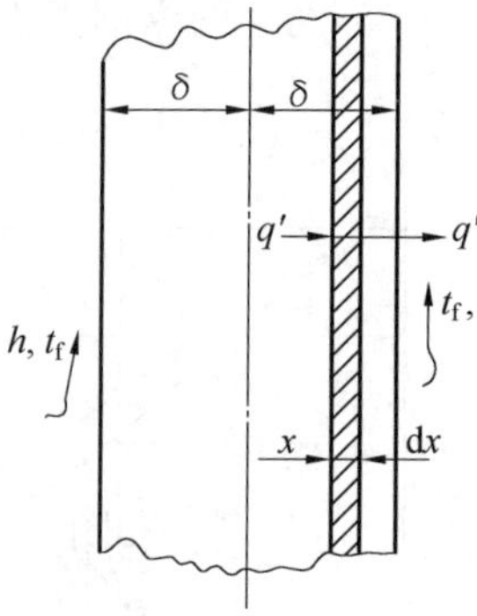

对微分方程做两次积分,得

$$t = -\frac{\dot{\Phi}}{2\lambda} x^2 + c_1 x + c_2$$

式中,常数 c_1、c_2 由两个边界条件式确定,即

$$c_1 = 0$$

$$c_2 = \frac{\dot{\Phi}}{2\lambda} \delta^2 + \frac{\dot{\Phi}\delta}{h} + t_\mathrm{f}$$

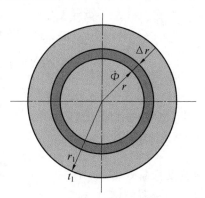

图 2.11 具有均匀内热源的平壁

最后可得平板中的温度分布为

$$t = \frac{\dot{\Phi}}{2\lambda}(\delta^2 - x^2) + \frac{\dot{\Phi}\delta}{h} + t_\mathrm{f} \tag{2.35}$$

任一位置 x 处的热流密度仍然可由温度分布按傅里叶定律得出,即

$$q = -\lambda \frac{\mathrm{d}t}{\mathrm{d}x} = \dot{\Phi} x \tag{2.36}$$

由此可见,具有均匀内热源的平壁与无内热源的平壁解相比,热流密度不再是常数,温度分布也不再是直线而是抛物线,这些都是由内热源引起的变化。

值得指出,对于给定壁面温度的情形可以看成是当表面传热系数趋于无穷大而流体温度等于壁面温度时的一个特例,当平壁两侧均为给定壁温 t_w 时,平壁中的温度分布可由式(2.35)得出,即

$$t = \frac{\dot{\Phi}}{2\lambda}(\delta^2 - x^2) + t_\mathrm{w} \tag{2.37}$$

下面来讨论具有内热源的圆柱体导热。

如图 2.12 所示,一半径为 r_1 的圆柱体,具有均匀的内热源 $\dot{\Phi}$,导热系数 λ 为常数,外表面维持在均匀且恒定的温度 t_1,试确定圆柱体中的温度分布及最高温度。

图 2.12 具有内热源的圆柱体导热

根据已知条件,圆柱坐标中的导热微分方程式(1.27)简化为

$$\frac{1}{r} \frac{\mathrm{d}}{\mathrm{d}r}\left(r \frac{\mathrm{d}t}{\mathrm{d}r}\right) + \frac{\dot{\Phi}}{\lambda} = 0 \tag{2.38 a}$$

边界条件为

$$r = 0, \frac{\mathrm{d}t}{\mathrm{d}r} = 0$$

$$r = r_1, t = t_1 \tag{2.38 b}$$

其中 $r = 0$ 处的边界条件是根据对称性得出的。

对式(2.38a)两端各乘以 r 并积分,得出

$$r \frac{\mathrm{d}t}{\mathrm{d}r} + \frac{1}{2} \frac{\dot{\Phi}}{\lambda} r^2 = c_1$$

或者

$$\frac{\mathrm{d}t}{\mathrm{d}r} + \frac{1}{2} \frac{\dot{\Phi}}{\lambda} r = \frac{c_1}{r}$$

根据 $r=0$ 处的边界条件，$c_1=0$。对上式再做一次积分，得

$$t = -\frac{1}{4} \frac{\dot{\Phi}}{\lambda} r^2 + c_2$$

由第二个边界条件得

$$c_2 = t_1 + \frac{1}{4} \frac{\dot{\Phi}}{\lambda} r_1^2$$

代入上式得圆柱体中的温度场为

$$t - t_1 = \frac{1}{4} \frac{\dot{\Phi}}{\lambda} (r_1^2 - r^2) \tag{2.38 c}$$

圆柱体中的最高温度出现在圆心处，即

$$t_{\max} = \frac{1}{4} \frac{\dot{\Phi} r_1^2}{\lambda} + t_1 \tag{2.38 d}$$

2.2　多维稳态导热

当实际导热物体中某一个方向的温度变化率远远大于其他两个方向的变化率时，导热问题的分析可以采用一维模型。但是，当物体中 2 个方向或 3 个方向的温度变化率具有相同数量级时，采用一维分析方法会带来较大的误差，这时必须采用多维导热问题的分析方法。导热问题由一维到二维、三维（均称多维）分析求解的复杂性与难度大为增加。一维稳态导热问题求解的是一个常微分方程，在内热源为常数时分析解容易得出。多维导热需求解一个偏微分方程，即使对简单的求解区域也要用到比较复杂的数学知识。本节先对稳态导热问题的求解方法做一综述，然后分别对分离变量法及形状因子方法做进一步的介绍。

2.2.1　稳态导热问题求解方法

前面已经指出，求解导热问题的关键是要获得物体中的温度分布，有了温度分布导热量就不难利用傅里叶定律得出；对某些工程问题，主要目的是获得通过导热所传递的热量。下面综述的方法除形状因子方法外，都能求出物体中的温度分布。

1. 分析解法

最重要的分析解法就是分离变量法（method of separation of variables）。这是由法国数学家与物理学家傅里叶在 19 世纪发展起来的，他同时也发展出了以傅里叶级数作为求解的数学工具。能应用分析解法的问题一般都有以下限制：① 求解区域比较简单；② 边界条件比较简单；③ 物体的热物性为常数。尽管如此，分析解法大大促进了传热学的发展，并在工程技术中得到了广泛应用。文献[13]是导热分析解法的经典著作。为了使分析解法能应用于较复杂的求解区域，以后又提出了积分法（integral method）这样的近似分析解法，可以参见文献[10,14,15]。

2. 数值解法

随着计算机的发展,通过计算机获得导热问题的数值解的方法迅速发展。这时得到的并不是物体中温度场的函数形式,而只是相应于某个计算条件下物体中代表性地点上的温度值。尽管解的通用性不及分析解,但是由于可以获得分析方法难以得到的结果,并且实施方便,因此应用日益广泛,将在以后的章节予以介绍。

3. 模拟法

由于稳态导热温度场与导电物体中的电势场都要满足拉普拉斯方程,因此当两者的边界条件安排恰当时,从数学角度,两种场的解是一样的或者成比例的,这就导致通过比较容易测定的电势场来获得温度场的思想,这种方法称为模拟法(analog method)。在计算机的应用普及以前,模拟法曾经被广泛采用过。模拟法的基本思想也为数值计算提供了借鉴,数值计算因此也称为数值模拟。

2.2.2   计算导热量的形状因子法

为了便于工程设计计算,对于某些二维甚至三维的稳态导热问题,如果求解的目的只在于获得通过物体所传导的热量,则当导热物体主要由两个等温的边界组成时,可以采用下述形状因子法(shape factor method)。

由通过平壁、圆筒壁及其他变截面一维问题导热量的计算式(2.2)、式(2.12)及式(2.17)可见,两个等温面间导热热流量总是可以表示成以下统一的形式:

$$\Phi = \lambda S(t_1 - t_2) \tag{2.39}$$

理论分析表明,对于二维或三维问题中两个等温表面间的导热热量计算,式(2.39)仍然成立,在这种公式的统一形式中,将涉及物体几何形状和尺寸的有关因素归纳在一起,称为形状因子,用 S 表示,单位为 m。显然,S 与导热物体的形状及大小有关。工程中常见的许多复杂结构的导热问题,已经用分析的方法或数值方法解出了其形状因子表达式,可参见文献[16～18]。使用时要注意,形状因子仅适用于计算发生在两个等温表面之间的导热热流量。

2.2.3   求解稳态导热的分离变量法举例

如图 2.13 所示,一个二维矩形物体的 3 个边界温度均为 t_1,第四个边界温度为 t_2,物体无内热源,导热系数为常数,现要确定物体中的温度分布。首先写出这一问题的数学描述。选择坐标系如图 2.13 所示,则有

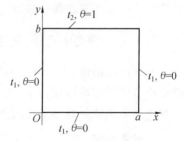

图 2.13   矩形区域中的二维稳态导热

$$\frac{\partial^2 t}{\partial x^2} + \frac{\partial^2 t}{\partial y^2} = 0, 0 < x < a, 0 < y < b \tag{2.40a}$$

$$\begin{cases} t(0,y) = t_1, \ t(a,y) = t_1 \\ t(x,0) = t_1, \ t(x,b) = t_2 \end{cases} \tag{2.40b}$$

式(2.40a)是关于温度 t 的拉普拉斯方程,是一个齐次方程(即其等号右端为零)。为能采用分离变量法进行求解,需要将其边界条件表达式也齐次化(最多只能包含一个非齐次边界条件)。如果将任意常数 C 乘以所得到的解 t,而 Ct 仍然满足微分方程和边界条件,则这样的方程以及边界条件均称为齐次的(homogeneous)。显然,边界上的被求函数为零或者

其法向一阶导数为零都是齐次的条件。为了使式(2.40b)所示的边界体条件中有 3 个变为齐次,引入以下无量纲过余温度(dimensionless excess temperature):

$$\Theta = \frac{t - t_1}{t_2 - t_1} \tag{2.41}$$

于是可有下列数学描写:

$$\frac{\partial^2 \Theta}{\partial x^2} + \frac{\partial^2 \Theta}{\partial y^2} = 0 \tag{2.42 a}$$

$$\begin{cases} \Theta(0, y) = 0, \ \Theta(a, y) = 0 \\ \Theta(x, 0) = 0, \ \Theta(x, b) = 1 \end{cases} \tag{2.42 b}$$

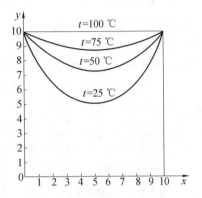

$y = \delta$ 处为非齐次条件,可以用分离变量法求解。设 $\Theta(x, y) = X(x) \cdot Y(y)$,则式(2.42)可以化为关于 X 及 Y 的两个常微分方程。为使通解满足边界条件引入傅里叶级数,可以得出以下分析解:

$$\Theta(x, y) = \frac{2}{\pi} \sum_{n=1}^{\infty} \frac{(-1)^{n+1} + 1}{n} \sin \frac{n\pi x}{a} \frac{\sinh(n\pi y/a)}{\sinh(n\pi b/a)} \tag{2.43}$$

对 $a = b, t_1 = 0 \ ℃, t_2 = 100 \ ℃$ 的情形,按式(2.43)画出的等温线如图 2.14 所示。从图中可以看出,在 y 方向上,物体中的温度梯度随 y 的增加而增加。还值得指出,在 $x = 0$、$y = 10$ 以及 $x = 10$、$y = 10$ 的两个角顶,所有等温线都汇集在一起,物理上是不合理的。

图 2.14 由式(2.43)得出的等温线 $(a = b, t_1 = 0 \ ℃, t_2 = 100 \ ℃)$

数学上,这里是奇点(singular point),这是由于给定的边界条件中 4 个顶点都有两个温度。实际上,在 4 个角点附近有非常剧烈的温度变化,但在抽象成数学问题时,简化成了 4 个边界各是均匀温度的模型。

当有多个非齐次边界条件时,可以利用叠加原理(superposition principle)将该问题分解为几个只带有一个非齐次边界条件问题的叠加,参见文献[10, 14, 19]。

2.3 非稳态导热

许多工程问题需要确定物体内部温度场随时间的变化,或确定其内部温度达某一极限值所需的时间。例如,机器启动、变动工况时,急剧的温度变化会使部件因热应力而被破坏,因此应确定其内部的瞬时温度场。钢制工件的热处理是一个典型的非稳态导热过程,掌握工件中温度变化的速率是控制工件热处理质量的重要因素;金属在加热炉内加热时,要确定它在炉内停留的时间,以保证达到规定的中心温度。

2.3.1 非稳态导热概述

1.非稳态导热的特点

物体的温度随时间而变化的导热过程称为非稳态导热。根据物体内温度随时间而变化的特征不同分为:

（1）物体的温度随时间的推移逐渐趋于恒定值。

（2）物体的温度随时间而做周期性变化。如墙体的温度在一天内随室外气温的变化而做周期性变化，在一年内随季节的变化而做周期性变化。

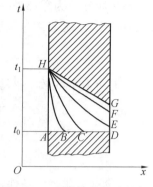

图 2.15　非稳态导热过程中的温度分布

现仅分析前一种非稳态导热过程的特点。如图 2.15 所示，设一平壁，其初始温度为 t_0，令其左侧的表面温度突然升高到 t_1 并保持不变，而右侧仍与温度为 t_0 的空气接触，试分析物体温度场的变化过程。

物体的温度分布通常要经历以下变化过程。首先，物体与高温表面靠近部分的温度很快上升，而其余部分仍保持原来的温度 t_0。如图 2.15 中曲线 *HBD*，随着时间的推移，由于物体导热温度变化波及范围扩大，导致在一定时间后，右侧表面温度也逐渐升高，如图 2.15 中曲线 *HCD*、*HE*、*HF* 示意性地表示了这种变化过程。最终达到稳态时，温度分布保持恒定，如图 2.15 中曲线 *HG*（若 $\lambda = \text{const}$，则 *HG* 是直线）。

以上分析表明，在上述非稳态导热过程中，物体的温度分布存在着以下两个不同阶段。

（1）非正规状况阶段（右侧面不参与换热）。

温度分布呈现出主要受初始温度分布控制的特性。在这一阶段，物体中的温度分布受初始温度分布的影响很大。

（2）正规状况阶段（右侧面参与换热）。

当过程进行到一定深度时，物体初始温度分布的影响逐渐消失，物体中的温度分布主要取决于边界条件及物性。正规状况阶段的温度变化规律是本章讨论的重点。

非稳态导热过程中，在与热流量方向相垂直的不同截面上热流量不相等，这是非稳态导热区别于稳态导热的一个特点。其原因是在热量传递的路径上，物体各处温度的变化要积聚或消耗能量，所以，在热流量传递的方向上 $\Phi \neq \text{const}$。

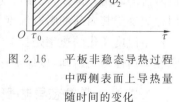

图 2.16 定性地示出了图 2.15 所示的非稳态导热平板，从左侧面导入的热流量 Φ_1 及从右侧面导出的热流量 Φ_2 随时间变化的曲线。在整个非稳态导热过程中，这两个截面上的热流量是不相等的，但随着过程的进行，其差别逐渐减小，直至达到稳态时热流量相等。图 2.16 中的阴影线部分就代表了平板升温过程中所积聚的能量。

图 2.16　平板非稳态导热过程中两侧表面上导热量随时间的变化

导热微分方程式连同初始条件及边界条件一起，完整地描写了一个特定的非稳态导热问题。非稳态导热问题的求解，实质上归结为在规定的初始条件及边界条件下求解导热微分方程式，这是本章的主要任务。初始条件的一般形式为

$$t(x,y,z,0) = f(x,y,z) \qquad (2.44)$$

一个实用上经常遇到的简单特例是初始温度均匀，即

$$t(x,y,z,0) = t_0 \qquad (2.45)$$

2. 物体温度分布与边界条件的关系

为了说明第三类边界条件下非稳态导热时物体中的温度变化特性与边界条件参数的关系,分析一简单情形。

已知:设有一块厚 2δ 的金属平板,初始温度为 t_0,突然将它置于温度为 t_∞ 的流体中进行冷却,表面传热系数为 h,平板导热系数为 λ。

由于面积热阻 δ/λ 与 $1/h$ 的相对大小不同,平板中温度场的变化会出现以下 3 种情况(图 2.17):

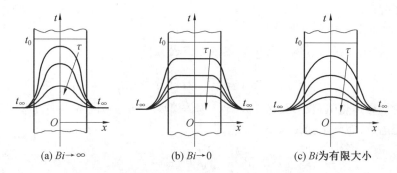

(a) $Bi \rightarrow \infty$　　　　(b) $Bi \rightarrow 0$　　　　(c) Bi 为有限大小

图 2.17　毕渥数(Bi)对平板温度场变化的影响

(1) $1/h \ll \delta/\lambda$。

这时,由于表面对流换热热阻 $1/h$ 几乎可以忽略,因而过程一开始平板的表面温度就被冷却到 t_∞。随着时间的推移,平板内部各点的温度逐渐下降而趋近于 t_∞,如图2.17(a) 所示。

(2) $1/h \gg \delta/\lambda$。

这时,平板内部导热热阻 δ/λ 几乎可以忽略,因而任一时刻平板中各点温度接近均匀,并随着时间的推移整体地下降,逐渐趋近于 t_∞,如图 2.17(b) 所示。

(3) $1/h$ 与 δ/λ 的数值比较接近。

这时,平板中不同时刻的温度分布介于上述两种极端情况之间,如图 2.17(c) 所示。

3. 与非稳态导热有关的准则数

由此可见,表面对流换热热阻 $1/h$ 与导热热阻 δ/λ 的相对大小对物体中非稳态导热温度场的分布有重要影响。因此,引入表征二者比值的无量纲数:毕渥数(Bi)。其定义式为

$$Bi = \frac{\delta/\lambda}{1/h} = \frac{\delta h}{\lambda} \tag{2.46}$$

Bi 属于一种特征数或准则数(表征某一物理现象或过程特征的无量纲数)。Bi 是固体内部导热热阻与其界面上换热热阻之比。其大小反映了物体在非稳态条件下内部温度场的分布规律。特征长度是指特征数定义式中的几何尺度。

2.3.2　集总参数法的简化分析

1. 集总参数法

当固体内的 $1/h \gg \delta/\lambda$ 时,固体内的温度趋于一致,此时可认为整个固体在同一瞬间均处于同一温度下,需求解的温度仅是时间的一元函数,而与坐标无关,好像该固体原来连续

分布的质量与热容量汇总到一点上,而只有一个温度值那样。这种忽略物体内部导热热阻的简化分析方法称为集总参数法。下面通过一个具体问题来阐述这一方法。

已知有一任意形状的物体(图 2.18),其体积为 V,面积为 A,初始温度为 t_0,在初始时刻,突然将其置于温度恒为 t_∞ 的流体中,且 $t_0 > t_\infty$,固体与流体间的表面传热系数为 h,固体的物性参数均保持常数。设同一时刻物体内温度相等。试根据集总参数法确定物体温度随时间的依变关系以及在一段时间 τ 内物体与流体间的换热量。

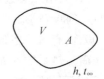

图 2.18　集总参数法的简化分析

(1)建立非稳态导热数学模型。

方法一:根据非稳态有内热源的导热微分方程有

$$\frac{\partial t}{\partial \tau} = a\left(\frac{\partial^2 t}{\partial x^2} + \frac{\partial^2 t}{\partial y^2} + \frac{\partial^2 t}{\partial z^2}\right) + \frac{\dot{\Phi}}{\rho c}$$

物体内部导热热阻很小,可忽略不计。物体温度在同一瞬间各点温度基本相等,即 t 仅是 τ 的一元函数,而与坐标 x、y、z 无关,即

$$\frac{\partial^2 t}{\partial x^2} + \frac{\partial^2 t}{\partial y^2} + \frac{\partial^2 t}{\partial z^2} = 0$$

则

$$\frac{\mathrm{d}t}{\mathrm{d}\tau} = \frac{\dot{\Phi}}{\rho c} \tag{2.47}$$

由于 $\dot{\Phi}$ 可视为广义热源,而且热交换的边界不是计算边界(零维无任何边界)。所以界面上交换的热量应折算成整个物体的体积热源,即

$$-\dot{\Phi}V = hA(t - t_\infty) \tag{2.48}$$

且 $t > t_\infty$,物体被冷却,故 $\dot{\Phi}$ 应为负值。将式(2.48)代入式(2.47)得

$$\rho cV\frac{\mathrm{d}t}{\mathrm{d}\tau} = -hA(t - t_\infty) \tag{2.49}$$

式(2.49)即为导热微分方程式。

注意:若 $t > t_\infty$,物体被冷却,上述导热微分方程式仍然成立,请读者自行验证。

方法二:根据能量守恒原理,建立物体的热平衡方程,即

物体与环境的对流散热量 = 物体内能的减少

则有 $\rho cV\dfrac{\mathrm{d}t}{\mathrm{d}\tau} = -hA(t - t_\infty)$,与方法一建立的微分方程相同。

(2)物体温度随时间的依变关系。

引入过余温度: $\theta = t - t_\infty$,则式(2.49)表示成

$$\rho cV\frac{\mathrm{d}\theta}{\mathrm{d}\tau} = -hA\theta$$

其初始条件为 $\theta(0) = t_0 - t_\infty$。

将 $\rho cV\dfrac{\mathrm{d}\theta}{\mathrm{d}\tau} = -hA\theta$ 分离变量,求解微分方程 $\dfrac{\mathrm{d}\theta}{\theta} = -\dfrac{hA}{\rho cV}\mathrm{d}\tau$。

对时间 τ 从 $0 \rightarrow \tau$ 积分,则

$$\int_{\theta_0}^{\theta} \frac{\mathrm{d}\theta}{\theta} = -\int_0^{\tau} \frac{hA}{\rho cV}\mathrm{d}\tau$$

$$\ln\frac{\theta}{\theta_0} = -\frac{hA}{\rho cV}\tau$$

即

$$\frac{\theta}{\theta_0} = \frac{t-t_\infty}{t_0-t_\infty} = \mathrm{e}^{-\frac{hA}{\rho cV}\tau} \tag{2.50}$$

其中

$$\frac{hA}{\rho cV}\tau = \frac{hV}{\lambda A}\frac{\lambda}{(V/A)^2\rho c}\tau = \frac{h(V/A)}{\lambda}\frac{a\tau}{(V/A)^2} = Bi_V Fo_V \tag{2.51}$$

V/A 是具有长度的量纲,记为 l,则毕渥数 $Bi_V = \frac{hl}{\lambda}$;傅里叶数 $Fo_V = \frac{a\tau}{l^2}$。

其中 Bi_V、Fo_V 中的特征长度为 V/A。由此得

$$\frac{\theta}{\theta_0} = \frac{t-t_\infty}{t_0-t_\infty} = \mathrm{e}^{-Bi_V Fo_V} \tag{2.52}$$

由此可见,采用集总参数法分析时,物体内的过余温度随时间呈指数曲线关系变化,开始变化较快,随后逐渐变慢。

指数函数中的 $\frac{hA}{\rho cV}$ 的量纲与 $1/\tau$ 的量纲相同,如果时间 $\tau = \frac{hA}{\rho cV}$,则有

$$\frac{\theta}{\theta_0} = \frac{t-t_\infty}{t_0-t_\infty} = \mathrm{e}^{-1} = 0.368 = 36.8\%$$

将 $\frac{hA}{\rho cV}$ 称为时间常数,记为 τ_c。其物理意义表示物体对外界温度变化的响应程度。当时间 $\tau = \tau_c$ 时,物体的过余温度已是初始过余温度值的 36.8%。

(3) 换热量的计算。

确定从初始时刻到某一瞬间这段时间内,物体与流体所交换的热流量,首先求瞬时热流量。

将 $\frac{\mathrm{d}t}{\mathrm{d}\tau}$ 代入瞬时热流量的定义式得

$$\Phi = -\rho cV\frac{\mathrm{d}t}{\mathrm{d}\tau} = -\rho cV(t_0-t_\infty)\left(-\frac{hA}{\rho cV}\right)\mathrm{e}^{-\frac{hA}{\rho cV}\tau}$$

$$= hA(t_0-t_\infty)\mathrm{e}^{-\frac{hA}{\rho cV}\tau} \tag{2.53}$$

式中负号是为了使 Φ 恒取正值而引入的。若 $t_0 < t_\infty$(物体被加热),则用 $t_\infty - t_0$ 代替 $t_0 - t_\infty$ 即可。

然后求得从时间 $\tau = 0$ 到 τ 时刻间的总热流量为

$$Q_\tau = \int_0^\tau \Phi \mathrm{d}\tau = -\rho cV\frac{\mathrm{d}t}{\mathrm{d}\tau} = (t_0-t_\infty)\int_0^\tau hA\,\mathrm{e}^{-\frac{hA}{\rho cV}\tau}\,\mathrm{d}\tau$$

$$= (t_0-t_\infty)\rho cV(1-\mathrm{e}^{-\frac{hA}{\rho cV}\tau}] \tag{2.54}$$

2. 集总参数法的判别条件

对形如平板、圆柱体和球体这一类的物体,如果毕渥数满足以下条件:

$$Bi_V = \frac{h(V/A)}{\lambda} < 0.1M \tag{2.55}$$

则物体中各点间过余温度的偏差小于 5%。式中,M 为与物体几何形状有关的无量纲数。

对于无限大平板，$M=1$；对于无限长圆柱体，$M=1/2$；对于球体，$M=1/3$。毕渥数的特征长度为 V/A，不同几何形状，其值不同：对于厚度为 2δ 的平板，$\frac{V}{A}=\frac{A\delta}{A}=\delta$；对于半径为 R 的圆柱体，$\frac{V}{A}=\frac{\pi R^2 l}{2\pi Rl}=\frac{R}{2}$；对于半径为 R 的球体，$\frac{V}{A}=\frac{\frac{4}{3}\pi R^3}{4\pi R^2}=\frac{R}{3}$。由此可见：

对于平板，$Bi_V=Bi$；

对于圆柱体，$Bi_V=Bi/2$；

对于球体体，$Bi_V=Bi/3$。

因此，集总参数法的判别条件也可写为 $Bi_V=\dfrac{hl}{\lambda}\leqslant 0.1$，这里 l 是特征长度，对于平板是指平板的半厚 δ；对于圆柱体和球体，是指半径 R。

3. 毕渥数 Bi_V 与傅里叶数 Fo_V 的物理意义

Bi_V 是表征固体内部单位导热面积上的导热热阻与单位面积上的换热热阻（即外部热阻）之比，即

$$Bi_V=\frac{h(V/A)}{\lambda}$$

Bi_V 越小，表示内热阻越小，外部热阻越大。此时采用集总参数法求解的结果就越接近实际情况。Bi_V 的大小反映了物体在非稳态导热条件下，物体内温度场的分布规律。

Fo_V 是表征两个时间间隔相比所得的无量纲时间，即

$$Fo_V=\frac{\tau}{l^2/a}$$

分子 τ 是从边界上开始发生热扰动的时刻起到所计时刻为止的时间间隔。分母可视为边界上发生的有限大小的热扰动穿过一定厚度的固体层扩散到 l^2 的面积上所需的时间。Fo_V 表示非稳态导热过程进行的程度，Fo_V 越大，热扰动就越深入地传播到物体内部，因而物体内各点的温度越接近周围介质的温度。

2.3.3 一维非稳态导热的分析解

本节介绍第三类边界条件下无限大平板、无限长圆柱体、球体的分析解及应用。如何理解无限大物体，例如：当一块平板的长度、宽度远大于其厚度时，平板的长度和宽度的边缘向四周的散热对平板内的温度分布影响很少，以至于可以把平板内各点的温度仅看作是厚度的函数时，该平板就是一块"无限大"平板。若平板的长度、宽度、厚度相差较小，但平板四周绝热良好，则热量交换仅发生在平板两侧面，从传热的角度分析，可简化成一维导热问题。

1. 无限大平板的分析解

已知厚度 2δ 的无限大平板，初温为 t_0，初始瞬间将其放于温度为 t_∞ 的流体中，而且 $t_\infty>t_0$，流体与板面间的表面传热系数为一常数。下面来确定在非稳态过程中板内的温度分布。

如图 2.19 所示，平板两面对称受热，所以其内温度分布以其中心截面为对称面。

对于 $x\geqslant 0$ 的半块平板，其导热微分方程及定解条件为

$$\frac{\partial t}{\partial \tau} = a \frac{\partial^2 t}{\partial x^2}, 0 < x < \delta, \tau > 0 \tag{2.56}$$

$$t(x,0) = t_0, 0 \leqslant x \leqslant \delta \tag{2.57}$$

$$\left.\frac{\partial t(x,\tau)}{\partial x}\right|_{x=0} = 0 \tag{2.58}$$

$$h[t(\delta,\tau) - t_\infty] = -\lambda \left.\frac{\partial t(x,\tau)}{\partial x}\right|_{x=\delta} \tag{2.59}$$

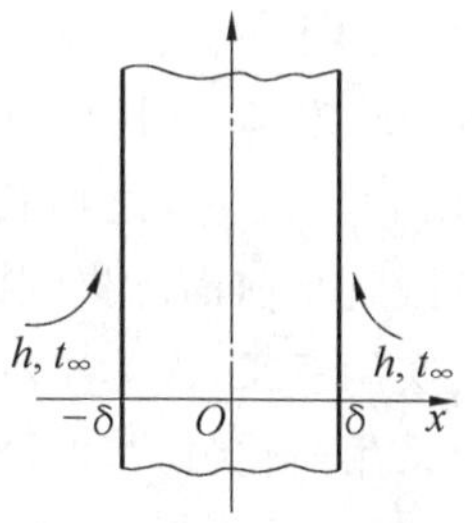

引入过余温度 $\theta = t(x,\tau) - t_\infty$，式$(2.56) \sim (2.59)$ 化为

图 2.19　无限大平板对称受热时坐标的选取

$$\frac{\partial \theta}{\partial \tau} = a \frac{\partial^2 \theta}{\partial x^2}, 0 < x < \delta, \tau > 0 \tag{2.60}$$

$$\theta(x,0) = \theta_0, 0 \leqslant x \leqslant \delta \tag{2.61}$$

$$\left.\frac{\partial \theta(x,\tau)}{\partial x}\right|_{x=0} = 0 \tag{2.62}$$

$$h\theta(\delta,\tau) = -\lambda \left.\frac{\partial \theta(x,\tau)}{\partial x}\right|_{x=\delta} \tag{2.63}$$

对偏微分方程 $\dfrac{\partial \theta}{\partial \tau} = a \dfrac{\partial^2 \theta}{\partial x^2}$ 分离变量求解得

$$\frac{\theta(x,\tau)}{\theta_0} = 2 \sum_{n=1}^{\infty} e^{-(\beta_n \delta)^2 \frac{a\tau}{\delta^2}} \frac{\sin(\beta_n \delta) \cos\left[(\beta_n \delta)\dfrac{x}{\delta}\right]}{\beta_n \delta + \sin(\beta_n \delta)\cos(\beta_n \delta)} \tag{2.64}$$

其中离散值 β_n 是下列超越方程的根，称为特征值：

$$\tan(\beta_n \delta) = \frac{Bi}{\beta_n \delta}, \ n = 1, 2, \cdots \tag{2.65}$$

式中，Bi 为以 δ 为特征长度的毕渥数。

由此可见，平板中的无量纲过余温度 θ/θ_0 与 3 个无量纲数有关：以平板厚度一半 δ 为特征长度的傅里叶数、毕渥数及 x/δ，即

$$\frac{\theta}{\theta_0} = \frac{t(x,\tau) - t_\infty}{t_0 - t_\infty} = f\left(Fo, Bi, \frac{x}{\delta}\right) \tag{2.66}$$

2. 非稳态导热的正规状况阶段

(1) 平板中任一点的过余温度与平板中心的过余温度的关系。

前述得到的分析解是一个无穷级数，计算工作量大，但对比计算表明，当 $Fo > 0.2$ 时，采用该级数的第一项与采用完整的级数计算平板中心温度的误差小于 1%，因此，当 $Fo > 0.2$ 时，用级数的第一项代替整个级数，所带来的误差工程计算是可以允许的，此时采用以下简化结果：

$$\frac{\theta(x,\tau)}{\theta_0} = \frac{2\sin(\beta_1 \delta)}{\beta_1 \delta + \sin(\beta_1 \delta)\cos(\beta_1 \delta)} e^{-(\beta_1 \delta)^2 \frac{a\tau}{\delta^2}} \cos\left[(\beta_1 \delta)\frac{x}{\delta}\right] \tag{2.67}$$

其中特征值 $\beta_n (n = 1, 2, \cdots)$ 值与 Bi 数有关。从式(2.65) 还可看出，作为该超越方程的根 $\beta_n \delta$ 是作为整体而求解的，为方便起见，用 μ_n 表示 $\beta_n \delta$。由式(2.67) 可知：$Fo > 0.2$ 以后平板中任一点的过余温度 $\theta(x,\tau)$ 与平板中心的过余温度 $\theta(0,\tau) = \theta_m(\tau)$ 之比为

$$\frac{\theta(x,\tau)}{\theta_m(\tau)} = \cos\left(\mu_1 \frac{x}{\delta}\right) \tag{2.68}$$

式(2.68) 反映了非稳态导热过程中一种很重要的物理现象，即当 $Fo > 0.2$ 时，虽然

$\theta(x,\tau)$ 与 $\theta_m(\tau)$ 各自与 τ 有关,但其比值则与 τ 无关,而仅取决于几何位置(x/δ)及边界条件(Bi 数)。也就是说,初始条件的影响已经消失,无论初始条件分布如何,只要 $Fo > 0.2$,$\theta(x,\tau)/\theta_m(\tau)$ 之值就是一个常数,也就是无量纲的温度分布是一样的。非稳态导热的这一阶段就是前面已提到的正规状况或充分发展阶段。确认正规状况阶段的存在具有重要的工程实用意义,因为工程技术中关心的非稳态导热过程常常处于正规状况阶段,此时的计算可以采用简化公式(2.68)。

(2) 非稳态导热过程中传递的热量。

① 从物体初始时刻到平板与周围介质处于热平衡,这一过程中传递的热量为

$$Q_0 = \rho c V(t_0 - t_\infty) \tag{2.69}$$

此值为非稳态导热过程中传递的最大热量。

② 从初始时刻到某一时间 τ,这段时间内所传递的热量 Q 为

$$Q = \rho c \int_V [t_0 - t(x,\tau)] \mathrm{d}V \tag{2.70}$$

③ Q 与 Q_0 之比为

$$\frac{Q}{Q_0} = \frac{\rho c \int_V [t_0 - t(x,\tau)] \mathrm{d}V}{\rho c V(t_0 - t_\infty)} = \frac{1}{V} \int_V \frac{(t_0 - t_\infty) - (t - t_\infty)}{t_0 - t_\infty} \mathrm{d}V$$

$$= 1 - \frac{1}{V} \int_V \frac{t - t_\infty}{t_0 - t_\infty} \mathrm{d}V = 1 - \frac{\overline{\theta}}{\theta_0} \tag{2.71}$$

式中,$\overline{\theta} = \overline{\theta}(\tau)$ 为时刻 τ 物体的平均过余温度,$\overline{\theta} = \frac{1}{V} \int_V (t - t_\infty) \mathrm{d}V$。

对于无限大平板,当 $Fo > 0.2$ 后,将式(2.67)代入 $\overline{\theta}$ 的定义式,可得

$$\frac{\overline{\theta}(\tau)}{\theta_0} = \frac{1}{V} \int_V \frac{t - t_\infty}{t_0 - t_\infty} \mathrm{d}V = \frac{2\sin \mu_1}{\mu_1 + \sin \mu_1 \cos \mu_1} \cdot \mathrm{e}^{-(\mu_1^2 Fo)} \cdot \frac{\sin \mu_1}{\mu_1} \tag{2.72}$$

因为

$$\frac{Q}{Q_0} = 1 - \frac{\overline{\theta}}{\theta_0}$$

所以得无限大平板无量纲传热量之比为

$$\frac{Q}{Q_0} = 1 - \frac{2\sin \mu_1}{\mu_1 + \sin \mu_1 \cos \mu_1} \cdot \mathrm{e}^{-(\mu_1^2 Fo)} \cdot \frac{\sin \mu_1}{\mu_1}$$

圆柱体与球体是工程中常见的另外两种简单的典型几何形体。在第三类边界条件下,它们的一维(温度仅在半径方向发生变化)非稳态导热问题也可采用分离变量法获得用无穷级数表示的精确解。对圆柱体、球体,当以半径为特征长度的傅里叶数 $Fo = \dfrac{a\tau}{R^2} > 0.2$ 时,无穷级数的解也可用第一项近似代替,并且 $\dfrac{\theta(x,\tau)}{\theta_0}$ 及 $\overline{\theta}(\tau)$ 的表达式均可写成类似于式(2.68)及式(2.72)的形式,即

$$\frac{\theta(x,\tau)}{\theta_0} = A\mathrm{e}^{-\mu_1^2 Fo} f(\mu_1 \eta) \tag{2.73}$$

$$\overline{\theta}(\tau) = A\mathrm{e}^{-\mu_1^2 Fo} B \tag{2.74}$$

式中，η 为无量纲几何位置，对平板，$\eta = x/\delta$，对圆柱体及球体，$\eta = r/R$；R 为外表面半径，系数 A、B 及函数 $f(\mu_1 \eta)$ 的表达式取决于几何形状，其值可在文献[1]中查得。

3. 正规阶段状况的实用计算方法

当 $Fo > 0.2$ 时，可采用上述计算公式求得非稳态导热物体的温度场及交换的热量，也可采用简化的拟合公式和诺模图求得。

(1) 诺模图。

在工程技术中，为便于计算，采用按分析解的级数第一项绘制的一些图线，称为诺模图。

(2) 海斯勒图。

诺模图中用以确定温度分布的图线，称为海斯勒图。

以无限大平板为例，首先根据式(2.67)给出 $\dfrac{\theta_m}{\theta_0}$ 随 Fo、Bi 变化的曲线（此时 $\dfrac{x}{\delta} = 0$），然后根据式(2.68)确定 $\dfrac{\theta}{\theta_m}$ 的值，于是平板中任意一点 $\dfrac{\theta}{\theta_0}$ 的值便为

$$\frac{\theta}{\theta_0} = \frac{\theta_m}{\theta_0} \frac{\theta}{\theta_m} \tag{2.75}$$

同样，从初始时刻到时刻 τ 物体与环境之间所交换的热量，可采用式(2.71)、式(2.72)作出 $\dfrac{Q}{Q_0} = f(Fo, Bi)$ 的图线。

诺模图法简捷方便，但准确度有限，误差较大。目前，随着计算技术的发展，直接应用分析解及简化拟合公式计算的方法受到重视。

4. 分析解应用范围的推广及讨论

(1) 推广范围。

① 适用于对物体被冷却的情况；

② 也适用于一侧绝热，另一侧为第三类边界条件的厚为 δ 的平板；

③ 当固体表面与流体间的表面传热系数 $h \to \infty$，即表面换热热阻趋近于零时，固体的表面温度就趋近于流体温度，所以 $Bi \to \infty$ 时的上述分析解就是固体表面温度发生一突然变化后保持不变时的解，即第一类边界条件的解。

(2) 讨论 Bi 与 Fo 对温度场的影响。

由式(2.64)、式(2.67)可知，物体中各点的过余温度随时间 τ 的增加而减小；而 Fo 与 τ 成正比，所以物体中各点过余温度也随 Fo 的增大而减小。Bi 对温度的影响从以下两方面分析：一方面，Fo 相同时，Bi 越大，θ_m/θ_0 越小。一方面，因为 Bi 越大，意味着固体表面的换热条件越强，导致物体的中心温度越迅速地接近周围介质的温度；当 $Bi \to \infty$ 时，意味着在过程开始瞬间物体表面温度就达到介质温度，物体中心温度变化最快，所以 $1/Bi = 0$ 时的线就是壁面温度保持恒定的第一类边界条件的解。另一方面，Bi 的大小取决于物体内部温度的扯平程度。例如，对于平板，当 $1/Bi > 10$（即 $Bi < 0.1$）时，截面上的过余温度差小于 5%，当 Bi 下限一直推到 0.01 时，其分析解与集总参数法的解相差极微。综上可得如下结论：介质温度恒定的第三类边界条件下的分析解，当 $Bi \to \infty$ 时，转化为第一类边界条件下的解，当 $Bi \to 0$ 时，则与集总参数法的解相同。

2.3.4　二维及三维非稳态导热问题的求解

对于典型的几何形状的物体,可利用一维非稳态导热问题分析解的组合求得。无限长方柱体、短圆柱体及短方柱体就是这类典型几何形状的例子。

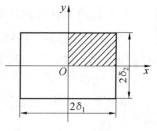

图 2.20　二维非稳态导热示意图

如图 2.20 所示,无限长方柱体的非稳态导热问题属二维导热问题。截面尺寸为 $2\delta_1 \times 2\delta_2$ 的方柱体可视为两块厚度分别为 $2\delta_1$、$2\delta_2$ 的无限大平板垂直相交所截出的物体。已知方柱体初温为 t_0,初始时放于温度为 t_∞ 流体中,表面传热系数为 h。下面求其温度场分布。

如图 2.20 所示建立坐标系,由于其对称性,只研究其 1/4 截面的温度分布,截面上的温度分布由下列导热微分方程和定解条件确定:

$$\frac{\partial \Theta}{\partial \tau} = a\left(\frac{\partial^2 \Theta}{\partial x^2} + \frac{\partial^2 \Theta}{\partial y^2}\right) \tag{2.76}$$

$$\Theta(x,y,0) = 1 \tag{2.77}$$

$$\Theta(\delta_1,y,\tau) + \frac{\lambda}{h} \left.\frac{\partial \Theta(x,y,\tau)}{\partial x}\right|_{x=\delta_1} = 0 \tag{2.78}$$

$$\Theta(x,\delta_2,\tau) + \frac{\lambda}{h} \left.\frac{\partial \Theta(x,y,\tau)}{\partial y}\right|_{y=\delta_2} = 0 \tag{2.79}$$

$$\left.\frac{\partial \Theta(x,y,\tau)}{\partial x}\right|_{x=0} = 0 \tag{2.80}$$

$$\left.\frac{\partial \Theta(x,y,\tau)}{\partial y}\right|_{y=0} = 0 \tag{2.81}$$

式中,Θ 为无量纲过余温度,$\Theta = \dfrac{t(x,y,\tau) - t_\infty}{t_0 - t_\infty} = \dfrac{\theta}{\theta_0}$。

如果无量纲过余温度 $\Theta_x(x,\tau)$ 与 $\Theta_y(y,\tau)$ 分别是处于与方柱体同样定解条件下的厚度分别为 $2\delta_1$ 及 $2\delta_2$ 的无限大平板的分析解,则它们必须满足各自的导热微分方程及定解条件,即

$$\frac{\partial \Theta_x}{\partial \tau} = a\frac{\partial^2 \Theta_x}{\partial x^2} \tag{2.82}$$

$$\Theta_x(x,0) = 1 \tag{2.83}$$

$$\left.\frac{\partial \Theta_x(x,\tau)}{\partial x}\right|_{x=0} = 0 \tag{2.84}$$

$$\Theta_x(\delta_1,\tau) + \frac{\lambda}{h} \left.\frac{\partial \Theta_x(x,\tau)}{\partial x}\right|_{x=\delta_1} = 0 \tag{2.85}$$

及

$$\frac{\partial \Theta_y}{\partial \tau} = a\frac{\partial^2 \Theta_y}{\partial y^2} \tag{2.86}$$

$$\Theta_y(y,0) = 1 \tag{2.87}$$

$$\left.\frac{\partial \Theta_y(y,\tau)}{\partial y}\right|_{y=0} = 0 \tag{2.88}$$

$$\Theta_y(\delta_2,\tau)+\frac{\lambda}{h}\frac{\partial\Theta_y(y,\tau)}{\partial y}\bigg|_{y=\delta_2}=0 \qquad (2.89)$$

只要证明:两块无限大平板分析解的乘积就是上述无限长方柱体的分析解,即

$$\Theta(x,y,\tau)=\Theta_x(x,\tau)\Theta_y(y,\tau) \qquad (2.90)$$

证明:首先证明式(2.90)满足导热微分方程(2.76),为此将式(2.90)代入式(2.76)的左右两端得:

左端为

$$\frac{\partial\Theta}{\partial\tau}=\frac{\partial(\Theta_x\cdot\Theta_y)}{\partial\tau}=\Theta_x\frac{\partial\Theta_y}{\partial\tau}+\Theta_y\frac{\partial\Theta_x}{\partial\tau}$$

右端为

$$a\left(\frac{\partial^2\Theta}{\partial x^2}+\frac{\partial^2\Theta}{\partial y^2}\right)=a\left(\Theta_y\frac{\partial^2\Theta_x}{\partial x^2}+\Theta_x\frac{\partial^2\Theta_y}{\partial y^2}\right)$$

左端减去右端得

$$\Theta_x\frac{\partial\Theta_y}{\partial\tau}+\Theta_y\frac{\partial\Theta_x}{\partial\tau}-a\left(\Theta_y\frac{\partial^2\Theta_x}{\partial x^2}+\Theta_x\frac{\partial^2\Theta_y}{\partial y^2}\right)$$

$$=\Theta_x\left(\frac{\partial\Theta_y}{\partial\tau}-a\frac{\partial^2\Theta_y}{\partial y^2}\right)+\Theta_y\left(\frac{\partial\Theta_x}{\partial\tau}-a\frac{\partial^2\Theta_x}{\partial x^2}\right)$$

$$=\Theta_x\times0+\Theta_y\times0=0$$

这就证明了 $\Theta_x(x,\tau)\Theta_y(y,\tau)$ 满足微分方程式(2.76)。

其次证明: $\Theta_x(x,\tau)\Theta_y(y,\tau)=\Theta(x,y,\tau)$ 满足初始条件。

根据 $\Theta_x(x,\tau)$ 及 $\Theta_y(y,\tau)$ 的初始条件 $\Theta_x(x,0)=1$ 和 $\Theta_y(y,0)=1$ 得 $\Theta_x(x,0)\Theta_y(y,0)=1$,证明 $\Theta_x(x,\tau)\Theta_y(y,\tau)$ 满足初始条件 $\Theta(x,y,0)=1$。

最后证明: $\Theta_x(x,\tau)\Theta_y(y,\tau)=\Theta(x,y,\tau)$ 满足边界条件。

将式(2.90)代入式(2.78)左端,并注意到式(2.85)的关系得

$$\Theta_x(\delta_1,\tau)\Theta_y(y,\tau)+\Theta_y(y,\tau)\frac{\lambda}{h}\frac{\partial\Theta_x(x,\tau)}{\partial x}\bigg|_{x=\delta_1}$$

$$=\Theta_y(y,\tau)\left[\Theta_x(\delta_1,\tau)+\frac{\lambda}{h}\frac{\partial\Theta_x(x,\tau)}{\partial x}\bigg|_{x=\delta_1}\right]$$

$$=\Theta_y(y,\tau)\times0=0$$

同样可以证明它也满足式(2.79)。

再将式(2.90)代入式(2.80)左端,并注意到式(2.84)的关系得

$$\frac{\partial\Theta_x(x,\tau)}{\partial x}\bigg|_{x=0}\Theta_y(y,\tau)=0\times\Theta_y(y,\tau)=0$$

同理可证明它也满足式(2.81)。

至此已经证明: $\Theta_x(x,\tau)\Theta_y(y,\tau)$ 是上述无限长方柱体导热微分方程的解。此方法是多维非稳态导热的求乘积解法,适用于第一类边界条件,且 $t_0=\mathrm{const}$ 时。

同理,对于短圆柱体、矩方柱体等二维、三维的非稳态导热问题,可以用相应的2个或3个一维问题的解的乘积来表示其温度分布,这就是多维非稳态导热的乘积解法。

乘积解法适用以下条件:

① 初始温度为常数, $t_0=\mathrm{const}$;

② 第一类边界条件, $t_w=\mathrm{const}$;

③ 第三类边界条件，$t_\infty = \mathrm{const}$、$h = \mathrm{const}$；

④ 线性微分方程，且定解条件均为齐次，即乘积解中温度必须以过余温度或无量纲过余温度的形式表示。

说明：对于形状复杂或边界条件复杂，分析解法无能为力，应借助其他的求解方法，如数值解法或实验模拟法。

2.3.5　半无限大物体的非稳态导热

几何上指从 $x = 0$ 的界面开始可以向正的 x 方向及其他两个坐标 (y, z) 方向无限延伸的物体，称为半无限大物体。实际上不存在这样的半无限大物体，但研究物体中非稳态导热的初始阶段，则有可能把实际物体当作半无限大的物体来处理。例如，假设有一块几何上为有限厚度的平板，起初具有均匀温度，后其一侧表面突然受到热扰动，或者壁温突然升高到一定值并保持不变，或者突然受到恒定的热流量密度加热，或者受到温度恒定的流体的加热或冷却。当扰动的影响还局限在表面附近，而尚未深入到平板内部去时，就可有条件地把该平板视为"半无限大"物体。工程导热问题中有不少情形可按半无限大物体处理。下面来研究第一类边界条件下半无限大物体非稳态导热温度场的分析解。

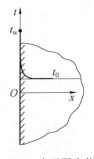

图 2.21　半无限大物体温度分布示意图

如图 2.21 所示，一个半无限大物体初始温度均匀为 t_0，在 $\tau = 0$ 时刻，$x = 0$ 的一侧表面温度突然升高到 t_w，并保持不变，试确定物体内温度随时间的变化和在时间间隔 τ 内的热流量。

1. 物体内的温度分布

根据半无限大物体的定义，这一问题的数学描写为

$$\frac{\partial t}{\partial \tau} = a \frac{\partial^2 t}{\partial x^2} \tag{2.91}$$

初始条件为

$$\tau = 0,\ t(x, 0) = t_0 \tag{2.92}$$

边界条件为

$$x = 0,\ t(0, \tau) = t_\mathrm{w};\ x \to \infty,\ t(x, \tau) = t_0 \tag{2.93}$$

引入过余温度 $\theta = t(x, \tau) - t_\mathrm{w}$，则有

$$\frac{\partial \theta}{\partial \tau} = a \frac{\partial^2 \theta}{\partial x^2}$$

$$\tau = 0,\ \theta(x, 0) = \theta_0 = t_0 - t_\mathrm{w}$$

$$x = 0,\ \theta(0, \tau) = t_\mathrm{w} - t_\mathrm{w} = 0$$

$$x \to \infty,\ \theta(\infty, \tau) = t_0 - t_\mathrm{w}$$

将微分方程 $\dfrac{\partial \theta}{\partial \tau} = a \dfrac{\partial^2 \theta}{\partial x^2}$ 分离变量并求解得分析解为

$$\frac{\theta}{\theta_0} = \frac{t - t_\mathrm{w}}{t_0 - t_\mathrm{w}} = \frac{2}{\sqrt{\pi}} \int_0^{\frac{x}{2\sqrt{a\tau}}} \mathrm{e}^{-\eta^2} \,\mathrm{d}\eta =$$

$$\mathrm{erf}\left(\frac{x}{2\sqrt{a\tau}}\right) = \mathrm{erf}\,\eta \tag{2.94}$$

式中,无量纲变量 $\eta = \dfrac{x}{2\sqrt{a\tau}}$;erf η 为误差函数,随 η 的变化而变化,查误差函数表可知:当

$\eta = 2$ 时,$\dfrac{\theta}{\theta_0} = 0.9953$,就是说当 $\eta \geqslant 2$ 即 $\dfrac{x}{2\sqrt{a\tau}} \geqslant 2$ 时,该处的温度仍认为等于 t_0(无量纲过

余温度的变化小于 5%),由此得到以下两个重要结论:

(1) 从几何位置上说,若 $x \geqslant 4\sqrt{a\tau}$,则时刻 τ 时 x 处的温度可认为未发生变化。所以,对一块初始温度均匀的厚为 2δ 的平板,当其一侧温度突然变化到另一恒定温度时,若 $\delta \geqslant 4\sqrt{a\tau}$,则在 τ 时刻之前该平板中瞬时温度场的计算可采用半无限大物体模型处理。

(2) 从时间上看,如果 $\tau \leqslant \dfrac{x^2}{16a}$,则此时 x 处的温度可认为完全不变,所以把 $\dfrac{x^2}{16a}$ 视为惰

性时间,即当 $\tau < \dfrac{x^2}{16a}$ 时,x 处的温度可认为仍等于 t_0。

2. 表面上的瞬时热流密度及在[0, τ]时间间隔内放出或吸收的热量

物体中任意一点的热流密度为

$$q_x = -\lambda \frac{\partial t}{\partial x} = -\lambda (t_0 - t_w) \frac{\partial}{\partial x}(\text{erf } \eta) = \lambda \frac{t_w - t_0}{\sqrt{\pi a \tau}} e^{-x^2/(4a\tau)} \tag{2.95}$$

则表面的热流密度为

$$q_w = \lambda \frac{t_w - t_0}{\sqrt{\pi a \tau}} \tag{2.96}$$

在[0, τ]时间间隔内,流过面积 A 的总热流流量为

$$Q = A \int_0^\tau q_w \mathrm{d}\tau = A \int_0^\tau \lambda \frac{t_w - t_0}{\sqrt{\pi a \tau}} \mathrm{d}\tau = 2A\sqrt{\frac{\tau}{\pi}} \sqrt{\rho c \lambda}\,(t_w - t_0) \tag{2.97}$$

由此可见,半无限大物体在第一类边界条件影响下被加热或冷却时,界面上的瞬时热流量与时间的平方根成反比;在时间[0, τ]内交换的总热量则正比于 $\sqrt{\rho c \lambda}$ 及时间的平方根。其中 $\sqrt{\rho c \lambda}$ 称为吸热系数,表示物体与其接触的高温物体吸热的能力。

另外,半无限大物体概念只适于物体非稳态导热的初始阶段,当物体表面上的热扰动已深入传递到物体内部时,就不再适用,则应采用前述分析方法。

2.4　导热的数值解法

由前述可知,求解导热问题实际上就是对导热微分方程在定解条件下的积分求解,从而获得分析解。但是,对于工程中几何形状及定解条件比较复杂的导热问题,从数学上目前无法得出其分析解。随着计算机技术的迅速发展,对物理问题进行离散求解的数值方法发展十分迅速,并得到广泛应用,并成为传热学的一个分支——计算传热学(数值传热学),这些数值解法主要有有限差分法、有限元方法和边界元方法。

数值解法能解决的问题原则上是一切导热问题,特别是分析解方法无法解决的问题,如几何形状、边界条件复杂、物性不均、多维导热问题。分析解法与数值解法的根本目的是相同的,即确定 $t = f(x, y, z, \tau)$ 和 $Q = g(x, y, z, \tau)$。但数值解法求解的是区域或时间空间坐标系中离散点的温度分布代替连续的温度场;分析解法求解的是连续的温度场的分布特征,

而不是分散点的数值。

2.4.1　导热问题数值求解的基本思想及内节点离散方程的建立

1. 数值解法的基本概念

对物理问题进行数值解法的基本思路可以概括为:把原来在时间、空间坐标系中连续的物理量的场,如导热物体的温度场等,用有限个离散点上的值的集合来代替,通过求解按一定方法建立起来的关于这些值的代数方程,来获得离散点上被求物理量的值,该方法称为数值解法。这些离散点上被求物理量值的集合称为该物理量的数值解。

数值解法的求解过程可用图 2.22 表示。由此可见:物理模型简化成数学模型是基础,建立节点离散方程是关键,一般情况微分方程中,某一变量在某一坐标方向所需边界条件的个数等于该变量在该坐标方向最高阶导数的阶数。

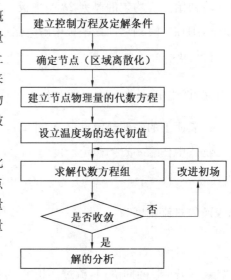

图 2.22　物理问题的数值求解过程

2. 数值求解的步骤

如图 2.23(a) 所示,二维矩形域内无内热源、稳态、常物性的导热问题采用数值解法的步骤如下:

(1) 建立控制方程及定解条件。

控制方程是指描写物理问题的微分方程。针对图示的导热问题,它的控制方程(即导热微分方程) 为

$$\frac{\partial^2 t}{\partial x^2} + \frac{\partial^2 t}{\partial y^2} = 0 \tag{2.98}$$

边界条件:

$x = 0$ 时

$$t = t_0$$

$x = H$ 时

$$-\lambda \left. \frac{\partial t}{\partial x} \right|_{x=H} = h_2 \left[t(H, y) - t_f \right]$$

当 $y = 0$ 时

$$-\lambda \left. \frac{\partial t}{\partial y} \right|_{y=0} = h_1 \left[t(x, 0) - t_f \right]$$

当 $y = W$ 时

$$-\lambda \left. \frac{\partial t}{\partial y} \right|_{y=W} = h_3 \left[t(x, W) - t_f \right]$$

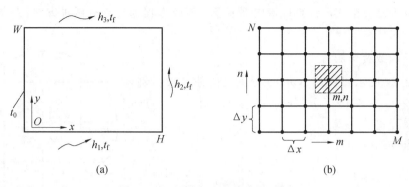

图 2.23 导热问题数值求解示例

(2) 区域离散化(确立节点)。

用一系列与坐标轴平行的网格线把求解区域划分成若干个子区域,用网格线的交点作为需要确定温度值的空间位置,称为节点,节点的位置用该节点在两个方向上的标号 m、n 表示。相邻两节点间的距离称步长,计为 Δx、Δy。每个节点都可以看成是以它为中心的一个小区域的代表,把节点代表的小区域称为元体(又称控制容积),如图 2.23(b) 所示。

(3) 建立节点物理量的代数方程(离散方程)。

节点上物理量的代数方程称为离散方程。其过程如下:首先划分各节点的类型;其次,建立节点离散方程;最后,形成代数方程组。对节点 (m,n) 的代数方程,当 $\Delta x = \Delta y$ 时,有

$$t_{m,n} = \frac{1}{4}(t_{m+1,n} + t_{m-1,n} + t_{m,n+1} + t_{m,n-1}) \tag{2.99}$$

(4) 设立迭代初场。

代数方程组的求解方法有直接解法与迭代解法,传热问题的有限差分法主要采用迭代法。采用迭代法求解时,需对被求的温度场预先设定一个解,这个解称为初场,并在求解过程中不断改进。

(5) 求解代数方程组。

如图 2.23(b) 所示,除 $m=1$ 的左边界上各节点的温度已知外,其余 $(M-1) \times N$ 个节点均需建立离散方程,共有 $(M-1) \times N$ 个方程,则构成一个封闭的代数方程组。求解时遇到的问题:① 线性代数方程组:代数方程一经建立,其中各项系数在整个求解过程中不再变化。② 非线性代数方程组:代数方程一经建立,其中各项系数在整个求解过程中不断更新。③ 是否收敛的判断:是指用迭代法求解代数方程是否收敛,即本次迭代计算所得之解与上一次迭代计算所得之解的偏差是否小于允许值。

关于变物性(物性为温度的函数)导热问题,建立的离散方程,4 个邻点温度的系数不是常数,而是温度的函数。在迭代计算时,这些系数应不断更新,这是非线性问题。

(6) 解的分析。

通过求解代数方程,获得物体中的温度分布,根据温度场应进一步计算通过的热流量、热应力及热变形等。因此,对于数值分析计算所得的温度场及其他物理量应做详细分析,以获得定性或定量上的结论。

2.4.2 稳态导热中位于计算区域内部的节点离散方程建立方法

位于计算区域内部的节点,称为内节点。差商中的差分可以用向前、向后、中心差分表

示的格式称为差分格式。计算区域内部节点的离散方程的建立有两种方法：泰勒级数展开法和热平衡法。

1. 泰勒级数展开法

如图 2.24 所示，以节点 (m,n) 处的二阶偏导数为例，对节点 $(m+1,n)$、$(m-1,n)$ 分别写出函数 t 对 (m,n) 点的泰勒级数展开式。

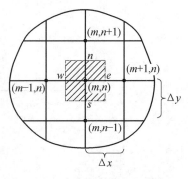

图 2.24　内节点离散方程的建立

对节点 $(m+1,n)$：

$$t_{(m+1,n)} = t_{(m,n)} + \Delta x \left.\frac{\partial t}{\partial x}\right|_{(m,n)} + \frac{\Delta x^2}{2!}\left.\frac{\partial^2 t}{\partial x^2}\right|_{(m,n)} +$$

$$\frac{\Delta x^3}{3!}\left.\frac{\partial^3 t}{\partial x^3}\right|_{(m,n)} + \frac{\Delta x^4}{4!}\left.\frac{\partial^4 t}{\partial x^4}\right|_{(m,n)} + \cdots \tag{2.100}$$

对节点 $(m-1,n)$：

$$t_{(m-1,n)} = t_{(m,n)} - \Delta x \left.\frac{\partial t}{\partial x}\right|_{(m,n)} + \frac{\Delta x^2}{2!}\left.\frac{\partial^2 t}{\partial x^2}\right|_{(m,n)} - \frac{\Delta x^3}{3!}\left.\frac{\partial^3 t}{\partial x^3}\right|_{(m,n)} + \frac{\Delta x^4}{4!}\left.\frac{\partial^4 t}{\partial x^4}\right|_{(m,n)} + \cdots \tag{2.101}$$

式（2.100）加式（2.101）得

$$t_{(m+1,n)} + t_{(m-1,n)} = 2t_{(m,n)} + \Delta x^2 \left.\frac{\partial^2 t}{\partial x^2}\right|_{(m,n)} + \frac{\Delta x^4}{12}\left.\frac{\partial^4 t}{\partial x^4}\right|_{(m,n)} + \cdots \tag{2.102}$$

变形为 $\left.\dfrac{\partial^2 t}{\partial x^2}\right|_{(m,n)}$ 的表示式得

$$\left.\frac{\partial^2 t}{\partial x^2}\right|_{(m,n)} = \frac{t_{(m+1,n)} + t_{(m-1,n)} - 2t_{(m,n)}}{\Delta x^2} + O(\Delta x^2) \tag{2.103}$$

式（2.103）是用 3 个离散点上的值计算二阶导数 $\left.\dfrac{\partial^2 t}{\partial x^2}\right|_{(m,n)}$ 的严格表达式，其中：$O(\Delta x^2)$ 称为截断误差，误差量级为 Δx^2，即表示未明确写出的级数余项中 Δx 的最低阶数为 2。

在数值计算时，用 3 个相邻节点上的值近似表示二阶导数的表达式即可，则相应地略去 $O(\Delta x^2)$。于是得

$$\left.\frac{\partial^2 t}{\partial x^2}\right|_{(m,n)} = \frac{t_{(m+1,n)} + t_{(m-1,n)} - 2t_{(m,n)}}{\Delta x^2} \tag{2.104}$$

同理

$$\left.\frac{\partial^2 t}{\partial y^2}\right|_{(m,n)} = \frac{t_{(m,n+1)} + t_{(m,n-1)} - 2t_{(m,n)}}{\Delta y^2} \tag{2.105}$$

根据导热问题的控制方程（导热微分方程）$\dfrac{\partial^2 t}{\partial x^2} + \dfrac{\partial^2 t}{\partial y^2} = 0$ 得

$$\frac{t_{(m+1,n)} + t_{(m-1,n)} - 2t_{(m,n)}}{\Delta x^2} + \frac{t_{(m,n+1)} + t_{(m,n-1)} - 2t_{(m,n)}}{\Delta y^2} = 0 \tag{2.106}$$

若 $\Delta x = \Delta y$，则有：$t_{(m,n)} = \dfrac{1}{4}\left(t_{(m+1,n)} + t_{(m-1,n)} + t_{(m,n+1)} + t_{(m,n-1)}\right)$，这就是著名的四点差分公式。

2. 热平衡法

热平衡法的本质是傅里叶定律和能量守恒定律的体现。对于每个元体,可用傅里叶定律写出其能量守恒的表达式。如图 2.24 所示,元体在垂直纸面方向取单位长度,通过元体界面(w,e,n,s)所传导的热流量可以用有关的两个节点根据傅里叶定律写出。

从节点($m-1,n$)通过界面 w 传导到节点(m,n)的热流为

$$\Phi_w = \lambda \Delta y \frac{t_{(m-1,n)} - t_{(m,n)}}{\Delta x} \tag{2.107}$$

同理通过界面 e、n、s 传导给节点(m,n)的热流量为

$$\Phi_e = \lambda \Delta y \frac{t_{(m+1,n)} - t_{(m,n)}}{\Delta x} \tag{2.108}$$

$$\Phi_n = \lambda \Delta x \frac{t_{(m,n+1)} - t_{(m,n)}}{\Delta y} \tag{2.109}$$

$$\Phi_s = \lambda \Delta x \frac{t_{(m,n-1)} - t_{(m,n)}}{\Delta y} \tag{2.110}$$

对元体(m,n),根据能量守恒定律可知

$$\Phi_w + \Phi_e + \Phi_n + \Phi_s = 0 \tag{2.111}$$

其中规定:导入元体(m,n)的热流量为正;导出元体(m,n)的热流量为负。

将式(2.107)、式(2.108)、式(2.109)、式(2.110)代入式(2.111),当 $\Delta x = \Delta y$ 时得式(2.99)。

需要说明的是,上述分析与推导是在笛卡尔坐标系中进行的,可以看出热平衡法概念清晰,过程简捷。热平衡法与 1.3 节中建立微分方程的思路与过程是一致的,但不同的是前者是有限大小的元体,后者是微元体。

2.4.3　边界节点离散方程的建立及代数方程的求解

对于第一类边界条件的导热问题,所有内节点的离散方程组成一个封闭的代数方程组,即可求解;对于第二类或第三类边界条件的导热问题,所有内节点的离散方程组成的代数方程组都是不封闭的,因未知边界温度,因而应对位于该边界上的节点补充相应的代数方程,才能使方程组封闭,以便求解。

1. 用热平衡法导出典型边界点上的离散方程

在下面的讨论中,先把第二类边界条件及第三类边界条件合并起来考虑,并以 q_w 代表边界上已知的热流密度值或热流密度表达式,用热平衡方法导出 3 类典型边界节点的离散方程,然后针对 q_w 的 3 种不同情况将导出的离散方程进一步具体化,为使结果更具一般性,假设物体具有内热源 $\dot{\Phi}$(不必均匀分布)。

(1) 位于平直边界上的节点。

如图 2.25 所示,有阴影线的区域,边界节点(m,n)只能代表半个元体,设边界上有向该元体传递的热流密度为 q_w,据能量守恒定律对该元体有

$$\lambda \Delta y \frac{t_{(m-1,n)} - t_{(m,n)}}{\Delta x} + \lambda \frac{\Delta x}{2} \frac{t_{(m,n+1)} - t_{(m,n)}}{\Delta y} + \lambda \frac{\Delta x}{2} \frac{t_{(m,n-1)} - t_{(m,n)}}{\Delta y} + \frac{\Delta x \Delta y}{2} \dot{\Phi}_{(m,n)} + \Delta y q_w = 0$$

$$\tag{2.112}$$

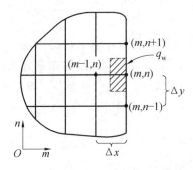

图 2.25　平直边界上的节点

若 $\Delta x = \Delta y$，则

$$t_{(m,n)} = \frac{1}{4}\left(2t_{(m-1,n)} + t_{(m,n+1)} + t_{(m,n-1)} + \frac{\Delta x^2 \dot{\Phi}_{(m,n)}}{\lambda} + \frac{2\Delta x q_w}{\lambda}\right) \tag{2.113}$$

（2）外部角点。

如图 2.26 所示，二维墙角计算区域中，节点 $A \sim E$ 均为外部角点，其特点是每个节点仅代表 1/4 个以 Δx、Δy 为边长的元体。假设边界上有向该元体传递的热流密度为 q_w，则据能量守恒定律得其热平衡方程为

$$\lambda \frac{\Delta y}{2}\frac{t_{(m-1,n)} - t_{(m,n)}}{\Delta x} + \lambda \frac{\Delta x}{2}\frac{t_{(m,n-1)} - t_{(m,n)}}{\Delta y} +$$

$$\frac{\Delta x \Delta y}{4}\dot{\Phi}_{(m,n)} + \frac{\Delta x + \Delta y}{2}q_w = 0$$

$$\tag{2.114}$$

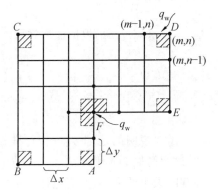

图 2.26　外部角点与内部角点

若 $\Delta x = \Delta y$，则

$$t_{(m,n)} = \frac{1}{2}\left(t_{(m-1,n)} + t_{(m,n-1)} + \frac{\Delta x^2 \dot{\Phi}_{(m,n)}}{2\lambda} + \frac{2\Delta x q_w}{\lambda}\right)$$

$$\tag{2.115}$$

（3）内部角点。

图 2.26 中的 F 点为内部角点，代表了 3/4 个元体，同理得

$$\lambda \Delta y \frac{t_{(m-1,n)} - t_{(m,n)}}{\Delta x} + \lambda \Delta x \frac{t_{(m,n+1)} - t_{(m,n)}}{\Delta y} + \lambda \frac{\Delta x}{2}\frac{t_{(m,n-1)} - t_{(m,n)}}{\Delta y} +$$

$$\lambda \frac{\Delta y}{2}\frac{t_{(m+1,n)} - t_{(m,n)}}{\Delta x} + \frac{3\Delta x \Delta y}{4}\dot{\Phi}_{(m,n)} + \frac{\Delta x + \Delta y}{2}q_w = 0 \tag{2.116}$$

若 $\Delta x = \Delta y$，则

$$t_{(m,n)} = \frac{1}{6}\left(2t_{(m-1,n)} + 2t_{(m,n+1)} + t_{(m,n-1)} + t_{(m+1,n)} + \frac{3\Delta x^2 \dot{\Phi}_{(m,n)}}{2\lambda} + \frac{2\Delta x q_w}{\lambda}\right) \tag{2.117}$$

（4）讨论有关 q_w 的 3 种情况。

① 若是绝热边界，则 $q_w = 0$，即令式（2.117）中 $q_w = 0$ 即可。

② 若 $q_w \neq 0$，则以给定的 q_w 值代入上述方程。但要注意：流入元体 q_w 取正，流出元体 q_w 取负。

③ 若属对流边界，则 $q_w = h(t_f - t_{(m,n)})$，将此表达式代入式（2.112）～（2.117），并将此

项中 $t_{(m,n)}$ 与等号前的 $t_{(m,n)}$ 合并。对于 $\Delta x = \Delta y$ 的情形,有

平直边界:

$$2\left(\frac{h\Delta x}{\lambda} + 2\right) t_{(m,n)} = 2t_{(m-1,n)} + t_{(m,n+1)} + t_{(m,n-1)} +$$

$$\frac{\Delta x^2 \dot{\Phi}_{(m,n)}}{\lambda} + \frac{2h\Delta x}{\lambda} t_{\mathrm{f}} \tag{2.118}$$

对外角点:

$$2\left(\frac{h\Delta x}{\lambda} + 1\right) t_{(m,n)} = t_{(m-1,n)} + t_{(m,n-1)} + \frac{\Delta x^2 \dot{\Phi}_{(m,n)}}{2\lambda} + \frac{2h\Delta x}{\lambda} t_{\mathrm{f}} \tag{2.119}$$

对内角点:

$$2\left(\frac{h\Delta x}{\lambda} + 3\right) t_{(m,n)} = 2t_{(m-1,n)} + 2t_{(m,n+1)} + t_{(m,n-1)} + t_{(m+1,n)} + \frac{3\Delta x^2 \dot{\Phi}_{(m,n)}}{2\lambda} + \frac{2h\Delta x}{\lambda} t_{\mathrm{f}} \tag{2.120}$$

其中无量纲数 $\frac{h\Delta x}{\lambda}$ 是以网格步长 Δx 为特征长度的毕渥数,即 Bi 是在对流边界条件的离散过程中引入的。

2. 代数方程的求解方法

(1)直接解法。

直接解法指通过有限次运算获得精确解的方法,如矩阵求逆法、高斯消元法等。这一方法的缺点是计算所需的计算机内存较大,当代数方程的数目较多时使用不便。

(2)迭代法。

迭代法指先对要计算的场做出假设(设定初场),在迭代计算中不断予以改进,直到计算前的假定值与计算结果相差小于允许值为止的方法,也称迭代计算收敛。目前应用较多的是高斯－赛德尔迭代法(每次迭代计算,均使用节点温度的最新值)和雅可比迭代法(每次迭代计算,均用上一次迭代计算出的值)。

设有一个三元方程组,记为

$$\begin{cases} a_{11}t_1 + a_{12}t_2 + a_{13}t_3 = b_1 \\ a_{21}t_1 + a_{22}t_2 + a_{23}t_3 = b_2 \\ a_{31}t_1 + a_{32}t_2 + a_{33}t_3 = b_3 \end{cases} \tag{2.121}$$

其中 $a_{i,j}(i=1,2,3;j=1,2,3)$ 及 $b_i(i=1,2,3)$ 是已知的系数(设均不为零)及常数。采用高斯－赛德尔迭代法的步骤如下:

① 将三元方程变形为迭式方程:

$$\begin{cases} t_1 = \dfrac{1}{a_{11}}(b_1 - a_{12}t_2 - a_{13}t_3) \\[2mm] t_2 = \dfrac{1}{a_{22}}(b_2 - a_{21}t_1 - a_{23}t_3) \\[2mm] t_3 = \dfrac{1}{a_{33}}(b_3 - a_{31}t_1 - a_{32}t_2) \end{cases} \tag{2.122}$$

② 假设一组解(迭代初场),记为 $t_1^{(0)}$、$t_2^{(0)}$、$t_3^{(0)}$,并代入迭代方程求得第一次解 $t_1^{(1)}$、$t_2^{(1)}$、$t_3^{(1)}$,每次计算都用 t 的最新值代入。例如,当由式(2.121)中的第三式计算 $t_3^{(1)}$ 时代入的是

$t_1^{(1)}$ 及 $t_2^{(1)}$ 之值。

③ 以计算所得之值作为初场,重复上述计算,直到相邻两次迭代值之差小于允许值,则称迭代收敛,计算终止。

3. 判断迭代收敛的准则

判断迭代是否收敛的准则一般有以下 3 种:

$$\max \left| t_i^{(k)} - t_i^{(k+1)} \right| \leqslant \varepsilon \tag{2.123}$$

$$\max \left| \frac{t_i^{(k)} - t_i^{(k+1)}}{t_i^{(k)}} \right| \leqslant \varepsilon \tag{2.124}$$

$$\max \left| \frac{t_i^{(k)} - t_i^{(k+1)}}{t_{\max}^{(k)}} \right| \leqslant \varepsilon \tag{2.125}$$

其中上角标 k 及 $k+1$ 表示迭代次数,$t_{\max}^{(k)}$ 为第 k 次迭代计算所得的计算区域中的最大值。若计算区域中有接近于零的 t,则采用式(2.125)比较合适。

需要说明的是,对于一个代数方程组,若选用的迭代方式不合适,有可能导致发散,即称迭代过程发散;对于常物性导热问题组成的差分方程组,迭代公式的选择应使一个迭代变量的系数总是大于或等于该式中其他变量系数绝对值的代数和,此时,结果一定收敛。这一条件数学上称主对角线占优(对角占优),即

$$\frac{|a_{12}| + |a_{13}|}{a_{11}} \leqslant 1, \ \frac{|a_{21}| + |a_{23}|}{a_{22}} \leqslant 1, \ \frac{|a_{31}| + |a_{32}|}{a_{33}} \leqslant 1$$

另外,采用热平衡法导出差分方程时,若每一个方程都选用导出该方程中心节点的温度作为迭代变量,则上述条件必满足,迭代一定收敛。

2.4.4 　非稳态导热问题的数值解法

由前文可知,非稳态导热和稳态导热二者微分方程的区别在于控制方程中多了一个非稳态项,其中扩散项的离散方法与稳态导热相同。本节重点讨论非稳态项离散的方法和扩散项离散时所取时间层的不同对计算带来的影响。

1. 一维非稳态导热时间 − 空间区域的离散化

如图 2.27 所示,x 为空间坐标,τ 为时间坐标。定义时间步长 $\Delta\tau$ 为从一个时间层到下一个时间层的时间间隔 $\Delta\tau$。节点 (n, i) 表示空间网格线与时间网格线的交点,即表示时间 − 空间区域中一个节点的位置,相应地记为 $t_n^{(i)}$。

非稳态项的离散有 3 种不同的格式,即向前差分、向后差分及中心差分。

(1)向前差分。

将函数 t 在节点 $(n, i+1)$ 对点 (n, i) 做泰勒展开,则有

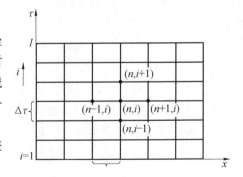

图 2.27　一维非稳态导热时间 −
空间区域的离散化

$$t_n^{(i+1)} = t_n^{(i)} + \Delta\tau \left. \frac{\partial t}{\partial \tau} \right|_{(n,i)} + \frac{\Delta\tau^2}{2} \left. \frac{\partial^2 t}{\partial \tau^2} \right|_{(n,i)} + \cdots \pm \tag{2.126}$$

于是有

$$\frac{\partial t}{\partial \tau}\bigg|_{(n,i)} = \frac{t_n^{(i+1)} - t_n^{(i)}}{\Delta \tau} + O(\Delta \tau) \tag{2.127}$$

式中,$O(\Delta \tau)$ 表示余项中 $\Delta \tau$ 的最低阶为一次。

由式(2.127)可得在点(n,i)处一阶导数的向前差分表示式,即

$$\frac{\partial t}{\partial \tau}\bigg|_{(n,i)} = \frac{t_n^{(i+1)} - t_n^{(i)}}{\Delta \tau} \tag{2.128}$$

(2) 向后差分。

将 t 在节点$(n,i-1)$对点(n,i)做泰勒展开,可得$\dfrac{\partial t}{\partial \tau}\bigg|_{(n,i)}$ 的向后差分表示式,即

$$\frac{\partial t}{\partial \tau}\bigg|_{(n,i)} = \frac{t_n^{(i)} - t_n^{(i-1)}}{\Delta \tau} \tag{2.129}$$

(3) 中心差分。

通过$\dfrac{\partial t}{\partial \tau}\bigg|_{(n,i)}$ 的向前差分与向后差分之和,可得$\dfrac{\partial t}{\partial \tau}\bigg|_{n,i}$ 的中心差分表达式

$$\frac{\partial t}{\partial \tau}\bigg|_{(n,i)} = \frac{t_n^{(i+1)} - t_n^{(i-1)}}{2\Delta \tau} \tag{2.130}$$

2. 一维非稳态导热微分方程的离散方法

(1) 泰勒级数展开法。

① 显式差分格式。

一维非稳态导热微分方程中的扩散项离散与稳态导热微分方程中的方法相同,对一维非稳态导热微分方程中的扩散项采用中心差分,非稳态项采用向前差分,则有

$$\frac{t_n^{(i+1)} - t_n^{(i)}}{\Delta \tau} = a\frac{t_{n+1}^{(i)} - 2t_n^{(i)} + t_{n-1}^{(i)}}{\Delta x^2} \tag{2.131}$$

变形得

$$t_n^{(i+1)} = \frac{a\Delta \tau}{\Delta x^2}(t_{n+1}^{(i)} + t_{n-1}^{(i)}) + \left(1 - \frac{2a\Delta \tau}{\Delta x^2}\right)t_n^{(i)} \tag{2.132}$$

求解非稳态导热微分方程,是从已知的初始温度分布出发,根据边界条件依次求得以后各个时间层上的温度值。由此可见,只要 i 时层上各节点的温度已知,那么$(i+1)$ 时层上各节点的温度即可算出,且不需设立方程组求解。此关系式即为显式差分格式。其优点是计算工作量小,但受时间及空间步长的限制,否则会出现不合理的解的振荡现象。

② 隐式差分格式。

对一维非稳态导热微分方程中的扩散项在$(i+1)$ 时层上采用中心差分,非稳态项在节点$(n,i+1)$处对节点(n,i)采用向前差分,得

$$\frac{t_n^{(i+1)} - t_n^{(i)}}{\Delta \tau} = a\frac{t_{n+1}^{(i+1)} - 2t_n^{(i+1)} + t_{n-1}^{(i+1)}}{\Delta x^2} \tag{2.133}$$

式中已知的是 i 时层上的值 $t_n^{(i)}$,而未知量有 3 个,因此不能直接由式(2.133)立即算出 $t_n^{(i+1)}$,必须求解 $i+1$ 时层上的一个联立方程组,才能算出 $i+1$ 时层各节点的温度,此种差分格式称为隐式差分格式。其优点是不受时间及空间的步长影响,但计算工作量大。综上可知,非稳态导热微分方程中,扩散项采用中心差分,非稳态项采用向前差分得到显式差分格式。非稳态导热微分方程中,扩散项采用中心差分,非稳态项采用向后差分得到隐式差分格

式。

（2）热平衡法。

热平衡法不受网格是否均匀和物性是否为常数限制。

以一维非稳态导热边界节点为例，应用热平衡法建立节点离散方程。如图 2.28 所示，一无限大平板，右侧面受周围流体的冷却，表面传热系数为 h，此时边界节点 N 代表宽为 $\Delta x/2$ 的元体。

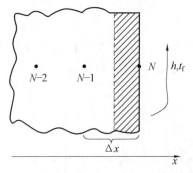

图 2.28　边界节点离散方程的建立

根据傅里叶定律，在 i 时层上，从节点 $(N-1)$ 传导给节点 N 的热流量，即从 $(N-1)$ 传给元体 $\dfrac{\Delta x}{2}$ 单位面积的热流量为

$$q^{(i)}_{(N-1,N)} = \lambda \frac{t^{(i)}_{N-1} - t^{(i)}_N}{\Delta x} \tag{2.134}$$

根据牛顿冷却公式，平板右侧被冷却时，在 i 时层上其单位面积的热流量为

$$q_{\mathrm{c}} = h(t_{\mathrm{f}} - t^{(i)}_N) \tag{2.135}$$

在 i 时层上元体热力学能的增量为

$$q = \rho c \left.\frac{\partial t}{\partial \tau}\right|_{(N,j)} \cdot \frac{\Delta x}{2} = \rho c \frac{\Delta x}{2} \frac{t^{(i+1)}_N - t^{(i)}_N}{\Delta \tau} \tag{2.136}$$

据能量守恒定律可知：在 i 时层通过导热和对流进入元体的能量应等于元体热力学能的变化量，则有

$$\lambda \frac{t^{(i)}_{N-1} - t^{(i)}_N}{\Delta x} + h(t_{\mathrm{f}} - t^{(i)}_N) = \rho c \frac{\Delta x}{2} \frac{t^{(i+1)}_N - t^{(i)}_N}{\Delta \tau} \tag{2.137 a}$$

经整理得

$$t^{(i+1)}_N = t^{(i)}_N \left(1 - \frac{2h\Delta\tau}{\rho c \Delta x} - \frac{2a\Delta\tau}{\Delta x^2}\right) + \frac{2a\Delta\tau}{\Delta x^2} t^{(i)}_{N-1} + \frac{2h\Delta\tau}{\rho c \Delta x} t_{\mathrm{f}} \tag{2.137 b}$$

式中，$\dfrac{a\Delta\tau}{\Delta x^2}$ 为以 Δx 为特征长度的傅里叶数，称网格傅里叶数，记为 Fo。

$\dfrac{h\Delta\tau}{\rho c \Delta x}$ 项可做如下变化：

$$\frac{h\Delta\tau}{\rho c \Delta x} = \frac{\lambda}{\rho c} \frac{\Delta\tau}{\Delta x^2} \frac{h\Delta x}{\lambda} = Fo \cdot Bi$$

式中，$\dfrac{h\Delta x}{\lambda}$ 为网格毕渥数，记为 Bi。

于是式（1.137b）可改写为

$$t^{(i+1)}_N = t^{(i)}_N (1 - 2Fo \cdot Bi - 2Fo) + 2Fo \cdot t^{(i)}_{N-1} + 2Fo \cdot Bi \cdot t_{\mathrm{f}} \tag{2.137 c}$$

说明：对多维非稳态导热问题应用热平衡法来建立离散方程的原则和过程均与上述类似。

至此，可以把第三类边界条件下厚度为 2δ 的无限大平板的数值计算问题做一归纳。由于问题的对称性，只要求解一半厚度即可，其数学描写见式（2.56）～（2.59），此处不再重复。设将计算区域等分为 $(N-1)$ 等份（N 个节点），节点 1 为绝热的对称面，节点 N 为对流

边界,则与微分形式的数学描写相对应的离散形式为

$$t_n^{(i+1)} = Fo\left(t_{n+1}^{(i)} + t_{n-1}^{(i)}\right) + (1 - 2Fo)\,t_n^{(i)} \,, \; n = 1, 2, \cdots, N-1 \tag{2.138}$$

$$t_n^{(1)} = t_0 \,, \; n = 1, 2, \cdots, N \tag{2.139}$$

$$t_N^{(i+1)} = t_N^{(i)}(1 - 2Fo \cdot Bi - 2Fo) + 2Fo \cdot t_{N-1}^{(i)} + 2Fo \cdot Bi \cdot t_f \tag{2.140}$$

$$t_2^{(i)} = t_{-1}^{(i)} \tag{2.141}$$

式(2.141)是绝热边界的一种离散方式,可参阅图2.29理解此式,这是由于在确定 $t_1^{(i+1)}$ 之值时需要用到 $t_{-1}^{(i)}$,根据对称性该值等于 $t_2^{(i)}$。这样从已知的初始分布 t_0 出发,利用式(2.138)、式(2.140)可以依次求得第二时层、第三时层直到 i 时层上的温度值(图2.27)。至于空间步长 Δx 及时间步长 $\Delta \tau$ 的选取,原则上步长越小,计算结果越接近于精确解,但所需的计算机内存及计算时间则大大增加。此外,$\Delta \tau$ 与 Δx 之间的关系还受到显式格式稳定性的影响。

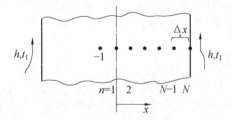

图2.29　　计算无限大平板导热的网格划分

3. 讨论一维导热问题显式差分格式稳定性限制的物理意义

从离散方程的结构分析,对于一维导热显式格式的内节点方程,点 n 上 $i+1$ 时刻的温度是在该点 i 时刻温度的基础上计及左右两邻点温度的影响后得出的。若两邻点的影响保持不变,则合理的情况是:$t_n^{(i)}$ 越高,则 $t_n^{(i+1)}$ 越高;$t_n^{(i)}$ 越低,则 $t_n^{(i+1)}$ 越低。

在式(2.138)中,满足这种合理性是有条件的,即式(2.138)中 $t_n^{(i)}$ 前的系数必大于等于零,即

$$Fo = \frac{a\Delta \tau}{\Delta x^2} \leqslant \frac{1}{2} \tag{2.142}$$

否则,将出现不合理情况。若 $1 - 2Fo < 0$,则表明节点 (n, i) 在 i 时刻的 $t_n^{(i)}$ 越高,经 $\Delta \tau$ 时段后,$t_n^{(i+1)}$ 越低,这种节点温度随时间的跳跃式变化是不符合热力学第二定律这一基本物理规律的,所以该方程数值计算的结果出现跳跃式波动的现象称为数值解的不稳定性。

对于一维导热显示格式的对流边界节点方程(2.140),得出合理解的条件是

$$1 - 2Fo \cdot Bi - 2Fo \geqslant 0 \tag{2.143}$$

即

$$Fo \leqslant \frac{1}{2 + Bi} \tag{2.144}$$

由此可见,对流边界节点要得到的合理的解,其限制条件比内节点更为严格,所以,当由边界条件及内节点的稳定性条件得出的 Fo 不同时,应选较小的 Fo 来确定允许采用的时间步长 $\Delta \tau$。对于第一、二类边界条件,其限制条件只有内节点的限制条件。内边界节点差分方程的稳定性条件不同,但在数值计算时,二节点又必须选择相同的 Δx、$\Delta \tau$。因此,在选择了 Δx 后,则 $\Delta \tau$ 的选择就要受到稳定条件的限制,不能任意选择,而必须按两节点的稳定性

条件分别计算 $\Delta\tau$，取其中较小的 $\Delta\tau$ 作为时间步长，方能满足二者的稳定性要求。

4. 数值解法的求解步骤

（1）首先选择空间坐标间隔 Δx，即距离步长。对二维问题一般使 $\Delta x = \Delta y$。

（2）对显式格式差分方程，根据方程的稳定性条件选择允许的最大时间步长 $\Delta\tau$；在稳定性条件允许范围内，$\Delta\tau$ 越大，计算工作量越小，但精度较差；对于一维问题，一般取 $\frac{1}{4} \leqslant Fo \leqslant \frac{1}{2}$，即可满足工程精度要求；对于隐式差分方程，$\Delta x$、$\Delta\tau$ 可任意选取，不必进行稳定性条件校核。

（3）按题意给定的初始温度分布，确定各节点上的温度初值 $t_n^{(0)}$。

（4）根据建立的差分方程组，求 $\Delta\tau$ 时刻各节点的温度 $t_n^{(1)}$。

（5）由 $t_n^{(1)}$ 为初值，重复计算得出 $t_n^{(2)}$，如此反复，最后得到 i 时刻的 $t_n^{(i)}$。

例 2.2　如图 2.30 所示，极坐标中常物性、无内热源的非稳态导热方程为

$$\frac{\partial t}{\partial \tau} = a\left(\frac{\partial^2 t}{\partial r^2} + \frac{1}{r}\frac{\partial t}{\partial r} + \frac{1}{r^2}\frac{\partial^2 t}{\partial \varphi^2}\right)$$

试利用图 2.30 中的符号，列出节点 (i, j) 的差分方程式。

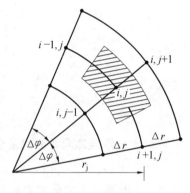

图 2.30　例 2.2 附图

解　利用热平衡法，对 (i, j) 节点列出能量平衡式，有 $\Phi_{in} = \Delta E$，其中

$$\Delta E = \rho c V \frac{t_{i,j}^{(k+1)} - t_{i,j}^{(k)}}{\Delta\tau} = \rho c \Delta r \cdot r_j \cdot \Delta\varphi \frac{t_{i,j}^{(k+1)} - t_{i,j}^{(k)}}{\Delta\tau}$$

$$\Phi_{in} = \lambda\left(r_j - \frac{\Delta r}{2}\right)\Delta\varphi \frac{t_{i,j-1}^{(k)} - t_{i,j}^{(k)}}{\Delta r} +$$

$$\lambda\left(r_j + \frac{\Delta r}{2}\right)\Delta\varphi \frac{t_{i,j}^{(k)} - t_{i,j+1}^{(k)}}{\Delta r} +$$

$$\lambda\Delta r \frac{t_{i-1,j}^{(k)} - t_{i,j}^{(k)}}{r_j \Delta\varphi} + \lambda\Delta r \frac{t_{i+1,j}^{(k)} - t_{i,j}^{(k)}}{r_j \Delta\varphi}$$

整理，得

$$\frac{t_{i,j}^{(k+1)} - t_{i,j}^{(k)}}{\Delta\tau} = a\left[\frac{\left(r_j - \frac{\Delta r}{2}\right)}{r_j}\frac{t_{i,j-1}^{(k)} - t_{i,j}^{(k)}}{\Delta r^2} + \frac{\left(r_j + \frac{\Delta r}{2}\right)}{r_j}\frac{t_{i,j}^{(k)} - t_{i,j+1}^{(k)}}{\Delta r} + \frac{t_{i-1,j}^{(k)} - t_{i,j}^{(k)}}{(r_j\Delta\varphi)^2} + \frac{t_{i+1,j}^{(k)} - t_{i,j}^{(k)}}{(r_j\Delta\varphi)^2}\right]$$

该结果与由控制方程得到的结果相同。

第 3 章　工程应用中的导热问题

3.1　热力设备及热力管道的保温

随着我国国民经济的飞速发展,对能源的消耗和需求也在持续增加。如何在保证工业高速发展的前提下,节约能源应用成为各行各业所面临的重要问题。在本节简单分析和讨论如何科学、正确地选择热力设备及热力管道的保温材料,以期更好地提高热力设备和热力管道的输送质量,减少热能的损耗,从而不断提高热力企业的经济效益和价值。

3.1.1　保温材料概述

热力管道主要指的是用于输送热水或蒸汽的管道。在 1.2 节中介绍了在 1992 年的我国国家标准中,规定凡平均温度不高于 350 ℃ 时导热系数不大于 0.12 W/(m·K) 的材料称为保温材料。在实际生活中,一个大型项目的热力管道通常有几千米甚至数十千米的长度,这就导致热能在输送过程中不可避免地出现损耗和流失,给企业的经济利益带来影响。大型热力管网的运行经验表明,热力管网即使有良好的保温措施,其热损失仍然占总传输热量的 5% ～ 8%,蒸汽管网占总传输热量的 8% ～ 12%,而保温结构费用占热网管道费用的 25% ～ 40%。因此,保温工作对保证供热质量,节约投资和燃料都有很大影响。如何提高热力管道的热能输送效率,做好管道的保温措施,成为当前热力企业亟待重视和解决的重要问题。本节就如何科学、正确地选择热力管道保温材料进行简单的分析和讨论,以期更好地提高热力管道的输送质量,减少热能的损耗,从而不断提高热力企业的经济效益和价值。

常用保温材料的特点主要包括密度小、质量轻、导热系数低、防火防水性好、柔韧性高、施工方便、操作简单等。

热力管道中常用的保温材料类型主要包括:
(1) 布、毡类的保护层,包括塑料布、玻璃布、油毡等。
(2) 金属保护层,包括铝箔、黑铁皮、不锈钢板、镀锌铁皮等。
(3) 涂抹式保护层,包括石棉、水泥、保温涂料等。

3.1.2　热力管道保温材料的选用

在选择热力管道保温材料时,设计工作人员要考虑以下几个方面的问题。

1. 热水管道保温材料的选择

在热力管道的保温工程中,由于室外架空热水管道温度较低,因此其保温材料通常首选价格较低的玻璃棉管壳,而后是岩棉管壳、超细玻璃棉及聚氨酯泡沫塑料。在这些保温材料中,聚氨酯泡沫塑料的节能效果最好,其次是玻璃棉管壳、超细棉管壳及岩棉管壳。在经济损失和保温费用方面,硅酸铝纤维毡的数值最高,微孔硅酸钙管壳次之。表 3.1 列出了几种常用热力管道保温材料的性能及价格,综合考虑保温经济损失和年度费用,超细玻璃棉管壳的综合效果最好,聚氨酯泡沫塑料、岩棉管壳、玻璃棉管壳次之。

表 3.1　几种常用热力管道保温材料的性能及价格

名称	导热系数 /(W・m^{-1}・K^{-1})	推荐使用温度 /℃	使用密度 /(kg・m^{-3})	价格 /(元・m^{-3})
微孔硅酸钙制品	$0.056+0.000\,11T_m$	550	≤240	950
硅酸铝制品	$0.042+0.000\,20T_m$	800	≤190	1 400
岩棉管壳	$0.033+0.000\,18T_m$	350	≤200	550
玻璃棉管壳	$0.031+0.000\,17T_m$	300	≥240	950

注:T_m 为绝热层内、外表面温度平均值;价格为 2013 年网上报价,未包括运输费。

需要注意的是:

(1)过去传统的管道保温在计算时没有考虑土建支架的费用影响,导致热力管道整个的费用计算不准确。

(2)在实际的管道保温设计中,由于受到施工条件、技术条件等因素的影响,导致对玻璃棉制品的选择受到不同程度的限制,无法在实际的保温工程中充分体现其在保温效果和投资费用上的优越性。

2. 蒸汽管道保温材料的选择

由于市场经济的不断变化和发展,导致保温材料以及热能的价格也发生了相应的变化,使得现实情况同现行保温设计手册在相关数据上出现差异,尤其是保温厚度等方面的数据已经不具有完全的参考性,因此,设计人员在选择蒸汽管道保温材料时,必须要根据实时的最新保温厚度和热价进行相关方面的计算,从而确保保温投资的科学性。在热力管道中,室外架空蒸汽管道的温度较高,其保温材料就保温效果方面通常首选玻璃棉管壳,其次是超细玻璃棉管壳和岩棉材料,效果最差的是硅酸铝纤维毡。在投资成本方面,玻璃棉管壳的价格最低,珍珠岩管壳、超细玻璃棉以及岩棉管壳的价格次之,硅酸铝纤维毡的价格最高。在经济损失和年度费用方面,综合考虑最为理想的是玻璃棉管壳,超细玻璃棉、岩棉、玻璃珍珠岩管壳次之,经济损失最大、费用最高的为硅酸铝纤维毡。

3. 节能环保型保温材料的选择

随着环保经济、低碳经济日渐兴起,在进行热力管道设计时,也要根据实际情况选择那些保温性能高、节能环保效果好的保温材料。要对各种保温材料的经济厚度热损失情况进行比较和分析,热损失量越少,保温材料的热能利用率越高,保温效果越好,节能效果越好。因此,选择节能材料时,要尽可能选择热损失最少的保温材料。通常情况下,每米热力保温管道的热损失一般为

$$q = \frac{t_f - t_k}{\dfrac{\ln\dfrac{d+2\delta}{d}}{2\pi\lambda} + \dfrac{1}{2\pi(d+2\delta)\cdot\alpha_w}} \tag{3.1}$$

式中,q 为每米热力保温管道的热损失,W/m;α_w 为保温层外表面对空气的表面传热系数,$\alpha_w = 11.6 + 7\sqrt{v}$,W/(m^2・K);$v$ 为保温层外表面附近空气流速,m/s。

当 $d = 0.108$ m，$t_f = 120$ ℃，$t_k = 12$ ℃，$v = 3$ m/s 时，得到 $\alpha_W = 23.73$ W/(m² · K)，此时式（3.1）变为

$$q = \frac{(120 - 12) \times 6.28\lambda}{\ln\dfrac{0.108 + 2\delta}{0.108} + \dfrac{\lambda}{23.73(0.108 + 2\delta)}} \tag{3.2}$$

标准煤的发热量为 $1.163 \times 7\,000$ W · h/kg，当锅炉的效率在 60% 时，标准煤在经过锅炉燃烧后所产生的实际发热量 $= 0.6 \times 1.163 \times 7\,000 = 4\,884.6$（W · h/kg）。这时，每米热力保温管道的热损失（每小时）折合数为

$$G = \frac{q}{4\,884.6} \tag{3.3}$$

根据国家颁布的有关行业经济评价规定，对标准煤进行价格的修正，即 0.094 元/kg。这时，每米热力保温管道的每小时燃料费为

$$Y = 0.094G = \frac{0.094}{4\,884.6}q \tag{3.4}$$

式中，Y 为每小时每米热力管道损失的燃料费，元/(m · h)；G 为每小时每米热力管道的热损失折合标准煤，kg/(m · h)；q 为每米热力管道的热损失量，W/m。

经过大量的实际测试检验得出，在热力管道中应用硬质聚氨酯泡沫塑料作为管道的保温层，其管道热损失量同其他材料相比数值最小，因此，硬质聚氨脂泡沫塑料是当前最为节能的保温材料，在热力管道中应大力应用和推广。

4. 保温管道应具备的条件

在对热力管道实施保温措施时，必须符合以下几个方面的内容：

（1）在生产过程中，要求选择介质温度能够长时间保持稳定状态的保温设备及管道材料。

（2）保温管道外表面的温度要达到 50 ℃ 以上，包括各种热力管道、设备以及相应的附件。

（3）在保温过程中，必须防止热力管道及其相关设备中的介质出现冻结或结晶现象。

保温措施能够有效地减少热力管道输送过程中热能的损耗，提高能源有效利用率，节约企业成本，提高企业经济效益。在热力管道工程的设计中选择那些效率高、性能高、科技含量高的节能环保型保温材料，能在提高热力管道输送效率和企业经济效益的同时，提高热能的有效利用率，从而达到节能、低碳、环保的目的。

3.2　锅筒壁温分布反推法计算

3.2.1　锅筒壁温分布反推法概述

为了降低内压引起的锅筒壁内的机械应力水平，常采用较大的壁厚，但同时增加了锅筒壁的导热热阻，使内外壁温差增大，热应力的影响加剧。特别是对于经常工作于变动工况下的调峰机组的锅筒，由于在非稳态导热过程中材料热容的影响使其内外壁温差进一步加大，所以在校核疲劳寿命时更应注意热应力的大小。本节着重讨论不稳定工况下非稳态温度场的求解，以便进行热应力求解和疲劳寿命分析。

　　锅筒本身的形状和不稳定工况下的温度边界条件均很复杂,数学分析解几乎无法找到。工程应用上常把它简化为一维问题近似处理,这样的计算结果与实际情况的差别主要靠加大安全系数来弥补。本节利用三维有限元方法对锅筒温度场进行非稳态分析,得出在现有标准中所采用的边界条件下和在根据现场实验、运行规程所制定的边界条件下温度场,可以进行较精确的应力分析。

　　现有疲劳寿命分析标准中为简化计算过程,多采用过程中某一定性温度下的物性,如德国 TRD301 标准及我国的《水管锅炉锅筒低周疲劳寿命计算》。而锅筒金属材料的物性是随温度的变化而变化的,物性的变化与温度的分布相互影响,从而影响热应力场。本节在分析、讨论锅炉锅筒三维不稳定温度场的三维有限元求解的过程中,同时考虑了物性变化,给出了变物性求解与各种常用定性温度下结果的差异,对在制定标准时材料定性温度的选取有一定的指导意义。

　　本节以 300 MW 机组的锅炉锅筒及其下降管接头为例,并且考虑了筒体和下降管接头材料的不同,对材料不均匀性进行了处理。

3.2.2　锅筒壁温分布反推法基本原理

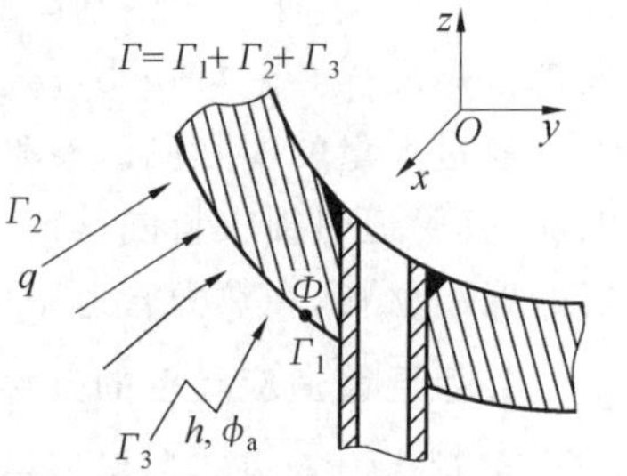

导热微分方程:

$$\rho c \frac{\partial \varphi}{\partial \tau} - \left[\frac{\partial}{\partial x}\left(k_x \frac{\partial \varphi}{\partial x}\right) + \frac{\partial}{\partial y}\left(k_y \frac{\partial \varphi}{\partial y}\right) + \frac{\partial}{\partial z}\left(k_z \frac{\partial \varphi}{\partial z}\right) + Q_v \right] = 0 \tag{3.5}$$

边界条件:

$$\varphi = \Phi \text{ 在第一类边界 } \Gamma_1 \text{ 上}$$

$$k_x \frac{\partial \varphi}{\partial x} n_x + k_y \frac{\partial \varphi}{\partial y} n_y + k_z \frac{\partial \varphi}{\partial z} n_z = q \text{ 在第二类边界 } \Gamma_2 \text{ 上}$$

$$k_x \frac{\partial \varphi}{\partial x} n_x + k_y \frac{\partial \varphi}{\partial y} n_y + k_z \frac{\partial \varphi}{\partial z} n_z = h(\varphi_a - \varphi) \text{ 在第三类边界 } \Gamma_3 \text{ 上}$$

图 3.1　锅筒壁温分布反推法示意图

以上各式中,φ 为物体温度,K;ρ 为材料密度,kg/m³;c 为材料比热容(一般是压比定热容 c_p),J/(kg·K);k_x、k_y、k_z 为材料导热系数,W/(m·K);Q_v 为内热源强度,W/m³;q 为热流密度,W/m²;n_x、n_y、n_z 均为边界外法线的方向余弦;h 为表面传热系数,W/(m²·K);φ_a 为周围流体温度,℃。

　　本节用矩阵形式给出加权余量法的三维有限元离散公式为

$$c\boldsymbol{\Phi} + \boldsymbol{K}\dot{\boldsymbol{\Phi}} = \boldsymbol{P} \tag{3.6}$$

式中,$\boldsymbol{K}$ 为导热矩阵;c 为热容矩阵;$\boldsymbol{P}$ 为温度载荷列阵;$\boldsymbol{\Phi}$ 为温度列阵;$\dot{\boldsymbol{\Phi}}$ 为温度对时间导数列阵。

$$K_{ij} = \sum_e K_{ij}^e + \sum_e H_{ij}^e$$

单元导热矩阵:

$$K_{ij}^e = \int_{\Omega_e} \left(k_x \frac{\partial N_i}{\partial x} \frac{\partial N_j}{\partial x} + k_y \frac{\partial N_i}{\partial y} \frac{\partial N_j}{\partial y} + k_z \frac{\partial N_i}{\partial z} \frac{\partial N_j}{\partial z} \right) d\Omega$$

对流边界对单元导热矩阵的修正:

$$H_{ij}^e = \int_{\Gamma_3^e} h N_i N_j d\Gamma$$

$$C_{ij} = \sum_e C_{ij}^e$$

单元热容阵：

$$C_{ij}^e = \int_{\Omega_e} \rho c N_i N_j \mathrm{d}\Omega$$

$$P_1 = \sum_e P_{Q_{vi}}^e + \sum_e P_{q_i}^e + \sum_e P_{H_i}^e$$

内热源单元温度载荷列阵：

$$P_{Q_{vi}}^e = \int_{\Omega_e} N_i \rho Q_v \mathrm{d}\Omega$$

热流单元温度载荷阵列：

$$P_{q_i}^e = \int_{\Gamma_2^e} N_i q \mathrm{d}\Gamma$$

对流单元温度载荷列阵：

$$P_{H_i}^e = \int_{\Gamma_3^e} h \varphi_a N_i \mathrm{d}\Gamma$$

注：N_i 为单元形状函数；设 k_x、k_y、k_z、h、Q、c 与温度无关。

在非稳态导热问题中对时间域的离散，采用常用的两点循环公式。设传热矩阵 $\boldsymbol{K}$ 和热容矩阵 $\boldsymbol{C}$ 不随时间变化，对时间离散后为

$$(C/\Delta t + K\theta)\Phi_{n+1} = P_{n+1}\theta + P_n(1-\theta) + [C/\Delta t - K(1-\theta)]\Phi_n \tag{3.7}$$

其中 θ 的大小决定了差分格式，建议采用后 Galerkin 格式，取 θ 为 2/3。

推导中设 k_x、k_y、k_z、h、ρ、c 与温度无关，如考虑材料变物性，则借鉴有限差分中的延迟修正法，用上一个时间点的物性来推出本时间点的导热阵与热容阵，即认为在一个时间步长中物性变化可忽略。对于所用的钢种，在工作温度范围内热扩散率的相对变化比温度的相对变化小 1～2 个数量级，这样处理是允许的。事实上，式(3.7)中在时间方向上的离散也借用了有限差分法，即时间是独立于空间的，时间单独进行差分离散。这种做法因其简单易行又不影响精度而被普遍采用。

对于材料不均匀性的处理，与对材料变物性的处理相似，即基于每个单元的物性是分别处理的，只要在单元剖分时沿不同材料的分界面进行，不在同一单元中出现不同材料即可。否则，虽然可以在同一单元内取平均值，但因为不同材料物性一般差别较大，此种做法不能体现在不同材料分界面处的突然变化，或将温度的梯度变化由不连续变成连续。

对于时间步长的选取，可用文献[24]的方法选定，也可由试算经验而定。对于第二、三类边界条件，可以用在曲面上的高斯积分来实现，而第一类边界条件及对于某些特殊算例的周期性边界条件的处理，属于一种纯数学的变换，与物理意义无关。

锅炉锅筒温度场的边界条件，由其所处的工况而定。由于在运行中常有各种不同的工况，且附加许多波动，所以必须在不影响工程精度的要求下进行简化。常用的简化方式主要分为两类，主要区别在于是否考虑锅筒周向温差，即：一类是对内壁赋予均匀边界条件，不考虑周向温差（一维简化），TRD301 标准即采用此边界；另一类则重点考虑周向温差的影响（二维简化）。由于锅筒外壁有保温措施，所以二者对于外壁边界条件的处理上均采用绝热边界。文献[25]中由实验结果提出周向温度分布及温差随工况变化的规律，但多数文献中所提及的实验并没有重点考查，如给水工况变动对锅筒温度分布的冲击及数量级。事实上，

锅炉机组的启动过程大体是相似的,如果对此类机组进行详细的实验研究,可以减少机组启停过程中锅筒温度场预估强度和疲劳设计校核的盲目性。

经过大量计算分析,一般有以下结论:

(1)由于锅炉锅筒金属材料的热扩散率是随温度变化的,因此在进行启动工况工程简化计算时,定性温度采用最低温度的 1/4 与最高温度的 3/4 之和是较为精确的,而用最高温度则会使结果偏大,用最低温度则偏小。

(2)在考虑锅筒周向温差时得到的内外壁温差与一维边界简化相差一般不超过 5%,但启动过程中周向温差受给水影响所产生的变化在过程中会有数个出现内外壁温差极值的时刻,这些极值可以达到或接近最大内外壁温差,必须使得热应力在过程中出现多个循环,降低锅筒疲劳寿命。所以在现场操作中,不仅要减少周向温差,还要避免周向温差变动过大、过频。

(3)在存在周向温差时最大内外壁温差处在水位面上方和锅筒底部水温开始不变处上方,且以前者居多,如欲监测,应在这两处布置温度测点。

(4)不同的边界简化方式,结果是不同的。这说明温度场边界条件实测的重要性,即要根据实测数据进行工程简化。例如,进行锅筒温度场的现场实验时,应对周向温差的变动规律加以注意。

3.3　涂层技术在航空航天领域的应用

航天器是一种复杂的系统工程,它应用众多现代科学技术领域的最新成就,是科学技术与国家基础工业紧密结合的产物,也是一个国家科学技术和工业水平的重要标志。航空航天产业涉及国内外成千上万家企业和科研单位,代表着国家民族的希望和利益,其重要性不言而喻,而在大型飞机发动机、航天飞行器、导弹推进系统等研制过程中,材料研制技术成为其关键技术之一。大飞机的研制成功必须要解决三大关键技术:第一是发动机,第二是材料,第三是电子设备。其中,涂层材料和技术作为航空航天材料的基础材料之一,也是不可缺少的重要组成部分。

涂层技术具有低投入、高产出的特点,随着国民经济的快速发展,资源紧缺与日俱增,各工业领域部件的表面强化、修复、再利用日益受到政府和企业的重视,已成为工业制造产业链中非常重要的一环,已在发达国家航空、汽车、冶金、电力、机械等工业使用的大量关键零部件表面强化与修复再造过程中获广泛应用,创造了巨大的社会效益和经济效益。资料表明,美国自 2003 年开始,涂层产业的年产值已占 GDP 的 0.4% 以上,2011 年总产值更是达到了 600 亿美元;日本的涂层产业产值也达 2 万亿日元,并以显著超出本国平均水平的工业增长速度不断增长。而航空航天领域产品及各零部件的可靠性等要求非常高,每一环节都不容许出现任何差错,涂层技术能够给航空航天行业带来更多的支持与保障,特别是在热障、封严、耐磨、抗氧化等方面起到了很关键的作用。

3.3.1　涂层技术在航空领域的应用

航空发动机被称为"工业之花""皇冠上的珠宝",是一个国家工业基础、科技水平和综合国力的集中体现,也是决定大型飞机研制能否成功的关键。作为大飞机的"心脏",航空发动机是一项十分复杂的高科技系统工程,同时也是目前制约我国飞机制造业发展的"瓶颈"。发动机材料是大飞机研制关键技术中的关键,航空发动机使用了 10 000 多个部件,有许多易损件和必换件需要在大修周期中更换,易损件和必换件中使用了大量的涂层材料,因此,表面技术在航空发动机的修复和经济运行中发挥着至关重要的作用。

航空发动机是特种功能涂层应用的重要领域,其 1/3 多表面需要使用特种功能涂层。主要包括高温热障涂层、复合封严涂层、防钛火涂层、耐磨涂层等。航空发动机涂层技术能够赋予发动机部件耐高温、耐磨损、抗氧化、耐腐蚀、隔热、隐身、封严、阻燃、防冰和润滑等功能特性,满足更高温度、更高磨损、更强腐蚀等恶劣工况条件下的使用要求。因此,表面技术对提高发动机的效率、燃油消耗率、零部件的可靠性和使用寿命发挥着重要的作用,已经成为大推力航空发动机的核心技术之一。

在航空发动机涂层技术中,喷涂技术起到了主导作用。在喷涂产业方面,发达国家的经验显示,热喷涂作为高技术产业和多学科的交叉、边缘技术,对制造业的发展状态和产品结构极其敏感,有很强的依附性。然而,2007 年我国热喷涂产值仅占国家 GDP 的 0.009%,对比国外其他国家比重偏低(图 3.2),这一方面反映了喷涂产品结构亟待调整,另一方面也说明产业总体规模有待扩大。

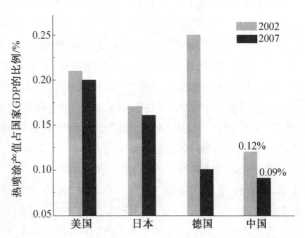

图 3.2　2002 和 2007 年美国、日本、德国、中国热喷涂产值占国家 GDP 的比例对比

国外使用热喷涂技术进行航空发动机零部件修复起步较早。统计表明,1996 年前航空发动机零部件中有 60% 因磨损而报废,采用热喷涂耐磨涂层修复后,报废率降至 33%,效果显著。目前,热喷涂技术在国外的航空发动机修理中被广泛地应用于风扇叶片、涡轮叶片等部件上,清除变质失效的旧涂层后使磨损的零件恢复尺寸再进行重新喷涂,从而达到提高发动机效率、延长发动机使用寿命的目的。

目前,国外已形成多家专业化的零部件表面强化与修复的跨国企业巨头,如瑞士的苏尔寿美科(Sulzer Metco)表面技术公司和德国的 STARK 公司是全球涂层材料最主要的供应商,每年为通用公司(GE)、R · R,Parsons & Whittemore(P&W)公司提供近百种涂层材料,年产值高达 60 多亿美元;德国的 GTV 和美国的 Praxair 公司是热喷涂设备及大型工业部件涂层技术服务的主要供应商,年产值也高达 80 多亿美元。零部件表面强化与修复制造企业在国外呈现出集团化趋势,即集成材料生产、涂层制备加工、工程承包、涂层技术开发和咨询服务为一体,并建立了装备精良、学科理论先进的零部件表面强化与修复研发中心。在这个研发基础平台上,几十年如一日系统、全面、连贯地进行零部件表面强化与修复产品的研发,形成了系列化、标准化和工程化的较为完整科学的体系。

我国该产业的发展相对较晚,但发展空间巨大。预计我国将在今后 10 年中成为世界第二大商业飞机市场,仅次于美国。今后 20 年内,中国航空公司将需要 1 912 架飞机。据此推算,对航空发动机涂层材料的需求将达到 900～1 500 t/年,产值达18亿～24亿元/年,航空发动机涂层制备和修复的产业规模将在162亿～235亿元/年,市场前景巨大。

下面介绍几种比较典型的航空航天涂层材料。

1. 封严涂层材料

大推力、高效率、低油耗是航空发动机设计和制造的总体目标,为此应尽量提高涡轮机进口气体温度,并减小转子与静子部件之间的间隙。典型发动机的高压涡轮叶尖间隙每减小0.13～0.25mm,油耗可减少0.5%～1%,发动机的效率可提高2%左右。因此,表面技术对提高发动机的效率、燃油消耗率、零部件的可靠性和使用寿命发挥着重要的作用,已经成为大推力航空发动机的核心技术之一。可磨耗封严涂层大多由一定比例的金属相和具有自润滑作用的非金属的复合材料组成,还有较多的孔洞。其中金属相的作用是抗腐蚀、抗氧化,保证涂层自身的强度以及和基体的结合强度。常用的金属相有镍(Ni)、铝(Al)、铜(Cu)及其合金等;非金属相的作用是保证了可磨耗性、减磨、抗黏着。非金属相有石墨、六方氮化硼、二硫化钼、氟化钙、硅藻土、膨润土和高分子聚合物等。这些非金属相大多具有低的硬度、低的剪切强度和低的摩擦系数,而孔洞的存在会降低涂层的硬度。

国内从事封严涂层材料研制和生产的单位集中在北京,主要有北矿新材科技有限公司(简称"北矿新材")、中国科学院过程工程研究所以及部分高校等。目前,国内开发的具有完全自主知识产权的军用热喷涂复合粉末产品有40余种,其中复合型封严涂层材料产品近30种,产品突破了骨架材料与可磨耗组分的均匀复合、涂层硬度与结合强度的良好匹配等关键技术,综合性能达到国际先进、国内领先水平,产品系列覆盖从航空发动机低温段(－50 ℃增压机)到高温段(1 100 ℃涡轮机)的各个部位。

在产品研制方面,我国针对满足新一代发动机对长寿命、高可靠性涂层的设计和使用需要,已初步实现了封严涂层考核实验平台由无到有的历史性跨越,显著提升了封严涂层材料喷雾干燥型复合粉氢还原包覆粉末胶粘团聚型复合粉隐身涂层材料的研制生产与应用水平,这些成果对提升我国封严涂层的技术成熟度并推动其系列化、标准化和工程化,具有重要的现实意义。

2. 热障涂层材料

热障涂层主要应用于航空发动机工业,具有良好的隔热效果与高温抗氧化性能。随着航空燃气涡轮机向高流量比、高推重比、高进口温度方向发展,燃烧室中的燃气温度和压力不断提高。目前,燃气温度已接近2 000 K。为适应这一恶劣的涡轮工作环境,对陶瓷热障涂层技术提出了更高的要求。目前广泛应用的热障涂层为双层结构,由金属黏结底层和陶瓷面层组成,其中陶瓷层材料的热、物性能(导热系数、热膨胀系数和力学性能)对热障涂层的隔热性能和使用寿命有至关重要的影响,是热障涂层系统中的关键部分。

3. 合金粉末材料

我国的合金粉末研发和生产主要采用雾化制粉工艺,目前已经能够制备出高纯净度、低氧含量、细粒径的 MCrAlY 系列[M 代表钴(Co)、镍(Ni)、铁(Fe)等]等合金粉末,产品的粒度控制、成分控制、球形度和氧含量等性能达到国际先进水平;航空发动机及燃气轮机需用的合金粉末已经实现国产化,采用该粉末制备的零件涂层使用寿命(1 000 ℃时)超过了1 200 h,1 050 ℃空气中100 h的抗氧化低于0.01 mg/(cm² · h);由北京矿冶研究总院研制成功的雾化制粉工艺实现了我国细粒径、低氧含量 MCrAlY 材料的技术突破。

我国合金涂层的生产主要分布于大型央企,尤其是航空行业中,科研则主要分布于科研院所和高校。目前,国内航空发动机厂家相关科研条件较为缺乏,仅部分公司配有电镜等先进设备,科研单位的科研条件相对较好。国内相关涂层生产装备参差不齐,部分公司和科研机构配备有进口的电子束物理气相沉积(EB-PVD)、热喷涂、电弧离子镀、化学气相沉积等装备,生产任务均非常饱满。近年来,部分航空、航海央企开始组建研发中心,并与科研院所和高校形成松散联盟,如今科研院所和高校也开始承担部分生产任务。

4. 耐磨耐蚀涂层

我国研制航空耐磨耐蚀涂层的优势单位除了航空发动机厂家外,主要有广州有色金属研究院、中国科学院金属研究所、中国科学院兰州化学物理研究所、北京矿冶研究总院等。我国研制的系列耐磨耐蚀涂层材料的各项性能指标已经达到与国外进口产品相当的水平,特别是高温稳定性碳化物系列金属合金材料与涂层、纳米陶瓷弥散强化减摩涂层材料与涂层等许多成果处于国际学术研究前沿,其中超过半数的耐磨涂层材料已推广到民用领域。

目前,我国耐磨耐蚀涂层总的发展趋势是:涂层材料不断发展,功能不断强化,工艺技术不断创新,应用面不断扩大,生产过程绿色,涂层技术复合化。主要发展方向有:超音速火焰喷涂替代爆炸喷涂和大气等离子喷涂;先进表面工程技术替代电镀硬铬;低温等离子喷涂、PS-PVD、激光熔覆、电弧离子镀等新型涂层制备技术不断出现;应用环境多元化、涂层材料成分复杂化。

3.3.2 涂层技术在航天领域的应用

因为导弹本身种类繁多,如洲际、中程、防空、潜地、液体推进剂、固体推进剂、太空和低空等,卫星也各种各样,它们各有各的特点,各有各的需要,这就造成所用的材料也五花八门,液体、固体、气体,黑色金属、有色金属、各种非金属,超塑材料、复合材料、黏结灌注材料等,有数千种。航天用涂层材料要求苛刻,必须保证其性能优越,但对材料可修复性的要求不像航空那么必需。主要的航天用粉体材料包括:

(1)抗高温、抗高压涂层材料。发动机推进剂药柱燃烧时,产生 3 000 ℃ 以上的高温、6 MPa 的高压,瞬时产生 2 500 ℃ 的温差热冲击,其容器材料必须能够承受。

(2)耐超低温材料。用液体燃料液氮、液氧和液氟作为推进剂的火箭,其液体储存罐用材料应能承受数百摄氏度的高温。

(3)抗腐蚀、抗烧蚀材料。

(4)能承受大载荷,如潜地导弹,能承受巨大的水下载荷的材料。

(5)隐身性好,可避免敌方雷达搜索的材料。

(6)抗干扰性强的材料。

(7)耐受恶劣环境条件的材料。

(8)有良好的化学性能、物理性能、力学性能、工艺性能、使用性能,保证材料满足特殊要求的材料。同时,对材料要进行拓宽研究,针对结构材料要拓宽到微观结构、晶粒度、夹杂等方面,对功能材料要拓宽到各种功能参数的灵敏度(包括特殊的环境下),如精密合金的磁导率、矫顽力、剩磁、电绝缘介质的电阻率、耐电压、损耗、介电常数等。对特殊材料的要求应按其特点逐一解决,如微波复合材料的透波性和吸收性,密封灌注材料的密封性,黏合剂的黏结强度等。

（9）航天含能材料。固体推进剂是火箭的主要燃料。国内的北矿新材是固体推进剂含能材料领域唯一从事全系列无定形硼粉和纳米铝粉特种燃料研发、生产和检验的专业单位，早在 20 世纪 80 年代含硼固体推进剂处于起步阶段时，便在国内率先开展了优质高纯硼粉和超细铝粉的系列化研制工作，研制的硼粉和超细铝粉，打破了国外禁运，填补了国内空白，满足了此类高端燃料的国内急需，使我国固体推进剂能量由始终徘徊的中能水平开始迈入期盼已久的高能时代（10 kN·s/kg 以上）。

中国航空航天材料制备产业市场前景巨大，航天领域对涂层材料和技术的需求量也在不断提升，对涂层技术水平、服务能力提出了更高的要求；我国石化、工程机械和机床等行业对表面技术的依赖度不断提高，使涂层产业面临难得的历史发展机遇，市场前景广阔。"循环经济、可持续发展"是我国经济发展的方针和国策，发展符合这一战略方针的涂层材料产业是一个非常好的发展时机。同时，国外的涂层材料企业已陆续打入国内市场，为国内企业带来了巨大挑战和竞争压力。因此，国内企业只有抓住这一时机，探索新的科研、开发和成果转化的模式，提高技术的原始创新和工程化的水平，整合各方面资源，提升综合能力，才能促进表面技术产业的迅速发展，在取得显著经济效益的同时，成为该行业的引领者。

3.4　涂层技术在火力发电站锅炉受热面防护中的应用

3.4.1　锅炉"四管"防护热喷涂技术概述

锅炉受热面是将烟气中的热量传递给汽、水和空气的界面，在没有汽、水和空气这些冷却介质时，受热面的温度会很快接近或达到烟温。煤、油的正常燃烧可能达到的温度为 1 500～1 600 ℃，高于钢铁的熔点，由此引起的钢材熔融、氧化通常称为烧损。因为锅炉受热面腐蚀、磨损导致减薄损坏所涉及的范围较大，一旦暴露，常常会导致重复爆漏而停炉，而且修复工作量巨大。近年来，锅炉设备造成的非计划停运次数占机组全部非计划停运次数的 48.9%，其中由于涵盖了锅炉全部受热面的所谓"锅炉四管"（即锅炉水冷壁、过热器、再热器和省煤器），其爆漏事故造成的非计划停运又占锅炉总的非停事故次数的 60.5%。因此，预防及保护电站锅炉受热面不受腐蚀和磨蚀是提高机组可用率必须解决的基本任务之一。

从 20 世纪 70 年代开始，我国电力工业装机容量不断增大，锅炉容量从 35.65 t/h 逐渐发展到 1 025 t/h，再到现在的 3 033 t/h。而 400 t/h 的锅炉则已进入淘汰之列，1 025 t/h 的锅炉称为中型锅炉，3 033 t/h 的锅炉称为大型锅炉。从锅炉压力方面看，20 世纪 50 年代后期生产的是高压锅炉，其压力为 9.8 MPa，温度为 540 ℃；60～70 年代生产的是超高压中间再热锅炉，蒸汽压力为 13.8 MPa；80～90 年代引进了亚临界锅炉，之后十几年又广泛地引进了超临界、超超临界机组，蒸汽压力达到了 24.1 MPa、温度达 566 ℃（超临界）和压力为 31.4 MPa、温度为 593 ℃ 的超超临界。可见，电站锅炉部件（如锅炉受热面）的运行工况是极为恶劣的。随着电站机组容量的增大，温度和压力的提高，锅炉受热面等金属部件的运行工况变得更加恶劣。电站锅炉采用的是煤粉炉（也称室燃炉），该炉型有优点也有缺点。其优点是锅炉效率高，可达 88%～93%；容量可做到最大（如哈尔滨锅炉厂、上海锅炉厂、东方锅炉厂生产的 1 000 MW 超超临界直流锅炉,其锅炉最大连续蒸发量 BMCR 均在 3 000 t/h 以上,所采用的炉型均是煤粉炉);可以燃用灰分、水分很大的各种劣质煤。但其也存在一些缺点,如煤粉燃烧形成大量的烟气,其中含有很多的飞灰颗粒、硫化物及硫化氢。飞灰颗粒的冲刷造成锅炉受热面表面的磨损,而硫化物及硫化氢气体则造成受热面的腐蚀,最终导致锅炉受热面发生爆管及泄漏事故。基于这种情况,从 20 世纪 70 年代开始,我国电站技术人员及有关科研院所的研究人员就开始对锅炉受热面的腐蚀和磨损问题采取一些防护措施,吸取国外的经验,采用一些防护技术来减轻锅炉受热面的腐蚀和磨损。这些防护措施和防护技术概括起来有加装防磨瓦、水冷壁管渗铝技术、低温余热器搪瓷技术等。这些防磨损措施和防护技术虽然已历时多年,但对现代锅炉受热面的腐蚀和磨损的治理还有一定的借鉴和启发作用。

3.4.2 喷涂材料的选择和物性对锅炉受热的影响

在锅炉"四管"喷涂工程中,主要的喷涂材料是电弧喷涂丝材。锅炉"四管"电弧喷涂在开始应用时,使用的是高铬合金丝材,这种材料有较好的防高温腐蚀的性能,但抗磨性能不高。为解决迎风面冲刷磨损问题,采用 $NiCr-Cr_3C_2$ 金属陶瓷粉末,此后使用的还有 Ni70-Cr30 合金、NiCrTi 合金等。NiCrTi 合金具有超强抗高温腐蚀及磨损的性能,喷涂层寿命可达 8 ~ 10 年,这是由美国 TAFA 公司推出的,但价格昂贵,难以推广。随后我国研制出国产的 NiCrTi 合金丝并批量生产。

另外还有粉芯丝材,它适用钢皮、合金皮包裹各种金属、合金、陶瓷粉末控制成形的喷涂材料。适用"四管"喷涂工程有:① 合金类型:粉芯 Cr27-AL6Mo2Fe、粉芯 Cr30Ni20、粉芯 NiCrTi 等材料;② 金属陶瓷类:LX88、SE-SAM 等。此类丝材国外早有应用,国内用得较少,但随着锅炉"四管"喷涂技术的发展,实心喷涂丝料的品种不能满足工程需求,故国内粉芯丝材随之而生。

1. 抗高温性能

喷涂材料的品种繁多,在设计研究锅炉受热面喷涂工程时,一定要选取符合喷涂防护要求的喷涂材料。锅炉"四管"受热面都是处在高温工况下运行的,锅炉炉膛中心温度高达 1 500 ~1 600 ℃,这是水冷壁管的环境温度。炉膛上部温度在 1 100 ~ 1 200 ℃,这恰是过热器及部分再热器管布置的区域空间,在水平烟道里的过热器和再热器管排的外部工作温度为 700 ~ 800 ℃,尾部竖井烟道中的省煤器管排也工作在 600 ~ 700 ℃的烟气中,而在这些受热面管道内的工质 —— 蒸汽的温度则为 450 ~ 555 ℃。因此,在研究设计锅炉受热面的喷涂材料时,首先要考虑的就是材料的抗高温性能,喷材只有能经得起 800 ℃以上高温工况的长期考验,才有实际应用可能。

2. 抗腐蚀磨损性能

喷涂材料的抗腐蚀磨损性能即指抗热力磨损的性能。所谓热力磨损则是锅炉受热面最主要的磨损形式,它包括如下几种形式:

(1) 热疲劳。

在高温下,引起设备部件膨胀(或收缩)是常见的物理现象。当高温引起的部件的膨胀或收缩超过金属材料本身的强度时,就会造成金属材料疲劳破损或严重变形。在受热面的管道中,局部管壁的鼓泡或变形就是热疲劳所造成的损伤。因此在设计选择喷涂材料时,要求涂层在高温下产生的膨胀和收缩的性能应与受热面管材的膨胀和收缩的比例相一致,同时还要经过上百次的实验验证符合要求才算合格,否则研究的材料再好,性能再优,此条不满足也是毫无意义的。

（2）氧化。

锅炉水冷壁管表面的氧化即为典型的氧化现象。氧化是高温状态下,在温度和气体的作用下,金属表面产生氧化层,空气中的氧,介质中的二氧化碳,在烟气烟尘中以及在汽水中的水,蒸汽内都会产生氧,氧化层在热膨胀冷缩中剥落再生,现象连续进行,对金属设备部件造成损坏。一般情况下,当温度低于 570 ℃ 时,铁的氧化物为 Fe_2O_3 和 Fe_3O_4,当温度高于 570 ℃ 时则生成 FeO。

（3）高温腐蚀。

高温腐蚀又称低熔点氧化物的腐蚀。在劣质的燃料中含有 V_2O_5、Na_2O、SO_3 等低熔点氧化物,它们与金属反应产生新的氧化物。这些低熔点氧化物又会与金属表面的氧化物发生反应,生成结构松散的钒酸盐等。在高温作用下,会加速燃煤燃烧过程中硫化物的析出。硫酸盐随温度的升高,分解出的 SO_3 也随之增加,硫对金属管壁的腐蚀,一是烟气中硫化氢（H_2S）与管壁金属作用产生的腐蚀,二是不可燃硫在高温作用下生成硫酸盐,该盐随后混入灰分中贴敷于管壁表面并分解出 SO_3,而 SO_3 又与碱金属硫酸盐的混合物及 Fe_2O_3 组成在温度高于 500 ℃ 时呈流动状态,且具有强烈腐蚀性的活性腐蚀物,它能穿过腐蚀层渗透到管壁金属表面,又会与金属表面氧化物反应,生成腐蚀产物。燃煤中含硫量越高,产生高温腐蚀的速度越快。高温腐蚀主要发生在喷燃器出口水平区间的高温区,而在炉膛上部相对较轻。因此在对锅炉受热面进行喷涂材料设计选择时,必须要考虑喷涂材料的耐高温腐蚀性能。如涂料不具备此性能或性能较差,都会影响此种喷涂层的工作寿命。

（4）烟气腐蚀。

烟气腐蚀又称低温腐蚀。含有较高 SO_2、SO_3 和 CO_2 的烟气,当遇到较冷的物体（如省煤器、空气预热器等）时,温度降低到烟气露点以下,设备部件表面凝结的水膜与其中的 SO_2、SO_3 和 CO_2 结合形成酸性溶液,导致锅炉尾部受热面遭到严重的低温腐蚀。燃煤硫分越高,生成的 SO_2 越多,导致生成的 SO_3 就会更多,造成的低温腐蚀越严重。在设计空气预热器喷涂材料时,需考虑低温腐蚀的特点,还需要考虑烟气对管壁的冲刷,减少积灰,因为灰分粒子中所含的钙、镁及其他碱金属氧化物具有吸收烟气中部分硫酸（H_2SO_4）蒸气的能力,烟气中的 H_2SO_4 蒸气少了,但硫酸盐产物却附于管壁上,造成低温腐蚀。烟气灰分量越多,腐蚀越厉害。

（5）冲蚀磨损。

冲击载荷作用于固体表面,使表面塑性变形或产生裂纹或剥落,称为冲击磨损。此类磨损的大小取决于冲击动能的大小、速度的快慢、应力的高低及作用时间的长短。冲击磨损常伴有腐蚀的发生,故介质对部件设备表面的腐蚀与冲刷也称为冲蚀磨损。四角布置的喷燃器,在炉膛中心区形成沿切圆旋转螺旋上升的巨型火炬,对水冷壁管表面进行冲刷和腐蚀。喷燃器、吹灰器周围的管圈迎风面受到的冲蚀,过热器、再热器、省煤器和空气预热器等受到的烟气中飞灰颗粒的冲刷及磨损均属冲蚀磨损现象。烟气携带飞灰颗粒以 6 ～ 8 m/s 以上的速度连续冲刷受热面,呈现冲刷磨损与腐蚀交替进行。金属表面始终以新鲜表面暴露在飞灰冲刷和腐蚀介质的环境中,必然会给受热面造成严重破坏。因此,在进行受热面喷涂材料的研究和设计时,必然要考虑这种冲蚀磨损,喷涂材料必须具备耐冲蚀耐磨损的性能,这是至关重要的。

3. 导热性能

由上述讨论得知,喷涂材料的抗高温、抗腐蚀磨损的性能是首要考虑的关键因素,其次必须考虑的则是喷涂材料的导热性能。在进行锅炉受热面喷涂材料研究和设计时,一定要选用导热性能好的喷涂材料。锅炉受热面的作用是将燃料的化学能转化为热能,受热面材料的导热性能越好,锅炉的热交换效率越高;反之就会降低。锅炉的主要受热面是水冷壁,它布于炉膛四周,水冷壁材料一并采用20G钢管,1 025 t/h以上大型锅炉的水冷壁管采用合金钢管,其钢材的导热系数在$40 \sim 60$ W/(m·K)。如果喷涂材料的导热系数较钢材的值过低或低很多,必将影响水冷壁管的导热性能,使锅炉热效率下降,这是不可行也是不允许的。因此,选用导热性能好的喷涂材料是锅炉"四管"喷涂工程应遵循的重要原则之一,是选取喷涂材料的重点问题。

一般来说,喷涂材料中的合金丝材多为NiCr或FeCr合金,其导热系数值与"四管"的基材(20G或合金钢)的导热系数基本相同,故适合煤粉炉选用。

目前研制并应用的很多品种的陶瓷粉芯丝,如$NiCr - Cr_3C_2$等涂材,具有很强的抗磨抗腐性能,且价格低廉,它的导热系数与纯合金丝材相差不多,可用于锅炉"四管"喷涂的很多方面。

现今涂刷防腐耐磨涂材、喷涂金属合金或喷涂金属陶瓷涂层以及加装金属防磨护瓦等多种防护技术措施已广泛用于锅炉管道的防护中。但这些表面防护技术的选取主要是考虑它们的防腐耐磨的效果,而往往忽略了这些表面技术对锅炉管道温度及传热的影响,反过来,可能对涂层的性能产生不利的影响。

(1)喷涂层锅炉管的传热计算及物性参数的确定。

对于进行表面防护处理的锅炉管道,考虑到在稳态传热条件下,通过各环节的热流量不变的特点,以涂层锅炉管外侧面积按多层圆筒壁来计算其传热系数K,即

$$K = \frac{1}{\dfrac{d_0}{h_s d_1} + \dfrac{d_0}{2\lambda_n}\ln\dfrac{d_0}{d_n} + \dfrac{d_0}{2\lambda_{n-1}}\ln\dfrac{d_n}{d_{n-1}} + \cdots + \dfrac{d_0}{2\lambda_1}\ln\dfrac{d_2}{d_1} + \dfrac{1}{h_g}}$$

式中,$\lambda_n, \lambda_{n-1}, \cdots, \lambda_1$为各层的导热系数,W/(m·K);$d_n, d_{n-1}, \cdots, d_0$为各层的外径,m。

从上式可见,在计算中主要是确定各分层的导热系数。因喷涂层是多相合金层,其导热系数的变化与组成相的导热性差异大小相关。麦克斯韦研究给出一种球形金属粉弥散在另一种金属基体内的情形,得到机械混合物合金导热系数λ的数学表达式为

$$\lambda = \lambda_0 \frac{1 + 2x - 2c(x-1)}{1 + 2x + c(x-1)} \tag{3.8}$$

式中,x为基体的导热系数λ_0与弥散相导热系数λ_1的比值,$x = \lambda_0/\lambda_1$;c为弥散相的体积分数。

该式可以推广到其他形状的弥散相合金。对此,里坦尼克同样研究得出导热系数的计算公式,即

$$\lg \lambda = c_1 \lg \lambda_1 + (1 - c_1) \lg \lambda_2 \tag{3.9}$$

式中，λ_1、λ_2 为两组成相的导热系数；c_1 为组成相 1 的体积分数。

对于合金涂层而言，可以把多量的金属元素作为基体金属相，对少量、微量成分可认为是基体中的弥散相。另外，由于合金涂层在制备过程中，不可避免地夹杂存在一定量的氧化物杂质和气孔，在此也把氧化物杂质及气孔中的空气假定为弥散相。对于加装防护瓦的锅炉管要考虑护瓦与基体之间的空气层。

确定锅炉管的物性参数：传热计算的基本锅炉管，是火力发电厂锅炉使用最普遍的钢研 102 炉管（$\phi 42 \times 5.5$）；防护涂层是金属陶瓷复合涂层（A1 涂层为 75%NiCr＋25%Cr$_3$C$_2$，A2 涂层为 50% NiCr＋50%Cr$_3$C$_2$，A3 涂层为 25% NiCr＋75%Cr$_3$C$_2$，都以 NiCrAl 为打底层，A4 涂层为 NiCr 合金涂层）；防护涂料采用 TT－11 型防腐耐磨材料。各种锅炉管在传热计算中使用的参数见表 3.2。

表 3.2　各种锅炉管在传热计算中使用的参数

涂层层次管材	内层		底层		工作层	
	厚度 /mm	导热系数 /(W·m⁻¹·K⁻¹)	厚度 /mm	导热系数 /(W·m⁻¹·K⁻¹)	厚度 /mm	导热系数 /(W·m⁻¹·K⁻¹)
钢研 102 炉管	5.5	40	—	—	—	—
A1 涂层防护炉管	5.5	40	0.1	15	0.3	23.0
A2 层防护炉管	5.5	40	0.1	15	0.3	21.2
A3 层防护炉管	5.5	40	0.1	15	0.3	19.6
A4 层防护炉管	5.5	40	—	—	0.4	26.4
涂层防护炉管	5.5	40	—	—	0.4	9.6
加装防护瓦炉管	5.5	40	0.1	0.061	4	40

（2）传热计算结果与分析。

给出相同的边界条件：烟气温度 $T_g = 986$ ℃，烟气侧表面传热系数 $h_g = 140$ W/(m²·K)，管内蒸汽温度 $T_s = 540$ ℃，汽侧表面传热系数 $h_s = 2\,000$ W/(m²·K)。锅炉管道采用不同防护方法计算出的传热系数 K 值及热流量 Q 值见表 3.3。

表 3.3　各种锅炉管道的传热系数及热流量值

涂层层次管材	内层	
	传热系数 K /(W·m⁻²·K⁻¹)	热流量 Q /W
钢研 102 炉管	125.32	7 371.00
A1 涂层防护炉管	124.76	7 477.82
A2 层防护炉管	124.74	7 476.75
A3 层防护炉管	124.72	7 476.68
A4 层防护炉管	124.83	7 482.12
涂层防护炉管	124.41	7 457.20
加装防护瓦炉管	97.97	7 129.39

由计算结果可以看出，涂层防护炉管、涂料防护炉管和无防护瓦炉管的温度分布趋势相差不大，而加装防护瓦炉管因护瓦与基体炉管之间存在一层静止的热空气层。由于空气的导热系数较低，则该热空气层相当于一层隔热层，在不考虑热空气层对流和辐射换热的情况下，使此夹层处的温度有一很陡的下降趋势，导致基体炉管的温度较其他炉管相对低些。以上计算中，热喷涂涂层的导热系数是由式(3.8)和式(3.9)求得的，其中涂层的孔隙率为3%，氧化物杂质为2%。从表(3.3)的计算结果可以看出，虽然涂层和涂料对炉管的传热有些影响，使锅炉管道的传热系数值有一定程度的减小，相对于钢研 102 炉管的 K 值来说，有涂层保护的锅炉管道的 K 值降低了 $0.4\% \sim 0.5\%$，有涂料防护层的锅炉管道的 K 值降低了 0.7%。但是由于在炉管表面喷上或涂刷上一层保护层，增加了炉管厚度，故炉管的受热面积相应增加，这使得传递的热量比钢研 102 炉管的传热量要大：有涂层保护的锅炉管道的传热量比钢研 102 管增加了 $1.4\% \sim 1.5\%$；有涂料防护的传热量增加了 1.2%；加装防护瓦虽然增大了炉管受热表面积，但由于传热系数较钢研 102 管降低了 21.8%，故使热流量比钢研 102 管降低了 3.3%，从而将产生较大的经济损失。

由上述实例计算结果可知，锅炉管道在采用喷涂涂层或涂刷耐磨涂料保护后，其炉管温度分布与未受保护的炉管无明显差异；但当炉管加装防护瓦防护后，其炉管温度有一定的下降，导致产生较大的经济损失。计算表明，喷涂层具有良好的耐高温腐蚀和耐磨性能，因此热喷涂工艺在锅炉管道的防护方面是一种经济实用的方法。

4. 结合强度

喷涂层与受热面的结合强度是研究设计喷涂材料的另一个重要问题。锅炉受热面基本上都在高温下运行，喷涂层必须在高温工况下具有较高的结合强度，否则涂层很容易脱落，即便是用很好的喷涂材料也不起作用。结合强度也会影响涂层的工作寿命，关乎喷涂工程的成败。因此，要想提高喷涂材料的结合强度，首先要选用传热性能较好的材料，并具有抗高温抗氧化的性能，如铝基合金(铝有较高的塑性和延展性，也有很好的导热性，又是一种非磁性材料，能够对钢铁基体起阳极保护作用。因此这种放热性材料用在金属合金丝中，可专门制备成打底用的金属丝。另外，喷涂材料选材时还要考虑本身在高温时的线膨胀系数，否则该系数过高或过低都会造成喷涂层的裂纹或起层脱落，造成涂层的破坏。研制喷涂材料时，还要考虑在采用的工艺过程中涂层形成的孔隙率，如若孔隙率过高，在受热面上要经受烟气和高温火焰的侵蚀，腐蚀介质会侵入涂层孔隙中，造成涂层下的腐蚀，使涂层遭受到破坏。

5. 非磁性材料

非磁性材料的非磁性设计是锅炉"四管"喷涂工程质量验收中出现的问题。在对大面积的膜式水冷壁喷涂层进行质量检查时，需要检测喷涂层厚度符合规范要求才能予以验收。一般都使用磁感应测厚仪，它可以快速无损伤地测量磁性金属基体上的非磁性覆盖层厚度，但无法测量磁性金属的厚度。当喷涂 NiCrTi、NiCrAl、NiCr 合金材料时，能用磁感应测厚仪检测出涂层厚度；而喷涂 FeCrAl 等铁基材料时就无法测出其厚度。因此，在设计粉芯丝材料时，如果采用钢板做皮，就会形成磁性材料；如果采用 NiCr 合金板做皮包装陶瓷非磁性材料，就能制成非磁性材料，这对检测喷涂层的厚度是有益的。所以在研究设计和选用喷涂材料时，这也是应当考虑的问题之一。

　　综上所述,锅炉受热面喷涂材料的选择,首先要考虑选用哪一种材料,因为它决定着喷涂工程的效果、工作寿命的长短;更需要考虑到材料本身必须符合喷涂材料的基本要求,即要看其抗高温氧化的性能、抗高温腐蚀的性能、抗冲刷抗冲蚀的性能、导热性能、结合强度是否为磁性材料等,这些性能良好的材料,其涂层的性能也会更好。这样就能在合金丝材、合金粉末、粉芯丝材中找到适用工程需求的喷涂材料。如 OCr25Al5 合金丝制备的涂层工作寿命为 3～4 年,而 NiCrTi 合金丝可达 6～8 年。总之,选择长效喷涂材料,首先要保证涂层服役的时间长,能达到两个大修期,经济效益是可观的。使用长效喷涂材料,可获得高质量的喷涂层,防磨性能优良。比如 NiCrTi 合金丝含 Cr 量达到 40%(质量分数)以上,防磨性能强;含 Ni 量(质量分数)达到 53%,防腐蚀的性能强。实验数据表明,这种喷涂材料制备的涂层,每年的磨损量小于 0.025 mm,它的抗磨蚀性能在目前的喷涂材料中是最优的。

　　热喷涂技术在锅炉"四管"的应用中取得了显著的成功,给电站带来了真实的防护效果,防止了"四管"爆漏事故的发生;同时,锅炉"四管"的喷涂防护工作进行得越早,对受热面的防护、保护的效果越好。这项技术在新设备、新工艺、新材料等领域都得到了广泛应用,如新型纳米纤维防腐涂料的研制和应用就是一个备受关注的技术,在此不再赘述,有兴趣的读者可以自行查找相关资料。

第4章 导热的实验研究

4.1 导热实验研究方法

4.1.1 导热实验研究的内容

导热问题实验研究的主要内容:① 测定导热物体在一定工况下的温度分布(包括稳态分布与瞬态分布)和热流;② 测定物质的热物性参数(如导热系数和导温系数)。从宏观上讨论导热问题,一般是求解导热物体在一定工况下的温度场或热流。由于导热问题没有宏观的物质流动,因此,描述导热问题的微分方程较对流换热要简单得多,从而分析求解和数值求解都相对容易一些。

在导热问题中,不论是分析求解温度场或分析求解热流,还是采用数值法求解物体的导热问题,都需要已知物体的导热系数或导温系数,因此,导热实验研究中很大的一部分内容是实验确定物质的导热系数或导温系数。目前,虽然从理论上或从分子运动论的角度导出一些(如气体)导热系数的计算公式,但是由于影响因素的复杂性和敏感性,这些从导热机理导出的计算公式误差较大。在实际应用中,人们更相信由实验测得的导热系数。

4.1.2 实验确定物体导热系数(或导温系数)的基本原理

实验确定导热系数或导温系数的基本原理是实验求解导热方程的反问题,即实验测定一定热工况下物体的温度分布,反算出被研究物体的导热系数或导温系数。因此,任何已有分析解的导热模型,原则上都可以作为测定导热物体导热系数或导温系数的实验模型。对于稳态模型,测得其温度与空间坐标的关系,然后利用稳态模型的分析解,求解物体的导热系数;对于非稳态模型,则测量特定位置上温度与时间的关系,利用该模型的分析解求解其导热系数或导温系数。有时还可能通过一次实验获得几个物性参数值或某一物性参数综合量。利用稳态导热模型测量物性参数的方法称为稳态法;利用非稳态导热模型测量热物性参数的方法称为瞬态法。

不论是稳态法还是瞬态法,制定实验方案的首要任务是使实验模型满足导热方程(包括单值性条件)所描述的理论模型的要求。例如,在稳态法中最常见的是使用一维导热方程,即无限大平板模型,描述该模型的导热方程为

$$\frac{\mathrm{d}^2 t}{\mathrm{d}x^2} = 0 \tag{4.1}$$

其边界条件为

$$x = 0 \text{ 时 } t = t_{w_1}; \ x = \delta \text{ 时 } t = t_{w_2} \tag{4.2}$$

可以解得下列方程:

$$q = \frac{\lambda}{\delta}(t_{w_1} - t_{w_2}) \tag{4.3}$$

如果想利用式(4.3)实验求解导热系数的值,就必须布置实验,使实验模型满足描述一维导热模型式(4.1)及式(4.2)的要求,否则就不能利用式(4.3)实验求解导热系数,或者带来不可容忍的误差。在满足上述要求的实验模型上,测量热流密度 q、试样厚度 δ 以及在 δ 厚度上的温度差值,便可以利用式(4.3)求解试样的导热系数。对于稳态一维平板导热实验,其布局的关键就在于如何使实验模型满足一维导热的边界条件。分析求解式(4.1),只要假设平板模型为无限大,便轻而易举地满足了一维导热理论模型的要求,但在实验布局上,若实验模型满足这一要求,则要采取各种措施,周密地布置实验,否则就无法满足一维导热的要求。

4.1.3　流体的导热系数测量

在固体稳态实验方案中,热流的测量一般都不是直接地测量换热表面的热流,而是通过稳态热平衡的方法,认为加热器的加热量即为通过固体试件的热量。但在流体的导热实验中,由于流体试样中除了存在导热方式的换热以外,还可能出现对流换热和辐射换热。这时,加热器的加热量将是通过试样的导热、自然对流换热和辐射换热的总和,这给导热热流的确定带来很大麻烦。可见,对于流体导热系数的测量,保持实验模型与理论模型相一致的难度便在于无法消除自然对流和辐射换热的影响。因此,在流体导热系数的测量实验中,应设法将自然对流和辐射换热降低到最低程度。自然对流的强度取决于格拉晓夫数,即

$$Gr = \frac{g\alpha \Delta t l^3}{\nu^2} \tag{4.4}$$

式中,g 为重力加速度;α 为体积膨胀系数;Δt 为温差;l 为定性尺度;ν 为流体的运动黏度。

由式(4.4)可见:

(1)为降低自然对流强度,流体试样的放置应尽量热面在上、冷面在下,以使流体试件的温度梯度与地心加速度方向相反。

(2)流体试样冷、热面温差不应过大。

(3)流体试样的厚度不应太大。

当流体试样为气体时,气体层厚度的选取与气体的稀薄程度有关,因为稠密的气体可以认为与盛装气体试样的容器壁面紧密黏附,所以,容器壁面温度即为与黏附的气体试样的温度,但是当气体稀薄以后,它与容器壁面的相互作用变弱,于是将导致容器壁面温度与其黏附的气体试样温度不一致。这一现象在气体层厚度与气体分子自由程长度可比拟时将显现出来。因此,对于稀薄气体导热实验的边界温度测量应特别注意,尤其对于高温稀薄气体,这种现象更加明显。

对于辐射换热,一般除在安排实验时尽量降低其辐射换热强度外,还可采用计算扣除的办法来消除辐射换热的影响。应该指出,消除辐射换热的计算也是有一定难度的,因为表面黑度的选取难以准确,尤其当试样是具有吸收性和发射性的物质时,这种修正会变得更复杂,并且修正的准确度也不高。因此,在实验安排中,应尽量减小辐射换热的比例,如选择尽可能小的试样容器壁面发射率。以上关于辐射换热的修正,也适用于透明固体试样的导热实验。

4.1.4 瞬态法

瞬态法测量物质的导热系数或导温系数,所依据的是给定的非稳态导热理论模型的分析解。由实验测出温度与时间的相关关系以后,便可根据相应模型的分析解反求出物质的导热系数或导温系数或某一热物性参数的综合量。在瞬态法中,有一部分瞬态实验方案所关心的是加热的规律(如热流与时间的关系),而对于加热热流的绝对值要求不严,因此,这一类瞬态实验方案中,测量热流的任务轻一些,甚至可以不进行热流绝对值的测量。另一类瞬态法实验,则需要测量被研究表面的热流,而不是像稳态法中那样,利用稳态热平衡的原理,由加热器的加热量来量度被测表面的热流。由此可见,在瞬态法中,热损失及其修正的任务也变得不那么重要了。无论是哪一类瞬态实验,其实验布局均较稳态实验方案复杂得多。因为在稳态实验方案中,只要保证实验模型的边界条件满足理论模型的要求就足够了。而在瞬态实验中,除要保证实验模型与理论模型的初始条件一致性以外,还要保证实验模型边界条件随时间的变化规律与理论模型一致。再加之瞬态参数测量与数据处理的特点,这将给瞬态实验的布局带来很大的困难。由于以后的章节还将对瞬态法进行专门论述,故这里不再深入讨论。

从以上的讨论中可以看到,设计传热实验方案的两大主要任务是:

(1) 如何保证实验模型满足理论模型的要求。

(2) 如何准确地测量理论模型中所规定的参数。

因此,不论是分析已有实验设备的优劣,还是根据要求设计新的实验设备,都必须首先从这两个基本点出发,至于工艺性、造价、结构等,都是从属的。

4.2 材料导热系数的测定

4.2.1 球体法测粒状材料的导热系数

1. 实验目的

球体法测粒状材料的导热系数是基于等厚度球状壁的一维稳态导热过程,它特别适用于粒状松散材料。通过本实验的操作,要求掌握球体法测粒状材料导热系数的方法。

2. 实验原理

由磁饱和稳压器输出端引出的交流电压,经自耦变压器调压后作为电热器的电源,当系统达到稳定状态时,由电热器发出的热量都将通过两铜球中间的绝热材料层而排入周围环境。电热器发出的热量按下式计算:

$$Q = UI \tag{4.5}$$

式中,U 为通过电热器的电压,I 为通过电热器的电流。

图 4.1 所示球壁的内外直径分别为 d_1 和 d_2(半径为 r_1 和 r_2)。设球壁的内外表面温度分别为 t_1 和 t_2,并稳定不变。将傅里叶定律应用于此球壁的导热过程,得

$$Q = -\lambda F \frac{\mathrm{d}t}{\mathrm{d}r} = -\lambda 4\pi r^2 \frac{\mathrm{d}t}{\mathrm{d}r} \tag{4.6}$$

边界条件为

$$r = r_1, \ t = t_1$$
$$r = r_2, \ t = t_2$$

由于在不太大的温度范围内,大多数工程材料的导热系数随温度的变化可按直线关系处理,对式(4.6)积分并代入边界条件,得

$$Q = \frac{\pi d_1 d_2 \lambda_m}{\delta}(t_1 - t_2) \qquad (4.7)$$

或

$$\lambda_m = \frac{Q\delta}{\pi d_1 d_2 (t_1 - t_2)} \qquad (4.8)$$

式中,δ 为球壁厚度,$\delta = (d_2 - d_1)/2$,m;λ_m 为 $t_m = (t_1 + t_2)/2$ 时球壁材料的导热系数,W/(m·K)。

因此,实验时应测出内外球壁的温度 t_1 和 t_2,球壁导热量 Q(由球内加热器产生),以及球壁的几何尺寸 d_1 和 d_2,然后可由式(4.8)得出 t_m 时材料的导热系数 λ_m。

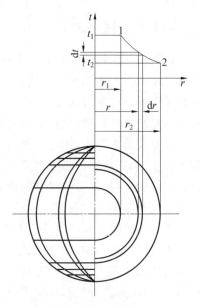

图 4.1 球壁导热过程

测定不同 t_m 下的 λ_m 值,就可获得导热系数随温度变化的关系式。

3. 实验设备及仪表

(1) 装置线路图。

导热仪本体结构及测量系统示意图如图 4.2 所示。

(2) 设备及仪表。

① 磁饱和稳压器:提供稳压电源。其工作原理是基于铁磁材料的非线性特性,如图4.3 所示。在截面较大的铁芯上绕有初级绕组 ω_1(输入),在截面较小的铁芯上绕有次级绕组 ω_2。当 ω_1 中通过激磁电流 I 时,所产生的磁通在截面积较小的 ω_2 中趋于饱和,这时输入电压的升高或降低,ω_2 输出电压的相应变化比输入的变化小。

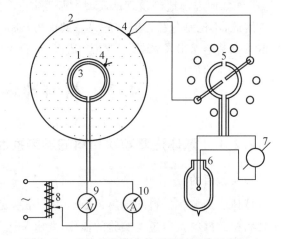

图 4.2 球体导热仪本体及测量系统示意图

1— 内球壳;2— 外球壳;3— 电加热器;4— 热电偶;5— 转换开关;6—0 ℃ 保温瓶;7— 电位差计;8— 调压变压器;9— 电压表;10— 电流表

为了提高稳压器的性能,在有空气隙的铁芯上绕有补偿绕组 ω_R 与 ω_2 相串联,但二者产生的电动势方向相反:

$$u_{输出} = u - u_k \qquad (4.9)$$

由于空气隙的存在,这个分流铁芯不会饱和,所以 u 随着输入电压相应地波动,由于 u_k 有很强的负反馈作用,使输出电压更加稳定。

在这种电路中,电感量很大,因而功率因数很低。为了消除这一缺陷,将 ω_2 和附加绕组串联起来,形成电感 L,再和电容 C 并联,组成一个 LC 谐振回路,它的谐振频率刚好是电源

的频率(即 50 Hz),这样,既提高了功率因数,又促进了次级铁芯的饱和,进一步提高了稳压作用。

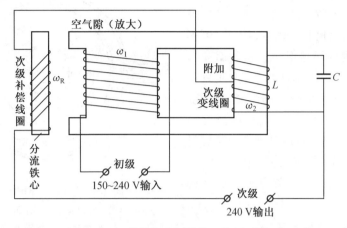

图 4.3　磁饱和稳压器的工作原理图

② 自耦变压器:调节电热器工作电压。

③ 交流电压表:测量电加热器所用的电压。

④ 交流电流表:测量电加热器消耗的电流。

⑤ 水银温度计:测量室温。

⑥ 标准电池:电位差计镇定工作电流用。

⑦ 检流计:作为零值指示用。

⑧ 电位差计:测量热电偶的热电势。

⑨ 圆球导热仪。

圆球导热仪本体由两个厚 1 ~ 2 mm 的紫铜球壳 1 和 2 组成,内球壳外径为 d_1,外球壳内径为 d_2,在两球壳之间均匀充填粒状散料。一般 d_2 为 150 ~ 200 mm,d_1 为 70 ~ 100 mm,故充填材料厚为 50 mm 左右。内壳中装有电加热器,它产生的热量将通过球壁充填材料导至外球壳。为使内外球壳同心,两球壳之间有支撑杆。

外球壳的散热方式一般有两种:一种是以空气自由流动方式(同时有辐射)将热量从外壳带走;另一种是外壳加装冷却液套球,套球中通以恒温水或其他低温液体作为冷却介质。图 4.4 为双水套球结构示意图。为使恒温液套球的恒温效果不受外界环境温度的影响,在恒温液套球之外再加装一保温液套球。保温液套球内通的工质及其温度与恒温液套球一致。

两种冷却方式各有特点。采用空气自然冷却,球体结构简单,操作容易,不需要其他附加的冷却设备。但由于空气自由流动换热系数很小,球壳温度不均匀,在正常条件下(内壳加热均匀,外界空气无扰动),外球壳的空气自由流动局部换热系数沿球壳由下而上逐渐降低,故外球壳温度将由下而上逐渐增高。因此需要在外球壳均匀地埋设几对热电偶,以测取外壳的平均温度。在室内无温度调节的情况下,外壳散热还将受室内环境温度波动的影响。室内人员走动、风等对球壳表面空气自由流动都会产生干扰。上述因素都不利于在待测材料内建立一维稳态温度场。对于粒状保温材料,由于导温系数一般较低,时间达到稳态的时间比较长(一般为 5 ~ 10 h)。

采用恒温液套球时,虽然设备结构和系统复杂一些,但由于冷却介质可有几种选择(水、低沸点工质、液态空气等),外壳温度可在较大范围内控制和调节,从而可测得更广温度范围内的导热系数。强制循环的液体换热系数大,球壳冷却均匀,因此只需用一对热电偶测量恒温液体的温度,该温度即作为外球壳的温度。液体套球的温度不受室内温度波动的影响,这对于在待测材料中建立一维稳态导热过程是有利的。

利用球体导热仪的设备也可测量材料的导温系数。

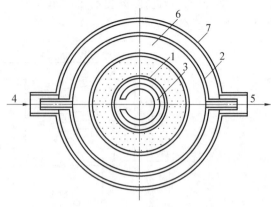

图 4.4　双水套球结构示意图

1— 内球壳;2— 外球壳;3— 电加热器;4、5— 恒温水进出口;6— 恒温水套;7— 保温水套

4. 实验方法及数据整理

(1)球壁腔内的实验材料应均匀地充满整个空腔。充填前注意测量球壳的直径,充填后应记录试料的质量,以便准确记录试料的容积质量(kg/m^3)。装填试料还应避免碰断内球壳的热电偶及电源线,并特别注意保持内外球壳同心。

(2)改变电加热器的电压,即改变导热量,t_m 将随之发生变化,从而可获得不同 t_m 下的导热系数。对于有恒温液套冷却的导热仪,还可通过改变恒温液温度来改变实验工况。实验应在充分热稳定的条件下记录各项数据。

(3)由式(4.8)计算导热系数。以 λ 为纵坐标、t 为横坐标将测量结果标绘在坐标纸上。按 $\lambda = \lambda_0(1 + bt)$ 整理,确定 λ_0、b 值,进一步计算实验点与代表线之间的偏差及实验中的各项误差。

5. 思考题

(1)试分析试料充填不均匀所产生的影响?

(2)试分析内外球壳不同心所产生的影响?

(3)内外球壳之间有支撑杆,试分析这些支撑杆的影响?

(4)如采用空气自由流动冷却球体,试分析室内空气不平静(有风)时会产生什么影响?

(5)采用什么方法来判断、检验球体导热过程已达热稳定状态?

(6)采用恒温液套球时,为什么可以把恒温液的温度当作外球壳的表面温度?

(7)球体导热仪在计算导热量时,是否需要考虑热损失的问题?

(8)对于以空气自由流动冷却的球体,试按测得的数据,计算圆球表面对流传热系数(从加热功率中减去表面辐射散热量,即为对流换热量)。

(9)球体导热仪从加热开始,到热稳定状态所需时间取决于哪些因素?

4.2.2　准稳态法测绝热材料导热系数及比热容实验

1. 实验目的

材料的导热系数及比热容都是工程传热计算中的重要数据。各种材料的导热系数和比热容都是用实验的手段获得的。通过本实验的操作,要求掌握用平板导热仪快速测量绝热材料的导热系数、比热容以及用热电偶测量温差的方法。

2. 实验原理

本实验是根据第二类边界条件、无限大平板的导热问题来设计的。设平板厚为 2δ(图 4.5),初始温度为 t_0,平板两面受恒定的热流密度 q_c 均匀加热。

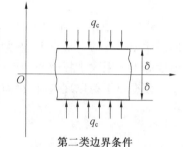

第二类边界条件

图 4.5　无限大平板导热的物理模型

此时,任一瞬时沿平板厚度方向的温度分布 $t(x,\tau)$ 归结为如下定解问题的求解。

导热微分方程:

$$\frac{\partial t(x,\tau)}{\partial \tau} = a\frac{\partial^2 t(x,\tau)}{\partial x^2} \tag{4.10}$$

初始条件:

$$\tau = 0, \quad t(x,0) = t_0 \tag{4.11}$$

边界条件:

$$\begin{cases} x = \delta, & \dfrac{\partial t(\delta,\tau)}{\partial x} + \dfrac{q_c}{\lambda} = 0 \\[3mm] x = 0, & \dfrac{\partial t(0,\tau)}{\partial x} = 0 \end{cases} \tag{4.12}$$

这是一个方程为齐次线性、边界条件为非齐次的定解问题,利用分离变量法把边界条件齐次化,最后求得其解为

$$t(x,\tau) - t_0 = \frac{q_c}{\lambda}\left[\frac{a\tau}{\delta^2} - \frac{\delta^2 - 3x^2}{6\delta} + \delta\sum_{n=1}^{\infty}(-1)^{n+1}\frac{2}{\mu_n^2}\cos\left(\mu_n\frac{x}{\delta}\right)\exp(-\mu_n^2 Fo)\right] \tag{4.13}$$

式中,τ 为时间;q_c 为沿 x 方向从端面向平板加热的恒定热流密度;a 为平板的导温系数;$\mu_n = n\pi, n = 1、2、3;Fo$ 为傅里叶准则,$Fo = \dfrac{a\tau}{\delta^2}$;$t_0$ 为初始温度。

随着时间 τ 的延长,Fo 数变大,式(4.13)中的级数和项越小。当 $Fo > 0.5$ 时,级数和项变得很小,可以忽略,式(4.13)变成

$$t(x,\tau) - t_0 = \frac{q_c\delta}{\lambda}\left(\frac{a\tau}{\delta^3} + \frac{x^2}{2\delta^2} - \frac{1}{6}\right) \tag{4.14}$$

由此可见,当 $Fo > 0.5$ 时,平板各处温度和时间呈线性关系,温度随时间变化的速率是常数,并且处处相同,这种状态称为准稳态。

在准稳态时,平板中心面 $x = 0$ 处的温度为

$$t(0,\tau) - t_0 = \frac{q_c\delta}{\lambda}\left(\frac{a\tau}{\delta^3} - \frac{1}{6}\right) \tag{4.15}$$

平板加热面 $x = \delta$ 处的温度为

$$t(\delta,\tau) - t_0 = \frac{q_c \delta}{\lambda} \left(\frac{a\tau}{\delta^3} + \frac{1}{3} \right) \tag{4.16}$$

此两面的温差为

$$\Delta t = t(\delta,\tau) - t(0,\tau) = \frac{1}{2} \cdot \frac{q_c \delta}{\lambda} \tag{4.17}$$

如已知 q_c、δ，再测出 Δt，就可以由式(4.13)求出导热系数：

$$\lambda = \frac{q_c \delta}{2\Delta t} \tag{4.18}$$

实际上，无限大平板是无法实现的，实验总是用有限尺寸的试件，一般可认为，试件的横向尺寸为厚度的 6 倍以上，两侧散热对试件中心温度的影响可忽略不计，试件两端面中心处温度等于无限大平板时两端面的温度差。

根据热平衡原理，在准稳态时有下列关系：

$$q_c \cdot F = c \cdot \rho \cdot \delta \cdot F \cdot \frac{\mathrm{d}t}{\mathrm{d}\tau} \tag{4.19}$$

式中，F 为试件的横截面积，m^2；c 为比热容，$kJ/(kg \cdot K)$；ρ 为密度，kg/m^3；$\frac{\mathrm{d}t}{\mathrm{d}\tau}$ 为准稳态时的温升速率，$℃/s$。

由式(4.19)可得

$$C = \frac{q_c}{\rho\delta \frac{\mathrm{d}t}{\mathrm{d}\tau}} \tag{4.20}$$

用式(4.20)可求出试件的比热容，实验时 $\frac{\mathrm{d}t}{\mathrm{d}\tau}$ 以试件中心处为准。

3. 实验装置、设备及仪表

(1) 实验装置。

按上述理论模型设计的实验装置如图 4.6 所示。

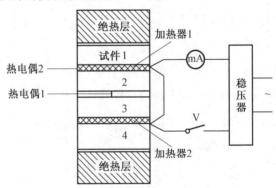

图 4.6　实验装置图

(2) 实验设备及仪表。

① 稳压器：提供稳压电源。

② 电流表：测量加热器内通过的电流。

③ UJ－33 电位差计：用于测量热电偶产生的热电势。

④ 平板导热仪：由试件、加热器、绝热层及热电偶组成。

a. 试件。该试件尺寸为 100 mm × 100 mm × δ，共 4 块，尺寸完全相同，δ = 13 ～ 16mm，每块上下要平行，表面要平整。

b. 加热器。采用高电阻康铜箔平面加热器，康铜箔厚度仅 20 μm，加上保护箔的绝缘薄膜，总厚度只有 70 μm，电阻值稳定，在 0 ～ 100 ℃ 范围内几乎不变。加热器面积和试件的相同，为 100 mm × 100 mm 的正方形。两个加热器的电阻值应尽量相同，相差应在 0.1% 以内。

c. 绝热层。用导热系数比试件小得多的材料作为绝热层，力求减少通过它的热量，使试件 1、4 与绝热层的接触面接近绝热。

d. 热电偶。利用热电偶测量试件两面的温差及试件 2、3 接触面中心处的温升速率。热电偶由 0.1 mm 的康铜丝制作，热电偶冷端放在冰点瓶中，保持零度。实验时，将 4 个试件叠放在一起，分别在试件 1 和 2 及试件 3 和 4 之间分别放入加热器 1 和 2，试件和加热器要对齐，热电偶的放置如图 4.7 所示，热电偶测温头要放在试件中心部位。放好绝热层后，适当加以压力以保持各试件之间接触良好。

4. 实验步骤

(1) 用卡尺测试件的尺寸、面积 F 及厚度 δ。

(2) 按图 4.7 放好试件、加热器和热电偶，接好电源，接通稳压器，预热电源 10 min（注：此时开关 K 是打开的）。

(3) 校对电位差计的工作电流，将测量转换开关转至"未知 1"，测出试件在加热前的温度，此温度应等于室温。再将测量转换开关转到"未知 2"，测出温差，此值应为零热电势，差值最大不得超过 4 μV，即相应温度差不得超过 0.1 ℃。

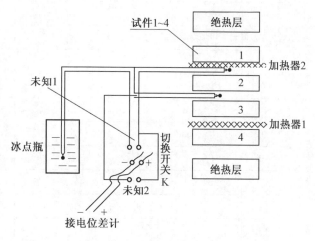

图 4.7　热电偶接线示意图

(4) 接通加热器开关 K，给加热器通以恒定电流（实验过程中，电流不允许变化，此数值事先经实验确定），同时启动秒表，每隔 1 min 测出 1 个数值，奇数值时刻（1 min、3 min、5 min……）测未知 2 端热电势的微伏数，偶数值时刻测未知 1 端热电势值，经一段时间后（随所测材料而不同，一般在 10 ～ 20 min）系统进入准稳态，未知 2 端热电势的数值保持不变，此即式(4.18)中的温差 Δt，记录下电流值。

(5) 第一次实验结束，将加热器开关 K 切断，取下试件及加热器，用电扇将加热器吹凉，待与室温平衡后才能继续实验。试件不能连续做实验，必须经过 4 h 以上的放置，与室温平衡后才能进行下一次实验。

(6) 实验全部结束必须断开电源，一切恢复原状。

5. 实验数据记录

(1) 室温 t_0，℃。

(2) 加热器电流 I，A。

(3) 加热器电压 U，V。

(4) 加热器电阻(两加热器电阻的平均值) R，Ω。

(5) 试件截面积 F，m^2。

(6) 试件厚度 δ，m。

(7) 试件材料密度 ρ，kg/m^3。

(8) 热流密度 q_c，W/m^2。

(9) 热电势数值 E，μV，可在表 4.1 中记录未知 1 与未知 2 两端的热电势。

表 4.1　平板导热系数实验数据记录表

实验次数	热　电　势　数　值　/mV	
	未　知　1	未　知　2
0		
1		
2		
3		
4		
5		
6		
7		
8		
9		
10		
11		
12		
13		
14		

6. 实验数据处理

(1) 确定准稳态温差。

根据测出的准稳态时未知 2 热电势，查热电偶分度表，得出温差 Δt 的值。

(2) 计算热流密度：根据实验原理，式(4.5)可变换为

$$q_0 = \frac{1}{2F}UI = \frac{1}{2F}I^2R \tag{4.21}$$

(3) 计算导热系数 λ，可按式(4.18)计算。

(4) 误差分析。

根据有关资料查得有机玻璃导热系数 $\lambda = 0.18$ W/(m・K),计算测量误差并分析误差产生的原因。

(5) 确定准稳态时的温升速率 $\dfrac{\mathrm{d}t}{\mathrm{d}\tau}$,℃/s。

根据测出的准稳态时未知 1 热电势,查热电偶分度表,查出对应 5 组温度,拟合出温度随时间的变化关系式:

$$t = a\tau + b \tag{4.22}$$

计算温升速率:

$$\frac{\mathrm{d}t}{\mathrm{d}\tau} = a \tag{4.23}$$

(6) 计算比热容 c,可按式(4.20)计算。

(7) 误差分析。

有机玻璃的比热容为 $c = 1.549$ kJ/(kg・K),计算测量误差并分析误差产生的原因。

4.2.3 测定纳米流体的导热系数

纳米流体是指以一定的方式和比例在液体中添加纳米级金属或金属氧化物粒子而形成的一类新的传热冷却工质。在液体中添加纳米粒子可以显著提高基液的导热系数,提高热交换系统的传热性能。但对纳米流体导热系数的实验测量结果存在一定差异,可能与纳米粒子的性质、体积分数、形状、尺寸、温度、分散剂的种类和用量、悬浮液的分散稳定性及基液的性质有关。导热系数是反映纳米流体导热性能的最基本的热物理性质之一,纳米流体因为具有流动性,其导热系数的测定要比固体困难得多。目前,液体导热系数测量的方法主要有准稳态平板法、热针法、瞬态热线法等。瞬态热线法为目前国际上公认的测量流体导热系数最准确的测量方法之一,而纳米流导热系数测量也基本上使用该方法。

1. 测量原理

对处于无限大介质中的无限长线热源,在初始热平衡状态下,突然加热一段时间,测量加热过程中线热源的温度变化情况,然后根据下式确定:

$$\lambda = \frac{q}{4\pi G} = \frac{q}{4\pi (\mathrm{d}\Delta T_{\mathrm{id}}/\mathrm{d}\ln \tau)} \tag{4.24}$$

式中,q 为单位长度热丝的发热量;ΔT_{id} 为热丝的温升;τ 为加热时间。

在实验过程中,只需要测量热丝的温升随时间对数变化的关系,就可以确定介质的导热系数。

2. 实验系统

瞬态热线装置采用两根长度分别为 0.153 m 和 0.063 m、直径 50 μm 的铂丝分别插入两个直径为 30 mm 的盛有被测液体样品的圆筒形玻璃容器内,容器由从恒温水浴来的循环水保持恒温。铂丝既作为加热线源又作为温度计,两根铂丝除长度不同外完全一样。当同时给两根热丝加相同的电流时,两根热丝产生同样的端部效应,这样,两根热丝的温度差就等同于一根无限长热线的有限部分的温度上升,于是就消除了热丝的端部影响,如图 4.8 所示。实验采用惠斯通电桥来精确测量两根热丝的电阻差,也就是两热丝的温度差。图中 R_t 为 1 Ω 的 0.01 级精密电阻,其两端的电压降即为恒流源输出的电流 I;R_2、R_4 均为阻值等于

100 Ω 的 0.01 级精密电阻;R'_1、R'_3 分别为电阻温度系数极低的锰、铜可调电阻;R_1、R_s 分别表示长、短铂丝的电阻。测试前先输出 5 mA 的小电流至桥路,调节 R_1、R'_3 使电桥处于平衡,即

$$(R'_1 + R_1)R_4 = (R'_3 + R_s)R_2 \tag{4.25}$$

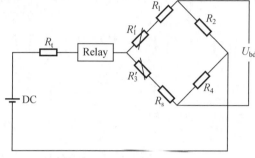

图 4.8　瞬态热线法

实验时恒流源输出一恒定电流 I 至桥路,长、短热丝的电阻值分别升高 $\mathrm{d}R_1$、$\mathrm{d}R_s$,电桥输出电压 $\mathrm{d}U_{bd}$ 与两热丝电阻变化量 $\mathrm{d}R$ 之间的关系为

$$\mathrm{d}U_{bd} = \frac{1}{2}I(R'_1 + R_1 + \mathrm{d}R_1) - \frac{1}{2}I(R'_3 + R_s + \mathrm{d}R_s)$$

$$= \frac{1}{2}I(\mathrm{d}R_1 - \mathrm{d}R_s) = \frac{1}{2}I\mathrm{d}R \tag{4.26}$$

而铂丝电阻与温度的关系为

$$R(T) = R(0)[1 + a(T - 273.15)] \tag{4.27}$$

对式(4.27)微分得

$$\mathrm{d}R = R(0)a\mathrm{d}T \tag{4.28}$$

式中,a 为铂丝电阻温度系数,可预先标定;$R(0)$ 为 0 ℃ 时长度为 L(L 等于两热丝长度之差)的铂丝的电阻。于是

$$k = \frac{(I/2)^3 R(T)R(0)a}{4\pi L} \bigg/ \frac{\mathrm{d}U_{bd}}{\mathrm{d}\ln\tau} \tag{4.29}$$

实验采用 HP34401 数字电压表测量电桥的偏差电压。因为实验时间过长会引起对流的影响,实验时间控制在 $0 \sim 5$ s 范围内,将实验数据代入式(4.29)计算纳米流体的导热系数。另外,为了保证对桥路的通电和测量同步,实验采用 $HG-64/1$ 型继电器控制通电电路和测量电路,即在通电电路闭合的同时给数字电压表发送一触发信号,使数字电压表开始记录数据。

在使用实验装置测量纳米流体的导热系数之前,通过测量去离子水和机油的导热系数对实验装置进行了校验,校验结果显示该实验装置的测试精度在 3% 以内,具有较高的精确度。

4.3　导热实验研究进展

4.3.1　非傅里叶导热的最新研究进展

普遍(或传统)观点认为,无论物体中导热过程的发生机理如何,都应当遵循导热的基本定律,即傅里叶定律。傅里叶定律是导热现象规律性的经验总结,它是建立在大量常规传热实验(热作用时间较长、强度较低)的基础上的。傅里叶定律不涉及传热时间项,定律本身隐含了热传播速度为无限大的假设。对于热作用时间较长的稳态传热过程以及热传播速度较快的非稳态常规传热过程,傅里叶定律的正确性是毋庸置疑的。但是,对于极端热、质传递条件下的非稳态传热过程,如极低(高)温条件的传热(质)问题、超急速传热(质)问题以及微时间或微空间尺度条件下的传热(质)问题,热传播速度的有限性却必须考虑,由此也必定会出现一些有别于常规传热过程的物理特征[30]。把在极端热、质传递条件下出现的一些不遵循(或偏离)傅里叶定律的热传递效应称为导热的非傅里叶效应。

非傅里叶效应有望在许多工程实际中得以应用。以超急速传热(质)为例,金属的快速凝固、超导线圈的热稳定控制、核反应堆及高温熔融材料泄漏的紧急处理、强激光武器反射镜的温控、造纸工业的脉冲干燥、生物医学工程中人体脏器官的超急速冷冻与解冻等过程中,温度变化率(或传热速率)非常高,达 $10^3 \sim 10^7$ K/s,甚至更高,非傅里叶导热极有可能在这些实际过程中出现。

有关非傅里叶导热的研究已有超过半个世纪的历史,总体说来,非傅里叶导热的研究还主要停留在理论研究水平,实验研究结果相当匮乏,非傅里叶导热的实际应用也还处于初步探索阶段。为此有关学者确立了以实验研究为突破点、辅以必要的理论分析、通过实验研究和理论分析结果为非傅里叶导热的实际应用提供依据的研究路线,对超急速传热传质条件下的非经典热、质传递效应进行了较为全面、系统的研究。本节将介绍研究人员在非傅里叶导热的分析求解、实验研究、应用探讨以及用分子动力学模拟非傅里叶热传播方面的最新研究成果。

1. 非傅里叶导热模型及理论求解

Cattaneo 首先对傅里叶扩散模型进行了修正。Cattaneo 导热方程可表示为如下的温度梯度对时间的积分:

$$q(r,\tau) = -\frac{\lambda}{\tau_0} \int_{-\infty}^{\tau} \exp\left(-\frac{\tau-\tau'}{\tau_0}\right) \nabla T(r,\tau') \mathrm{d}\tau' \tag{4.30}$$

方程两端同时对时间 τ 求导,得

$$q(r,\tau) + \frac{\partial q(r,\tau)}{\partial \tau} = -\lambda \nabla T(r,\tau) \tag{4.31}$$

联合能量守恒方程 $-\nabla \cdot q(r,\tau) + q_g(r,\tau) = \frac{\lambda}{a}\frac{\partial \nabla T(r,\tau)}{\partial \tau}$,并且不计内热源,得双曲线型导热微分方程为

$$\lambda \nabla^2 T(r,\tau) = \frac{\lambda}{a}\left[\frac{\partial \nabla T(r,\tau)}{\partial \tau} + \frac{\partial^2 \nabla T(r,\tau)}{\partial \tau^2}\right] \tag{4.32}$$

当 $\tau_0 \to 0$ 时,双曲型导热微分方程演化为抛物线型。

在上述各式中,q、q_g 分别为热流矢量和内热发生率;T 为介质温度;r、τ 分别为空间和时间坐标;λ、a 分别为导热系数和热扩散率(或导温系数)。同导热系数一样,参数 τ_0 也是介质物性参数的一种,它反映了物质本身的固有属性,其数值仅与物质本身的性质有关,不同的物质应具有不同大小的 τ_0 值。类比于电感,称 τ_0 为热感,可定义为热能传播到最近内部结构单元所需积聚的时间。τ_0 表示在热传播过程中,介质内部结构单元的热相互作用。对于均匀介质,τ_0 反映了分子或晶格的热相互作用,此时 τ_0 有着热弛豫时间的含义和数值;对于非均匀内部结构材料(如多孔介质),此种内部结构的热相互作用就不仅仅局限于分子或晶格水平,其数值也会更大。

考虑到热传播速度的有限性,从不同的物理视角发展形成了多种非傅里叶导热模型。除基于熵产理论的热波模型、单相延迟模型(即 Cattaneo 模型)、修正双曲线导热模型、微观两步模型、纯声子散射模型和双相延迟模型外,其他至少还存在 5 种非傅里叶导热模型:热传播的随机不连续扩散模型、基于玻尔兹曼的声子热输运模型、修正边界条件的 Cattaneo 模型、绝缘介质薄膜的声子辐射热输运方程(EPRT),以及非均匀内部结构介质的非平衡热输运模型。

非傅里叶导热模型的分析求解一般针对双曲线非傅里叶导热方程而言。双曲线方程的求解较传统的抛物线方程(傅里叶模型)复杂得多。现有双曲线型导热方程的分析解,大都限于一维、常物性、线性边界条件情形。此时问题的物理模型往往是一些规则的几何形体。

2. 室温条件下非傅里叶导热的实验研究及"瞬时薄层"模型

目前,非傅里叶导热的实验研究还处于探索阶段,有关室温或稍高温度条件下存在非傅里叶效应的严格的、直接的实验证据还没有。已有的实验证据还仅限于一些特殊的超低温介质,如低温的液体 He Ⅱ 及固体 H－3、H－4 等。

常温条件下验证非傅里叶效应的实验难于成功的主要原因在于:常温时各种材料的热弛豫时间一般很短,传统的实验装置和测试手段还难于准确地检测到非傅里叶效应的存在。室温条件下非傅里叶导热实验成功的关键在于设计出一套频响速度足够的实验系统。

双曲线非傅里叶导热过程的理论分析和数值模拟结果表明:导热中非傅里叶效应的存在主要取决于无量纲参数 ε($\varepsilon = a\tau / L^2 = l^2 / (3L^2)$,即材料的热尺度与材料的特征物理尺度之比)和 τ / τ_0(即热作用时间尺度与材料热弛豫时间之比)。ε 越大,τ / τ_0 越小,越容易观察到导热的非傅里叶效应。

针对非傅里叶导热只能在一定的时间内出现在介质受热扰动位置附近的极有限区域的事实,出于工程实用的目的,有学者提出了非傅里叶导热的"瞬时薄层"模型。设想在物体内靠近热扰动的位置存在一假想界面,该界面将整个物体划分为两部分:较小范围的薄层区域和物体的其他部分(图 4.9)。"瞬时薄层"内的热传递过程考虑为非傅里叶导热过程,而介质内其他部分的热传递仍然遵从傅里叶定律,两部

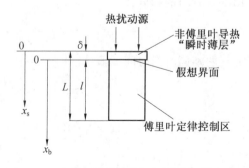

图 4.9　非傅里叶导热的"瞬时薄层"模型

分区域之间的分界面满足连续性边界条件，即第四类边界条件。而且，"瞬时薄层"内热传递的非傅里叶效应只可能在介质受热扰动过后的极短瞬时存在，随着时间的推移，整个物体内的热传递将逐渐趋近于遵从傅里叶定律。"瞬时薄层"中"瞬时"的含义也正在于此。

"瞬时薄层"厚度的确定在非傅里叶导热的使用中有着至关重要的作用。一旦特定物料在特定超常条件下的"瞬时薄层"厚度得以确定，非傅里叶导热的实际应用将更为方便可行。如果物体的几何尺寸小于 δ，则整个物体内的热传递过程都需用非傅里叶定律进行描述；如果物体的几何尺寸与 δ 相当，则物体内的热传递过程需分区考虑（图 4.9），"瞬时薄层"内应考虑非傅里叶导热效应，薄层外物体内的其他部分则仍可用传统的傅里叶定律进行描述，两部分区域之间的分界面上满足第四类连续性边界条件；如果物体的几何尺寸远远大于 δ，则此物体内的热传递过程整体上近似满足傅里叶定律，物体内任意位置处的温度梯度和热流矢量也大体上遵从傅里叶定律所描述的同步变化规律，但由于此时非傅里叶导热过程的"瞬时薄层"依然存在（尽管影响非常小），所以物体感受到热扰动的时间相对其边界上开始施加的热扰动的时间存在一定的（非常短）时间延迟，时间延迟量等于"瞬时薄层"厚度与物体内热传播速度之商。

经分析发现，非傅里叶导热"瞬时薄层"厚度 δ 除受介质的内在因素热物性参数 a 和 τ_h 的影响外，还受热扰动源 q_0 和 t_p 等外界因素的影响。另外，介质的几何参数 L 也应当对"瞬时薄层"厚度有着一定的影响。可用如下关系式进行表达：

$$\delta = f(\text{物性参数，热扰动参数，几何参数}) = f(a, \tau_h, q_0, t_p, L) \tag{4.33}$$

而且，介质的热松弛时间 τ_h、热扩散系数 a 以及脉冲热扰动源的强度 q_0 与 δ_h 具有正的相关关系，脉冲热扰动源瞬时性强弱 t_p 与 δ_h 有着负的相关关系。

3. 非傅里叶导热的分子动力学模拟

热的非傅里叶传播现象归根结底是由于体系的各微观载热粒子的热弛豫造成的。分子动力学模拟就是以分子（或其他微观载热粒子）为基本研究对象，将系统看作是具有一定特征的分子集合，运用经典（或量子）力学的方法，通过研究微观分子的运动规律，得到体系的宏观特性和基本规律的一种研究方法。其优点在于通过对事物微观现象的探索和模拟来认识并揭示事物宏观表象的本质。非傅里叶导热研究最大的困难在于其微时间和微空间尺度性，用分子动力学方法研究非傅里叶导热不仅可克服这一困难，而且可以充分发挥分子动力学研究方法的长处。

极端热、质传递条件的非经典热、质传递问题具有较强的工程应用背景，是当前传热传质领域的新兴热点。本节讨论了非傅里叶导热的理论求解、室温条件下多孔材料内非傅里叶导热的实验结果及数值模拟、非傅里叶导热的"瞬时薄层"模型、非傅里叶导热的分子动力学模拟等方面的最新研究进展，针对非傅里叶导热的研究现状，考虑到从事该领域的工作体验，有如下进一步工作设想：

（1）对可以量化的物性（如实验材料表面的光学物性、材料的热物性等）进行实际测定，争取实现实验结果的定量化分析。

（2）继续深入开展实验研究，争取在更多的材料（尤其是生物材料）内发现非傅里叶效应。

（3）非傅里叶导热的理论分析可以向多维模型扩展。

（4）结合导热的微观机理，对非傅里叶导热的理论模型进行探讨，争取提出新的、更符合实际的理论模型。

(5)"瞬时薄层"模型还需进一步完善,为工程实际中的一些常见极端热、质传递问题提供"瞬时薄层"厚度的确切数据,是该模型是否达到完善的评价指标。

(6)非经典热、质耦合传递问题的研究应当面向实际进行,因为实际中传热传质过程往往是相互伴随的。为更多的实际超常传热传质过程提供理论基础是研究该问题的最终目的。

(7)用分子动力学方法模拟非经典热、质传递问题应当是一非常有前途的研究方向。只是由于热、力传播的不可分割性,建议在用分子动力学方法模拟热的传播过程时,综合考虑力的作用因素。

4.3.2 纳米流体导热系数测定的最新研究进展

随着纳米科学的不断发展,纳米技术领域在不断地向其他学科延伸与拓展。近十几年来,国内外研究者对纳米流体在热能工程领域的基础理论与应用研究主要集中在纳米流体的导热特性、纳米流体强化传热特性、纳米流体的沸腾特性等方面。作为纳米流体传热应用的一个关键性热物性参数 —— 导热系数的研究已取得一定进展,获取了大量实验数据。本节就目前国内外纳米流体导热系数的实验研究状况进行总结归纳,以期为研究者提供相关的参考依据,促进纳米流体的应用与发展。

1. 纳米流体的制备与导热系数的测量

纳米流体的制备可分为单步法和两步法两种。单步法是指在纳米颗粒制备的同时将其分散到基液中,即纳米颗粒与纳米流体制备同时完成。这种方法的优点是粒子纯度高,粒子分散性比较好,悬浮稳定性比较高,但所需成本较高。两步法是先制备出纳米颗粒,然后再将所制备出的纳米颗粒分散在液体中制备成纳米流体。与单步法相比,该法的优点是操作简单、费用低,适用于所有的流体;缺点是制备的纳米流体悬浮液的稳定性比较差,必须采用一定方式的分散技术来解决纳米流体的悬浮稳定性问题。目前解决纳米流体的悬浮稳定性问题主要有3种方法:① 选择适当的电解质作为分散剂;② 加入表面活性剂;③ 使用超声振动分散粒子。

导热系数是反映纳米流体导热性能的最基本的热物理性质之一,纳米流体因为具有流动性,其导热系数的测定要比固体困难得多。目前,液体导热系数测量的方法主要有准稳态平板法、热针法、瞬态热线法等。瞬态热线法为目前国际上公认的测量流体导热系数最准确的测量方法之一,而纳米流体导热系数测量也基本上使用该种方法。测量原理见4.2.3节。

2. 纳米流体导热系数的实验研究进展

从国际上看,Eastman 等人实验分析比较了金属氧化物纳米流体与金属纳米流体的导热系数大小。研究中测量了 $CuO-水$、$Al_2O_3-水$、$Cu-机油$ 等几种纳米流体的导热系数,得出以下结论:

(1)纳米流体的导热系数随纳米粒子的体积份额的增加而增大,如将平均粒径为18 nm的 Cu 纳米粒子加入到体积分数为1% ~ 6% 机油之中,纳米流体的导热系数比机油提高15% ~ 45%。

(2)纳米粒子的性质是影响纳米流体导热系数的主要因素,在水中添加相同体积份额的 CuO 和 Al_2O_3,则 CuO－水纳米流体的导热系数比 Al_2O_3－水纳米流体的导热系数大。之后 Eastman 又对 Cu－乙二醇纳米流体导热系数进行测量。结果显示,Cu－乙二醇纳米流体的导热系数远大于 CuO－乙二醇及纯乙二醇的导热系数。在乙二醇基液中添加体积分数为 0.3%、平均粒径 10 nm 左右的 Cu 纳米颗粒,其导热系数将提高 40%;而添加体积分数为 1.0%、平均粒径也为 10 nm 左右的 CuO 纳米颗粒,其导热系数提高不到 5%。这再次验证了纳米粒子的属性是影响纳米流体导热系数的一个重要因素。同时他们还发现酸类添加剂可以增加悬浮液的稳定性,从而增加纳米流体的导热系数。

Das 主要考察了温度对 CuO(28.6 nm)－水、Al_2O_3(38.4 nm)－水纳米流体导热系数的影响。实验发现当温度在 21～52 ℃ 时,纳米流体的导热系数有 2～4 倍的增加,说明纳米流体作为制冷液体时,它可以在比室温更高的温度下工作;小尺寸纳米颗粒组成的纳米流体的导热系数明显高于大尺寸纳米颗粒组成的纳米流体的导热系数。

Li 等更进一步用实验验证温度、纳米粒子体积含量对 CuO(29 nm)－水、Al_2O_3(36 nm)－水纳米流体导热系数的影响。结果表明,纳米粒子的属性、体积含量、温度等对纳米流体的导热系数有显著的影响。如 Al_2O_3－水纳米流体,当温度从 27 ℃ 增加到 34.7 ℃ 时,其导热系数近乎增加了 3 倍。

Murshed 主要研究纳米粒子尺寸和形状对导热系数的影响,以 TiO_2－水纳米流体为例进行分析,TiO_2 颗粒的形状分别为棒状和球形。结果发现,纳米粒子的尺寸和形状对导热性能有重要的影响。在体积分数为 5% 的相同含量下,其导热系数分别提高了 33% 和 30%。

Hong 等首次研究以铁为纳米颗粒制备的纳米流体的导热系数。其中铁粒子平均粒径为 10 nm,基液为乙二醇。他们发现体积分数为 55% 的 Fe－乙二醇纳米流体的导热系数将比基液增加 18%;Fe 纳米流体比 Cu 纳米流体显示出更强的导热性能,表明具有高导热系数的纳米颗粒并不总是改善基液导热性能的最佳选择。Hong 等还研究了铁纳米粒子的团聚对纳米流体导热系数的影响,指出铁纳米粒子的团聚对导热系数有直接的影响,是铁的体积分数与纳米流体导热系数的增加呈非线性关系的原因。

Patel 将贵金属金和银涂上钍、柠檬酸盐置于水和甲苯中制备的纳米流体中,测试其导热系数,纳米银粒子分数仅有 0.000 26% 的柠檬酸盐银－水纳米流体,温度从 30 ℃ 增加到 60 ℃,其导热系数竟可以提高 5%～21%;而该纳米流体中金的质量分数只有 0.011% 时,其导热系数可以提高 7%～14%。这种有趣的现象预示着纳米流体导热系数不仅与粒子的尺寸有关,还与粒子的运动有密切的关系。而且还发现,纳米流体导热系数的增加与温度呈非线性关系,与纳米粒子的的质量分数几乎呈线性关系。此外,重要的化学因素,如金属表面与溶剂介质直接接触,对纳米流体导热系数也有重要的影响。

Choi 等首次对多壁碳纳米管－机油纳米流体进行导热系数测量,竟发现体积含量为 1% 碳纳米管－机油纳米流体的导热系数提高了近 160%,其导热系数的增加是呈非线性的,并且比线性增加量要大得多。

Wen 等研究了温度对多壁碳纳米管－水纳米流体导热系数的影响。当温度在 30 ℃ 以下时,导热系数随温度增加几乎呈线性变化,当在 30 ℃ 以上时呈非线性变化。此外 Ding 等还研究了温度对单壁碳纳米管／水悬浮液导热系数的影响,其实验结果稍高于 Wen;Assael

等的实验结果却远低于 Choi 等的实验结果。这种差异可能是由碳纳米管的性能、纵横比、分散剂的选择和实验误差等造成的。

Assael 等研究了分散剂对多壁碳纳米管—水纳米流体导热系数的影响。在纳米流体中加入质量分数为 0.1% 的十二烷基苯磺酸钠作为分散剂,当加入质量分数为 0.6% 的碳纳米管时,其导热系数的最大增加量约为 38%,造成这种现象的原因可能是分散剂与碳纳米管进行了反应,使碳纳米管的表面受到了影响。Assael 反复做了类似的测量,但采用 CTAB 和 AQ 作为分散剂,在相同含量的情况下,其导热系数增加的最大值约为 34%。此外,他们还讨论了表面活性剂的聚集对纳米流体导热系数的影响,同时指出 CTAB 作为分散剂应用于多壁碳纳米管对导热系数的提高更好一些。

Hwang 比较了多壁碳纳米管—水、CuO—水、SiO_2—水、CuO—乙二醇四种纳米流体的导热系数,发现碳纳米管—水纳米流体的导热系数高于其他 3 种,当加入碳纳米管的的体积分数为 1% 时,其导热系数可以提高 11.3%。

国内纳米流体导热系数研究起步较晚。2000 年南京理工大学宣益民课题组首先报道了金属纳米流体导热系数的研究结果。以 Cu—水、Cu—变压器油纳米流体为对象进行测试。结果发现在去离子水中加入 2.5% ~ 7.5% 的 Cu 纳米颗粒,其导热系数可以提高 24% ~78%;在变压器油中加入 2.5% ~ 7.5% 的 Cu 纳米颗粒,其导热系数可以提高 10% ~30%。李强等进一步研究了温度对导热系数的影响,发现 Cu—水纳米流体的导热系数随着温度的升高而增大,与水相比,纳米流体导热系数随温度增大的比例比水导热系数增大的比例高。例如,温度从 30 ℃ 升高到 60 ℃,1.0% 体积份额的 Cu—水纳米流体的导热系数增加了 16.79%;2.0% 体积份额的 Cu—水纳米流体的导热系数增加了 16.31%,并验证了纳米粒子微运动是纳米流体强化导热系数的主要因素。

谢华清等对非金属纳米流体导热系数进行了大量的实验研究工作,测量了平均粒径为 25 nm 的 SiC—水、SiC—乙二醇和平均粒径为 600 nm 的 SiC—水、SiC—乙二醇 4 个系列不同固相质量分数悬浮液的有效导热系数。结果表明,导热系数的增加量随固相含量的增加而线性增加,对于不同基液而言,相同固相体积分数含量的悬浮液导热系数增加量接近,当在水或乙醇中加入体积分数为 4.2% 的 SiC(25 nm) 时,均增加 15.9% 左右。当在水或乙醇中加入体积分数为 4.0% 的 SiC(600 nm) 时,均增加 22.7% 左右。之后还以水(DW)、乙二醇(EG)、泵油(PO)和辛烯(DE)为基液,将比表面积为 25 m^2/g 的纳米 Al_2O_3 粉和平均直径约为 15 nm 的多壁碳纳米管(MWNT)添加到基液中形成相应的纳米流体。结果表明,在辛烯内加入体积分数为 1.5% 的碳纳米管,其导热系数增加量达到 32.5%;不论使用哪种基液,含碳纳米管的纳米流体导热系数增加量均远大于含 Al_2O_3 粉的纳米流体;以 EG—DW 混合液、泵油和丙三醇为基液含 Al_2O_3 粉体的纳米流体,其导热系数增加量很明显随基液导热系数增加而减小。

Zhou 等不仅对 CuO—水导热系数进行了研究,还对 Cu—乙烯基乙醇形成的纳米流体导热系数进行了测量。结果表明,在水中添加体积分数为 0.4% 的 CuO 纳米粒子,所形成的纳米流体的导热系数比水提高了 17%;在乙烯基乙醇溶液中添加体积分数为 0.3% 的 Cu 纳米粒子所形成的纳米流体的导热系数比乙烯基乙醇溶液提高了 40%。

王涛等利用激光闪光法测量了 SiO_2—水纳米流体的导热系数,分析了不同粒径、不同体积分数下纳米流体导热系数的提高。平均粒径为 70 nm 的 SiO_2—水纳米流体,当体积分数为 1.3％ 时,该纳米流体导热系数比纯水提高了 24％,在同样体积分数情况下,平均粒径为 70 nm 的悬浮液导热系数的提高明显高于较大颗粒的悬浮液的导热系数。

毕胜山等以制冷剂 HFC134a 为基液,对 TiO_2(50 nm)－HFC134a 纳米流体的导热系数进行了实验研究。实验中的颗粒质量浓度分别为 0.01 g/L、0.25 g/L、0.05 g/L、0.1 g/L 和 0.2 g/L,温度范围为 288.15～303.15 K。研究结果发现,与纯 HFC134a 制冷工质相比,TiO_2－HFC134a 纳米流体导热系数的增加量随着颗粒质量浓度和温度的增加而增大,当颗粒质量浓度为 0.2 g/L 时,导热系数提高 7.9％。

纵观国内外研究者对纳米流体导热系数的研究工作可以看出:纳米流体可以显著提高基液的导热系数,但其实验测量结果存在一定差异,可能与纳米粒子的性质、体积分数、形状、尺寸、温度、分散剂的种类和用量、悬浮液的分散稳定性及基液的性质有关,有待于进一步探讨。基于此,未来我们应该进一步采用先进、精确的测试方法和手段对多种纳米流体导热系数进行实验研究,积累丰富的实验数据,为纳米流体的研究提供更多的实验数据和理论依据。

本篇参考文献

[1] 杨世铭,陶文铨.传热学[M].4 版.北京:高等教育出版社,2006.

[2] 伊萨琴科 В П,奥西波娃 В А,苏科梅尔 А С.传热学[M].王丰,冀守礼,周筠清,等译.北京:高等教育出版社,1987:14.

[3] ECKERT E R G,DRAKE R M. Analysis of heat and mass transfer[M]. Tokyo: McGraw－Hill Kogagusha Ltd,1972:42-47.

[4] KAVIANY M. Principle of heat transfer[M]. New York:John Wiley & Sons,Inc., 2002:178,373.

[5] HOLMAN J P. Heat transfer[M]. 9th ed. New York:McGraw－Hill Book Company, 2002:7.

[6] 奚同庚.无机材料热物性学[M].上海:上海人民出版社,1981:92-122.

[7] 奥西波娃 В А.传热学实验研究[M].蒋章焰,王传院,译.北京:高等教育出版社,1982: 17-113.

[8] 陈则韶,葛新石,顾航沁.量热技术和热物性测定[M].合肥:中国科学技术大学出版社, 1990:63-81.

[9] 施明恒,薛宗荣.热工实验的原理和技术[M].南京:东南大学出版社,1992:128-147.

[10] 曹玉璋,邱绪光.实验传热学[M].北京:国防工业出版社,1998:116-119.

[11] 梁昆淼.数学物理方程[M].北京:高等教育出版社,2002.

[12] 姜任秋.导热与动量传递中的瞬态冲击效应[M].北京:科学出版社,1997:44-55.

[13] 刘静.微米／纳米尺度传热学[M].北京:科学出版社,2001:161-163,179-291.

[14] SPARROW E M,LIN S H. Heat transfer characteristics of polygonal and plate fins[J]. Int J. Heat Mass Transfer,1964,7(4):951-953.

[15] CARSLAW H S,JAEGERJ C. Conduction of heat in solids[M]. 2nd ed. Oxford: Clarendon Press,1959.

[16] 奥齐西克 M N. 导热[M]. 俞昌铭,译. 北京:高等教育出版社,1983.

[17] HOLMAN J P. Heat transfer[M]. 9th ed. New York:McGraw － Hill Book Company,2002:7.

[18] HAHNE E,GRIGULL U. Formfactor and formawiederstand der stationaren mehrdimendionalen warmeleitung[J]. Int J. Heat Mass transfer,1975,18(6): 751-767.

[19] ANTEBY I,SHAI I. Modified conduction shape factors for isothermal bodies embedded in a semi － infinite medium[J]. Number Heat Transfer,Part A,1993, 23(2):233-245.

[20] 张洪济. 导热[M]. 北京:高等教育出版社,1992:90-97,102-104,119-124,337-361.

[21] 吴海棠. 热力管道保温材料的选用解析[J]. 企业技术开发,2013,32(22):76-77.

[22] 汤文. 论热力管道保温材料的选用[J]. 应用技术,2013,26:290.

[23] 赵铁成,沈月芬,朱国桢,等. 电站锅炉锅筒温度场计算 —— 三维非稳态变物性材料不均匀导热问题有限元分析[J]. 中国电机工程学报,1997,17(4):217-220.

[24] 冀守礼,朱古君,杨帆. 三维物体稳态及瞬态温度场的有限元分析[J]. 工程热物理学报,1987,5:159-165.

[25] 王勖成,邵敏. 有限单元法基本原理与数值方法[M]. 北京:清华大学出版社,1988:9.

[26] 郑思定,盛建国. 调峰机组锅炉锅筒壁温度场和热应力分析及低周疲劳设计[J]. 动力工程,1988,6:18-26.

[27] 袁建鹏. 涂层技术在航空航天材料领域的应用[J]. Advanced Materials Industry, 2012,10:52-56.

[28] LEE S,CHOI U S,LI S,et al. Measuring thermal conductivity of fluids containing oxide nanoparticles[J]. Journal of Heat Transfer,1999,121:280-289.

[29] ZHOU L P,WANG B X. Experimental research on the thermos － physical properties of nanoparticle suspensions using the quasi － steady state method[C]. Shanghai:Annual Proceeding Chinese Engineering Thermo － physics,2002, 889-892.

[30] 李强,宣益民. 纳米流体导热系数的测量[J]. 化工学报,2003,54(1):42-46.

[31] 蒋方明,刘登瀛. 非傅里叶导热的最新研究进展[J]. 力学进展,2002,32(1):128-140.

[32] JOSEPH D D,PREZIOSI L. Heat waves[J]. Rew Mod Phys,1989,61(1):41-73.

[33] 张浙,刘登瀛. 非傅里叶导热的研究进展[J]. 力学进展,2000,30(3):446-456.

[34] ACKERMAN C C,OVERTON W C. Second sound in solid helium － 3[J]. Physical Review Letters,1969,22(15):764-766.

[35] ACKERMAN C C,BERTMAN B, Fairbank H A,et al. Second sound in solid helium[J]. Physical Review Letters,1966,16(18):789-791.

[36] 毕胜山,吴江涛,史琳. 纳米颗粒 TiO_2/HFC134a 工质导热系数实验研究[J]. 工程热物理报,2008,2(29):205-207.

[37] 蒋方明,刘登瀛. 多孔材料内非傅里叶导热现象的实验和理论研究[J]. 工程热物理学报. 2001,22(增刊):77-80.

[38] ALI VEDAVARZ,SUNIL KUMAR,KARIM MOALLEMI M. Significance of Non—Fourier heat waves in conduction[J]. Transactions of ASME. Journal of Heat Transfer,1994,116:221-224.

[39] 蒋方明,刘登瀛. 非经典热、质传递过程的"瞬态薄层"模型[J]. 中国科学院研究生院学报,2001,17(1):28-35.

[40] 李金凯,刘宗明,赵蔚琳,等. 纳米流体导热系数实验研究进展[J]. 化工新型材料,2010,38(3):10-12.

[41] EASTMAN J A,CHOI S U S,LI S,et al. Nanophase and nanocomposite materials[C]. USA:S Komarneni,J C Parker,1997.

[42] EASTMAN J A,CHOI S U S,LI S,et al. Anomalously increased effective thermal conductivities of ethylene glycol — based nanofluids containing copper nanoparticles[J]. Applied Physics Letters,2001,78(6):718-720.

[43] DAS S K,PUTRA N,THIESEN P,et al. Temperature dependence of thermal conductivity enhancement for nanofluids[J]. Journal of Heat Transfer,2003,125(4):567-574.

[44] LI C H,PETERSON G P. Experimental investigation of temperature and volume fraction variations on the effective thermal conductivity of nanoparticle suspensions (nanofluids)[J]. Journal of Applied Physics,2006,99(8):93-102.

[45] MURSHED S M S,LEONG K C,YANG C. Enhanced thermal conductivity of TiO_2 —water based nanofluids[J]. International Journal of Thermal Sciences,2005,44(4):367-373.

[46] HONG T K,YANG H S,CHOI C J. Study of the enhanced thermal conductivity of Fe nanofluids[J]. Journal of Applied Physics,2005,97(6):1-4.

[47] 王涛,骆仲泱,郭顺松,等. 可控纳米流体的制备及导热系数研究[J]. 浙江大学学报(工学版),2007,3(41):514-518.

[48] PATEL H E,DAS S K,SUNDARARAJAN T,et al. Thermal conductivities of naked and monolayer protected metal nanoparticle based nanofluids:Manifestation of anomalous enhancement and chemical effects[J]. Applied Physics Letters,2003,83(14):2931-2933.

[49] CHOI S U S,ZHANG Z G,YU W,et al. Anomalous thermal conductivity enhancement in nanotube suspensions[J]. Applied Physics Letters,2001,79(14):2252-2254.

[50] WEN D,DING Y. Effective thermal conductivity of aqueous suspensions of carbon nanotubes (carbon nanotube nanofluids)[J]. Journal of Thermophysics & Heat Transfer,2004,18(4):481-485.

[51] DING Y,ALIAS H,WEN D,et al. Heat transfer of aqueous suspensions of carbon nanotubes (CNT nanofluids)[J]. International Journal of Heat and Mass Transfer,2005,49(1-2):240-250.

[52] ASSAEL M J,CHEN C F,METAXA I N,et al. Thermal conductivity of suspensions

of carbon nanotubes in water[J]. International Journal of Thermophysics,2004,25(4):971-985.

[53] ASSAEL M J,METAXA I N,ARVANITIDIS J,et al. Thermal conductivity enhancement in aqueous suspensions of carbon multi－walled and double－walled nanotubes in the presence of two different dispersants[J]. International Journal of Thermophysics,2005,26(3):647-664.

[54] HWANG Y J,AHN Y C,SHIN H S,et al. Investigation on characteristics of thermal conductivity enhancement of nanofluids[J]. Current Applied Physics,2006,6:1068-1071.

[55] 宣益民,李强. 纳米流体强化传热研究[J]. 工程热物理学报,2000,21(4):466-470.

[56] 李强,宣益民. 纳米流体强化导热系数机理初步分析[J]. 热能动力工程,2002,6:568-571.

[57] 谢华清,王锦昌,奚同庚,等. SiC 纳米粉体悬浮液导热系数研究[J]. 硅酸盐学报,2001,29(3):361-364.

[58] 谢华清,王锦昌,奚同庚,等. 纳米流体导热系数研究[J]. 上海第二工业大学学报,2006,23(3):200-204.

第二篇 对流换热

第 5 章 对流换热的基本理论

5.1 对流换热概述

5.1.1 对流换热的概念

热对流是指由于流体的密度变化或外力驱动而产生的宏观运动,从而使流体各部分之间发生相对位移,冷热流体相互掺混所引起的热量传递过程。热对流仅发生在流体中,而且由于流体中的分子同时进行着不规则的热运动,因而热对流的同时必然伴随有导热现象。工程上特别感兴趣的是流体流过一个物体表面时流体与物体表面间的热量传递过程,称为对流换热,这里只讨论对流换热。

5.1.2 对流换热的分类

根据引起流动的原因,对流换热可区分为自然对流和强制对流两大类。自然对流是由于流体冷、热各部分的密度不同而引起的,暖气片表面附近受热空气的向上流动是日常生活中自然对流非常典型的例子;在工程实际中,锅炉水冷壁管内的汽液两相受热后的流动、核电厂中 U 型管蒸汽发生器二次侧汽液两相流的向上流动是工程中应用自然对流换热的典范。如果流体的流动是由于水泵、风机或其他压差作用所造成的,则称为强制对流。工程中绝大部分换热器内流体的流动都属于强制对流,如电厂中各级加热器、冷凝器、船舶动力系统中的滑油冷却器、缸套水冷却器等设备中流体的流动。另外,工程上还常遇到液体在热表面上沸腾及蒸汽在冷表面上凝结的对流换热,分别称为沸腾换热及凝结换热,它们是伴随有相变的对流换热。工程实际中电厂的冷凝器、核电厂中 U 型管蒸汽发生器、锅炉水冷壁及制冷系统中的蒸发器和冷凝器中都涉及沸腾换热或凝结换热。

5.1.3 牛顿冷却公式

对流换热的基本计算式是牛顿冷却公式,其具体形式如下:

流体被加热时:

$$q = h(t_w - t_f) \tag{5.1}$$

流体被冷却时:

$$q = h(t_f - t_w) \tag{5.2}$$

上两式中,如果把温差记为 Δt,并约定永远取正值,则牛顿冷却公式可表示为

$$q = h\Delta t \tag{5.3}$$

$$\Phi = hA\Delta t \tag{5.4}$$

式中,q 为热流密度,W/m^2;Φ 为热流量,W;t_w、t_f 分别为壁面温度和流体温度,℃;A 为换热面积,m^2;h 为表面传热系数,又称对流换热系数,$W/(m^2 \cdot K)$。

从以上各式中可以看出表面传热系数 h 的物理意义为单位温差作用下通过单位面积的热流量。但式(5.2)或式(5.3)并不是揭示影响表面传热系数的种种复杂因素的具体关系式,而仅仅给出了表面传热系数的定义。实际上表面传热系数的大小与换热过程中的许多因素有关。它不仅取决于流体的物性(如 λ、μ、ρ、c_p 等)以及换热表面的形状、大小与布置,而且还与流速有密切关系。

表 5.1 给出了几种对流换热过程表面传热系数数值的大致范围。在传热学的学习中,掌握典型条件下表面传热系数的数量级是很有必要的。表 5.1 是针对一般情况而言的,随着科学技术的发展,工程实际设备也有一些特殊性,如大亚湾核电厂的 U 型管自然循环蒸汽发生器一次侧水的单相强制对流换热系数可高达 40 000 $W/(m^2 \cdot K)$,原因在于水的流速较高,为 6 m/s(工程实际中一般情况下水的流速为 1～2 m/s)。一般地,就介质而言,水的对流换热比空气强烈;就换热方式而言,有相变的强于无相变的、强制对流强于自然对流。

表 5.1　表面传热系数的数值范围

过　　程		$h/(W \cdot m^{-2} \cdot K^{-1})$
自然对流	空气	1 ～ 10
	水	200 ～ 1 000
强制对流	气体	20 ～ 100
	高压水蒸气	500 ～ 3 500
	水	1 000 ～ 15 000
水的相变换热	沸腾	2 500 ～ 35 000
	蒸汽凝结	5 000 ～ 25 000

5.2　影响对流换热的因素及对流换热微分方程式

5.2.1　对流传热的影响因素

影响对流换热的因素不外是影响流动的因素及影响流体中热量传递的因素,具体为:

1. 流体流动的起因

由于流动起因的不同,对流换热可以区别为强制对流换热与自然对流换热两大类。强制对流换热是由泵、风机或其他外部动力源驱动,而自然对流换热通常是由流体内部的密度差所引起的。两种流动的成因不同,流体中的速度场也有差别,所以换热规律不一样。

2. 流体有无相变

在流体没有相变时对流换热中的热量交换是由于流体显热的变化而实现的,而在有相变的换热过程中(如沸腾或凝结换热),流体相变热(潜热)的释放或吸收常常起主要作用,因而换热规律与无相变时不同。

3. 流体的流动状态

流体力学的研究已经查明,黏性流体存在着两种不同的流态 —— 层流及湍流(也称湍流)。层流时流体微团沿着主流方向做有规则的分层流动,而湍流时流体各部分之间发生剧烈混合,因而在其他条件相同时湍流换热的强度自然要较层流强烈。

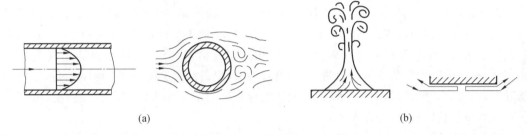

(a) (b)

图 5.1 几何因素的影响

4. 换热表面的几何因素

这里的几何因素指的是换热表面的形状、大小、换热表面与流体运动方向的相对位置以及换热表面的状态(光滑或粗糙)。例如,图 5.1(a) 所示的管内强制对流流动与流体横掠圆管的强制对流流动是截然不同的。前一种是管内流动,属于所谓内部流动的范围;后一种是外掠物体流动,属于所谓外部流动的范围。这两种不同流动条件下的换热规律必然是不相同的。在自然对流领域里,不仅几何形状,几何布置对流动也有决定性影响,例如图 5.1(b) 所示的水平壁,热面朝上散热的流动与热面朝下散热的流动就截然不同,它们的换热规律也是不一样的。

5. 流体的物理性质

流体的热物理性质对于对流换热有很大的影响。以无相变的强制对流换热为例,流体的密度 ρ、动力黏度 η、导热系数 λ 以及比定压热容 c_p 等都会影响流体中速度的分布及热量的传递,因而影响对流换热。内冷发电机的冷却介质从空气改成水(如双水内冷发电机组)可以提高发电机的出力,就是利用了水的热物理性质有利于强化对流换热这一事实。

由上述讨论可见,影响对流换热的因素很多,由于流动动力的不同、流动状态的区别、流体有否相变及换热表面几何形状的差别构成了多种类型的对流换热现象,因而表征对流换热强弱的表面传热系数是取决于多种因素的复杂函数;以单相强制对流换热为例,在把高速流动排除在外时,表面传热系数可表示为

$$h = f(u, l, \rho, \eta, \lambda, c_p) \tag{5.5}$$

式中,l 为是换热表面的特征长度,m。

5.2.2 对流换热过程的分类

由于对流换热是发生在流体和固体界面上的热交换过程,流体的流动和固体壁面的几

何形状以及相互接触的方式都会不同程度地影响对流热交换的效果,由此也构成了许多复杂的对流换热过程。因此,为了研究问题的条理性和系统性,以及更便于把握对流换热过程的实质,按不同的方式将对流换热过程进行分类,然后再分门别类地进行分析处理。

在传热学中对流换热过程的习惯性分类方式是:

① 按流体运动的起因,可分为自然对流换热和受迫对流换热。

② 按流体与固体壁面的接触方式,可分为内部流动换热和外部流动换热。

③ 按流体的运动状态,可分为层流流动换热和湍流流动换热。

④ 按流体在换热中是否发生相变或存在多相的情况,可分为单相流体对流换热和多相流体对流换热。

湍流流动极为普遍,从自然现象看,收获季节的麦浪滚滚、旗帜在微风中轻轻飘扬都是由空气的湍流引起的。湍流的运动服从某种统计规律,而不是杂乱无章。香烟的烟在静止的空气中上升,可以看到从层流到湍流的转化。湍流会消耗能量(同摩擦力消耗能量一样)。没有湍流的世界是不可想象的,如果没有湍流,把酱油倒进汤里,需半小时酱油才能和汤混合,用汤匙一搅,依靠湍流几秒钟它们就混合在一起了。如果没有湍流的掺混,浓烟中的有害物质将长期积聚,危害人类环境。

对于实际的对流换热过程,按照上述的分类,总是可以将其归入相应的类型之中。例如,在外力推动下流体的管内流动换热是属于受迫内部流动换热,可以为层流也可为湍流,还可以有相变发生,使之从单相流动变为多相流动;再如,竖直的热平板在空气中的冷却过程属于外部自然对流换热(或称大空间自然对流换热),可以为层流也可为湍流,在空气中冷却不可能有相变,应为单相流体换热;但是如果是在饱和水中则会发生沸腾换热,这就是带有相变的多相换热过程。

5.2.3　对流换热的研究方法

研究对流换热的方法,即获得表面传热系数 h 表达式的方法,大致有 4 种:① 分析法;② 实验法;③ 比拟法;④ 数值法。

1. 分析法

分析法主要是指对描写某一类对流换热问题的偏微分方程及相应的定解条件进行数学求解,从而获得速度场和温度场的分析解的方法。由于数学上的困难,虽然目前只能得到个别简单的对流换热问题的分析解,但分析解能深刻揭示各个物理量对表面传热系数的依变关系,而且是评价其他方法所得结果的标准与依据。

2. 实验法

实验法通过实验获得的表面传热系数的计算式仍是目前工程设计的主要依据,因此是初学者必须掌握的内容。为了减少实验次数,提高实验测定结果的通用性,传热学的实验测定应当在相似原理的指导下进行。可以说,在相似原理指导下的实验研究是目前获得表面传热系数关系式的主要途径,因此实验法是本书讨论的重点。

3. 比拟法

比拟法是指通过研究功量传递及热量传递的共性或类似特性,以建立起表面传热系数与阻力系数间的相互关系的方法。应用比拟法,可通过比较容易用实验测定的阻力系数来获得相应的表面传热系数的计算公式。在传热学发展的早期,这一方法曾广泛用来获得湍流换热的计算公式。随着实验测试技术及计算机技术的迅速发展,近年来这一方法已较少应用。但是,这一方法所依据的动量传递与热量传递在机理上的类似性,对理解与分析对流换热过程很有帮助。

4. 数值法

对流换热的数值求解方法在近 20 年内得到了迅速发展,将会日益显示出其重要的作用。与导热问题的数值求解方法相比,对流换热的数值求解增加了两个难点,即对流项的离散及动量方程中的压力梯度项的数值处理。这两个难点的解决要涉及很多专门的数值方法。

5.2.4　对流换热微分方程式

在分析解法及数值解法中,求解所得的直接结果是流体中的温度分布。那么,如何从流体中的温度分布来进一步得到表面传热系数呢? 下面我们来揭示表面传热系数 h 与流体温度场之间的关系。

当黏性流体在壁面上流动时,由于黏性的作用,在靠近壁面的地方流速逐渐减小,而在贴壁处流体将被滞止而处于无滑移状态。换句话说,在贴壁处流体没有相对于壁面的流动,流体力学中称为贴壁处的无滑移边界条件。图 5.2 示意性地表示了这种近壁面处流速的变化。贴壁处这一极薄的流体层相对于壁面是不流动的,壁面与流体间的热量传递必须穿过这个流体层,而穿过不流动的流体层的热量传递方式只能是导热。因此,对流换热量就等于贴壁流体层的导热量。将傅里叶定律应用于贴壁流体层,可得

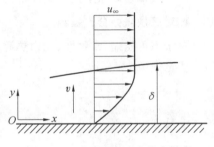

图 5.2　壁面附近速度分布示意

$$q = -\lambda \frac{\partial t}{\partial y}\Big|_{y=0} \tag{5.6}$$

式中,$\dfrac{\partial t}{\partial y}\Big|_{y=0}$ 为贴壁处壁面法线方向上的流体温度变化率;λ 为流体的导热系数;A 为换热面积。

从过程的热平衡可知,这些通过壁面流体层传导的热流量最终是以对流换热的方式传递到流体中去的,将牛顿冷却公式(5.3)与式(5.6)联立,即得以下关系式:

$$h = -\frac{\lambda}{\Delta t} \frac{\partial t}{\partial y}\Big|_{y=0} \tag{5.7}$$

式(5.7)称为换热微分方程式,它给出了计算对流换热壁面上热流密度的公式,也确定了对流换热系数与流体温度场之间的关系。它清晰地告诉我们,要求解一个对流换热问题,获得该问题的对流换热系数或交换的热流量,就必须首先获得流场的温度分布,即温度场,然后确定壁面上的温度梯度,最后计算出在参考温差下的对流换热系数,所以换热系数与流场的温度分布有关,因此,它与流速、流态、流动起因、换热面的几何因素、流体物性均有关。所以换热系数不是物性参数。对流换热问题犹如导热问题一样,寻找流体系统的温度场的

支配方程,并力图求解方程而获得温度场是处理对流换热问题的主要工作。由于流体系统中流体的运动影响着流场的温度分布,因而流体系统的速度分布(速度场)也是要同时确定的,这也就是说,速度场的场方程也必须找出,并加以求解。不幸的是,对于较为复杂的对流换热问题,在建立了流场场方程之后,分析求解几乎是不可能的。此时,实验求解和数值求解是常常被采用的。尽管如此,实验关系式的形式及准则的确定还是建立在场方程的基础上的,数值求解的代数方程组也是从场方程或守恒定律推导得出的。

5.3　对流换热微分方程组

对流换热问题完整的数学描写包括对流换热微分方程组及定解条件,前者包括质量守恒、动量守恒及能量守恒这三大守恒定律的数学表达式。

为了简化分析,对于影响常见对流换热问题的主要因素,推导时做下列简化假设:① 流体为不可压缩的牛顿型流体;② 流体物性为常数、无内热源;③ 黏性耗散产生的耗散热可以忽略不计。除高速的气体流动及一部分化工用流体的对流换热外,对工程中常见的对流换热问题大都可以做上述假定。

1. 对流换热微分方程组

对于不可压缩、常物性、无内热源的三维问题,对流换热微分方程组如下:

质量守恒方程:

$$\frac{\partial u}{\partial x} + \frac{\partial v}{\partial y} + \frac{\partial w}{\partial z} = 0 \tag{5.8}$$

动量守恒方程:

$$\rho\left(\frac{\partial u}{\partial \tau} + u\frac{\partial u}{\partial x} + v\frac{\partial u}{\partial y} + w\frac{\partial u}{\partial z}\right) = F_x - \frac{\partial p}{\partial x} + \eta\left(\frac{\partial^2 u}{\partial x^2} + \frac{\partial^2 u}{\partial y^2} + \frac{\partial^2 u}{\partial z^2}\right) \tag{5.9}$$

$$\rho\left(\frac{\partial v}{\partial \tau} + u\frac{\partial v}{\partial x} + v\frac{\partial v}{\partial y} + w\frac{\partial v}{\partial z}\right) = F_y - \frac{\partial p}{\partial y} + \eta\left(\frac{\partial^2 v}{\partial x^2} + \frac{\partial^2 v}{\partial y^2} + \frac{\partial^2 v}{\partial z^2}\right) \tag{5.10}$$

$$\rho\left(\frac{\partial w}{\partial \tau} + u\frac{\partial w}{\partial x} + v\frac{\partial w}{\partial y} + w\frac{\partial w}{\partial z}\right) = F_z - \frac{\partial p}{\partial z} + \eta\left(\frac{\partial^2 w}{\partial x^2} + \frac{\partial^2 w}{\partial y^2} + \frac{\partial^2 w}{\partial z^2}\right) \tag{5.11}$$

能量守恒方程:

$$\frac{\partial t}{\partial \tau} + u\frac{\partial t}{\partial x} + v\frac{\partial t}{\partial y} + w\frac{\partial t}{\partial z} = \frac{\lambda}{\rho c_p}\left(\frac{\partial^2 t}{\partial x^2} + \frac{\partial^2 t}{\partial y^2} + \frac{\partial^2 t}{\partial z^2}\right) \tag{5.12}$$

式中,F_x、F_y、F_z 分别为体积力在 x、y、z 方向的分量。动量守恒方程式(5.9)～(5.11)又称纳维-斯托克斯(Navier-Stokes)方程,质量守恒方程式(5.8)又称连续性方程,它们是描写黏性流体流动过程的控制方程,对于不可压缩黏性流体的层流及湍流流动都适用。用于湍流时,式中的速度、压力等均为脉动物理量的瞬时值。

质量方程与动量方程的推导过程在流体力学课程中已经涉及,这里给出能量微分方程的推导过程。

能量微分方程是描述流动流体的温度与有关物理量的联系。在解得速度场后,它是求取流体温度场的基本微分方程,是根据能量守恒定律得出的。

以图 5.3 所示微元体为研究对象,对于二维问题,根据热力学第一定律,有

由导热进入微元体的热量 Q_1 ＋ 由对流进入微元体的热量 Q_2 ＝ 微元体中流体的焓增

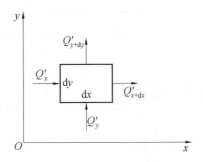

图5.3　能量微分方程的推导

由导热微分方程的推导可知 $Q_1 = \lambda\left(\dfrac{\partial^2 t}{\partial x^2} + \dfrac{\partial^2 t}{\partial y^2}\right)\mathrm{d}x\mathrm{d}y\mathrm{d}\tau$，在 $\mathrm{d}\tau$ 时间内，由 x 处的截面进入微元体的热量为

$$Q'_x = \rho c_p t u\, \mathrm{d}y\mathrm{d}\tau$$

由 $x + \mathrm{d}x$ 处的截面流出微元体的热量为

$$Q'_{x+\mathrm{d}x} = \rho c_p\left(t + \frac{\partial t}{\partial x}\mathrm{d}x\right)\left(u + \frac{\partial u}{\partial x}\mathrm{d}x\right)\mathrm{d}y\mathrm{d}\tau$$

则 x 方向流入微元体的净热量为

$$Q'_x - Q'_{x+\mathrm{d}x} = -\rho c_p\left(u\frac{\partial t}{\partial x} + t\frac{\partial u}{\partial x}\right)\mathrm{d}x\mathrm{d}y\mathrm{d}\tau$$

同理，y 方向流入微元体的净热量为

$$Q'_y - Q'_{y+\mathrm{d}y} = -\rho c_p\left(v\frac{\partial t}{\partial y} + t\frac{\partial v}{\partial x}\right)\mathrm{d}x\mathrm{d}y\mathrm{d}\tau$$

所以由对流进入微元体的热量 Q_2 为

$$Q_2 = -\rho c_p\left[\left(u\frac{\partial t}{\partial x} + v\frac{\partial t}{\partial y}\right) + t\left(\frac{\partial u}{\partial x} + \frac{\partial v}{\partial x}\right)\right]\mathrm{d}x\mathrm{d}y\mathrm{d}\tau =$$
$$-\rho c_p\left(u\frac{\partial t}{\partial x} + v\frac{\partial t}{\partial y}\right)\mathrm{d}x\mathrm{d}y\mathrm{d}\tau$$

在 $\mathrm{d}\tau$ 时间内，微元体中流体温度改变了 $\dfrac{\partial t}{\partial \tau}\mathrm{d}\tau$，其焓增 ΔH 为

$$\Delta H = \rho c_p\frac{\partial t}{\partial \tau}\mathrm{d}x\mathrm{d}y\mathrm{d}\tau$$

将 Q_1、Q_2 及 ΔH 代入能量守恒方程得

$$\frac{\partial t}{\partial \tau} + u\frac{\partial t}{\partial x} + v\frac{\partial t}{\partial y} = \frac{\lambda}{\rho c_p}\left(\frac{\partial^2 t}{\partial x^2} + \frac{\partial^2 t}{\partial y^2}\right)$$

上式即为二维对流换热能量方程，可以指出，流体不流动时，$u = v = 0$，上式退化为无内热源的导热微分方程。能量方程中包括对流项 $u\dfrac{\partial t}{\partial x}$ 和 $v\dfrac{\partial t}{\partial y}$，这对于理解对流换热是对流与导热两种基本热量传递方式的联合作用是有意义的。流动着的流体除了有导热的本领之外，还依靠流体的宏观位移来传递热量。由二维可推广到三维问题，即可得式(5.12)。

对于可压缩流体，密度的变化与压力的变化密切相关。特别地，对于高速流动必须考虑密度的变化。同时还要指出，在非定常流动中即使流体速度不高，流体的压缩性对流体流动也可能有重要的影响。因此，在可压缩流体的控制方程中，质量守恒方程增加了密度的非稳态项,速度散度也不再为零;动量方程增加了速度散度项;能量方程的耗散项中亦增加了速度散度的影响。所以对于可压缩流体其三维对流换热微分方程组为:

质量守恒方程:

$$\frac{\partial \rho}{\partial \tau} + \frac{\partial (\rho u)}{\partial x} + \frac{\partial (\rho v)}{\partial y} + \frac{\partial (\rho w)}{\partial z} = 0 \tag{5.13}$$

动量守恒方程:

$$\rho\left(\frac{\partial u}{\partial \tau} + u\frac{\partial u}{\partial x} + v\frac{\partial u}{\partial y} + w\frac{\partial u}{\partial z}\right) = F_x - \frac{\partial p}{\partial x} + \frac{\partial}{\partial x}\left(\eta\frac{\partial u}{\partial x}\right) + \frac{\partial}{\partial y}\left(\eta\frac{\partial u}{\partial y}\right) +$$
$$\frac{\partial}{\partial z}\left(\eta\frac{\partial u}{\partial z}\right) - \frac{2}{3}\frac{\partial}{\partial x}\left[\eta\left(\frac{\partial u}{\partial x} + \frac{\partial v}{\partial y} + \frac{\partial w}{\partial z}\right)\right] +$$
$$\frac{\partial}{\partial x}\left(\eta\frac{\partial u}{\partial x}\right) + \frac{\partial}{\partial y}\left(\eta\frac{\partial v}{\partial x}\right) + \frac{\partial}{\partial z}\left(\eta\frac{\partial w}{\partial x}\right) \tag{5.14}$$

$$\rho\left(\frac{\partial v}{\partial \tau} + u\frac{\partial v}{\partial x} + v\frac{\partial v}{\partial y} + w\frac{\partial v}{\partial z}\right) = F_y - \frac{\partial p}{\partial y} + \frac{\partial}{\partial y}\left(\eta\frac{\partial v}{\partial y}\right) + \frac{\partial}{\partial y}\left(\eta\frac{\partial v}{\partial y}\right) +$$
$$\frac{\partial}{\partial z}\left(\eta\frac{\partial v}{\partial z}\right) - \frac{2}{3}\frac{\partial}{\partial x}\left[\eta\left(\frac{\partial v}{\partial x} + \frac{\partial v}{\partial y} + \frac{\partial w}{\partial z}\right)\right] +$$
$$\frac{\partial}{\partial x}\left(\eta\frac{\partial v}{\partial x}\right) + \frac{\partial}{\partial y}\left(\eta\frac{\partial v}{\partial x}\right) + \frac{\partial}{\partial z}\left(\eta\frac{\partial w}{\partial y}\right) \tag{5.15}$$

$$\rho\left(\frac{\partial w}{\partial \tau} + u\frac{\partial w}{\partial x} + v\frac{\partial w}{\partial y} + w\frac{\partial w}{\partial z}\right) = F_x - \frac{\partial p}{\partial z} + \frac{\partial}{\partial z}\left(\eta\frac{\partial u}{\partial z}\right) + \frac{\partial}{\partial y}\left(\eta\frac{\partial w}{\partial y}\right) +$$
$$\frac{\partial}{\partial z}\left(\eta\frac{\partial w}{\partial z}\right) - \frac{2}{3}\frac{\partial}{\partial z}\left[\eta\left(\frac{\partial u}{\partial x} + \frac{\partial v}{\partial y} + \frac{\partial w}{\partial z}\right)\right] +$$
$$\frac{\partial}{\partial x}\left(\eta\frac{\partial u}{\partial z}\right) + \frac{\partial}{\partial y}\left(\eta\frac{\partial v}{\partial z}\right) + \frac{\partial}{\partial z}\left(\eta\frac{\partial w}{\partial z}\right) \tag{5.16}$$

能量守恒方程:

$$\rho c_p\left(\frac{\partial t}{\partial \tau} + u\frac{\partial t}{\partial x} + v\frac{\partial t}{\partial y} + w\frac{\partial t}{\partial z}\right) = \frac{\partial p}{\partial \tau} + u\frac{\partial p}{\partial x} + v\frac{\partial p}{\partial y} + w\frac{\partial p}{\partial z} + \frac{\partial}{\partial x}\left(\lambda\frac{\partial t}{\partial x}\right) + \frac{\partial}{\partial y}\left(\lambda\frac{\partial t}{\partial y}\right) +$$
$$\frac{\partial}{\partial z}\left(\lambda\frac{\partial t}{\partial z}\right) - \frac{2}{3}\eta\left(\frac{\partial u}{\partial x} + \frac{\partial v}{\partial y} + \frac{\partial w}{\partial z}\right)^2 +$$
$$2\eta\left[\left(\frac{\partial u}{\partial x}\right)^2 + \frac{1}{4}\left(\frac{\partial u}{\partial y} + \frac{\partial v}{\partial x}\right)^2 + \frac{1}{4}\left(\frac{\partial u}{\partial z} + \frac{\partial w}{\partial x}\right)^2\right] +$$
$$2\eta\left[\frac{1}{4}\left(\frac{\partial v}{\partial x} + \frac{\partial u}{\partial y}\right)^2 + \left(\frac{\partial v}{\partial y}\right)^2 + \frac{1}{4}\left(\frac{\partial v}{\partial z} + \frac{\partial w}{\partial y}\right)^2\right] +$$
$$2\eta\left[\frac{1}{4}\left(\frac{\partial w}{\partial x} + \frac{\partial u}{\partial z}\right)^2 + \frac{1}{4}\left(\frac{\partial w}{\partial y} + \frac{\partial v}{\partial z}\right)^2 + \left(\frac{\partial w}{\partial z}\right)^2\right] \tag{5.17}$$

式(5.17)中的最后两项是由黏性耗散所产生的内热源强度。流体力学与传热学中反映动量守恒定律的 Navier − Stokes 方程与能量守恒方程,都是由非稳态项、对流项、扩散项与源项所构成的。

2. 对流换热的定解条件

作为对流换热问题完整的数学描写还应该对定解条件做出规定,包括初始时刻的条件及边界上与速度、压力及温度等有关的条件。以能量守恒方程为例,可以规定边界上流体的温度分布(第一类边界条件)或给定边界上加热或冷却流体的热流密度(第二类边界条件)。由于获得表面传热系数是求解对流换热问题的最终目的,因此一般来说,求解对流换热问题时没有第三类边界条件。但是,如果流体通过一层薄壁与另一种流体发生热交换,则另一种流体的表面传热系数可以出现在所求解问题的边界条件中。

3. 对流换热微分方程组的求解

对流换热微分方程组共 4 个方程,其中包含 4 个未知数(u,v,p,t)。虽然方程组是封闭的,原则上可以求解,然而由于 Navier－Stokes 方程的复杂性和非线性的特点,要针对实际问题在整个流场内数学上求解上述方程组却是非常困难的。这种局面直到 1904 年德国科学家普朗特提出著名的边界层概念,并用它对 Navier－Stokes 方程进行了实质性的简化后才有所突破,使数学分析解得到很大发展。后来,波尔豪森又把边界层概念推广应用于对流换热问题,提出了热边界层的概念,使对流换热问题的分析求解也得到了很大发展。

5.4 边界层理论

5.4.1 速度边界层及其厚度

流体流过固体壁面时,由于壁面层流体分子的无滑移特性,在流体黏性力的作用下,近壁流体流速在垂直于壁面的方向上会从壁面处的零速度逐步变化到来流速度,如图 5.4 所示。流体流速变化的剧烈程度,即该方向上的速度梯度,与流体的黏性力和速度的大小密切相关。普朗特通过观察发现,对于低黏度的流体,如水和空气等,在以较大的流速流过固体壁面时,在壁面上流体速度发生显著变化的流体层是非常薄的。因而把在垂直于壁面方向上流体流速发生显著变化的流体薄层定义为速度边界层,而把边界层外流体速度变化比较小的流体流场视为势流流动区域。这样,引入边界层的概念之后,流体流过固体壁面的流场就人为地分成两个不同的区域,其一是边界层流动区,这里流体的黏性力与流体的惯性力共同作用,引起流体速度发生显著变化;其二是势流区,这里流体黏性力的作用非常微弱,可视为无黏性的理想流体流动,也就是势流流动。

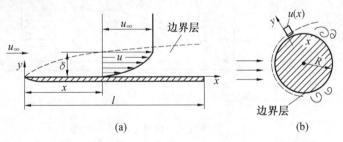

图 5.4 边界层示意图

边界层是壁面上方流速发生显著变化的薄层,但其边缘所在的位置是模糊的。在实际分析边界层问题时通常约定,当速度变化达到主流速度 99% 的空间位置为速度边界层的外边缘,那么从这一点到壁面的距离就是边界层的厚度,记为 δ。随着流体流动沿 x 方向(主流方向)向前推进,边界层的厚度会逐步增大。流动边界层 δ 薄到什么程度呢?以温度为 20 ℃ 的空气沿平板的流动为例,在不同来流速度 u_∞ 下,δ 沿平板长度的变化如图 5.5 所示。由图可见,相对于平板长度 l,δ 是一个比 l 小一个数量级以上的小量。而在这样小的薄层内,流体的速度要从 0 变化到接近于主流流速,因此流体在垂直于主流方向上的速度变化是十分剧烈的。

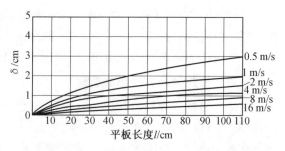

图 5.5　空气沿平板流动时边界层增厚的情况

由上述分析不难发现,要使边界层的厚度远小于流动方向上的尺度(即 $\delta \ll l$),也就是所说的边界层是一个薄层,这就要求雷诺数必须足够大。因此,对于流体流过平板,满足边界层假设的条件就是雷诺数足够大。由此可知,当速度很小、黏性很大时或在平板的前沿,边界层是难以满足薄层性条件的。

5.4.2　流体外掠平板边界层的形成和发展

5.2.2 节已指出,流体的流动可分为为层流和湍流两类。流动边界层在壁面上的发展过程也显示出,在边界层内也会出现层流和湍流两类状态不同的流动。图 5.6 示出了流体掠过平板时边界层的发展过程。流体以 u_∞ 的流速沿平板流动,在平板的起始段 δ 很薄。随着 x 的增加,由于壁面黏滞力的影响逐渐向流体内部传递,边界层逐渐增厚,但在某一距离 x_c 以前会一直保持层流的性质。此时流体做有秩序的分层流动,各层互不干扰,这时的边界层称为层流边界层。沿流动方向随着边界层厚度的增加,边界层内部黏滞力和惯性力的对比向着惯性力相对强大的方向变化,促使边界层内的流动变得不稳定起来。自距前缘 x_c 处起,流动朝着湍流过渡,最终过渡为旺盛湍流。此时流体质点在沿 x 方向流动的同时,又做着紊乱的不规则脉动,故称为湍流边界层。边界层开始从层流向湍流过渡的距离 x_c 由临界雷诺数 $Re_c = u_\infty x_c / v$ 确定。对掠过平板的流动,Re_c 根据来流湍流度的不同而在$(2 \times 10^5) \sim (3 \times 10^6)$ 之间。来流扰动强烈、壁面粗糙时,雷诺数甚至在低于下限值时即发生转变。在一般情况下,可取 $Re_c = 5 \times 10^5$。

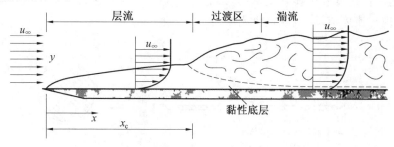

图 5.6　流体掠过平板时边界层的发展

已经查明,湍流边界层的主体核心虽处于湍流流动状态,但紧靠壁面处黏滞力仍占主导地位,致使贴附于壁面的一极薄层内仍保持层流的性质,这个极薄层称为湍流边界层的层流底层(又称黏性底层)。在湍流核心与层流底层之间存在着起过渡性质的缓冲层(图 5.6 只着重勾画出层流底层)。

图 5.6 给出了边界层内的速度分布曲线,它们与流动状态相对应。层流边界层的速度分布呈抛物线状。在湍流边界层中,层流底层的速度梯度较大,近于直线,而在湍流核心,质点的脉动强化了动量传递,速度变化较为平缓。

综合以上讨论,可以总结出边界层理论的 4 个基本要点:

(1) 当黏性流体沿固体表面流动时,流场可划分为主流区和边界层区。边界层区域内,流速在垂直于壁面的方向上发生剧烈的变化,而在主流区流体的速度梯度几乎等于零。

(2) 边界层厚度 δ 与壁面尺寸 l 相比是一个很小的量,远不止小一个数量级。

(3) 主流区的流动可视为理想流体的流动,用描述理想流体的运动微分方程求解。而在边界层内应考虑黏性的影响,要用黏性流体的边界层微分方程描述,其特点是主流方向流速的二阶导数项略而不计。

(4) 在边界层内流动状态分层流与湍流,而湍流边界层内紧靠壁面处仍有极薄层保持层流状态,称为层流底层。

这里应指出,边界层类型的流动仅当流体不脱离固体表面时才存在。对于图 5.4(b) 所示的在圆柱后半周出现的脱体流动(流体离开固体表面而形成旋涡),边界层的概念不再适用,应当采用完全的 Navier — Stokes 方程来描述。

5.4.3　热(温度)边界层及其厚度

当流体流过平板而平板的温度 t_w 与来流流体的温度 t_∞ 不相等时,对于上述的低黏性流体,如果流体的热扩散系数也很小,在壁面上方也能形成温度发生显著变化的薄层,常称为热边界层。

仿照速度边界层的约定规则,当壁面与流体之间的温差达到壁面与来流流体之间的温差的 99% 时,此位置就是热边界层的外边缘,而该点到壁面之间的距离则是热边界层厚度,记为 δ_t。如果整个平板都保持温度 t_w,那么,当 $x=0$ 时,$\delta_t=0$,且随着 x 值的增大逐步增厚。在同一位置上热边界层厚度与速度边界层厚度的相对大小与流体的普朗特数 Pr 有关,也就是与流体的热扩散特性和动量扩散特性的相对大小有关。

除液态金属及高黏性的流体外,热边界层的厚度 δ_t 在数量级上是一个与运动边界层厚度 δ 相当的小量。于是对流换热问题的温度场也可区分为两个区域:热边界层区与主流区。在主流区,流体中的温度变化率可视为零,这样就可以把要研究的热量传递区域集中到热边界层之内。固体表面附近速度边界层及温度边界层的大致情况如图 5.7 所示。

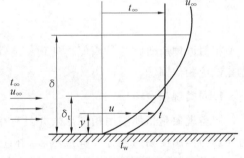

图 5.7　速度边界层与温度边界层

5.5　相似原理

在实物或模型上通过实验求取对流换热的实用关联式,仍然是传热研究中重要而可靠的手段。利用原型进行实验,往往成本高、周期长、风险大或者根本无法实现,因为原型可能尺度很大,无法在实验室复现,或者原型是多种现象的复合,无法突出主要影响因素而忽略次要影响因素。因此,对于存在着许多影响因素的复杂物理现象,要找出众多变量间的函数关系,实验的次数十分庞大,且各影响因素之间又是相互联系的,某一个量的改变会引起其他量的变化。以圆管内单相强制对流换热为例,影响表面传热系数 h 的因素有平均流速 u、管子内径以及流体的物性 λ、η、ρ、c_p,于是有

$$h = f(u, d, \lambda, \eta, \rho, c_p) \tag{5.18}$$

如何来确定 h 与这 6 个变量之间的变化关系呢? 设想每个变量各变化 10 次,而其余 5 个保持不变,共需进行 10^6 个实验。这样大的实验工作量实际上是无法实现的。为了大大减少实验次数,而且又可得出具有一定通用性的结果,必须在相似原理的指导下进行实验。

5.5.1 相似原理的基本内容

对于二维、稳态、无内热源的边界层类型问题,流场与温度场的控制方程式如下:

质量守恒方程:

$$\frac{\partial u}{\partial x} + \frac{\partial v}{\partial y} = 0 \tag{5.19}$$

动量守恒方程:

$$u \frac{\partial u}{\partial x} + v \frac{\partial u}{\partial y} = -\frac{1}{\rho} \frac{\partial p}{\partial x} + \nu \frac{\partial^2 u}{\partial y^2} \tag{5.20}$$

能量守恒方程:

$$u \frac{\partial t}{\partial x} + v \frac{\partial t}{\partial y} = a \frac{\partial^2 t}{\partial y^2} \tag{5.21}$$

可以证明,对于层流边界层动量方程及能量方程,即式(5.20)、式(5.21),要以时均值代替瞬时值,以 $(\nu + \nu_t)$ 及 $(a + a_t)$ 代替 ν 及 a,则它们也适用于湍流边界层的情形,即湍流边界层动量方程与能量方程分别为

$$u \frac{\partial u}{\partial x} + v \frac{\partial u}{\partial y} = (\nu + \nu_t) \frac{\partial^2 u}{\partial y^2} \tag{5.22}$$

$$u \frac{\partial t}{\partial x} + v \frac{\partial t}{\partial y} = (a + a_t) \frac{\partial^2 t}{\partial y^2} \tag{5.23}$$

相似原理所研究的是相似物理现象之间的关系。应该指出,只有同类的物理现象之间才能谈论相似问题。

1. 同类现象

同类现象是指那些用相同形式并具有相同内容的微分方程式所描写的现象。描写电场与导热物体温度场的微分方程虽然形式相仿,但内容不同,因此不是同类现象。电场与温度场之间只有"类比"或者"比拟",但不存在相似。同样,式(5.22)与式(5.23)虽然形式相同,但内容不同,因此速度场和温度场之间也只能比拟,不存在相似。

2. 相似现象

对于两个同类的物理现象,如果在相应的时刻与相应的地点上,与现象有关的物理量一一对应成比例,则称此两现象彼此相似。例如,对于两个稳态的对流换热现象,如果彼此相似,则必有换热面几何形状相似、温度场分布相似、速度场分布相似及热物性场相似等。凡是相似的物理现象,其物理量的场一定可以用一个统一的无量纲的场来表示。两个圆管内的层流充分发展的流动是两个相似的流动现象。其截面上的速度分布可以用一个统一的无量纲场 $\left(\dfrac{u}{u_{\max}} \sim \dfrac{r}{R} \right)$ 来表示,如图 5.8 所示。

3. 相似现象的特性

凡是彼此相似的现象,都有一个十分重要的特性,即描写该现象的同名特征数(即准则)对应相等。现在以流体与固体表面间的对流换热现象来说明。如图 5.9 所示,在固体壁面上按牛顿冷却定律所定义的 h 与流体中的温度场有如下关系:

$$h(t_w - t_f) = -\lambda \frac{\partial t}{\partial y}\bigg|_{y=0} \tag{5.24}$$

现在以$(t_w - t_f)$作为温度的标尺,以换热面的某一特征性尺寸 l 作为长度标尺,把式(5.24)无量纲化,有

$$\frac{hl}{\lambda} = \frac{\partial \left[(t_w - t)/(t_w - t_f)\right]}{\partial (y/l)}\bigg|_{y=0} \tag{5.25}$$

按前述相似现象的定义,其无量纲的同名物理量的场是相同的,因而无量纲的梯度也相等。式(5.25)等号右端是无量纲温度场在壁面上的梯度,因而对两个相似的对流换热现象 1 与 2,应有

$$\left(\frac{hl}{\lambda}\right)_1 = \left(\frac{hl}{\lambda}\right)_2 \tag{5.26}$$

式中,$\frac{hl}{\lambda}$ 为努塞尔数,因而相似的对流换热现象的努塞尔数相等,即 $Nu_1 = Nu_2$。

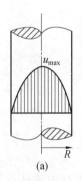
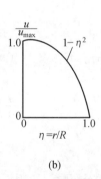
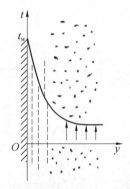

图 5.8　圆管内层流充分发展流动的速度分布　　　　图 5.9　流体中的温度分布

4. 相似的条件

判断两个同类现象相似的条件是:① 同名的已定特征数相等;② 单值性条件相似。已定特征数是由所研究问题的已知量组成的特征数。例如,在研究对流换热现象时,Re 数及 Pr 数是已定特征数,而 Nu 数为待定特征数,因为其中的表面传热系数是需要求解的未知量。所谓单值性条件,是指使被研究的问题能被唯一地确定下来的条件,它包括:

(1)初始条件:指非稳态问题中初始时刻的物理量的分布。稳态问题不需要这一条件。

(2)边界条件:所研究系统边界上的温度(或热流密度)、速度分布等条件。

(3)几何条件:换热表面的几何形状、位置以及表面粗糙度等。

(4)物理条件:物体的种类与物性。

值得指出,实质上这里的单值性条件与分析解法中数学描写的定解条件是一致的,只是在相似原理中,为了强调各个与现象有关的量之间的相似性,特别增加了几何条件与物理条

件两项。而在数学求解的定解条件中,给定所求解问题的几何条件与物理条件则被认为是不言而喻的。

5. 相似特征数间的相互关系

各物理现象中的各个物理量不是单个独立地起作用的,而是与其他物理量之间相互影响、相互制约的。描写该物理现象的微分方程组及定解条件就给出了这种相互影响与制约所应满足的基本关系。下面以一维非稳态导热问题为例进一步说明各无量纲数间的相互关系。

以过余温度为求解变量的常物性、无内热源、第三类边界条件的一维非稳态导热问题的数学描写为

$$\frac{\partial \theta}{\partial \tau} = a \frac{\partial^2 \theta}{\partial x^2} \tag{a}$$

$$x = 0, \quad \frac{\partial \theta}{\partial x} = 0 \tag{b}$$

$$x = \delta, \quad -\lambda \frac{\partial \theta}{\partial x} = h\theta \tag{c}$$

$$\tau = 0, \quad \theta = \theta_0 \tag{d}$$

今以 $\theta_0 = t_0 - t_\infty$ 为温度的标尺,以平板半厚 δ 作为长度标尺,以 δ^2/a 作为时间的标尺,将式(a) ～ (d) 无量纲化,得

$$\frac{\partial (\theta/\theta_0)}{\partial (a\tau/\delta^2)} = a \frac{\partial^2 (\theta/\theta_0)}{\partial (x/\delta)^2} \tag{e}$$

$$\frac{x}{\delta} = 0, \quad \frac{\partial (\theta/\theta_0)}{\partial (x/\delta)} = 0 \tag{f}$$

$$\frac{x}{\delta} = 1, \quad -\lambda \frac{\partial (\theta/\theta_0)}{\partial (x/\delta)} = -\frac{h\delta}{\lambda} \left(\frac{\theta}{\theta_0} \right) \tag{g}$$

$$\frac{a\tau}{\delta^2} = 0, \quad \frac{\theta}{\theta_0} = 1 \tag{h}$$

注意,式(g)中无量纲数 $\frac{h\delta}{\lambda}$ 中的 λ 为固体的导热系数,因而这一无量纲量是 Bi 数。把无量纲过余温度 $\frac{\theta}{\theta_0}$ 记为 Θ,而 $\frac{a\tau}{\delta^2}$ 为傅里叶数,因而有

$$\frac{\partial \Theta}{\partial (Fo)} = a \frac{\partial^2 \Theta}{\partial (x/\delta)^2} \tag{i}$$

$$\frac{x}{\delta} = 0, \quad \frac{\partial \Theta}{\partial (x/\delta)} = 0 \tag{j}$$

$$\frac{x}{\delta} = 1, \quad -\lambda \frac{\partial \Theta}{\partial (x/\delta)} = -Bi\Theta \tag{k}$$

$$Fo = 0, \quad \Theta = 1 \tag{l}$$

由此可见,无量纲过余温度 Θ 的解必为 Fo、Bi 及 $\frac{x}{\delta}$ 的函数,即

$$\Theta = \left(Fo, Bi, \frac{x}{\delta} \right) \tag{5.27}$$

式(5.27)表明,与一维无限大平板的非稳态导热有关的 4 个无量纲量以一定的函数形

式联系在一起,而且对两个一维无限大平板的非稳态导热问题而言,只要单值性条件相似[表现为式(j)～(l)对两个系统均成立],Fo、Bi 及 $\dfrac{x}{\delta}$ 之值对应相等(即已定准则相等),则两个平板的 Θ 值必相同,即非稳态导热现象相似。

如前所述,式(5.27)那样的表示物理现象的解的无量纲量之间的函数关系式称为特征数方程。为了通过实验获得无量纲量间的具体函数形式,首先要查明与所研究现象有关的无量纲量是哪些。

5.5.2　导出相似特征数的常用方法

为获得与所研究现象有关的无量纲量可采用方程分析法及量纲分析法。方程分析法以所研究现象的微分方程及单值性条件为基础,或者通过将它们无量纲化来获得无量纲量,如上述得出式(5.27)的过程,或者采用相似分析的途径来得出有关的无量纲量。

1. 相似分析法

相似分析法根据相似现象的基本定义——各个物理量的场对应成比例,即该方法对与过程有关的量引入两个现象之间的一系列比例系数(称为相似倍数),然后应用描述该过程的一些数学关系式,来导出制约这些相似倍数间的关系,从而得出相应的相似准则数。仍以图5.8所示的两个对流换热现象1与2为例,对它们分别写出式(5.24),有

现象1:

$$h' = -\frac{\lambda'}{\Delta t'} \frac{\partial t'}{\partial y'}\bigg|_{y'=0} \tag{m}$$

现象2:

$$h'' = -\frac{\lambda''}{\Delta t''} \frac{\partial t''}{\partial y''}\bigg|_{y''=0} \tag{n}$$

与现象有关的各物理量场应分别相似,即

$$\frac{h'}{h''} = c_h, \frac{\lambda'}{\lambda''} = c_\lambda, \frac{t'}{t''} = c_t, \frac{y'}{y''} = c_l \tag{o}$$

将式(o)代入式(m),整理后得

$$\frac{c_h c_l}{c_\lambda} h'' = -\frac{\lambda''}{\Delta t''} \frac{\partial t''}{\partial y''}\bigg|_{y''=0} \tag{p}$$

比较式(p)和式(n),必然有以下关系:

$$\frac{c_h c_l}{c_\lambda} = 1 \tag{q}$$

式(q)表达了换热现象相似时相似倍数间的制约关系,再将式(o)代入式(q),得

$$\frac{h' y'}{\lambda'} = \frac{h'' y''}{\lambda''} \tag{r}$$

因为习惯上用换热表面的特征长度表示几何量,且有 $\dfrac{y'}{y''} = \dfrac{l'}{l''} = c_l$,故式($r$)可改写为

$$\frac{h' l'}{\lambda'} = \frac{h'' l''}{\lambda''}$$

即

$$\left(\frac{hl}{\lambda}\right)_1 = \left(\frac{hl}{\lambda}\right)_2$$

这就是式（5.26）所得到的结果。

采用相似分析，从式（5.20）可导出

$$\frac{u'l'}{\nu'} = \frac{u''l''}{\nu''}$$

即

$$Re' = Re''$$

这说明，若两流体的运动现象相似，其雷诺数 Re 必定相等。

同理，从式（5.21）导出

$$\frac{u'l'}{a'} = \frac{u''l''}{a''}$$

即

$$Pe' = Pe''$$

这说明如两热量传递现象相似，其贝克来数 Pe 必定相等。贝克来数可分解为下列形式：

$$Pe = \frac{\nu}{a} \cdot \frac{ul}{\nu} = Pr \cdot Re$$

式中，$Pr = \dfrac{\nu}{a}$ 即为普朗特数。

对于自然对流流动，式（5.20）右侧需增加体积力项。体积力与压力梯度合并成浮升力：

$$浮升力 = (\rho_\infty - \rho)g = \rho\alpha\theta g$$

式中，α 为液体的体胀系数，K^{-1}；g 为重力加速度，m/s^2；θ 为过余温度，$\theta = t - t_\infty$，℃。

改写后适用于自然对流的动量微分方程为

$$u\frac{\partial u}{\partial x} + v\frac{\partial u}{\partial y} = \rho\alpha\theta + \nu\frac{\partial^2 u}{\partial y^2} \tag{5.28}$$

对此式进行相似分析，可得出一个新的无量纲量：

$$Gr = \frac{g\alpha \Delta t l^3}{\nu^2}$$

式中，Gr 为格拉晓夫数；$\Delta t = t_w - t_\infty$。

以上得到的 Re、Pr、Nu、Gr 几个无量纲量是研究稳态无相变对流换热问题所常用的特征数。这些特征数反映了物理量间的内在联系，都具有一定的物理意义。

2. 量纲分析法

量纲分析是获得无量纲量的又一种方法。它的优点是方法简单，并对还列不出微分方程而只知道影响现象的有关物理量的问题，也可以求得结果；缺点是在有关物理量漏列或错列时不能得出正确的结果。就讨论的对流换热之类的问题而论，绝大多数情况都可列出微分方程式，漏列或错列有关物理量的情况并不存在。由于这种缘故，许多基础传热学教材都采用量纲分析法来导出无量纲量。

量纲间的内在联系，体现在量纲分析的基本依据 π 定理上。其内容是：一个表示 n 个物理量间关系的量纲一致的方程式，一定可以转换成包含 $n-r$ 个独立的无量纲物理量群间的关系式。r 指 n 个物理量中所涉及的基本量纲的数目。我们的着眼点在于学会应用这条定理，应用的核心在于确认 n 和 r 的数目，用一定技巧把各个无量纲物理量群（即无量纲量）的内涵确定下来。

下面以单相介质管内对流换热问题为例，应用量纲分析法来导出其有关的无量纲量。据式(5.5)有

$$h = f(u, d, \lambda, \eta, \rho, c_p)$$

应用量纲分析法获得特征数的步骤如下：

(1) 找出组成与本问题有关的各物理量量纲中的基本量的量纲。

本例有 7 个物理量，它们的量纲均由 4 个基本量的量纲 —— 时间的量纲 T、长度的量纲 L、质量的量纲 M 及温度的量纲 Θ 组成，即 $n=7$，$r=4$，故可以组成 3 个无量纲量。同时，选定 4 个物理量作为基本物理量，该基本物理量的量纲必须包括上述 4 个基本量的量纲。本例中取 u、d、λ 及 η 为基本物理量。

(2) 将基本量逐一与其余各量组成无量纲量。

无量纲量总采用幂指数形式表示，其中指数值待定。用字母 π 表示无量纲量，对本例则有

$$\pi_1 = h u^{a_1} d^{b_1} \lambda^{c_1} \eta^{d_1} \tag{s}$$

$$\pi_2 = \rho u^{a_2} d^{b_2} \lambda^{c_2} \eta^{d_2} \tag{t}$$

$$\pi_3 = c_p u^{a_3} d^{b_3} \lambda^{c_3} \eta_3^{d} \tag{u}$$

(3) 应用量纲和谐原理来决定上述待定指数 $a_1 \sim a_3$ 等。

以 π_1 为例可列出各物理量的量纲如下：

$\dim h = M\Theta^{-1}T^{-3}$；$\dim d = L$；$\dim \lambda = ML\Theta^{-1}T^{-3}$；$\dim \eta = ML^{-1}T^{-1}$；$\dim u = LT^{-1}$

将上述结果代入式(s)，并将量纲相同的项归并到一起，得

$$\pi_1 = L^{a_1+b_1+c_1-d_1} M^{c_1+d_1+1} \Theta^{-1-c_1} T^{-a_1-3c_1-d_1-3}$$

上式等号左边为无量纲量，因而等号右边各量纲的指数必为零（量纲和谐原理），故得

$$\begin{cases} a_1 + b_1 + c_1 - d = 0 \\ c_1 + d_1 + 1 = 0 \\ -1 - c_1 = 0 \\ -a_1 - 3c_1 - d_1 - 3 = 0 \end{cases}$$

由此得

$$\begin{cases} b_1 = 1 \\ d_1 = 0 \\ c_1 = -1 \\ a_1 = 0 \end{cases}$$

故有

$$\pi_1 = h u^0 d^1 \lambda^{-1} \eta^0 = \frac{hd}{\lambda} = Nu$$

类似地可得

$$\pi_2 = \frac{\rho u d}{\eta} = Re$$

$$\pi_3 = \frac{\eta c_p}{\lambda} = Pr$$

以上两式中,π_1、π_2 分别是以管子内径为特征长度的努塞尔数及雷诺数。至此,式(5.5)可转化为

$$Nu = f(Re, Pr) \tag{5.29}$$

5.5.3　相似原理的应用

本节着重讨论相似原理在传热学实验研究中的应用,同时也对常见相似准则数的物理意义做一总结。

相似原理在传热学中的一个重要应用是指导实验的安排及实验数据的整理。按相似原理,对流换热的实验数据应当表示成相似准则数之间的函数关系,同时也应当以相似准则数作为安排实验的依据。以管内单相强制对流换热为例,由前面的分析知道,Nu 数与 Re 数及 Pr 数有关,即 $Nu = f(Re, Pr)$,因此应当以 Re 数及 Pr 数作为实验中区别不同工况的变量,而以 Nu 数为因变量。这样,如果每个变量改变 10 次,则总共仅需做 10^2 次实验,而不是以单个物理量作变量时的 10^6 次实验。那么,为什么相似准则数安排实验既能这样大幅度地减少实验次数,又能得出具有一定通用性的实验结果呢?这是因为按相似准则数来安排实验时,个别实验所得出的结果已上升到代表整个相似组的地位,从而使实验次数可以大为减少,而所得的结果却有一定通用性(代表了该相似组)。例如,对空气($Pr = 0.7$)在管内的强制对流换热进行实验测定得出了这样一个结果:对于流速 $u = 10.5$ m/s、直径 $d = 0.1$ m、运动黏度 $\nu = 16 \times 10^{-6}$ m^2/s、平均表面传热系数 $h = 36.9$ W/(m^2 · K)、流体的导热系数 $\lambda = 0.025\,9$ W/(m · K) 的工况,计算得

$$Re = \frac{ud}{\nu} = \frac{10.5 \times 0.1}{16 \times 10^{-6}} = 6.65 \times 10^4$$

$$Nu = \frac{hd}{\lambda} = \frac{36.9 \times 0.1}{0.025\,9} = 142.5$$

因此,只要 $Pr = 0.7$,$Re = 6.56 \times 10^4$,圆管内湍流强制对流换热的 Nu 数总等于 142.5。而 $Re = 6.56 \times 10^4$ 这样一种工况可以由许多种不同的流速及直径的组合来达到,上述实验结果即代表了这样一个相似组。

相似原理虽然原则上阐明了实验结果应整理成准则间的关联式,但具体的函数形式以及定性温度和特征长度的确定,则带有经验的性质。

在对流换热研究中,以已定准则的幂函数形式整理实验数据的实用方法取得很大的成功,如:

$$Nu = C\,Re^n \tag{5.30 a}$$

$$Nu = C\,Re^n Pr^m \tag{5.30 b}$$

式中,c、n、m 均为常数,由实验数据确定。

这种实用关联式的形式有一个突出的优点,即它在纵、横坐标都是对数的双对数坐标图上会得到一条直线。对式(5.30a)取对数就得到直线方程的形式:

$$\lg Nu = \lg C + n\lg Re \tag{5.31}$$

式中，n 的数值为双对数图上直线的斜率（参看图 5.10），也是直线与横坐标轴夹角 φ 的正切。$\lg C$ 则是当 $\lg Re = 0$ 时直线在纵坐标轴上的截距。在式 (5.30b) 中需要确定 c、n、m 这 3 个常数。实验数据的整理上可分两步进行。例如，对于管内湍流对流换热，可利用舍伍德数得到的同一 Re 数下不同种类流体的实验数据从图 5.11 上先确定 m 值。由式 (5.30b) 得

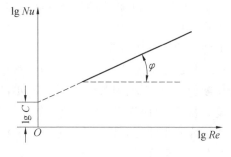

图 5.10 $Nu = C\,Re^n$ 双对数图[1]

$$\lg Nu = \lg C + m \lg Pr \qquad (5.32)$$

指数 m 由图上直线的斜率确定，即

$$m = \frac{\lg 200 - \lg 40}{\lg 62 - \lg 1.15} \approx 0.4$$

然后再以 $\lg(Nu/Pr^{0.4})$ 为纵坐标，用不同 Re 数的管内湍流换热实验数据确定 C 和 n，如图 5.12 所示。从这样的双对数坐标图上可得 $C = 0.023$、$n = 0.8$。于是，对于管内湍流换热，当流体被加热时，式 (5.30b) 可具体化为

$$Nu = 0.023\,Re^{0.8}Pr^{0.4} \qquad (5.33)$$

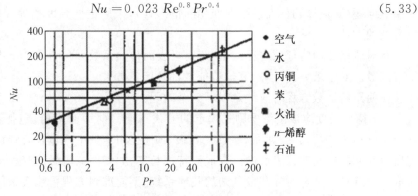

图 5.11 $Re = 10^4$ 时不同 Pr 数流体的实验结果

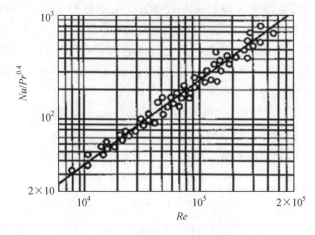

图 5.12 管内湍流强制对流传热的实验结果

对于有大量实验点的关联式的整理，采用最小二乘法确定关联式中各常数值是可靠的

方法,实验点与关联式的符合程度可用多种方式表示,如用大部分实验点与关联式偏差的正负百分数表示(例如90％的实验点偏差在±10％以内),或用全部实验点与关联式偏差绝对值的平均百分数表示等。

相似原理的另一个重要应用是指导模化实验。所谓模化实验,是指用不同于实物几何尺度的模型(在大多数情况下是缩小的模型)来研究实际装置中所进行的物理过程的实验。显然,要使模型中的实验结果能应用到实物中去,应使模型中的过程与实际装置中的相似。这就要求实际装置及模型中所进行的物理现象的单值性条件相似,已定准则相等。但要严格做到这一点常常是很困难的,以对流换热为例,单值性条件相似包括了流体物性场的相似,即模型与实物的对应点上流体的物性分布相似。除非是没有热交换的等温过程,要做到这一点是很难的,因而工程上广泛采用近似模化的方法,即只要求对过程有决定性影响的条件满足相似原理的要求。例如,对稳态的对流换热相似的要求可减少为流场几何相似、边界条件相似、Re 数相等、Pr 数相等,而物性场的相似则通过引入定性温度来近似地实现。前面已指出,定性温度是指计算流体物性时所采用的温度。在整理实验数据时按定性温度计算物性,则整个流场中的物性就认为是相应于定性温度下的值,即相当于把物性视为常数,于是物性场相似的条件即自动满足。定性温度的选择虽带有经验的性质,但对大多数对流换热问题(除流体物性发生剧烈变化的情形外),采用定性温度整理实验数据仍是一种行之有效的方法。

在对流换热的特征数方程式中,待定量表面传热系数 h 包含在 Nu 中,所以 Nu 数是一个待定数。对于求 h 的计算,其他特征数都是已定数。

在使用特征数方程时应注意以下 3 个问题:

(1)特征长度应该按该准则式规定的方式选取。前面已指出,包括在相似准则数中的几何尺度称为特征长度,如在 Re 数、Nu 数、Bi 数及 Fo 数中均包含有特征长度。原则上,要把所研究问题中具有代表性的尺度取为特征长度,如管内流动时取管内径,外掠单管或管束时取管子外径等。但对一些较复杂的几何系统,不同准则方程可能会采用不同的特征长度,使用时应加以注意。

(2)定性温度应按该准则式规定的方式选取。前面已指出,定性温度用以计算流体的物性。对同一批实验数据,定性温度不同使所得的准则方程也可能不一样。整理实验数据时定性温度的选取除应考虑实验数据对拟合公式的偏离程度外,也应照顾到工程应用的方便。常用的选取方式有:通道内部流动取进出口截面的平均值;外部流动取边界层外的流体温度或取这一温度与壁面温度的平均值。

(3)准则方程不能任意推广到得到该方程的实验参数的范围以外。这种参数范围主要有 Re 数范围、Pr 数的范围、几何参数的范围等。

现在把已经遇到的相似准则数的物理意义总结在表 5.2 中。

表 5.2　常见的相似准则数的物理意义

特征数名称	定义	释义
Bi	$\dfrac{hl}{\lambda}$	固体内部导热热阻与界面上换热热阻之比(λ 为固体的导热系数)
Fo	$\dfrac{a\tau}{l^2}$	非稳态过程的无量纲时间,表征过程进行的深度

续表5. 2

特征数名称	定义	释义
Gr	$\dfrac{gl^3 \alpha_{\mathrm{v}} \Delta t}{\nu^2}$	浮升力与黏性力之比的一种量度
j 因子	$\dfrac{Nu}{Re \cdot Pr^{1/3}}$	无量纲表面传热系数
Nu	$\dfrac{hl}{\lambda}$	壁面上流体的无量纲温度梯度(注意,λ 为流体的导热系数)
Pr	$\dfrac{\mu c_p}{\lambda} = \dfrac{\nu}{a}$	动量扩散能力与热量扩散能力的一种量度
Re	$\dfrac{ul}{\nu}$	惯性力与黏性力之比的一种度量
St	$\dfrac{Nu}{Re \cdot Pr}$	一种修正的 Nu 数,或视为流体实际的换热热流密度与流体可传递的最大热流密度之比: $Nu/(Re \cdot Pr) = h/(\rho c_p u) = h \Delta t/(\rho c_p u \Delta t)$

第6章　典型对流换热过程准则关联式

对流换热有内部流动对流换热与外部流动对流换热两种,内部流动与外部流动的区别主要在于流动边界层与流道壁面之间的相对关系不同:在外部流动中,换热壁面上的流体边界层可以自由地发展,不会受到流道壁面的阻碍和限制。对于外部流动,往往存在一个边界层以外的区域,在这个区域里无论是速度梯度还是温度梯度都可以忽略;对于内部流动壁面上边界层的发展会受到流道壁面的阻碍和限制,所以换热规律会和外部流动有明显的区别。本章从 5 个方面对对流换热过程准则关联式进行介绍。

6.1　流体在圆管内的流动实验准则关联式

由流体力学的知识可知,流体在管道内的流动可以分为层流与湍流两大类,其分界点为以管道直径为特征尺度的雷诺数(Re),称为临界雷诺数,记为 Re_c,其值为 2 300。一般认为 $Re \geqslant 10\,000$ 后为旺盛湍流,而 $2\,300 \leqslant Re \leqslant 10\,000$ 的范围为过渡区。下面首先介绍管内湍流换热实验关联式,然后介绍管内层流换热关联式。

6.1.1　管内湍流换热实验关联式

1. 管内湍流换热实验关联式

对于管内湍流强制对流换热,实用上使用最广的关联式为迪图斯—贝尔特公式:

$$Nu_f = 0.023 Re_f^{0.8} Pr_f^n \tag{6.1}$$

加热流体时 $n=0.4$,冷却流体时 $n=0.3$。式(6.1)适用于流体与壁面具有中等以下温度差的场合。式中采用流体平均温度 t_f(即管道进、出口两个截面平均温度的算术平均值) 为定性温度,取管内径 d 为特征长度。实验验证范围 $Re_f = 10^4 \sim 1.2 \times 10^5$,$Pr_f = 0.7 \sim 120$,管长直径之比 $l/d \geqslant 60$。

所谓中等以下温差,其具体数字视计算准确程度而定,有一定幅度。一般来说,对于气体不超过 50 ℃,对于水不超过 30 ℃,对于油类流体不超过 10 ℃。

2. 换热条件对对流换热的影响

在有换热的条件下,管子截面上的温度是不均匀的。因为温度要影响黏度,所以截面上的速度分布与等温流动的分布有所不同,图 6.1 示出了换热时速度分布畸变的景象。图中曲线 1 为等温流的速度分布。先对液体做分析。因液体的黏度随温度的降低而升高,液体被冷

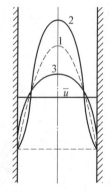

图 6.1　管内速度分布随换热情况的畸变
1— 等温流动;2— 液体冷却或气体加热;3— 液体加热或气体冷却

却时,近壁处的黏度较管心处为高,因而速度分布低于等温曲线,变成曲线 2。若液体被加热,则速度分布变成曲线 3,近壁处流速高于等温曲线。近壁处流速增强会加强换热,反之会减弱换热,这就说明了不均匀物性场对换热的影响。对于气体,由于黏度随温度升高而增高,与液体的情形相反,故曲线 2 适用于气体被加热,而曲线 3 适用于气体被冷却。综上所述,不均匀物性场对换热的影响,视液体还是气体、加热还是冷却以及温差大小而异。在实用计算式中,往往采用在实验关联式中引进乘数 $(\eta_f/\eta_w)^n$ 或 $(Pr_f/Pr_w)^n$ 来考虑不均匀物性场对换热的影响。

3. 公式的修正

对于温差超过以上推荐幅度的情形,可以采用以下实验关联式中的任一个来计算。

(1) 在式(6.1)的右端乘上温度修正因子 c_t。

当气体被加热时:

$$c_t = \left(\frac{T_f}{T_w}\right)^{0.5} \tag{6.2 a}$$

当气体被冷却时取 $c_f = 1$。

当液体被加热时:

$$c_f = \left(\frac{\eta_f}{\eta_w}\right)^n \begin{cases} n = 0.11 & \text{(流体受热时)} \\ n = 0.25 & \text{(液体被冷却时)} \end{cases} \tag{6.2 b}$$

式中,η_f、η_w 分别为按流体平均温度及壁面温度计算的流体的动力黏度。

(2) 采用齐德-泰特公式。

$$Nu_f = 0.027 Re_f^{0.8} Pr_f^{1/3} \left(\frac{\eta_f}{\eta_w}\right)^{0.14} \tag{6.3}$$

此式的定性温度为流体平均温度 t_f(η_w 按壁温 t_w 确定),管内径 d 为特征长度。实验验证范围为:$l/d \geqslant 60, Pr_f = 0.7 \sim 16\,700, Re_f \geqslant 10^4$。

(3) 采用米海耶夫公式。

$$Nu_f = 0.021 Re_f^{0.8} Pr_f^{0.43} \left(\frac{\eta_f}{\eta_w}\right)^{0.25} \tag{6.4}$$

此式的定性温度及特征长度的取法同式(6.3)。实验验证范围为 $l/d \geqslant 50, Pr_f = 0.6 \sim 700, Re_f = 10^4 \sim (1.75 \times 10^6)$。

(4) 采用格尼林斯基公式。

$$Nu_f = \frac{(f/8)(Re - 1\,000)Pr_f}{1 + 12.7\sqrt{(f/8)}(Pr_f^{2/3} - 1)}\left[1 + \left(\frac{d}{l}\right)^{2/3}\right]c_t \tag{6.5 a}$$

对于液体:

$$c_t = \left(\frac{Pr_f}{Pr_w}\right)^{0.11}\left(\frac{Pr_f}{Pr_w} = 0.05 \sim 20\right) \tag{6.5 b}$$

对于气体:

$$c_t = \left(\frac{T_f}{T_w}\right)^{0.45}\left(\frac{T_f}{T_w} = 0.5 \sim 1.5\right) \tag{6.5 c}$$

式中,l 为管长;f 为管内湍流流动的达尔西阻力系数,按弗罗年柯公式计算:

$$f = (1.82 \lg Re - 1.64)^{-2} \tag{6.6}$$

式(6.5a)的实验验证范围为 $Pr_f = 0.6 \sim 10^5, Re_f = 2\,300 \sim 10^6$。

当把式(6.5a)用于气体或液体时,表达式可进一步简化为

对于气体:

$$Nu_f = 0.021\ 4(Re_f^{0.8} - 100)Pr_f^{0.4}\left[1 + \left(\frac{d}{l}\right)^{2/3}\right]\left(\frac{T_f}{T_w}\right)^{0.45} \tag{6.7}$$

实验验证范围为 $Pr_f = 0.6 \sim 1.5, 0.5 < \dfrac{T_f}{T_w} < 1.5, Re_f = 2\ 300 \sim 10^6$。

对于液体:

$$Nu_f = 0.012(Re_f^{0.87} - 280)Pr_f^{0.4}\left[1 + \left(\frac{d}{l}\right)^{2/3}\right]\left(\frac{Pr_f}{Pr_w}\right)^{0.11} \tag{6.8}$$

实验验证范围为 $Pr_f = 1.5 \sim 500, 0.05 < \dfrac{Pr_f}{Pr_w} < 20, Re_f = 2\ 300 \sim 10^6$。

对上述经验公式需做如下说明:

(1)认识一个复杂的物理现象往往要经历长时间的探索,在对流换热研究的发展过程中曾先后提出了数以千计的关联式,这里只是有代表性地介绍了以上 4 个准则方程。其中迪图斯—贝尔特公式虽然是 1930 年提出的,但因其形式简单、使用方便而又能满足大多数工程计算精度的要求,目前仍使用甚广。

(2)准则方程式(6.1)、式(6.3)及式(6.4)的形式比较简单,但与得出这些关联式的实验数据的最大偏差可以达±25%,甚至更多。实验点与关联式之间的离散程度反映了各个阶段的认识水平,因此用这些公式做预测计算时,其不确定度达 25% 也是可能的。1976 年提出的格尼林斯基公式要好得多。在该式所依据的 800 个实验数据中,其 90% 与关联式的偏差在±20% 以内。但采用上述计算式时,只要在实验验证的范围内,计算结果一般都能满足工程需要。

(3)式(6.1)、式(6.3)及式(6.4)都是对旺盛的湍流得出的,如果要用它们计算 $Re_f = 2\ 300 \sim 10\ 000$ 的过渡区中的对流换热,则会得出偏高的结果,但式(6.5a)的验证范围包括了过渡区,因而适用于过渡区对流换热的计算。

4. 公式的推广

(1)非圆形截面槽道。

对于非圆形截面槽道内的湍流换热计算,作为工程处理的一种方法可以用当量直径作为特征尺度从而应用以上的准则方程。当量直径 d_e 按下式计算:

$$d_e = \frac{4A_c}{P} \tag{6.9}$$

式中,A_c 为槽道的流动截面积,m^2;P 为润湿周长,即槽道壁与流体接触面的长度,m。例如,对于内管外径为 d_1、外管内径为 d_2 的同心套管环状通道:

$$d_e = \frac{\pi(d_2^2 - d_1^2)}{\pi(d_2 + d_1)} = d_2 - d_1 \tag{6.10}$$

应当指出,对于长方形截面这一类通道,采用当量直径作为特征长度的方法可以取得满意的结果;但当截面上出现尖角的流动区域时,应用当量直径的方法会导致较大的误差,为提高计算结果的准确度应采用专门的准则方程或其他研究结果。

(2)入口修正。

前面已定性地讨论过入口效应,即入口段由于热边界层较薄而具有比充分发展段高的

表面传热系数。但究竟高出多少,要视不同入口条件(如入口为尖角还是圆角,加热段前有否辅助的人口段等)而定。对于通常工业设备中常见的尖角入口,推荐以下的入口效应修正系数:

$$c_l = 1 + \left(\frac{d}{l}\right)^{0.7} \tag{6.11}$$

即应用式(6.1)、(6.3)及(6.4)计算的 Nu 数,乘上 c_l 后即为包括入口段在内的总长为 l 的管道的平均努塞尔数。注意,格林尼斯基公式本身已包含入口效应的修正系数。

(3) 螺旋管。

工程上为强化换热或因工艺的需要常常采用螺旋管。螺旋管内的流体在向前运动过程中连续地改变方向,因此会在横截面上引起二次环流,从而加强流体的扰动,带来换热的增强。图 6.2 显示了弯曲管的流动情况。

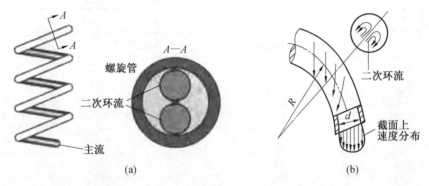

图 6.2　螺旋管中的流动

对于流体在螺旋管内的对流换热的计算,工程上的一种实用做法是应用前述的准则式计算出平均 Nu 数后再乘以一个大于 1 的螺旋管修正系数 c_r,对于 c_r,推荐:

对于气体:

$$c_r = 1 + 1.77 \frac{d}{R} \tag{6.12}$$

对于液体:

$$c_r = 1 + 10.3 \left(\frac{d}{R}\right)^3 \tag{6.13}$$

本节以上讨论的内容仅适用于 $Pr > 0.6$ 的气体或液体。对于 Pr 数很小的液态金属($Pr = (3 \times 10^{-3}) \sim (5 \times 10^{-2})$),由于动量边界层与热边界层的相互关系完全不同于上述流体,而使换热具有不同的规律。这里推荐以下两个适用于光滑圆管内充分发展湍流换热的准则式:

对均匀热流边界条件:

$$Nu_f = 4.82 + 0.018\,5 Pe_f^{0.827} \tag{6.14}$$

其中特征常数为内径,定性温度为流体平均温度。实验验证范围为 $Re_f = (3.6 \times 10^3) \sim (9.05 \times 10^5)$,$Pe_f = 10^2 \sim 10^4$。

对均匀壁温边界条件:

$$Nu_f = 5.0 + 0.025 Pe_f^{0.8} \tag{6.15}$$

特征长度及定性温度取法同上,实验验证范围为 $Pe_f > 100$。式中 $Pe = Re \cdot Pr$,称为贝克来数。

6.1.2 管内层流换热关联式

管槽内层流充分发展对流换热的理论分析工作做得比较充分,已经有许多结果可供选用,表 6.1 ~ 6.3 中给出了一些代表性的结果。由表 6.1 ~ 6.3 可以看出以下特点:① 对于同一截面形状的通道,均匀热流条件下的 Nu 数总是高于均匀壁温下的 Nu 数(对圆管而言要高 19%),可见层流条件下的热边界条件的影响不能忽略;② 对于表中所列的等截面直通道的情形,层流充分发展时的 Nu 数与 Re 数无关,这与湍流时有很大的不同;③ 即使用当量直径作为特征长度,不同截面管道层流充分发展的 Nu 数也不相等。这说明,对于层流,当量直径仅仅是一几何参数,不能用它来统一不同截面通道的换热与阻力计算的表达式。

表 6.1　不同截面形状的管内层流充分发展的换热的 Nu 数

截面形状	$Nu_f = hd_e/\lambda$		$fRe\left(Re = \dfrac{ud_e}{v}\right)$
	均匀热流	均匀壁温	
正三角形	3.11	2.47	53
正方形	3.61	2.98	57
正六边形	4.00	3.34	60.22
圆形	4.36	3.66	64
长方形			
$\dfrac{b}{a} = 2$	4.12	3.39	62
$\dfrac{b}{a} = 3$	4.79	3.96	69
$\dfrac{b}{a} = 4$	5.33	4.44	73
$\dfrac{b}{a} = 8$	6.49	5.60	82
$\dfrac{b}{a} = \infty$	8.23	7.54	96

表 6.2　环形空间内层流充分发展的换热的 Nu 数(一侧绝热,另一侧均匀壁温)

内外径之比 d_i/d_o	内壁 Nu_i(外壁绝热)	外壁 Nu_o(内壁绝热)
0.00	—	3.66
0.05	17.46	4.06
0.10	11.56	4.11
0.25	7.37	4.23
0.50	5.74	4.43
1.00	4.86	4.86

表 6.3　环形空间内层流充分发展的换热的 Nu 数(内、外侧均维持均匀热流)

内、外径之比 d_i/d_o	内壁 Nu_i	外壁 Nu_o
0	—	4.364
0.05	17.810	4.792
0.10	11.910	4.834
0.20	8.499	4.833
0.40	6.583	4.979
0.60	5.912	5.099
0.80	5.580	5.240
1.00	5.385	5.385

　　实际工程换热设备中,层流时的换热常常处于入口段的范围。对于这种情形,推荐采用下列齐德 − 泰特公式来计算长为 l 的管道的平均 Nu 数:

$$Nu_f = 1.86 \left(\frac{Re_f Pr_f}{l/d} \right)^{1/3} \left(\frac{\eta_f}{\eta_w} \right)^{0.14} \tag{6.16}$$

　　此式的定性温度为流体平均温度 t_f,特征长度为管径。实验验证范围为 $Pr_f = 0.48 \sim$ 16 700, $\dfrac{\eta_f}{\eta_w} = 0.004\,4 \sim 9.75$, $\left(\dfrac{Re_f Pr_f}{l/d} \right)^{1/3} \left(\dfrac{\eta_f}{\eta_w} \right)^{0.14} \geqslant 2$,且管子处于均匀壁温。

　　应当指出,上述管槽内层流及湍流换热的准则方程只适用于管槽本身是静止的情形。在工程技术设备中还会遇到管道本身是旋转的情形,如大型发电机旋转绕组冷却通道中的换热,现代燃气轮机叶片内冷通道中的换热等都属于这种类型。通道的旋转又可以分为通道轴线与旋转轴线平行及与旋转轴线垂直两种情形。通道旋转时,由于哥氏力及离心(向心)力的作用引起二次流动,加强流体间的混合,使对流换热强化,同时流动阻力也增加。如果应用上述关联式来进行估算,得出的结果偏于保守。

　　自 20 世纪 80 年代初期开始受到重视的微细通道(简称微通道 1 mm ~ 1 μm)内的流动与换热,随着高新技术的迅速发展而成为当前传热学研究的重要前沿课题之一,而且已被应用于微电子、微型热交换器、微型机械冷却、微细颗粒材料制备等高新技术领域中。微通道内的对流换热不同于常规尺寸通道(一般指尺寸在 1 ~ 2 mm 以上的通道)内换热的原因可能是多方面的,诸如表面相对粗糙度的影响、气体分子平均自由程与通道尺寸之比的影响等,目前尚未查明。国内外学者正在积极开展微尺度传热(包括空间的微尺度及时间的微尺度)的研究。

6.2　流体外掠平板与圆管实验准则关联式

　　所谓外部流动对流换热是指这样一类流动与换热:换热壁面上的流动边界层与热边界层能自由发展,不会受到邻近壁面存在的限制。因而在外部流动中存在着一个边界层外的区域,那里无论是速度梯度还是温度梯度都可以忽略。

6.2.1　流体外掠平板准则关联式

1. 流体外掠等温平板传热的层流分析解

对图 5.4(a) 所示的情形,假设平板表面温度为常数,在边界层动量方程中引入 $\mathrm{d}p/\mathrm{d}x = 0$ 的条件,可以解出层流时截面上速度场及温度场的分析解,进而得出以下结果。

离开前缘 x 处的边界层厚度:

$$\frac{\delta}{x} = \frac{5.0}{\sqrt{Re_x}} \tag{6.17}$$

范宁(Fanning)局部摩擦系数:

$$c_{\mathrm{f}} = \frac{\tau_{\mathrm{w}}}{\frac{1}{2}\rho u_{\infty}^2} = \frac{0.664}{\sqrt{Re_x}} \tag{6.18}$$

流动边界层与热边界层厚度之比:

$$\frac{\delta}{\delta_{\mathrm{t}}} \cong Pr^{1/3} \tag{6.19}$$

局部表面传热系数:

$$h_x = 0.332 \frac{\lambda}{x}(Re_x)^{1/2}(Pr)^{1/3} \tag{6.20 a}$$

2. 特征数方程

式(6.20a) 可以改写为

$$\frac{h_x x}{\lambda} = 0.332(Re_x)^{1/2}(Pr)^{1/3} \tag{6.20 b}$$

此式等号后面是两个无量纲数,显然等号前也必为无量纲数,称为努塞尔(Nusselt)数,记为 Nu_x,下标 x 表示以当地的几何尺度为特征长度。于是流体外掠等温平板层流换热的分析解可以表示为

$$Nu_x = 0.332 Re_x^{1/2} Pr^{1/3} \tag{6.20 c}$$

这种以特征数表示的对流传热计算关系式称为特征数方程,习惯上又称关联式或准则方程。获得不同换热条件下的特征数方程是研究对流传热的根本任务。

为了得到整个平板的对流传热表面传热系数,对上面所讨论的情形,计算不同 x 处的局部传热系数时所用的温差都是 $(t_{\mathrm{w}} - t_{\infty})$(假定平板加热流体),因此可以直接将式(6.20a) 对从 0 到 l 做积分,可得

$$Nu_1 = 0.664 Re_1^{1/2} Pr^{1/3} \tag{6.20 d}$$

式中,Nu_1、Re_1 该两个特征数中的特长度均为平板的全长 l。

在应用式(6.20a) ~ (6.20d)进行具体计算时由于流体的物理性质都与温度有关,因此会遇到采用什么温度确定流体的物性的问题。这种用以确定特征数中流体物性的温度称为定性温度。对于边界层类型的对流传热,规定采用边界层中流体的平均温度,即 $t = (t_{\mathrm{w}} + t_{\infty})/2$,作为定性温度。式(6.20d) 在 $Re \leqslant 2 \times 10^5$ 的范围内与对空气进行的实验结果符合良好,如图 6.3 所示。值得指出,在一般的传热学文献中,都把 $Re = 5 \times 10^5$ 作为边界层流动进入湍流的标志(称为临界雷诺数,记为 Re_{c}),而且式(6.20) 的使用范围也近似地延拓到

$Re = 5 \times 10^5$，本书后面章节也采用这样的处理方法。

3. 普朗特数的物理意义

对于外掠平板的层流换热，式(6.19)表明普朗特数表征了流动边界层与热边界层的相对大小。下面进一步从控制方程的角度来分析得出这一结果的定性依据。为此，考虑一个掠过平板的强制对流传热问题。在这类强制对流中，重力场可忽略不计，且压力梯度为零，于是式(6.20)简化为

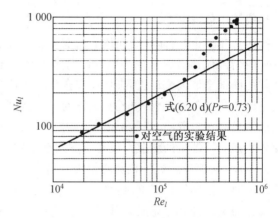

图 6.3　式(6.20)与实验结果的对比

$$u \frac{\partial u}{\partial x} + v \frac{\partial u}{\partial y} = \nu \frac{\partial^2 u}{\partial y^2} \tag{6.21}$$

将此式与边界层能量微分方程式(6.21)相比较，发现它们在形式上是完全类似的。只要 $\nu = a$，且 u 与 t 具有相同的边界条件，例如 $y = 0$ 时 $t = t_w$，$u = u_w(u_w = 0$ 并不影响讨论)，则式(6.20)与式(6.21)有相同的无量纲形式的解，即 $\dfrac{u - u_w}{u_\infty - u_w}$ 与 $\dfrac{t - t_w}{t_\infty - t_w}$ 的分布完全相同。换句话说，当 $\nu = a = 1$ 时，如果热边界层厚度的定义与流动边界层厚度的定义相同(如均取来流过余值的 99% 的位置作为边界层的外边界)，则有 $\delta_t = \delta$。可见比值 ν/a 可以表征热边界层与流动边界层的相对厚度。这一比值 $\nu/a = c_p \eta / \lambda$ 即为 Pr 数，它反映了流体中动量扩散与热扩散能力的对比。除液态金属的 Pr 数为 0.01 的数量级外，常用流体的 Pr 数在 $0.6 \sim 4\,000$ 之间，例如各种气体的 Pr 数大致在 $0.6 \sim 0.7$ 之间。流体的运动黏性反映了流体中由于分子运动而扩散动量的能力。这一能力越大，黏性的影响传递得越远，因而流动边界层越厚。可以对热扩散率做出类似的讨论，因而 ν/a 即普朗特数反映了流动边界层与热边界层的相对大小。在液态金属中，流动边界层的厚度远小于热边界层的厚度；在空气中，二者大致相等；而对高普朗特数的油类(Pr 在 $10^2 \sim 10^3$ 数量级)，则速度边界层的厚度远大于热边界层的厚度(图 6.4)。

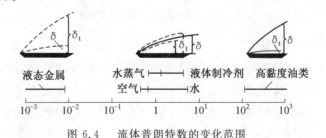

图 6.4　流体普朗特数的变化范围

6.2.2　横掠单管换热实验关联式

所谓横掠单管，就是流体沿着垂直于管子轴线的方向流过管子表面。流体横掠单管流动除了具有边界层特征外，还要发生绕流脱体，而产生回流、漩涡、涡束。

1. 绕流脱体现象

按照势流理论，流体在圆柱体的前部流速会逐步增大而流体的压力会逐步减小；流体在圆柱体的后部流速会逐步减小而流体的压力会逐步增大 。但是，因流体黏性力的作用，在圆柱体的前部会形成流动边界层，速度会从势流流速逐步改变到壁面上的零速度，这种速度改变是以消耗流体动量为代价的，这样的过程特征一直会保持到势流流速达到最大值。在其后的增压减速过程中，流体中由压力转变来的动量会逐步地再转变为流场的压力，此时近壁流体不但会因动量的耗散而没有足够的动量转化为压力，而且会在逆向压力的作用下产生逆向流动，从而导致流体在边界层发生分离。 流体外掠一切非流线型物体时，都会发生边界层分离。流体绕掠圆管时，沿程压力发生变化。大约在圆管的前半部，压力递降，而在后半部压力又回升。考察压力升高条件（$dp/dx > 0$）下边界层的流动特征，发现它与外掠平板的边界层流动不同。此时在边界层内流体靠本身的动量克服压力增长而向前流动，速度分布趋于平缓。近壁的流体层由于动量不大，在克服上升的压力时显得越来越困难，终于会出现壁面处速度梯度变为零，即 $\partial u/\partial y \mid_{y=0} =0$ 的局面。随后产生与原流动方向相反的回流，如图 6.5 所示。这一转折点称为绕流脱体的起点（或称分离点）。从此点起边界层内缘脱离壁面，如图 6.5(b) 中虚线所示，故称为脱体。脱体起点位置取决于 Re 数，$Re < 10$ 时不出现脱体；当 $10 < Re < 1.5 \times 10^5$ 时边界层为层流，脱体发生在 $\varphi = 80° \sim 85°$ 处。当 $Re > 1.5 \times 10^5$ 时，边界层在脱体前已转变成湍流，脱体的发生推后到 $\varphi \approx 140°$ 处。

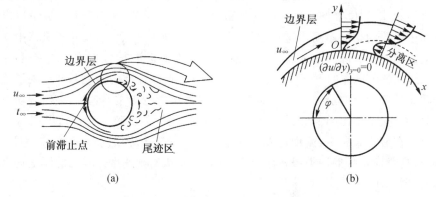

图 6.5 横掠单根圆管流动的情形

2. 外掠圆管换热的特征

边界层的成长和脱体决定了外掠圆管换热的特征。图 6.6 是恒定热流壁面局部努塞尔数随角度的变化情况。这些曲线在 $\varphi = 0° \sim 80°$ 递降，是由于层流边界层不断增厚的缘故。低 Re 数时，回升点反映了绕流脱体的起点，这是由于脱体区的扰动强化了换热。高 Re 数时，第一次回升是由于转变成湍流的原因；第二次回升在 $\varphi \approx 140°$，则是由于脱体的缘故。

3. 平均表面传热系数

虽然局部表面传热系数变化比较复杂，但从平均表面传热系数看（图 6.7），渐变的规律性很明显。为计算方便，推荐以下分段幂次关联式：

$$Nu = CRe^n Pr^{1/3} \tag{6.22}$$

式中，C、n 的值见表 6.4；定性温度为 $(t_w + t_\infty)/2$；特征长度为管外径；Re 数中的特征流速为

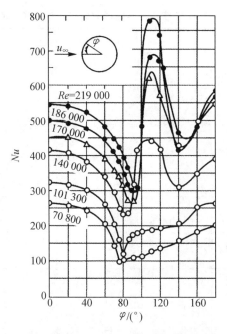

图 6.6　恒定热流壁面局部努赛尔数随角度的变化情况

通道来流速度 u_∞，该式对空气的实验温度验证范围为 $t_\infty = 15.5 \sim 982\ ℃$，$t_w = 21 \sim 1\ 046\ ℃$。式(6.22) 系对空气的实验结果可推广到烟气和液体。

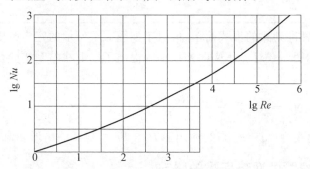

图 6.7　空气横掠圆管实验关联式

气体横掠非圆形截面的柱体或管道的对流换热也可采用式(6.22) 计算。对于几种常见截面形状的柱体，系数 C、n 的值列出在表 6.5 中。表中示出的几何尺寸 l 是计算 Nu 数及 Re 数时用的特征长度，定性温度为 $(t_w + t_\infty)/2$。

表 6.4　C、n 的值

Re	C	n
$0.4 \sim 4$	0.989 0	0.330
$4 \sim 40$	0.911 0	0.385
$40 \sim 4\ 000$	0.683 0	0.466
$4\ 000 \sim 40\ 000$	0.193 0	0.618
$40\ 000 \sim 400\ 000$	0.026 6	0.805

表 6.5　气体横掠几种非圆形截面柱体计算式中的常数

		Re	C	n
正方形	正方形	$(5 \times 10^3) \sim 10^5$	0.246	0.588
		$(5 \times 10^3) \sim 10^5$	0.102	0.675
正六边形	正六边形	$(5 \times 10^3) \sim (1.95 \times 10^4)$ $(1.95 \times 10^4) \sim 10^5$	0.160 0.038 5	0.638 0.782
		$(5 \times 10^3) \sim 10^5$	0.153	0.638
竖直平板	竖直平板	$(4 \times 10^3) \sim (1.5 \times 10^4)$	0.228	0.731

　　式(6.22)这种准则式的形式简单,但对于如图 6.7 所示的宽广范围内的实验数据需分段整理。邱吉尔和朋斯登对流体横向外掠单管提出了以下在整个实验范围内都适用的准则式:

$$Nu = 0.3 + \frac{0.62Re_x^{1/2}Pr^{1/3}}{[1 + (0.4Pr)^{2/3}]^{1/4}}\left[1 + \left(\frac{Re}{28\ 200}\right)^{5/8}\right]^{4/5} \tag{6.23}$$

此式的定性温度为$(t_w + t_\infty)/2$,适用于 $Re \cdot Pr > 0.2$ 的情形。

6.2.3　横掠管束换热实验关联式

　　外掠管束换热在换热器及锅炉、暖风器等专用换热设备中最为常见。通常管子有叉排和顺排两种排列方式,如图 6.8 所示。流体冲刷叉排与顺排管束的景象是不同的,如图 6.9 所示。叉排时流体在管间交替收缩和扩张的弯曲通道中流动,比顺排时在管间走廊通道的流动扰动剧烈。因此,一般来说,叉排时的换热比顺排时强。然而,也应注意到叉排管束的阻力损失大于顺排,且对于需要冲刷清洗的管束,顺排有易于清洗的优点,所以叉排、顺排的选择要全面权衡。

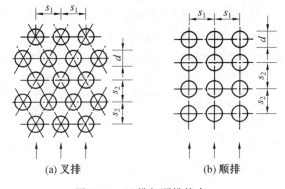

(a) 叉排　　　　(b) 顺排

图 6.8　叉排与顺排管束

　　流体流过顺排或叉排管束的第一排管面时的流动和换热情况与流过单管的情形是相似的。但从第二排开始,顺排时管子的前后都处于前一排管的回流区中,流动和换热不同于第一排管;对于叉排排列,尽管从第二排管以后,流动情况与单管时看似相同,但由于前排造成的流场扰动会使流动和换热情形差别较大。这些都导致后排管的换热要好于第一排管,但从第三排管以后各排管之间的流动换热特征就没有多少差异了。但是前几排管换热性能上的差异,对于整个管束换热性能的影响会随着管排数的增加而减弱。实验结果表明,当管排数超过 10 排之后,换热性能就基本稳定不变了。

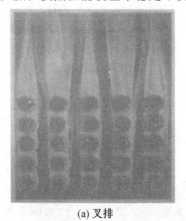
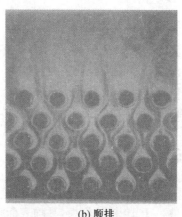

(a) 叉排　　　　　　　　　　　　　　　　　(b) 顺排

图 6.9　　流体横向冲刷管束时的流动景象

　　影响管束换热的因素除 Re 数、Pr 数(若限于讨论气体,则 Pr 数可不包括在内)外,还有叉排或顺排、管间距(横向间距 s_1 和纵向间距 s_2)及管束排数。根据格里姆森的实验结果,后排管受前排管尾流的扰动作用时平均表面传热系数的影响直到 10 排以上的管子才能消失。对这种影响的常用处理方法是,先总结出可以不考虑排数影响的基本实验关联式,然后把管束排数的因素作为修正系数。气体横掠 10 排以上管束的平均表面传热系数的实验关联式为

$$Nu = CRe^m \tag{6.24}$$

式中,特征长度为管外径 d;Re 中的流速采用整个管束中最窄截面处的流速;C 和 m 的值见表 6.6。该式的适用范围是 $Re_f = 200 \sim 40\,000$。

　　该式的定性温度采用

$$t_r = (t_w + t_f)/2 \tag{6.25}$$

式中,t_f 为管束中流体的平均温度。

表 6.6　　式 (6.24) 中的 C 和 m

	$s_1/d = 1.25$		$s_1/d = 1.5$		$s_1/d = 2$		$s_1/d = 3$	
	C	m	C	m	C	m	C	m
顺　排								
$s_2/d = 1.25$	0.348	0.592	0.275	0.608	0.100	0.704	0.063 3	0.752
$s_2/d = 1.5$	0.367	0.586	0.250	0.620	0.101	0.702	0.067 8	0.744

续表6.6

	$s_1/d = 1.25$		$s_1/d = 1.5$		$s_1/d = 2$		$s_1/d = 3$	
$s_2/d = 2$	0.418	0.570	0.299	0.602	0.229	0.632	0.198	0.648
$s_2/d = 3$	0.290	0.601	0.357	0.584	0.374	0.581	0.286	0.608

<table>
<tr><td colspan="9" align="center">叉　排</td></tr>
</table>

	$s_1/d = 1.25$		$s_1/d = 1.5$		$s_1/d = 2$		$s_1/d = 3$	
$s_2/d = 0.6$							0.213	0.636
$s_2/d = 0.9$					0.446	0.571	0.401	0.581
$s_2/d = 1$			0.497	0.558				
$s_2/d = 1.125$					0.478	0.565	0.518	0.560
$s_2/d = 1.25$	0.518	0.556	0.505	0.554	0.519	0.556	0.522	0.562
$s_2/d = 1.5$	0.451	0.568	0.460	0.562	0.452	0.568	0.488	0.568
$s_2/d = 2$	0.404	0.572	0.416	0.568	0.482	0.556	0.449	0.570
$s_2/d = 3$	0.310	0.592	0.356	0.580	0.440	0.562	0.421	0.574

对于排数少于 10 排的管束,平均表面传热系数可在式(6.24)的基础上再乘以一个小于 1 的管排修正系数 ε_n,得

$$h' = \varepsilon_n h \tag{6.26}$$

ε_n 的值列在表 6.7 中。

表 6.7　管排修正系数 ε_n

总排数	1	2	3	4	5	6	7	8	9	10
顺排	0.64	0.80	0.87	0.90	0.92	0.94	0.96	0.98	0.99	1.0
叉排	0.68	0.75	0.83	0.89	0.92	0.95	0.97	0.98	0.99	1.0

采用肋片管(翅片管)是强化换热的有效途径。工程技术中许多类型的气－液换热器常在气侧采用不同形式的肋片管。流体横掠肋片管束的换热性能不仅与肋片管的结构参数(如肋片的高度、间距,肋片的形状等)有关,还与肋片管的制造工艺(影响肋片与基管间的接触热阻)有关。有关肋片管的换热关联式可参考有关文献。

6.3　自然对流换热准则关联式

自然对流是不依靠泵或风机等外力推动,由流场温度分布不均匀导致的密度不均匀分布,在重力场的作用下产生的流体运动过程。而自然对流换热则是流体与固体壁面之间因温度不同引起的自然对流时发生的热量交换过程。如图 6.10 所示的几种自然对流的情况,前 3 种为大空间自然对流换热,后两种为受限空间的自然对流换热。在自然界,现实生活中以及在工程上,物体的自然冷却或加热都是以自然对流换热的方式实现的。例如,在偏僻地区,一些平时无人看管的小变电站或电话中继站等,其发热设备往往靠自然对流冷却。此外,管道、输电线的散热、电子器件的散热、暖气片对室内空气的散热以及海洋环流、大气环

流等都与自然对流有关。由于自然对流换热的换热强度比较弱,尤其是在空气环境下,同时还存在着辐射换热,而且在温度比较高的情况下,辐射换热的强度与自然对流换热的强度处于相同的数量级。因此,在自然对流换热的实际计算中辐射换热是不可随意忽略的。

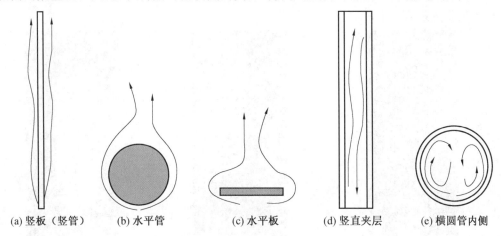

(a) 竖板(竖管)　　(b) 水平管　　(c) 水平板　　(d) 竖直夹层　　(e) 横圆管内侧

图 6.10　几种自然对流换热

6.3.1　大空间自然对流的流动和换热特征

自然对流与受迫对流最大的不同点在于流体的运动是由于温度差引起的,因而流体与换热是密不可分的。为了讨论自然对流的流动和换热特征,这里以竖直平板在空气中的自然冷却过程为例来进行分析。在自然对流换热中,不均匀温度场造成了不均匀密度场,由此产生浮升力成为运动的动力。在一般情况下,不均匀温度场仅发生在靠近换热壁面的薄层之内。在贴壁处,流体温度等于壁面温度 t_w,在离开壁面的方向上逐步降低,直至周围环境温度 t_∞,如图 6.11(a) 所示。薄层内的速度分布则有两头小、中间大的特点。贴壁处,由于黏性作用速度为零,在薄层外缘温度不均匀作用消失,速度也等于零,在偏近热壁的中间处速度有一个峰值,如图 6.11(b) 所示。

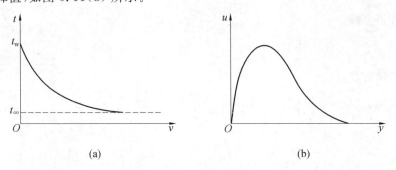

图 6.11　竖壁附近自然对流的温度分布与速度分布

自然对流也有层流和湍流之分,以贴近一块热竖壁的自然对流为例做分析,其自下而上的流动景象如图 6.12 所示。在壁的下部,流动刚开始形成,它是有规则的层流;若壁面足够高,则上部流动会转变为湍流。采用光学方法可以把这种流动景象揭示出来。图 6.12(a)中显示的与壁面平行的等温线条纹标明流动处于层流,而图 6.12(b) 所显示的条纹已出现紊乱,表明流动已经开始向湍流转变。不同的流动状态对换热有决定性影响。层流时,换热热阻主要取决于薄层的厚度。从换热壁面下端开始,随着高度的增加,层流薄层的厚度也在增加,与此相对应,局部表面传热系数 h_x 也随高度增加而减小。如果壁面足够高,流体的流动就逐渐转变为湍流,如图 6.12 所示。湍流时换热规律有所变化,已经查明,旺盛湍流时的局部表面传热系数几乎是一个常量。

 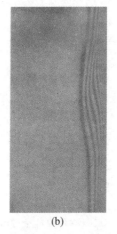 

(a)   (b)   (c)

图 6.12 竖直热平板底端与上部的自然对流边界层

6.3.2 竖板自然对流换热的微分方程组

由上述讨论可以看出,在大空间条件下的竖板自然对流换热是属于边界层流动换热的类型。前面导出的边界层流动换热的微分方程组在这里也应该是适用的。值得指出的是,在自然对流的情况下流体的流动是由于体积力作用而产生的,因而体积力项必须出现在动量方程中。按照图 6.13 给出的坐标系,热竖壁引起的自然对流换热适用于二维对流换热微分方程组。

质量守恒方程:

$$\frac{\partial u}{\partial x} + \frac{\partial v}{\partial y} = 0 \tag{6.27}$$

动量守恒方程:

$$\rho\left(\frac{\partial u}{\partial \tau} + u\frac{\partial u}{\partial x} + v\frac{\partial u}{\partial y}\right) = F_x - \frac{\partial p}{\partial x} + \eta\left(\frac{\partial^2 u}{\partial x^2} + \frac{\partial^2 u}{\partial y^2}\right) \tag{6.28}$$

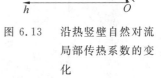

图 6.13 沿热竖壁自然对流局部传热系数的变化

$$\rho\left(\frac{\partial v}{\partial \tau} + u\frac{\partial v}{\partial x} + v\frac{\partial v}{\partial y}\right) = F_y - \frac{\partial p}{\partial y} + \eta\left(\frac{\partial^2 v}{\partial x^2} + \frac{\partial^2 v}{\partial y^2}\right) \tag{6.29}$$

能量守恒方程:

$$\frac{\partial t}{\partial \tau} + u\frac{\partial t}{\partial x} + v\frac{\partial t}{\partial y} = \frac{\lambda}{\rho c_p}\left(\frac{\partial^2 t}{\partial x^2} + \frac{\partial^2 t}{\partial y^2}\right) \tag{6.30}$$

方程组中的 y 向动量方程式根据数量级分析完全可以略去不计。在 x 向动量方程中,$F_x = -\rho g$,并略去主流方向的二阶导数,于是有

$$u \frac{\partial u}{\partial x} + v \frac{\partial u}{\partial y} = -g - \frac{1}{\rho} \frac{\mathrm{d}p}{\mathrm{d}x} + \nu \frac{\partial^2 u}{\partial y^2} \tag{a}$$

注意到,在薄层外 $u = v = 0$,从式(a)可以推得

$$\frac{\mathrm{d}p}{\mathrm{d}x} = -\rho_\infty g \tag{b}$$

将此关系式代入式(a)得

$$u \frac{\partial u}{\partial x} + v \frac{\partial u}{\partial y} = -\frac{g}{\rho}(\rho_\infty - \rho) + \nu \frac{\partial^2 u}{\partial y^2} \tag{c}$$

式中右边首项为浮升力。引入体积膨胀系数 α:

$$\alpha \approx -\frac{1}{\rho}\left(\frac{\partial \rho}{\partial T}\right)_p \tag{d}$$

它是定压下与温度变化相对应的密度相对变化的度量,用差商代替了微商,可以近似地写为

$$\alpha \approx -\frac{1}{\rho} \frac{\rho_\infty - \rho}{T_\infty - T} \tag{e}$$

由此可得

$$\rho_\infty - \rho \approx \rho\alpha(T - T_\infty) \tag{f}$$

代入动量方程并令 $\theta = T - T_\infty$ 得

$$u \frac{\partial u}{\partial x} + v \frac{\partial u}{\partial y} = g\alpha\theta + \nu \frac{\partial^2 u}{\partial y^2} \tag{6.31}$$

式(6.31)中浮升力已用它的推动力——温压表示出来。可以指出,自然对流换热的数学描述,除动量方程以外,其他所有方程均与强制对流换热问题相同。于是,自然对流换热的新准则可以从动量方程的相似分析中导得。新准则为

$$Gr = \frac{g\alpha \Delta t l^2}{\nu u_0} \frac{u_0 l}{\nu} = \frac{g\alpha \Delta t l^3}{\nu^2} \tag{6.32}$$

这个新的准则数称为格拉晓夫数。它在自然对流现象中的作用与雷诺数在强制对流现象中的作用相当。在物理上,Gr 是浮升力 / 黏滞力比值的一种度量。Gr 数的增大表明浮升力作用的相对增大。从微分方程组的其他方程还可以得到 Re、Pr 和 Nu 数等准则。其中 $Re = f(Gr)$,而不是一个独立的准则。于是,原则上自然对流换热准则方程式应为

$$Nu = f(Gr, Pr) \tag{6.33}$$

不同流动形态的自然对流换热规律具有不同的具体形式。根据最新的实验成果,反映流动形态转变的判据,即 Gr 准则,应该成为确定传热规律转变的判据。它比以前曾经推荐的 $Gr \cdot Pr$ 判据更加符合实验的结果。

本节讨论的问题可分为大空间自然对流换热和有限空间自然对流换热两类,重点讨论大空间问题。流体在大空间做自然对流时,流体的冷却过程与加热过程互不影响。这类问题比较简单,但总结出的关联式却具有很大的实用意义,它可以应用到比形式上的大空间更广的范围。因为在许多实际问题中,虽然空间不大,但热边界层并不相互干扰,因而可以应用大空间自然对流换热的规律计算。换句话说,就是可以把它当作大空间问题来处理。例如,已经查明,对于被同样加热的两个热竖壁形成的空气夹层(参看图 6.14),底部封闭时,只要 $a/H > 0.28$,壁面的换热就可应用大空间的换热规律计算;底部开口时,只要 $b/H >$

0.01,壁面换热也可按大空间自然对流处理。举这个例子着重说明,所谓大空间,实际上只要边界层不受干扰就可以适用,不必拘泥于几何形式上的很大或无限大。

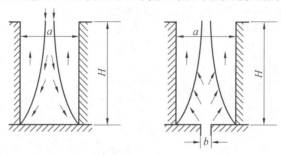

图 6.14　两个热竖壁形成的空气夹层内的热边界层

6.3.3　大空间自然对流换热的实验关联式

式(6.33)是自然对流换热的原则性准则方程,工程上广泛实用的是比它更为简单的下列形式的关联式:

$$Nu = C(Gr \cdot Pr)^n \tag{6.34}$$

对于符合理想气体性质的气体,格拉晓夫准则数中的体积膨胀系数 $\alpha = 1/T$。在自然对流换热关联式中,通常定性温度采用边界层的算术平均温度 $t_m = (t_\infty + t_w)/2$ 的方案,t_∞ 指未受壁面影响的远处的流体温度。Gr 数中的 Δt 为 t_w 与 t_∞ 之差。特征长度的选择方案通常为:竖壁或竖圆柱取高度,横圆柱取外径。常壁温及常热流密度两种情况可整理成同类形式的关联式。

对于几种典型的表面形状及其布置情况,已经成功地按式(6.34)整理,式中由实验确定的常数 C 和 n 的值见表 6.8。

表 6.8　式(6.34)中的常数 C 和 n

加热表面 形状与位置	流动图示	流态	系数 C 及指数 n		Gr 数适用范围
			C	n	
竖平板及 竖圆柱		层流	0.59	1/4	$10^4 \sim (3 \times 10^9)$
		过渡	0.029 2	0.39	$(3 \times 10^9) \sim (2 \times 10^{10})$
		湍流	0.11	1/3	$> 2 \times 10^{10}$
横圆柱		层流	0.48	1/4	$10^4 \sim (5.76 \times 10^8)$
		过渡	0.044 5	0.37	$(5.76 \times 10^8) \sim (4.65 \times 10^9)$
		湍流	0.10	1/3	$> 4.65 \times 10^9$

应当指出,竖圆柱按表 6.8 与竖壁用同一个关联式只限于以下情况:

$$\frac{d}{H} \geqslant \frac{35}{Gr_H^{1/4}} \tag{6.35}$$

对于直径小而高的竖圆柱或竖丝,边界层厚度可与直径相比拟而不能忽略曲率的影响,

并且在极低 Gr 数时,这种竖圆柱的自然对流换热进入以导热机理为主的范围。对于不符合式(6.35)条件的竖圆柱的换热,可参考有关文献。

对于气体及换热温压不大条件下的液体,应用式(6.34)无须考虑物性变化因素的影响。然而,液体换热温压较大时则有必要考虑物性变化的修正:

$$Nu = C(Gr^* Pr)^n \psi \tag{6.36}$$

式中,ψ 为物性变化修正因子。可供选用的 ψ 有 $(Pr/Pr_w)^{0.11}$、$Pr^{0.047}$ 和 $(Pr/Pr_w)^{1/4}$ 等。此处下标"w"表示定性温度取 t_w,无下标表示定性温度取 t_m。

尽管常热流密度边界条件下的自然对流换热也适用式(6.34)的形式,但习惯上还采用另一种方便的专用形式:

$$Nu = B(Gr^* Pr)^m \tag{6.37}$$

式中

$$Gr^* = Gr \cdot Nu = \frac{g\alpha q l^4}{\lambda \nu^2} \tag{6.38}$$

它是个组合成的新特征数。注意到 Gr^* 数的组合中纳入了已知量 q 而避免了 Gr 数中的未知量 t_w,从而给特征数的确定提供了方便,Gr^* 称为修正的平均格拉晓夫数。电子元器件工作时往往处于常热流边界条件下散热。常热流边界条件下平板散热时,湍流比较复杂,不能套用层流及湍流的分类,按式(6.37)整理的新成果示出于表 6.9 中。这些准则式的定性温度取平均温度 t_m,特征长度对矩形取短边长。

表 6.9　式(6.37)中的常数 B 和 m

加热表面形状与位置	流动图示	系数 B 及指数 p		Gr^* 数适用范围
		B	m	
水平板热面朝上或冷面朝下		1.076	1/6	$(6.37\times10^5) \sim (1.12\times10^8)$
水平板热面朝下或冷面朝上		0.747	1/6	$(6.37\times10^5) \sim (1.12\times10^8)$

热流密度给定时,有时计算的目的是核算局部壁温,要用到局部值的关联式。作为示例,仅列出竖壁在层流条件下的局部值关联式如下:

$$Nu_x = 0.60(Gr_x^* Pr)^{1/5} \tag{6.39}$$

其适用范围为 $10^5 < Gr_x^* < 10^{11}$。对于全部处于层流范围的竖壁来说,最高壁温发生在壁的上端。取 x 为壁的高度,应用上式即可求解。由于计算时 t_w 是待求的未知量,通常先要假定一个 t_w 进行试算,然后再求得的结果校核原假定值,直到校核满意为止。

无论是常壁温还是常热流密度,自然对流湍流时的换热规律都表明表面传热系数是一个与特征长度无关的常量。利用这一特征,湍流自然对流的实验研究,可以用比已定特征数相等所要求的更小尺寸的模型进行模型研究,而只要保证仍处于湍流的范围就可以了。这种特征称为自模化。

以上推荐的实验关联式,在广阔的已定特征数范围内采取分段整理的格式。在应用这种格式时需要先试算已定特征数,然后才能选取适用的关联式,当应用计算机计算特别不方便时,可以采用式(6.40)所示的关联式,同一表达式适用于整个已有实验资料的已定特征数范围,从而给计算带来方便。作为示例,这里给出空气在横圆柱外自然对流换热的统一关联式:

$$Nu = 0.36 + 0.363Gr^{1/6} + 0.091\,4Gr^{1/3} \tag{6.40}$$

定性温度取为 $t_m = (t_w + t_\infty)/2$,此式的适用范围为 $Gr = 10^{-6} \sim (1.3 \times 10^{13})$。

6.3.4　自然对流与强制对流并存的混合对流

在强制对流换热中有时需要既考虑强制对流又考虑自然对流。判断能否忽略自然对流影响的判据是什么呢? 应用相似分析法可知,Gr 数中包含着浮升力与黏滞力的比值,而由惯性力与黏滞力的对比可得 Re 数。我们需要的是浮升力与惯性力的对比,这个对比参量可从特征数 Gr、Re 的组合中消去黏度得到:

$$\frac{ga\Delta t l^3}{\nu^2} \cdot \frac{\nu^2}{u^2 l^2} = \frac{Gr}{Re^2} \tag{6.41}$$

这就是判断自然对流影响程度的判据。一般认为,$\dfrac{Gr}{Re^2} \geqslant 0.1$ 时自然对流的影响不能忽略,而 $\dfrac{Gr}{Re^2} \geqslant 10$ 时强制对流的影响相对于自然对流可以忽略不计。按照这个原则,一些文献对管内对流换热的实验数据进行了分析,认为:自然对流对总换热量的影响低于 10% 的作为纯强制对流,强制对流对总换热量的影响低于 10% 的作为纯自然对流,这两部分都不包括中间区域为自然对流与强制对流并存的混合对流。这里仅提供一个简单的估算方法:

$$Nu_M^n = Nu_F^n + Nu_N^n \tag{6.42}$$

式中,Nu_M^n 为混合对流时的 Nu 数,而 Nu_F、Nu_N 则为按给定条件分别用强制对流及自然对流准则式计算的结果。两种流动方向相同时取正号,相反时取负号,n 值常取 3。

6.4　沸腾换热过程及其准则关联式

6.4.1　沸腾换热的基本概念

1. 沸腾的定义

沸腾指液体吸热后在其内部产生汽泡的汽化过程。沸腾过程本来是对流换热过程的一种形式,但是,它具有汽液两相间的变化而带来很大的特殊性。

2. 沸腾的特点

(1) 液体汽化吸收大量的汽化潜热。

(2) 由于汽泡形成和脱离时带走热量,使加热表面不断受到冷流体的冲刷和强烈的扰动,所以沸腾换热强度远大于无相变的换热。

3. 沸腾换热分类

（1）大容器沸腾（池内沸腾）。

沸腾的过程非常复杂,目前研究得比较清楚的只是液体在自然对流条件下于大容积中的沸腾过程。加热壁面沉浸在具有自由表面的液体中所发生的沸腾,称之为大容积沸腾或大空间沸腾。例如,锅炉内烧水的沸腾过程以及核电用蒸发器的管束对周围水的加热沸腾过程等。此时产生的汽泡能自由浮升,穿过液体自由表面进入大容器空间。

（2）强制对流沸腾（管内沸腾）。

管内沸腾是相对于大容积沸腾而言的。这是液体在管内流动被加热而发生沸腾的现象,其主要特点是流体的运动受到管壁的严格限制。前面讲的关于大容积沸腾的一些影响因素在这里同样发生作用,但是这里又具备了一些新的特点。现在研究得还很不够,还不能找出普遍的规律和经验公式,目前都是依靠专门的实验数据来满足设计需要。

（3）过冷沸腾。

液体主体温度未达到饱和温度 t_s,壁温 t_w 高于饱和温度所发生的沸腾称为过冷沸腾。

（4）饱和沸腾。

液体主体温度达到饱和温度 t_s,壁温 t_w 高于饱和温度所发生的沸腾称为饱和沸腾。

4. 实现沸腾的条件

理论分析与实验证明,产生沸腾的条件为:① 液体必须过热;② 要有汽化核心。

6.4.2　大容器饱和沸腾曲线

1. 大容器沸腾

（1）定义。

加热壁面沉浸在具有自由表面的液体中所发生的沸腾称为大容器沸腾。

（2）特点。

产生的汽泡能自由浮升,穿过液体自由面进入容器空间。

2. 饱和沸腾

（1）定义。

液体主体温度达到饱和温度 t_s,壁面温度 t_w 高于饱和温度所发生的沸腾称为饱和沸腾。

（2）特点。

随着壁面过热度 $\Delta t = t_w - t_s$ 的增高,出现 4 个换热规律全然不同的区域。

3. 过冷沸腾

液体主体温度低于相应压力下饱和温度,壁面温度大于该饱和温度所发生的沸腾换热,称过冷沸腾。

4. 饱和沸腾换热曲线

如图 6.15 所示,横坐标为壁面过热度(对数坐标),纵坐标为热流密度(算术密度)。图 6.16 示出了大容积沸腾的各个阶段的景象。

从曲线变化规律可知:随壁面过热度 Δt 的增大,区段 Ⅰ、Ⅱ、Ⅲ、Ⅳ 将整个曲线分成 4 个

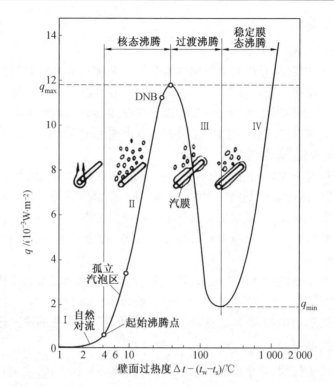

图 6.15　　饱和水在水平加热面上沸腾的典型曲线 $p = 1atm$

特定的换热过程,其特性如下:

(1) 单相自然对流段(液面汽化段)。

当 Δt 较小时(对于水在一个大气压下的饱和沸腾为 $\Delta t < 4\ ℃$)沸腾尚未开始,换热服从单相自然对流规律。

(2) 核态沸腾(饱和沸腾)。

随着 Δt 的上升,在加热面的一些特定点上开始出现汽化核心,并随之形成汽泡,该特定点称为起沸点。其特点是:

① 开始阶段,汽化核心产生的汽泡互不干扰,称为孤立汽泡区。

② 随着 Δt 的上升,汽化核心增加,生成的汽泡数量增加,汽泡互相影响并合成汽块及汽柱,称为相互影响区。

由此可见:在该区内,随着 Δt 的增大,q 增大,当 Δt 增大到一定值时,q 增加到最大值 q_{max},汽泡扰动剧烈,汽化核心对换热起决定作用,则称该段为核态沸腾(泡状沸腾)。

特点:温压小,换热强度大,其终点的热流密度 q 达最大值 q_{max}。工业设计中应用该段。

(3) 过渡沸腾。

从最大负荷点(q_{max} 点),随着 Δt 的上升($25\ ℃ < \Delta t < 200\ ℃$),热流密度 q 减小;当 Δt 增大到一定值时,热流密度减小到 q_{min},这一阶段称为过渡沸腾。该区段属于不稳定过程。

原因:汽泡的生长速度大于汽泡脱离加热面的速度,使汽泡聚集覆盖在加热面上,形成一层蒸汽膜,而蒸汽排除过程恶化,致使 q 下降。

(a) 孤立汽泡区(核态沸腾)

(b) 汽块区(核态沸腾)

(c) 过渡沸腾

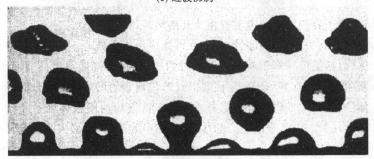

(d) 稳定膜态沸腾

图 6.16 不同沸腾状态(加热面为铂丝)

（4）稳定膜态沸腾。

从 $q_{\min}$ 开始，随着 Δt 的上升（$\Delta t > 200\ ℃$），汽泡生长速度与脱离速度趋于平衡。此时，在加热面上形成稳定的蒸汽膜层，产生的蒸汽有规律地脱离膜层，致使 Δt 上升时，热流密度 q 上升，此阶段称为稳定膜态沸腾。其特点如下：

① 汽膜中的热量传递不仅有导热，而且有对流。

② 辐射热量随着温度的加大而剧增，使热流密度大大增加。

③ 在物理上与膜状凝结具有共同点：前者热量必须穿过热阻大的汽膜；后者热量必须穿过热阻相对较小的液膜。

说明：q_{max}（热流密度峰值）——临界热流密度的物理意义：对于依靠控制热流密度来改变工况的加热设备，一旦 $q > q_{max}$，工况将沿 q_{max} 虚线跳至 Ⅳ 阶段（稳定膜态沸腾），温差将猛增，可能导致设备烧毁，所以必须严格控制监视 q，确保其在安全工作范围内，因此，也称为 q_{max} 烧毁点。在核态沸腾区引出转折点 DNB，作为监视接近的 q_{max} 警戒点。在确定压水堆的热功率时，临界热负荷 q_{max} 是一个极其重要的概念，可能有人要问，在压水堆中工作的是欠热水，不发生沸腾现象，怎么会有从核态沸腾转变到膜态沸腾的临界热负荷呢？问题是这样的：在压水堆中不发生容积沸腾，也不允许在大面积上发生局部沸腾，但因燃料棒的发热是极不均匀的，所以总体上是不沸腾，但难免在最不利的个别地方发生局部沸腾，所以在设计压水堆的热功率时，务必使燃料棒在远低于临界热负荷的状态下工作，作为安全的一种储备。

必须指出，一旦从核态沸腾转变到膜态沸腾后，汽膜就具有很大的稳定性，再要恢复到核态沸腾必须大大地降低热负荷 q，使它远低于临界热负荷 q_{max}，才能使膜态沸腾重新转变到核态沸腾。

6.4.3 汽化核心分析

在核态沸腾区，汽泡的扰动对换热起支配作用，而汽泡一般产生在汽化核心处。所以分析汽化核心起作用的条件以及汽化核心的数目与壁面过热度的关系，有助于对核态沸腾现象及其换热规律的理解。

目前普遍认为，壁面的凹缝、裂穴最可能成为汽化核心。这些凹穴中残留的气体（包括蒸汽），由于液体表面张力的原因，很难彻底逐出，它们就成为孕育新生汽泡的有利场所。下面分析汽化核心，假设在流体中存在一个球形汽泡，如图 6.17 所示，流体中形成的汽

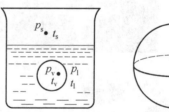

图 6.17　蒸汽泡的力平衡

泡，它必须与周围液体处于力平衡和热平衡。由于汽泡表面张力的作用，使其内压 p_v 大于外压 p_l，根据力平衡条件，汽泡内外压差应被作用于汽液界面上的表面张力所平衡，即

$$\pi R^2 (p_v - p_l) = 2\pi R\sigma$$

式中，γ 为汽液界面的表面张力，N/m。若忽略液柱静压的影响，则认为 p_l 近似等于沸腾系统的环境压力，即 $p_l \approx p_s$（饱和温度下的液体压力）。而热平衡则要求汽泡内蒸汽的温度为压力 p_v 下的饱和温度 t_v，界面内外温度相等，则 $t_l = t_v$。因此，汽泡外的液体是过热的，其过热度为 $t_v - t_s$。而贴壁处液体具有最大过热度 $t_w - t_s$。加上凹穴处有残存气体，则壁面凹处最先能满足汽泡生成的条件：

$$R = \frac{2\sigma}{p_v - p_l} \tag{6.43}$$

故汽泡都在壁面上产生。

可以指出，平衡状态的汽泡是很不稳定的。汽泡半径稍微小于式(6.43)所示半径，表面张力大于压差，则汽泡内蒸汽凝结，汽泡瓦解。只有半径大于式(6.43)所示半径时，界面上液体不断蒸发，汽泡才能成长。

综上所述,在一定壁面过热度条件下,壁面上只有满足式(6.43)条件的那些地点,才能成为工作的汽化核心。

随着壁面过热度的提高,压差 $p_v - p_s$ 值越来越高。按式(6.43),汽泡的平衡态半径 R 将递减。因此,壁温 t_w 提高时,壁面上越来越小的存气凹穴处将成为工作的汽化核心,从而汽化核心数随壁面过热度的提高而增加。

关于加热表面上汽化核心的形成及汽泡在液体中的长大与运动规律的研究,无论对于掌握沸腾换热的基本机理还是开发强化沸腾换热的表面都具有十分重要的意义。现有的预测沸腾换热的各种物理模型都是基于对成核理论及汽泡动力学的某种理解而建立起来的。正是 20 世纪 50 年代末关于汽化核心首先是在表面上的一些微小凹坑上形成的这一基本观点的确立,才促进了 20 世纪 70 年代关于沸腾换热强化表面开发工作的开展。

6.4.4　沸腾换热计算式

1. 大容器饱和核态沸腾

前面的分析表明,影响核态沸腾的主要因素是壁面过热度和汽化核心数,而汽化核心数又受到壁面材料及其表面状况、压力、物性的支配。由于因素比较复杂,如壁面的表面状况需视表面污染、氧化程度而有不同等情况,因此学者们提出的计算式分歧较大。在此仅介绍两种类型的计算式:一种类型是针对一种液体的;另一种类型是广泛适用于各种液体的。针对性强的计算式精确度往往较高。

对于水,米海耶夫推荐的在 $10^5 \sim (4 \times 10^6)$Pa 压力下大容器饱和沸腾的计算式为

$$h = C_1 \Delta t^{2.33} p^{0.5} \tag{6.44}$$

式中,$C_1 = 0.122$ W/(m·N$^{0.5}$·K);h 为沸腾换热表面传热系数,W/(m^2·K);p 为沸腾绝对压力,Pa;Δt 为壁面过热度,℃;q 为热流密度,W/m^2。

按 $q = h\Delta t$ 的关系,式(6.44)可转换成

$$h = C_2 q^{0.7} p^{0.15} \tag{6.45}$$

式中,$C_2 = 0.533$ W$^{0.3}$/(m$^{0.3}$·N$^{0.15}$·K)。核态沸腾换热主要是汽泡高度扰动的强制对流换热的设想,推荐以下适用性广的实验关联式:

$$\frac{c_{pl}\Delta t}{rPr_l^s} = C_{wl}\left[\frac{q}{\eta_l r}\sqrt{\frac{\sigma}{g(\rho_l - \rho_v)}}\right]^{0.33} \tag{6.46}$$

式中,c_{pl} 为饱和液体的比定压热容,J/(kg·K);C_{wl} 为取决于加热表面—液体组合情况的经验常数;r 为汽化潜热,J/kg;g 为重力加速度,m/s^2;Pr_l 为饱和液体的普朗特数,$Pr_l = \frac{c_{pl}\eta_l}{\lambda_l}$;$q$ 为沸腾热流密度,W/m^2;Δt 为壁面过热度,℃;η_l 为饱和液体的动力黏度,kg/(m·s);ρ_l、ρ_v 分别为相应于饱和液体、饱和蒸汽的密度,kg/m^3;σ 为液体—蒸汽界面的表面张力,N/m;s 为经验指数,对于水 $s = 1$,对于其他液体 $s = 1.7$。

式(6.46)还可以改写成为以下便于计算的形式:

$$q = \eta_l r C_{wl}\left[\frac{g(\rho_l - \rho_v)}{\sigma}\right]^{1/2}\left(\frac{c_{pl}\Delta t}{rPr_l^s}\right)^3 \tag{6.47}$$

注意以下两点:

（1）式（6.46）实际上也是形如 $Nu = f(Re, Pr)$ 或 $St = f(Re, Pr)$ 的准则式。其中，$\dfrac{q}{\eta_1 r}\sqrt{\dfrac{\sigma}{g(\rho_1 - \rho_v)}}$ 是以单位面积上的蒸汽质量流速 $\dfrac{q}{r}$ 为特征速度的 Re；$\sqrt{\dfrac{\sigma}{g(\rho_1 - \rho_v)}}$ 为特征长度，它正比于汽泡脱离加热面时的直径。不难证明，$\dfrac{r}{c_{pl}\Delta t}$ 则是 St 数，其中 Nu 数也以 $\sqrt{\dfrac{\sigma}{g(\rho_1 - \rho_v)}}$ 为特征长度。

（2）由于沸腾换热的复杂性，目前在各类对流换热的准则式中以沸腾换热准则式与实验数据的偏差程度最大。以实验关联式（6.46）所示情形为例，当已知 Δt 计算 q 时，计算值与实验值的偏差可达 $\pm 100\%$；而由于 $q \sim \Delta t^3$，因而已知 q 计算 Δt 时，则偏差可缩小到 $\pm 33\%$ 左右。

对于制冷介质而言，以下的库珀公式目前得到较广泛的应用：

$$h = Cq^{0.67} M_r^{-0.5} p_r^m (-\lg p_r)^{-0.55} \tag{6.48}$$

式中，$C = 90\ \text{W}^{0.33}/(\text{m}^{0.66} \cdot \text{K})$；$m = 0.12 - 0.12\lg\{R_p\}_{\mu m}$；$M_r$ 为液体的相对分子质量；p_r 为对比压力（液体压力与该流体的临界压力之比）；R_p 为表面平均粗糙度，μm（对一般工业用管材表面，R_p 为 $0.3 \sim 0.4\ \mu m$）；q 为热流密度，W/m^2。

2. 大容器沸腾的临界热流密度

应用汽膜的不稳定性原理得到的大容器沸腾的临界热流密度的半经验公式可推荐作计算用，该式为

$$q_{max} = \frac{\pi}{24} r \rho_v^{1/2} \left[g\sigma(\rho_1 - \rho_v) \right]^{1/4} \tag{6.49}$$

3. 大容器膜态沸腾的关联式

膜态沸腾中，汽膜的流动和换热在许多方面类似于膜状凝结中液膜的流动与换热，适宜用简化的边界层做分析。对于横管的膜态沸腾，仅需将凝结式中的 λ 和 η 改为蒸汽的物性，用 $\rho_v(\rho_1 - \rho_v)$ 代替 ρ_1^2，并用实验系数 0.62 代替凝结式中的 0.729，即

$$h = 0.62 \left[\frac{gr\rho_v(\rho_1 - \rho_v)\lambda_v^3}{\eta_v d(t_s - t_w)} \right]^{1/4} \tag{6.50}$$

此式除 ρ_1 及 r 的值由饱和温度 t_s 决定外，其余物性均以平均温度 $t_m = (t_s + t_w)/2$ 为定性温度，特征长度为管外径 d（单位为 m）。如果加热表面为球面，则式（6.50）中的系数为 0.67，其余同上。

应该指出，由于汽膜热阻较大，而壁温在膜态沸腾时很高，壁面的净换热量除了按沸腾计算的以外，还有辐射换热。辐射换热的作用会增加汽膜的厚度，因此不能认为此时的总换热量是按对流换热与辐射换热方式各自计算所得之值的简单叠加。勃洛姆来建议采用以下超越方程来计算考虑对流换热与辐射换热相互影响在内的复合换热的表面传热系数：

$$h^{4/3} = h_c^{4/3} + h_r^{4/3} \tag{6.51}$$

式中，h_c、h_r 分别为按对流换热及辐射换热计算所得的表面传热系数，其中 h_c 按式（6.50）计算，而 h_r 则按下式确定：

$$h_r = \frac{\varepsilon\sigma(T_w^4 - T_s^4)}{T_w - T_s} \tag{6.52}$$

式中,ε 为沸腾换热表面的发射率;σ 为(斯忒藩 — 玻尔兹曼)黑体辐射常数。

6.4.5　影响沸腾换热的因素

沸腾换热是所讨论过的换热现象中影响因素最多、最复杂的换热过程,实验关联式与实验点之间的离散度、不同实验关联式之间的偏差也相当大。本节仅就影响大容器沸腾的主要因素展开讨论,着重介绍如何从表面结构对沸腾换热影响的角度来设计强化沸腾换热的表面。

1. 不凝结气体

与膜状凝结不同,溶解于液体中的不凝结气体会使沸腾换热得到某种强化。这是因为,随着工作液体温度的升高,不凝结气体会从液体中逸出,使壁面附近的微小凹坑得以活化,成为汽泡的胚芽,从而使 $q - \Delta t$ 沸腾曲线向着 Δt 减小的方向移动,即在相同 Δt 下产生更高的热流密度,强化了换热。但对处于稳定运行下的沸腾换热设备来说,除非不断地向工作液体注入不凝结气体,否则它们一经逸出,也就起不到强化作用了。

2. 过冷度(过冷沸腾)

如果在大容器沸腾中流体主要部分的温度低于相应压力下的饱和温度,则称这种沸腾为过冷沸腾。对于大容器沸腾,过冷沸腾只对核态沸腾的起始点的区域有影响,而对其他区域无任何影响。

原因:在起始段,自然对流占主要地位,而自然对流时 $h \sim \Delta t^{1/4}$,即 $h \sim (t_w - t_f)^{1/4}$,所以过冷会使该区域的换热增强。

3. 液位高度

在大容器沸腾中,当传热表面上的液位足够高时,沸腾换热的表面传热系数与液位高度无关。但是,当液位降到一定程度时,其表面传热系数会明显地随着液位的下降而升高。这一液位值称临界液位。

4. 重力加速度

重力场对沸腾换热的影响:① 重力加速度对核态沸腾换热无影响;② 重力加速度对液体自然对流有影响。

5. 沸腾表面的结构

由前面可知,沸腾表面上的凹坑最容易产生汽化核心,因此增加表面凹坑是强化沸腾换热的有效方法。现已开发出两类增加表面凹坑的方法:① 用烧结、钎焊、火焰喷涂、电离沉积等物理与化学方法在换热表面上造成一层多孔结构;② 采用机械加工方法在换热管表面上造成多孔结构。这种强化表面的换热强度与光滑管相比,常常要高一个数量级,已经在制冷、化工等部门得到广泛应用。

6.5 凝结换热过程及其准则关联式

6.5.1 凝结换热现象

1. 基本概念

蒸汽与低于饱和温度的壁面接触时，将汽化潜热释放给固体壁面，并在壁面上形成凝结液的过程，称为凝结换热现象。

2. 凝结换热的分类

根据凝结液与壁面浸润能力的不同分为以下两种：

（1）膜状凝结。

① 定义。凝结液体能很好地湿润壁面，并能在壁面上均匀铺展成膜的凝结形式，称为膜状凝结。

② 特点。壁面上有一层液膜，凝结放出的相变热（潜热）需穿过液膜才能传到冷却壁面上，此时液膜成为主要的换热热阻。

（2）珠状凝结。

① 定义。凝结液体不能很好地湿润壁面，凝结液体在壁面上形成一个个小液珠的凝结形式，称为珠状凝结。

产生珠状凝结时，所形成的液珠不断发展长大，在非水平的壁面上，因受重力作用，液珠长大到一定尺寸后就沿壁面滚下。在滚下的过程中，一方面会合相遇的液珠，合并成更大的液滴；另一方面也扫除了沿途的液珠，使壁面重复液珠的形成和成长过程。图 6.18 是珠状凝结的照片，从中可清楚地看出珠状凝结时壁面上不同大小液滴的存在情况。接触角小则液体湿润能力强，就会铺展开来。一般情况下，工业冷凝器，形成膜状凝结，但珠状凝结的形成比较困难且不持久。

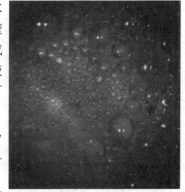

② 特点。凝结放出的潜热不须穿过液膜的阻力即可传到冷却壁面上。 所以，在其他条件相同时，珠状凝结的表面传热系数一定大于膜状凝结的传热系数。

图 6.18　珠状凝结照片

3. 产生的条件

固体壁面温度 t_w 必须低于蒸汽的饱和温度 t_s，即 $t_w < t_s$。

实验查明，几乎所有的常用蒸汽，包括水蒸气在内，在纯净的条件下均能在常用工程材料的洁净表面上得到膜状凝结。在大多数工业冷凝器中，例如动力与制冷装置的冷凝器上，实际上都得到膜状凝结。

6.5.2　膜状凝结分析解及关联式

1. 纯净蒸汽层流膜状凝结分析解

（1）边界层方程组的简化。

1916 年，努塞尔在理论分析中做了若干合理假设，抓住液体膜层的导热热阻是凝结过程的主要热阻这一关键点，从而揭示了有关物理参数对凝结换热的影响。

（2）假设条件。

除在标题中已明确的纯净饱和蒸汽层流液膜的假定外，还有如下假设：① 常物性；② 蒸汽静止的，汽液界面上无对液膜的黏滞

应力，即 $\dfrac{du}{dy}\Big|_{y=\delta}=0$；③ 液膜的惯性力可以忽略；④ 汽液界面上无

温差，界面上液膜温度等于饱和温度，即 $t_\delta=t_s$；⑤ 膜内温度分布是呈线性的，即认为液膜内的热量转移只有导热，而无对流作用；⑥液膜的过冷度可以忽略；⑦$\rho_v \ll \rho_1$，ρ_v 相对于 ρ_1 可忽略不计；⑧ 液膜表面平整，无波动。

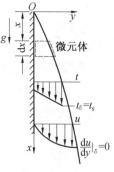

图 6.19　努塞尔理论分析的坐标系与边界条件

根据以上 8 个假设，从边界层微分方程组推出努塞尔的简化方程组，从而保持对流换热理论的统一性。同样，凝结液膜的流动和换热符合边界层的薄层性质。以竖壁的膜状凝结为例，x 坐标为重力方向，如图 6.19 所示。在稳态情况下，式（5.19）、式（5.20）（加上体积力 ρg）及式（5.21）适用，则凝结液膜流动的微分方程组为

$$\frac{\partial u}{\partial x}+\frac{\partial v}{\partial y}=0 \tag{6.53}$$

$$\rho_1\left(u\frac{\partial u}{\partial x}+v\frac{\partial u}{\partial y}\right)=\frac{dp}{dx}+\rho_1 g+\eta_1\frac{\partial^2 u}{\partial y^2} \tag{6.54}$$

$$u\frac{\partial t}{\partial x}+v\frac{\partial t}{\partial y}=a_1\frac{\partial^2 u}{\partial y^2} \tag{6.55}$$

其中，下标"1"表示液相。

应用简化假定 ③，式（6.54）左边可舍去。$\dfrac{dp}{dx}$ 为液膜在 x 方向的压力梯度，可按 $y=\delta$ 处液膜表面蒸汽的压力梯度计算。据假设 ②，若以 ρ_v 表示蒸汽密度，则有

$$\frac{dp}{dx}=\rho_v g$$

根据假设 ⑦，相对于 $\rho_1 g$，$\rho_v g$ 可忽略。根据假设 ⑤，式（6.55）左边舍去。由此可见，方程式（6.54）及式（6.55）只有 u、t 两个未知量，不必补充其他方程即可进行求解。所以式（6.53）可舍去。由此，微分方程组可简化为

$$\eta_1\frac{\partial^2 u}{\partial y^2}+\rho_1 g=0 \tag{a}$$

$$\frac{d^2 t}{dy^2}=0 \tag{b}$$

其边界条件为：

$y=0$ 时

$$u = 0, \; t = t_{\mathrm{w}} \tag{c}$$

$y = \delta$ 时

$$\frac{\mathrm{d}u}{\mathrm{d}y}\bigg|_{y=\delta} = 0, t_\delta = t_{\mathrm{s}} \tag{d}$$

这一组简化了的方程组是努塞尔推导的出发点。

2. 努塞尔微分方程组理论解的求解

(1) 求解的基本思路。

① 先从简化的微分方程组出发获得包括液膜厚度 δ 在内的流速 u 及温度 t 分布的表达式。

② 再利用 $\mathrm{d}x$ 一段距离上凝结液体的质量平衡关系取得液膜厚度的表达式。

③ 最后利用傅里叶定律与牛顿冷却公式的联系求出表面传热系数的表达式。

(2) 求解结果(液膜层流时竖壁膜状凝结换热)。

① 液膜厚度。

$$\delta = \left[\frac{4\eta_1\lambda_1(t_{\mathrm{s}} - t_{\mathrm{w}})x}{g\rho_1^2 r}\right]^{1/4} \tag{6.56}$$

② 局部表面传热系数。

$$h_x = \left[\frac{gr\rho_1^2\lambda_1^3}{4\eta_1(t_{\mathrm{s}} - t_{\mathrm{w}})l}\right]^{1/4} \tag{6.57}$$

③ 整个竖壁的平均传热系数。

注意到,在高为 l 的整个竖壁上,牛顿冷却公式中的温差 $\Delta t = t_{\mathrm{s}} - t_{\mathrm{w}}$ 为常数,因而整个竖壁的平均表面传热系数为

$$h_{\mathrm{V}} = \frac{1}{l}\int_0^l h_x \mathrm{d}x = \frac{4}{3}h_{x=l} = 0.943\left[\frac{gr\rho_1^2\lambda_1^3}{4\eta_1(t_{\mathrm{s}} - t_{\mathrm{w}})l}\right]^{1/4} \tag{6.58}$$

式(6.58)就是液膜层流时竖壁膜状凝结努塞尔的理论解,其中 h 的下标"V"表示竖壁。

(3) 努塞尔的理论分析的推广。

努塞尔的理论分析可推广到水平圆管及球表面上的层流膜状凝结,平均表面传热系数为

$$h_{\mathrm{H}} = 0.729\left[\frac{gr\rho_1^2\lambda_1^3}{\eta_1 d(t_{\mathrm{s}} - t_{\mathrm{w}})}\right]^{1/4} \tag{6.59}$$

$$h_{\mathrm{S}} = 0.826\left[\frac{gr\rho_1^2\lambda_1^3}{\eta_1 d(t_{\mathrm{s}} - t_{\mathrm{w}})}\right]^{1/4} \tag{6.60}$$

其中:

① 下标 H、S 分别表示水平圆管、球;d 为水平圆管或球的直径。

② 除相变热按蒸汽饱和温度 t_{s} 确定外,其他物性温度均取膜层平均温度 $t_{\mathrm{m}} = (t_{\mathrm{s}} + t_{\mathrm{w}})/2$ 为定性温度。

③ 横管、竖壁的平均表面传热系数的不同点:特征长度和系数。特征长度横管用 d,而竖壁用 l;在其他条件相同时,横管平均表面传热系数 h_{H} 与竖壁平均表面传热系数 h_{V} 的比值为

$$\frac{h_H}{h_V} = 0.77\left(\frac{l}{d}\right)^{1/4} \tag{6.61}$$

④ 当 $l/d = 50$ 时,横管的平均表面传热系数是竖管的 2 倍,所以冷凝器通常都采用横管的布置方案。

对于与水平轴的倾斜角为 $\varphi(\varphi > 0)$ 的倾斜壁,只需将式(6.58)中的 g 改为 $g\sin\varphi$ 就可应用。

3. 膜层中凝结液的流动状态

根据膜层雷诺数的大小,其流动状态分为:

层流:$Re < 1\,600$;

湍流:$Re \geqslant 1\,600$。

(1) 膜层雷诺数 Re。

① 膜层雷诺数是根据膜层的特点取当量直径为特征长度的雷诺数。

② 数学表达式:如图 6.20 所示,以竖壁为例,在离开液膜起始处为 $x = l$ 处的膜层雷诺数为

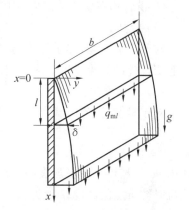

图 6.20　竖壁上层流液膜的质量流量

$$Re = \frac{d_e \rho u_1}{\eta} \tag{6.62}$$

式中,u_1 为 $x = l$ 处液膜层的平均流速;d_e 为该截面处液膜层的当量直径;如图 6.20 所示,当液膜宽为 b 时,润湿周边 $P \approx b$,截面积 $A_c = b\delta$,于是 $d_e = 4A_c/p = 4\delta$,代入式(6.62) 得

$$Re = \frac{4\delta\rho u_1}{\eta} = \frac{4q_{ml}}{\eta} \tag{6.63}$$

式中,q_{ml} 是 $x = l$ 处宽为 1 m 的截面上凝结液的质量流量,$q_{ml} = \delta\rho u_1$,kg/(m·s)。q_{ml} 乘以汽化潜热 r 就等于高 l、宽 1 m 的整个竖壁的换热量,故有

$$h(t_s - t_w)l = rq_{ml}$$

将此关系式中的 q_{ml} 代入式(6.63) 得

$$Re = \frac{4hl(t_s - t_w)}{\eta r} \tag{6.64}$$

值得指出,式(6.62) ~ (6.64) 中的物性参数都是指液膜的,为书写简单略去了下标。对于水平管,用 πr 代替上式中的 l,即为其膜层雷诺数。

(2) 理论解与实验结果的比较分析。

① 对于水平圆管、横管,实验数据与理论解相符。

② 对于竖壁:

当 $Re < 20$ 时,实验数据与理论解相符。

当 $Re > 20$ 时,实验数据越来越高于理论解,最高大于 20%(在层流向湍流转折点处,原因是膜层表面波动的结果),所以,应对理论解修正之,则

$$h = 1.13\left[\frac{gr\rho^2\lambda^3}{\eta_l(t_s - t_w)l}\right]^{1/4} \tag{6.65}$$

对于 Pr 数接近于 1 或大于 1 的流体,只要无量纲量(雅各布数)$Ja = \dfrac{r}{c_p(t_s - t_w)} \gg 1$ 时,微分方程中的惯性力项、液膜过冷度的影响才可忽略。

4. 湍流膜状凝结换热

实验证明：

① 膜层雷诺数 $Re_c > 1\ 600$ 时，液膜由层流转变为湍流。

② 横管均在层流范围内，因为管径较小。

(1) 特征。

对于湍流液膜，热量的传递：① 靠近壁面极薄的层流底层依靠导热方式传递热量；② 层流底层以外的湍流层以湍流传递的热量为主。因此，湍流液膜换热远大于层流液膜换热。

(2) 计算方法。

对于竖壁，湍流膜状换热，沿整个壁面上的平均表面传热系数可按下式求取：

$$h = h_1 \frac{x_c}{l} + h_1 \left(1 - \frac{x_c}{l}\right) \tag{6.66}$$

式中，h_1 为层流段的平均表面传热系数；h_t 为湍流段的平均表面传热系数；x_c 为层流转变为湍流时转折点的高度；l 为竖壁面总高度。

以下实验关联式，可供计算整个壁面的平均表面传热系数用：

$$Nu = Ga^{1/3} \frac{Re}{58 Pr^{-1/2} \left(\dfrac{Pr_w}{Pr_s}\right)^{1/4} (Re^{3/4} - 253) + 9\ 200} \tag{6.67}$$

式中，$Nu = \dfrac{hl}{\lambda}$；$Ga = \dfrac{gl^3}{v^2}$，称为伽利略数。除 Pr_w 用壁温 t_w 计算外，其他物理量的定性温度为 t_s，且物性参数均是指凝结液。

6.5.3 影响膜状凝结的因素

6.5.2 节讨论了理想条件下饱和蒸汽膜状凝结换热的计算，但在工程中不是如此理想的条件，它受很多复杂因素的影响，主要有以下几个方面：

1. 不凝结气体

蒸汽中含有不凝结的气体，即使含量极微，也会对凝结换热产生十分有害的影响。如水蒸气中质量含量占 1% 的空气能使表面传热系数下降 60%。其原因如下：

(1) 在靠近液膜表面的蒸汽侧，随着蒸汽的凝结，蒸汽分压力下降，而不凝结气体的分压力上升，液体在抵达液膜表面进行凝结前，必须以扩散方式穿过积聚在界面附近的不凝结气体层。因此，它的存在增加了传递过程（凝结）的阻力。

(2) 蒸汽分压力的下降，使相应的饱和温度下降，则减小了凝结的驱动力，也使凝结过程削弱。

2. 蒸汽流速

努塞尔的理论分析忽略了流速的影响。因此，其结论只适于流速较低的场合。当蒸汽流速高时（对于水蒸气，流速大于 10 m/s），蒸汽流对液膜表面会产生明显的黏滞应力。其影响程度与蒸汽流向与重力场方向及流速大小是否撕破液膜有关。若流动方向与液膜重力场一致，则使液膜拉薄，h 增加；若流动方向与液膜重力场相反，则阻滞液膜流动，使其增厚，h 下降。

3. 过热蒸汽

前述是针对饱和蒸汽的,对于过热蒸汽,应进行修正,只需用过热蒸汽与饱和液的焓差代替式中的潜热即可。

4. 液膜过冷度及温度分布的非线性

努塞尔的理论分析忽略了液膜过冷度及温度分布的非线性影响,只需用 r' 代替 r(对汽化潜热应进行修正)即消除二者的影响:

$$r' = r + 0.68c_p(t_s - t_w) \tag{6.68}$$

5. 管子排数

前述横管凝结换热公式只适于单根横管,对于沿流动方向有 n 排管应予以修正:理论上用 nd 代替特征长度 d;实际上计算结果应大于理论结果。因为上排凝结液落在下排管子上时,要产生飞溅及对液膜的冲击扰动,其程度取决于管束的几何位置、流体物性等。

6. 管内冷凝

对于冷凝器(如冰箱中的制冷剂蒸汽冷凝器)蒸汽在压差作用下流经管子内部时,会产生凝结,此时的换热与蒸汽的流速有关。

以水平管为例:① 当蒸汽流速低时,凝结液主要积聚在管子下部,蒸汽位于上部,h 较大;② 当流速增大时,凝结液则分布于管子周围,形成环状流动,而中心则为蒸汽核,随着流动的进行,液膜厚度不断增厚以致凝结完时占据整个截面,h 急剧下降。

7. 凝结换热表面的几何形状

凝结换热表面的几何形状不同,其换热能力差别很大。

在动力冷凝器中,水蒸气的凝结换热系数很大,凝结侧热组不占主要地位。在制冷器的冷凝器中,主要热阻在冷凝一侧,冷凝换热的强化就有更大的现实意义。

(1)强化膜状凝结换热的基本原则:尽量减薄黏滞在换热表面的液膜厚度。

(2)实现的方法:① 用各种带有尖锋的表面使凝结的液膜减薄;② 使已凝结的液体尽快从表面排泄掉。

(3)提高水平管凝结换热的方法:① 采用低肋或锯齿管这类高效冷凝表面;② 使液膜在下流过程中分段排泄或采用加速排泄法。

第7章 对流换热在工程实际中的应用

7.1 对流换热理论在蒸汽动力工程中的应用

7.1.1 蒸汽动力工程中所涉及的对流换热

蒸汽动力的基本循环是朗肯循环,所涉及的主要设备是蒸汽锅炉、蒸汽轮机、凝汽器和水泵等设备,主要应用的领域是电站和大型船舶动力。

蒸汽锅炉是一种生产蒸汽的换热设备,它通过煤、油或天然气等燃料的燃烧释放出化学能,并通过传热过程把能量传递给水,使水转变成蒸汽,蒸汽直接供给工业生产中所需的热能,或通过蒸汽动力机械转换为机械能,或通过汽轮发电机转换为电能。

现以一台锅炉为例来说明蒸汽锅炉工作中所涉及的对流换热。图 7.1 为一台中等容量和参数的锅炉简图。这台锅炉的蒸发受热面全部装在炉子内壁上,组成水冷壁,在炉膛中的传热方式主要是辐射换热,同时也伴随着对流换热,对流所占比例很小,不到 5%。

锅炉对流受热面是指凝渣管束、锅炉管束、对流过热器和再热器、省煤器及空气预热器等受热面。尽管这些受热面的构造、布置以及工质和烟气的热工参数有很大的不同,但其传热过程都是以对流换热为主,其传热计算可按同样的方式进行。布置在炉膛上部的屏式受热面分为前屏、大屏、后屏等形式。其中前屏以辐射换热为主,一般合并在炉膛中计算;大屏、后屏为半辐射式,也按对流受热面的方式进行计算。

7.1.2 传热系数计算

对流受热面的传热量 Q 与受热面积 A 和冷、热流体间的温压 Δt 成正比,其传热方程为

$$Q = kA\Delta t \tag{7.1}$$

在计算时,通常以每千克燃料为基础,则传热方程式为

$$Q_d = \frac{kA\Delta t}{B_j} \tag{7.2}$$

表示所计算的对流受热面相对于每千克燃料由烟气传递给工质的热量。

单位受热面积的传热量称为受热面的热负荷,或热流密度,即

$$q = Q/A = k\Delta t \tag{7.3}$$

在实际传热过程中,管子外壁常常积有灰垢,在管子内壁积有水垢,根据热阻叠加原则,传热过程的总热阻为

$$R = \frac{1}{k} = \frac{1}{h_1} + \frac{\delta_h}{\lambda_h} + \frac{\delta_b}{\lambda_b} + \frac{\delta_{sg}}{\lambda_{sg}} + \frac{1}{h_2} \tag{7.4}$$

式中,$\frac{\delta_h}{\lambda_h}$、$\frac{\delta_b}{\lambda_b}$、$\frac{\delta_{sg}}{\lambda_{sg}}$ 分别为灰垢层、管壁和水垢层的热阻。

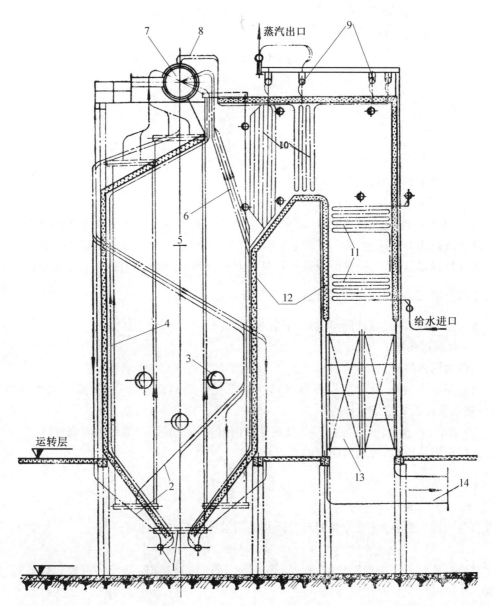

蒸汽出口

给水进口

运转层

1— 凝渣管束；2— 水冷壁；3— 炉膛；4— 过热器；5— 省煤器；6— 空气预热器；7— 锅筒；8— 下降管；

9— 水冷壁集箱；10— 过热器中间集箱；11— 燃烧器；12— 炉墙；13— 烟气出口；14— 饱和蒸汽引入管

图 7.1　锅炉简图

由此得出传热系数的一般表示式为

$$k = \frac{1}{\dfrac{1}{h_1} + \dfrac{\delta_h}{\lambda_h} + \dfrac{\delta_b}{\lambda_b} + \dfrac{\delta_{sg}}{\lambda_{sg}} + \dfrac{1}{h_2}} \tag{7.5}$$

在锅炉传热计算中，管壁金属的热阻相对来说是很小的，可以忽略不计（$\delta_b/\lambda_b = 0$）。在锅炉正常工作时，锅炉水质应保证水垢极少，因此在热力计算中水垢的热阻也可不计，灰垢层的热阻与许多因素有关，如燃料种类、烟气流速、管子直径及布置方式、灰粒大小等。由于尚缺乏系统的数据资料，目前采用污染系数 $\varepsilon = \delta_h/\lambda_h$ 或热有效系数 ψ 两个办法来考虑它的影响,后者表示被污染管子的传热系数与洁净管子传热系数的比值。

这样,传热系数可以表示为

$$k = \cfrac{1}{\cfrac{1}{h_1} + \varepsilon + \cfrac{1}{h_2}} \tag{7.6}$$

或

$$k = \psi \cfrac{1}{\cfrac{1}{h_1} + \cfrac{1}{h_2}} \tag{7.7}$$

烟气对管壁的表面传热系数为

$$h_1 = \xi(h_d + h_f) \tag{7.8}$$

式中,ξ 为利用系数,它是考虑由于烟气对受热面的冲刷不完全而使吸热减少的修正系数。对于现代锅炉横向冲刷的管束,可取 $\xi = 1$,对于大多数混合冲刷的管束可取 $\xi = 0.95$。

当计算省煤器、蒸发受热面以及超临界压力锅炉的过热器受热面时,由于管子内壁对工质放热的热阻很小($\dfrac{1}{h_1} \gg \dfrac{1}{h_2}$),因此内侧热阻可以忽略不计。

各受热面的传热系数可分别按以下各式计算:

(1)对流过热器。

当燃用固体燃料,管束为错列布置时,传热系数可由式(7.6)求得。

当燃用固体燃料,管束为顺列布置以及燃用气体燃料和重油(包括错列及顺列布置)时,传热系数可由式(7.7)求得。

(2)省煤器、直流锅炉的过渡区、蒸发受热面以及超临界压力锅炉的对流过热器。

当燃用固体燃料,管束为错列布置时:

$$k = \cfrac{1}{\cfrac{1}{h_1} + \varepsilon} \tag{7.9}$$

当燃用固体燃料,管束为顺列布置以及燃用气体燃料和重油时:

$$k = \psi \alpha_1 \tag{7.10}$$

对于凝渣管束及小型锅炉的锅炉管束,当燃用固体燃料时,其传热系数也按式(7.10)计算。

(3)屏式过热器。

$$k = \cfrac{1}{\cfrac{1}{h_1} + \left(1 + \cfrac{Q_f}{Q_d}\right)\left(\varepsilon + \cfrac{1}{h_2}\right)} \tag{7.11}$$

式中,$\left(1 + \dfrac{Q_f}{Q_d}\right)$ 为考虑屏式过热器吸收炉膛辐射热影响的一个乘数;Q_f 为屏吸收的炉膛辐射热量;Q_d 为屏吸收对流及屏间烟气辐射的热量,按式(7.2)计算。

由于屏的受热面是按平壁面积计算的,在计算烟气侧的表面传热系数时按下式计算:

$$h_1 = \xi\left(h_d \cfrac{\pi d}{2 s_2 x_p} + h_f\right) \tag{7.12}$$

(4)对于管式空气预热器,把灰污染和冲刷不完全的影响一并用利用系数 ξ 来修正:

$$k = \xi \frac{h_1 h_2}{h_1 + h_2} \tag{7.13}$$

（5）对于回转式空气预热，其传热过程是蓄热式不稳定传热过程。在转子转动过程中，传热元件（蓄热板）周期性地被烟气和空气所冲刷，当烟气冲刷时，传热元件从烟气中吸收热量，而当空气冲刷时，又把热量传递给空气，每转一圈完成一次热交换循环，因此回转式空气预热器中热量的传递是通过传热元件周期性地被加热和冷却来实现的。这样的传热过程虽然与其他受热面不同，但是从总体来看，传热过程中冷热两种流体仍是互不接触的，可用同样的方法来分析处理。这样，按蓄热板两侧的全部受热面为基准的传热系数由下式计算：

$$k = \frac{\xi C}{\dfrac{1}{x_y h_1} + \dfrac{1}{x_k h_2}} \tag{7.14}$$

式中，x_y、x_k 为烟气侧受热面和空气侧受热面各占总受热面的份额，例如，当烟气冲刷占 $180°$，空气冲刷占 $120°$，密封区为 $2 \times 30°$ 时，$x_1 = 0.5$，$x_2 = 0.333$；C 为考虑不稳定传热影响的系数。对厚度为 $0.6 \sim 1.2$ mm 的蓄热板，C 值与转速有关，见表 7.1。

表 7.1　考虑不稳定传热影响的系数

$n/(\text{r} \cdot \text{min}^{-1})$	0.5	1.0	> 1.5
C	0.85	0.97	1.0

7.1.3　表面传热系数计算

对流换热是指运动着的流体与固体壁面之间的热交换。这种热交换既包括流体位移所产生的对流作用，同时也包括流体分子之间的导热作用。

锅炉对流受热面的表面传热系数与烟气或工质的物理特性、流速及温度、管束中管子的布置方式及结构特性、受热面冲刷方式（横向、纵向或斜向冲刷）以及管壁温度等许多因素有关。表面传热系数的值大都是在专门的实验台上用实验方法确定的，用相似理论的方法加以整理，得出各种实用的计算公式。这些问题在前面已进行了讨论，下面仅介绍锅炉对流受热面的计算公式。

1. 横向冲刷管束时的表面传热系数

在锅炉对流受热面中，烟气冲刷凝渣管、过热器、省煤器、锅炉管束以及直流锅炉过渡区等大都是横向冲刷的管束，在管式空气预热器中，空气侧的冲刷一般都是横向冲刷。管束的布置有顺列布置和错列布置两种，如图 7.2 所示。图中横向节距 s_1，横向相对节距 $\sigma_1 = s_1/d$；纵向节距 s_2，纵向相对节距 $\sigma_2 = s_2/d$；斜向相对节距 $\sigma'_2 = s'_2/d$。显然

$$s'_2 = \sqrt{s_2^2 + \left(\frac{s_1}{2}\right)^2} \tag{7.15}$$

顺列管束对流放热系数的计算公式为

$$h_d = C_s C_n \frac{\lambda}{d} Re^{0.65} Pr^{0.33} \tag{7.16}$$

式中，Re 为雷诺数，反映流动状态对热交换的影响，$Re = \dfrac{ud}{v}$；Pr 为普朗特数，由流体的物性

参数所组成，反映流体物理性质对热交换的影响，$Pr = \dfrac{\eta c_p}{\lambda}$；$c_p$ 为流体定压比热熔，kJ/(kg·K)；λ 为流体导热系数，kW/(m·K)；η 为动力黏度，Pa·s；ν 为运动黏度，$\nu = \dfrac{\eta}{\rho}$，m²/s；ρ 为密度，kg/m³。

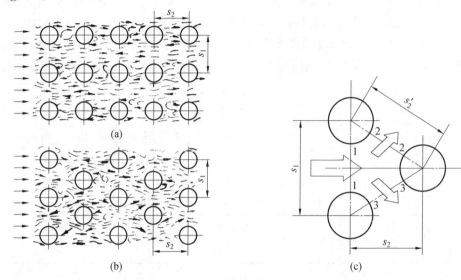

图 7.2　　横向冲刷管束布置方式

对于烟气列出了平均成分烟气的表格，其三原子气体的容积份额分别为 $r_{H_2O} = 0.11$，$r_{CO_2} = 0.13$，当实际烟气成分与平均成分有出入时，物性参数的修正值如图 7.3 所示。

C_s 为考虑管束相对节距影响的修正系数：

$$C_s = 0.2\left[1 + (2\sigma_1 - 3)\left(1 - \frac{\sigma_2}{2}\right)^3\right]^{-2} \tag{7.17}$$

当 $\sigma_1 \leqslant 1.5$ 或 $\sigma_2 \geqslant 2$ 时，$C_s = 0.2$。

C_n 为沿气流方向管子排数的修正系数：当 $n_2 \leqslant 10$ 时，$C_n = 0.91 + 0.012\,5(n_2 - 2)$；当 $n_2 \geqslant 10$ 时，$C_n = 1$。顺列管束的修正系数如图 7.4 所示。

错列管束表面传热系数由式(7.16)计算。式(7.16)中，C_s 为节距修正系数，由 σ_1 及 $\varphi = \dfrac{\sigma_1 - 1}{\sigma_2 - 1}$ 确定：

当 $0.1 \leqslant \varphi \leqslant 1.7$，$C_s = 0.34\varphi^{0.1}$；

当 $1.7 \leqslant \varphi \leqslant 4.5$，$\sigma_1 \leqslant 3$，$C_s = 0.275\varphi^{0.5}$；

当 $1.7 \leqslant \varphi \leqslant 4.5$，$\sigma_1 \geqslant 3$，$C_s = 0.34\varphi^{0.1}$。

C_n 管子排数的修正系数：

当 $n_2 \leqslant 10$，$\sigma_1 \leqslant 3$，$C_n = 3.12n_2^{0.05} - 2.5$；

当 $n_2 \leqslant 10$，$\sigma_1 \geqslant 3$，$C_n = 4n_2^{0.02} - 3.2$；

当 $n_2 \geqslant 10$，$C_n = 1$。

错列管束的修正系数如图 7.5 所示。计算时定性温度取流体在管束进出口截面上的平均温度，定性尺寸为管子外径。

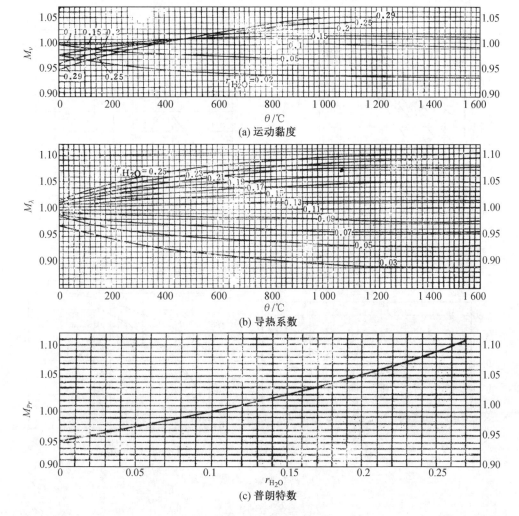

(a) 运动黏度

(b) 导热系数

(c) 普朗特数

图 7.3 烟气物性参数的修正系数

上述公式是整理了 $Re = (1.5 \times 10^3) \sim (1.5 \times 10^5)$ 范围内的实验数据得出的,锅炉热力计算通常在此范围内,一般不用校核。

为了简化计算,将 Re 数、Pr 数代入式(7.16),经整理后得到顺列管束的计算式为

$$h_{\mathrm{d}} = A_1 C_{\mathrm{s}} C_{\mathrm{n}} \frac{w^{0.65}}{d^{0.35}} \tag{7.18}$$

其中 A_1 仅与流体的物理性质有关:

$$A_1 = \frac{\lambda^{0.67} \rho^{0.65} c_p^{0.33}}{\eta^{0.32}} \tag{7.19}$$

可见,h_{d} 与流速的 0.65 次方成正比,而与直径的 0.35 次方成反比,增大流速及减小直径可使传热强化。

对错列管束可得

$$h_{\mathrm{d}} = A_2 C_{\mathrm{s}} C_{\mathrm{n}} \frac{w^{0.6}}{d^{0.4}} \tag{7.20}$$

式中

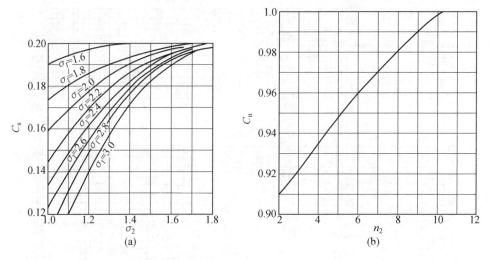

图 7.4　顺列管束修正系数 C_s 及 C_n

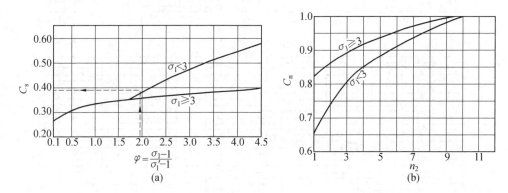

图 7.5　错列管束修正系数 C_s 及 C_n

$$A_2 = \frac{\lambda^{0.67} \rho^{0.8} c_p^{0.33}}{\eta^{0.37}} \qquad (7.21)$$

系数 A_1、A_2 的值对于空气及平均成分烟气列于表 7.2 中,当烟气中水蒸气容积份额 $r_{H_2O} = 0.05 \sim 0.15$ 时,也可近似地用该表所列的值进行计算。

表 7.2　烟气、空气的 A_1、A_2 值

气体种类	平均成分烟气 （300 ℃ < t < 1 000 ℃）	空气 （50 ℃ < t < 500 ℃）
顺列管束 A_1	$28.96(1 - 1.25 \times 10^{-4} t) \times 10^{-3}$	$29.77(1 - 5.28 \times 10^{-4} t) \times 10^{-3}$
错列管束 A_2	16.89×10^{-3}	$17.56(1 - 3.4 \times 10^{-4} t) \times 10^{-3}$

气体横向冲刷的表面传热系数值一般不大,常低于 100 W/(m² · K)。

2. 纵向冲刷管束时的表面传热系数

锅炉管式空气预热器中烟气一般在管内流动,烟气对受热面做纵向冲刷,在某些形式的锅炉管束、屏式受热面,也有烟气做纵向冲刷。此外,各种受热面管内的汽水工质都是纵间冲刷的。在锅炉受热面中,一般都是湍流强制对流,其表面传热系数为

$$h_d = 0.023 \frac{\lambda}{d_{dl}} Re^{0.8} Pr^{0.4} \tag{7.22}$$

公式适用范围 $Re = 10^4 \sim (5 \times 10^5)$，对过热蒸汽上限可到 2×10^6。$Pr = 0.6 \sim 120$，$l/d_{dl} \geqslant 50$。定性温度取流体的平均温度，定性尺寸取当量直径 d_{dl}(m)。

流体在圆管内流动时，当量直径为管子内径；流体在非圆管内流动或纵向冲刷管束时，当量直径为

$$d_{dl} = \frac{4A_1}{U} \tag{7.23}$$

式中，A_1 为流体的流通截面积，m^2；U 为全部冲刷周界，m。

对于布有管束的矩形烟道：

$$d_{dl} = \frac{4\left(ab - n\frac{\pi d^2}{4}\right)}{2(a+b) + n\pi d} \tag{7.24}$$

式中，a、b 烟道截面尺寸，m；n 为管子数目。

流体平均温度条件下的普朗特数 Pr 由流体的物性决定。常用流体的 Pr 数大致如下：空气约为 0.7；烟气为 $0.6 \sim 0.7$；过热蒸汽为 $0.9 \sim 1.0$；水为 $0.8 \sim 13.7$。在式(7.22)中将 Re、Pr 数代入，经整理后可得：

对烟气或空气：

$$h_d = A \frac{w^{0.8}}{d^{0.2}} \tag{7.25}$$

对水及过热蒸汽：

$$h_2 = B \frac{(\rho w)^{0.8}}{d^{0.2}} \tag{7.26}$$

可见，表面传热系数与流速的 0.8 次方成正比，与直径的 0.2 次方成反比。系数 A、B 仅与流体的物性参数有关：

$$A = 0.023 \frac{\lambda^{0.8} \rho^{0.8} c_p^{0.4}}{\eta^{0.4}} \tag{7.27}$$

$$B = 0.023 \frac{\lambda^{0.8} c_p^{0.4}}{\eta^{0.4}} \tag{7.28}$$

这样计算可以简化，对烟气、空气通常知道其流速即可计算出表面传热系数 h_d；对水及过热蒸汽，根据质量流量可以求出质量流速并计算出表面传热系数 h_2。对烟、空气的系数 A 值的计算式列于表 7.3 中；对水及过热蒸汽的系数 B 值的计算式列于表 7.4 和表 7.5 中。

表 7.3　烟气、空气系数 A 值(t 为平均温度)

常压下空气 $50\ ℃ \leqslant t \leqslant 400\ ℃$	$A = 3.49(1 - 8.26 \times 10^{-4} t) \times 10^{-3}$
常压下平均成分烟气 $50\ ℃ \leqslant t \leqslant 400\ ℃$	$A = 3.7(1 - 8.26 \times 10^{-4} t) \times 10^{-3}$

表 7.4　水的系数 B 值(t 为平均温度)

温度范围	$0\ ℃ \leqslant t < 80\ ℃$	$80\ ℃ \leqslant t < 190\ ℃$	$190\ ℃ < t \leqslant 310\ ℃$
B	$5.9 \times (1 + 0.014t) \times 10^{-3}$	$8.29 \times (1 + 0.006\ 3t) \times 10^{-3}$	$12.79 \times (1 + 0.002\ 2t) \times 10^{-3}$

表 7.5　过热蒸汽的系数 B 值(t 为平均温度)

参数范围	中压蒸汽 $P = 4 \sim 4.4$ MPa $t = 320 \sim 450$ ℃	高压蒸汽 $P = 10 \sim 11$ MPa $t = 420 \sim 540$ ℃	超高压蒸汽 $P = 14 \sim 15$ MPa $t = 460 \sim 550$ ℃
B	6.61×10^{-3}	7.5×10^{-3}	8.0×10^{-3}

　　由以上各表可见,在相同的质量流速下,水的温度越高,表面传热系数越大;过热蒸汽压力越高,表面传热系数越大;在一定的流速下,烟、空气的表面传热系数随温度增加而减小。

　　用上列表中所规定的 A、B 值计算出来的表面传热系数与按式(7.22)计算的结果相差在 $\pm 5\%$ 以内。当烟气中水蒸气的容积份额 $r_{H_2O} = 0.05 \sim 0.15$ 时,也可近似地用表 7.3 的值进行计算。

　　当管子长度较短,$l/d_{dl} \leqslant 50$ 时,由于入口效应的影响,表面传热系数有所增加,应乘修正系数 C_l,其值如图 7.6 所示。

　　如果管壁温度与流体温度的差值较大,则管壁温度对流体物性的影响引起表面传热系数变化,用修正系数 C_t 来考虑。在锅炉中,当空气做纵向冲刷受热时,应考虑管壁温度的修正:

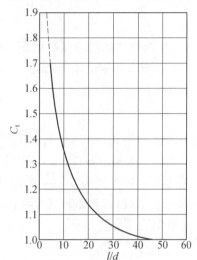

图 7.6　管子长度修正系数 C_t

$$C_t = (T/T_b)^{0.5} \tag{7.29}$$

式中,T、T_b 分别为流体与壁面的绝对温度,K。

　　当烟气被冷却以及锅炉管中加热蒸汽及水时,均取 $C_t = 1$。

3. 回转式空气预热器表面传热系数

　　回转式空气预热器中传热元件如图 7.7 所示,由于波形板的波纹是倾斜的,因此气流的冲刷不同于单纯的纵向冲刷。根据实验结果,空气侧与烟气侧表面传热系数为

$$h_d = A \frac{\lambda}{d_{dl}} Re^{0.8} Pr^{0.4} C_t C_l \tag{7.30}$$

式中,修正系数 C_l 按图 7.6 确定;修正系数 C_t 对空气侧按式(7.29)计算,传热元件的平均壁温按下式计算:

$$t_b = \frac{\partial_y x_y + t_k x_k}{x_y x_k} \tag{7.31}$$

式中,∂_y、t_k 烟气及空气的平均温度,℃;x_y、x_k 烟气侧受热面与空气侧受热面各占总受热面的份额。对烟气侧,则 $C_t = 1$。

　　系数 A 取决于传热元件的形式。对强化型传热元件,系数 A 与波纹的总高度 $a + b$ 值有关。

　　当 $a + b = 2.4$ mm,$A = 0.027$;

　　当 $a + b \geqslant 4.8$ mm,$A = 0.037$;

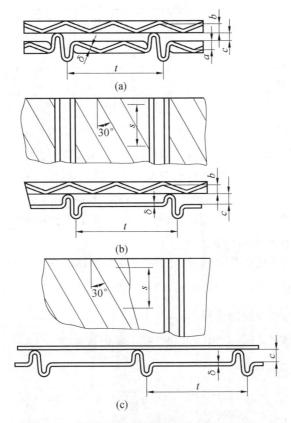

图 7.7　回转式空气预热器中传热元件简图

对普通型传热元件，$A = 0.027$；

对冷段平板传热元件，$A = 0.021$；

如冷段采用搪瓷板时，其系数 A 比金属板降低 5%；

对于方形截面的陶瓷传热元件，$A = 0.021$。

传热元件的结构特性见表 7.6，当量直径 d_{dl} 按式(7.23)计算。烟气及空气的流通截面 A_y 和 A_k 可由下式确定：

$$A_y = 0.785 d_n^2 x_y K_{yj} K_{gb} \tag{7.32 a}$$

$$A_k = 0.785 d_n^2 x_k K_{yj} K_{gb} \tag{7.32 b}$$

式中，d_n 为转子内径；k_{yj} 为考虑传热元件占据截面后的有效系数，见表 7.6；K_{gb} 考虑隔板、横挡板、中心管占据截面后的有效系数，按图 7.8。对于其他非标准板型，其截面积应按图计算。

表 7.6　传热元件的结构特性

形式	δ/mm	d_{dl}/mm	k_{yj}	C/(m² · m⁻³)
强化型传热元件	0.5	9.32	0.912	396
	0.63	9.6	0.89	365
普通型传热元件	0.63	7.8	0.86	440
冷段平板传热元件	1.2	9.8	0.81	325

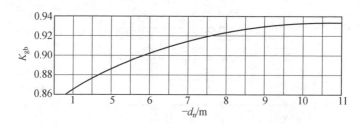

图 7.8　考虑隔板、横挡板、中心管占据截面后的有效系数 K_{gb}

回转式空气预热器冷段的流通截面积可按式(7.32)计算后再乘以 1.02 即得。

回转式空气预热器中装载的受热面积为

$$A = 0.95 \times 0.785 d_n^2 K_{gb} hC \tag{7.33}$$

式中，h 为传热元件的有效高度，m；C 为单位容积中装载的受热面积，m^2/m^3，见表 7.6；系数 0.95 是考虑传热元件的充满程度。

通过传热计算确定出受热面后可由式(7.33)计算回转式空气预热器的有效高度 h。

受热面也可按图求出传热元件的总长 $\sum l$，则 $H = 2h \sum l$。

4. 对流受热面烟气流速的选择

在确定表面传热系数时，必须知道烟气或工质的流速。

烟气的流速为

$$w_y = \frac{B_j V_y (\theta + 273)}{A_y \times 273} \tag{7.34}$$

空气的计算流速为

$$w_k = \frac{B_j \beta_{ky} V^0 (t + 273)}{A_k \times 273} \tag{7.35}$$

蒸汽和水的流速为

$$w_q = \frac{D v_{pj}}{A_q} \tag{7.36}$$

在布置管束的烟道中，烟气或空气的流通截面按管子中心线的平面来确定，等于烟道截面与管子所占截面的差。这样确定的流通截面与其他平行截面相比是最小的。凡是确定气流速度都应采用这种最小截面的原则。

流通截面的计算公式如下：

① 介质横向流过光滑管束时：

$$A = ab - n_1 ld \tag{7.37}$$

式中，a、b 为烟道截面尺寸，m；n_1 为每排管子数；l 为管子长度，m。

② 介质纵向冲刷受热面时：

若介质在管内流动：

$$A = n \frac{\pi d_n^2}{4} \tag{7.38}$$

若介质在管间流动：

$$A = ab - n \frac{\pi d_n^2}{4} \tag{7.39}$$

当所求烟道的各部分截面积不同而要求其平均流通截面积时,可按照速度平均的条件,即按 $1/A$ 值平均的方法来求出。

如所计算的烟道由几段组成,其流通截面不相同,而受热面结构特性及冲刷特性等均相等时,则平均流通截面积为

$$A = \frac{A_1 + A_2 + \cdots}{\dfrac{A_1}{A_{lt1}} + \dfrac{A_2}{A_{lt2}} + \cdots} \tag{7.40}$$

式中,A_1,A_2,$\cdots$ 为对应于流通截面 A_{lt1},A_{lt2} 等的受热面积,m^2。

当烟道流通截面系平滑渐变,其入口及出口截面积分别为 A'_{lt} 及 A''_{lt},则平均流通截面为

$$A_{lt} = \frac{2A'_{lt}A''_{lt}}{A'_{lt} + A''_{lt}} \tag{7.41}$$

当通道截面积相差不超过 25% 时,可按算术平均法求其平均截面积。

锅炉对流受热面烟气流速的选择将影响锅炉工作的可靠性与经济性。对流受热面中的烟气流速既与受热面的传热强度有关,也与烟气侧流阻、受热面的磨损和积灰有关。

从防止受热面积灰堵塞的条件来看,在额定负荷下,对于烟气做横向冲刷的管束,最小烟气流速度不低于 6 m/s,对于烟气做纵向冲刷的管束和回转式空气预热器则不低于 8 m/s。

提高烟气流速可以增强传热,减少受热面而节省钢材,但此时烟道阻力增加,将使通风能量消耗增加。根据锅炉对流受热面的投资与锅炉运行费用的总和最为节省所确定的烟气流速称为最经济烟气流速。根据这个原则进行计算,最经济烟气流速的数值见表 7.7。

表 7.7　最经济烟气流速

受热面(错列管束)	经济烟速 /($m \cdot s^{-1}$)
省煤器	$13 \sim 15$
过热器(低合金钢)	$12 \sim 16$
再热器	$17 \sim 21$

对于顺列管束经济烟速比上表数值高 40%。在燃油及气体燃料锅炉中,可以不考虑受热面的磨损问题,应按经济烟速来选择烟气流速。

燃用固体燃料时,锅炉受热面受到烟气中飞灰的磨损,影响受热面工作的寿命。根据计算分析,受热面的磨损量与烟气流速的三次方成正比,烟气流速提高一倍,磨损速度则提高 8 倍之多,因此,烟气流速的选择受到飞灰磨损的限制。一般过热器的允许流速为 10 ~ 14 m/s。省煤器错列布置时的允许流速为 9~11 m/s,顺列布置时为 10~13 m/s。在液态排渣炉中,因飞灰磨损问题大大减轻,其烟气流速可提高到接近最经济烟气流速。

对于空气预热器,情况与上述有些不同。此时受热面的投资与运行费用不仅与烟气流速有关,也与空气流速有关,这是因为受热面两侧的表面传热系数较为接近,因此除了确定最经济烟气流速外,还应计算最经济的空气和烟气流速比。根据计算分析,在不同烟气流速时,最经济流速比的变化不大。对于管式空气预热器,最经济烟气流速为 9 ~ 13 m/s,最经济流速比 $w_k/w_y = 0.45 \sim 0.55$;对于回转式空气预热器,最经济烟气流速为 9 ~ 11 m/s,最经济流速比 $w_k/w_y = 0.7 \sim 0.8$,即空气流速为 6 ~ 8 m/s。

5. 特殊场合下的计算

当所计算的受热面管束沿烟道深度或宽度的节距不等时,则计算中应采用按受热面平均的平均节距 s_{pj}:

$$s_{pj} = \frac{s'A' + s''A'' + \cdots}{A' + A'' + \cdots} \tag{7.42}$$

式中,A',A'',$\cdots$ 为对应于管束节距各为 s',s'',$\cdots$ 为各部分受热面积,m^2。如所计算的受热面管束由不同管径的几段所组成,而其他如冲刷性质等相同,则应按各段受热面大小求得平均管径。此时按 $1/d$ 来平均,计算平均管径 d_{pj} 的公式为

$$d_{pj} = \frac{A_1 + A_2 + \cdots}{\dfrac{A_1}{d_1} + \dfrac{A_2}{d_2} + \cdots} \tag{7.43}$$

如所计算的管束中,一部分管子为错列布置,一部分为顺列布置,则应对各不同的区段单独计算其表面传热系数,而计算时介质的流速和温度则采用整个管束的平均值,然后按各部分受热面的大小计算平均的表面传热系数 h_d:

$$h_d = \frac{h_{cl}A_{cl} + h_{sl}A_{sl}}{A_{cl} + A_{sl}} \tag{7.44}$$

式中,h_{cl}、h_{sl} 分别为错列布置和顺列布置部分的对流放热系数;A_{cl}、A_{sl} 分别为它们的受热面积。

如果其中某种布置方式(错列或顺列)的受热面积超过全部受热面积的 85%,则整个管束即按这种布置方式计算表面传热系数。如果管束被气流斜向冲刷,则按图 7.9 所示的 A_t 作为计算流通截面积求出计算流速,然后按横向冲刷计算表面传热系数。对于顺列管束,如果气流方向与管子中心线夹角 $\beta < 80°$,则需对计算结果乘以修正值 1.07。对于错列管束则不用修正。当受热面管束部分为纵向冲刷,部分为横向冲刷时,则应分别求出它们各自的传热系数,然后按受热面平均计算其平均传热系数 K:

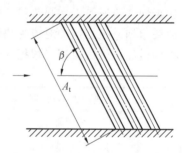

图 7.9　斜向冲刷管束示意图

$$K = \frac{K_{hx}A_{hx} + K_{zx}A_{zx}}{A_{hx} + A_{zx}} \tag{7.45}$$

式中,K_{hx}、K_{zx} 分别为横向冲刷和纵向冲刷部分的传热系数;A_{hx}、A_{zx} 分别为它们的受热面积。

7.2　对流换热理论在核动力工程中的应用

在核动力设备中,研究对流传热的目的有两个:一是得到冷却剂通道内的温度分布,从而保证冷却剂的温度低于许可极限温度;另一个是找到决定通道壁面传热系数的关键因素,以便于选择材料和流动参数使得传热系数尽可能大。

7.2.1　核动力工程中所涉及的对流换换热

压水堆核电厂主要由压水反应堆、反应堆冷却剂系统（简称为一回路系统）、蒸汽和动力转换系统（又称二回路系统）、循环水系统、发电机和输配电系统及其辅助系统组成，其流程原理如图7.10所示。通常将一回路及核岛辅助系统、专设安全设施和厂房称为核岛。二回路及其辅助系统和厂房与常规火电厂的系统和设备相似，称为常规岛，这里不再介绍。从生产的角度讲，核岛利用核能产生蒸汽，常规岛用蒸汽产生电能。

反应堆冷却剂系统将堆芯核裂变放出的热能带出反应堆并传递给二回路工质以产生蒸汽。通常把反应堆、反应堆冷却剂系统及其辅助系统合称为核供气系统。现代商用压水堆核电厂反应堆冷却剂系统一般有 $2\sim4$ 条并联在反应堆压力容器上的封闭环路（图7.10）。每一条环路由一台蒸汽发生器、一台或两台反应堆冷却剂泵及相应的管道组成。在其中一个环路的热管段上，通过波动管与一台稳压器相连。

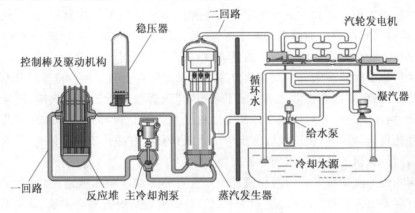

图 7.10　压水堆核电厂原理图

一回路为单相对流换热，其内的高温高压含硼水，由反应堆冷却剂泵输送，流经反应堆芯吸收了堆芯核裂变放出的热能，再进入蒸汽发生器，通过蒸汽发生器传热管壁，将热量传给蒸汽发生器二次侧给水，然后再由反应堆冷却剂泵送回反应堆。如此循环往复，构成封闭回路。一回路的换热为单相对流换热，二次侧为两相对流换热，较一次侧更加复杂，下面分别介绍一次侧和二次侧对流换热。

7.2.2　一回路侧的对流传热计算

描述单相冷却剂的对流传热，通常用对流传热的牛顿冷却公式(5.3)，要确定单相流对流传热强度的关键是确定表面传热系数 h。在理论和实验研究的基础上，区分层流或湍流，区分垂直通道或水平通道，区分加热通道或等温通道等不同结构形式和不同流动工况，研究者们给出了多种经验或半经验关系式。

压水堆核电站广泛采用的立式 U 型管自然循环蒸汽发生器，反应堆冷却剂在 U 型管内流动，二次侧汽水混合物在管外流动。这样设计对受热和传热都有利。

反应堆冷却剂对 U 型管壁的对流传热，一般属于湍流对流传热，Dittus－Boelter公式应用最为广泛。

对于冷却：

$$Nu = 0.026\ 5Re^{0.8}Pr^{0.4} \tag{7.46}$$

对于加热：

$$Nu = 0.024\ 3Re^{0.8}Pr^{0.4} \tag{7.47}$$

对于 $Re \geqslant 10^4$ 的流体，Dittus－Boelter 公式为

$$Nu = 0.023Re^{0.8}Pr^{0.4} \tag{7.48}$$

式中，各准则数的物性参数取流体的平均温度作为定性温度。

7.2.3　两相流分析

在核能系统中，很多情况下都会出现两相流工况，例如，沸水堆的堆芯内的冷却剂就处于沸腾两相流工况，压水堆的蒸汽发生器二次侧也处于沸腾两相流的工况。在发生大破口失水事故情况下，更是有大量的冷却剂通过破口喷入安全壳内，形成水、水蒸气和干空气混合的多组分的两相流。根据汽相和液相组分的不同，两相流通常可以分为单组分两相流和多组分两相流两大类。水和水蒸气由于是同一种化学物质的不同物理形态，因此是单组分的两相流，而空气和水组成的流动则属于两种不同组分的两相流。在核能系统中，出现的比较多的是单组分的两相流。应该指出的是，单组分两相流由于两相之间存在质量交换，因此计算起来往往比单纯的多组分两相流要复杂。两相流的存在明显地改变了冷却剂的传热能力和流动特性，在冷却剂兼作慢化剂的轻水堆中，伴随着相变所产生的汽泡，还会减弱慢化能力。因此，两相流的研究对用水作冷却剂的核能系统的设计和运行是非常重要的。熟悉两相流的变化规律，就可以使所设计的反应堆系统具有良好的热工和流体动力学特性，从而避免因对两相流认识不足而带来的种种问题。

区分两相流的流型对于分析两相流是十分重要的。对于两相流来说，通常情况下汽相和液相的密度差很大，因而垂直通道和水平通道内的流动情况有很大差别，分析两相流的时候，通常要把水平通道和垂直通道区分开来分析。

对于垂直向上流动的通道，通常把流型按照通道内汽泡的分布与流动情况，分为泡状流、弹状流、搅状流和环状流（图 7.11）。泡状流汽泡比较小，分布在连续的液相之中。当小的汽泡不断合并，液体中出现大的像子弹一样的汽泡时，流动就进入了弹状流。在弹状流的汽弹周围的液膜通常由于重力作用向下流动，而小的汽泡会不断向汽弹内合并。当汽弹继续增大，汽弹开始破碎，两相之间形成搅状流。搅状流是不规则的柱形汽泡和块状液团在通道内交替出现的流动，是弹状流向环状流的过渡阶

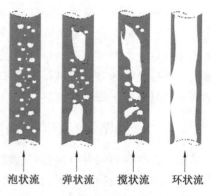

泡状流　　弹状流　　搅状流　　环状流

图 7.11　垂直通道内两相流流型

段。而环状流的特征是在流道中间形成连续的汽相流动，在汽相流量比较大的情况下，还会有液滴从液膜中被吹入汽空间内，而液膜的流动则与汽相的流速密切相关。汽相流速比较小的时候，液膜会向下流动，而在汽相流速达到一定值的时候，液膜转变方向向上流动。

对于水平通道，通常把流型按照通道内汽泡的分布与流动情况，分为泡状流、塞状流、层状流、波状流、弹状流和环状流（图 7.12），其中的层状流和波状流，是在垂直通道内不会出

现的流型。针对图 7.12 的流型划分，Mandhane 等人提出了如图 7.13 所示的水平通道流型判别图。

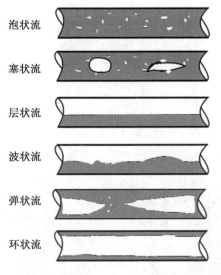

图 7.12　水平通道内两相流流型

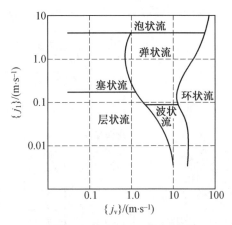

图 7.13　水平通道流型判别图

1. 流动沸腾

两相流传热分析在反应堆热工水力分析中具有十分重要的地位。在沸水堆中，沸腾传热是堆芯内的主要传热方式；在压水堆中，也允许堆芯内局部可以发生少量沸腾；在重水堆中，压力管内也允许发生沸腾。而且，对于压水堆和重水堆，都采用蒸汽发生器来产生蒸汽，因此蒸汽发生器内的二次侧运行在沸腾工况。另外，由于沸腾传热自身的特征，存在沸腾危机，因此确定临界热流密度对于反应堆堆芯的热工设计具有十分重要的意义。

类似于前面水力分析中区分两相流的流型，分析两相流传热也要进行传热分区，以便于对不同的区域采用不同的关系式进行计算。通常在对两相流进行传热分区的时候，把沸腾分为池式沸腾和流动沸腾两种。所谓池式沸腾，就是流体在一个大容积的容器内被加热实现的沸腾，用电热壶烧开水就是池式沸腾的一个实例。而流动沸腾是流体流过一个加热通道实现的沸腾，例如沸水堆的堆芯内就是典型的流动沸腾。下面分别来介绍两种情况下的沸腾传热分区。

对于池式沸腾，Nukiyama 早在 1934 年就对池式沸腾进行了实验研究，得到了如图 7.14 所示的沸腾曲线，其中纵坐标是热流密度，横坐标是壁温与饱和温度的温差，图中纵坐标和横坐标均采用对数坐标。图中 B 点是沸腾起始点，B 点之前的传热是单相液自然对流传热。从 B 点开始，发现随着汽泡的生成，传热系数成上百倍迅速增大，但是到了 C 点以后，传热系数不上升反而下降了。这是因为热流密度升高到一定值以后，在壁面附近产生的大量汽泡来不及扩散到主流中去，从而导致加热壁面被一层汽膜所覆盖，恶化了传热，引起热流密度迅速下降，而壁温迅速上升。此过程中所能达到的最大热流密度，就称为临界热流密度。　对于流动沸腾，与池式沸腾的区别在于，流体是在流动过程中被加热的，流体的流动可以是自然循环，也可以是靠泵驱动的强迫循环。图 7.15 表示的是一垂直放置的均匀加热通道，欠热液体从底部进入管内向上流动，图中示出了所遇到的流型和相应的传热分区，在图的左侧给出了壁面温度和流体温度沿高度的变化情况。下面来介绍流动沸腾中的传热分区：

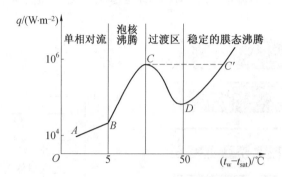

图 7.14　标准大气压下下池式沸腾曲线

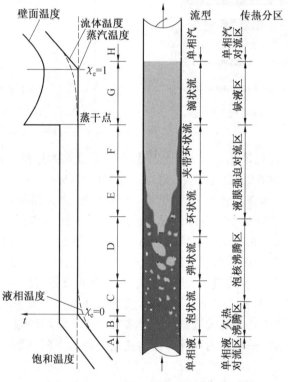

图 7.15　管内流动沸腾传热分区示意图

（1）单相液对流区（A 区）。

流体刚进入通道的时候，是单相对流区，此区内液体被加热温度升高，流体温度低于饱和温度，壁温也低于产生汽泡所必需的温度。

（2）欠热沸腾区（B 区）。

欠热沸腾的特征是，在加热面上水蒸汽泡是在那些利于生成汽泡的点上形成的，这些汽泡在脱离壁面后，通常认为它们在欠热的液体内被凝结。

（3）泡核沸腾区（C、D 区）。

泡核沸腾区的特征是流体的主流温度达到饱和温度，产生的水蒸汽泡不再消失。其中C、D 区的流型是不相同的，但它们的传热分区是相同的。

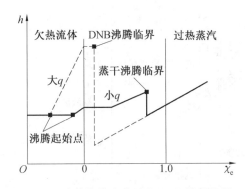

图 7.16 流动沸腾中蒸干和 DNB 沸腾临界

(4) 液膜强迫对流区(E、F 区)。

这一区的特征是壁面形成液膜,通过液膜的强迫对流把从壁面来的能量传到液膜和主流蒸汽的交界面上,在两相交界面上发生蒸发。

(5) 缺液区(G 区)。

在流动质量含汽率达到一定值以后,液膜完全被蒸发,以至蒸干,F 区和 G 区的分界点就是蒸干点。一般把环状流动时的液膜中断或蒸干称为沸腾临界(CHF),有时将这种沸腾临界称为蒸干沸腾临界。从蒸干点开始到全部变成单相汽的区段称为缺液区。在蒸干点,壁面温度跳跃性地升高。与池式沸腾不同的是,这种流动沸腾工况中的沸腾临界是液体被蒸干,而不是生成的汽泡来不及扩散到主流中去。在流动沸腾中,也有类似于池式沸腾那样的沸腾临界,称为 DNB 沸腾临界。DNB 沸腾临界是在热流密度很大的情况下壁面生成的汽泡来不及扩散到主流中去的时候,壁面被汽膜覆盖造成传热恶化,壁面温度跳跃性升高的现象。图 7.16 是流动沸腾中蒸干和 DNB 沸腾临界。

(6) 单相汽对流区(H 区)。

该区的特征是,流体是单相过热蒸汽,流体温度脱离饱和温度的限制,开始迅速增大,壁面温度也相应增大。

图 7.17 是按照平衡态含汽率和热流密度对流动沸腾两相流的分区。从中也可以看到,在热流密度比较大的时候,不发生蒸干沸腾临界,而是发生饱和 DNB 沸腾临界。在热流密度很大时,甚至会发生欠热 DNB 沸腾临界,然后从欠热沸腾区直接进入欠热膜态沸腾区。

2. 二次侧预热区单相对流传热

在立式自然循环蒸汽发生器管外二次侧流体纵向流过管束时,传热系数可按 Dittus — Boelter 公式计算。这时应以管外流道的当量直径代替公式中的管内径。当考虑预热段装有用以固定管束和提高放热强度的支撑板的影响时,传热系数可按装有支撑板的管壳式热交换器壳侧的传热系数公式计算。

3. 二次侧预热区欠热沸腾传热

在二次侧预热区对流传热中,要判断是否发生欠热沸腾。对于欠热沸腾,可用以下公式计算传热系数:

(1)Jens — Lottes 公式。

$$\Delta T_s = 25 q^{0.25} e^{\frac{p}{6.2}} \tag{7.49}$$

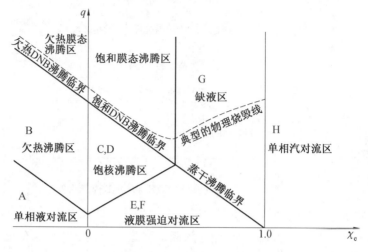

图 7.17　　流动沸腾两相流分区图

式中，ΔT_s 为壁面过热度，℃；p 为二次侧压力，MPa；q 为热流密度，MW/m²。式(7.49)是在下述实验条件下综合出来的：管子内径 d 为 3.63～5.74 mm；管长 L 为(21～168)d_i；系统压力为 0.7～17.2 MPa；水温为 115～340 ℃；质量流速为 11～1.05×10⁴ kg/(m²·s)；热流密度 $q \leqslant 12.5 \times 10^6$ W/m²。

（2）Thom 公式。

$$\Delta T_s = 22.65 q^{0.5} \mathrm{e}^{\frac{p}{8.7}} \qquad (7.50)$$

式中，p、q 的单位与式(7.49)同；实验条件是压力为 5.17～13.8 MPa；热流密度为(2.8×10⁵)～(6.0×10⁵) W/m²。

Rohsenow 指出，Jens－Lottes 公式和 Thom 公式不仅可用于欠热沸腾，也可用于低含汽率的饱和泡核沸腾传热计算。

4. 二次侧沸腾区传热

自然循环蒸汽发生器二次侧大部分区域属管间流动沸腾传热。关于管间流动沸腾传热，还没有专门建立起该种过程的理论。工程上采用两类方法计算传热系数，一类是采用大空间泡核沸腾传热关系式，另一类是采用管内流动沸腾传热关系式。除了前面给出的Jens－Lottes 和 Thom 公式可用于低含汽率的饱和沸腾放热计算外，较常用的还有以下一些公式。

（1）Rohsenow 公式。

Rohsenow 对于水和有机物质的大空间泡核沸腾，得到下列关系式：

$$h = \left(\frac{c_{p,f}}{h_{fg} Pr^m C_{wl}} \right) \left(\eta_f h_{fg} \sqrt{\frac{g(\rho_f - \rho_g)}{\sigma}} \right)^{0.33} q^{0.67} \qquad (7.51)$$

式中，m 为实验系数，对于水 $m=0$，对其他有机物质 $m=1.7$；C_{wl} 为取决于加热表面与液体组合的常数，对水镍不锈钢可取 $C_{wl}=0.013$；σ 为液体蒸汽界面的表面张力，N/m；$c_{p,f}$ 为饱和液体的比定压热容，J/(kg·K)；r 为汽化潜热，J/kg，η_f 为饱和液体的动力黏度，Pa·s；ρ_f、ρ_g 分别为饱和液体和饱和蒸汽密度，kg/m³；q 为热流密度，W/m²；Pr 为饱和液体的普朗特数。

式(7.51)适用于单组分饱和液体在清洁壁面上的泡核沸腾,数据抛散度为±20%。

(2)Kutateraze 公式。

许多俄罗斯研究者基于相似理论的分析和实验结果,得到下列形式的大空间泡核沸腾传热的准则方程式:

$$Nu = APr_f^{n_1} Pe^{n_2} K_p^{n_3} K_t^{n_4} \tag{7.52}$$

其中

$$Nu = \frac{h}{\lambda_f} \sqrt{\frac{\sigma}{g(\rho_f - \rho_g)}} \tag{7.53}$$

$$Pe = \frac{q}{r_{fg}\rho_g a_f} \sqrt{\frac{\sigma}{g(\rho_f - \rho_g)}} \tag{7.54}$$

$$K_p = \frac{p}{\sqrt{\sigma g(\rho_f - \rho_g)}} \tag{7.55}$$

$$K_t = \frac{(r_{fg}\rho_g)^2}{\rho_f c_{p,f} T_s \sqrt{\sigma g(\rho_f - \rho_g)}} \tag{7.56}$$

式中,p 为液体饱和压力,N/m^2;a_f 为液体热扩散率,m^2/s。他们的研究结果可归纳在表7.8中。

表 7.8 式(7.52) 中的经验常数

序号	作者	A	n_1	n_2	n_3	n_4
1	Kutateraze 等	7.0×10^{-4}	-0.35	0.7	0.7	0
2	Borishanskiy 等	8.7×10^{-4}	0	0.7	0.7	0
3	Kruzhilin 等	0.082	-0.5	0.7	0	0.377
4	Labumstow 等	0.125	-0.32	0.65	0	0.35

Kutateraze 等还给出一个在工程上应用较广的简化公式:

$$h = 5p^{0.2}q^{0.7} \tag{7.57}$$

式中,p 的单位为 MPa,q 的单位为 W/m^2,h 的单位为 $W/(m^2 \cdot K)$。

(3)Chen 公式。

关于管内流动沸腾与大空间沸腾的比较,研究表明,在欠热沸腾及低含汽率沸腾区,管内流动沸腾的核化过程和传热过程与大空间沸腾相类似。当含汽率增大时,蒸汽和液体的速度都大大增加,同时流型也发生了变化,使得其传热机理与大空间沸腾时有很大不同。在关于饱和强制对流沸腾的各种关系式中,Jens—Lotes 和 Thom 公式被认为是较适用的关系式,它被推荐用于所有的单组分非金属流体。Chen 公式既包括了"饱和泡核沸腾区",也包括了"强迫对流蒸发区",而且可予以扩展而适用于欠热沸腾区。Chen 公式被应用于国外一些核电厂蒸汽发生器通用分析程序中,并覆盖了泡核沸腾区及欠热沸腾区。

基于 Rohsenow 提出的叠加原理,Chen 假设饱和泡核沸腾区和两相强制对流蒸发区内存在两种基本传热模式:泡核沸腾传热和强制对流传热。并用这两种作用的叠加来考虑其影响:

$$h = h_{mac} + h_{mic} \tag{7.58}$$

因此,两相传热系数由两部分组成:h_{mic} 是微对流传热即泡核沸腾传热的作用;h_{mac} 是宏观对流传热即单相对流传热的作用。

根据受热通道中液体单相流动时的 Dittus－Boelter 方程,Chen 写出:

$$h_{\mathrm{mac}} = 0.023F\left[\frac{G(1-x)D_{\mathrm{e}}}{\eta_{\mathrm{f}}}\right]^{0.8} Pr_{\mathrm{f}}^{0.4}\frac{\lambda_{\mathrm{f}}}{D_{\mathrm{e}}} \tag{7.59}$$

式中,G 为汽水混合物质量流速,kg/(m²·s);x 为质量含汽率;D_{e} 为流道当量直径;F 为修正因子,它只取决于 Martinelli 参数 X_{tt};其余均为液体的物性参数。

F 是因为汽相的存在强化了湍流的程度,从而强化了传热。F 可由实验曲线[图 7.18(a)]给出,也可由下式近似:

$$F = \begin{cases} 1, X_{\mathrm{tt}} \leqslant 0.1 \\ 2.34\left(0.213 + \dfrac{1}{X_{\mathrm{tt}}}\right)^{0.736}, X_{\mathrm{tt}} \geqslant 0.1 \end{cases} \tag{7.60}$$

式中,X_{tt} 为 Martinelli 参数,且

$$X_{\mathrm{tt}}^{-1} = \left(\frac{x}{1-x}\right)^{0.9}\left(\frac{\rho_{\mathrm{f}}}{\rho_{\mathrm{g}}}\right)^{0.5}\left(\frac{\eta_{\mathrm{g}}}{\eta_{\mathrm{f}}}\right)^{0.1} \tag{7.61}$$

对于微对流传热,Chen 采用 Forster－Zuber 的大空间沸腾关系式的修正形式:

$$h_{\mathrm{mic}} = 0.00122\left(\frac{\lambda_{\mathrm{f}}^{0.79}c_{p,\mathrm{f}}^{0.45}\rho_{\mathrm{f}}^{0.49}}{\sigma^{0.5}\mu_{\mathrm{f}}^{0.29}r^{0.24}\rho_{\mathrm{g}}^{0.24}}\right)\Delta T_{\mathrm{s}}^{0.24}\Delta p_{\mathrm{s}}^{0.75} S \tag{7.62}$$

式中,ΔT_{s} 为壁面过热度,℃;Δp_{s} 为相应于 ΔT_{s} 的饱和蒸汽压差;r 为汽化潜热。

Chen 导出抑制因子 S 为 Re 数的函数。可以预料在低流量下 S 接近于 1,在高流量下接近零。他根据发表的实验数据,计算出 F 与 S 的最佳拟合值,并绘成曲线,如图 7.18 所示。图中阴影线表示数据的分散范围。曾用 Chen 公式与 9 位研究者的实验数据点进行比较,其总的平均偏差不大于 11.6%。

S 的计算公式为

$$S = \begin{cases} \left[1 + 0.12\ (Re'_{\mathrm{tp}})^{1.14}\right]^{-1}, & Re'_{\mathrm{tp}} < 32.5 \\ \left[1 + 0.42\ (Re'_{\mathrm{tp}})^{0.78}\right]^{-1}, & 32.5 \leqslant Re'_{\mathrm{tp}} < 70 \\ 0.1, & 0.1\ Re'_{\mathrm{tp}} \geqslant 70 \end{cases} \tag{7.63}$$

式中

$$Re'_{\mathrm{tp}} = F^{1.25}\left(\frac{G(1-x)D_{\mathrm{e}}}{\eta_{\mathrm{f}}}\right) \times 10^{-4} \tag{7.64}$$

Chen 公式用于欠热沸腾区的计算结果与实验数据相比,也取得了满意的结果。Chen 公式用于欠热沸腾计算时,h_{mac} 用单相流动时的 Dittus－Boelter 公式;计算 h_{mic} 时抑制因子 S 仍用式(7.63)求出。其中 $R_{\mathrm{tp}}e'$ 用下式计算:

$$R_{\mathrm{tp}}e' = \left(\frac{GD_{\mathrm{e}}}{\eta_{\mathrm{f}}}\right) \times 10^{-4} \tag{7.65}$$

5. 流动沸腾临界

沸腾临界一般是指加热壁面温度突然升高,壁面与流体传热受到阻滞的现象。在池式沸腾中,由于介质的物性是定值,沸腾的临界状态只与热流密度有关。而在流动沸腾中,沸腾的临界状态很复杂,它不但与流体的物性有关,还与介质的流速、局部含汽率、通道形状等因素有关。与大容积沸腾的情况不同,影响流动沸腾临界的因素很多,这些都为流动沸腾临界的确定带来困难。目前有关沸腾临界的假说比较多,各假说之间也有一些分歧,以下介绍

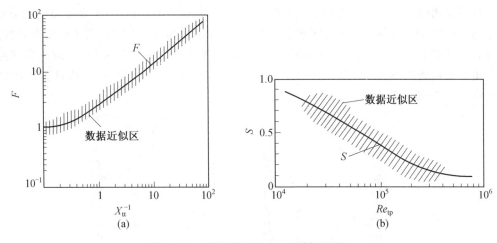

图 7.18　　雷诺数因子 F 和抑制因子 S

一种典型的假说。

（1）低含汽率时的沸腾临界。

当加热表面的热流密度很高时，在通道内含汽率较低的情况下就会出现沸腾临界。其出现的机理如图 7.19(a) 和图 7.19(b) 所示，图 7.19(a) 的情况一般是出现在热流密度很高的情况下，主流体往往是处于欠热状态。在这种情况下由于高热流密度的作用，壁面上的汽泡受热后急剧长大，热量没有及时传到主流中，从而使汽泡覆盖下的局部加热面温度快速升高而造成沸腾临界。图 7.19(b) 的情况往往出现在热流密度比图 7.19(a) 低时，这时上游壁面产生的汽泡滑动到下游，使下游汽泡产生堆积，使加热面形成汽泡层，该汽泡层阻碍了液体与加热壁面的接触，使壁面不能很好得到冷却，壁温迅速升高，从而达到沸腾临界。这种情况就是比较典型的偏离泡核沸腾（DNB），主流体往往处于欠热沸腾，但也可能是饱和状态。

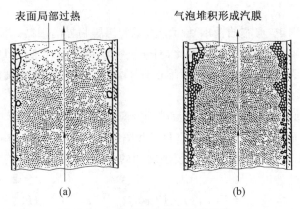

图 7.19　　低含汽率时的沸腾临界

（2）高含汽率时的沸腾临界。

当加热表面的热流密度不很高且在低含汽率时，一般不会出现沸腾临界。沸腾临界一般出现在高含汽率时，这时加热通道往往是环状流，由于汽相密度较小，介质流动速度较高，在加热表面热流密度和介质动量冲击的双重作用下，会使局部液膜从加热表面消失，液层被撕裂成液滴，于是传热减弱、壁温升高，如图 7.20(a) 所示。

这种沸腾临界工况主要受两个因素的影响：一个是介质流速；另一个是表面热流密度。如果通道内质量流速和表面热流密度都很低，一般会出现如图7.20(b)所示的情况，此时通道的含汽率很高，壁面的液膜被全部蒸干，使壁面与流体之间的传热减弱，从而造成壁温升高。由于在高含汽率区沸腾临界的出现都是由于壁面上液膜消失造成的，因此这种沸腾临界往往被称为"蒸干"（Dryout）。

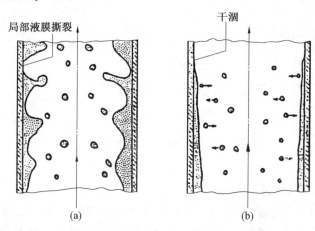

图 7.20　　高含汽率时的沸腾临界

6. 临界热流密度计算关系式

在核反应堆内，燃料元件内的核燃料释热率的限制主要来自临界热流密度。当燃料元件的热流密度超过临界热流密度时，燃料元件表面温度快速升高，燃料元件就会出现烧毁现象而造成放射性外漏。为此，临界热流密度的确定是反应堆热工设计的一个最重要内容。目前各种资料发表的计算临界热流密度的公式很多，这些公式都是根据实验数据拟合整理而成的，它们各自都有一定的使用条件和范围，一般不能外推使用，因此在选用这些公式时应加以注意。

在水冷核反应堆中，堆芯的输出功率能力受到沸腾临界的限制。而绝大部分情况下，在反应堆内出现的沸腾临界是 DNB。因此，对于反应堆热工设计来讲，DNB 点临界热流密度的计算十分重要。下面介绍目前在反应堆设计中常用的临界热流密度的计算关系式。

（1）W－3 关系式。

Tong 等人对动力反应堆运行参数范围的沸腾临界数据进行了分析处理。他们认为沸腾临界与关系函数 $F(x,p)$、$F(x,G)$、$F(D_e)$ 和 $F(H_{in})$ 有关。他们在确定其他参量不变的情况下，建立这些关系函数与临界热流密度之间的关系，最后得到的均匀热流密度情况下的W－3 关系式为

$$q_{crit,EU} = F(x,p) \cdot F(x,G) \cdot F(D_e) \cdot F(H_{in}) \tag{7.66}$$

式中的关系函数分别为

$$F(x,p) = [(2.022 - 4.302 \times 10^{-4} p) + (0.172\,2 - 9.84 \times 10^{-5} p) \cdot \exp(18.177 - 0.004\,129p)x](1.157 - 0.869x) \tag{7.67}$$

$$F(x,G) = (0.148\,4 - 1.596x + 0.172\,9x \mid x \mid)\left(\frac{G}{10^6}\right) + 1.037 \tag{7.68}$$

$$F(D_e) = [0.266\,4 + 0.835\,7\exp(-3.151D_e)] \tag{7.69}$$

$$F(H_{in}) = [0.825\ 8 + 0.000\ 794(H' - H_{in})] \tag{7.70}$$

式(7.67)~(7.70)中各因次的量均为英制单位,把英制单位转化为国际单位,代入式(7.66)中,经整理后得

$$q_{crit,EU} = 3.145 \times 10^6 \{(2.022 - 6.238 \times 10^{-8} p) + (0.172\ 2 - 1.43 \times 10^{-8} p) \times$$
$$\exp[(18.177 - 5.987 \times 10^{-7} p)x]\}[1.157 - 0.869x] \times$$
$$[(0.148\ 4 - 1.596x + 0.172\ 9x\,|\,x\,|\,)\frac{G}{10^6} \times 0.204\ 8 + 1.037] \times$$
$$[0.266\ 4 + 0.835\ 7\exp(-124D_e)] \times$$
$$[0.825\ 8 + 0.341 \times 10^{-6}(H' - H_{in})]F_s \tag{7.71}$$

式中,$q_{crit,EU}$ 为轴向均匀加热时的临界热流密度,W/m^2;p 为系统压力,MPa;G 为冷却剂质量流密度,$kg/(m^2 \cdot h)$;H' 为饱和水焓值,J/kg;F_s 为定位格架修正因子。

定位格架修正因子 F_s 是考虑定位格架搅浑因素对临界热流密度影响的修正系数。对于目前通常使用的蜂窝状定位格架,该修正因子可用下式计算:

$$F_s = 1.0 + 0.03\left(\frac{G}{4.882 \times 10^6}\right)\left(\frac{a}{0.019}\right)^{0.35} \tag{7.72}$$

式中,a 为定位格架的混流扩散系数,即

$$a = \frac{\varepsilon}{WP'} \tag{7.73}$$

式中,ε 为交混系数,m^2/s;W 为冷却剂轴向流速,m/s;P' 为两相邻棒间的节距,m。

当温度为 $260 \sim 300\ ℃$ 时,有 $a = 0.019 \sim 0.060$。

式(7.72)的适用范围:$G = (2.44 \times 10^6) \sim (24.4 \times 10^6)\ kg/(m^2 \cdot h)$;$p = 6.677 \sim 15.39\ MPa$;通道高度 $L = 0.254 \sim 3.66\ m$;通道当量直径 $D_e = (0.53 \times 10^{-3}) \sim (1.78 \times 10^{-3})\ m$;加热周长与湿润周长之比为 $0.88 \sim 1.0$;入口焓 $H_{in} \geqslant 9.3 \times 10^5\ J/kg$;计算点含气率 x 为 $-0.15 \sim 0.15$。

式(7.71)是根据均匀加热的实验数据整理得出的,对于非均匀加热情况,有

$$q_{crit,n} = \left(\frac{q_{crit,EU}}{F_c}\right) \tag{7.74}$$

式中,F_c 为热流密度不均匀修正因子,由下式给出:

$$F_c = \frac{c}{q_{LOC}[1 - \exp(-cL_{DNB})]}\int_0^{L_{DNB}} q(z)\exp[-c(L_{DNB} - z)]dz \tag{7.75}$$

式中,$c = 12.64(1 - x_{DNB})^{4.31}/(G \times 10^{-6})^{0.478}$,$m^{-1}$,其中 x_{DNB} 为发生沸腾临界处的含气率;L_{DNB} 为从通道入口至发生沸腾临界处的长度,m;q_{LOC} 为均匀加热时 L_{DNB} 处的热流密度,W/m^2。

如果流动通道含有不加热面,例如堆芯边缘的通道,对 W-3 公式要进行冷壁修正,使用下面的冷壁修正因子:

$$\frac{q_{crit,un\,hwall}}{q_{crit,EU}} = F_{uh} = 1 -$$
$$R_U\left[13.76 - 1.372\exp(1.78x) - 5.15\left(\frac{G}{10^6}\right)^{-0.053\ 5} - 0.017\ 96\left(\frac{P}{10^3}\right)^{0.14} - 12.6D_h^{0.107}\right]$$
$$\tag{7.76}$$

其中

$$R_U = \left(1 - \frac{D_e}{D_h}\right) \tag{7.77}$$

式中，D_h 为用通道的加热周长（不计冷壁部分）求得的当量直径：

$$D_h = \frac{4 \times 冷却剂流通截面积}{加热周长} \tag{7.78}$$

W—3 公式是在不同的实验回路上测得的几千个实验数据回归后得到的，将 W—3 公式的计算值作为横坐标，实验测量值作为纵坐标，绘出公式与数据点的符合关系，如图 7.21 所示。

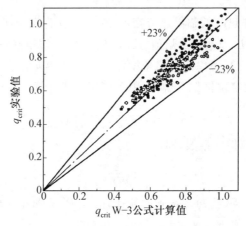

图 7.21　W—3 公式与实验点的符合情况

（2）W—2 公式。

W—3 公式中含汽率 x 的限制范围是 ±15%，当含汽率超出这一范围，一般要使用 W—2 公式。W—2 公式用加热通道内汽水混合物的焓升来计算临界热流密度，在临界热流密度下的焓升 ΔH_{BO} 用下式表示：

$$\Delta H_{BO} = H_f(z) - H_{in} = 2\,216.53 \left(\frac{H' - H_{in}}{4\,190}\right) + H_{fg}\{[0.825 + 2.3\exp(-670D_e)] \cdot$$

$$\exp\left(\frac{-0.308G}{10^6}\right) - 0.41\exp\left(\frac{-0.004\,8z}{D_e}\right) - 1.12\frac{\rho_g}{\rho_f} + 0.548\} \tag{7.79}$$

式中，z 为冷却剂通道的轴向坐标。W—2 公式的适用范围：工作压力 $p = 5.488 \sim 18.914$ MPa；质量流密度 $G = (2 \sim 12.5) \times 10^6$ kg/(m² · h)；当量直径 $D_e = 0.002\,54 \sim 0.013\,7$ m；通道长度 $L = 0.228 \sim 1.93$ m；出口含汽率 $x_{out} = 0 \sim 0.9$。

7.2.4　再湿传热

当反应堆冷却剂系统出现大破口事故时，堆芯的冷却剂会大量外泄，此时堆芯的压力和水位降低。在这种情况下堆芯应急冷却剂系统投入，将应急冷却水注入反应堆。与此同时，主冷却剂系统的水继续外流，一直到反应堆冷却剂系统的压力与安全壳大厅内的压力相平衡时为止。随后，注入堆芯的冷却水逐渐上升到燃料区并淹没堆芯，从而带出燃料的衰变热。这一过程的传热称为再湿传热，也称再淹没传热。

再湿传热的特点是从高温的固体表面到水的传热，类似于淬火过程。图 7.22 所示为再淹没过程中通道内的流动状态，以及通道壁面温度分布情况。水按一定速度从通道下端流入通道内，水与高温壁面接触时，管壁周围形成蒸汽层，随着水继续向上流动，蒸汽层会逐渐扩展，在通道中心形成液柱。在液柱的上方还有汽泡和液团的飞散流。

再湿过程中燃料元件壁温随时间的变化如图 7.23 所示。再湿初期，由于传热较弱，冷却剂不能带走全部衰变热，因此通道上部温度上升，只有下部冷却较好。经过大约 500 s，滴状流带走的热量才等于衰变热，随后膜态沸腾状态继续冷却，达到局部再湿温度为止。

在研究再湿传热中，最关心的是骤冷前沿的推进速度，因此它决定了燃料包壳表面被冷却的推进速度。骤冷前沿的推进速度与流体的特性、表面特性等多种因素有关，其过程比较复杂。这一过程的影响因素如下：① 淹没速度的影响：当进入堆芯的冷却剂流量越大，淹没速度就越快，骤冷前沿的推进速度也越快。② 应急冷却水欠热的影响：冷却水的欠热度越高，表面与冷却水的温差越大，骤冷越快。③ 注水方式的影响：实验发现，如果从反应堆的入口端和出口端同时注水，骤冷前沿的推进速度比只从入口端注水要快得多。这是由于从堆芯下端产生的

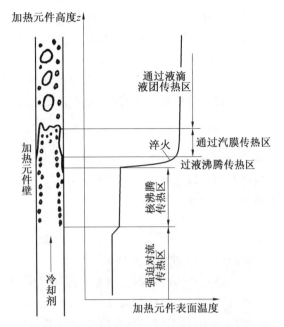

图 7.22　再淹没过程通道内的流动状态

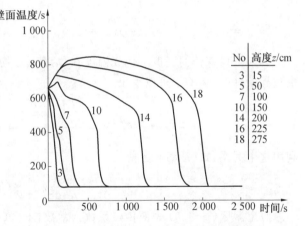

图 7.23　再湿过程燃料元件壁温随时间的变化

蒸汽到堆芯上端遇到冷却水会凝结下来，使堆芯内压力降低，从而加速了冷却水进入堆芯的过程。④ 冷却水压力的影响：当冷却剂的压力增大时，蒸汽的密度增加，这可以使未润湿区的冷却能力提高，也会使蒸汽中夹带的液滴增多，这些都会增加传热，使骤冷前沿的推进速度加快。⑤ 衰变热的影响：燃料元件产生的衰变热越多，表面的温度越高，能量平衡就越困难，骤冷前沿的推进速度就越慢。

再湿过程的传热和骤冷前沿的推进速度可利用"传导型再湿模型"来表述。该分析模型以傅里叶导热方程及壁面与冷却剂之间的传热边界条件为基础，该模型有以下的基本假设：

（1）包壳在骤冷前沿推进方向上的传热可以等效成一个厚度为 δ 的均匀无限长平板内的传热。平板的物性为常数，与温度无关。

(2) 平板的干侧（$y = 0$）是绝热的，湿侧（$y = \delta$）是被水冷却的，包壳内无热源。

(3) 在表面温度等于再湿温度 T_0 处，液体润湿壁面。再湿温度 T_0 与时间、空间无关，是一个常数。

(4) 骤冷前沿位置只在 z 方向上与时间 t 有关。

根据以上这些假设，导热微分方程简化为

$$\frac{\partial^2 T}{\partial y^2} + \frac{\partial^2 T}{\partial z^2} = \frac{1}{a} \cdot \frac{\partial T}{\partial t} \tag{7.80}$$

式中，a 为热扩散率，骤冷前沿速度 V 基本上不随时间变化，可以认为是一个常数。这样，为了处理方便可以选择一个新的坐标系 $z' = z - VT$。这个坐标的原点跟着再湿前沿移动，并以再湿前沿为原点。这样方程变为

$$\frac{\partial^2 T}{\partial y^2} + \frac{\partial^2 T}{\partial z'^2} + \frac{V}{a} \cdot \frac{\partial T}{\partial z'} = 0 \tag{7.81}$$

方程（7.81）的边界条件为

(1) $z' = -\infty$，冷却剂的温度为饱和温度，$T = T_{fs}$；

(2) $z' = +\infty$，初始壁温 $T = T_s$；

(3) $z' = 0$，壁温等于再湿温度 $T = T_0$；

(4) $y = 0$，绝热 $\dfrac{\partial T}{\partial y} = 0$；

(5) $y = \delta$，$-\kappa \dfrac{\partial T}{\partial y} = h_f(z')(T - T_{fs})$。

如果假设在任何高度上包壳温度在厚度上是均匀的，则方程（7.81）可化为一维方程，由边界条件（4）和（5）可以得出

$$\frac{\partial^2 T}{\partial y^2} = \frac{\partial}{\partial y}\left(\frac{\partial T}{\partial y}\right) = \frac{\left.\dfrac{\partial T}{\partial y}\right|_y - \left.\dfrac{\partial T}{\partial y}\right|_0}{\delta} = -\frac{h_f(z')}{\lambda \delta}(T - T_s) \tag{7.82}$$

利用这个关系，式（7.81）变成

$$\frac{d^2 T}{d(z')^2} + \frac{w}{a}\frac{dT}{dz'} - \frac{h_f}{\lambda \delta}(T - T_s) = 0 \tag{7.83}$$

假定湿区（$z' \leqslant 0$）表面传热系数为常数，干区（$z' > 0$）的表面传热系数等于零，并利用边界条件（1）（2）和（3）可以得到方程式（7.83）在湿区的解：

$$T - T_{fs} = (T_0 - T_{fs})\exp\left\{z'\left[\left(\frac{\rho^2 c_p^2 V^2}{4\lambda} + \frac{h_f}{\lambda \delta}\right)^{0.5} - \frac{\rho c_p V}{2\kappa}\right]\right\} \tag{7.84}$$

在热平衡状态下，单位时间内通过包壳表面传给水的热量等于包壳单位时间的焓降。焓降的表达式为 $\rho c_p \delta l V (T_s - T_0)$，其中 P_h 为包壳的周界长度，$P_h = \delta l$。而包壳传给水的热量为

$$\int_{-\infty}^{0} h_f P_h (T - T_{fs}) dz' = \frac{h_f P_h (T_0 - T_{fs})}{\left(\dfrac{\rho^2 c_p^2 V^2}{4\lambda^2} + \dfrac{h_f}{\lambda \delta}\right)^{0.5} - \dfrac{\rho c_p V}{2\lambda}} \tag{7.85}$$

根据式（7.85）等式右半部与焓降表达式相等的关系，可解得

$$V^{-1} = \rho c_p \left(\frac{\delta}{h_f \kappa}\right)^{0.5} \frac{(T_s - T_{fs})^{0.5}(T_s - T_0)^{0.5}}{T_0 - T_{fs}} \tag{7.86}$$

如果骤冷前的壁温很高，致使 $T_s - T_{fs} \gg T_0 - T_{fs}$，则 $T_s - T_{fs} \approx T_s - T_0$，这时式(7.86)简化为

$$V^{-1} \approx \rho c_p \left(\frac{\delta}{h_f \kappa} \right)^{0.5} \frac{T_s - T_0}{T_0 - T_{fs}} \tag{7.87}$$

式(7.87)表明，再湿前沿速度的倒数与初始温度呈线性关系。这些已被许多实验所证实。式(7.86)隐含一个不合理的成分，用该式拟合实验数据时，导出的表面传热系数为 10^6 W/(m² · K) 的量级，表面传热系数如此之大是不合理的。

为了得出更完善的解，后来许多人采用了表面传热系数 $h_f(z)$ 随位置变化的假设。为了适应这种做法，需要求出方程的一般解。方程(7.83)写成下列无因次形式：

$$\frac{\mathrm{d}^2 \theta}{\mathrm{d} \eta^2} + Pe \frac{\mathrm{d} \theta}{\mathrm{d} \eta} - Bi \theta = 0 \tag{7.88}$$

式中，$\theta = \dfrac{T - T_{fs}}{T_0 - T_{fs}}$；$\eta = \dfrac{z'}{\delta}$；$Bi = \dfrac{h_f(z')\delta}{\kappa}$；$Pe = \dfrac{V\delta}{\alpha}$，$\alpha = \dfrac{\lambda}{\rho c_p}$。边界条件变成 $\eta = -\infty, \theta = 0$；$\eta = +\infty, \theta = \theta_s = \dfrac{T_s - T_{fs}}{T_0 - T_{fs}}$；$\eta = 0, \theta = 1$。方程(7.88)的解一般为

$$\theta = A\exp\left(-\nu Pe \frac{\eta}{2}\right) + B\exp\left(-\beta Pe \frac{\eta}{2}\right) \tag{7.89}$$

式中，A、B 为常数，而

$$\nu = 1 - \left(1 + 4 \frac{Bi}{Pe^2}\right)^{0.5} < 0 \tag{7.90}$$

$$\beta = 1 - \left(1 + 4 \frac{Bi}{Pe^2}\right)^{0.5} > 0 \tag{7.91}$$

这个解对于 $Pe < 1$ 和 $Bi < 1$ 是可信的。在利用方程的这种解法时，一般把包壳沿轴向分成几个区域，合理地选用每一个区域的表面传热系数，分段求解热传递微分方程，然后通过轴向热流密度连续的条件和各段间边界上温度连续的条件将各区的解联立起来。

在用以上方法求解再湿前沿速度时，把再湿温度作为已知参数。实际上这一温度是比较难确定的量，因为表面骤冷是一个很快的瞬态过程，再湿温度不容易测准。目前虽然也有一些理论，但还不通用，实验数据之间也存在一定的分歧。但一般的实验结果认为，在低压下($p \leqslant 4$ MPa)，再湿温度 T_0 大约比饱和温度高 100 ℃；而在高压下，再湿温度 T_0 大约比饱和温度高 20 ～ 100 ℃。

7.3　对流换热理论在内燃机动力工程中的应用

7.3.1　气缸内的热流

随着内燃机不断向强化、增压方向发展，内燃机热负荷问题越来越引起人们的重视。由于强化、增压后气缸内每循环燃烧燃料量急剧增加，从而单位气缸容积的热量显著增加，同时气缸中的温度和压力也随之急剧升高，因而组成燃烧室的受热零件热负荷显著增加。这就成为内燃机强化，特别是高增压内燃机的技术关键。为此要从受热零件结构设计、材料上研究如何使这些零件能承受这样高的热负荷；要研究这些零件的传热规律，如何由高温热源向受热零件散热；受热零件的热状态以及受热零件的热量如何向较低温度的热源散热。除

此以外,在研究内燃机的工作过程时,还需要研究气缸中传热的规律。因此研究内燃机热负荷必须要研究内燃机气缸内的传热规律。

内燃机气缸内的传热过程是一个复杂的过程,内燃机在一个工作循环中吸气、压缩、燃烧膨胀、直到排气过程,气体向壁面的传热过程有很大差异。在吸气过程中气缸内吸入新鲜空飞,其温度比壁面温度低,这时零件壁面将热量传给吸入的气体;在压缩过程开始时仍然是零件壁面向气体放热;随着压缩过程的继续进行,气缸中的气体温度不断升高,反过来气体向壁面放热。而在这些过程中气体在气缸中产生强烈的涡流运动,形成了复杂的受迫对流换热;而后进入燃烧膨胀过程,在这过程中产生高温燃气,此时除了受迫对流放热外,还伴随有气体辐射和火焰辐射,形成了更复杂的燃气向壁面的放热过程;最后进入排气过程,由于废气温度总是比壁面温度高,故仍然是气体向壁面的放热。综上所述,内燃机气缸内的传热是对流放热和辐射放热综合的周期性变化的过程,对于某一特定稳定工况下,其传热量也是做周期性变化的。

对于内燃机气缸内的对流换热和辐射换热的一些细节至今尚未完全掌握。从对流换热方面来看,气缸内气体运动是处于湍流状态下的流动,它是属于受迫对流换热问题。关于气体流动过程曾采用内燃机倒拖法、气线风速仪以及用表面热电偶法等测定气缸内气体流速的流场,但是对于进气后气缸内的整个气体流动结构、湍流的强度和模型、燃烧过程本身所引起的附加湍流等都还没有获得根本解决。另外,在湍流情况下在壁面附近将形成边界层,它对传热过程起着决定性的影响,但对于气缸内边界层的发展过程尚未搞清,在气缸内流动与典型的管内流动不同,大尺度的湍流可能周期性地破坏边界层,从而引起换热系数的增加,因而增加了内燃机受热零件的热负荷。除此以外,气缸内对流换热在一定程度上还受到燃烧室中附加空气运动的影响,如在压缩过程中活塞顶上燃烧室区域内的挤压涡流,分割式燃烧室在膨胀过程中气流喷出时的附加涡流,燃烧室区域内温度分布不均匀所产生的附加气体流动等。从辐射传热方面来看,要精确计算气体辐射则必须要知道燃烧产物的瞬时浓度,要确定火焰辐射的强度则必须要知道碳粒的浓度、火焰的相对容积以及燃烧周期,这些问题都有待于进一步研究解决。

气缸内的热流可通过下列方法求得。

根据牛顿冷却公式:

$$\Phi = h_{gm} A (T_g - T_w) \tag{7.92}$$

式中,Φ 为通过气缸内组成燃烧室的受热零件瞬时所传出的总热量,W;h_{gm} 为燃气到受热零件壁面的平均换热系数,$W/(m^2 \cdot K)$;T_g 为气体温度,K;T_w 为零件壁面平均温度,K;A 为燃烧室总面积,m^2。除了在燃烧过程外燃烧室内各处温度都比较均匀,燃烧时由于火焰前锋扩展和油气混合不均匀,使燃烧室内各处差别很大,如燃烧时局部温度峰值为 2 800 K,而平均温度一般不会高于 2 000 K,计算时若考虑此项温度差则使计算十分复杂,但还是存在误差,因而通常用状态方程来求气体温度。有关燃烧室总面积的算法目前有两种看法,一种意见是仅指受到燃气直接作用的表面积,另一种意见认为必须考虑活塞顶部以上部分余隙表面积。由于余隙中的气体流速较低,因而在该区域的换热系数在燃烧期间为燃烧室换热系数的 25%,而在非燃烧期仅为 40%,因而在计算余隙放热系数时采用两种工况的折中值即 30%,故燃烧室总面积 $A = A_B = 0.3 A_F$(A_B 为除余隙外的燃烧室表面积,A_F 为余隙表面积)。

内燃机在稳定工况下一个循环内燃气向壁面换热的平均热流量可按下式计算：

$$q = \frac{1}{\tau_0} \int_0^{\tau_0} h_g (T_g - T_w) \mathrm{d}\tau = \frac{1}{\tau_0} \int_0^{\tau_0} h_g T_g \mathrm{d}\tau - \frac{1}{\tau_0} \int_0^{\tau_0} h_g T_w \mathrm{d}\tau \tag{7.93}$$

式中，q 为气体向壁面换热单位面积的平均热流量，W/m^2；h_g 为气体向壁面传热的瞬时表面传热系数，$W/(m^2 \cdot K)$；T_g 为气体的瞬时温度，K；T_w 为与气体相接触的受热壁面瞬时温度，K；τ 为一个循环开始到某瞬时的时间，s；τ_0 为每一个循环的时间，s。

在一个循环中燃气的平均温度 T_{gm} 可以用一个循环内的积分平均值求得

$$T_{gm} = \frac{1}{\tau_0} \int_0^{\tau_0} T_g \mathrm{d}\tau \tag{7.94}$$

同理，在一个循环中的平均放热系数 h_{gm} 可以用一个循环内的积分平均值求得

$$h_{gm} = \frac{1}{\tau_0} \int_0^{\tau_0} h_g \mathrm{d}\tau \tag{7.95}$$

在一个循环内壁面温度变化幅度不大，同时其温度比燃气温度要低得多，故可取其为一平均值 T_{wm}，则式(7.93)可化为

$$q = \frac{1}{\tau_0} \int_0^{\tau_0} h_g T_g \mathrm{d}\tau - T_{wm} \frac{1}{\tau_0} \int_0^{\tau_0} h_g \mathrm{d}\tau = (h_g T_g)_m - h_{gm} T_{wm}$$

$$= h_{gm} \left[\frac{(h_g T_g)_m}{h_{gm}} \right] - h_{gm} T_{wm} = h_{gm} (T_{res} - T_{wm}) \tag{7.96}$$

式中，T_{res} 为以热流量为基础的综合平均燃气温度，$T_{res} = \dfrac{(h_g T_g)_m}{h_{gm}}$，$K$。

从上面推导可知，以时间为基础的平均温度 T_{gm} 并不等于以热流量为基础的综合平均温度 T_{res}，一般来说后者比前者要高。式(7.96)是计算气体与壁面传热的基本方程。

从式(7.96)可见，若要求得热流量 q，则先应测得壁面平均温度 T_{wm}，求得综合平均燃气温度 T_{res} 和平均放热系数 h_{gm}。

求综合平均燃气温度 T_{res} 可先从气缸内燃气瞬时温度 $T_g(\varphi)$ 入手，它可从示功图 $p - \varphi$ 图换算成 $T - \varphi$ 图，或直接测量瞬时气体温度取得；求平均放热系数 h_{gm} 可先从瞬时放热系数 h_g 入手，求得 $h_g - \varphi$ 图，然后将 $T - \varphi$ 和 $h_g - \varphi$ 图中每一对应转角的乘积求得 $(h_g T_g) - \varphi$ 图，从而解出 $(h_g T_g)_m$ 和 T_{res}。如图 7.24 所示计算实例。

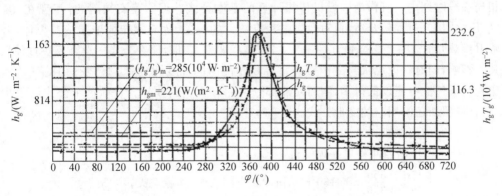

图 7.24　从示功图计算 h_{gm}、$(h_g T_g)_m$ 的实例

7.3.2　瞬时换热系数 h_g 基本公式的现状和研究

从20世纪开始就进行了内燃机瞬时换热系数 h_g 的研究工作,但至今尚未得到一个完整通用的规律性结论公式。综合多年研究可归纳为两类,一类是以努塞尔特(Nusselt)公式为基础的基本公式;另一类是以相似准则数为基础的基本公式。

1. 以努塞尔特公式为基础的基本公式

(1) 努塞尔特(Nusselt)公式(1923年)。

1923年努塞尔特在直径为200 mm和600 mm燃烧弹中进行大量实验。实验时将空气和一氧化碳供入燃烧弹中混合用电火花点燃。这时燃烧弹中气体压力和温度迅速升高,燃烧完毕后压力和温度下降,在整个过程中将热量传给燃烧弹表面,燃烧弹内表面开始镀铯而后煮黑,通过这过程来考察其辐射热量部分。通过实测和分析得知,其传热量系由对流换热和辐射换热两部分组成。其公式为

$$h_g = \frac{0.421}{T-T_w}\left[\left(\frac{T}{100}\right)^4 - \left(\frac{T_w}{100}\right)^4\right] + 1.166\sqrt[3]{p^2 T}(1+1.24G_m) \tag{7.97}$$

在分析辐射换热影响时根据实验结果取系数为0.362,后换算成国际单位为0.421 9。

在分析对流换热影响时取

$$h_g = 0.022\,8Tp_0^{2/3} \tag{7.98}$$

压力 p_0 为放热终了时的压力,取气体密度为1.44 kg/m³,气体常数为24.04 J/(kg·K),则得

$$h_g = 0.994\,67\sqrt[3]{p^2 T} \tag{7.99}$$

换算为国际单位后得

$$h_g = 1.166\sqrt[3]{p^2 T} \tag{7.100}$$

另外,气体运动将强化对流换热,在这里通过活塞平均速度来表征,采用线性关系

$$f(C_m) = 1 + CC_m \tag{7.101}$$

当活塞平均速度 $C_m \leqslant 5$ m/s时,常数 C 取1.24,这一常数与当时内燃机的活塞平均速度是相当的,当时活塞平均速度仅为3.6 m/s。

上述公式考虑了对流和辐射两部分换热,确立了瞬时换热系数的基本公式,式(7.101)在相当一段时期内一直作为内燃机传热计算的基本公式。但它是有缺陷的,表现在:① 对进气、压缩、排气过程较合适,但对燃烧过程有较大的偏差,因它假定周壁是绝对黑体,夸大了辐射换热量;② 两个燃烧弹直径相差3倍,体积要差27倍,而在公式中没有反映直径尺度对其的影响,同时在内燃机气缸中燃烧室容积是随时间而变化的;③ 燃烧弹中的气体速度要比内燃机气缸中速度低得多,因而对流部分换热有一定的差异。目前这个公式已很少采用,只有俄罗斯还沿用它的变形公式。

实验研究的内燃机:

①Clerk:单作用四冲程奥托煤气机。

$$\frac{s}{d} = \frac{559}{356}, n = 160\text{ r/min}, Ne = 45\text{ kW},外源点火,\varepsilon = 5.4$$

②Nagel:单作用二冲程柴油机。

$$\frac{s}{d} = \frac{1100}{680}, n = 85 \text{ r/min}, Ne = 1200 \text{ kW}, \text{压燃式}$$

③Raftopoulos：单作用四冲程柴油机。

$$\frac{s}{d} = \frac{600}{425}, n = 180 \text{ r/min}, Ne = 63.75 \text{ kW}, \text{压燃式}$$

以上各式中，s 为活塞行程；d 为缸径；n 为转速；Ne 为功率。

(2) 伯利林格公式(Briling)(1931 年)。

Briling 根据他在内燃机中实验基础上提出对努塞尔特公式进行修正。他认为努塞尔特公式对流换热部分对活塞平均速度影响项估计过高，他将活塞平均速度 C_m 前的系数加以修正而略去辐射换热这一项，用来求取较高转速的内燃机放热系数。

$$h_g = 1.166 \sqrt[3]{p^2 T}(d + 0.185 C_m) \tag{7.102}$$

式中，d 为修正系数，对柴油机取 2.45，对汽油机取 1。

实验研究的内燃机：

① 四冲程单缸柴油机。

$$\frac{s}{d} = \frac{460}{310}, n = 220 \text{ r/min}, Ne = 30 \text{ kW}$$

② 四冲程单缸柴油机。

$$\frac{s}{d} = \frac{600}{400}, n = 170 \text{ r/min}, Ne = 52.5 \text{ kW}$$

③ 四冲程 12 缸汽油机。

$$\frac{s}{d} = \frac{178}{127}, n = 1\,850 \text{ r/min}, Ne = 337.5 \text{ kW}$$

(3) 伯虑斯哥夫(Brysgow) 公式(1937 年)。

伯虑斯哥夫在不同形式内燃机实验基础上对 Briling 公式再进行修正：

$$h_g = 1.166 \sqrt[3]{p^2 T}(d' + 0.185 C_m) \tag{7.103}$$

式中，当采用分割式燃烧室时 $d' = 0.45$。

实验研究的内燃机：

① 四冲程柴油机。

$$\frac{s}{d} = \frac{190}{140}, n = 800 \text{ r/min}, Ne = 11.25 \text{ kW}, \text{预燃式}, \varepsilon = 13 \sim 16$$

② 四冲程柴油机。

$$\frac{s}{d} = \frac{140}{100}, n = 1100 \text{ r/min}, Ne = 7.5 \text{ kW}, \text{空气式}, \varepsilon = 12.7$$

(4) 文泰思(Van Tyen) 公式(1959/1962 年)。

文泰思公式发表在 1959 年国际内燃机会议上，他建议在 Nusselt 公式的基础上将活塞平均速度加修正值，取

$$f(C_m) = 3.19 + 0.885 C_m \tag{7.104}$$

由式(7.104)可见 $f(C_m)$ 仍为线性函数，且其斜率较大，基本上与 Nusselt 公式较接近，但当活塞平均速度 $C_m = 0$ 时，即在启动工况则比 Nusselt 公式高，这就比较符合实际，该公式称为 Van Tyen 公式。

Van Tyen 在 1962 年发表了 Van Tyen 公式，他是将 Nusselt 公式与爱依舍勃（Eichelberg）公式进行对比分析，根据整个过程 p、T 的函数关系得

$$\frac{\int_0^{360} f(p,T)_{Ei} \mathrm{d}\varphi}{\int_0^{360} f(p,T)_{Nu} \mathrm{d}\varphi} = 1.95 \tag{7.105}$$

在公式中 $f(p,T)_{Nu} = \sqrt[3]{p^2 T}$，而 Eichelberg 公式中 $f(p,T)_{Ei} = \sqrt{pT}$；而活塞平均速度的影响在 Nusselt 公式中 $f(C_m)_{Nu} = 1 + 1.24 C_m$，而在 Eichelberg 公式中为 $f(C_m) = 2.47 \sqrt[3]{C_m}$。这样便得

$$h_g = 1.95 \sqrt[3]{p^2 T} \times 2.47 \sqrt[3]{C_m} = \sqrt[3]{p^2 T} \times 4.81 \sqrt[3]{C_m} \tag{7.106}$$

这样变换即在 Nusselt 公式对流换热部分基础上乘以 $4.81 \sqrt[3]{C_m}$，即

$$h_g = 1.166 \sqrt[3]{p^2 T} \times 4.81 \sqrt[3]{C_m} \tag{7.107}$$

该公式对活塞平均速度 C_m 的影响引用了一个指数的关系，当 $C_m \leqslant 6$ m/s 时与 Van Tyen 公式相接近，而当 $C_m > 6$ m/s 时曲线就比较平坦一些，适用于较高转速。

实验研究的内燃机：

在 7 台不同形式，缸径为 $300 \sim 750$ mm，转速为 $47 \sim 700$ r/min，活塞平均速度为 $5.7 \sim 8.6$ m/s 柴油机中进行。

（5）Eichelberg 公式（1939 年）。

Eichelberg 在 1939 年直接在一台大型二冲程柴油机测量的基础上提出了一个与 Nusselt 公式在一定程度上相似的公式，他首先提出用直接测量壁面温度波动方法来反求瞬时放热系数，后来由赫格（Hug）用较好的测量仪表完成了这项工作。其基本公式为

$$h_g = 2.47 \sqrt[3]{pT} \sqrt[3]{C_m} \tag{7.108}$$

在此式中考虑辐射影响 T 的方次取得较大，而对活塞平均速度的影响用 $1/3$ 方次。当时用的是低速内燃机还比较合适，但应用在高速机就显得偏低。同时考虑到在 $1923 \sim 1939$ 年内燃机飞跃发展除了温度影响方次改变外，其前面系数改取 2.1，改为国际单位后为 2.47。由于该公式比较简便，一般适用性也较好，因此至今还在欧美国家低速机中广泛采用。

实验研究的内燃机：

① Eichelberg。

二冲程柴油机 $\dfrac{s}{d} = \dfrac{1\ 060}{600}$，$n = 100$ r/min，$Ne = 1\ 012.5$ kW，空气喷射式

② 索尔兹曼（Salzmann）。

四冲程柴油机 $\dfrac{s}{d} = \dfrac{420}{280}$，$n = 211$ r/min，$Ne = 30.75$ kW，直喷式

③ 赫格（Hug）。

二冲程柴油机 $\dfrac{s}{d} = \dfrac{460}{380}$，$n = 300$ r/min，$Ne = 675$ kW，$\varepsilon = 13.5$

（6）佛劳姆（Pflaum）公式（1960/1963 年）。

Pflaum 在四冲程增压柴油机上进行大量实验研究，在此基础上提出一个反映更多影响

因素的公式：

$$h_g = f_1(p,T) f_2(C_m) f_3(p_k) f_4(d) \tag{7.109}$$

式中

$$f_1(p,T) = p^{0.5} T^{0.5} \tag{7.110}$$

$$f_2(C_m) = 6.2 - 5.2 \times 5.7^{-(0.1C_m)^2} + 0.025C_m \tag{7.111}$$

$$f_3(p_k) = 2.71 p_k^{0.25} \text{（对活塞和缸盖）} \tag{7.112}$$

$$f_3(p_k) = 0.95 p_k^{0.68} \text{（对缸套）} \tag{7.113}$$

　　式(7.112)和式(7.113)中活塞、缸盖与缸套取用不同的值是通过实验发现向缸壁的放热系数约为向缸盖和活塞放热系数的1/5。这是由于缸壁上有一层润滑油，它的热阻很大；同时燃烧气流对两种表面有较大的差别，如向缸壁散热的辐射部分仅占全部的4%～12%，而向缸盖和活塞散热的辐射部分占15%～50%。一般来说，增压后内燃机的热负荷显著增加，从而使换热系数 h 增加，从这种观点出发考虑增压度的修正公式是正确的，但不够全面，因在式(7.109)中 $f_1(p,T)$ 已反映了增压的影响，增压后虽多喷油而热负荷增加，但进气空气量也相应增加，过量空气系数不会显著下降，而在公式中过分强调了增压的影响，故按 Pflaum 公式所计算得的瞬时放热系数偏高。

　　式(7.111)中对气体流速的影响认为应比 Eichelberg 公式要大一些，在这里引用 $f_2(c_m) = 6.2 - 5.2 \times 5.7^{-(0.1C_m)^2} + 0.025C_m$ 复合指数来表示，它与 Eichelberg 公式的不同点是：首先原始点不是零而是"1"。在内燃机起动时活塞平均速度 $C_m = 0$，当时气缸内突爆性燃烧气缸中的温度和压力都相当高，并且有一定的气体运动速度，因而实际上是存在相当量的对流换热，从这一点讲该式是合理的。而在 Pflaum 公式系复合指数，该曲线有一拐点(图7.25)，在拐点前曲线斜率较大，而在 $C_m = 6.3$ 处与 Eichelberg 公式相交。但应注意 Pflaum 的实验机是预燃式柴油机，它的燃气流功速度很高，这也就是 Pflaum 公式所得的结果较高值的另一原因。

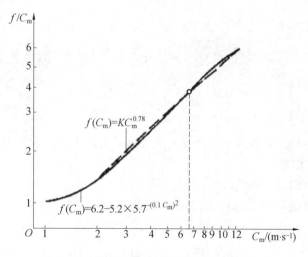

图 7.25　E_i 与 P_f 公式中 $f(C_m)$ 关系曲线

　　式(7.109)中尺寸因素的影响引入一个气缸直径因素 $f(d) = \left(\dfrac{d_0}{d}\right)^{0.25}$，由于实验机的 $d_0 = 0.15$，$f(d) = 0.62 d^{-0.25}$，这表明随着气缸直径增加放热系数减小，这是通过相似理论管

道对流换热导出的 -0.25 指数。

实验研究的内燃机：

①DB 四冲程柴油机。

$$\frac{s}{d}=\frac{190}{150},n=500\sim1\,000\ \text{r/min},Ne=6.75\ \text{kW},\varepsilon=16,预燃式$$

②MWM 四冲程柴油机。

$$\frac{s}{d}=\frac{180}{140},n=1\,500\ \text{r/min},四缸$$

③OM636 四冲程柴油机。

$$\frac{s}{d}=\frac{100}{75},n=3\,100\ \text{r/min},四缸$$

2. 以相似准则为基础的基本公式

以相似准则为基础研究管道中的对流换热，应用到内燃机气缸中得

$$Nu=f(Re,Pr,d/l) \tag{7.114 a}$$

式中，Re、Pr 数中的长度尺寸 L 现用缸径 d 表示；d/l 为尺寸因素。

式(7.114a)可改写为

$$Nu=CRe^n\,Pr^m\,(d/l)^p \tag{7.114 b}$$

对气缸中工质来说随温度变化，Pr 数变化很小，在 $0.708\sim0.759$ 之间，故可取 $Pr=$常数，则式(7.114b)可简化为

$$Nu=CRe^n \tag{7.114 c}$$

根据大量研究表明，指数 n 在 $0.6\sim0.8$ 范围内变化。若将式(7.114c)展开则得

$$\frac{hd}{\lambda}=c\left(\frac{\rho Vd}{\mu}\right)^n \tag{7.115 a}$$

$$h=c\lambda d^{n-1}\rho^n V^n\mu^{-n} \tag{7.115 b}$$

根据物性参数

$$\lambda=k_1 T^{m_1},V=aC_m,\mu=k_2 T^{m_2},\rho=\frac{p}{gRT}$$

代入式(7.115b)则得

$$h=\frac{ck_1k_2}{gR}T^{m_1-m_2n-n}p^n(aC_m)^n d^{n-1}=kT^{m_3}p^n d^{n-1}C_m^n=f(p,T,d,C_m) \tag{7.116}$$

由式(7.116)可见，由相似准则所导出的放热系数公式所包含的主要参数是与 Nusselt 公式为基础的公式相类似。

(1) 爱尔塞尔(Elser)公式(1954 年)。

Elser 是第一个采用相似准则无因次量来描述内燃机气缸中的不稳定传热。它在二冲程和四冲程内燃机中用改进的测量仪表，采用无因次的 Nu 和 Pr 数表示为

$$Nu=6.5(1+0.5\frac{\Delta s}{c_p})(Re\cdot Pr)^{1/2} \tag{7.117 a}$$

经过转换得放热系数：

$$h=6.5\sqrt{\frac{C_m\lambda c_p\rho}{s}}\left(1+0.5\frac{\Delta s}{c_p}\right) \tag{7.117 b}$$

式中,s 为活塞行程;C_m 为活塞平均速度;λ、c_p、ρ 为气体与壁面之间纯空气在平均温度时的物性参数值;$\dfrac{\Delta s}{c_p} = \dfrac{\text{工作过程中熵的增量}}{\text{纯空气的比热容}} = \ln \dfrac{T}{T_0} - \dfrac{x-1}{x} \ln \dfrac{p}{p_a}$,其中 x 为在温度为 T 时纯空气的绝热指数,p_a、T_0 为压缩开始时气体状态参数。

将式(7.117a)中用 p_a、T_0 函数代入,则有

$$f(p,T)_{El} = \sqrt{\frac{p^n}{T^m}} \left[1 + 0.5(\ln \frac{T}{T_a}) - \frac{x-1}{x} \ln \frac{p}{p_a} \right] \tag{7.118 a}$$

式中,$\sqrt{\dfrac{p^n}{T^m}} = p0.5^n T^{-0.5m}$,通过 $Pe = RePr = \dfrac{vd}{a}$ 而求得。在该式中温度指数出现了负数,而前面以 Nusselt 公式为基础的公式都是正指数。式中对数部分是从 $\dfrac{\Delta s}{c_p}$ 中得出的。其值随温度升高而增高,随压力升高而降低,这样两方面作用是否会导致一个正指数,那就取决于当时的 n、m、p、T 值。

将式(7.118a)的 p、T 函数进行简化得

$$f(p,T)_{El} = f_1(p,T) f_2(p,T) \tag{7.118 b}$$

最后为了便于式(7.118b)在内燃机中应用,而将其做成整个压缩和燃烧过程的 f_1、f_2 图(图7.26)。

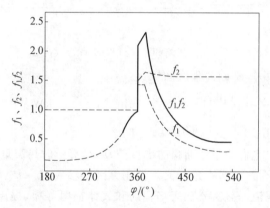

图 7.26　压缩和膨胀过程的 f_1、f_2 图

Elser 的表达式与它在二冲程柴油机上所做的实验相当吻合,但与四冲程柴油机测量结果有较大的差别。

实验研究的内燃机:

① 二冲程柴油机。与 Hug 用的柴油机相同。

② 四冲程柴油机。

$$\frac{s}{d} = \frac{500}{390}, n = 300 \text{ r/min}, Ne = 450 \text{ kW}, \varepsilon = 12.76, \text{直喷式}$$

(2)奥古里(Oguri)公式(1960 年)。

Oguri 在 Elser 公式的基础上用表面热电偶测量了一台小型四冲程汽油机的瞬时壁面温度波动,他同意 Elser 公式,并发展了一个更精确的公式,即

$$Nu = 1.75 \left(1 + \frac{\Delta s}{c_p} \right) [Re \cdot Pr]^{1/2} [2 + \cos(\varphi - 20°)] \tag{7.119}$$

式中，φ 为从上止点开始算起的曲轴转角。

Oguri 公式与 Elser 公式相比较有 3 个不同点：① 常数项从 6.5 减小到 1.752；② 增加一项余弦函数，该函数在活塞位移时可在 $1 \sim 3$ 之间变化，当 $\varphi = 20°$ 时达最大值，即在燃烧过程时取较高值，这样使 Elser 公式的常数 6.5 变成在 $1.75 \sim 5.25$ 之间变化；③ 去掉对数部分中的系数 0.5，因而增强了 p、T 函数之间相互影响作用。

Oguri 公式与 Elser 公式相似，用 p、T 函数表示为

$$f(p,T)_{Og} = f_1(p,T)f_2(p,T)f_3(\cos \varphi) \tag{7.120}$$

最后作成 f_1、f_2、f_3 图（图 7.27），从图可见在燃烧过程时加大了 p、T 的作用，这是符合实际的。

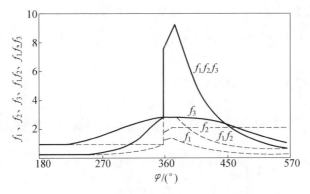

图 7.27　压缩和膨胀过程的 f_1、f_2、f_3 图

实验研究的内燃机 —— 四冲程汽油机：

$$\frac{s}{d} = \frac{140}{114.3}, n = 850 \text{ r/min}, Ne = 4.5 \text{ kW}, 单缸$$

（3）奥弗比（Overbye）公式（1960/1961 年）。

Overbye 用表面热电偶测量壁面瞬时温度波动，计算瞬时热流量，利用电子计算机进行数据处理，实验是在一台汽油机上进行的。他用无因次参数 N_0^*、P^*、Pe 来表征传热参数。在公式中考虑到进气涡流、燃烧涡流、火焰辐射和气体辐射等项，提出了传热的无因次表达式：

$$Nu_0^* = f(p^*, Pe) \tag{7.121}$$

通过实验得

$$\frac{1}{3\,600}Nu_0^* = Pe \times 10^{-4}(0.26p^* - 0.035) + 0.1p^* - 0.02 \tag{7.122}$$

式中，Nu_0^* 为无因次传热，$Nu_0^* = \frac{sq}{\lambda T_0}$；$Pe = RePr = \frac{sc_m\rho c_p}{\lambda}$；$p^*$ 为气体压力的无因次式，$p^* = \frac{p}{p\varepsilon}$；$s$ 为活塞行程；p 为工作过程中工质的压力；ε 为压缩比。

最后整理得热流量公式为

$$q = \frac{\lambda T_a}{s}[0.36Pe(0.26p^* - 0.035) + 72(5p^* - 1)] \tag{7.123}$$

这个公式看来明显是不完善的，原因是在该式中没有反映有关壁面温度。

若对式(7.123)取用适当的常数,则

$$q_{ov} = c_1 p - c_2 \tag{7.124}$$

为了与其他公式相比较而从热流量的基本公式入手,根据 $q = \alpha(T_g - T_w)$,而壁温 T_w 为一确定值 $T_w \approx c_s$。由此得 Overbye 公式放热系数的另一基本表达式为

$$h_{Ov} = \frac{q_{Ov}}{T_g - c_s} = \frac{c_1 p - c_2}{T_g - c_s} \tag{7.125}$$

实验研究的内燃机 —— 冲程汽油机:

$$\frac{s}{d} = \frac{114.3}{82.55}, n = 830 \text{ r/min}, \varepsilon = 7.8 \sim 9$$

(4) 西特凯(Sitkei)公式(1962 年)。

Sitkei 从相似准则数入手,认为放热系致由对流、气体辐射和火焰辐射 3 部分组成,并认为在传热量中主要部分(75% ~ 80%)系由湍流受迫对流传热组成,因此总传热量计算精度主要取决于对流传热计算精度。

$$h_g = h_{对流} + h_{气辐} + h_{火辐} \tag{7.126}$$

① 对流放热。

对流放热可用准则数表示为

$$Nu = C Re^n \tag{7.127}$$

Sitkei 认为指数 $n = 0.6 \sim 0.8$,在计算时可取 $n = 0.7$,将有关物性参数随 p、T 变化关系代入式(7.127),得

$$h_{对流} = b \frac{\lambda \rho^{0.7} C_m^{0.7}}{\eta^{0.7} d_e^{0.3}} \tag{7.128}$$

式中,对于一般成分气体,λ 为导热系数,取 $\lambda = 8.56 \times 10^{-5} T$, W/(m・K);$\eta$ 为气体动力黏度,取 $\eta = 3.24 \times 10^{-7} T^{0.7}$, N・s/m²;$d$ 为当量直径,$d = \frac{4V}{F} = \frac{2hD}{D+2h}$。该式适用于直喷式。

引入当量直径后说明随活塞位移而变化,在上止点时为最小值,在下止点时为最大值。表7.9 为在不同压缩比情况下当量直径的变化情况。b 为考虑开始燃烧时从燃烧室喷出附加气体涡流速度而增加的放热系数,它通过实验确定,某种程度上还随负荷增加而略有增高。在选取时可取:$b = 0.00 \sim 0.15$,统一式;$b = 0.15 \sim 0.30$,涡流式;$b = 0.25 \sim 0.40$,预热式。

表 7.9　当量直径随压缩比的变化关系

ε	6	9	12	18
ε/d	1	1	1.8	1.2
d_e	$0.706d/0.282d$	$0.692d/0.2d$	$0.797d/0.247d$	$0.718d/0.124d$
d_e 下$/d_e$ 上	2.47	3.46	3.23	5.79
d_e 指数 0.3	1.31	1.45	1.42	1.69
d_e 指数 0.2	1.20	1.28	1.26	1.42

② 辐射换热。

辐射换热可表示为

$$h_{\text{radiation}} = \frac{\varepsilon c}{T_{\text{g}} - T_{\text{w}}} \left[\left(\frac{T_{\text{g}}}{100} \right)^4 - \left(\frac{T_{\text{w}}}{100} \right)^4 \right] \tag{7.129}$$

a. 气体辐射：

$$h_{\text{气体}} = \frac{\varepsilon'_{\text{w}} \varepsilon_{\text{g}} c_{\text{o}}}{T_{\text{g}} - T_{\text{w}}} \left[\left(\frac{T_{\text{f}}}{100} \right)^4 - \left(\frac{T_{\text{w}}}{100} \right)^4 \right] \tag{7.130 a}$$

式中，ε_{g} 为气体的黑度，$\varepsilon_{\text{g}} = \varepsilon_{CO_2} + \beta \varepsilon_{H_2O} - \Delta \varepsilon$，可查有关手册图表；$c_{\text{o}}$ 为黑体的辐射系数；ε'_{w} 为壁面材料的有效黑度。

b. 火焰辐射：

$$h_{\text{火焰}} = \frac{\varepsilon'_{\text{w}} \varepsilon_{\text{f}} c_{\text{o}}}{T_{\text{f}} - T_{\text{w}}} \left[\left(\frac{T_{\text{f}}}{100} \right)^4 - \left(\frac{T_{\text{w}}}{100} \right)^4 \right] \tag{7.130 b}$$

式中，ε_{f} 为火焰的有效黑度；T_{f} 为火焰的温度。

实验研究的内燃机：

四冲程柴油机：

$$\frac{s}{d} = \frac{140}{115}, n = 1\,035 \text{ r/min}, Ne = 8.25 \text{ kW}, \varepsilon = 14.4, 单缸$$

（5）安纳德（Annand）公式（1963 年）。

Annand 在内燃机实验的基础上认为放热系数由对流和辐射放热两部分组成，他认为对流部分主要取决于 Re 数，辐射部分与温度的 4 次方成正比。故综合得

$$h_{\text{g}} = a \frac{\lambda}{d} Re^n + c \frac{\left(\frac{T_{\text{g}}}{100} \right)^4 - \left(\frac{T_{\text{w}}}{100} \right)^4}{T_{\text{g}} - T_{\text{w}}} \tag{7.131}$$

式中，a 为 $0.35 \sim 0.8$，它是随内燃机尺寸大小而变化的常数，取决于气缸中气体运动的速度，对各种内燃机都取 $n = 0.7$，在一个宽广范围内与实验数据相一致，对柴油机燃烧过程时 $c = 3.21$，对汽油机燃烧过程时 $c = 0.421$，对压缩过程时 $c = 0$；d 为气缸直径，m。

式（7.131）可简写成

$$y = a(x_1)^n + c x_2 \tag{7.132}$$

可通过实验测量来确定 y、x_1、x_2，而后计算 a、n、c。

图 7.28(a) 表示 Annand 公式计算所得瞬时热流量值与实测值和 Elser 公式进行对比，由图可见计算值与实测值相当接近；图 7.28(b) 表示与 Eichelberg 公式进行对比。

（6）伏希尼（Woschni）公式（1965/1970 年）。

Woschni 用气缸直径和活塞平均速度作为 Re 数的主要表征量，用无因次表示为

$$Nu = 0.035 Re^{0.8}$$

1965 年 Woschni 在实验机上实验测量综合得有广泛适应性的放热系数公式：

$$h_{\text{g}} = 130 d^{-0.2} p^{0.8} T^{-0.53} \left[C_1 C_{\text{m}} + C_2 \frac{V_{\text{h}} T_1}{P_1 V_1} (p - p_0) \right]^{0.8} \tag{7.133}$$

式中，在换气过程中，$C_1 = 6.18 + 0.417 \frac{C_{\text{u}}}{C_{\text{m}}}$，在压缩及膨胀过程中，$C_1 = 2.28 + 0.308 \frac{C_{\text{u}}}{C_{\text{m}}}$，在压缩及膨胀过程 C_1 较低，是考虑因内摩擦损失而减弱，其中 $\frac{C_{\text{u}}}{C_{\text{m}}}$ 为涡流比，近似取 ≈ 2.3 直喷式；$C_2 = 3.2 \times 10^{-3}$，预燃式 $C_2 = 6.2 \times 10^{-3}$。$p - p_0$ 由于燃烧而引起燃气压力升高值，开始时它从零迅速地增高而达到最大值，随后缓慢地沿膨胀线降低（图 7.29）；p_1、V_1、T_1 均为

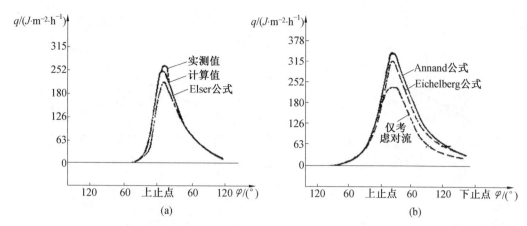

图 7.28 Annand 公式计算所得瞬时热流量计算与实测值及其 Elser 公式与 Eichelberg 公式对比

压缩始点的气体状态。

Woschni 在实验时逐个改变参数 p、T、C_m 来分别判断它们的变化对换热系数的影响,他做出相应的指数关系与所提供的公式完全一致(图 7.30),实验时还表明当完全没有组织近进气涡流时,常数 $C_1 = 6.18$。

Woschni 通过实验对辐射的影响提出异议,有的公式中对辐射的散热部分估计过高。他认为由于气缸内很高的气体流速

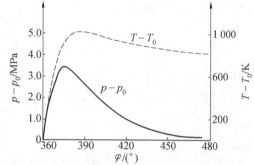

图 7.29 燃烧所引起销燃气压力升高值 $p - p_0$

和密度,从而对流部分要比辐射部分高达 10 倍,因而辐射部分可略去不计,而附加一燃烧项,它本身也已考虑了这方面的影响因素。由此可见式(7.133)方括号中第一项为活塞运动迫使气体流动,第二项为燃烧迫使燃气流动的附加项。

图 7.31 示出 Woschni 计算所得放热系数各部分所占的分量,由图可见仅在燃烧过程存在燃烧和辐射的影响,而燃烧项所占比例要比辐射部分高得多。

实验研究的内燃机:

① 四冲程柴油机。

$$\frac{s}{d} = \frac{300}{240}, n = 900 \text{ r/min}, N_e = 1303 \text{ kW}, \text{Hesselman 燃烧室}$$

② 四冲程柴油机。$\frac{s}{d} = \frac{180}{160}, n = 1200 \text{ r/min}, \varepsilon = 18 \sim 16$,预燃室与 M 型燃烧室。

(7)霍亨伯格(Hohenberg)公式(1978 年)。

Hohenberg 以管道受迫对流 Re 数为准则数根据经验式得

$$Nu = c Re^{0.8} \tag{7.134}$$

根据在内燃机中实验所得有关数据,经整理得

$$h_g = cd^{-0.2} p^{0.8} T^{-0.58} V^{0.8} \tag{7.135}$$

下面就式(7.135)的有关参数说明如下:

① $d^{-0.2}$ 是根据相似准则表示在管道壁附近质量流直径尺寸 d 对壁面流动情况的影响。

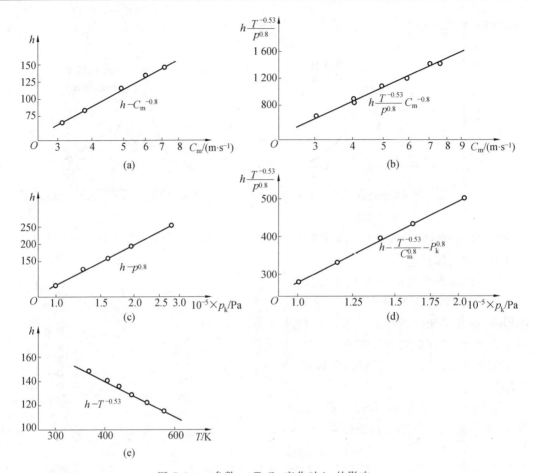

图 7.30　参数 p、T、C_m 变化对 h_g 的影响

在这里还应注意到工作时气缸容积是呈周期性变化的,从而壁部流动条件也发生周期性变化。

　　为了使该项数值能适用于各种内燃机,而引入活塞当量直径 $\bar{d}$ 的概念,它表示某一气缸容积 V 应等于该时当量直径 $\bar{d}$ 的球的体积,即

$$\bar{d} = c^3\sqrt{V}\ ,\ \bar{d}^{-0.2} = cV^{-0.06}$$

该式便能恰当地表述瞬时燃烧室尺寸大小的影响。图 7.32 表示 $V^{-0.06}$ 与曲轴转角的关系曲线。

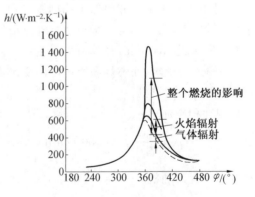

图 7.31　Woschni 所得放热系数各部分所占的分量

　　②$V^{0.8}$ 系考虑气体流动速度的影响,在前述各式可见通常用 C_m 来表示,而实际上流体流动速度是随曲轴转角和壁面流动条件呈周期性变化的,在转速一定的条件下进气过程气体运动的情况取决于进气道形状进气涡流,在压缩过程中由于气缸容积的变化而产生附加挤压涡流,在燃烧过程时由于燃烧反应进一步增强了气体速度,而在前述公式中很少能综合考虑这些影响因素。但这些影响因素是很复杂的,要建立一个把上述因素都考虑进去的计

算公式是不可能的,只能用一最佳近似项来考虑这些影响。曾用热线风速仪、激光多普勒测速仪及表面热电偶测定,根据测定结果引出了一综合式:

$$v^{0.8} = p^{0.2} T^{0.1} (C_m + C_2)^{0.8}$$

(7.136)

式中, $p^{0.2} T^{0.1}$ 为考虑与时间有关的燃烧室中气体压力和温度的影响; C_m 为活塞平均速度 m/s,随转速升高而升高; C_2 为虑到燃烧湍流对辐射传热的影响。

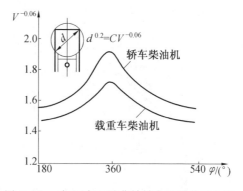

图 7.32　气缸容积随曲轴转角变化关系曲线

③ $p^{0.8} T^{-0.53}$ 为考虑换热系数随燃烧室压力的升高而增加,随燃烧室中气体温度升高而减小的影响。在第一类公式中,温度 T 的指数都是正值,而实测结果却清楚说明是负值。为了确定温度 T 的指数值,曾用测量燃烧室压力法、测量热力损耗角法、热流探针法等做过大量的实验。实验时气体初始压力和初始温度各异,气体成分也不同(有纯空气、纯废气、燃油空气混合气),表明压力指数与理论值完全一致,而温度指数要比理论上负指数稍小一些,再考虑到速度和压力方面的影响用下式表示:

$$f(p, T) = c p^{0.8} T^{-0.5}$$

(7.137 a)

式中, c 为常数。

将上述 3 项代入式(7.135)则得

$$h_g = C_1 V^{-0.06} p^{0.8} T^{-0.4} (C_m + C_2)^{0.8}$$

(7.137 b)

为了确定常数 C_1 和 C_2,曾用 4 种直喷式柴油机测量了它们的热平衡、热流量和受热零件的温度。为了保证测量结果的准确性,对每一种柴油机都取 6 台测量的结果,其偏差一般为 ±10%,空车时为±20%。将实验结果取平均值得 $C_1 = 130, C_2 = 1.4$。使用此值计算得到的是局部平均放热系数,在燃烧室中不同位置由选择不同 C_1

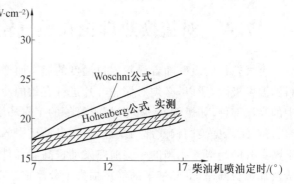

图 7.33　按 Hohenberg 公式计算值与实测值比较

值来修正,在具有进气涡流的燃烧室,其燃烧方式对 C_1 影响较小。这里所推荐的方程式,Hohenberg 认为适用于包括换气在内的各种工况。

图 7.33 表示西德本茨(Benz)(128/142)直喷式柴油机传热计算和实测结果的比较,由图可见计算值与实测值非常一致,这说明在各种工况下该公式有较高的精度。

图 7.34 表示几种不同公式计算所得热流量随负荷 p_e 和转速 n 变化的关系。由图 7.34 可见,在全负荷时 Nusselt 公式的热流量偏高;而在低负荷时 Eichelberg 公式的热流量偏低。

图 7.35 表示几种不同公式计算所得热流量随曲轴转角的变化情况。由图 7.35 可见,在压缩过程时各公式的热流量差别较小,这说明这些公式对压缩过程和燃烧膨胀的后期是

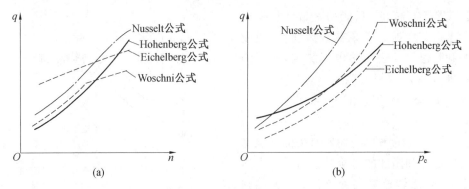

图 7.34　　几种不同公式计算所得热流量随 n、p_c 变化关系

较一致的,而在燃烧过程中有较大的偏差。

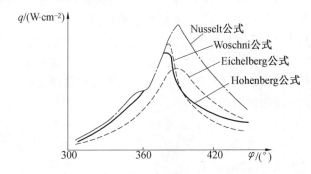

图 7.35　　不同公式计算所得热流量随曲轴转角的变化情况

7.4　对流换热理论在燃气轮机动力工程中的应用

　　燃气轮机的效率随着涡轮入口温度的提高而增加。目前的燃气温度已经远高于叶片材料的温度极限,所以,必须对涡轮叶片进行有效的冷却才能保证涡轮正常工作。航空发动机中的高温部件,如燃烧室、涡轮、尾喷管等的工作环境非常恶劣,由此造成高温部件的可靠性差、寿命短。据美国权威部门统计,航空发动机中的故障有 60% 以上出现在高温部件,并有不断上升的趋势。我国的一些航空发动机高温部件的寿命只有几百小时,高温部件的材料费及加工费高昂,由此带来的经济损失十分严重。造成这种情况的原因,除材料和工艺水平缺陷外,一个重要的问题是人们至今还难以对高温部件的受热状态进行准确的预测,对复杂高温部件传热的机理及规律认识不足。

　　图 7.36 给出了典型涡轮叶片冷却结构。涡轮叶片上主要的冷却方式:应用在前缘和叶片中弦区的冲击冷却;应用于内部通道的扰流肋强化对流换热;应用于尾缘的扰流柱强化换热以及叶片外表面的汽膜冷却。目前人们开始对新型冷却技术进行研究:层板冷却技术,集冲击冷却、扰流柱强化换热和汽膜冷却于一体;壁面通道冷却,主要在陆用燃气轮机上应用;热管冷却是一种新型冷却技术的设想。

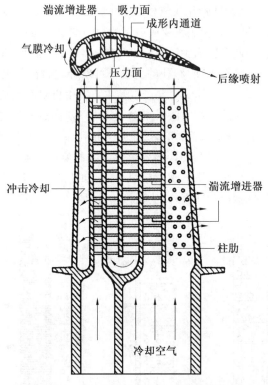

图 7.36　典型涡轮叶片冷却结构

（1）冲击冷却。

冲击冷却属于对流换热，是强化换热的一种手段。冲击冷却主要是利用高速气流冲刷被冷却表面，以达到冷却的目的。图 7.37 给出了叶片内部的冲击冷却结构，它在航空发动机中也多用于高温部件的内部，特别是涡轮叶片的前缘部位。以高速气流从内部冲刷被冷却部位，带走从另一侧燃气所吸收的热量。它的主要缺点是压力损失大，容易造成被冷却区域较大的温度梯度，引起热应力。在冷气流冲击的驻点区

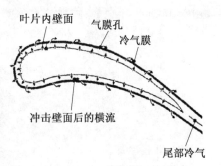

图 7.37　冲击冷却结构

壁面上有很高的换热系数，因此可以利用这种冷却方式对表面进行重点冷却。冲击冷却根据冲击流和靶面的角度可以分为垂直冲击、斜冲击和平行冲击。影响冲击冷却的主要参数是孔到靶面的距离与孔直径的比值，其原因是驻点区的边界层特别薄，换热非常强。冲击冷却主要在前缘应用，由于前缘直接受到高温燃气的冲击，通过冲击冷却可以有效地降低叶片该区域的温度，起到保护叶片的作用。

（2）内部强化对流换热。

燃气温度较低时只需要在通道内部有适量的冷气流动将热量带走就可以使叶片正常工作，随着燃气温度的提高，通道内壁面开始布置扰流肋来带走更多的热量，扰流肋的增加可以使换热增强 2 ～ 3 倍，最近叶片上主要采用的是通道内部通道扰流肋强化换热和外部汽膜冷却同时对叶片进行冷却，此时汽膜孔的出流对通道内的换热也会起到一定的影响。

　　内部强化对流换热包括扰流肋强化换热和扰流柱强化换热。图7.38、图7.39给出了这两种冷却方式的典型结构。扰流肋强化换热主要应用于叶片的中弦区,肋的结构包括方形肋、V形肋等,肋通常布置在通道平行的两个壁面上,可以交叉排,也可以顺排,肋和主流的方向可以从30°变化到90°。在有汽膜冷却的情况下,肋和孔的位置还可以分为肋在孔上游、肋在孔下游和肋在孔中间。肋间距的变化为6～15倍肋宽。肋可以使主流发生再附着流动,在肋后会形成漩涡流动,再附着流动可以显著提高换热系数。漩涡流动虽然可以使换热得到增强,但是在肋根处由于速度接近0反而使换热减弱。倾斜布置肋时,扰流肋会起到导流的作用,在带肋壁面附近会形成平行于肋方向的二次流动,从而使斜肋的换热效果比直肋的换热效果更佳。在有汽膜孔的通道中,汽膜孔的出流对内部壁面换热的影响也比较显著,肋和孔的相对位置对换热也有影响,孔在肋后,可以将肋后的低速气体抽出到通道外,从而起到强化换热的作用。

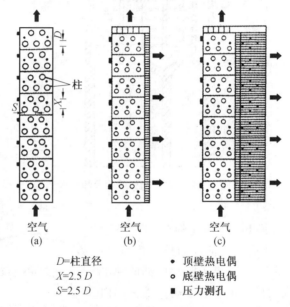

D=柱直径
X=2.5D
S=2.5D

● 顶壁热电偶
○ 底壁热电偶
■ 压力测孔

图 7.38　扰流柱冷却结构

　　(3) 汽膜冷却。

　　汽膜冷却在燃烧室和叶片上都有应用,其冷却原理如图7.40所示,从缝隙或者圆孔喷出的冷气将壁面和高温燃气隔开。在燃烧室中主要是缝隙汽膜冷却,冷气通过缝隙进入火焰筒内,并且贴服在火焰筒内壁上,将火焰筒壁和高温燃气隔开,起到保护火焰筒的作用。在涡轮叶片上,由于工艺的限制,主要是离散孔汽膜冷却。孔射流具有非常强的三维性,影响汽膜冷却特性的因素非常多。几何参数包括汽膜孔形状、孔倾角、孔方位角、孔间距等。气动参数有吹风比、动量比、密度比(温比)、湍流度、马赫数等。在汽膜冷却的基础上,发展了全汽膜冷却,即在叶片表面制成数量多而密的汽膜孔,从而形成比较均匀的冷汽膜覆盖在叶片表面。这种方式的冷却效率较高,更为重要的是可以改进叶片温度分布的不均匀性,有利于降低叶片的热应力。

　　(4) 层板冷却。

　　Colladay 提出一个理论:在燃气轮机高温部件的冷却中,为了有效利用空气,在形成汽膜之前,一定要增强内部对流换热,可以通过内部对流冷却、冲击冷却、扰流柱、肋壁等强化换热方式对叶片进行冷却。基于这种理论及全汽膜冷却形成了多层壁汽膜冷却结构。图7.41给出了层板

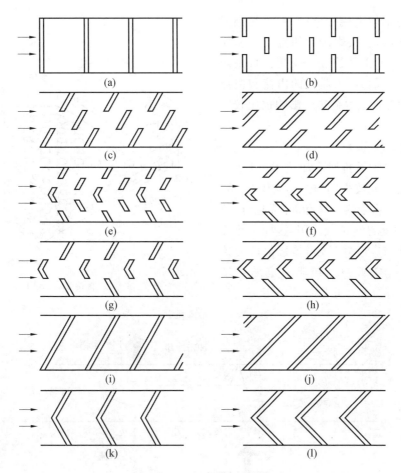

图 7.39 肋通道冷却结构

冷却的结构示意图。这种冷却方式最初应用于燃烧室火焰筒壁的冷却中,随着制造工艺特别是小孔精密铸造工艺的进步,可以在叶片内部铸造出小腔体和扰流柱等结构,也可以使这种技术应用在涡轮叶片中。多孔层板全汽膜冷却传热原理如图 7.42 所示。通过选择进气板厚度,冲击孔大小、数目以及排列方式,内部扰流柱高度、间距、类型(方形、圆形、菱形等),冲击板厚度、汽膜孔大小、数目以及排列方式等可调参数,在一定范围内优

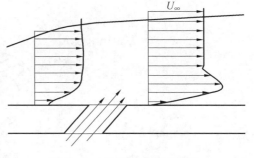

图 7.40 汽膜冷却流动原理

化参数而得到流阻、传热、加工工艺等综合性能较佳的层板。基于层板的一系列优点,国际上传热学界针对可调参数对层板换热、冷却特性和流阻的研究日益细致。

(5)壁面通道冷却。

壁面通道冷却是在汽膜冷却和通道内强化换热的基础上增加了冲击冷却,也可以说是在层板冷却的基础上去掉了扰流柱强化换热,在工艺上比层板冷却简单,比较容易实现。图 7.43 给出了这种冷却结构示意图。冲击孔和汽膜孔的位置对壁面通道内流动结构影响显著,当有内部横流存在时,壁面通道过长,会导致通道内压力分布不均匀,从而使不同汽膜孔

的出流量差别较大,甚至会发生燃气倒灌入通道内部,这会失去冷却的意义。从换热的角度看,冲击孔的位置及其数量是影响换热的主要因素,汽膜孔的出流和横流的相互作用对通道内换热的影响也比较明显。

　　(6)热管冷却。

　　热管冷却属于新型冷却技术,目前有关这方面的研究较少,具体的应用还需要一定的时间。由于热管具有极高的换热效率,可以有效地减少冷气的用量,同时热管靠液体气化来吸收热量,当热端部件的传热量增加时,热管的冷却能力也随之增强。由于热管冷却在叶片上的应用是全新

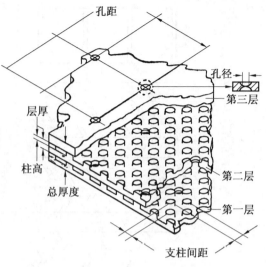

图 7.41　　层板冷却的结构示意图

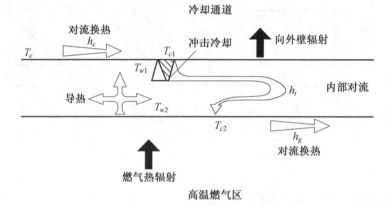

图 7.42　　多孔层板全汽膜冷却传热原理

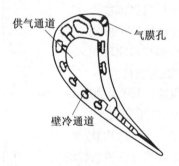

图 7.43　　壁面通道冷却结构示意图

的冷却概念,目前的研究应集中在如何实现、用什么工质来实现、热管带走的热量传递到哪里、具体对叶片的哪个部位进行冷却等。作者认为,由于叶片的前缘是传热量最高的部位,该位置是应用热管冷却的可选部位,目前的发动机主要是涡扇发动机,叶片和外涵道的距离较接近,将热量传递给外涵道容易实现,还可以对外涵道的冷气进行加热。

7.5　对流换热理论在制冷空调工程中的应用

随着人民生活水平的提高,制冷空调已经广泛进入人们生活。最近 20 年,家用空调器的尺寸在不断地缩小,所需的能耗也有所降低,这主要归功于强化传热研究的成果。我们知道,蒸气压缩式的空调器由压缩机、膨胀阀、冷凝器及蒸发器(简称两器)组成,其中两器的体积占了空调器体积的大部分。在两器中,制冷剂在管内凝结或者蒸发,空气在管外冷却或者加热制冷剂。在制冷空调设备工作过程中,是通过制冷剂在系统中各部件间循环流动来实现能量转换与传递,达到从低温热源吸热而向高温热源放热的目的。所以制冷剂的性质直接决定了设备的设计和运行。针对不同的工质和不同的换热器,有不同的求解计算方法。

7.5.1　R134a 流动沸腾换热

1. R134a 在管内流动

对于 R134a 在管内流动沸腾换热,采用较多的是 Kandlikar 模型。Kandlikar 模型关联式的表达形式如下:

$$h_{tp} = h_1 \left[C_1 (C_0)^{C_2} (25Fr_1)^{C_5} + C_3 (B_0)^{C_4} F_{fl} \right] \tag{7.138}$$

$$h_1 = 0.023 \left[\frac{G(1-x)d_i}{\mu_1} \right]^{0.8} Pr_1^{0.4} \frac{\lambda_1}{d_i} \tag{7.139}$$

$$C_0 = \left(\frac{1-x}{x} \right)^{0.8} \left(\frac{\rho_g}{\rho_1} \right)^{0.5} \tag{7.140}$$

$$B_0 = \frac{q}{rG} \tag{7.141}$$

$$Fr_1 = \frac{G^2}{\rho_1 d_i g} \tag{7.142}$$

式中:h_{tp} 为管内两相沸腾换热系数,W/(m² · K);C_0 为干度特征;h_1 为液相在管内流动的换热系数,W/(m² · K);B_0 为沸腾数;Fr_1 为液相傅汝德数;G 为制冷剂的质量流率,kg/(m² · s);x 为质量干度;d_i 为管内径 m;η_1 为液相动力黏度 Pa·s;λ_1 为液相导热系数,W/(m·K);ρ_g 为气相密度 kg/m³;ρ_1 为液相密度 kg/m³;q 为热流密度 W/m²;r 为汽化潜热,J/kg;F_{fl} 为实验值,对于 R134a 取 1.63;C_1、C_2、C_3、C_4、C_5 均为关联系数,其值取决于 C_0:当 $C_0 < 0.65$ 时,$C_1 = 1.136$,$C_2 = -0.9$,$C_3 = 667.2$,$C_4 = 0.7$,$C_5 = 0.3$;当 $C_0 > 0.65$ 时,$C_1 = 0.6683$,$C_2 = -0.2$,$C_3 = 1058.0$,$C_4 = 0.7$,$C_5 = 0.3$。

对于圆管—矩形翅片叉排管束,翅片侧的换热应用 Vampola 关联式。当管间距 S_1 大于或等于排间距 S_2 时,表面换热系数的表达形式为

$$Nu = \frac{h_0 d_e}{\lambda} = 0.215 \left(\frac{G_{max} d_e}{\eta} \right)^{0.67} \left(\frac{s_1 - d_r}{d_r} \right)^{0.2} \left(\frac{s_1 - d_r}{s_f} + 1 \right)^{-0.2} \left(\frac{s_1 - d_r}{s_2 - d_r} \right)^{0.4} \tag{7.143}$$

$$d_e = \frac{F_r d_r + F_r \sqrt{F_f/(2n_f)}}{F_r + F_f} \tag{7.144}$$

式中:h_0 为表面传热系数,W/(m² · K);d_e 为水力直径;λ 为空气的导热系数,W/(m·K);G_{max} 为最窄流通截面的质量流率 kg/(m² · s);η 为动力黏度 Pa·s;d_r 为翅根直径 m;s_f 为翅

片间距 m;F_r 为单位长度管外无翅片部分表面积,m^2;F_f 为单位长度管外翅片部分表面积 m^2;n_f 为单位长度翅片数。

管内沸腾换热系数及管外翅片侧换热系数确定后,可以采用下式确定总传热系数:

$$K_0 = \cfrac{1}{\cfrac{1}{h_{tp}} + \cfrac{F_0}{F_i} + r_b + r_0 + \cfrac{14}{h_0 \eta \xi}} \tag{7.145}$$

$$\eta_T = \frac{F_r + F_f \eta_f}{F_r + F_f} \tag{7.146}$$

式中,K_0 为总传热系数,$W/(m^2 \cdot K)$;F_0 为单位长度管外总面积,m^2;F_i 为单位长度管内面积 m^2;r_b 为接触热阻,$(m^2 \cdot K)/W$;r_0 为翅片侧污垢热阻,$(m^2 \cdot K)/W$;η_T 为翅片总效率;η_f 为翅片热效率;ξ 为析湿系数。

析湿系数 ξ 需要通过经验确定。通常蒸发温度越低,风量越小,析湿系数越大。析湿系数的取值在 1.2 ~ 1.5。对于全新风机组,有时可以达到 2.0 以上。

2. R134a、R22 等在板式换热器的应用

在大型复叠式低温制冷系统中,特别是低温侧使用载冷剂的液体冷却系统,由于板式换热器作为蒸发器具有传热效率高、体积小、质量轻、传热面积和流程组合方便等特点已被逐步采用。(讨论的低温范围:−50 ~ 120 ℃)。

对于二元复叠式低温制冷系统,高温侧制冷剂通常用 R22、R134a 等,表 7.10 为制冷系统高温侧常用制冷剂,适合在复叠式系统中使用的低温制冷剂见表 7.11。与复叠式低温制冷系统高温侧回路的传热特性相比,低温侧的制冷剂在低温换热器中所进行的传热过程具有若干与常温或高温传热特性不同的特点。目前国内外文献提供的有关低温传热的数据较少,因此低温蒸发器的选型和设计计算必须谨慎。

表 7.10　制冷系统高温侧常用制冷剂

制冷剂	饱和温度 /℃	饱和压力 /kPa
R134a	−48	32
R22	−62	33
R507(50/ 50 HFC125/ 143a)	−68	33
R717(氨)	−54	32

表 7.11　制冷系统低温侧常用制冷剂

制冷剂	饱和温度 /℃	饱和压力 /kPa
R13	−51/ −96	406/ 43
R23	−51/ −96	460/ 43
R508b(46/ 54 HFC23/ 116)	−51/ −96	569/ 64

板式换热器的基本传热方程式见式(7.1)。蒸发器的传热系数 k 为

$$k = \left(\frac{1}{h_b} + \frac{1}{h_{sc}} + R_p + R_{sc} + R_c \right)^{-1} \tag{7.147}$$

式中,h_b 为制冷剂侧换热系数,$W/(m^2 \cdot K)$;h_{sc} 为载冷剂侧换热系数,$W/(m^2 \cdot K)$;R_p 为板片热阻,$(m^2 \cdot K)/W$;R_{sc} 为载冷剂侧污垢热阻,$(m^2 \cdot K)/W$;R_c 为制冷剂侧污垢热阻,

$(m^2 \cdot K)/W$。

板式蒸发器传热计算关键在于 h_b、h_{sc} 的计算，通过以下的换热计算式可以导出复叠式低温制冷系统低温制冷剂侧和载冷剂侧的换热系数，分别为 h_b 和 h_{sc}。低温制冷剂侧的换热系数 h_b 的计算采用 Chen 推荐的将核态沸腾和强制对流换热两种传热机理相统一的关联式，由核态沸腾换热系数 h_{nb} 与强制对流换热系数 h_c 两部分叠加而成，即

$$h_b = h_{nb} + h_c \tag{7.148}$$

式中，h_{nb} 为核态沸腾换热系数，$W/(m^2 \cdot K)$；h_c 为通过液膜的两相流强制对流换热系数，$W/(m^2 \cdot K)$。

$$h_c = 0.023 \frac{\lambda_f}{D_e} \left(\frac{D_e g_f}{\mu_f}\right)^{0.8} \left(\frac{C_{pf} \eta_f}{\lambda_f}\right)^{0.4} F \tag{7.149}$$

式中，λ_f 为液体的导热系数，$W/(m \cdot K)$；D_e 为板片间通道的当量直径，m；g_f 为通道内液体的质量速度，$kg/(m^2 \cdot s)$；η_f 为液体的动力黏度，$Pa \cdot s$；c_{pf} 为液体的质量定压热容，$J/(kg \cdot K)$；F 为沸腾系数。F 是 Martinelli 无因次参数 X_{ll} 的函数：

$$F = (1 + X_{ll}^{-0.5})^{1.78} \tag{7.150}$$

$$X_{ll} = \left(\frac{g_{mv}}{g_{mf}}\right)^{0.9} \left(\frac{\rho_f}{\rho_v}\right)^{0.5} \left(\frac{\eta_v}{\eta_f}\right)^{0.1} \tag{7.151}$$

式中，g_{mv} 为每个通道液体的质量流量，kg/s；g_{mf} 为每个通道蒸气的质量流量，kg/s；ρ_v 为蒸气密度，kg/m^3；ρ_f 为液体的密度，kg/m^3；η_f 为液体的动力黏度，$Pa \cdot s$；η_v 为蒸气的动力黏度，$Pa \cdot s$。

核态沸腾换热系数 h_{nb} 采用修正后的 Foster—Zuber 公式计算：

$$h_{nb} = 0.001\,22 \left(\frac{\lambda_f^{0.79} C_{pf}^{0.45} \rho_f^{0.49} g_c^{0.25}}{\sigma^{0.5} \eta_f^{0.29} \gamma^{0.24} \rho_v^{0.24}}\right) (\Delta T)^{0.24} (\Delta p)^{0.75} S \tag{7.152}$$

式中，σ 为液体的表面张力，N/m；γ 为汽化潜热，J/kg；g_c 为换算系数，$g_c = 9.8\ m/s^2$；ΔT 为蒸发温度与壁温之差，K；Δp 为对应于 ΔT 的蒸汽压力差，Pa；S 为核态沸腾抑制系数，是局部两相流雷诺数 Re_{fp} 的函数：

$$S = \frac{1}{1 + 2.53 \times 10^{-6} Re_{fp}^{1.17}} \tag{7.153}$$

$$Re_{fp} = Re_f F^{1.25} = \frac{D_e g_f}{\eta_f} F^{1.25} \tag{7.154}$$

板式蒸发器载冷剂侧的换热是无相变的强制对流换热。对于湍流，一般的关系式为 $Nu = C_t Re^a Pr^b Vi^c$，考虑到厂商生产的典型板式换热器的形式，载冷剂侧的表面传热系数 h_{sc} 采用安德森对人字形波纹板所提出的公式：

$$Nu = 0.37 Re^{0.668} Pr^{0.333} \left(\frac{\eta_f}{\eta_w}\right)^{0.14} \tag{7.155}$$

式中，Nu 为努塞尔数；Re 为雷诺数；Pr 为普朗特数；μ_f 为流体的动力黏度（流体平均温度下的值），$Pa \cdot s$；μ_w 为流体的动力黏度（传热板壁面温度下的值），$Pa \cdot s$。

$$h_{sc} = 0.374 \left(\frac{\lambda}{D_e}\right) \left(\frac{D_e g}{\eta}\right)^{0.668} \left(\frac{C_p \eta}{\lambda}\right)^{0.333} \left(\frac{\eta_f}{\eta_w}\right)^{0.14} \tag{7.156}$$

低温蒸发器在运行中，由于制冷剂、载冷剂中含有悬浮物质或杂质，特别是制冷剂侧还含有极少量的润滑油，在管壁表面上沉积形成污垢和油膜，影响了传热。根据经验估算值，板式换热

器制冷剂侧污垢热阻 R_c 约为 0.7×10^{-4} $m^2 \cdot K/W$，载冷剂侧的污垢热阻 R_{sc} 约为 0.4×10^{-4} $m^2 \cdot K/W$。通常不锈钢板片的热阻 R_p 多半为 $(0.5 \times 10^{-4}) \sim (0.6 \times 10^{-4})$ $m^2 \cdot K/W$。

以制冷剂 R13、载冷剂 R11 举例计算，假设复叠式低温系统的蒸发温度为 -80 ℃，载冷剂的平均温度为 -72.5 ℃，经计算板式蒸发器的传热系数为 360.5 $W/(m^2 \cdot K)$，所需板式蒸发器的换热面积约为 7.8 m^2。计算值和某厂选型结果对比见表 7.12。

表 7.12　计算值和某厂选型对比

项目	制冷剂侧换热系数 /($W \cdot m^{-2} \cdot K^{-1}$)	载冷剂侧换热系数 /($W \cdot m^{-2} \cdot K^{-1}$)	总污垢热阻 /($m^2 \cdot K^{-1} \cdot W^{-1}$)	传热系数 /($W \cdot m^{-2} \cdot K^{-1}$)	换热面积 /m^2
某厂选型值	415	415	3.1	367.7	7.92
本节计算值	475.1	1 982.4	1.7	360.5	7.80

7.5.2　水平内螺纹管中的沸腾换热

1998 年 Cavallini 提出用于 R134a 在水平内螺纹管中沸腾换热系数的计算关联式，他认为从 h 定义式的角度来讲，水平内螺纹管的沸腾换热系数与两个因素有关，其一与以齿顶直径计算的内螺纹管的内表面积有关；其二与管壁温度、制冷剂的饱和温度两者的差值有关。

从沸腾换热机理的角度来讲，沸腾换热系数 h 由两部分组成：对流沸腾换热系数和核沸腾换热系数：

$$h = h_{cv} + h_{nb} \tag{7.157}$$

$$h_{nb} = h_{cooper} SF_1(d_i) = \left[55 P_R^{0.12} (\lg P_R)^{-0.55} M^{-0.5} q_{nb}^{0.67} \right] SF_1(d_i) \tag{7.158}$$

$$h_{cv} = \lambda_L / d_i Nu_{cv,smooth} R_x^8 (B_o F_\Gamma)^T F_2(d_i) F_3(G) \tag{7.159}$$

$$Nu_{cv,smooth} = Nu_{LO} F = \left[0.023 (G d_i / \mu_L)^{0.8} Pr_L^{\frac{1}{3}} \right] \times \left[(1-x) + 2.63x (\rho_L / \rho_G)^{1/2} \right]^{0.8} \tag{7.160}$$

$$R_x = \{ [2hng(1 - \sin(\gamma/2)) / [\pi d_i \cos(\gamma/2)] + 1 \} / \cos \beta \tag{7.161}$$

注：此关联式适用条件是水平内螺纹管、内交叉管，流型是环状流，干度 $x < 0.90$。

由式(7.158)可知，核沸腾换热系数 h_{nb} 由著名的 Cooper 方程乘以沸腾抑制因子 S 和齿顶直径 d_i 的函数来计算。Cavallini 认为影响核沸腾换热系数 h_{nb} 的因素主要是对比压力 P_R、工质的相对分子质量 M、内螺纹管的内径 d_i 以及核沸腾热流量 q_{nb}，并且引入了沸腾抑制因子 S，它是马丁内利参数 X_{tt} 的函数。

式(7.159)中，Cavallini 认为影响对流沸腾换热系数 h_{cv} 的因素有内螺纹管的内径、导热系数、质量流量、表面张力、动力黏度、气液相密度以及齿片高度、齿数、螺旋角、齿片顶角等管形参数。

式(7.160)中 $Nu_{cv,smooth}$ 是光管中蒸发的努谢尔特数，它等于管中全部只有液体时的努谢尔特数 Nu_{LO} 和两相修正系数的乘积。

式(7.161)中，R_x 是内螺纹管的传热面积强化因子与螺旋角 β 的余弦值之比，这一参数可以表征传热面积的增加对换热的影响程度。

Cavallini 关联式可以推广到内螺纹管中混合工质沸腾换热系数的计算，当非共沸混合制冷剂蒸发时,沿着管段各成分的气液相质量成分不断地变化,而且局部泡点温度也在逐渐升高。从局部沸腾换热系数定义式的角度来讲,它与两个因素有关:其一以齿顶直径计算的内螺纹管的内表面积;其二是以管壁温度、制冷剂的局部泡点温度两者的差值。其表达式为

$$h = Q / [(T_w - T_b)(\pi d_i L)] \tag{7.162}$$

$$h = \left[\frac{1}{h_f} + (\delta Q_{sv} / \delta Q_T) h_G \right]^{-1} = \left[\frac{1}{h_f} + x c_{PG} (\Delta T / \Delta h_m) / h_G \right]^{-1} \tag{7.163}$$

式中,h 为非共沸混合物制冷剂的换热系数;$(\delta Q_{sv} / \delta Q_T)$ 为加热气相制冷剂的潜热热流率和总热流率的比值;c_{pG} 为气相等压比热;ΔT 为温度滑移。

非共沸混合制冷剂的换热系数值与将其各个纯质成分换热系数通过线性插值所得的值相比一般都有所下降,部分原因是混合制冷剂中较易挥发成分的质量扩散到汽泡的界面或是扩散到气液界面,引起界面处的泡点温度升高,从而使得温差这一相变驱动力减小。此外,需要附加一部分热流率来加热液相和气相制冷剂达到沸点,当压力不太高时,沸点温度沿着管子一直上升。

$$h_f = h_{cv} + h_{nb} F_c \tag{7.164}$$

$$F_c = \{1 + [h_{fbjd} \Delta T / q_{nb}][1 - \exp(-A)]\}^{-1} \tag{7.165}$$

式中,h_{fbjd} 为理想的沸腾换热系数,其值等于用 Cavallini 的纯制冷剂的流动沸腾换热关联式(h_{cv}、h_{nb} 的计算也是用此关联式)。

将 R404a 分别作为纯质、混合工质,利用 Cavallini 的纯质和混合工质在水平内螺纹管沸腾换热系数的关联式计算相应的沸腾换热系数,并分析其两者的差别。如图 7.44 所示,将 R404a 看作纯质和混合工质计算所得的沸腾换热系数值差别很小,在干度较小时,两者的差值不到 1%;随着干度的逐渐增大,两者的差值越来越大,但最大也不到 10%。所以,在工程计算近共沸混合工质 R404a 在内螺纹管中的沸腾换热系数的值时,可将其以纯质对待。

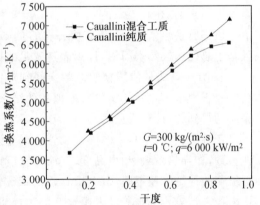

图 7.44　R404a 作为纯质和混合工质的沸腾换热系数比较

Koyama 等人是在 1995 年提出水平内螺纹管中纯质沸腾换热系数的关联式。他们认为表面传热系数 h_e 是由对流换热系数和核沸腾换热系数两部分组成。h_e 的定义也是基于总的有效换热面积:

$$h_e = h_{cv} + h_{nb} \tag{7.166}$$

$$h_{cv} = h_{LO} F \tag{7.167}$$

$$h_{nb} = K^{0.745} Sh_{pb} \tag{7.168}$$

注:此关联式的适用条件是水平内螺纹管。

Koyama 认为对流沸腾换热系数主要取决于以下几个因素:工质的导热系数、内螺纹管的平均内径、质量流率、动力黏度系数以及普朗特数,同时引入了两相修正系数 F。

核沸腾系数的值是通过修正关联式(7.168)来计算。这一关联式原来是针对光管的,修正考虑了内螺纹表面上初始沸点低于光管,而且齿片扰动引起的强化换热将大于面积增

加所引起的强化换热。

Koyama 认为核沸腾换热系数主要会受到对流换热系数、导热系数、表面张力、气液相密度、总的热流率、饱和温度、表面张力、普朗特数等因素的影响。

Thome 等人是于 1997 年提出计算水平内螺纹管中纯质沸腾换热系数的关联式，同样认为总的换热系数是由核沸腾换热系数和对流沸腾换热系数两部分组成。只是这里引用对流沸腾换热系数原来是针对光管的，因此这里引进修正系数 E_{RB}：

$$h = E_{mf} [(h_{nb})^3 + (E_{RB})^3]^{1/3} \tag{7.169}$$

其中

$$\alpha_{cv} = 0.013\,3Re_L^{0.69} Pr_L^{0.4} \lambda_L / \delta = 0.013\,3 \left[G(1-x) d_r / \mu_L \right]^{0.69} Pr^{0.4L} \lambda_L / \delta \tag{7.170}$$

$$h_{nb} = 55 P_R^{0.12} (-\lg P_R)^{-0.55} M^{-0.5} q^{0.67} \tag{7.171}$$

$$E_{mf} = 1.89 (G/G_{rif})^2 - 3.7 (G/G_{rif}) + 3.02 \tag{7.172}$$

$$E_{RB} = \{1 + 2.46 \left[G(1-x) dr / \mu L \right]^{0.036} (h/dr)^{0.212} (P/dr)^{-0.21} (\beta/90)^{0.29} Pr^{-0.024} L \tag{7.173}$$

注：此关联式的适用条件是水平内螺纹管，流型为环状流。

环状流液体的对流换热系数的计算是应用一维湍流方程，其中的常数是从原始的光管数据库中得出的，它是液膜厚度 δ 以及空隙率 ε 的函数。

Thome 认为对流换热系数会受到质量流率、动力黏度系数、普朗特数、导热系数、液膜厚度等因素的影响。

核沸腾换热系数 h_{nb} 是应用著名的 Cooper 方程来计算的，它是总的热流率 q 的函数，并且基于总的内换热表面积，计算表达式见式(7.170)。

Thome 认为核沸腾换热系数会受到对比压力、工质的相对分子质量、总的热流率的影响。修正因子 E_{mf} 是从实验数据拟和的结果得出的。强化因子 E_{RB} 是从内螺纹管的单相湍流流动得到的，计算式见式(7.173)。

在各个关联式中，影响内螺纹管中对流沸腾换热系数的因素主要有质量流率、工质的物性参数，如导热系数、动力黏度、气液相密度以及一系列的管形参数等。不同之处是：对于内螺纹管的计算管径不同，Cavallini 以内螺纹管的齿顶直径来计算，Koyama 以内螺纹管的平均内径来计算，Thome 以内螺纹管的齿底直径来计算。对于其余管形参数，Cavallini 没有考虑齿片间距的影响；Thome 没有考虑齿片顶角以及齿数的影响。

各个关联式中，影响内螺纹管中的核沸腾换热系数的因素主要是热流率。Cavallini 和 Thome 认为对比压力和工质的相对分子质量也对 h_{nb} 有较大影响。Koyama 认为对于核沸腾换热系数，它不仅与蒸发饱和温度有关，而且还受到对流沸腾换热系数的影响，因此所有影响对流沸腾换热系数的因素都会影响核沸腾换热系数。

由图 7.45 ~ 7.47 可知，三位学者都认为对流沸腾换热部分在整个沸腾换热中是占主导地位的，而且都是随着干度的增加与总的沸腾换热系数呈相同的单增趋势：Cavallini 关联式中，h_{1cv}/h_1 越来越接近 1，而 Koyama 关联式中 $h_{2cv}/h_2 = 1$，Thome 关联式中 h_{3cv}/h_3 是在缓慢地增大，但总是小于 1。

由图 7.48 可见，Cavallini 和 Thome 所得的对流沸腾换热系数很相近。从机理上分析，他们都认为内螺纹管的齿顶直径、工质的导热系数、质量流率、表面张力、动力黏度、气液相密度以及肋片高度、齿数、螺旋角、齿片顶角等管形参数会影响到对流沸腾换热系数。而

Koyama 关联式的对流换热系数计算值较大,这是由于汽泡平衡状态下的破裂直径 D_{he} 太大,使得实际上在总的沸腾换热系数中核沸腾换热影响甚微。

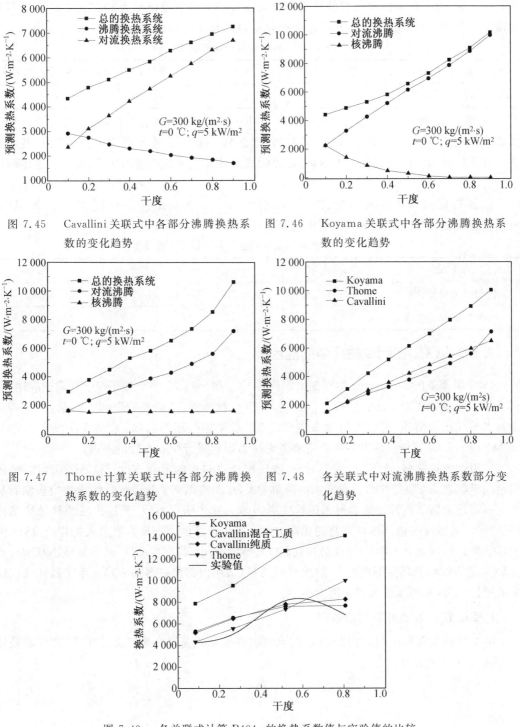

图 7.45 Cavallini 关联式中各部分沸腾换热系数的变化趋势

图 7.46 Koyama 关联式中各部分沸腾换热系数的变化趋势

图 7.47 Thome 计算关联式中各部分沸腾换热系数的变化趋势

图 7.48 各关联式中对流沸腾换热系数部分变化趋势

图 7.49 各关联式计算 R404a 的换热系数值与实验值的比较

　　对 R404a 在 9.52 mm 外径的内螺纹管的沸腾换热的实验研究是在荷兰 DELFT 大学制冷与室内气候控制实验室进行的。该实验系统的组成详见 Nan 和 Infante Ferreira(2000)。实验内螺纹管的管形参数见表 7.13。在质量流率为 300 kg/(m² · s),蒸发温度为 0 ℃ 时,各关联式计算 R404a 的换热系数值与实验值的比较如图 7.49 所示。

表 7.13　内螺纹管的管形参数

管形参数	外径 /mm	齿数	肋高 /mm	螺旋角 /(°)	齿片顶角 /(°)	齿片间距 /mm
内螺纹管	9.52	54	0.185	15	45	0.20

　　如图 7.49 所示,在干度约小于 0.5 时,除 Koyama 以外,其余 3 个关联式的计算结果与实验值相比差别较小,呈现相同的变化趋势,都是单调递增的;在干度约大于 0.5 时,各关联式的计算结果与实验值变化趋势不同,各关联式的计算结果是逐渐增加的,实验值是逐渐减少的。

　　由表 7.14 可知,Cavallini 纯、Cavallini 混和 Thome 关联式的预测误差均在 21% 以内,可以较好地预测 R404a 在内螺纹管中的沸腾换热系数。

表 7.14　各关联式的预测值与实验值相比的误差

关联式	Cavallini 纯	Cavallini 混	Koyama	Thome
绝对平均误差 /%	21	19	85	17
平均误差 /%	19	15	85	13

7.5.3　CO_2 在制冷循环中的应用

　　1992 年挪威的 Lorentzen 教授提出跨临界 CO_2 循环理论,并首先在汽车空调中应用,受到了制冷领域的普遍关注。实际应用跨临界 CO_2 制冷循环,需要克服两个问题:一是若采用基本蒸气压缩循环,则系统的效率较低;二是系统运行压力较高,系统高压侧会有超过 10 MPa 的压力,部分换热设备和管路要考虑压力容器设计中安全性的问题。

　　采用内部换热器(IHE)的回热循环,使压缩机进口亚临界状态的 CO_2 蒸气过热,节流前超临界状态的 CO_2 过冷,能明显提高跨临界 CO_2 制冷循环系统效率。国内外很多学者从理论和实验上做了内部换热器对系统性能影响的研究。研究表明:经过比较两种效率的内部换热器,高效率的内部换热器更能提高 COP,使用合适的内部换热器最大能提高 25% 的循环效率。日本电装 DEN-SO 公司在轿车空调实验中,跨临界 CO_2 回热循环比基本跨临界 CO_2 蒸汽压缩循环能提高 15% 的效率。而且,采用内部换热器还能降低系统最佳性能所需的排气压力,避免压缩机液击的发生等。

1. 亚临界 CO_2 过热区对流换热

　　由于目前没有专门的亚临界 CO_2 过热时加热状态的湍流换热实验关联式,故可以使用 Petukhov 关联式计算:

$$Nu = \frac{fRePr/8}{12.7\,(f/8)^{\frac{1}{2}}(Pr^{\frac{2}{3}}-1)+k} \tag{7.174}$$

式中

$$k = 1 + \frac{900}{Re} \tag{7.175}$$

摩擦阻力系数为

$$f = (1.82 \lg Re - 1.64)^{-2} \tag{7.176}$$

公式验证范围为 $10^4 < Re < 5 \times 10^6$，$0.5 < Pr < 2\,000$ 内均方根偏差为 $\pm 5\%$。

CO_2 管内换热的换热系数

$$h = \frac{Nu}{D} k_{\text{bulk}} \tag{7.177}$$

2. 超临界 CO_2 冷却换热

Seok Ho Yoon 针对 Baskov 等的关联式(7.178)做了修正，即

$$Nu = Nu_{\text{w}} \left(\frac{c_{\text{p}}}{c_{\text{pw}}} \right)^m \left(\frac{\rho_{\text{b}}}{\rho_{\text{w}}} \right)^n \tag{7.178}$$

提出式(7.179)：

$$Nu = 1.38 Nu'_{\text{w}} \left(\frac{c_{\text{p}}}{c_{\text{pw}}} \right)^{0.86} \left(\frac{\rho_{\text{w}}}{\upsilon_{\text{b}}} \right)^{0.57} \tag{7.179}$$

式中，Nu'_{w} 为对应壁面温度常物性假设下的局部努塞尔数。其实验值与关联式计算值偏差在 12.3% 以内。

Seok Ho Yoon 指出除非对壁面温度进行测量，否则无法准确得到换热管壁面温度，为此专门为工程设计人员提出了第二个关联式(不再包含壁面的信息)：

$$Nu_{\text{b}} = a\, Re^b\, Pr^c \left(\frac{\rho_{\text{pc}}}{\rho_{\text{b}}} \right)^n \tag{7.180}$$

该关联式的计算值与实验数据间的平均偏差为 12.7%。

7.6　对流换热理论在航空航天领域的应用

航空发动机反应物料在燃烧室的反应温度可达约 $3\,500$ K，远超出喷嘴和燃烧室材料的熔点(石墨和钨除外)。在某些材料自身承受范围内能找到合适的推进剂，但要保证这些材料不会燃烧、熔化或沸腾也很重要。材料工艺决定了化学火箭尾气温度的上限。另一种方法就是使用普通材料如铝、钢、镍或铜合金并采用冷却系统来防止材料过热。如再生冷却，使推进剂燃烧前通过燃烧室或喷嘴内壁的管道。其他冷却系统如水幕冷却、薄膜冷却可以延长燃烧室和喷嘴的寿命。这些技术可以保证气体的热边界层在接触材料时温度不会影响材料的安全性。

7.6.1　层板发汗冷却

20 世纪 60 年代，美国空军火箭推进实验室(Air Force Rocket Propulsion Laboratory)在研究高压火箭燃烧室时，Kuntz 等人设计并制成了用多个表面刻有冷却剂通道的层板构成的发汗冷却推力室，如图 7.50 所示。到目前为比，已经出现了数百种层板热控制装置。该冷却方式有降低冷却系统压降、减轻涡轮泵负担、所用冷却剂量较小的特点。但由于层板材料与成型工艺水平的限制，曾经阻碍其应用发展。

近年来，随着激光光刻，尤其是抗腐蚀的金属层板蚀刻与扩散焊技术的发展，层板发汗冷却的应用研究被注入了极大的活力。从国外关于液体火箭发动机层板发汗冷却推力室具

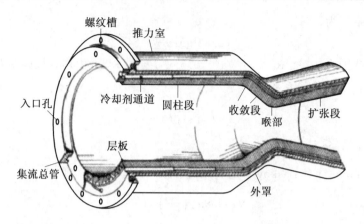

图 7.50　　层板发汗冷却推力室示意图

体的公开文献中看出该类研究主要以美国 Acrojet 公司的大量成果为代表,尤其在 20 世纪 90 年代中期研制成功的新型双燃料双膨胀(DF/DX)发动机,将层板技术的研究与应用推到了一个新的阶段。在国内,层板冷却是航空航天高温装置冷却的研究热点,近年来国防科技大学、西北工业大学、上海交通大学、清华大学及科研院所均取得了不同程度的研究进展。

　　发汗冷却方式实际上是液膜、汽膜冷却的一种极限形式。发汗介质以微小的量均匀地在受热壁面流出而形成隔热屏障。冷却剂低速流经多孔壁面并大量吸收由对流和辐射进入固体壁面的热量,温度不断升高。与再生冷却相比,冷却剂流速小,产生的压降也相对较小,因此可以大幅提高燃烧室的室压,进而提高燃烧效率;与膜冷却相比,发汗冷却所需冷却剂很少,若设计合理可控制在 2% 以内,吹风比(发汗冷却剂流强与高速气流流强之比)在 3% 以内,对主流的扰动较小,所带来的性能损失不大。

　　发汗冷却在航空航天的热防护装置中有过许多实际应用,如采用疏松多孔材料发汗、层板发汗等方式对飞行器的发动机推力室壁、头锥、喷注器、涡轮叶片等部件实施发汗冷却。采用疏松多孔材料来实现发汗冷却的推力室,在受热而出现局部过热,会引起该处的局部流阻增加,发汗介质在此处的流强减小,使发汗介质不经过热区而由相通的多孔流道流向别处,继而出现局部过热处的扩大和恶化。这一缺陷使这些发汗冷却的结构方式在可重复使用运载器上成功使用受到了阻碍。

　　层板发汗冷却可将热影响区限制在散布流动区范围内,它的控制流道高摩阻性与散布流动区的低摩阻性,可使受热壁面的局部过热对控制流道的影响很小,即使在局部过热时,冷却剂在该处的流量也是基本恒定的,局部过热产生的高温区将在稳定的发汗流作用下恢复正常,所以能够很好地克服一般多孔材料发汗冷却结构可能出现局部过热的缺陷,达到受热部件可重复使用的目的。目前几种典型的层板发汗冷却结构有 TRANSPIRE 类型、LAMILLOY 类型和 TRANSPLY 类型层板。LAMILLOY 类型层板层间布满许多基柱,以加强冷却剂的冷却和增强换热面积。TRANSPLY 类型层板没有基柱,直接在每层层板上加工出内部流通通道,由进气孔进来的冷却气先冲击到层板内,然后沿着通道流向出气孔。

　　在冷却液体火箭发动机推力室方面应用的主要是 TRANSPIRE 类型层板,该类层板的精确分流特点可使冷却剂流量随层板片内的流动阻力不同而不同,保证在壁面不同的冷却要求处,注入相应的冷却剂流量,提高冷却剂的使用效率,还可通过调整通道的流动阻力来适应推力室内的压力变化。TRANSPIRE 类型层板的每个层板内径被加工成推力室型,而壁面结构由许多发汗冷却单元组成。每个单元内部通道主要包括主控制通道、周向分配区、二次控制通道及热影响区(图 7.51)。主调节通道的长度和尺寸基本控制着整个层板单元的流动特性,它的流动压降大约占总流动阻力的 90％。冷却剂从主调节通道流出进入分配区域,该区域流动阻力很小,目的在于使冷却剂在层板内沿周向均匀分布。冷却剂进入二次调节通道,该通道的流动阻力约占整个层板的 10％。最后,冷却剂经热影响区域的散布流道注入推力室。冷却剂与燃烧室内高温燃气的换热、冷却剂与层板之间的换热均集中于该区域。

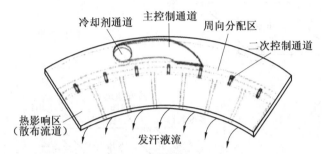

图 7.51　层板发汗冷却单元中的冷却剂流动形式[10]

散热强度大也是层板发汗冷却的一个突出特点。已有的层板冷却装置测量数据表明,可在热流$(3.2 \times 10^{6}) \sim (3.3 \times 10^{8})$ W/m² 的工况下工作。

层板发汗冷却也有自身的缺点,加工工艺复杂、造价较高,且由于层板一般垂直于推力室轴线安置,使得推力室质量较大。另外,发汗冷却虽是膜冷却的极限形式,耗费的冷却剂远少于膜冷却,但同膜冷却一样由于近壁层燃气温度低于主流温度,造成发动机排气速度降低,推力损失增大,发动机比冲略小于传统再生冷却。

7.6.2　再生冷却

再生冷却技术方案的提出已经有一百多年的历史,在 1903 年由 Tsioikovsky 首次提出,并首先应用于火箭发动机推力室。此后,再生冷却技术方案在其他很多的发动机中都有应用。

再生冷却是一种对流冷却,应用于超燃冲压发动机,即在发动机固壁面内开冷却槽通道,并使用燃料作为冷却剂,燃料在冷却通道内流动对发动机室壁进行对流冷却,同时燃料也得到了预热,使废弃的热量得到充分利用。这种冷却方案的优点是既减轻了冷却系统的质量,又充分利用了燃料的吸热性质。

针对超燃冲压发动机热防护条件和工作热环境的特殊性,相比其他几类冷却方式,再生冷却有其极大的优越性。首先,超燃冲压发动机在高马赫数下内外部都充斥着灼热气体,无法引入外流冷却;其次,针对超燃冲压发动机的工作特性,在工作过程中需要喷射燃料进行燃烧,在再生冷却过程中,发动机壳体可以依靠自身碳氢燃料的吸热进行冷却,燃料首先被用作冷却剂,然后再被用作推进剂喷入燃烧室进行冷却。

具有再生冷却结构的发动机,由热交换面板构成(图 7.52 和图 7.53),流动的燃料作为冷却剂在通道中流动。碳氢燃料作为冷却剂从发动机尾部流入,通过冷却通道,从发动机头部流出,发动机再生冷却通道内涂上了催化剂,这种催化剂在碳氢燃料温度升高时能够催化燃料裂解,这个过程生成气态的碳氢组分并吸收了大量的热量,起到了热防护的作用。这些气态碳氢组分喷射到燃烧室中,易满足超燃冲压发动机的工作需求,也有利于燃料与来流混合燃烧,从而产生推力。液氢和碳氢燃料是超燃冲压发动机常用的燃料,虽然液氢在燃烧性能、燃烧热以及冷却效率方面优于碳氢燃料,但由于液氢需要低温储存,在生产、运输和储存上有很大的不便,带来了很多的安全问题。与它相比,碳氢燃料则具有很好的安全性,易于运输与储存,能减少武器装备的保障费用,因此得到了广泛的应用。

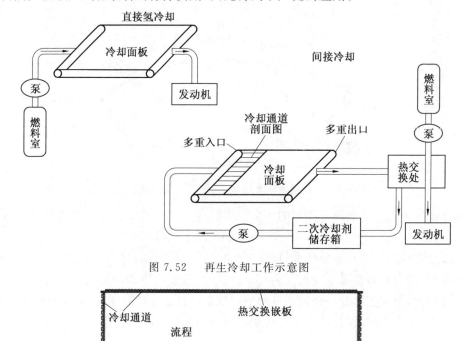

图 7.52　　再生冷却工作示意图

图 7.53　　热交换面板截面图

分别使用空气和煤油冷却发动机燃烧室,在马赫数 4 ～ 6 的范围内,使用空气的温度变化是 1 147 ～ 1 647 ℃;而使用煤油再生冷却发动机燃烧室结构,且在马赫数 6 ～ 8 的范围内,结构温度将控制在 704 ～ 815 ℃。可见,对超燃冲压发动机燃烧室选择煤油为燃料的再生冷却结构是很有潜力的,随着其性能的提高必将承受更加严酷的热环境,对其发动机的设计一定需要采用冷却结构,再生冷却是一种高效实用的冷却方式,应用于超燃冲压发动机上有着其他冷却方式无法比拟的优越性。

7.6.3　绝热层烧蚀冷却

固体火箭发动机的内壁长时间工作在 3 000 K 以上的高温和 5 ～ 10 MPa 甚至更高的内压环境中,随着高能推进剂的广泛采用,以及先进的装药设计和大型装药浇铸工艺的出现,燃烧室的工作温度和压力还将进一步提高,因此,在发动机结构设计中不得不采取热防护措施,应用耐烧蚀的复合材料作为内衬绝热层。这种包括绝热层烧蚀、多层复合材料传热和热强度等在内的结构设计称之为火箭发动机热结构设计。优良的热结构设计能使固体火箭发动机质量减小,绝热材料烧蚀问题是固体火箭发动机热结构设计的核心问题之一。

　　固体火箭发动机中的内绝热层设计是保证火箭发动机正常工作的关键技术之一,然而过厚的内绝热层是发动机消极质量的一部分,并影响发动机的装药量,其性能优劣,尤其是烧蚀性能的优劣,对发动机的性能有着相当大的影响。绝热材料烧蚀过程极其复杂,影响因素众多,包含烧蚀环境参数和绝热材料自身的组成成分。烧蚀环境参数主要指燃气的温度、流速、压力、粒子浓度、粒子速度以及燃气成分,根据不同燃气参数作用下,可将绝热材料烧蚀方式划分为三种模式:热化学烧蚀、燃气流机械剥蚀和粒子流机械侵蚀。

　　为了优化设计固体火箭发动机热结构,筛选出合适的绝热材料,探索绝热材料在不同环境下的烧蚀机理以及为绝热材料烧蚀数值计算模型提供实验校核参数,国内外广泛开展了绝热材料烧蚀实验研究。

　　国内外开展了形式多样的绝热材料烧蚀实验研究,实验方式以烧蚀热源来分类,主要可分为:氧－乙炔烧蚀法、等离子及电弧加热法和烧蚀实验发动机及缩比发动机烧蚀法。从烧蚀后的样本分析,烧蚀后的绝热材料可分成三层结构,即炭化层、热分解层和原始材料基体层。实验证明,固体火箭发动机飞行加速及横向过载使燃气中的粒子聚集,加剧了绝热材料烧蚀。虽然众多文献实验探究了粒子侵蚀效应,得出粒子侵蚀加剧绝热材料烧蚀主要是由于粒子的机械侵蚀作用及粒子侵蚀引起绝热材料所受热流密度增大的机理,甚至有的文献还得出绝热材料烧蚀率关于粒子侵蚀参数的经验关系式,但要全面掌握粒子侵蚀机制,还需从粒子与绝热材料烧蚀后的炭化层相互作用形式进行分析,掌握粒子侵蚀参数对绝热材料烧蚀的影响,进一步揭示粒子对绝热材料的侵蚀机理。

第8章 对流换热过程实验研究

8.1 对流换热实验概述

8.1.1 对流换热实验研究的内容

对流换热是流体与固体表面之间的换热过程,它是十分复杂的流体力学和传热学问题。分析求解对流换热问题,实际上是联立求解包括由连续方程、动量方程、能量方程和换热方程构成的微分方程组。如果考虑气体的压缩性,则尚需加入状态方程,一般情况下,对于给定单值性条件后,分析求解上述微分方程组,原则上是可行的,但是,对于实际的换热过程,不论是分析求解还是数值求解,都具有很大的难度,有时甚至是不可能的。所以,对流换热问题经常要借助于实验求解。由于对流换热的影响因素十分复杂,因此,即便是实验求解,仍有很大难度,所以在对流换热实验中,还要借助于相似理论。

对流换热实验研究的主要目标是实验求解换热系数(或努塞尔数)的规律或求解其温度分布规律。但是,由于对流换热与流动问题紧密相关,因此,为揭示对流换热规律的物理机制,对流换热实验研究常常与相应的对流规律研究结合在一起。实验求解对流换热的准则关系式,同样可以采用稳态法和瞬态法两种方法。在稳态法实验中,有充分的时间对实验参数进行测量,对实验结果可以进行较细致的误差分析,因此,稳态法数据有较高的可信度。瞬态法由于节省时间、运行费用低等优点,越来越受到人们的重视,近年来得到很大的发展。

8.1.2 关于表面传热系数

牛顿冷却公式(式(5.3))并没有从根本上解决对流换热问题,它只是把求解热流 q 的问题转化为求解一定工况下的表面传热系数 h 的问题,而该式并不能表明表面传热系数的数值及其诸影响因素的关系。实际上,牛顿冷却公式只是一个换热系数 h 的定义式,即

$$h = q / \Delta t \tag{8.1}$$

由于换热系数沿换热表面未必是常数,所以,有时需要实验研究局部表面传热系数的分布规律,有时需要求解平均表面传热系数。由式(8.1)可知,局部表面传热系数等于局部面积 $\mathrm{d}A$ 上的热流密度除以该处壁温与流体温度之差。比如空气流过无限空间中的平板对流换热,沿平板长度方向上的局部换热系数等于局部热流密度除以当地壁温 t_w 与附面层外未受干扰的空气温度 t_f 之差。但对于有限空间的对流换热,如管内流动的对流换热,流体温度将是位置的函数,这时局部对流换热系数的定义为

$$h_x = \frac{\mathrm{d}\Phi}{(t_{\mathrm{w}.x} - t_{\mathrm{f}x})\mathrm{d}A} \tag{8.2}$$

即沿管长 x 处的局部对流换热系数,等于 x 处管壁面上热流密度除以 x 处壁温 t_{wx} 与 x 截面上流体平均温度 $\bar{t}_{fx}$ 之差。但是,这样的定义将给实验结果的实际应用带来很大麻烦。因为在应用中,利用牛顿冷却公式来进行热流计算时,不但需要已知对流换热系数,而且还需要已知 $\bar{t}_{fx}$ 沿管长的分布,但后者往往是未知的,它取决于过程本身。流体在有限空间的换热均会出现这种情况。为方便计,有时在有限空间对流换热中,采用某一已知的流体温度来代替定义式(8.2)中的 $\bar{t}_{fx}$,但这时应注意,在实验结果中加以说明,以便他人应用该实验结果时遵照执行,否则别人无法正确应用这一实验结果。

从相似理论的角度来讲,只要遵照实验时规定的方式选取换热系数中的流体温度,在应用由该实验结果整理的准则方程进行计算时,其计算结果就应该是正确的,而实验时如何选择换热系数定义式中的流体温度无关紧要。因为两个相似的换热现象,温度场必然是彼此相似的,所以对应位置上的温度差也必然成正比例,因此,人们可以按最方便的方式选择换热系数中的流体温度。因而换热系数的数值将取决于如何选取定义式(8.2)中的温度。在实用中,往往选择单值性条件所规定的流体温度来定义换热系数。

8.1.3　关于平均换热系数

在很多情况下,需要实验求解平均换热系数的规律,这时有两种方法定义平均换热系数。第一种方法是由局部换热系数积分计算平均换热系数,即

$$\bar{h} = \frac{1}{A} \int_A h \, \mathrm{d}A \tag{8.3}$$

对于一维情况,有

$$\bar{h} = \frac{1}{l} \int_l h_x \, \mathrm{d}x \tag{8.4}$$

式中, h_x 为 x 位置处的局部换热系数,$W/(m^2 \cdot K)$;l 为试件的长度,m。

这种方法需要首先已知局部换热系数的分布规律,因此,在实验中应测量热流密度在换热表面上的分布规律、壁温的分布规律以及流体温度的分布规律。可见,这种方法比较麻烦。

第二种方法是按式(8.5)定义平均换热系数:

$$\bar{h} = \frac{\bar{q}}{t_w - t_f} \tag{8.5}$$

式中,$\bar{t}_w$ 为平均壁温,℃;$\bar{t}_f$ 为流体平均温度,℃;$\bar{q}$ 为热表面积 A 的平均热流密度,即 $\bar{q} = \Phi/A$,W/m^2。

8.1.4　关于定性温度

在根据实验数据整理成相应的准则方程式时,这些准则中包括流体的物性参数,而这些物性参数一般都是温度的函数,因此,在相似的温度场中,也不能保证物性参数场的相似,于是便提出这样的问题,即根据哪个温度作为确定物性参数的定性温度更合理。虽然定性温度的选择有一些原则,但在很大程度上带有经验的色彩。一般可选用流体的温度、壁温或流体与壁面的平均温度。一旦选定,就必须加以声明,以便应用者遵照执行。

1. 流体的温度

采用流体温度作为定性温度较为普遍,对于物体在自由空间的对流换热,如大空间自然

对流、流体掠过平板或跨流圆柱体的对流换热都采用远前方来流温度 t_∞ 作为定性温度。而对于有限空间的对流换热,如管内流体与壁面的对流换热,多数情况下都取流体的平均温度作为定性温度,即进口截面流体质量平均温度与出口截面流体质量平均温度的平均值。截面 A 的流体质量平均温度计算式为

$$\bar{t}_\text{f} = \frac{\displaystyle\int_A c_p t \rho u \, \text{d}A}{\displaystyle\int_A c_p \rho u \, \text{d}A} \tag{8.6}$$

当 ρc_p 为常数时,则

$$\bar{t} = \frac{1}{V} \int_A t u \, \text{d}A \tag{8.7}$$

式中,V 为截面 A 的流体体积流量,m^3/s。

式(8.7)给实验带来一些麻烦,因为实验中还必须测量流体的温度与速度沿进、出口截面的分布。在具体实验中,往往利用外部包覆保温材料的混合室,使流体在进、出口(主要是出口)的混合室中充分混合,这时可以认为混合室中流体的温度即为该截面的流体平均温度。有两种方法来计算流体进口截面平均温度与出口截面平均温度的平均值 $\bar{t}_\text{f}$。一种称为算术平均温度,用于流体温度沿管长变化不大的情况下,即

$$\bar{t}_\text{f} = \frac{\bar{t}_\text{f1} + \bar{t}_\text{f2}}{2} \tag{8.8}$$

式中,$\bar{t}_\text{f1}$、$\bar{t}_\text{f2}$ 分别为进、出口截面流体平均温度,℃。

另一种方法是按下式确定流体的平均温度,这种方法用于流体温度沿管长变化剧烈的情况:

$$\bar{t}_\text{f} = \bar{t}_\text{w} + \Delta t_\text{m} \tag{8.9}$$

式中,$\bar{t}_\text{w}$ 为平均壁温,℃;Δt_m 为对数平均温差,℃,其表示式为

$$\Delta t_\text{m} = \frac{\Delta t_1 - \Delta t_2}{\ln \dfrac{\Delta t_1}{\Delta t_2}} \tag{8.10}$$

式中,Δt_1、Δt_2 分别表示进口截面和出口截面上流体平均温度与壁温的温差($\bar{t}_\text{f1} - t_\text{w}$)及($\bar{t}_\text{f2} - t_\text{w}$),℃。

2. 壁面温度

在某些对流换热的数据整理中,采用换热表面的温度为定性温度,如封闭空间的夹壁自然对流换热,取两壁的平均温度为定性温度,即

$$\bar{t}_\text{w} = \frac{\bar{t}_\text{w1} + \bar{t}_\text{w2}}{2} \tag{8.11}$$

式中,$\bar{t}_\text{w1}$、$\bar{t}_\text{w2}$ 分别为夹壁冷、热壁面的温度,℃。

在一些管内对流换热中,常常除选用流体平均温度作为定性温度外,还选用壁温作为部分物性的定性温度(如动力黏性系数 η 和普朗特数 Pr)以修正热流方向或温差的影响,如管内湍流、大温差的对流换热准则方程(齐德—泰特公式)(6.3)和米海耶夫公式(6.4)。

当换热表面温度不均匀时,实验中需对换热表面温度分布进行测量,如果换热表面测温点是均匀分布的,则壁面平均温度 $\bar{t}_\text{w}$ 为

$$\bar{t}_w = \frac{1}{n} \sum_{i=1}^{n} t_{w_i} \tag{8.12}$$

式中，t_{w_i} 为第 i 点壁温，共 n 个测温点。

如果测温点沿热表面不是均匀分布的，则需求带有面积的加权平均值，即

$$\bar{t}_w = \frac{1}{A} \sum_{i=1}^{n} \Delta A_i \tag{8.13}$$

式中，A 为换热表面积，m^2；ΔA_i 为面积单元（$\sum \Delta A_i = A$），m^2。

如果壁温分布是一维的，则

$$\bar{t}_w = \frac{1}{l} \sum_{i=1}^{n} t_{w_i} \Delta l_i \tag{8.14}$$

式中，l 为换热表面长度，m；Δl_i 为长度单元（$\sum \Delta l_i = l$），m。

3. 流体与壁面的平均温度 t_m

有的文献中称流体与壁面的平均温度 t_m 为平均膜温，它反映了边界层中流体的平均温度，其值为

$$t_m = \frac{t_w + t_f}{2} \tag{8.15}$$

在实际应用中，通常在外部绕流体或自然对流换热情况下取 t_m 作为定性温度，这时，$t_f = t_\infty$。在非等壁温条件下，t_w 或取平均壁温 $\bar{t}_w$（如在平均努塞尔数的准则方程中），或取局部壁温 t_{w_s}（如在局部努塞尔数的准则方程中）。

4. 相变换热

相变换热均以其饱和温度 t_s 作为定性温度。

5. 高速气流换热

在很多情况下，选 Eckert 参考温度 t_g 为定性温度：

$$t_g = t_\infty + 0.5(t_w - t_\infty) + 0.22(t_r - t_\infty) \tag{8.16}$$

式中，t_r 为高速气流的恢复温度，℃，其计算式为

$$t_r = t_\infty + r \frac{u_\infty^2}{2c_p} \tag{8.17}$$

r 为恢复系数，对于层流流动（当 $Pr = 0.25 \sim 10$ 时），有

$$r = Pr^{1/2}$$

对于湍流流动，有

$$r = Pr^{1/3}$$

在某些情况下，还会选用其他温度作为定性温度，如冲击冷却有时选射流入口温度为定性温度。

8.1.5　关于沸腾换热

沸腾换热时，对表面传热系数的整理应加注意，一种沸腾表面传热系数的定义为

$$h = \frac{q}{t_w - t_s} \tag{8.18}$$

式中,t_s 为介质在实验压力下的饱和温度,℃。

另一种沸腾换热系数的定义为

$$h = \frac{q}{t_w - t_f} \tag{8.19}$$

式中,t_f 为容积的液体温度,℃。

在饱和沸腾情况下,上述两个定义没有差别。但是在过冷沸腾情况下,两者将有很大差别,前一种定义方式认为在过冷沸腾即局部沸腾,虽然介质在整个空间没有沸腾(即 $t_f <$ t_s),但在换热表面已达沸腾状态,故换热表面上的表面传热系数定义中流体温度应采用 t_s,并认为当采用温差 $(t_w - t_s)$ 时,过冷沸腾的表面传热系数与饱和沸腾的换热系数可用同一公式计算。而后一种定义方式认为,过冷沸腾符合一般对流换热的习惯,并且实验已经表明,t_f 的变化对过冷沸腾换热有一定影响。

因为表面传热系数只不过是从牛顿公式中引出的一个系数,它并没有反映换热的物理本质,h 的提出本来就有画蛇添足之嫌,只不过由于历史的原因把它保留下来。因此,有些学者主张取消换热系数这一术语,直接描述热流与温差的关系。这种主张在沸腾换热中较常见,即在沸腾换热准则关系式中,直接整理热流与温差的关系这一点在沸腾换热数据整理中应加以注意。

8.2　风洞实验

8.2.1　风洞实验概述

风洞实验是传热学实验研究工作中的一个不可缺少的组成部分。它不仅在航空航天工程的研究和发展中起着重要作用,随着工业空气动力学的发展,在交通运输、房屋建筑、风能利用和环境保护等部门中也得到越来越广泛的应用。用风洞做实验的依据是运动的相似性原理。实验时,常将模型或实物固定在风洞内,使气体流过模型。这种方法的流动条件容易控制,可重复地、经济地取得实验数据。为使实验结果准确,进行模型实验时,应保证模型流场与真实流场之间的相似,除保证模型与实物几何相似以外,还应使两个流场有关的相似准数,如雷诺数、马赫数、普朗特数等对应相等。实际上,在一般模型实验(如风洞实验)条件下,很难保证这些相似准数全部相等,只能根据具体情况使主要相似准数相等或达到自模区范围。例如,涉及黏性或阻力的实验应使雷诺数相等;对于可压缩流动的实验,必须保证马赫数相等。此外,风洞实验段的流场品质,如气流速度分布均匀度、平均气流方向偏离风洞轴线的大小、沿风洞轴线方向的压力梯度、截面温度分布的均匀度、气流的湍流度和噪声级等必须符合一定的标准。应该满足而未能满足相似准数相等而导致的实验误差,有时也可通过数据修正予以消除,如雷诺数修正。洞壁和模型支架对流场的干扰也应修正。实验结果一般都整理成无量纲的相似准则数,以便从模型推广到实物。

对流换热的规律,目前可利用风洞实验把实验数据加以整理,得到特定情况下的准则公式。通过在风洞中空气横向流过单根圆管的强迫对流实验,可掌握研究对流换热的实验布置与处理及综合处理实验数据的一般方法。

1. 风洞实验的不足之处

风洞实验既然是一种模拟实验,不可能完全准确。概括地说,风洞实验固有的模拟不足主要有以下 3 个方面。与此同时,相应地发展了许多克服这些不足或修正其影响的方法。

(1)边界效应或边界干扰。

真实情况下,静止大气是无边界的。而在风洞中,气流是有边界的,边界的存在限制了边界附近的流线弯曲,使风洞流场有别于真实情况的流场。其影响统称为边界效应或边界干扰。克服的方法是尽量把风洞实验段做得大一些(风洞总尺寸也相应增大),并限制或缩小模型尺度,减小边界干扰的影响。但这将导致风洞造价和驱动功率的大幅度增加,而模型尺度太小会便雷诺数变小。近年来发展起一种称为"自修正风洞"的技术。风洞实验段壁面做成弹性和可调的。实验过程中,利用计算机粗略而快速地计算相当于壁面处流线应有的真实形状,使实验段壁面与之逼近,从而基本上消除边界干扰。

(2)支架干扰。

风洞实验中,需要用支架把模型支撑在气流中。支架的存在,产生对模型流场的干扰,称为支架干扰。虽然可以通过实验方法修正支架对其的影响,但很难修正干净。近来,正发展起一种称为"磁悬模型"的技术。在实验段内产生一可控的磁场,通过磁力使模型悬浮在气流中。

(3)相似准则不能满足的影响。

风洞实验的理论基础是相似原理。相似原理要求风洞流场与真实流场之间满足所有的相似准则,或两个流场对应的所有相似准则数相等,风洞实验很难完全满足。最常见的主要相似准则不满足,原因是亚跨声速风洞的雷诺数不够。提高风洞雷诺数的方法主要有:

① 增大模型和风洞的尺度,其代价同样是风洞造价和风洞驱动功率都将大幅度增加。

② 增大空气密度或压力。已出现很多压力型高雷诺数风洞,工作压力在几个至十几个大气压范围。我国也正在研制这种高雷诺数风洞。

③ 降低气体温度。如以 90 K(−183 ℃)的氮气为工作介质,当尺度和速度相同时,雷诺数是常温空气的 9 倍多。世界上已经建成多个低温型高雷诺数风洞。我国也研制了低温风洞,但尺度还比较小。

2. 风洞实验的优点

风洞实验尽管有局限性,但有如下优点:

① 能比较准确地控制实验条件,如气流的速度、压力、温度等。

② 实验在室内进行,受气候条件和时间的影响小,模型和测试仪器的安装、操作、使用比较方便。

③ 实验项目和内容多种多样,实验结果的精确度较高。

④ 实验比较安全,而且效率高、成本低。因此,风洞实验在空气动力学、流体力学、传热学的研究,各种飞行器、火车、汽车的研制方面,以及在工业空气动力学和其他同气流或风有关的领域中,都有广泛应用。

8.2.2　实验设备及仪表

实验设备包括风道、风机、温度计、微压计和毕托管(或热线风速仪)、电位差计(或数字电压表)及热量测量仪表(根据实验管加热方法不同而不同,一般情况下多采用电阻丝加热,这时需配备电流表、电压表、调压变压器、交流稳压电源等)。实验风洞简图如图 8.1 所示。

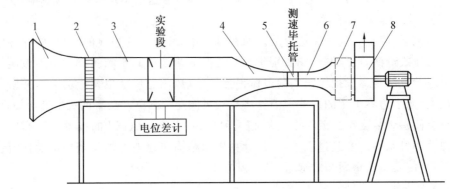

图 8.1　实验风洞简图

1— 双扭曲线进风口;2— 蜂窝器;3— 测试段;4— 收缩段;
5— 测速段;6— 扩大段;7— 橡皮接管;8— 风机

1. 风洞本体

实验风洞全长分为进口段、实验段及测速段。风道断面一般是矩形,实验管横架在实验段中。为使风道内气流速度分布均匀及减少空气入口阻力,风道进口采用单扭或双扭曲线的圆滑收缩喇叭口。实验段之前,一般还装有蜂窝形或方形格栅和金属丝网以作整顿气流之用。空气经实验段后,进入测速段。为了在较低空气流量下仍能测准空气速度,一般在测速段采用小断面风道,这样,测速段前后接缩放口。测速段后还装有格栅,以减轻风机进口处旋绕气流对前面的影响。橡皮软套管用来隔振。风量调节门可做成百叶窗式装在风机入口处(若采用可控硅直流调速电动机带动风机,则不需要风量调节门)。为使风机转速稳定,风机电源应接稳压电源。

实验管一般采用黄铜或紫铜管。管端用隔热材料封口并支撑于风道壁上。管壁沿轴向和圆周均匀地嵌有数对热电偶。图 8.2 是采用电阻丝加热实验管的热量测量电路及热电偶测试电路。实验管的功率不太大,采用直流电加热。直流电加热及测试方法对提高热量测试的准确度较有利。

本实验台为 450 型实验台,具体设备规范见表 8.1。

表 8.1　实验设备规范

序号	名　　称	单位	320 实验台	450 实验台	500 实验台
1	实验段风洞截面尺寸	mm×mm	320×70	450×150	500×124
2	测速段风洞截面尺寸	mm×mm	60×7	150×80	124×124
3	实验管外径($d×\delta$)	mm	35×6	35×6	35×6
4	实验管有效长度	mm	320	450	500
5	电加热器额定功率	W	300	400	450
6	实验管壁面黑度		0.6	0.6	0.6

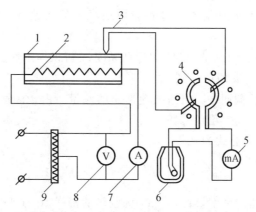

图 8.2　热量测量电路及热电偶测试电路

1— 实验管;2— 电加热器;3— 壁温热电偶;4— 转换开
关;5— 电位差计;6— 冰水溶液保温瓶;7— 电流表;8—
电压表;9— 变压器

2. 微压计

微压计是用增加仪器灵敏度的方法以记录气压随时间的微小变化的气压计。这类仪表灵敏度、精确度都很高,一般可准确到 0.1 mmH$_2$O(1 mmH$_2$O$=133.322$ 4 Pa),有的还可以达到 0.01 mmH$_2$O。

常用的微压计有双液 U 型管压力计、斜管压力计及补偿式微压计。本实验采用 YYT－200B 型倾斜式微压计。

8.2.3　实验原理

根据相似理论,流体受迫外掠物体的表面传热系数 h 与流速 u、物体几何尺寸及流体物性等因素有关,并可整理成准则关联式(5.29):

3 个准则数的具体关系可写成式(5.30b)。

对于空气横掠单管,其具体形式为

$$Nu_m = cRe_m^n Pr_m^{1/3} \tag{8.20}$$

式中,Nu_m 为努塞尔特准则,$Nu_m = \dfrac{hd}{\lambda_m}$;$Re_m$ 为雷诺准则,$Re_m = \dfrac{ud}{\nu_m}$;Pr_m 为普朗特准则,

$Pr_m = \dfrac{\nu_m}{a}$;a 为流体导温系数,m^2/s。

本实验的最终目的是通过实验的方法确定气体横掠单管的准则方程式(8.20)中的系数 c 和 n。

准则中的下标"m"表示用流体的平均温度 t_f 与壁面温度 t_w 的平均值作为定性温度。

对于空气,常温下 Pr_m 可近似作为常数处理,需要通过实验确定的准则数为 Re_m 和 Nu_m。

1. Re_m 的确定

$$Re_m = \frac{ud}{\nu_m} \tag{8.21}$$

式中，d 为实验管外径，m；u 为流体流过实验段最窄处的流速，m/s；ν_m 为流体运动黏度，m^2/s。

实验管外径 d 可在表8.1中查找，流体运动黏度 ν_m 可根据定性温度在陶文铨编著的《传热学》第 3 版中查找，测出 u 即可得到 Re_m。

采用毕托管在测速段截面中心处进行流速 u 的测量。由于测速段截面流速分布均匀，因此不必进行截面速度不均匀度的修正。

测速段流速 u' 的计算公式为

$$u' = \sqrt{2gH\frac{\rho_{液} - \rho_{气}}{\rho_{气}} \times 0.001} \qquad (8.22)$$

式中，$\rho_{液}$ 为微压计中液体的密度，kg/m^3；$\rho_{气}$ 为空气的密度，kg/m^3；H 为动压头，$H = H_1 + H_2$，其中 H_1 为读数管液柱上升高度，H_2 为宽广容器液体下降高度。

图 8.3 给出了斜管式微压计的测量原理，可知

$$H = H_1 + H_2 = H_2 + x\sin\beta \qquad (8.23)$$

平衡时宽广容器液体下降体积等于斜管内液体上升体积，即

$$F_2 H_2 = F_1 H_1 \qquad (8.24)$$

则式（8.23）为

$$H = H_1 + H_2 = x\sin\beta\left(1 + \frac{F_1}{F_2}\right) \qquad (8.25)$$

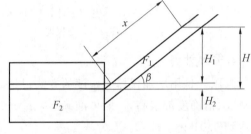

图 8.3　斜管式微压计原理图

式中，F_1、F_2 分别为读数管和宽广容器的截面积，m^2；x 为微压计读数，mm；β 为微压计指示尺的倾角；k 为微压计的常数因子（即倾角比值），可用下式计算：

$$k = \rho_{液}\left(\sin\beta + \frac{F_1}{F_2}\right) \times 10^{-3} \qquad (8.26)$$

将式（8.25）、式（8.26）代入式（8.22），得

$$u' = \sqrt{2gxk\frac{1}{\rho_{气}}} \qquad (8.27)$$

在实验中只要读出微压计液柱长度 x 和支架上的微压计常数因子 k，即可计算出测速段的流速。斜管式微压计原理图如图 8.4 所示。

由式（8.27）计算出的流速是测速段的流速 u'，而式（8.21）采用的流速是实验段最窄截面处的流速 u。

由连续性方程

$$u'f' = u(f - ldn) \qquad (8.28)$$

可得实验段最窄截面流速 u 为

$$u = \frac{u'f'}{f - ldn} \qquad (8.29)$$

式中，f' 为测速段流道面积，m^2；f 为实验段最窄流通截面积，m^2；l 为实验管有效管长，m；n 为实验管根数。

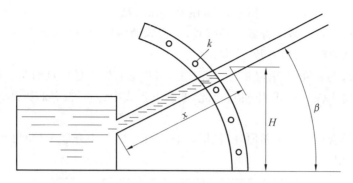

图 8.4 斜管式微压计读数示意图

2. Nu_m 的确定

$$Nu_m = \frac{hd}{\lambda_m} \tag{8.30}$$

式中，h 为表面传热系数，$W/(m^2 \cdot K)$；λ_m 为流体导热系数，$W/(m \cdot K)$。

实验管外径 d 可在表 8.1 中查找；流体导热系数 λ_m 可根据定性温度在《传热学》第 4 版中查找，算出表面传热系数 h 即可得到 Nu_m。

根据牛顿冷却公式，壁面平均换热系数可由下式计算：

$$h = \frac{\Phi_C}{(t_w - t_f)A} \tag{8.31}$$

式中，Φ_C 为对流换热量，W；A 为实验管有效换热面积，m^2。

实验中，电加热器的功率为 Φ，除以对流方式由管壁传给空气外，还有一部分热量由管壁辐射出去，因此对流换热量 Φ_C 为

$$\Phi_C = \Phi - \Phi_R \tag{8.32}$$

式中，Φ 为电加热器功率，W，由下式计算：

$$\Phi = UI \tag{8.33}$$

式中，U 为电加热器两端电压，V；I 为通过电加热器的电流，A；Φ_R 为辐射散热量，W，由下式计算：

$$\Phi_R = \varepsilon C_0 A \left[\left(\frac{T_w}{100} \right)^4 - \left(\frac{T_f}{100} \right)^4 \right] \tag{8.34}$$

式中，ε 为实验管表面黑度；C_0 为黑体辐射系数，$C_0 = 5.67 \ W/(m^2 \cdot K^4)$；$T_w$ 为实验管壁面绝对温度平均值，K；T_f 为空气进出口绝对温度平均值，K。

注意：本实验的辐射换热主要在实验管表面与室内墙壁之间进行，属于小物体在大空间内的辐射换热，因此，实验管表面黑度可作为系统黑度。

3. C 与 n 的确定

本实验以空气为换热工质，Pr_m 可根据定性温度 t_m 在陶文铨编著《传热学》第 4 版中查找，并当作常数处理，式(8.20)可改写为

$$Nu_m = C' Re_m^n \tag{8.35}$$

$$C' = c Pr_m^{1/3} \tag{8.36}$$

根据所得的实验数据，即可求得 Re_m、Nu_m，对式(8.35)取对数，可得

$$\ln Nu_{\mathrm{m}} = \ln C' + n\ln Re_{\mathrm{m}} \tag{8.37}$$

由于幂指数函数在对数坐标系下是直线,可得到的图形如图 8.5 所示。

根据这条直线,就可求得系数 C' 与 n。

直线的斜率即为 n 值,在求得 n 值的基础上,可根据直线上任一点的 Re_{m} 和 Nu_{m} 的数值求得 C' 值,再根据式(8.36)求出 c 值,至此,准则方程式中各量均已知,因此,就可以建立准则方程式。

上述为风洞综合实验的实验原理,依据此原理可在风洞中开展不同目的的对流换热实验,下面将一一介绍。

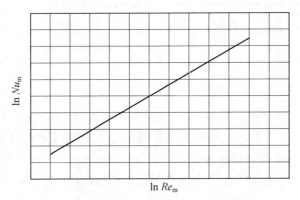

图 8.5　空气横掠单管 $\ln Re_{\mathrm{m}}$ 和 $\ln Nu_{\mathrm{m}}$ 的关系

8.2.4　风洞中空气横掠单管对流换系数及风速测定实验

1. 实验目的

学习测量风速、温度及热量的技能;测定空气横吹单管表面的平均放热系数。

2. 实验方法

(1)先将毕托管与微压计、热电偶与电位差计连接好并校正零点,连接电加热器、电流表、电压表及调压变压器线路,经检查确认无误后,准备启动风机。

(2)在关闭风机出口挡板的条件下启动风机,然后根据实验要求开启风机出口挡板,调节风量。

(3)在调压变压器指针位于零位的条件下,合电闸加热实验管,根据需要调节变压器使其在某一定热负荷下工作,至壁温达到稳定(壁面热电势在 3 min 内保持读数不变,即可认为已达到稳定状态)后,开始记录电偶热电势、电流、电压、空气进出口温度以及倾斜式微压计读数。在测量风压时,若微压计液柱上下摆动,说明风压不稳定,这时可取平均值。

(4)实验完毕后,先切断实验管加热电源,待实验管冷却后再停风机。

3. 实验数据的测量

(1)实验段进出口空气温度 t'_{f} 和 t''_{f} 的测量。

分别采用玻璃管温度计在风洞入口和实验段出口处进行。二者的平均值即为流体平均温度 t_{f}。

（2）流速 u 的测量。

采用毕托管在测速段截面中心点进行。由于测速段截面流速分布均匀,因此不必进行截面速度不均匀度的修正。

（3）壁面温度 t_w 的测量。

实验所用热电偶预埋在实验管表面,分别布置在上、下、前、后 4 个位置,4 根热电偶共用一根冷端,热端接在接线盒上。待壁面温度稳定后可通过切换开关,依次在电位差计上读出壁面上热电偶的毫伏值,查找所对应的温度后,求得平均温度 t_w,即为壁面温度。

4. 实验数据处理

（1）表面传热系数 h。

表面传热系数 h 由式（8.31）计算,计算时注意所用对流换热量为加热管功率去除辐射换热量后剩余的部分。

（2）实验段流速 u。

实验段流速 u 可根据式（8.29）计算,计算时注意式中 n 值为垂直流体流动方向的,同一截面上的管子根数,单管实验中,取 $n=1$。

5. 注意事项

（1）风机进、出口处禁止放置任何异物。

（2）调节工况时,风速过低会导致加热管壁面温度过高,损坏风洞本体;风速过高会在风压不稳定时导致微压计内的酒精冲出微压计。实验中推荐的微压计读数在 $100 \sim 200\,\text{mm}$。

（3）加热管功率不要过大,否则会导致加热管壁面温度过高,损坏风洞本体,实验中推荐的加热功率为 60 W。

（4）严格按照操作步骤进行实验,严禁在确定工况之前开始加热,否则会导致加热管壁面温度过高,损坏风洞本体。

（5）实验过程中,不要长时间在靠近风洞入口处停留,否则会影响工质流量,进而影响实验数据的准确性。

8.2.5　空气横掠单管对流换热系数随风速变化规律研究

1. 实验目的

了解对流换热的实验研究方法;测定不同工况下雷诺数与努塞尔特数,并将实验数据整理成准则方程式。

2. 实验方法

（1）先将毕托管与微压计、热电偶与电位差计连接好并校正零点,连接电加热器、电流表、电压表及调压变压器线路,经检查确认无误后,准备启动风机。

（2）在关闭风机出口挡板的条件下启动风机,然后根据实验要求开启风机出口挡板,将风量调到最大（视风压具体情况确定,不要让酒精冲出微压计）。

（3）在调压变压器指针位于零位的条件下,合电闸加热实验管,根据需要调节变压器使其在某一定热负荷下工作,至壁温达到稳定（壁面热电势在 3 min 内保持读数不变,即可认为已达到稳定状态）后,开始记录电偶热电势、电流、电压、空气进出口温度以及倾斜式微压计读数。在测量风压时,若微压计液柱上下摆动,说明风压不稳定,这时可取平均值。

(4) 保持加热量为定值,由大到小依次调节风机出口挡板,在各个不同开度下稳定后测出微压计读数,空气进出口温度,电位差计的读数。

(5) 总共做 5 个工况,每个工况要有足够稳定的时间。

(6) 实验完毕后,先切断实验管加热电源,待实验管冷却后再停风机。

3. 实验数据处理

(1) 表面传热系数 h。

表面传热系数 h 由式(8.31)计算,计算时注意所用对流换热量为加热管功率去除辐射换热量后剩余的部分。

(2) 实验段流速 u。

实验段流速 u 可根据式(8.29)计算,计算时注意式中 n 值为垂直流体流动方向的,同一截面上的管子根数,单管实验中,取 $n=1$。

(3) 定性温度的选取。

在计算 Re 和 Nu 时,要代入流体的 λ、η、ρ 等数值,但是流体的这些物性参数都是随温度而变化的,这些物性参数需用定性温度来进行查找。流体外掠单管的定性温度可根据式(8.15)来确定。

(4) 定性尺寸的选取。

在 Re 和 Nu 中包含有一个线性尺度 l,它在表示物体大小的同时又要有一定的表达物体形状的能力,称之为定形尺寸。流体外掠单管的定性尺寸取圆管外径 d。

(5) 努塞尔特数计算。

由式(8.30)计算。

(6) 雷诺数计算。

由式(8.21)计算。

(7) C 和 n 的确定。

可按照实验原理讲述的方法确定,并绘制相关曲线,也可按下述最小二乘法的方法求解。c、n 的参考数值见表 8.2。

表 8.2 c、n 的参考值

$Re = 4 \sim 40$	$c = 0.821$	$n = 0.385$
$Re = 40 \sim 4\,000$	$c = 0.615$	$n = 0.466$
$Re = 4\,000 \sim 40\,000$	$c = 0.174$	$n = 0.618$
$Re = 40\,000 \sim 250\,000$	$c = 0.023\,9$	$n = 0.805$

令 $\ln Nu = \ln c + n\ln Re$,式中 $\ln Nu = y$,$\ln Re = x$,$\ln c = b$,则式(8.37)变为

$$y = nX + b \tag{8.38}$$

实验得到 N 组(Re、Nu)就有 N 组(y、x)。

将每一组 y、x 记为 y_i,$x_i(i = 1 \sim N)$。

设每一次实验得到的 y_i 值与按式($y = nx_i + b$)算出的 y 值之差为 ε_i,则

$$\varepsilon_i = y_i - y = y_i - nx_i - b \tag{8.39}$$

$$\varepsilon_i^2 = (y_i - nx_i - b)^2 \tag{8.40}$$

为使 n、b 值误差最小,需满足:

$$\frac{\partial \sum\limits_{i=1}^{N}\varepsilon_i^2}{\partial n} = 0 \tag{8.41}$$

$$\frac{\partial \sum\limits_{i=1}^{N}\varepsilon_i^2}{\partial b} = 0 \tag{8.42}$$

由式(8.39)～(8.42)可得

$$\begin{cases} n\sum\limits_{i=1}^{N}X_i^2 + b\sum\limits_{i=1}^{N}X_i = \sum\limits_{i=1}^{N}X_iY_i \\ n\sum\limits_{i=1}^{N}X_i + Nb = \sum\limits_{i=1}^{N}y_i \end{cases} \tag{8.43}$$

因此只要算出 $\sum\limits_{i=1}^{N}X_i^2$、$\sum\limits_{i=1}^{N}X_i$、$\sum\limits_{i=1}^{N}X_iY_i$、$\sum\limits_{i=1}^{N}y_i$,并代入式(8.43)就可解出 n、b 值,然后由 $b = \ln c$ 求出 c 值,这样就求出了准则方程的具体形式。

注:若想用最小二乘法求出 c、n 值,5 组(Re、Nu)数据不够,需在同一实验台多测出 5 组数据。

8.3　自然对流换热实验

单相流体自然流动换热取决于流体的运动状态、流体的物性参数、壁面的几何特征(形状、尺寸和位置等)以及换热的边界条件。因此,自然流动换热项目很多,仅就一些典型情况而言可以分为:

(1) 按壁面几何特征分,可以分为水平圆管、竖平壁或竖圆管、水平平板(热面朝上或朝下)和有限厚度的空气夹层。

(2) 按边界条件分为常热流边界条件和常壁温边界条件。

(3) 按流态分为层流和湍流。

换热的单值性条件不同,它们的换热规律也不同,由实验得到的准则方程式会有差别。显然,要想在同一套实验设备上进行上述不同情况下的自然对流换热实验是不可能的。本节仅介绍空气沿水平圆管层流自然对流换热的实验方法,其边界条件近似于常热流。

1. 实验目的和要求

(1) 了解空气沿管表面自然对流换热的实验方法,巩固课堂上学过的知识。

(2) 测定单管的自然对流表面传热系数。

(3) 根据对自然对流换热的相似分析,整理出准则方程。

2. 实验原理

对铜管进行电加热,热平衡时加热量应是以对流和辐射两种方式来散失的,所以对流换热量为总热量与辐射换热量之差,即

$$\Phi = \Phi_C + \Phi_R \tag{8.44}$$

式中,Φ、Φ_C、Φ_R 分别采用式(8.33)、式(8.31)、式(8.34)计算联立,得

$$h = \frac{IU}{A(t_w - t_f)} - \frac{C_0 \varepsilon}{(t_w - t_f)} \left[\left(\frac{T_w}{100} \right)^4 - \left(\frac{T_f}{100} \right)^4 \right] \tag{8.45}$$

以上式中，Φ 为电加热器产生的热量，W；Φ_C 为对流换热量，W；Φ_R 为辐射换热量，W；U 为电加热器的加热电压，V；I 为电加热器的加热电流，A；h 为自然对流表面传热系数，W/(m^2·K)；A 为横管自然对流换热的表面积，m^2；t_w 为管壁的平均温度，℃；T_w 为管壁的绝对温度，K；t_f 为室内空气的温度，℃；T_f 为室内空气的绝对温度，K；C_0 为黑体的辐射系数，W/(m^2·K^4)；ε 为试管表面黑度。

根据相似理论，对于自然对流换热，努塞尔数 Nu 是格拉晓夫数 Gr、普朗特数 Pr 的函数，即式(6.33)，可表示成幂指数函数，即式(6.34)，式中，C、n 为实验常数，通过实验所确定。为了确定上述关系式的具体形式，根据所测数据计算结果求得准则数 Nu、Gr。

对式(6.34)的等号两边求对数，得

$$\ln Nu = \ln C + n \ln(Gr \cdot Pr) \tag{8.46}$$

从式(8.46)可以看出，$\ln Nu$ 与 $\ln(Gr \cdot Pr)$ 呈直线关系，直线的斜率为 n，截距为 $\ln C$。

实验中，改变加热量可求得多组数据，把数据标在坐标纸上，得到以 $\ln Nu$ 为纵坐标、以 $\ln(Gr \cdot Pr)$ 为横坐标的一系列点，画出一条直线，使大多数点落在这条直线上或均匀分布在直线的周围。

3. 实验设备

本实验由数根直径不同的水平圆管组成，并配以相应功率的测量仪表（电流表、电压表或单相功率表）、温度测量仪表（电位差计或数字电压表、水银温度计）等。实验装置结构如图8.6所示。由于 Gr 准则的大小受管子直径影响最大，故只有采用一组不同直径的管子进行实验，才能获得较大 Gr 数范围内的实验数据。

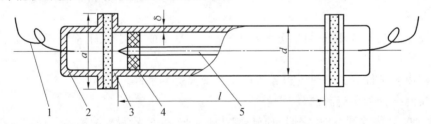

图 8.6　实验装置结构图

1—电源引出线；2—电源引出孔；3—聚苯乙烯泡沫；4—绝缘材料；5—电加热器

把镍铬电阻丝均匀绕制的加热器装在管内，管壁嵌有数对热电偶以测管表面温度，热电偶引出装置示意图如图 8.7 所示。管壁平均温度由这些热电偶所测温度的算术平均值计算。

管子的长度应远远大于其直径，同时加强实验管端部的热绝缘，以减少端部热损失。管子表面的发射率应尽可能小些，为此应仔细擦拭表面，使其光滑，或镀镍铬，抛光。管子表面的空气自然流动应力求不受干扰，为此，实验管应与实验人员所在房间分开，使实验管周围空气处于静止状态。此外，要避免阳光直晒管子表面。若室内装有空调器或暖气设备，实验时应予关闭。

4. 实验步骤

(1) 按电路图接好线路，经指导老师检查后接通电源。

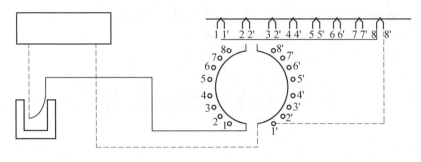

图 8.7 热电偶引出装置示意图

（2）调整调压器，对实验管加热。

（3）稳定 6 h 后开始测管壁温度，记录数据。

（4）间隔 0.5 h 再记一次，直到两组数据接近为止。

（5）选两组接近的数据取平均值，作为计算数据。

（6）记下半导体温度计指示的空气温度或用玻璃管温度计测量空气温度。

（7）经指导教师同意，将调压器调整回零位。

5. 数据处理

（1）实验数据应在充分热稳定的状态下测取。为此，对于每根管子，从实验加热开始，每隔一定时间测取一次温度，并在坐标纸上绘制如图 8.8 的曲线，从 t_w 随时间 τ 的变化情况，判断是否已达稳态。由于实验管功率一般比较低，故当实验管的热容量较大时，达到热稳态所需时间就比较长。

（2）关于实验数据的整理，主要有以下两个问题：

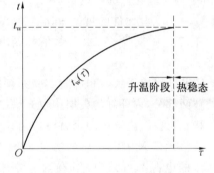

图 8.8 壁面升温曲线

① 定性温度。

用壁温与周围空气温度的平均值作为定性温度。

② 对流换热量。

对流换热量等于管子散热量（测出的电加热功率）减去辐射散热量。关于辐射热量可按大空间内包壁的辐射换热公式，即按式（8.34）计算。

实际上，与管子辐射换热的是周围的壁温，因此在计算辐射换热量时应采用壁面的温度 T'_f，它是墙壁、天花板和地板的综合值。在一般情况下，T'_f 很难准确测定，但是在室内外温度相差不太大的季节，将室内空气温度 T_f 作为 T'_f 是可行的。为了减少由此引起的误差，可将实验管设置在一个大套间内，使它不直接与墙壁和天花板辐射换热，而与套间壁面换热。

（3）由实验数据确定 Nu 及（$Gr \cdot Pr$）数，将实验点标绘在以 $\ln Nu$ 为纵坐标、$\ln (Gr \cdot Pr)$ 为横坐标的双对数坐标图上，以回归分析方法确定式（6.34）中的系数 C、n 及实验点与代表线的偏差，并将结果与《传热学》第 4 版推荐的经验准则式进行比较。

6. 问题思考

（1）怎样才能使本实验的实验管的加热条件成为常壁温（或近似的常壁温）？

（2）管子表面的热电偶应沿长度和圆周均匀分布,目的何在?

（3）如果室内空气不平静,会导致什么结果?

（4）本实验的$(Gr \cdot Pr)$范围有多大? 是否可达到湍流状态?

8.4　大容积沸腾换热实验

1. 实验目的

（1）了解加热面上汽泡生成、长大、脱离直到萎缩的现象和规律。

（2）研究影响沸腾换热的主要因素,并找出改进方法。

（3）获得计算沸腾换热系数和临界热流密度的实验关系式。

2. 实验原理

根据对流换热公式,对流换热系数的表达式为

$$h = \frac{\Phi}{A \Delta t} = \frac{q}{\Delta t} \tag{8.47}$$

式中,Φ 为实验元件的发热量,W;A 为实验元件的受热面积,m²;Δt 为受热面与饱和水的温压,℃;q 为实验元件的热负荷,$q = \Phi/A$,W/m²。

在实验中,将 Φ、A、Δt 等数值都测出来,就可把沸腾过程的对流放热系数 h 的数值计算出来。

图 8.9 示出了大容积沸腾实验原理图。在盛水的容器内放入实验元件,容器分成内缸与外缸两部分,内外缸的夹层中也充满了水,容器外面有电炉加热,使夹层中的水始终处于沸腾状态,这样,内缸中的水就可均匀地保持在饱和温度。

实验元件采用电加热的方法,交流和直流的电源都可采用,但直流电源加热可以获得更高的测量精度,故在实验中都采用直流电源。在前面做过的几个实验中,大多采用间接加热的方法(图8.10(a)),即在实验元件中间放入电炉丝,由电炉丝通电发热,热量经过电绝缘材料层后再传导给实验元件。在超过某一热负荷时电炉丝即被烧毁,由于沸腾放热的热负荷是非常高的,所以这种加热方法不适用。为了在实验元件表面取

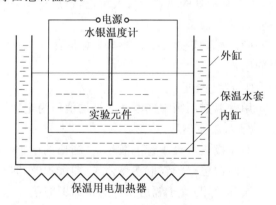

图 8.9　大容积沸腾实验原理图

得很高的热负荷,我们采用直接加热的方法(图 8.10(b))对实验元件直接通电短路发热,由于实验元件的电阻都很小,所以通过的电流就很大,通常达数百安培或数千安培;另外,实验元件的本体上是带电的,这两点是这种加热方法的缺点。

电加热发出的热量计算式为

$$\Phi = IU$$

式中,I 为通过实验元件的电流,A;U 为实验元件两端的电位差,V。

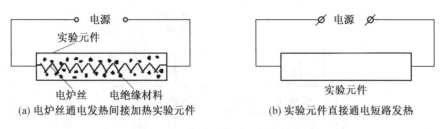

(a) 电炉丝通电发热间接加热实验元件   (b) 实验元件直接通电短路发热

图 8.10   实验元件采用加热的方法

为了精确测量 I 和 U 的数值,这里采用图 8.11 所示的测量方法。

(1) 从实验元件两端的电极上引出电压测量线,用直流数字电压表测量实验元件两端的电位差。

(2) 在主回路上接入分流器,分流器实质上是一种大功率的标准电阻,电流通过它时会产生一个电压降 U,用直流电压表测量这个 U 值,已知分流器的电阻为 R,由此可以算出通过实验元件的电流为 $I=U/R$。

(3) 用热电偶温度计和电阻温度计同时测量实验元件的表面温度,热电偶的热电势用电位差计测量,电阻温度计的电阻值用电位差计并配合标准电阻来测量。

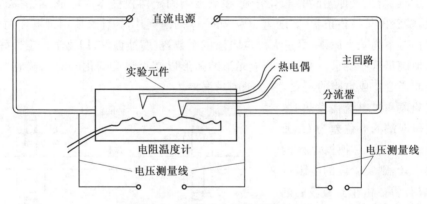

图 8.11   电流和电压的测量方法

3. 实验设备

(1) 实验元件。

① 典型的实验元件(薄壁圆管)。

图 8.12 给出了这种元件的基本结构。元件由 1Cr18Ni9Ti 的耐热合金钢薄壁圆管制成,这种材料具有较高的电阻系数。实验段为一直管,两端焊上圆形的铜电极,再在铜电极上焊接导线束,导线束的末端焊上接线鼻子,用螺母固定在盖板的铜接线柱上。实验段中放入铜电阻温度计和镍铬-镍铝热电偶,电阻温度计就是一个用高强度漆包线绕制的线圈,它和热电偶都经过仔细的电绝缘后自由放入实验段的管内,由于实验段管内不存在传热现象,所以经过一段时间的热稳定后,热电偶和电阻温度计的温度就可以认为等于管子内壁的温度。为了将电阻温度计和热电偶的接线引出水面,在实验段的两端焊有带弯头的引出管,引出管的末端也是固定在盖板上,在圆形电极的两端各焊接一根供测量电位差用的导线。

这种实验元件的优点是可以得到较高的测量精度,对于关键的温度测量因为有电阻温度计和热电偶同时测量,就可以互相纠正。其缺点是实验元件的电阻值较小,故欲得到高的

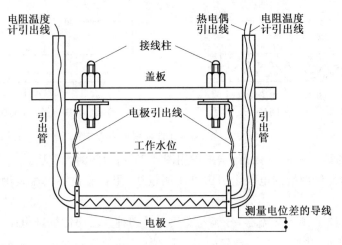

图 8.12　典型实验元件基本结构

热负荷时,加热电源的容量要求达到 3 000 ～ 6 000 A,另外,元件的制作也比较困难。

② 简化的实验元件(条状薄片)。

图 8.13 给出了这种元件的基本结构,在盖板上固定两根柱作为电极,在电极的下端焊上实验段,实验段是一狭条状(宽度为 3 ～ 5 mm)的薄铜片,为什么要用薄铜片呢? 实验段材料的选择有下列几个原则:尽量大的电阻温度系数,抗腐蚀性好,即化学稳定性好,铂和铜都能较好地满足这些要求。实验段制成光滑的弧形以减小温度变化时的机械应力,机械应力的变化同样会造成电阻的变化,这就是测量误差。

当实验段通过电流而发热时,如果实验段两端的电位差为 U,通过实验段的电流为 I,把铜电极的电阻略去不计,则实验段的电阻可用 $R=U/I$ 计算。由于实验段的电阻温度关系是预先在油浴恒温器中标定好的,所以实验段的电阻求得后,就可求出它的温度值。

由此可见,实验段本身既是一个发热元件,又是一个电阻温度计,对于这种形状的实验段,热电偶温度计是无法采用的。

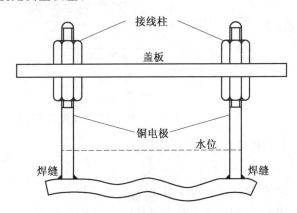

图 8.13　简化实验元件基本结构

由于条状薄片实验元件比薄壁圆管实验元件的电阻要大得多,所以在获得同样大热负荷的情况下,条状薄片元件要求的加热电流可以小一些,电源容量在 200 A 以上就可满足。另外,元件的制作也要简单得多,但是,这种实验元件的测量精度较差。

(2)低压大电流直流电源。

① 大容量的潜艇蓄电池组。

这是一种很贵重的设备,操作和维护都很复杂,但输出电压稳定,这种设备很少被采用。

② 由交流电动机驱动的电流直流发电机。

这是一种很庞大而贵重的设备,输出直流电流可达 3 000～6 000 A,管理也较复杂。过去用得很多,但因现在已很少采用而成为一项落后的技术。

③ 硒整流器。

硒是半导体材料的一种,它具有单向导电的性质,其逆向电阻是正向电阻的 200 倍以上,故交流电通过时,负半波基本上被切掉而成为脉动的直流电,再经过电容滤波后,成为比较平稳的直流电,需要的电压越高,硒整流片串联的片数也越多,需要的电流越大,则硒片的面积也越大。硒整流器的出现是整流技术的一大革新,它的突出优点是简单、方便、可靠。

④ 硅整流器。

近十年来,半导体技术的发展非常迅速,继硒之后又发现了锗、硅等性能更为优良的半导体材料。特别是硅,在制造大功率二极管方面有更大的优越性,所以硅整流器是近代的一项新技术,它在性能上的突出优点大有压倒其他一切整流设备的趋势。

硅整流二极管分成可控的和不可控的两部分。可控具有更大的优越性,它可以去掉交流侧的调压变压器而使整个设备简化,降低成本,但其技术上的难度大一些。我们在这里采用的是不可控的硅二极管整流设备。硅整流器的代表符号及其整流线路与硒整流器是完全一样的。图 8.14 示出了硅整流器主回路原理图。

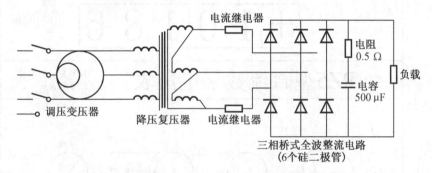

图 8.14　硅整流器主回路原理图

首先把电力网的三相交流电引入调压变压器,使输入的交流电压变成任意可调的形式,然后引入降压变压器,降压变压器的初级线圈具有较多的匝数,导线的直径较细,并做星形连接,降压变压器的次级线圈具有较少的匝数,导线较粗,并做三角形连接,从这里输出的是低电压、大电流的交流电;然后引入三相桥式全波整流电路,这里有 6 个硅二极管,每个二极管的容量为额定电流 200 A,耐压(峰值);三相全波整流出来的脉动电压要比单相半波整流出来的动脉电压平稳得多,再经过电阻电容滤波后使电压更加平稳,就可送入负载。

(3) 分流器。

分流器的结构如图 8.15 所示。分流器的两端为两个大铜块,在铜块上装有接线柱,把锰铜电阻浇铸在两个铜块之间,再把电流接线柱接入需要测量电流的主回路内,则强大的电流通过锰铜电阻片而产生一个电压降,再利用两个电位测量接头把这个电压降测量出来,由于分流器的电阻是已知的,就可计算出电流的数值。分流器工作时的温升在 40 ℃ 以上,由于锰铜的电阻温度系数最小,所以可保证电阻值不会有太大的变化。

(4) 直流数字电压表。

直流数字电压表是近年来发展的一种测量精度很高的仪表,由于它具有精度高、使用简

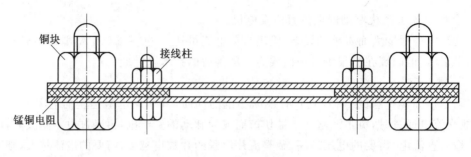

图 8.15　分流器的结构

单的优点,故在很多场合能够代替直流电位差计而得到广泛的应用。目前,直流电位差计是在电压测量方面精度最高的一种仪表,但其使用比较复杂,采样时间太长。

直流数字电压表的工作原理是很复杂的,这里介绍它的正确使用方法。图8.16 为上海电表厂制造的 PZ5 型五位数字直流电压表的面板布置图。面板的顶部是一块数字显示屏幕,第一位表示被测电压的正负极性,下面 5 位是电压的有效数字,并带有小数点,读数的单位是伏特。面板的左端是电压量程选择,分成 2 V、20 V、200 V、600 V、自动(最大200 V)等挡。

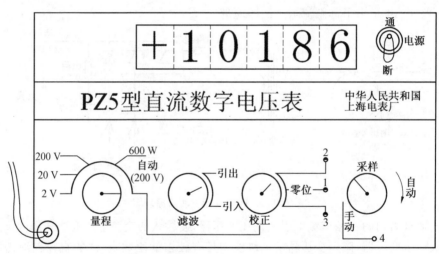

图 8.16　直流数字电压表的面板布置图

这种量程分挡在一般仪表中也是常见的。值得指出的是,在这里还有一个自动挡,在测量 200 V 以下电压时,仪器会自动跳挡。例如,测量15 V时会自动跳到20 V挡上,这为使用者带来很大的方便。

量程旋钮的最后一挡为校正挡,为了使读数有较高的准确性,仪表要经过校正。具体方法如下:首先,将校正旋钮置于"零位",此时,屏幕上应交替出现＋0.0000 和－0.0000,如果不是这样,则可旋转校零电位器 1,然后,将校正旋钮置于"＋1.0186",此时,屏幕上应出现相应的数字,如有误差,则旋转正校电位器 2。用同样的方法校正负校电位器 3。

如果不需要较高的准确读数,仪表的预热时间可以缩短,并省去校正步骤。否则,仪表需要预热 1 h,并在 1 h 后进行校正和测量。

面板的右端是采样选择旋钮,如放在"手动"位置上,则为手动采样,此时,每按动一下按钮 4 则采一次样,不按动按钮 4 就不采样。把按钮放在"自动"位置上,仪表就能自动采样,并且还能变更采样频率,将按钮越向顺时针方向旋动,采样的频率就越高。

面板左下角伸出一条电缆,这就是测量电压的输入端,带有红、黑两个夹子,当仪表调零时必须将两个夹子互相夹住,以保证输入电压为零;不使用时,最好也将它们互相夹住,免得输入过载。红夹子接正电位,黑夹子接负电位或零电位,这时屏幕上就显示出正号;反之,屏幕上则出现负号。

(5) 实验装置系统。

图 8.17 为实验设备的本体,其试件为不锈钢薄管 1,其两端通过电极管 3 引入低压直流大电流,将不锈钢管加热。管子放在盛有蒸馏水的玻璃容器 4 中,在饱和温度下,调节加热器的电压,可改变加热管表面的热负荷,能观察到汽泡的形成、扩大、脱离过程及泡状核心随着加热管热负荷提高而增加的现象。管子的发热量由流过加热管的电流及其工作段的电压降来确定。为避免试件端部的影响,在 a、b 两点测量工作段的电压降,以确定通过 a、b 之间表面的散热量 Φ。试件外壁测度 t_2 很难直接测定,对不锈钢管试件,可利用插入管内的镍铬－康铜热电偶 2 测出管内壁温度 t_1,再通过计算求出 t_2。整个实验装置如图 8.18 所示。

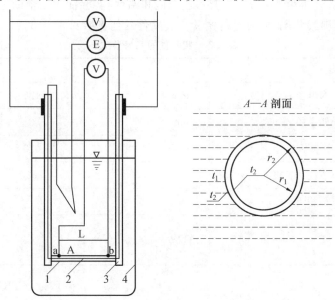

图 8.17　大容器内水沸腾放热试件本体示意图
1— 不透钢薄管;2— 镍铬－康铜热电偶;3— 电极管;4— 玻璃容器

加在管子两端的直流低压大电流由硅整流器 2 供给,改变硅流器的电压可调节不锈钢管两端的电压及流过的电流。测定标准电阻 3 两端的电压降可测定流过不锈钢管的工作电流。

为方便起见,实验台中省略了冰瓶,测量管内壁温度的热电偶的参数点温度不是摄氏零度,而是容器内水的饱和温度 t_s,即其热端 7 放在管子内,冷端 8 放在蒸馏水中,所以热电偶反映的是管内壁温度与容器内水温之差的热电势输出 $E(t_1-t_s)$,容器内水温 t_s 用水银温度计测量。为了能用一台电位差计 6 同时测定管内壁热电偶的毫伏值、试件 a、b 间电压降及标准电阻的电压降,有一转换开关 5。在测量试件 a、b 间电压降时,由于电位差计量程不够,故

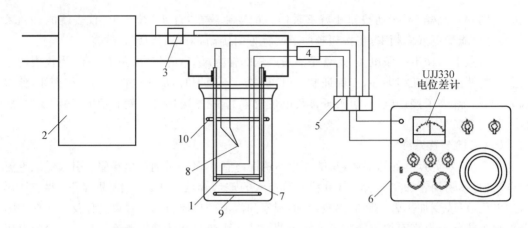

图 8.18　　大容器内水沸腾放热实验装置系统简图

1— 试件本体；2— 硅整流器；3— 标准电阻；4— 分压箱；5— 转换开关；6— 电位差计；7— 热电偶热端；8— 热电偶冷端；9— 辅助电加热器；10— 冷却管

在电路中接入一台分压箱 4。为使蒸馏水达到饱和温度，实验前先用辅助电加热器 9 将水加热沸腾，并保持其沸腾状态，即可进行实验。实验件几何参数见表 8.3。

表 8.3　　实验件的几何参数

参　　数	单位	数　　值
管子内半径 r_1	mm	1.8
管子外半径 r_2	mm	2
管子壁厚 δ	mm	0.2
工作段 a、b 间的长度 L	mm	83
工作段外表面积 $F = 2\pi r_2 L$	m²	
系数 $= \dfrac{1}{4\pi L\lambda}\left(1 - \dfrac{2r_1^2}{r_2^2 - r_1^2}\ln\dfrac{r_2}{r_1}\right)$	℃/W	

4. 实验步骤

(1) 热电偶温度计和电阻温度计的标定。

对于特殊用途的自行制造的热电偶和电阻温度计都要标定。标定在油浴恒温器中进行，标定的温度一定要大于测量温度，并在这个最高温度下保持一段时间使材料老化。这样，测量时的性能就比较稳定。

对于热电偶温度计要绘出 $E - t$(热电势－温度) 曲线。

对于铜电阻温度计要绘出 $R_t - t$(电阻－温度) 曲线。在 150 ℃ 以下的温度测量中，我们可以认为 $R_t - t$ 曲线是一条直线。这样就可以根据标定的数据整理出如下的直线公式：

$$R_i / R_0 = 1 + \alpha(t - t_0) \tag{8.48}$$

式中，t_0 为某一起点温度，通常用 0 ℃；R_0 为对应起始温度时的电阻值，Ω；α 为电阻的温度系数，1/℃。

但是油浴恒温器往往得不到 $0\ ^{\circ}\mathrm{C}$ 的状态,所以 R_0 的数值也就无从测得。可以用两种方法解决这个问题:

① 外插法:在电阻温度计的直线关系绘出来后,用比例的外插法算出 $0\ ^{\circ}\mathrm{C}$ 时的电阻值 R_0。

② 将 $20\ ^{\circ}\mathrm{C}$ 或 $30\ ^{\circ}\mathrm{C}$ 作为起点温度。温度系数 α 对于不同的材料有不同的数值,根据标定的数据可以算出 α 值。

在油浴恒温器中标定时采用二级玻璃水银温度计。

(2)实验点的测量。

① 准备与启动。

按图 8.18 将实验装置测量线路接好,调整好电位差计,使其处于工作状态。玻璃容器内充满蒸馏水至 4/5 高度,接通辅助电加热器。将蒸馏水烧开,并维持其沸腾温度。启动硅整流器,逐渐加大工作电流。

② 观察大容器内水沸腾的现象。

缓慢加大实验件的工作电流,注意观察下列的沸腾现象:在实验件的某些固定点上逐渐形成汽泡,并不断扩大,达到一定大小后,汽泡脱离管壁,渐渐上升,最后离开水面。产生汽泡的固定点称为汽化核心。汽泡脱离后,又有新的汽泡在汽化核心产生,如此周而复始,有一定的周期,随实验件工作电流增加,热负荷加大,实验件表面上汽化核心的数目增加,汽泡脱离的频率也相应加大,如热负荷增大至一定程度后,能产生的就会在壁面逐渐形成连续的汽膜,就由泡态沸腾向膜态沸腾过渡。此时壁温会迅速升高,以至将实验件烧毁(实验中工作电流不允许过高,以防出现膜态沸腾)。

③ 调整主回路中的电功率,使实验元件在某一热负荷的工况下沸腾,待稳定后进行测量:

a. 通过温度计测量容器内水的饱和温度 t_s,$^{\circ}\mathrm{C}$。

b. 切换转换开关,用电位差计分别测量:管内壁温度与容器内水温差的热电势 $E(t_1,t_s)$,mV;管子工作段 a、b 段的电压降 V_2,mV;标准电阻两端电压降 V_1,mV。

c. 为了测定不同热负荷下表面传热系数 h 的变化,工作电流在 $20\sim100\ \mathrm{A}$ 范围内改变,共测 5 个工况。每改变一个工况,待稳定后记录上述数据。

④ 实验结束前先将硅整流器旋至零值,然后切断电源。

⑤ 得到实验数据。

⑥ 根据以上实验数据算出对流表面传热系数 h 和温压 Δt 并做出 $h-\Delta t$ 关系曲线。

5. 实验数据处理

(1)电流流过实验管,在工作段 a、b 间的发热量 $\varPhi=IU$;电流 I 由它流过标准电阻 3 产生的电压降 U_1 来计算。因为标准电阻为 $100\ \mathrm{A}/100\ \mathrm{mV}$,所以测得标准电阻 3 以每 $1\ \mathrm{mV}$ 电压降,等于有 $1\ \mathrm{A}$ 的电流流过,即在数值上 $I=U_1$。

电压降由下式求得:

$$U=T\times U_2\times10^{-3} \tag{8.49}$$

式中,T 为 $\mathrm{FJ-56}$ 分压箱比率,$T=10$;U_2 为试件 a、b 同时电压能分压测得的值,mV。

(2)试件表面热负荷 q:

$$q=\varPhi/A \tag{8.50}$$

式中,A 为工作段 a、b 间的表面积,m^2。

（3）管子外表面温度 t_2 的计算。

试件为圆管时,按有内热源的长圆管,其管外表面为对流放热条件,管内壁面绝热时,根据管内壁面温度可以计算外壁面温度:

$$t_2 = t_1 - \frac{\Phi}{4\pi\lambda L}\left(1 - \frac{2r_1^2}{r_2^2 - r_1^2}\ln\frac{r_2}{r_1}\right) = t_1 - \xi\Phi \tag{8.51}$$

式中,λ 为不锈钢管的导热系数,$\lambda = 16.3\ W/(m \cdot K)$;$\Phi$ 为工作段 a、b 间的发热量,W;L 为工作段 a、b 间的长度,m;ξ 为计算系数,$\xi = \dfrac{1}{4\pi\lambda L}\left(1 - \dfrac{2r_1^2}{r_2^2 - r_1^2}\ln\dfrac{r_2}{r_1}\right)$,$℃/W$。

（4）核态沸腾时放热系数 h。

$$h = \frac{\Phi}{F\Delta t} = \frac{q}{t_2 - t_s} \tag{8.52}$$

在稳定情况下,电流流过实验管发出的热量全部通过外表面由水沸腾放热而带走。

（5）数据处理要求。

① 观察大容器内水沸腾的现象,描述汽泡的形成、扩大、脱离过程及泡状核心随着管子热负荷提高而增加的现象。

② 进行实验数据整理。

③ 在坐标纸上绘制 $q - \Delta t$ 曲线。

④ 在坐标纸上绘制 $h - \Delta t$ 曲线。

⑤ 实验分析及误差产生原因分析。

6. 注意事项

（1）预习实验报告,了解整个实验装置各个部件,并熟悉仪表的使用,特别是电位差计,必须按操作步骤使用,以免损坏仪器。

（2）为确保实验管不致烧毁,硅整流器的工作电流不得超过 100 A,以防实验管及硅整流器损坏。

（3）实验中注意安全,小心触电。

7. 问题讨论

在上述实验数据的整理中,由于传热学知识的限制,有一些问题我们没有考虑,在精度要求较高的实验中,应考虑以下问题:

（1）实验元件两端电极散热量的修正。元件的长度越大,这个散热量的影响就越小,要用枢轴导热的计算法进行修正。

（2）实验元件表面温度的修正。对于圆管形的典型实验元件,测得的温度是元件内壁的温度,但整理放热系数时需要的是元件外壁的温度,这就造成误差。

（3）对于条状薄片的简化实验元件,测得的温度是整个薄片的平均温度,但整理放热系数时需要的是元件的表面温度,这也就是误差,元件的壁面越薄,这个误差就越小,要用内热源导热的计算法进行修正。

（4）请考虑下列问题:

① 加热器表面汽泡是怎样产生的?

② 什么样的加热表面最容易产生汽化核心? 为什么?

8.5　综合传热实验

1. 实验目的

综合传热实验是将干饱和蒸汽通过一组实验铜管,管子在空气中散热而使蒸汽冷凝为水,由于钢管的外表状态及空气流动情况的不同,管子的凝水量亦不同,通过单位时间凝水量的多少,可以观察和分析影响传热的诸多因素;计算出每根管子的总传热系数 K 值。

2. 装置简介

实验装置示意图如图 8.19 所示。实验台由电热蒸汽发生器、一组表面状态不同(铜光管、铝光管、管外加铝翅片以及不同保温材料的保温管)的 6 根铜管、分气缸、冷凝管、冷凝水蓄水器(可计量)及支架等组成。强制通风时,配有一组可移动的风机(图中未绘出),用它来对管子吹风。因而,实验台可进行自然对流和强迫对流的传热实验。通过实验,可对各种不同影响传热因素进行分析,从而建立起影响传热因素的初步认识和概念。

3. 实验方法及步骤

(1) 打开电热蒸汽发生器上的供汽阀,然后从底部的给水阀门(兼排污),往蒸汽发生器的锅炉加水,当水面达到水位计的 2/3 高处时,关闭给水阀门。

(2) 打开蒸汽发生器上的电加热器(手动) 开关,指示灯亮,内部的电锅炉加热。待电接点压力表达到要求压力时(事先按需要用螺丝扳手调定),电接点压力表动作(断电)。此时,由电接点压力表控制继电器,使加热器按一定范围进行加热,以供实验所需的蒸汽量。

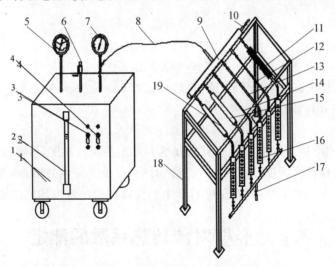

图 8.19　综合传热实验装置示意图

1— 电热蒸汽发生器;2— 蒸汽出口测温琴键开关;3— 琴键开关转换开关;4— 蒸汽入口测温琴键开关;5— 温度显示仪表;6— 蒸汽出口;7— 电接点压力表;8— 安全阀;9— 连接软管分气缸;10— 排水放气阀;11—$\phi25$翅片管;12—$\phi25$铜光管;13—$\phi25.9$铝管;14—24×26铜方管;15—$\phi30$铜管;16— 凝结刻度储水器;17— 放水阀;18— 支架台;19— 岩棉保温管;20— 水位计;21— 自动加热开关组;22— 风机开关

（3）打开配气管上所有阀门（或按实验需要打开其中几个阀门）和玻璃蓄水器下方的放水阀。然后，打开供汽阀缓慢向测试管内送汽（送汽压力略高于实验压力），预热整个实验系统，并将系统内的空气排净。

（4）待蓄水器下部放水阀向外排出蒸汽一段时间后关闭全部放水阀门，预热完毕。此时，要调节配气管底部放水阀门使其微微冒汽，以排除在胶管内和配气管中的凝水。调节送汽压力，即可开始实验。为防止玻璃蓄水器破坏，建议实验压力为 0.02 MPa，最大不超过0.05 MPa。

（5）做自然对流实验时，将蓄水器下部的全部水阀关闭，注视蓄水器内的水位变化，待水位上升至"0"刻度水位时开始计时（若实验中有多根管子，只要在开始计时，记下每根蓄水器水位读数即可），实验正式开始。凝结水水位达到一定高度时，记下供汽时间和凝结水量。

（6）若要进行强迫对流实验，放掉积存在蓄水器及管路中的水，开动风机对被试管进行强迫通风，实验方法同上。

（7）实验完毕时，关闭电源，打开所有的放水阀、排气阀，水排净后再将所有阀门关闭，并切断电源即水源。

4. 传热系数的计算

所有的被试管均以基管（铜管）表面积为准，则：

传热面积：
$$F = \pi d l \tag{8.53}$$

传热量：
$$Q = Gr \tag{8.54}$$

总传热系数：
$$K = Q/F\Delta t \tag{8.55}$$

式中，d 为实验管外径；L 为实验管长度，自然对流时 $L=0.78$ m，强迫对流时 $L=0.52$ m；G 为凝结水量，由下式计算：
$$G = lb\rho_n/\tau \times 10^{-6} \tag{8.56}$$

式中，r 为汽化潜热（查饱和蒸汽表），kJ/kg；l 为蓄水器的水位高度，格数；b 为每格的凝结水量，mL/ 格；ρ_n 为凝结水密度，kg/m³；τ 为供汽时间，s；Δt 为管内外温差，℃，$\Delta t = t_1 - t_f$，当 $P=0.04$ MPa，$t_1 = 109.5$ ℃（饱和温度），其中 t_f 为实验时的室内环境温度。

8.6　竖壁对流传热系数的测定

1. 实验目的和内容

（1）掌握空气在普通和强化传热管内的对流传热系数的测定方法，了解影响传热系数的因素和强化传热的途径。

（2）把测得的数据整理成 $Nu = BRe^n$ 形式的准数方程，并与本书中相应的公式进行比较。

（3）了解温度、加热功率、空气流量的自动控制原理和使用方法。

2. 实验装置与流程示意图

本实验装置由蒸汽发生器、孔板流量变送器、变频器、套管换热器及温度传感器、智能显示仪表等构成,其工作流程如图 8.20 所示。图中符号说明见表 8.4。

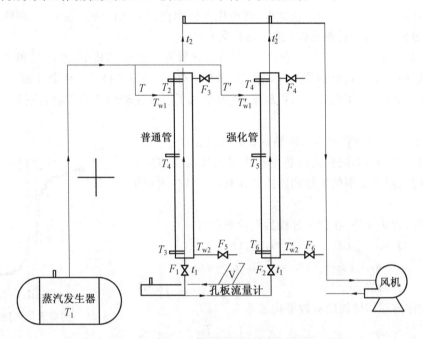

图 8.20　竖管对流传热系数测定实验装置流程图

表 8.4　竖管对流传热系数测定实验装置流程图符号说明表

名称	符号	单位	备注
冷流体流量	V	m^3/h	
冷流体进口温度	t_1	℃	
普通管冷流体出口温度	t_2	℃	
强化管冷流体出口温度	t_2'	℃	
蒸汽发生器内蒸汽温度	T_1	℃	紫铜管规格 $\phi 19 \times 1.5$ mm
普通管热流体进口端壁温	T_{w1}	℃	即内径为 16 mm
普通管热流体出口端壁温	T_{w2}	℃	有效长度为 980 mm
普通管外蒸汽温度	T	℃	冷流体流量范围:3 ~ 16 m^3/h
加强管热流体进口端壁温	T_{w1}'	℃	
加强管热流体出口端壁温	T_{w2}'	℃	
加强管外蒸汽温度	T'	℃	

空气－水蒸气换热流程:来自蒸汽发生器的水蒸气进入套管换热器,与被风机抽进的空气进行换热交换,冷凝水经排出阀排入盛水装置。空气由风机提供,流量通过变频器改变风机转速达到自动控制,空气经孔板流量计进入套管换热器内管,热交换后从风机出口排出。

注意:本实验中,普通和强化实验通过管路上的切换阀门进行切换。

3. 实验原理

在工业生产过程中,在大多数情况下采用间壁式换热方式进行换热。所谓间壁式换热就是冷、热两种流体之间有一固体壁面,两流体分别在固体壁面的两侧流动,两流体不直接接触,通过固体壁面(传热元件)进行热量交换。

本装置主要研究汽－气综合换热,包括普通管和加强管。其中,水蒸气和空气通过紫铜管间接换热,空气走紫铜管内,水蒸气走紫铜管外,采用逆流换热。所谓加强管,是在紫铜管内加了弹簧,增大了绝对表面粗糙度,进而增大了空气流动的湍流程度,使换热效果更明显。

(1) 空气在传热管内对流传热系数的测定。

如图 8.21 所示,间壁式传热过程由热流体对固体壁面的对流传热、固体壁面的导热和固体壁面对冷流体的对流传热组成。

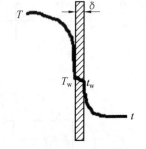

图 8.21　间壁式传热过程示意图

间壁式传热元件,在传热过程达到稳态后有

$$\begin{aligned} Q &= m_1 c_{p1}(T_1 - T_2) = m_2 c_{p2}(t_2 - t_1) \\ &= h_1 A_1 (T - T_w)_m = h_2 A_2 (t_w - t)_m \\ &= KA\Delta t_m \end{aligned} \qquad (8.57)$$

热流体与固体壁面的对数平均温差为

$$(T - T_w)_m = \frac{(T_1 - T_{w1}) - (T_2 - T_{w2})}{\ln \dfrac{T_1 - T_{w1}}{T_2 - T_{w2}}} \qquad (8.58)$$

固体壁面与冷流体的对数平均温差为

$$(t_w - t)_m = \frac{(t_{w1} - t_1) - (t_{w2} - t_2)}{\ln \dfrac{t_{w1} - t_1}{t_{w2} - t_2}} \qquad (8.59)$$

热、冷流体间的对数平均温差为

$$\Delta t_m = \frac{(T_1 - t_2) - (T_2 - t_1)}{\ln \dfrac{T_1 - t_2}{T_2 - t_1}} \qquad (8.60)$$

冷流体(空气)的质量流量为

$$m_2 = V'\rho_0 \qquad (8.61)$$

注意:空气在无纸记录仪上显示的体积流量,与空气流过孔板时的密度有关,考虑到实际过程中,空气的进口温度不是定值,为了处理上的方便,无纸记录仪上显示的体积流量是将孔板处的空气密度 ρ_0 当作 1 kg/m³ 时的读数,因此,如果空气实际密度不等于该值,则空气的实际体积流量应按下式进行校正:

$$V' = \frac{V}{\sqrt{\rho_0}} \qquad (8.62)$$

当内管材料导热性能很好,即 λ 值很大,且管壁厚度较薄时,可认为同一截面处换热管两侧壁温近似相等,即 $T_{w2} \approx T_{w1}$, $T_{w1} \approx T_{w2}$ 在传热过程达到稳定后,由式(8.57)可得

$$m_2 c_{p2}(t_2 - t_1) = h_2 A_2 (t_w - t_1)_m \qquad (8.63)$$

即

$$h_2 = \frac{m_2 c_{p2}(t_2 - t_1)}{A_2 (t_W - t_1)_m} \tag{8.64}$$

一般情况下,直接测量固体壁面温度,尤其是管内壁温度,实验技术难度较大,因此,工程上也常采用通过测量相对较易测定的冷热流体温度来间接推算流体与固体壁面间的对流传热系数。下面介绍其他两种测定对流传热系数的实验方法。

(2) 近似法求算空气侧表面传热系数 h_2。

以管内壁面积为基准的总传热系数与对流传热系数间的关系为

$$\frac{1}{k} = \frac{1}{h_2} + R_{s2} + \frac{bd_2}{\lambda\, d_m} + R_{s1} \frac{d_2}{d_1} + \frac{d_2}{h_1 d_1} \tag{8.65}$$

总传热系数 k 为

$$k = \frac{Q}{A \Delta t_m} = \frac{m_2 c_{p2}(t_2 - t_1)}{A \Delta t_m} \tag{8.66}$$

用本装置进行实验时,换热管外侧污垢热阻、管壁导热热阻、内侧污垢热阻均忽略不计,则可由式(8.65)近似得出

$$h_2 \approx k \tag{8.67}$$

由此可见,被忽略的传热热阻与冷流体侧对流传热热阻相比越小,采用该方法所求得的结果准确性越高。

(3) 准则方程式。

对于流体在圆形直管内做强制湍流对流传热时,传热系数采用式(6.1)计算。

可由实验获取的数据点拟合出相关准数后,在双对数坐标纸上即可做出 $Nu - Re$ 直线,确定 $Nu = BRe^n$ 的拟合方程,并与公认的经验公式进行对比,以验证实验效果。

通过普通管和强化传热管实验结果的对比,分析影响传热系数的因素和强化传热的途径。

4. 注意事项

(1) 开始加热功率可以很大,但当温度达到 100 ℃ 左右,有大量不凝气体排出时,加热电压一般控制在 250 V 左右。

(2) 实际实验管路要和仪表柜上选择开关及计算机上的显示一致,否则实验失败。

(3) 实验中不凝气体阀门和冷凝水阀门要一直开启,防止积水,影响实验效果。

(4) 测定各参数时,必须是在稳定传热状态下。一般传热稳定时间都至少需保证 8 min 以上,以保证数据的可靠性(第一组数据的测定至少稳定 15 min)。

(5) 实验过程中,要确保蒸汽发生器内水位不能低于警戒水位。

8.7　空气纵掠平板时局部换热系数的测定

1. 实验目的及要求

(1) 了解实验装置的原理,掌握空气纵掠平板时局部换热系数、温度边界层和速度边界层测试方法。

(2) 测定空气纵掠平板时的局部换热系数和流动边界层内的温度分布,速度分布。

（3）通过对实测数据的整理，了解沿平板局部换热系数的变化规律，分析讨论换热系数变化的原因。

2. 基本原理

流体纵掠平板是对流换热中的最典型的问题。本实验通过测定空气纵掠平板时的局部对流换热系数，掌握受迫对流换热的基本概念和规律。

局部对流换热系数 h_x 由下式定义：

$$h_x = \frac{q}{t_x - t_\infty} \tag{8.68}$$

式中，q 为物体表面某处的热流密度，W/m^2；t_x 为相应点的表面温度，℃；t_∞ 为来流气流的温度，℃。

本实验装置上所用的试件是一平板，纵向插入一风道中，板表面包覆一薄层金属片，利用电流流过金属片对其加热，可以认为金属片表面具有恒定的热流密度。测定流过金属片的电流和其上的电压降即可准确地确定表面的热流密度。表面温度的变化直接反映出表面传热系数的大小。

3. 实验装置及测量系统

本实验装置本体由一风源和测试段构成。风源为一箱式风洞，风机、稳压箱、收缩口都设置在箱体内。风箱中央为空气出风口，形成一有均匀流速的空气射流。实验段的风道即放置在出风口上。风机吸入口有一调节风门，可以改变实验段风道中的空气流速。

图 8.22 为测定空气纵掠板局部换热系数的实验段简图，实验段风道 1 由有机玻璃制成，中间插入一可滑动的板 2，板面纵向包覆一不锈钢片 3，形成一很薄的梯形板，两侧对称，中间设置有热电偶 4，沿纵向 x 轴不均匀地布置 22 对热电偶，它们通过热电偶转换板与测温电位差计相连。不锈钢片 3 的两端经电源导板 5 与低压直流电源连接。

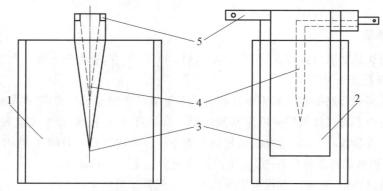

图 8.22　实验段简图

1— 风道；2— 平板；3— 不锈钢片；4— 热电偶；5— 电源导板

图 8.23 为实验装置的原理图。平板上的不锈钢片由硅整流电源 1 供给低压直流大电流直接通电加热。调整硅整流电源的输出电压，可改变对平板的加热功率。电流由电位差计测量串联在电路中的标准电阻 5 上的电压降来确定。不锈钢片两端的电压降通过分压箱 8 分压后由电位差计测量。

为了简化测量系统，测量平板壁温 t_w 的热电偶，其参考温度用空气流的温度 t_∞，即其热

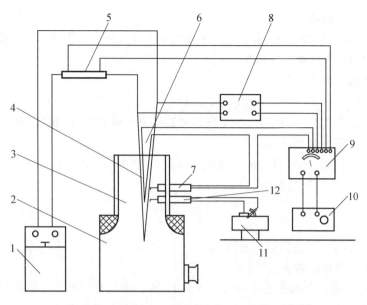

图 8.23 实验装置原理图

1— 硅整流电源;2— 风源;3— 试验段管道;4— 平板试件;5— 标准电阻;6— 热电偶热端;7— 热电偶冷端;8— 分压箱;9— 转换开关;10— 电位差计;11— 微压计;12— 毕托管

端 6 设在板内,冷端 7 则放在风道气流中。所以热电偶反映的温差为 $t_x - t_\infty$ 的热电势 $E(t_x - t_\infty)$ 也用电位差计测量。电流、电压、温度测量可通过转换开关 9 切换。风道上装有毕托管 12,通过倾斜式微压计 11 测量掠过平板的气流动压,以确定空气流速。来流空气温度 t_∞ 用 1/10 ℃ 水银温度计测出。

4. 实验步骤

接好测量线路,将整流电源电压调节旋钮转至零位,然后打开风机,调节风门,并将平板放在适当位置上。接通整流电源,逐步提高输出电压,对平板缓慢加热。为保证不致损坏试件,又能达到足够的测温精度,将平板温度控制在 80 ℃ 左右。逐渐提高加热电压时,可用手抚摩不锈钢片,至手无法忍受时为止。

待热稳定后开始测量,从板前缘开始按热电偶编号,用电位差计逐点测出其温差电势 $E(t_x - t_\infty)$。测量过程中要求加热电流、电压及气流动压维持不变。可在不同加热功率及气流速度条件下,测试几组数据。

为确保壁温不致超出允许范围,启动和停止工作时必须注意操作顺序。实验启动时,必须先开风机,后逐步加热;实验结束时,必须先关加热电源,后关风机。

5. 实验数据的计算和整理

平板试件参数:板长 $L = 0.33$ m,板宽 $B = 80 \times 10^{-3}$ m,金属片宽 $b = 65 \times 10^{-3}$ m,金属片厚 $\delta = 1 \times 10^{-4}$ m,金属片总长 $l = 2L = 0.66$ m。

(1) 温度测量。

测温热电偶为铜－康铜热电偶,以来流空气温度作为参考温度,测量壁面与空气的温度差。温度与电势的关系为 $t_x - t_\infty = E(t_x - t_\infty) \times 23.2$ ℃。

（2）流过金属片的电流 I。

标准电阻为 150 A/75 mV，所以测得标准电阻上每 1 mV 电压降等于 2 A 电流流过，即 $I = 2 \times V_1$，其中 V_1 为标准电阻两端的电压，mV。

（3）金属片两端的电压降 V。

$$V = T \times V_2 \times 10^{-3}$$

式中，T 为分压箱倍率，$T = 200$，V_2 为金属片两端的电压降，经分压箱后测得的值，mV。

（4）空气掠过平板的速度 u。

由毕托管测得气流动压 Δh，$\Delta h =$ 微压计读数 × 倍率，mmH$_2$O。

可按下式计算空气来流速度 u：

$$u = \sqrt{\frac{2 \times 9.81}{\rho}} \tag{8.69}$$

式中，u 为气流速度，m/s；ρ 为空气密度，kg/m^3。

（5）局部对流换热系数 h_x。

假设电热功率均匀分布在整个金属片表面上，不计金属片向外界辐射散热的影响，忽略金属片纵向导热的影响，则局部换热系数 h_x [W/(m^2 · K)] 可按下式计算：

$$h_x = \frac{VI}{lb(t_x - t_\infty)} \tag{8.70}$$

（6）局部努塞尔数 Nu_x、雷诺数 Re_x。

$$Nu_x = \frac{h_x x}{\lambda} \tag{8.71}$$

$$Re_x = \frac{ux}{\nu} \tag{8.72}$$

式中，x 为离平板前缘的距离，m；λ 为空气的导热系数，W/(m · ℃)；ν 为空气的运动黏度，m^2/s。

定性温度取来流温度与壁温的平均值，即 $t_m = \dfrac{\bar{t} + t_\infty}{2}$，其中 $\bar{t}$ 为平均壁温，$\bar{t} = \dfrac{t_{max} + t_{min}}{2}$，℃。

（7）换热准则方程式。

根据对流换热的分析，稳定受迫对流的换热规律可用下列准则关系式来表示

$$Nu = f(Re, Pr)$$

对于空气，温度变化范围不大，上式中的普朗特数 Pr 变化很小，可作为常数看待。故上式简化为

$$Nu = f(Re)$$

即有

$$Nu_x = CRe_x^n$$

两边取对数可得

$$\ln Nu_x = \ln C + n\ln Re_x$$

计算出每个测点的 h_x、Nu_x 及 Re_x 值，取对数后绘在直角坐标纸上，以 $\ln Nu_x$ 为纵坐标、$\ln Re_x$ 为横坐标，可得一系列实验点，把这些点连成一条最接近的直线，求出直线的斜率和截距，即为 n 和 $\ln C$，再求出 C，可得到准则方程的系数 C 和指数 n。

6. 实验报告要求及注意事项

（1）给出原始数据，计算局部对流换热系数 h_x、Nu_x 及 Re_x。

（2）绘制 $h_x - x$ 关系曲线和 $\ln Nu_x - \ln Re_x$ 关系曲线，求出斜率和截距，再求出 C 和 n。

（3）分析沿平板对流换热的变化规律，并将实验结果与有关参考书给出的准则方程进行比较。

（4）讨论计算 h_x 公式所做的假定，能否在实验数据处理时考虑这些影响。

本篇参考文献

[1] 杨世铭,陶文铨. 传热学[M]. 4 版. 北京:高等教育出版社,2006.

[2] 陈学俊,陈听宽. 锅炉原理(上册)[M]. 2 版.北京:机械工业出版社,1991.

[3] 孙中宁. 核动力设备[M]. 哈尔滨:哈尔滨工程大学出版社,2004.

[4] 肖永宁,潘克煜,韩国埏. 内燃机热负荷和热强度[M]. 北京:机械工业出版社,1988.

[5] 韩介勤,杜达,艾卡德. 燃气轮机传热和冷却技术[M]. 程代京,谢永慧,译. 西安:西安交通大学出版社,2005

[6] 尹斌,欧阳惕,丁国良. R134a 单元式风冷冷风空调机蒸发器设计[J]. 制冷与空调, 2006,6(6):54-56.

[7] 吴献忠,俞尚瑾,李美玲. 板式换热器在复叠式低温装置中的应用研究[J]. 流体机械, 2002,30(5):52-55.

[8] 韩晓霞,南晓红,刘咸定,等. 空调替代工质 R404a 在水平内螺纹管中的沸腾换热研究[J]. 制冷学报,2004,(4):15-19.

[9] 邓建强,姜培学,李建明. 用于跨临界 CO_2 汽车空调系统的板翅式内部换热器设计[J]. 流体机械,2005, 33(12):57-60.

[10] 张峰,刘伟强. 层板发汗冷却在液体火箭发动机中的应用于发展综述[J]. 火箭推进, 2007, 33(6):43-48.

[11] 肖红雨,高峰,李宁. 再生冷却技术在超燃冲压发动机中的应用与发展[J]. 飞航导弹, 2013, (8):78-81.

[12] 徐本恩,徐义华. 固体火箭发动机内绝热层烧蚀试验研究综述[J]. 南昌航空大学学报(自然科学版), 2013,27(3):1-12.

[13] 张鹏,杨龙滨,宋福元,等. 传热实验学[M]. 哈尔滨:哈尔滨工程大学出版社,2012.

[14] 姜培学,任泽霈,潘奕. 变物性条件下水平同心套管间自然对流换热研究[J]. 应用基础与工程科学学报, 1997(3):282-288.

[15] 龙靖安,杨泽亮. 多排纵向涡发生器强化竖直平板自然对流换热的实验研究[J]. 热科学与技术, 2005,4(1):47-51.

[16] 韩振兴,陆维德,邹文煜,等. 抽吸式自然对流换热的实验研究[J]. 太阳能学报, 1992(3):250-254.

[17] 卢庆,秋穗正,叶忠昊,等. 矩形窄通道空气自然对流换热特性实验研究[J]. 工程热物理学报, 2010, 31(1):72-75.

[18] 王启杰,王国祥,吴清金,等. 倾斜单管和管排自然对流换热的实验研究[J]. 西安交通大学学报,1986(4):91-99.

[19] 何春霞,王厚华,廖光亚,等. 三维外肋管的自然对流换热特性的实验研究[J]. 土木建筑与环境工程,2003,25(3):59-62.

[20] 王涛,杨泽亮,冯光畅. 纵向涡强化竖直平板自然对流换热的实验研究[J]. 热科学与技术,2004,3(1):51-54.

[21] 申春赟,杨荣,王津,等. 圆内开缝圆不同开缝方向自然对流换热[J]. 上海理工大学学报,2013,35(5):425-429.

[22] 师晋生. 竖管内空气强迫与自然对流换热实验[J]. 热能动力工程,2002,17(1):43-46.

[23] 刘志宏. 小尺寸物体自然对流换热[D]. 北京:清华大学,1990.

[24] 张亚君,欧阳荣,邓先和,等. 缩放管及改型缩放管内的自然对流换热研究[J]. 化工装备技术,2005,26(1):32-35.

[25] 杨华,俞颐秦,曹慧玲. 倾斜环形夹层自然对流换热实验研究[J]. 河北工业大学学报,1998(1):82-87.

[26] 宋艺新,侯树鑫,段远源. 空气横掠圆管强迫对流换热实验的研究[J]. 实验技术与管理,2008,25(5):50-52.

[27] 朱建军,王建立,李震,等. 微细管碳纳米管悬浮液强制对流换热实验研究[J]. 工程热物理学报,2011,32(7):1211-1214.

[28] 石帅,阎昌琪,丁铭,等. 针翅套管双侧强迫对流换热实验研究[J]. 哈尔滨工程大学学报,2013,34(3):287-291.

[29] 王玉刚,匡环,黄其. 强制对流换热实验测试系统的研制[J]. 中国计量学院学报,2012,23(2):136-140.

[30] 冯云鹏. 水平三维肋管管外高不凝性气体含量水蒸气强制对流凝结换热实验研究[D]. 重庆:重庆大学,2006.

[31] 张娜. 同心环形通道内强制对流换热的实验研究[D]. 北京:中国石油大学,2010.

[32] 曹彦斌,艾效逸,郭全,等. 伴随有水蒸气凝结的烟气对流换热的实验研究[J]. 工程热物理学报,2000,21(6):729-733.

[33] 贾力,孙金栋,李孝萍. 分离式冷凝型天然气锅炉的研究与应用[J]. 节能技术,2001,19(2):2-3.

[34] 刘效洲,惠世恩,徐通模,等. 分离式热管换热器的工作原理及其在电厂余热回收中的应用[J]. 热能动力工程,2001,16(4):375-376.

[35] 贾力,彭晓峰. 具有凝结的混合气体传热理论研究[J]. 热科学与技术,2002,1(1):15-19.

[36] 王秋旺. 螺旋折流板管壳式换热器壳程传热强化研究进展[J]. 西安交通大学学报,2004,9(38):881-886.

[37] 吴青柏,梁素云,高兴旺. 热桩与空气间的对流换热规律研究[J]. 冰川冻土,1996,18(1):37-42.

[38] 郭七一,张卫正,薛剑青,等. 柴油机缸内对流换热与气流特征速度的研究[J]. 车用

发动机，1994(6):16-21.

[39] 安家菊. 对流换热在活塞顶面氧化处理中的应用[J]. 科技创新导报，2010(26):
　　　54-54.

[40] 张卫正，向长虎，原彦鹏，等. 内燃机缸内对流传热理论研究的百年发展[J]. 拖拉机
　　　与农用运输车，2010，37(4):1-3.

[41] 谢彦玮. 内燃机气缸内的瞬时换热系数[J]. 湖南大学学报(自然科学版)，1987(3):
　　　24-32.

[42] 王兆文. 重载车用柴油机缸盖内冷却水流动分析及强化传热研究[D]. 武汉华中科技
　　　大学，2008.

[43] 王明华，陈劲松. 发动机喷管内流场对流换热系数影响因素的数值分析[J]. 火箭推
　　　进，2011，37(3):32-37.

[44] 张纯良，张振鹏，袁军娅，等. 发汗冷却喷管在火箭发动机上的应用[J]. 上海航天，
　　　2002，19(2):8-12.

[45] 李敬，赵巍，赵伟，等. 换热器预冷的空气涡轮火箭性能分析研究[J]. 工程热物理学
　　　报，2015(2):302-307.

[46] 金韶山，姜培学，孙纪国. 液体火箭发动机喷管发汗冷却研究[J]. 航空动力学报，
　　　2008，23(7):1334-1340.

[47] 吴峰，王秋旺，罗来勤，等. 液体火箭发动机推力室冷却通道流动与传热数值研究[J].
　　　推进技术，2005，26(5):389-393.

[48] 康玉东，孙冰，高翔宇. 液体火箭发动机推力室冷却通道温度分层数值研究[J]. 航空
　　　动力学报，2009，24(8):1904-1910.

[49] 吴峰，王秋旺，罗来勤，等. 液体推进剂火箭发动机推力室再生冷却通道三维流动与传
　　　热数值计算[J]. 航空动力学报，2005，20(4):707-712.

[50] 郭婷，苏杭，赵耀中. 预冷吸气式火箭发动机用换热器研制进展[J]. 军民两用技术与
　　　产品，2014(18):48-51.

[51] 张吉礼，梁珍，郑忠海，等. 载人航天空间站舱内通风对流换热数值研究进展[J]. 暖
　　　通空调，2006，36(1):28-34.

[52] 黄德斌，潘其昌，张建学. 螺旋槽锯齿翅片管在空调机冷凝器上的应用[J]. 制冷与空
　　　调，2006，6(6):80-82.

[53] 杜艳利，何世辉，肖睿，等. 直接蒸发内融式冰蓄冷空调的蓄冷和释冷特性[J]. 制冷
　　　学报，2007，28(3):31-35.

[54] 白莉，尹军，齐子姝. 以塑铝管换热的污水源热泵空调系统研制[C]. 中国制冷学会
　　　2007 学术年会论文集，2007.

[55] 杜海龙，齐朝晖，匡骁. 太阳能热电空调理论研究与性能分析[J]. 制冷空调与电力机
　　　械，2007，28(3):22-25.

[56] 简弃非，林华和，潘伟东. 跨临界二氧化碳制冷技术现状研究[J]. 制冷，2006，
　　　25(2):25-29.

[57] 张超，刘婷，周光辉. 微通道换热器在制冷空调系统中的应用分析[J]. 低温与超导，
　　　2011，39(9):42-46.

[58] 宣永梅,黄翔,闫振华,等. 西北地区使用干空气能的蒸发冷却辐射供冷[J]. 流体机械,2009,37(2):82-85.

[59] 李景丽,臧润清,赖建波,等. 一种小型蓄冰中央空调系统的设计和实验研究[J]. 制冷与空调,2004,4(6):69-74.

[60] 李淑英,王忠建,张杨. 多股流换热器的通道分配设计方法[J]. 流体机械,2011,39(11):37-40.

[61] 张云坤,刘东. 蓄能、热回收技术及其在空调工程中的应用[J]. 节能技术,2003,21(3):28-30.

[62] 刘涛. 太阳能固体吸附式制冷技术在制冷空调装置中的应用[J]. 制冷与空调:四川,2006,20(4):101-104.

第三篇　　辐射换热

第 9 章　　热辐射基本定律及辐射特性

热辐射作为热量传递的一种重要方式,在过程的机理上与导热、对流换热是根本不同的。在导热与对流换热部分,研究的是由于物体的宏观运动和微观粒子的热运动所造成的能量转移,而在热辐射中关心的是由于物质的电磁运动所引起的热能传递,因而其研究方法和思路与导热及对流换热部分的讨论有很大区别。

本章首先从电磁辐射的观点来认识热辐射的本质及热辐射能传递过程中的一些特性,然后着重讨论热辐射的几个基本定律,最后介绍实际物体(固体、液体)的辐射特性,为下一章讨论辐射换热的计算奠定基础。

9.1　　热辐射的基本概念

9.1.1　　基本概念

辐射是电磁波传递能量的现象,根据不同的产生原因可以得到不同频率的电磁波,我们所关心的是由于热的原因而产生的电磁波。

热辐射指由于热的原因产生的电磁波辐射。热辐射的电磁波是物体内部微观粒子的热状态改变时激发出来的。

只要物体的温度高于绝对零度,物体就不断地把热能变为辐射能,向外发射热辐射。同时物体也不断地吸收周围物体投射到它上面的热辐射,并把吸收的辐射能重新转变成热能。辐射换热就是指物体之间相互辐射和吸收的总效果。当物体与环境处于热平衡时,其表面上的热辐射仍在不停地进行,但其辐射换热量等于零。

9.1.2　　热辐射的波段范围

从理论上说,物体热辐射的电磁波波长可以包括整个波谱,即波长从零到无穷大。然而,在工业上所遇到的温度范围内,即在 2 000 K 以下,有实际意义的热辐射波长位于 $0.38 \sim 100 \ \mu m$,且大部分能量位于红外线区段的 $0.76 \sim 20 \ \mu m$ 范围内,而在可见光区段,即波长为 $0.38 \sim 0.76 \ \mu m$ 的区段,热辐射能量所占比重不大。显然,当热辐射的波长大于 $0.76 \ \mu m$ 时,人眼是看不见的。如果把温度范围扩大到太阳辐射,情况就会有变化。太阳是温度约为 5 800 K 的热源,其温度比一般工业上遇到的温度高出很多。太阳辐射的主要能量集中在 $0.2 \sim 2~\mu m$ 的波长范围内,其中可见光区段占有很大比重。如果把太阳辐射包括在内,热辐射的波长区段可放宽为 $0.1 \sim 100~\mu m$,如图 9.1 所示。

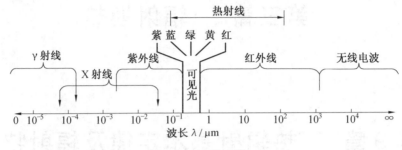

图 9.1　电磁波谱

各种波长的电磁波在科研、生产与日常生活中有着广泛的应用,下面所讨论的内容专指由于热的原因所产生、波长主要位于 $0.1 \sim 100~\mu m$ 的热射线。

9.1.3　热辐射的吸收、反射及透射特性

如图 9.2 所示,在外界投射到物体表面上的总能量 Q 中,一部分 Q_α 被物体吸收,一部分 Q_ρ 被物体反射,其余部分 Q_τ 穿透过物体。按照能量守恒定律有

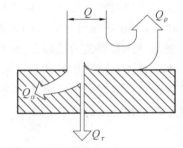

$$Q = Q_\alpha + Q_\rho + Q_\tau \text{ 或 } \frac{Q_\alpha}{Q} + \frac{Q_\rho}{Q} + \frac{Q_\tau}{Q} = 1 \quad (9.1)$$

其中各能量百分数 Q_α/Q、Q_ρ/Q 和 Q_τ/Q 分别称为该物体对投入辐射的吸收率、反射率和穿透率,分别记为 α、ρ 和 τ。于是有

图 9.2　物体对热辐射的吸引、反射和透射特性

$$\alpha + \rho + \tau = 1 \tag{9.2}$$

实际上,当辐射能进入固体或液体表面后,在一个极短的距离内就被吸收完了。对于金属导体,这一距离只有 $1~\mu m$ 的量级;对于大多数非导电体材料,这一距离也小于 $1~mm$。实用工程材料的厚度一般都大于这个数值,因此可以认为固体和液体不允许热辐射穿透,即 $\tau = 0$。于是,对于固体和液体,式(9.2)简化为

$$\alpha + \rho = 1 \tag{9.3}$$

因而,就固体和液体而言,吸收能力大的物体其反射本领就小;反之,吸收能力小的物体,其反射本领就大。

当表面的不平整尺寸小于投入辐射的波长时,形成镜面反射,此时入射角等于反射角,如图 9.3 所示。高度磨光的金属板就是镜面反射的实例。

当表面的不平整尺寸大于投入辐射的波长时,形成漫反射。这时从某一方向投射到物体表面上的辐射向空间各个方向反射出去,如图 9.4 所示。一般工程材料的表面都会形成漫反射。

辐射能投射到气体上时,情况与投射到固体或液体上不同。气体对辐射能几乎没有反射能力,可认为反射率 $\rho = 0$,因此式(9.2)简化成

$$\alpha + \tau = 1 \tag{9.4}$$

显然,吸收性大的气体,其穿透性就差。

综上所述,固体和液体对投入辐射所呈现的吸收与反射特性,均具有在表面上进行的特点,而不涉及物体的内部。因此物体表面状况对这些辐射特性的影响是至关重要的。而对于气体,辐射和吸收在整个气体容积中进行,表面状况则是无关紧要的。

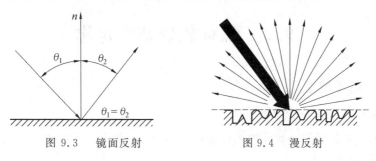

图 9.3　镜面反射　　　　　　图 9.4　漫反射

9.1.4　3 种理想模型

自然界不同物体的吸收率、反射率和穿透率因具体条件的不同而千差万别,给热辐射的研究带来很大困难。为了方便起见,下面从理想物体入手进行研究。现列举出 3 个理想物体。

(1)绝对黑体:吸收率 $\alpha = 1$ 的物体,它能够全部吸收各种波长的辐射能。

(2)绝对白体(镜体):反射率 $\rho = 1$ 的物体,它能够全部反射各种波长的辐射能。

(3)绝对透明体:穿透率 $\tau = 1$ 的物体,各种波长的辐射能都能从其内部穿过。

显然,黑体、镜体(或白体)和透明体都是假定的理想物体。

9.1.5　黑体模型

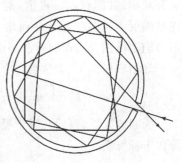

黑体是一种非常重要的理想模型,尽管在自然界中并不存在黑体,但用人工的方法可以制造出十分接近于黑体的模型。黑体的吸收率 $\alpha = 1$,这就意味着黑体能够全部吸收各种波长的辐射能。黑体模型就要具备这一基本特性。选用吸收率小于 1 的材料制造一个空腔,并在空腔壁面上开一个小孔(图 9.5 原则性地表示了这样一个开小孔的空腔),再设法使空腔壁面保持均匀的温度,这时空腔上的小孔就具有黑

图 9.5　黑体模型

体辐射的特性。这种带有小孔的温度均匀的空腔就是一个黑体模型。这是因为当辐射能经小孔进入空腔时,在空腔内要经历多次吸收和反射,而每经过一次吸收,辐射能就按照内壁吸收率的份额被减弱一次,最终能离开小孔的能量是微乎其微的,可以认为辐射能完全被吸收在空腔内部。所以就辐射特性而言,小孔就有黑体表面一样的性质。值得指出的是,小孔面积占空腔内壁总面积的份额越小,小孔的吸收率就越高。当小孔占内壁面积小于 0.6%、内壁吸收率为 0.6 时,经计算表明,小孔的吸收率可大于 0.996。应用这种原理建立的黑体模型,在黑体辐射的研究以及实际物体与黑体辐射性能的比较等方面都是非常有用的。

注意:在等温空腔内部,辐射是均匀且各向同性的,空腔内表面上的辐射(有效辐射,包括该表面的自身辐射及反射辐射)就是同温度下的黑体辐射,而不管腔体壁面的自身辐射特性如何。

黑体在热辐射分析中有其特殊的重要性。在相同温度的物体中,黑体的辐射能力最大。在研究了黑体辐射的基础上,处理其他物体辐射的思路是:把其他物体的辐射和黑体辐射相比较,从中找出其与黑体辐射的偏离,再确定必要的修正系数。下面的讨论将按照这一思路进行。

9.2　黑体辐射基本定律

9.2.1　基本概念

(1)辐射力 E。

辐射力 E 指单位时间内物体的单位表面积向半球空间所有方向发射出去的全部波长的辐射能的总量,单位为 W/m^2。

(2)光谱辐射力 E_λ。

光谱辐射力 E_λ 又称单色辐射力,指单位时间内物体的单位表面积向半球空间所有方向发射出去的包含 λ 单位波长范围内的辐射能,单位为 $W/(m^2 \cdot m)$。

黑体光谱辐射力 E_λ 与温度、波长间的关系如图 9.6 所示。图中,对应于同一温度,光谱辐射力先随波长的增加而增大,而后随波长的增大而减小,其间存在一极值;对应于同一波长,光谱辐射力随温度的升高而增大;最大单色辐射力随温度的升高而向短波移动。

光谱辐射力 E_λ 与辐射力 E 间的关系为

$$E = \int_0^\infty E_\lambda \mathrm{d}\lambda \qquad (9.5)$$

为明确起见,以后凡属于黑体的一切量,都标以下标"b"。

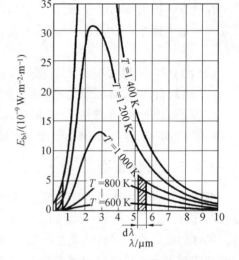

图 9.6　黑体光谱辐射力 E_λ 与温度、波长的关系

9.2.2　黑体辐射的 3 个定律

1.普朗克定律

普朗克定律揭示了黑体辐射能按照波长的分布规律,其表达式为

$$E_{b\lambda} = \frac{c_1 \lambda^{-5}}{\mathrm{e}^{c_2/(\lambda T)} - 1} \qquad (9.6)$$

式中　$E_{b\lambda}$——黑体光谱辐射力,$W/(m^2 \cdot m)$;

　　　λ——波长,m;

　　　T——黑体的热力学温度,K;

　　　e——自然对数的底;

　　　c_1——第一辐射常量,其值为 3.742×10^{-16} $W \cdot m^2$;

c_2——第二辐射常量，其值为 $1.438\ 8\times10^{-12}$ m · K。

图 9.6 就是按普朗克定律[式(9.6)]描绘出的在不同温度下黑体光谱辐射力随波长的变化情况。由图可知，单色辐射力随波长的增加，先是增大，然后又减小。光谱辐射力最大处的波长 λ_m 也随温度不同而变化。图 9.6 上的光谱辐射力分布曲线显示，随着温度的增高，曲线的峰值向左移动，即移向较短的波长。对应于最大光谱辐射力的波长 λ_m 与温度 T 之间存在着如下关系：

$$\lambda_m T = 2.897\ 6\times10^{-3}\,\text{m} \cdot \text{K} \approx 2.9\times10^{-3}\,\text{m} \cdot \text{K} \tag{9.7}$$

式(9.7)所表达的波长 λ_m 与温度 T 成反比的规律称为维恩位移定律。维恩位移定律的发现是在普朗克定律之前，但式(9.7)可以通过将式(9.6)对 λ 求导并使其等于零而得出。实际物体的光谱辐射力按波长分布的规律与普朗克定律不同，但定性上是一致的。

2. 斯忒藩－玻耳兹曼定律

根据辐射力与单色辐射力间的关系，黑体辐射力可写成

$$E_b = \int_0^\infty E_{b\lambda}\,\mathrm{d}\lambda = \int_0^\infty \frac{c_1 \lambda^{-5}}{\mathrm{e}^{c_2/(\lambda T)}-1}\,\mathrm{d}\lambda \tag{9.8}$$

对式(9.8)积分，得斯忒藩－玻耳兹曼定律为

$$E_b = \sigma T^4 \tag{9.9}$$

式中，σ 为斯忒藩－玻耳兹曼常量，又称黑体辐射常数，其值为 5.67×10^{-8} W/(m² · K⁴)，它说明黑体辐射力正比于其热力学温度的四次方。

为了计算高温辐射方便，通常把式(9.9)改写成

$$E_b = c_0 \left(\frac{T}{100}\right)^4 \tag{9.10}$$

式中，c_0 为黑体辐射系数，其值为 5.67 W/(m² · K⁴)。

在许多实际问题中，往往需要确定某一特定波长区段内的辐射能量。按式(9.8)，黑体在波长 λ_1 至 λ_2 区段所发射出的辐射能为

$$\Delta E_b = \int_{\lambda_1}^{\lambda_2} E_{b\lambda}\,\mathrm{d}\lambda \tag{9.11}$$

在图 9.7 中，这一能量可用在波长 λ_1 至 λ_2 之间有关温度曲线下的面积表示。通常把这种波段区间的辐射能表示成同温度下黑体辐射力（λ 从 0 到 ∞ 的整个波谱的辐射能）的百分数，记为 $F_{b(\lambda_1-\lambda_2)}$。于是有

$$
\begin{aligned}
F_{b(\lambda_1-\lambda_2)} &= \frac{\displaystyle\int_{\lambda_1}^{\lambda_2} E_{b\lambda}\,\mathrm{d}\lambda}{\displaystyle\int_0^\infty E_{b\lambda}\,\mathrm{d}\lambda} = \frac{1}{\sigma T^4}\int_{\lambda_1}^{\lambda_2} E_{b\lambda}\,\mathrm{d}\lambda \\
&= \frac{1}{\sigma T^4}\left(\int_0^{\lambda_2} E_{b\lambda}\,\mathrm{d}\lambda - \int_0^{\lambda_1} E_{b\lambda}\,\mathrm{d}\lambda\right) \\
&= F_{b(0-\lambda_2)} - F_{b(0-\lambda_1)}
\end{aligned}
\tag{9.12}
$$

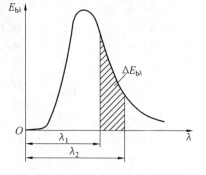

图 9.7　特定区段内的黑体辐射

式中，$F_{b(0-\lambda_2)}$ 为波长从 0 至 λ_2 的黑体辐射占同温度下黑体辐射力的百分数；$F_{b(0-\lambda_1)}$ 为波长 0 至 λ_1 的黑体转向占同温度下黑体辐射力的百分数。

能量份额 $F_{b(0-\lambda)}$ 可以表示为单一变量 λT 的函数，即

$$F_{b(0-\lambda)} = \frac{\int_0^\lambda E_{b\lambda} d\lambda}{\sigma T^4} = \int_0^{\lambda T} \frac{E_{b\lambda}}{\sigma T^5} d(\lambda T) = f(\lambda T) \tag{9.13}$$

式中，$f(\lambda T)$ 为黑体辐射函数，为计算方便，黑体辐射函数 $f(\lambda T)$ 见表 9.1，供计算辐射能量份额时查用。

已知能量份额后，在给定的波段区间，单位时间内黑体单位面积所辐射的能量可表示为

$$E_{b(\lambda_1 - \lambda_2)} = F_{b(\lambda_1 - \lambda_2)} E_b \tag{9.14}$$

表 9.1 黑体辐射函数

$\lambda T/(\mu m \cdot K)$	$F_{b(0-\lambda)}/\%$	$\lambda T/(\mu m \cdot K)$	$F_{b(0-\lambda)}/\%$
1 000	0.032 3	6 500	77.66
1 100	0.091 6	7 000	80.83
1 200	0.214	7 500	83.46
1 300	0.434	8 000	85.64
1 400	0.782	8 500	87.47
1 500	1.290	9 000	89.07
1 600	1.979	9 500	90.32
1 700	2.862	10 000	91.43
1 800	3.946	12 000	94.51
1 900	5.225	14 000	96.29
2 000	6.690	16 000	97.38
2 200	10.11	18 000	98.08
2 400	14.05	20 000	98.56
2 600	18.34	22 000	98.89
2 800	22.82	24 000	99.12
3 000	27.36	26 000	99.30
3 200	31.85	28 000	99.43
3 400	36.21	30 000	99.53
3 600	40.40	35 000	99.70
3 800	44.38	40 000	99.79
4 000	48.13	45 000	99.85
4 200	51.64	50 000	99.89
4 400	54.92	55 000	99.92
4 600	57.96	60 000	99.94
4 800	60.79	70 000	99.96
5 000	63.41	80 000	99.97
5 500	69.12	90 000	99.98
6 000	73.81	100 000	99.99

3. 黑体辐射在空间方向的分布规律(兰贝特定律)

(1) 立体角。

以立体角的角端为中心作一半径为 r 的半球，将半球表面上被立体角所切割的面积 A_c

除以半径 r^2 可得立体角的量度,即

$$\Omega = \frac{A_c}{r^2} \qquad (9.15)$$

立体角的单位为 sr(球面度)。参看图 9.8,若取整个半球的面积为 A_c,则得立体角为 2π sr。若取微元面积 dA_c 为切割面积,则得微元立体角为

$$d\Omega = \frac{dA_c}{r^2} \qquad (9.16)$$

参照图 9.9 所示的几何关系,dA_c 可由球坐标中的纬度微元角 $d\theta$ 和经度微元角 $d\varphi$ 表示为 $dA_c = rd\theta \cdot r\sin\theta d\varphi$,将其代入式(9.16) 得

$$d\Omega = \sin\theta d\theta d\varphi \qquad (9.17)$$

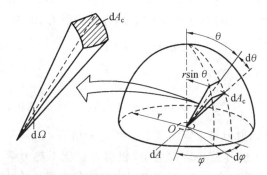 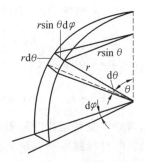

图 9.8　微元立体角与半球空间几何参数的关系　　图 9.9　计算微元立体角的几何关系

任意微元表面在空间指定方向上发射出的辐射能量的强弱,首先必须在相同立体角的基础上做比较才有意义。但这还不够,因为在不同方向上所能看到的辐射面积是不一样的。参看图 9.10,微元辐射面 dA 位于球心底面上,在任意方向 p 看到的辐射面积不是 dA,而是 $dA\cos\theta$。所以不同方向上辐射能量的强弱,还要在相同的看得见的辐射面的基础上才能做合理的比较。

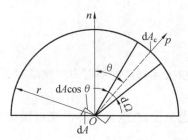

图 9.10　定向辐射强度定义图

(2) 定向辐射强度 I。

单位时间内、单位可见辐射面积辐射出去的落在单位立体角内的辐射能量称为定向辐射强度,单位为 W/(m² · sr)。据此,与辐射面法向成 θ 角方向上的定向辐射 I 为

$$I = \frac{d\Phi(\theta)}{dA\cos\theta d\Omega} \qquad (9.18)$$

黑体定向辐射强度所遵循的规律(兰贝特定律):

$$I = I(\theta) = 常量 \qquad (9.19)$$

即黑体的定向辐射强度与方向无关,也就是说,在半球空间各个方向上的定向辐射强度

相等。定向辐射强度与方向无关的规律称为兰贝特定律。黑体辐射是符合兰贝特定律的。对于符合兰贝特定律的辐射,有

$$\frac{\mathrm{d}\Phi(\theta)}{\mathrm{d}A\mathrm{d}\Omega} = I\cos\theta \tag{9.20}$$

式(9.20)表明单位辐射面积发出的辐射能,落到空间不同方向单位立体角内的能量的数值不等,其值正比于该方向与辐射面法线方向夹角的余弦,所以又称兰贝特定律为余弦定律。余弦定律表明,黑体的辐射能在空间不同方向的分布是不均匀的;法线方向最大,切线方向为零。

(3)辐射力与定向辐射强度间的关系。

对于服从兰贝特定律的辐射,其定向辐射强度与辐射力间,数值上存在着简单的倍数关系。将式(9.20)两端各乘以 $\mathrm{d}\Omega$,然后在整个半球范围($\Omega=2\pi$)积分,即得辐射力 E_b 为

$$E_b = \int_{\Omega=2\pi} \frac{\mathrm{d}\Phi(\theta)}{\mathrm{d}A} = I_b \int_{\Omega=2\pi} \cos\theta\mathrm{d}\Omega \tag{9.21}$$

将式(9.17)代入式(9.21)得

$$E_b = I_b \int_{\Omega=2\pi} \cos\theta\sin\theta\mathrm{d}\theta\mathrm{d}\varphi = I \int_0^{2\pi} \mathrm{d}\varphi \int_0^{\pi/2} \cos\theta\sin\theta\mathrm{d}\theta = I_b\pi \tag{9.22}$$

因此,遵守兰贝特定律的辐射,数值上其辐射力等于定向辐射强度的 π 倍。

综上所述,黑体辐射的辐射力由斯忒藩 — 玻耳兹曼定律确定,辐射力正比于热力学温度的四次方;黑体辐射能量按波长的分布服从普朗克定律,而按空间方向的分布服从兰贝特定律;黑体的单色辐射力有一个峰值,与此峰值相对应的波长 λ_m 由维恩位移定律确定,即随温度的升高,λ_m 向波长短的方向移动。

9.3　实际固体和液体的辐射特性

9.3.1　几个概念

(1)发射率 ε。

发射率 ε 习惯上称黑度,指实际物体的辐射力与同温度下黑体辐射力的比值。

(2)光谱发射率 $\varepsilon(\lambda)$。

光谱发射率 $\varepsilon(\lambda)$ 又称单色黑度,指实际物体的光谱辐射力 E_λ 与同温度下黑体的光谱辐射力 $E_{b\lambda}$ 的比值。

(3)发射率与光谱发射率间的关系。

$$\varepsilon = \frac{E}{E_b} = \frac{\int_0^\infty \varepsilon(\lambda)E_{b\lambda}\mathrm{d}\lambda}{\sigma T^4} \tag{9.23}$$

值得指出的是,已知发射率,实际物体的辐射力可应用四次方定律确定,即

$$E = \varepsilon E_b = \varepsilon\sigma T^4 = \varepsilon c_0\left(\frac{T}{100}\right)^4 \tag{9.24}$$

实验结果发现,实际物体的辐射力并不严格地与热力学温度的四次方成正比,但要对不同物体采用不同方次的规律来计算,在实用上很不方便。所以在工程计算中仍认为一切实

际物体的辐射力都与热力学温度的四次方成正比,而把由此引起的修正包括到用实验方法确定的发射率中。由于这个原因,发射率还与温度有依变关系。

9.3.2　实际物体的辐射按空间方向的分布

实际物体的辐射按空间方向的分布,也不尽符合兰贝特定律。也就是说,实际物体的辐射强度在不同方向上有些变化。将定向发射率(又称定向黑度)定义为

$$\varepsilon(\theta) = \frac{I(\theta)}{I_b(\theta)} = \frac{I(\theta)}{I_b} \tag{9.25}$$

式中,$I(\theta)$ 为与辐射面法向成 θ 角的方向上的定向辐射强度;I_b 为相同温度下黑体的定向辐射强度。

图 9.11 和图 9.12 给出了一些有代表性的金属导体和非导电体材料定向发射率的极坐标。对于服从兰贝特定律的辐射,定向发射率在极坐标图上应是一个半圆。两幅图表明,金属导体和非导电体材料定向发射率的特性不同。对于非导电体材料,从辐射面法向 $\theta = 0°$ 到 $\theta = 60°$ 的范围内,定向发射率基本上不变,当 θ 超过 $60°$ 以后,$\varepsilon(\theta)$ 的减小才是明显的,直至 $\theta = 90°$ 时,$\varepsilon(\theta)$ 降为零。对于金属导体,从 $\theta = 0°$ 开始,在一定角度范围内 $\varepsilon(\theta)$ 可认为是一个常数,然后随角度 θ 的增加而急剧增大。在接近 $\theta = 90°$ 的极小角度范围内,$\varepsilon(\theta)$ 又有减小。由于这种减小发生在极小角度内,故图 9.11 上并未表示出来。

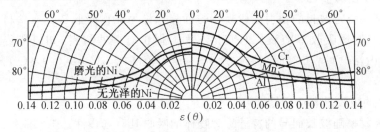

图 9.11　几种金属导体的定向发射率 $\varepsilon(\theta)$

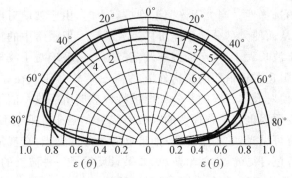

图 9.12　几种非金属导体的定向发射率 $\varepsilon(\theta)$

1— 潮湿的水;2— 木材;3— 玻璃;4—纸;5— 黏土;6— 氧化铜;7— 氧化铝

尽管实际物体的定向发射率有上述变化,但并不显著影响 $\varepsilon(\theta)$ 在半球空间的平均值 ε。大量实验表明,物体的半球平均发射率 ε 与法向发射率 ε_n 的比值,对于高度磨光的金属表面约为 1.20,对于其他具有光滑表面的物体约为 0.95,对于具有表面粗糙的物体约为 0.98。因此往往不考虑 $\varepsilon(\theta)$ 的变化细节,而近似认为大多数工程材料也服从兰贝特定律。

服从兰贝特定律的表面称为漫射表面。

物体表面的发射率取决于物质种类、表面温度和表面状况。这说明发射率只与发射辐射的物体本身有关,而不涉及外界条件。不同种类物质的发射率显然是各不相同的。如前所述,对于一般材料,可把法向发射率近似为半球平均发射率 ε,而对于高度磨光的金属表面,可将法向发射率乘以 1.20 而得出其半球平均发射率值。

9.4　实际物体的吸收率与基尔霍夫定律

9.4.1　基本概念

(1) 投入辐射。

投入辐射指单位时间内从外界辐射到物体单位表面积上的能量。

(2) 吸收率。

物体对投入辐射所吸收的百分数称为该物体的吸收率。实际物体的吸收率 α 取决于吸收物体的本身情况和投入辐射的特性两方面因素。所谓物体的本身情况,指物质的种类、表面温度和表面状况。由此可见,物体的吸收率比发射率更为复杂。

(3) 光谱吸收率 $\alpha(\lambda)$。

物体对某一特定波长的辐射能所吸收的百分数称为光谱吸收率。有些材料,如磨光的铝和磨光的铜,光谱吸收率随波长的变化不大。但也有一些材料,如白瓷砖,在波长小于 $2\ \mu m$ 的范围内,$\alpha(\lambda) < 0.2$,而在波长大于 $5\ \mu m$ 的范围内,$\alpha(\lambda) > 0.9$,$\alpha(\lambda)$ 随波长的变化很大。

(4) 物体的吸收具有选择性。

物体的吸收率随波长而异的特性称为物体的吸收具有选择性。工农业生产中常常利用这种选择性吸收来达到一定的目的。例如,植物与蔬菜在栽培过程中使用的暖房就利用了玻璃对辐射能吸收的选择性。当太阳光照射到玻璃上时,由于玻璃对波长小于 $2.2\ \mu m$ 的辐射能的穿透率很大,从而使大部分太阳能可以进入暖房。但暖房中的物体由于温度较低,其辐射能绝大部分位于波长大于 $3\ \mu m$ 的红外线范围内。而玻璃对于波长大于 $3\ \mu m$ 的辐射能的穿透率很小,从而阻止了辐射能向暖房外散失。又如,焊接工人在焊工件时要带上一副黑色的眼镜,就是为了使对人体有害的紫外线能被特种玻璃所吸收。值得指出的是,世上万物呈现不同颜色的主要原因也在于选择性的吸收与辐射。当阳光照射到一个物体表面上时,如果该物体吸收所有可见光,它就呈黑色;如果反射全部可见光,它就呈白色;如果均匀吸收可见光并均匀反射各色可见光,它就呈灰色;如果只反射了一种波长的可见光而其他可见光大部分被吸收了,它就呈现被反射的这种辐射线的颜色。

9.4.2　实际物体的吸收率

实际物体的光谱吸收率对投入辐射的波长具有选择性这一事实给辐射换热的工程计算带来很大的困难。因为物体的吸收率除与自身表面的性质和温度 T_1 有关外,还与投入辐射按波长的能量分布有关。投入辐射按波长的能量分布又取决于发出投入辐射的物体的性质和温度 T_2。因此物体的吸收率要根据吸收一方和发出投入辐射一方的性质与温度来确

定。设下标 1、2 分别代表所研究的物体及产生投入辐射的物体，则物体 1 的吸收率可按定义写为

$$\alpha_1 = \frac{G_{1\alpha}}{G_1} = \frac{E_{2\alpha}}{E_2} = \frac{\int_0^\infty \alpha(\lambda, T_1) E(\lambda, T_2) \mathrm{d}\lambda}{\int_0^\infty E(\lambda, T_2) \mathrm{d}\lambda} = \frac{\int_0^\infty \alpha(\lambda, T_1) \varepsilon(\lambda, T_2) E_{b\lambda}(T_2) \mathrm{d}\lambda}{\int_0^\infty \varepsilon(\lambda, T_2) E_{b\lambda}(T_2) \mathrm{d}\lambda}$$

$$= f(T_1, T_2, \text{表面 1 的性质, 表面 2 的性质}) \tag{9.26 a}$$

式中，T_1、T_2 分别为表面 1 和表面 2 的性质。

如果投入辐射来自黑体，则物体的吸收率可以表示为

$$\alpha = \frac{\int_0^\infty \alpha(\lambda, T_1) E_{b\lambda}(T_2) \mathrm{d}\lambda}{\int_0^\infty E_{b\lambda}(T_2) \mathrm{d}\lambda} = f(T_1, T_2, \text{表面 1 的性质}) \tag{9.26 b}$$

对一定的物体，其对黑体辐射的吸收率是 T_1、T_2 的函数。若已知物体的光谱吸收率 $\alpha(\lambda, T_1)$ 和温度 T_2，则可按式(9.26b)计算出物体的吸收率，其积分可用数值法或图解法确定。

9.4.3　灰体

物体的吸收率与投入辐射有关的这一特性给辐射换热的计算带来很大不便。回顾其起因全在于光谱吸收率对不同波长的辐射具有选择性。如果物体的光谱吸收率与波长无关，即 $\alpha(\lambda)=$ 常数，则不管投入辐射分布如何，吸收率 α 也是同一个常数值。换句话说，这时物体的吸收率只取决于本身而与外界无关。在热辐射分析中，把光谱吸收率与波长无关的物体称为灰体。对于灰体（在一定的温度下）有

$$\alpha = \alpha(\lambda) = 常数 \tag{9.27}$$

灰体同黑体一样，也是一种理想物体。工业上通常遇到的热辐射，其主要波长区段位于红外线范围内（绝大部分能量位于 $0.76 \sim 10~\mu m$）。在此范围内，将把大多数工程材料当作灰体处理而引起的误差是可以容许的。而这种简化处理却给辐射换热分析带来很大的方便。

9.4.4　基尔霍夫定律

1. 实际物体吸收比和发射率间的关系

基尔霍夫定律回答了实际物体的辐射和吸收之间的内在联系，即实际物体的辐射力 E 与吸收率 α 之间的联系。

基尔霍夫定律可以从研究两个表面的辐射换热导出。假定图9.13所示的两块平行平板相距很近，于是从一块板发出的辐射能全部落到另一块板上，若板 1 为黑体表面，其辐射力、吸收率和表面温度分别为 E_b、$\alpha_b(=1)$ 和 T_1；板 2 为任意物体的表面，其辐射力、吸收率和表面温度分别为 E、α 和 T_2。现在，考察板 2 的能量收支差额。板 2 自身单位面积在单位时间内发射出去的能量为 E，这份能量投射在黑体表面 1 上时被全部吸收。同时，黑体表面 1 辐射出的能量为 E_b。这份能量落到板 2 上时，只被吸收 αE_b，其余部分 $(1-\alpha)E_b$ 被反射回板 1，并被黑体表面 1 全部吸收。板 2 支出与收入的差额即为两板间辐射换热的热流密度 q：

$$q = E - \alpha E_b \qquad (9.28\ a)$$

当系统处于 $T_1 = T_2$ 状态,即处于热平衡条件时,$q = 0$,于是式 (9.28a) 变为

$$\frac{E}{\alpha} = E_b \qquad (9.28\ b)$$

把这种关系推广到任意物体时,可写出如下关系式:

$$\frac{E_1}{\alpha_1} = \frac{E_2}{\alpha_2} = \cdots = \frac{E}{\alpha} = E_b \qquad (9.29\ a)$$

式(9.28b)也可改写为

$$\alpha = \frac{E}{E_b} = \varepsilon \qquad (9.29\ b)$$

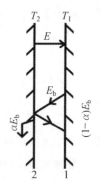

图 9.13　平行平板

式(9.29a)和式(9.29b)就是基尔霍夫定律的两种数学表达式。式(9.29a)可以简述为在热平衡条件下,任何物体的辐射和它对来自黑体辐射的吸收率的比值恒等于同温度下黑体的辐射力。而式(9.29b)则可简述为在热平衡条件下,任意物体对黑体投入辐射的吸收率等于同温度下该物体的发射率。

2. 漫射灰体吸收比和发射率之间的关系

基尔霍夫定律告诉我们,物体的吸收率等于发射率。但是,这一结论是在"物体与黑体投入辐射处于热平衡"这样严格的条件下才成立的。进行工程辐射换热计算时,投入辐射既不是黑体辐射,又不会处于热平衡。那么在什么前提下可以去掉这两个条件呢?下面来研究漫射灰体的情形。首先,按灰体的定义其吸收率与波长无关,在一定温度下是一个常数;其次物体的发射率是物性参数,与环境条件无关。假设在某一温度 T 下,一灰体与黑体处于热平衡时,按基尔霍夫定律有 $\alpha(T) = \varepsilon(T)$。然后,考虑改变该灰体的环境,使其所受到的辐射不是来自同温下的黑体辐射,但保持其自身温度不变,此时考虑到发射率及灰体吸收率的上述性质,显然仍应有 $\alpha(T) = \varepsilon(T)$。所以,对于漫射的灰体表面一定有 $\alpha = \varepsilon$。这就是说,对于灰体,不论投入辐射是否来自黑体,也不论是否处于热平衡条件,其吸收率恒等于同温度下的发射率。这个结论给辐射换热条件下吸收率的确定带来实质性的简化,其重要性是不容低估的。在本书后面的讨论中,如无特别说明,均假定辐射表面是具有漫射特性(包括自身辐射和反射辐射)的灰体(简称漫灰表面)。

3. 3 个层次上的基尔霍夫定律

基尔霍夫定律有 3 个不同层次上的表达式,其适用条件也不同,具体见表 9.2。

表 9.2　基尔霍夫定律的 3 个层次表达式

层次	数学表达式	成立条件
光谱、定向	$\varepsilon(\lambda, \varphi, \theta, T) = \alpha(\lambda, \varphi, \theta, T)$	无条件,θ 为纬度角
光谱、半球	$\varepsilon(\lambda, T) = \alpha(\lambda, T)$	漫射表面
全波段、半球	$\varepsilon(T) = \alpha(T)$	与黑体辐射处于热平衡或漫灰表面

关于基尔霍夫定律及灰体的假设还要做以下几点说明:

(1) 基尔霍夫定律有几种不同层次上的表达式,其适用条件不同。大多数工程计算主要应用"全波段、半球"这一层次上的表达式。

（2）既然实际物体或多或少都对辐射能的吸收具有选择性，为什么工程计算又可假定灰体呢？对工程计算而言，只要在所研究的波长范围内光谱吸收率基本与波长无关，则灰体的假定即可成立，而不必要求在全波段范围内 $\alpha(\lambda) =$ 常数。在工程常见的温度范围（小于 2 000 K）内，许多工程材料都有这一特点。在工程手册或教材中仅列出发射率而不给出吸收率，原因也在此。

（3）由于在大多数情况下物体可作为灰体，则由基尔霍夫定律可知，物体的辐射力越大，其吸收能力也越大。换句话说，善于辐射的物体必善于吸收，反之亦然。所以，相同温度下黑体的辐射力最大。

（4）当研究物体表面对太阳能的吸收时，一般不能把物体作为灰体，即不能把物体在常温下的发射率作为对太阳能的吸收率。因为太阳辐射中可见光占了近一半，而大多数物体对可见光波的吸收表现出强烈的选择性。例如，各种颜色（包括白色）的油漆，常温下的发射率均高达 0.9，但在可见光范围内，白漆的吸收率仅为 0.1 ~ 0.2，而黑漆的吸收率仍在 0.9 以上。夏天人们喜欢穿白色或浅色衣服的理由也在于此。在太阳能集热器的研究中要求集热器的涂层对太阳辐射具有高吸收率，而又希望减少涂层本身的发射率以减少散热损失，目前已开发出的涂层材料的吸收率与发射率之比可高达 8 ~ 10，对此有兴趣的读者可参见有关文献。

第 10 章　辐射换热的计算

本章讨论物体间辐射换热的计算方法,重点是固体表面间辐射换热的计算。首先讨论辐射换热计算中的一个重要几何因子 —— 角系数的定义、性质及其计算,然后介绍由两个表面及多个表面所组成系统的辐射换热计算方法,最后在此基础上总结辐射换热的强化及削弱的方法。

10.1　角系数的定义、性质及其计算

两个表面间的辐射换热量与两个表面之间的相对位置有很大关系,图 10.1 示出了两个等温表面间的两种极端情况:图 10.1(a) 中两表面无限接近,相互间的换热量最大;图 10.1(b) 中两表面位于同一平面上,相互间的辐射换热量为零。由图可以看出,当两个表面间的相对位置不同时,一个表面发出而落到另一表面上的辐射能的百分数随之而异,从而影响到换热量。

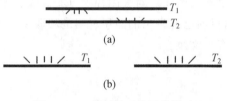

图 10.1　表面相对位置的影响

10.1.1　角系数的定义

表面 1 发出的辐射能中落到表面 2 上的百分数称为表面 1 对表面 2 的角系数,记为 $X_{1,2}$。同理表面 2 对表面 1 的角系数记为 $X_{2,1}$。

讨论角系数时的假定:① 所研究的表面是漫射的;② 在所研究表面的不同地点上向外发射的辐射热流密度是均匀的。在这两个假定下,物体的表面温度及发射率的改变只影响该物体向外发射的辐射能大小,而不影响其在空间的相对分布,因而不影响辐射能落到其他表面上的百分数。于是,角系数纯是一个几何因子,它与两个表面的温度及发射率无关,从而给辐射换热的计算带来很大的方便。实际工程问题虽然不一定满足这些假定,但由此造成的偏差一般均在工程计算允许的范围之内,因此工程中广为采用这种处理方法。为讨论方便,在研究角系数时把物体作为黑体来处理,但所得到的结论对漫灰表面均适合。

10.1.2　角系数的性质

1. 角系数的相对性

从一个微元表面 dA_1 到另一个微元表面 dA_2 的角系数(图 10.2),记为 $X_{d1,d2}$,下标 d1、d2 分别代表 dA_1、dA_2。按角系数的定义

$$X_{\text{d1,d2}} = \frac{\text{落到 } dA_2 \text{ 上由 } dA_1 \text{ 发出的辐射能}}{dA_1 \text{ 发出的总辐射能}} = \frac{I_{\text{b1}} \cos\theta_1 dA_1 d\Omega_1}{E_{\text{b1}} dA_1} = \frac{dA_2 \cos\theta_1 \cos\theta_2}{\pi r^2}$$

(10.1 a)

类似地，有

$$X_{\text{d2,d1}} = \frac{dA_1 \cos\theta_1 \cos\theta_2}{\pi r^2}$$

(10.1 b)

由(10.1a) 与(10.1b) 对比可见

$$dA_2 X_{\text{d2,d1}} = dA_1 X_{\text{d1,d2}}$$

(10.2)

这是两微元表面间角系数相对性的表达式，表明 $X_{\text{d1,d2}}$ 与 $X_{\text{d2,d1}}$ 不是独立的，并受式 (10.2) 的制约。

两个有限大小表面 A_1、A_2 之间角系数的相对性可以通过分析图 10.3 所示两黑体间的辐射换热量而获得。两个表面间的换热量记为 $\Phi_{1,2}$，则有

$$\Phi_{1,2} = A_1 E_{\text{b1}} X_{1,2} - A_2 E_{\text{b2}} X_{2,1}$$

(10.3)

当 $T_1 = T_2$ 时，净辐射换热量为零，则有

$$A_1 X_{1,2} = A_2 X_{2,1}$$

(10.4)

这是两个有限大小表面间角系数相对性的表达式。

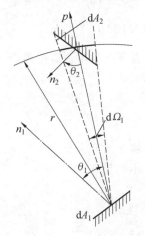 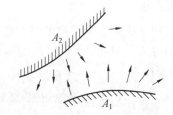

图 10.2　两微元表面角系数相对　　　图 10.3　有限大小两表面间角系
　　　　　　性证明　　　　　　　　　　　　　　数相对性证明

2. 角系数的完整性

对于由几个表面组成的封闭系统(图 10.4)，根据能量守恒原理，从任何一个表面发射出的辐射能必定全部落到封闭系统的各表面上。因此，任何一个表面对封闭腔各表面的角系数之间存在下列关系(以表面 1 为例示出)：

$$X_{1,1} + X_{1,2} + X_{1,3} + \cdots + X_{1,n} = \sum_{i=1}^{n} X_{1,i} = 1$$

(10.5)

此式表达的关系称为角系数的完整性。当表面 1 为非凹表面时，$X_{1,1} = 0$。若表面 1 为图 10.4 中虚线所示的凹表面，则表面 1 对自己本身的角系数 $X_{1,1}$ 不为零。

3. 角系数的可加性

考虑如图 10.5 所示表面 1 对表面 2 的角系数。由于从表面 1 发出而落到表面 2 上的总

能量,等于落到表面 2 上各部分的辐射能之和,于是有

$$A_1 E_{b1} X_{1,2} = A_1 E_{b1} X_{1,2a} + A_1 E_{b1} X_{1,2b} \quad (10.6)$$

故有

$$X_{1,2} = X_{1,2a} + X_{1,2b} \quad (10.7)$$

如把表面 2 进一步分成若干小块,则仍有

$$X_{1,2} = \sum_{i=1}^{N} X_{1,2i} \quad (10.8)$$

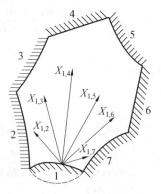

图 10.4　角系数的完整性

注意:利用角系数的可加性时,只有对角系数符号中第二个角码是可加的,对角系数符号中的第一个角码则不存在这样的关系。从表面 2 发出落到表面 1 上的总辐射能等于从表面 2 的各个组成部分发出而落到表面 1 上的辐射能之和。对图 10.5 所示情况,可写出

$$A_2 E_{b2} X_{2,1} = A_{2a} E_{b2} X_{2a,1} + A_{2b} E_{b2} X_{2b,1} \quad (10.9)$$

所以

$$A_2 X_{2,1} = A_{2a} X_{2a,1} + A_{2b} X_{2b,1} \quad (10.10\,a)$$

或

$$X_{2,1} = X_{2a,1} \left(\frac{A_{2a}}{A_2} \right) + X_{2b,1} \left(\frac{A_{2b}}{A_2} \right) \quad (10.10\,b)$$

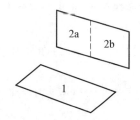

图 10.5　角系数的可加性

角系数的上述特性可以用来求解许多情况下两表面间的角系数之值。

10.1.3　角系数的计算方法

1. 直接积分法

所谓直接积分法是按角系数的基本定义通过求解多重积分而获得角系数的方法。对图 10.6 所示的两个有限大小的面积 A_1、A_2,据前面的讨论有

$$X_{d1,d2} = \frac{dA_2 \cos\theta_1 \cos\theta_2}{\pi r^2}$$

显然,微元面积 dA_1 对 A_2 的角系数应为

$$X_{d1,2} = \int_{A_2} \frac{\cos\theta_1 \cos\theta_2 \, dA_2}{\pi r^2} \quad (10.11)$$

而表面 A_1 对 A_2 的角系数则可通过对式(10.11)两端做下列积分而得出:

$$A_1 X_{1,2} = \int_{A_1} \left(\int_{A_2} \frac{\cos\varphi_1 \cos\varphi_2 \, dA_2}{\pi r^2} \right) dA_1 \quad (10.12)$$

即

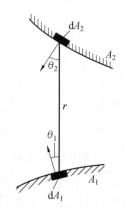

图 10.6　直接积分法

$$X_{1,2} = \frac{1}{A_1} \int_{A_1} \left(\int_{A_2} \frac{\cos\varphi_1 \cos\varphi_2 \, dA_2}{\pi r^2} \right) dA_1 \quad (10.13)$$

这就是求解任意两表面之间角系数的积分表达式。注意,这是一个四重积分,不少情况下会遇到一些数学上的难题,需采用某些专门的技巧。工程上已将大量几何结构角系数的求解结果绘制成图线。

2. 代数分析法

利用角系数的相对性、完整性及可加性，通过求解代数方程而获得角系数的方法称为代数分析法。下面利用代数分析法导出由3个表面组成的封闭系统的角系数计算公式，然后进一步得出计算任意两个二维表面间角系数的交叉线法。

先对图 10.7 所示几何系统进行分析，导出 $X_{1,2}$ 的计算公式。假定图示由3个凸表面组成的系统在垂直于纸面方向是很长的，因而可认为它是一个封闭系统（也就是说，从系统两端开口处溢出的辐射能可略去不计）。设3个表面的面积分别为 A_1、A_2 和 A_3。根据角系数的相对性和完整性可以写出

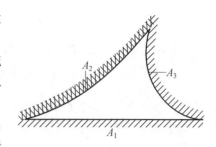

图 10.7　3个很长的非凹形表面组成的辐射系统

$$X_{1,2} + X_{1,3} = 1 \tag{10.14 a}$$

$$X_{2,1} + X_{2,3} = 1 \tag{10.14 b}$$

$$X_{3,1} + X_{3,2} = 1 \tag{10.14 c}$$

$$A_1 X_{1,2} = A_2 X_{2,1} \tag{10.14 d}$$

$$A_1 X_{1,3} = A_3 X_{3,1} \tag{10.14 e}$$

$$A_2 X_{2,3} = A_3 X_{3,2} \tag{10.14 f}$$

这是一个六元一次联立方程组，据此可以解出 6 个未知的角系数。例如，$X_{1,2}$ 为

$$X_{1,2} = \frac{A_1 + A_2 - A_3}{2A_1} \tag{10.15 a}$$

其他各个角系数的公式也可以仿照 $X_{1,2}$ 的模式求出。因为在垂直于纸面的方向上3个表面的长度是相同的，所以在式(10.15a)中可以从分子、分母中消去。若系统横截面上3个表面的线段长度分别为 l_1、l_2 和 l_3，则式(10.15a)可改写成

$$X_{1,2} = \frac{l_1 + l_2 - l_3}{2l_1} \tag{10.15 b}$$

下面应用代数分析法来确定图 10.8 所示表面 A_1 和表面 A_2 之间的角系数。假定在垂直于纸面的方向上表面的长度是无限延伸的。作辅助线 ac 和 bd，它们代表在垂直于纸面的方向上无限延伸的两个表面。可以认为，它们连同表面 A_1、A_2 构成一个封闭系统。在此系统中，根据角系数的完整性，表面 A_1 对表面 A_2 的角系数为

$$X_{ab,cd} = 1 - X_{ab,ac} - X_{ab,bd} \tag{10.16}$$

同时，也可以把图形 abc 和图形 abd 看成两个各由 3 个表面组成的封闭系统。对这两个系统直接应用式(10.15b)可写出两个角系数的表达式：

图 10.8　两个表面之间的角系数

$$X_{ab,ac} = \frac{ab + ac - bc}{2ab} \tag{10.17 a}$$

$$X_{ab,bd} = \frac{ab + bd - ad}{2ab} \tag{10.17 b}$$

将式(10.17a)、式(10.17b)代入式(10.16),可得

$$X_{ab,cd} = \frac{(bc+ad)-(ac+bd)}{2ab} \tag{10.18}$$

按照式(10.18)的组成,可以归纳出如下的一般关系:

$$X_{1,2} = \frac{交叉线之和 - 不交叉线之和}{2 \times 表面 A_1 的断面长度} \tag{10.19}$$

对于在一个方向上长度无限延伸的多个表面组成的系统,任意两个表面之间角系数的计算公式,都可以参照式(10.19)的结构关系写出,因此又把这种方法称为交叉线法。

10.2 被透热介质隔开的两固体表面间的辐射换热

在热量传递的 3 种基本方式中,导热与对流都发生在直接接触的物体之间,而辐射换热则可发生在两个被真空或透热介质隔开的表面之间。这里的透热介质指的是不参与热辐射的介质,例如空气。本章所讨论的固体表面间的辐射换热是指表面之间不存在参与热辐射介质的情形。

10.2.1 封闭腔模型及两黑体表面组成的封闭腔

1. 封闭腔模型

热辐射是物体以电磁波方式向外界传递能量的过程,在计算任何一个表面与外界之间的辐射换热时,必须把由该表面向空间各个方向发射出去的辐射能考虑在内,也必须把由空间各个方向投入到该表面上的辐射能包括进去。为了确保这一点,计算对象必须是包含所研究表面在内的一个封闭腔。这个辐射换热封闭腔的表面可以全部是物理上真实的,也可以部分是虚构的。最简单的封闭腔就是两块无限接近的平行平板。

2. 两黑体表面封闭系统的辐射传热

首先讨论黑体间的辐射换热。如图 10.9 所示,黑体表面 1、2 在垂直于纸面方向上为无限长,则表面 1、2 间的净辐射换热量为

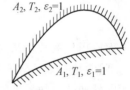

$$
\begin{aligned}
\Phi_{1,2} &= A_1 E_{b,1} X_{1,2} - A_2 E_{b,2} X_{2,1} \\
&= A_1 X_{1,2}(E_{b,1} - E_{b,2}) \\
&= A_2 X_{2,1}(E_{b,1} - E_{b,2})
\end{aligned}
\tag{10.20}
$$

图 10.9   黑体系统的辐射换热

由式(10.20)可见,黑体系统辐射换热量计算的关键在于求得角系数。但对灰体系统的情况就要复杂得多,因为:① 灰体表面的吸收率小于 1,投入到灰体表面上的辐射能的吸收不是一次完成的,要经过多次反射;② 由一个灰体表面向外发射出去的辐射能除了其自身的辐射力外,还包括被反射的辐射力。这就给辐射换热的计算增加了不少复杂性。

10.2.2 有效辐射

下面介绍几个概念:

(1)投入辐射,记为 G,指单位时间内投入到单位表面上的总辐射能。

(2)有效辐射,记为 J,指单位时间内离开表面的单位面积上的总辐射能。有效辐射不

仅包括表面的自身辐射 E,还包括投入辐射 G 被表面反射的部分 ρG。这里 ρ 为表面的反射率,可表示成 $1-\alpha$。

考察表面温度均匀、表面辐射特性为常数的表面 1,如图 10.10 所示。根据有效辐射的定义,表面 1 的有效辐射 J_1 可表示为

$$J_1 = E_1 + \rho_1 G_1 = \varepsilon_1 E_{b1} + (1-\alpha_1)G_1 \quad (10.21\text{ a})$$

在表面外能感受到的表面辐射就是有效辐射,也是用辐射探测仪能测量到的单位表面积上的辐射功率。

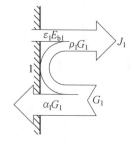

图 10.10 有效辐射示意图

从表面 1 外部观察,其能量收支差额应等于有效辐射 J_1 与投入辐射 G_1 之差,即

$$q = J_1 - G_1 \quad (10.21\text{ b})$$

从表面内部观察,该表面与外界的辐射换热量应为

$$q = E_1 - \alpha_1 G_1 \quad (10.21\text{ c})$$

从式(10.21b)、式(10.21c)中削去 G,即得有效辐射 J 与表面净辐射换热量 q 之间的关系。为使表达式具有一般性,删除式中的下标,即

$$J = \frac{E}{\alpha} - \frac{1-\alpha}{\alpha}q = E_b - \left(\frac{1}{\varepsilon}-1\right)q \quad (10.22)$$

注意:该式中的各个量都是对同一表面而言的,而且以向外界的净放热量为正值。

10.2.3 两个漫灰表面组成的封闭系统的辐射换热

由两个等温的漫灰表面组成的二维封闭系统可抽象为图 10.11 所示的 4 种情形。其中图 10.11(b)(c)(d)所代表的系统在垂直于纸面方向无限长(二维系统),图 10.11(a)所示情形既可代表二维的(A_1、A_2 为圆柱面),也可以代表三维的(A_1、A_2 为球面)。无论哪种情形,都可以写出表面 1、2 间的辐射换热量为

$$\Phi_{1,2} = A_1 J_1 X_{1,2} - A_2 J_2 X_{2,1} \quad (10.23)$$

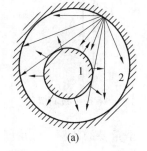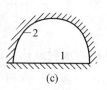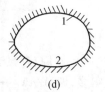

(a)　　　　　(b)　　　　　(c)　　　　　(d)

图 10.11 两物体组成的辐射换热系统

同时,应用式(10.22)有

$$J_1 A_1 = A_1 E_{b1} - \left(\frac{1}{\varepsilon_1}-1\right)\Phi_{1,2} \quad (10.24\text{ a})$$

$$J_2 A_2 = A_2 E_{b2} - \left(\frac{1}{\varepsilon_2}-1\right)\Phi_{2,1} \quad (10.24\text{ b})$$

按能量守恒定律有

$$\Phi_{1,2} = -\Phi_{2,1} \tag{10.25}$$

将式(10.24a)、式(10.24b)、式(10.25)代入式(10.23)可得

$$\Phi_{1,2} = \frac{E_{b1} - E_{b2}}{\dfrac{1-\varepsilon_1}{\varepsilon_1 A_1} + \dfrac{1}{A_1 X_{1,2}} + \dfrac{1-\varepsilon_2}{\varepsilon_2 A_2}} \tag{10.26 a}$$

若用 A_1 作为计算面积,式(10.26a)可改写为

$$\Phi_{1,2} = \frac{(E_{b1} - E_{b2}) A_1}{\left(\dfrac{1}{\varepsilon_1} - 1\right) + \dfrac{1}{X_{1,2}} + \dfrac{A_1}{A_2}\left(\dfrac{1}{\varepsilon_2} - 1\right)} = \varepsilon_s (E_{b1} - E_{b2}) A_1 X_{1,2} \tag{10.26 b}$$

式中

$$\varepsilon_s = \frac{1}{1 + X_{1,2}\left(\dfrac{1}{\varepsilon_1} - 1\right) + X_{2,1}\left(\dfrac{1}{\varepsilon_2} - 1\right)} \tag{10.27}$$

与黑体系统的辐射换热式相比,灰体系统的计算公式(10.26b)多了一个修正因子 ε_s。ε_s 的值小于 1,它是考虑由于灰体系统发射率之值小于 1 所引起的多次吸收与反射对换热量影响的因子,称为系统发射率(常称系统黑度)。

对式(10.26b)可做进一步简化:

(1) 表面 1 为平面或凸表面(图 10.11(a) ~ (c))。此时 $X_{1,2} = 1$,式(10.26b)简化为

$$\Phi_{1,2} = \frac{(E_{b1} - E_{b2}) A_1}{\dfrac{1}{\varepsilon_1} + \dfrac{A_1}{A_2}\left(\dfrac{1}{\varepsilon_2} - 1\right)} = \varepsilon_s A_1 \times c_0 \times \left[\left(\frac{T_1}{100}\right)^4 - \left(\frac{T_2}{100}\right)^4\right] \tag{10.28}$$

其中系统发射率为

$$\varepsilon_s = \frac{1}{\dfrac{1}{\varepsilon_1} + \dfrac{A_1}{A_2}\left(\dfrac{1}{\varepsilon_2} - 1\right)} \tag{10.29}$$

(2) 两无限大平行平板间的辐射换热。表面积 A_1 和 A_2 相差很小,即 $A_1/A_2 \to 1$ 的辐射换热系统是一个重要的特例。实用上,有重要意义的无限大平行平板间的辐射换热就属于此种特例(图 10.12)。此时有

$$\Phi_{1,2} = \frac{(E_{b1} - E_{b2}) A_1}{\dfrac{1}{\varepsilon_1} + \dfrac{1}{\varepsilon_2} - 1} = \frac{c_0\left[\left(\dfrac{T_1}{100}\right)^4 - \left(\dfrac{T_2}{100}\right)^4\right] A_1}{\dfrac{1}{\varepsilon_1} + \dfrac{1}{\varepsilon_2} - 1} \tag{10.30}$$

图 10.12 平行平板间辐射

(3) 空腔与内包小物体间的辐射换热。表面积 A_2 比 A_1 大得多,即 $A_1/A_2 \to 0$,且表面 1 为非凹表面的辐射换热系统是又一个重要的特例。大房间内的小物体(如高温管道等)的辐射换热以及气体容器内(或管道内)热电偶测温的辐射误差等实际问题的计算都属于这种情况。这时,式(10.26b)简化为

$$\Phi_{1,2} = \varepsilon_1 A_1 (E_{b1} - E_{b2}) = \varepsilon_1 A_1 \times c_0\left[\left(\frac{T_1}{100}\right)^4 - \left(\frac{T_2}{100}\right)^4\right] \tag{10.31}$$

对于这个特例,系统发射率 $\varepsilon_s = \varepsilon_1$。也就是说,在这种情况下进行辐射换热计算,不需要知道包壳物体 2 的面积 A_2 及其发射率 ε_2。

10.3　多表面系统辐射换热的计算

10.3.1　辐射热阻

在由两个表面组成的封闭系统中,一个表面的净辐射换热量也就是该表面与另一表面间的辐射换热量。而在多表面系统中,一个表面的净辐射换热量是与其余各表面分别换热的换热量之和。工程计算的主要目的是获得一个表面的净辐射换热量,这是本节讨论的重点。对于多表面系统,可以采用网络法或数值方法来计算每一表面的净辐射换热量。下面先从构成封闭腔的两表面间的辐射换热公式出发,引出网络法中两个单元等效电路 —— 表面辐射热阻及空间辐射热阻的表达式,进而用网络法求解多表面系统的问题。

据有效辐射的计算公式(10.22)得

$$q = \frac{E_b - J}{\dfrac{1-\varepsilon}{\varepsilon}} \quad 或 \quad \Phi = \frac{E_b - J}{\dfrac{1-\varepsilon}{\varepsilon A}} \tag{10.32}$$

又根据式(10.23)有

$$\Phi_{1,2} = A_1 J_1 X_{1,2} - A_2 J_2 X_{2,1} = A_1 X_{1,2}(J_1 - J_2) \tag{10.33}$$

由此得

$$\Phi_{1,2} = \frac{J_1 - J_2}{\dfrac{1}{A_1 X_{1,2}}} \tag{10.34}$$

将式(10.32)、式(10.34)与电学中的欧姆定律相比可见:换热量 Φ 相应于电流强度;$(E_b - J)$ 或 $(J_1 - J_2)$ 相当于电势差;而 $\dfrac{1-\varepsilon}{\varepsilon A}$ 及 $\dfrac{1}{A_1 X_{1,2}}$ 则相当于电阻,分别称为辐射换热的表面辐射热阻及空间辐射热阻,因为它们分别取决于表面的辐射特性及表面的空间结构。E_b 相当于电源电势,而 J 则相当于节点电压。这两个辐射热阻的等效电路如图 10.13 所示。

(a) 表面辐射热阻　　　　　　　(b) 空间辐射热阻

图 10.13　等效单元电路

利用上述两个单元电路,可以容易地画出组成封闭系统的两个灰体表面间辐射换热的等效网络,如图 10.14 所示。根据这一等效网络,可以立即写出下列换热量计算公式:

$$\Phi_{1,2} = \frac{E_{b1} - E_{b2}}{\dfrac{1-\varepsilon_1}{\varepsilon_1 A_1} + \dfrac{1}{A_1 X_{1,2}} + \dfrac{1-\varepsilon_2}{\varepsilon_2 A_2}} \tag{10.35}$$

这种把辐射热阻比拟成等效的电阻,从而通过等效网络图来求解辐射换热的方法称为辐射换热的网络法。

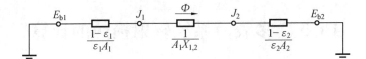

图 10.14　　两表面封闭腔辐射换热等效网络

10.3.2　网络法求解多表面系统辐射换热

1. 网络法求解多表面系统辐射换热

应用辐射换热的网络法求解多表面封闭系统辐射换热问题的步骤如下：

（1）画出等效的网络图。画图时应注意：① 每一个参与换热的表面（净换热量不为零的表面）均应有一段相应的电路，它包括源电势、与表面热阻相应的电阻及节点电势；② 各表面之间的连接，由节点电势出发通过空间热阻进行。每一个节点电势都应与其他节点电势连接起来。

（2）列出节点的电流方程。画出等效网络图后，辐射换热问题就可作为直流电路问题来求解。以图 10.15 所示的 3 表面的辐射换热问题为例画出等效网络如图 10.16 所示。根据电学中的基尔霍夫定律，可列出 3 个节点 J_1、J_2、J_3 处的电流方程如下：

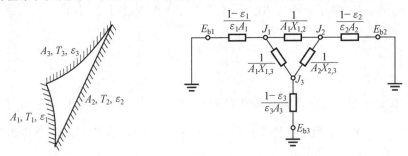

图 10.15　3 表面组成的封闭腔　　　　图 10.16　3 表面封闭腔的等效网络图

$$J_1 : \frac{E_{b1} - J_1}{\dfrac{1 - \varepsilon_1}{\varepsilon_1 A_1}} + \frac{J_2 - J_1}{\dfrac{1}{A_1 X_{1,2}}} + \frac{J_3 - J_1}{\dfrac{1}{A_1 X_{1,3}}} = 0 \tag{10.36 a}$$

$$J_2 : \frac{E_{b2} - J_2}{\dfrac{1 - \varepsilon_2}{\varepsilon_2 A_2}} + \frac{J_1 - J_2}{\dfrac{1}{A_1 X_{1,2}}} + \frac{J_3 - J_2}{\dfrac{1}{A_2 X_{2,3}}} = 0 \tag{10.36 b}$$

$$J_3 : \frac{E_{b3} - J_3}{\dfrac{1 - \varepsilon_3}{\varepsilon_3 A_3}} + \frac{J_1 - J_3}{\dfrac{1}{A_1 X_{1,3}}} + \frac{J_2 - J_3}{\dfrac{1}{A_2 X_{2,3}}} = 0 \tag{10.36 c}$$

（3）求解上述代数方程得出节点电势（表面有效辐射）J_1、J_2、J_3。

（4）按公式 $\Phi_i = \dfrac{E_{bi} - J_i}{\dfrac{1 - \varepsilon_i}{\varepsilon_i A_i}}$ 确定每个表面的净辐射换热量。

2. 3 个特例

（1）有一个表面为黑体。设图 10.15 中表面 3 为黑体。此时其表面热阻 $\dfrac{1 - \varepsilon_3}{\varepsilon_3 A_3} = 0$，从而有 $J_3 = E_{b3}$，网络图简化成如图 10.17(a) 所示。这时上述代数方程简化为二元方程组。

注意:这种情况因为有 $J_3 = E_{b3}$,因此计算表面 3 的净辐射换热量时不能采用公式 $\Phi_i = \dfrac{E_{bi} - J_i}{\dfrac{1 - \varepsilon_i}{\varepsilon_i A_i}}$,而表面 3 为黑体,$\Phi_3 \neq 0$,可以变相计算表面 3 的净辐射换热量为

$$\Phi_3 = \frac{J_3 - J_1}{\dfrac{1}{A_1 X_{1,3}}} + \frac{J_3 - J_2}{\dfrac{1}{A_2 X_{2,3}}} \tag{10.37}$$

(2) 有一个表面绝热,即净辐射换热量 q 为零。设表面 3 绝热,则

$$J_3 = E_{b3} - \left(\frac{1}{\varepsilon_3} - 1\right) q = E_{b3} \tag{10.38}$$

即该表面的有效辐射等于某一温度下的黑体辐射。但是与已知表面 3 为黑体的情形所不同的是,此时绝热表面的温度是未知的,而由其他两个表面所决定,其等效网络如图 10.17(b) 所示。

注意:此处 $J_3 = E_{b3}$,是一个浮动的电势,取决于 J_1、J_2 及其间的两个空间热阻。图 10.17(c) 是其另一种表示方法,可以更清楚地看出上述特点。

在辐射换热系统中,这种表面温度未定而净辐射换热量为零的表面称为重辐射面。对于三表面系统,当有一个表面为重辐射面时,其余两个表面间的净辐射换热量可方便地按图 10.17(c) 给出,即

$$\Phi_{1,2} = \frac{E_{b1} - E_{b2}}{\sum R_t} \tag{10.39}$$

式中

$$\sum R_t = \frac{1 - \varepsilon_1}{\varepsilon_1 A_1} + \frac{1 - \varepsilon_2}{\varepsilon_2 A_2} + R_{eq} \tag{10.40}$$

按电学原理,并联电路的等效电阻 R_{eq} 为

$$\frac{1}{R_{eq}} = \frac{1}{\dfrac{1}{A_1 X_{1,2}}} + \frac{1}{\dfrac{1}{A_1 X_{1,3}} + \dfrac{1}{A_2 X_{2,3}}} \tag{10.41 a}$$

即

$$R_{eq} = \frac{\dfrac{1}{A_1 X_{1,2}}\left(\dfrac{1}{A_1 X_{1,3}} + \dfrac{1}{A_2 X_{2,3}}\right)}{\dfrac{1}{A_1 X_{1,2}} + \dfrac{1}{A_1 X_{1,3}} + \dfrac{1}{A_2 X_{2,3}}} \tag{10.41 b}$$

将式(10.40)、式(10.41b) 代入式(10.39),即可求得 $\Phi_{1,2}$。

值得指出的是,在工程辐射换热计算中常会遇到有重辐射面的情形。电炉及加热炉中保温很好的耐火炉墙就是这种绝热面。这时可以认为它把落在其表面上的辐射能又完全重新辐射出去,因而被称为重辐射面。虽然重辐射面与换热表面之间无净辐射换热量交换,但它的重辐射作用却影响到其他换热表面间的辐射换热。

(3) 有一个表面积很大。设表面 3 的面积很大,则其表面热阻 $\dfrac{1 - \varepsilon_3}{\varepsilon_3 A_3} = 0$,从而有 $J_3 = E_{b3}$ 为已知量,这种情况与表面 3 为黑体的情况类似,计算方法相同。

10.3.3　多表面辐射换热的数值解法

当封闭系统的表面数目大于或等于 4 时,适宜于用计算机来求解由 J_i 所组成的代数方

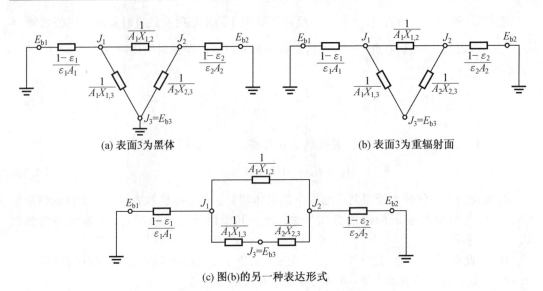

(a) 表面3为黑体　　　　　　　　　　　　　　(b) 表面3为重辐射面

(c) 图(b)的另一种表达形式

图 10.17　　三表面系统的两个特例

程,这时将节点代数方程写成有效辐射的显函数形式比较方便。对多表面封闭系统导出每个表面有效辐射的代数方程。假定每个表面都是漫灰的,空腔中的介质不参与热辐射。同时为简便起见,设所有表面都不是内凹的,即所有表面对自身的角系数 $X_{i,i}=0$。于是对任一表面 i,根据有效辐射的定义,有

$$J_i A_i = \varepsilon_i A_i \sigma T_i^4 + \rho_j \sum_{j=1}^{N} J_j A_j X_{j,i} \tag{10.42}$$

式中,$\rho_j = 1 - \alpha_j$,且对于漫灰表面有 $\alpha_j = \varepsilon_j$,则 $\rho_j = 1 - \varepsilon_j$,代入式(10.42),且等式两边同除以 A_i,得

$$J_i = \varepsilon_i \sigma T_i^4 + (1 - \varepsilon_j) \sum_{j=1}^{N} J_j A_j X_{j,i} / A_i \tag{10.43}$$

利用角系数的相对性 $A_j X_{j,i} = A_i X_{i,j}$,式(10.43)可化为

$$J_i = \varepsilon_i \sigma T_i^4 + (1 - \varepsilon_j) \sum_{j=1}^{N} J_j X_{i,j} \tag{10.44}$$

利用直接解法或迭代法求解代数方程组(10.44),得出各个表面的有效辐射后,即可利用式(10.32)计算出各个表面的净辐射换热量。

注意:对于多表面系统的问题,表面的划分应以热边界条件为主要依据。例如,对于一个六面体,如果给定了顶面与底面的温度,而 4 个侧面当作绝热,则 4 个侧面可作为一个表面处理,从而使该问题成为一个三表面的封闭系统。

10.4　气体辐射

不同的气体吸收和发射的能力不同。单原子气体和分子结构对称的双原子气体,几乎没有吸收和发射能力,可视为完全透热体。而不对称的双原子和多原子气体,则具有相当大的发射能力和吸收率,当这类气体出现在高温换热场合中时,就要涉及气体和固体间的辐射传热问题。

10.4.1　气体辐射的特点

1.气体辐射对波长有选择性

(1) 不同种类气体的辐射和吸收能力各不相同。

单原子和分子结构对称的双原子气体,如惰性气体、H_2、N_2、O_2、空气等,无反射和吸收的能力,可以看作是透明体。

(2) 气体辐射对波长具有强烈的选择性。

每一种气体只有在一定的波长范围内才有辐射和吸收能力(光带);臭氧可以全部吸收波长小于 $0.3~\mu m$ 的紫外线,工程燃烧的主要产物 CO_2、H_2O(汽) 的光带均在波长大于 $2.5~\mu m$ 处,各有 3 条光带,其中有两条互相重叠。CO_2 和 H_2O(汽) 的辐射光带波长范围见表 10.1。

表 10.1　CO_2 和 H_2O(汽) 的辐射光带波长范围　　　　　　　　　　μm

光带	CO_2	H_2O(汽)
第一光带	$2.65 \sim 2.80$	$2.55 \sim 2.84$
第二光带	$4.15 \sim 4.45$	$5.6 \sim 7.6$
第三光带	$13.0 \sim 17.0$	$12.0 \sim 30.0$

2.气体的辐射和吸收是在整个容积中进行的

固体、液体的辐射和吸收在其表面进行,而气体的辐射和吸收在整个容积内进行。当热射线穿过气体层时,其辐射能量因被沿途的气体分子吸收而逐渐减少;在气体界面上所接收到的气体辐射为达到界面上整个体积气体辐射的总和。因此,气体的吸收和辐射与气体层的形状及体积大小有关。

10.4.2　气体辐射规律

如图 10.18 所示的体系,应用下述方法来描述气体层对辐射的吸收。强度为 I_λ 的单色辐射光投射到厚度为 dx 的气体层上。假定因气体层的吸收作用而导致辐射强度的降低与气体层的厚度以及该点的辐射强度成正比,因此

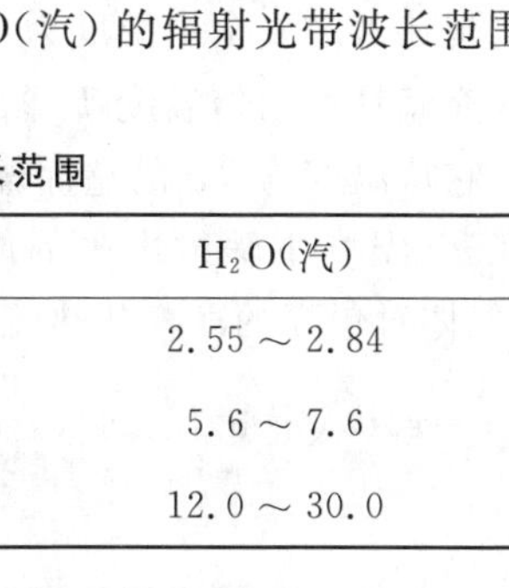

图 10.18　辐射能在气体层中的传递

$$dI_{\lambda,x} = -k_\lambda I_{\lambda,x} dx \qquad (10.45)$$

式中,比例常数 k_λ 称为光谱减弱系数,它取决于气体的种类、密度和波长,并且当气体温度和压力为常数时,k_λ 保持不变。故将式(10.45)积分得

$$\int_{I_{\lambda,0}}^{I_{\lambda,s}} \frac{dI_{\lambda,x}}{I_{\lambda,x}} = \int_0^s -k_\lambda dx \quad \text{或} \quad \frac{I_{\lambda,s}}{I_{\lambda,0}} = e^{-k_\lambda s} \qquad (10.46)$$

式(10.46)称为贝尔(Beer)定律,表明光谱辐射强度在吸收性气体中传播时按指数规律衰减。$I_{\lambda,s}/I_{\lambda,0}$ 正是厚度为 s 的气体层的单色穿透比 $\tau(\lambda,s)$,所以有

$$\tau(\lambda,s) = e^{-k_\lambda s} \qquad (10.47)$$

对于气体,其反射比 $\rho=0$,于是可得气体层吸收比为

$$\alpha(\lambda,s)=1-e^{-k_\lambda s} \tag{10.48}$$

当气体层的厚度 s 很大时,$\alpha(\lambda,s)$ 趋近于 1,但工程实际上所碰到的气体辐射达不到这种程度。将基尔霍夫定律应用于光谱辐射,$\varepsilon(\lambda)=\alpha(\lambda)$,则气体层的光谱发射率为

$$\varepsilon(\lambda,s)=1-e^{-k_\lambda s} \tag{10.49}$$

10.4.3　气体与外包壳间的热交换

在气体发射率和吸收比确定后,气体与其外包壳间的辐射传热计算十分简单。

1.气体与黑体包壳间的辐射传热计算

现在考虑一个由温度为 T_w 的黑表面所形成的包壳,其内充满具有均匀温度 T_g 的气体。因为气体光带结构,所以它从温度为 T_w 的壁面辐射能中吸收的能量不等于它在 T_g 温度下辐射出去的能量,如图 10.19 所示。因此,气体对包壳的净换热热流密度为

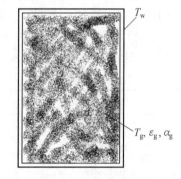

$$q_{黑}=\varepsilon_g E_{b,g}-\alpha_g E_{b,w}=c_0\left[\varepsilon_g\left(\frac{T_g}{100}\right)^4-\alpha_g\left(\frac{T_w}{100}\right)^4\right] \tag{10.50}$$

图 10.19　气体与外壳间的换热

2.气体与灰体壳间的辐射传热计算

到目前为止所讨论的计算气体辐射的方法仅仅局限于与气体进行换热的黑表面。在很多工程应用中,包壳的壁是脏而黑的,这样壁面的发射率就非常高。因此应用式(10.50)计算换热是较为精确的。而关于气体与灰体外壳间以及灰体封闭系统中存在吸收型气体时辐射传热热流密度可以式(10.51)表示。

(1) 当器壁的黑度 $\varepsilon_w>0.8$ 时,有

$$q_{灰}=\frac{\varepsilon_w+1}{2}q_{黑}$$

而

$$q_{黑}=\varepsilon_g E_{b,g}-\alpha_g E_{b,w}$$

所以

$$q_{灰}=\frac{\varepsilon_w+1}{2}(\varepsilon_g E_{b,g}-\alpha_g E_{b,w}) \tag{10.51}$$

(2) 当器壁的黑度 $\varepsilon_w<0.8$ 时,则需要采用较为复杂的程序。

10.5　辐射换热的强化与削弱

10.5.1　强化与削弱辐射换热的方法

1.强化辐射换热的方法

(1) 增加换热表面的发射率。采用改变表面发射率的方法时,应注意首先增加对换热

影响最大的那一个表面的发射率。如太阳能集热器表面涂表面发射率高的涂层以强化辐射换热。

（2）改变两表面的布置以增加角系数。

2. 削弱辐射换热的方法

（1）减少表面发射率。人造地球卫星为了减少迎阳面与背阳面之间的温差，采用对太阳能吸收率小的材料作为涂层；置于室外的发热设备，为了防止夏天升温过高而用浅色油漆作为涂层。

（2）改变两表面的布置以减少角系数。

（3）在两辐射表面之间安插遮热板。

10.5.2　遮热板

本节重点介绍采用遮热板来减少辐射换热的方法。

1. 定义

遮热板指的是插入两个辐射换热表面之间以削弱辐射换热的薄板。

2. 工作原理

为了说明遮热板的工作原理，分析在平行平板之间插入一块薄金属板所引起的辐射换热的变化。加遮热板前后示意图及相应的网络图如图 10.20 所示。为讨论方便起见，设平板和金属薄板都是灰体。加遮热板前，表面 1、2 间有 3 个热阻，辐射换热量为

$$\Phi_{1,2} = \frac{E_{b1} - E_{b2}}{\dfrac{1-\varepsilon_1}{\varepsilon_1 A_1} + \dfrac{1}{A_1 X_{1,2}} + \dfrac{1-\varepsilon_2}{\varepsilon_2 A_2}} \tag{10.52 a}$$

加遮热板后，表面 1、2 间的热阻增加了 3 个而成为 6 个，辐射换热量为

$$\Phi'_{1,2} = \frac{E_{b1} - E_{b2}}{\dfrac{1-\varepsilon_1}{\varepsilon_1 A_1} + \dfrac{1}{X_{1,2} A_1} + \dfrac{1-\varepsilon_{3'}}{\varepsilon_{3'} A_{3'}} + \dfrac{1-\varepsilon_{3''}}{\varepsilon_{3''} A_{3''}} + \dfrac{1}{X_{2,3} A_2} + \dfrac{1-\varepsilon_2}{\varepsilon_2 A_2}} \tag{10.52 b}$$

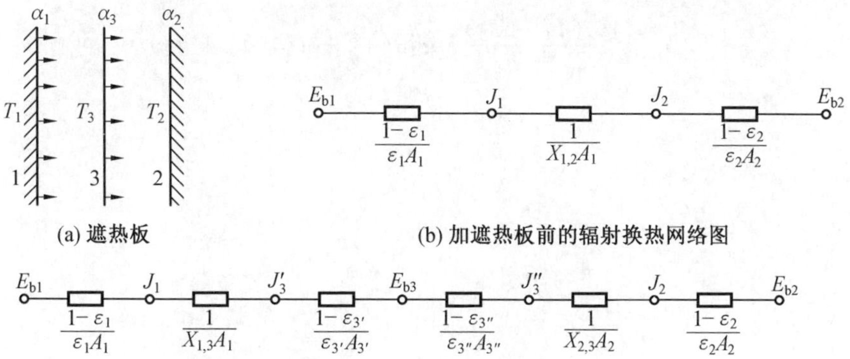

(a) 遮热板　　　　　　(b) 加遮热板前的辐射换热网络图

(c) 加遮热板后的辐射换热网络图

图 10.20　遮热板及加遮热板前后的辐射换热网络图

从式（10.52a）及式（10.52b）就可以看出加遮热板能起到削弱辐射换热的作用。若

$\varepsilon_1 = \varepsilon_2 = \varepsilon'_3 = \varepsilon_3 = \varepsilon$，则 $\Phi'_{1,2} = \dfrac{1}{2}\Phi_{1,2}$，即与未加金属薄板时的辐射换热相比，其辐射换热量

减少了一半。为使削弱辐射换热的效果更为显著,实际上都采用发射率低的金属薄板作为遮热板。当一块遮热板达不到削弱换热的要求时,可以采用多层遮热板。

3. 遮热板在工程技术上的应用

(1) 汽轮机中用于减少内外套管间的辐射换热。

(2) 遮热板用于储存液态气体的低温容器。

(3) 遮热板用于超级隔热油管。

(4) 遮热板用于提高温度测量的准确度。

10.5.3　辐射换热表面传热系数

1. 复合换热

复合换热是对流与辐射同时存在的换热过程。

2. 处理方法

为计算方便,工程上常常采用把辐射换热量折合成对流换热量的方法。

先按有关辐射换热的公式计算出辐射换热量 Φ_r,然后将它表示成牛顿冷却公式的形式,即

$$\Phi_r = Ah_r\Delta t \tag{10.53}$$

式中,h_r 称为辐射换热表面传热系数,习惯上称为辐射换热系数。于是复合换热的总换热量可方便地表示为

$$\Phi = Ah_c\Delta t + Ah_r\Delta t = A(h_c + h_r)\Delta t = Ah_t\Delta t \tag{10.54}$$

式中,下角码"c"表示对流换热;h_t 为包括对流与辐射换热在内的总表面传热系数,为避免与总传热系数相混淆,称 h_t 为复合换热表面传热系数。

3. 辐射换热系数的计算公式

辐射换热系数的计算公式与计算系统有关,如对位于温度为 T_2 的大空间凸表面(温度为 T_1),可据本章导出的辐射换热量的计算式(10.31),按定义式(10.54),有

$$h_r = \frac{\varepsilon_1\sigma(T_1^4 - T_2^4)}{T_1 - T_2} = \varepsilon_1\sigma(T_1^2 + T_2^2)(T_1 + T_2) \tag{10.55}$$

第 11 章　　工程中的辐射换热问题

11.1　复杂角系数的求解

11.1.1　采暖房间围护结构表面角系数的计算

目前,随着采暖事业的发展和变化,我国室内采暖方式已由原来单一的散热器对流采暖,逐步向多元化转变。辐射采暖由于具有舒适及节能等优点而得到了越来越普遍的应用。辐射采暖房间的热力工况与对流采暖不同,故为了深入分析辐射采暖房间的热力工况,必须对房间内的换热状况进行计算。本节将对外围护结构有窗时的角系数进行计算。

1. 不考虑窗时围护结构表面间角系数的计算

(1) 垂直相交围护结构角系数计算。

两个互相垂直且有共同边界的围护结构(图 11.1),其表面辐射角系数为

$$X_{A_1,A_2} = \frac{1}{\pi W}\left(W \arctan \frac{1}{W} + H \arctan \frac{1}{H} - \sqrt{H^2 + W^2} \arctan \sqrt{H^2 + W^2}\right) +$$

$$\frac{1}{4\pi W}\ln\left\{\frac{(1+W^2)(1+H^2)}{1+W^2+H^2}\left[\frac{W^2(1+W^2+H^2)}{(1+W^2)(1+H^2)}\right]^{W^2}\left[\frac{H^2(1+W^2+H^2)}{(1+H^2)(W^2+H^2)}\right]^{H^2}\right\}$$

$$(11.1)$$

式中,H 为高 h 与 l 长的比值,即 $H = \dfrac{h}{l}$;W 为宽 w 与 l 长的比值,即 $W = \dfrac{w}{l}$。

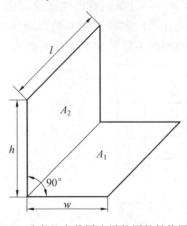

图 11.1　垂直且有共同边界的围护结构图示

(2) 两互相平行对等围护结构表面间辐射角系数计算。

两个互相平行对等围护结构(图 11.2),其表面辐射角系数为

$$X_{A_1,A_2} = \frac{2}{\pi XY}\left\{\ln\left[\frac{(1+X^2)(1+Y^2)}{1+X^2+Y^2}\right]^{1/2} + X\sqrt{1+Y^2}\arctan\frac{X}{\sqrt{1+Y^2}}\right\} +$$

$$\frac{1}{\pi XY}\left\{Y\sqrt{1+X^2}\arctan^{-1}\frac{Y}{\sqrt{1+X^2}} - X\arctan X - Y\arctan Y\right\} \qquad (11.2)$$

式中,X 为宽 a 与距离 c 的比值,即 $X = \dfrac{a}{c}$;Y 为长 b 与距离 c 的比值,即 $Y = \dfrac{b}{c}$。

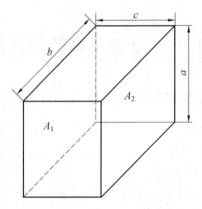

图 11.2　平行相对围护结构角系数图示

2. 考虑窗时围护结构表面间角系数的计算

(1) 外窗与围护结构表面角系数的计算。

房间内围护结构上有窗时,通常不将窗与墙进行区分。但当窗位于外围护结构上时,由于窗与墙的传热系数差别很大,导致外窗与外墙内表面温度差别很大,进行换热计算时,应将外窗作为一个单独的换热表面考虑。

由于外窗(墙)与相对内墙的角系数可用角系数完整性进行求解,所以本节只给出窗与相邻围护结构(图 11.3)表面间角系数计算的方法。假设图 11.3 中 c 表面代表外窗,则由图可知外窗的位置相对于各围护结构表面均不相同。窗相对于各围护结构表面的角系数的计算比较复杂,这是辐射采暖房间换热计算困难的主要原因之一。由图 11.3 中各表面的划分可以看出,在推导过程中,需要计算许多垂直交叉的表面间的角系数,根据角系数定义的推导,得出如图 11.4 中所示各表面角系数特殊互换性关系为

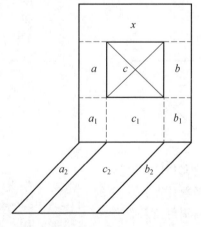

图 11.3　窗与相邻围护结构角系数图示

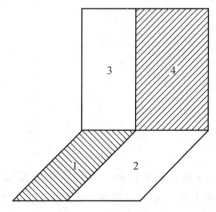

图 11.4　两垂直面对角方向的角系数图

$$A_1 X_{1,4} = A_2 X_{2,3} \tag{11.3}$$

式中，$X_{1,4}$、$X_{2,3}$ 分别为 1 表面对 4 表面及 2 表面对 3 表面的角系数值；A_1、A_2 分别为相应下标表面 1、2 的面积，m^2。以下带下标的 A、X 含义同此。

利用角系数特殊互换性及分解性原理，可得出表面 1、4 的角系数计算公式为

$$X_{1,4} = \frac{1}{2A_1} [(A_1 + A_2) X_{(1+2),(3+4)} - A_1 X_{1,3} - A_2 X_{2,4}] \tag{11.4}$$

为了方便描述，将图 11.3 中各表面做如下合并：

$$a' = a + a_1, b' = b + b_1, d_1 = c + c_1 + a',$$
$$e_1 = a_1 + c_1, d_2 = c + c_1 + b', e_2 = b_1 + c_1,$$
$$f_1 = a_2 + c_2, f_2 = b_2 + c_2, w' = a' + b' + c + c_1,$$
$$w'' = w' + x, w = a_2 + b_2 + c_2$$

根据角系数的分解性原理，窗 c 对任一相邻围护结构 w 面的角系数可表示为

$$X_{c,w} = \frac{1}{2A_c} [(A_{d_1} X_{d_1,f_1} + A_{d_2} X_{d_2,f_2}) - (A_{b'} X_{b',b_2} + A_{a'} X_{a',a_2}) +$$
$$(A_{a_1} X_{a_1,a_2} + A_{b_1} X_{b_1,b_2}) - (A_{e_1} X_{e_1,f_1} + A_{e_2} X_{e_2,f_2})] \tag{11.5}$$

（2）外围护结构（外窗以外）与围护结构表面角系数的计算。

下面根据角系数的分解性原理，计算外围护结构墙体对各围护结构表面的角系数。外围护结构墙体与各围护结构表面角系数见表 11.1。

表 11.1　外围护结构墙体与各围护结构表面角系数

外墙面积 （宽 × 高）	房间进深 /m	与外墙垂直的内墙	地板	天棚	对面墙
1.5 m × 1.5 m	3.6	0.198 2	0.236 8	0.214 6	0.152 3
	3.9	0.202 0	0.240 8	0.219 0	0.136 1
	4.2	0.205 3	0.244 4	0.222 9	0.122 0
	4.5	0.208 3	0.247 4	0.226 2	0.109 9
	4.8	0.210 8	0.249 9	0.229 0	0.099 5
	5.1	0.213 0	0.252 2	0.231 5	0.090 3
	5.4	0.214 9	0.254 2	0.233 8	0.082 2
	5.7	0.216 6	0.255 9	0.235 6	0.075 1
1.8 m × 1.5 m	3.6	0.195 0	0.240 3	0.212 1	0.157 8
	3.9	0.198 8	0.244 2	0.216 5	0.141 6
	4.2	0.202 2	0.247 7	0.220 4	0.127 5
	4.5	0.205 1	0.250 6	0.223 7	0.115 4
	4.8	0.207 8	0.253 1	0.226 5	0.104 9
	5.1	0.210 0	0.255 3	0.229 0	0.095 7
	5.4	0.211 9	0.257 3	0.231 3	0.087 5
	5.7	0.213 7	0.258 9	0.233 1	0.080 5

从表中数值可看出，随着房间进深的增加，外墙体对与其垂直的内墙、地板以及天棚的角系数略有增加，而对对面内墙的角系数迅速减小。

11.1.2 空间两矩形平面之间辐射角系数的计算

空间任意两物体间的辐射热交换与物体表面的辐射特性、周围介质的吸收特性及两物体间所处的空间相对位置有关。物体表面性质和介质吸收特性确定后,则物体间辐射热交换仅取决于它们的空间相对位置。本节就具有一条边平行的空间两矩形表面之间在任意位置任意角度下的辐射角系数进行介绍。

由相对位置决定的辐射特性称为辐射换热的几何特性,也称辐射角系数 X。空间面 A_1 上的微元面 dA_1,与空间第二物体的全部表面积 A_2 的辐射角系数由下列积分表达式表示:

$$X_{1,2} = \int_{A_2} \frac{\cos \theta_1 \cos \theta_2}{\pi r^2} dA_2 \tag{11.6}$$

式中,r 为 dA_1 与 dA_2 之间的距离;θ_1、θ_2 分别为 dA_1、dA_2 的法线方向与 r 之间的夹角。

1. 空间任意位置平行平面间的辐射角系数

图 11.5 所示是放置于空间任意位置的两个平行的矩形平面。A_1、A_2 两矩形平面的边长分别为 A、B 和 C、D;u、v 是 O_2 在 $O_1 X_1 Y_1$ 坐标平面上的投影。由角系数的积分表达式可得

$$\begin{aligned}
X_{1,2} &= \frac{1}{A_1} \int_{A_1} dA_1 \int_{A_2} \frac{\cos \theta_1 \cos \theta_2}{\pi r^2} dA_2 \\
&= \frac{h^2}{\pi AB} \int_0^B \int_0^A \int_0^D \int_0^C \frac{dx_2 \, dy_2 \, dx_1 \, dy_1}{\{[x_1 - (x_2 + u)]^2 + [y_1 - (y_2 + v)]^2 + h^2\}^2}
\end{aligned}$$

$$\tag{11.7}$$

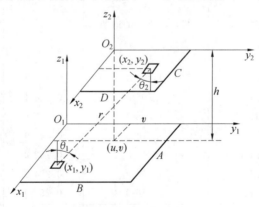

图 11.5　两平行平面

2. 空间任意夹角的矩形平面间角系数

图 11.6(a) 所示是任意夹角的(具有某边平行的) 两个矩形平面,这种类型在工程上普遍存在,当然它们之间的辐射角系数同样也可采用积分式的形式,但由于直接积分很困难,可以将图 11.6(a) 变为图 11.6(b) 的形式,利用角系数的完整性,把对图 11.6(a) 的直接积分变为如图 11.6(b) 所示求 A_1 对 A_2 的角系数问题。

利用积分表达式,图 11.6(b) 中 A_1 对 A_2 的角系数积分式为

$$X_{1,2} = \frac{1}{A_1} \int_{A_1} dA_1 \int_{A_2} \frac{\cos \theta_1 \cos \theta_2}{\pi r^2} dA_2$$

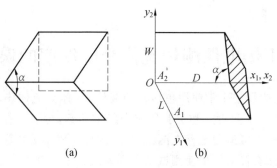

(a)　　　　　　　　　　　　　(b)

图 11.6　具有任意夹角两矩形平面

$$= \frac{1}{\pi LD} \int_0^L \int_0^D \int_0^W \int_0^{D-y_2 \cot \alpha} \frac{y_1 y_2}{[(x_1 - x_2)^2 + y_1^2 + y_2^2]^2} dx_2 dy_2 dx_1 dy_1$$

$$(11.8)$$

3. 空间任意夹角的矩形平面间角系数

由应用角系数的性质所绘出的是两矩形平面直接相邻的情况，对于该两平面成任意夹角，又处于空间任意位置时，尚需要建立其他的关系。当然可以像图 11.5 那样，对积分式直接求解，但是对于这种情况在数学上是相当困难的。因此必须研究处于任意角情况下的角系数的性质，显然在任意角的条件下，同样也具有完整性和相对性。但为了得到任意位置时角系数计算法，尚需要在任意角的情况下建立另外的一些性质。如图 11.7(a)(b) 所示，分别绘出了位于空间的两块对称的小矩形平面 A_1、A_2 和 A_3、A_4。由积分表达式和应用立体几何的概念，对于 A_1、A_2 及 A_3、A_4 的辐射角系数，可得到形式相同的被积函数，并按 A_1、A_2 及 A_3、A_4 所处的具体位置定出积分上下限，即

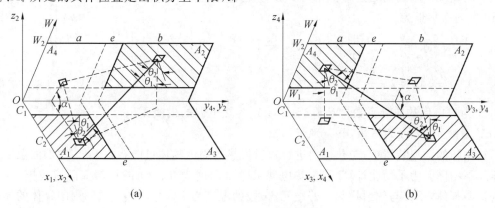

(a)　　　　　　　　　　　　　(b)

图 11.7　空间任意夹角两平面

$$X_{1,2} = \frac{1}{\pi A_1} \int_{W_1 \sin \alpha}^{W_2 \sin \alpha} \int_{a+e}^{a+e+b} \int_0^a \int_{c_1}^{c_2} \frac{x_1 z_2 dx_1 dy_1 dy_2 dz_2}{\left[(y_1 - y_2)^2 + \left(x_1 - \dfrac{z_2}{\tan \alpha}\right)^2 + z_2^2\right]^2} \quad (11.9)$$

$$X_{3,4} = \frac{1}{\pi A_3} \int_{W_1 \sin \alpha}^{W_2 \sin \alpha} \int_0^a \int_{a+e}^{a+e+b} \int_0^{c_2} \frac{x_3 x_4 dx_3 dy_3 dy_4 dz_4}{\left[(y_3 - y_4)^2 + \left(x_3 - \dfrac{z_4}{\tan \alpha}\right)^2 + z_4^2\right]^2} \quad (11.10)$$

根据以上公式得到了空间两矩形平面之间辐射角系数的计算方法，只需将这些公式进行四重积分求解就能真正得到辐射角系数的大小。实际上，上述各四重积分是非常复杂的，

有兴趣的同学可以尝试求解。

11.2 用热电偶测量流体介质温度的误差分析

在很多种工业和实验设备中常使用包括各种液体、气体等流体作为介质使用。用热电偶测量流体介质的温度在工业生产和实验研究中经常遇到,但由于存在导热、对流、辐射 3 种换热,故在温度测试中不可避免地存在测量误差,因此正确地分析误差起因,就能在使用、安装、新仪器设计等方面有针对性地使测试结果误差最大限度降低。

11.2.1 误差的基本微分方程式

用热电偶测量流体温度时,要考虑到流体介质及周围物体和热电偶间的导热、对流与辐射 3 种热交换而导致的测量误差。为了能估算测量误差,需采用简化模型,即假定:

(1)采用细长丝状的热电偶。

(2)热电偶各横截面上的温度均匀一致。

(3)热电偶的温度仅是长度 x 的一元函数。

如图 11.8 所示,流体介质以对流的方式传送给热电偶 dx 段的热量为

$$dq_r = hA(t_f - t) \tag{11.11}$$

式中,h 为两表面间的对流换热系数,$W/(m^2 \cdot K)$;A 为微元 dx 段的表面积,m^2;t_f 为流体的温度,K;t 为微元 dx 段的温度,K。

热电偶单位时间内通过导热的方式从下边传入,上边传出。微元 dx 段的净热量为

$$dq_k = \dot{dq_k} - \ddot{dq_k} = -\lambda A_c \frac{\partial t}{\partial x} - \left[\left(-\lambda A_c \frac{\partial t}{\partial x}\right) + \frac{\partial}{\partial x}\left(-\lambda A_c \frac{\partial t}{\partial x}\right)dx\right]$$

$$= \lambda A_c \frac{\partial^2 t}{\partial x^2}dx = \lambda \frac{\partial^2 t}{\partial x^2} \tag{11.12}$$

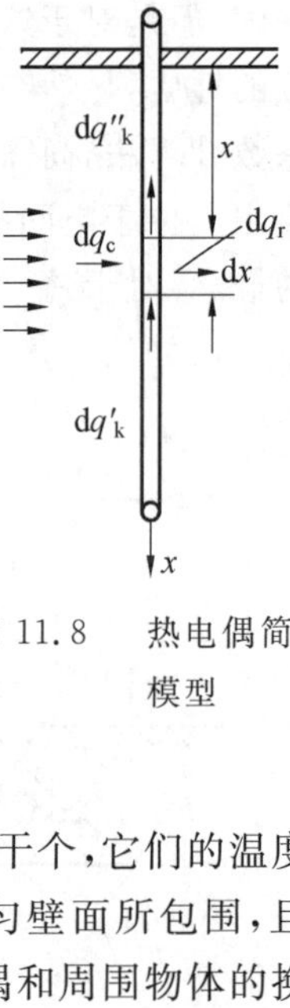

图 11.8　热电偶简化模型

式中,λ 为热电偶的热导系数,$W/(m \cdot K)$;A_c 为热电偶的横截面积,m^2;dV 为微元 dx 段的体积,$dV = A_c dx$,m^3。

在实际的测温装置中,与热电偶进行辐射换热的周围物体可能有若干个,它们的温度也可能互不相同。为了简化计算,假定热电偶被一个温度为 $T_w(k)$ 的均匀壁面所包围,且介质为透明气体,不参与辐射换热。若微元 dx 段的温度为 $T(k)$,则热电偶和周围物体的换热量为

$$dq_r = \varepsilon\sigma A(T^4 - T_w^4) \tag{11.13}$$

式中,ε 为热电偶的表面发射率。

微元 dx 段所吸收的热量 dq 和温度上升率 $\frac{\partial t}{\partial \tau}$ 的关系式为

$$dq = \rho c \frac{\partial t}{\partial \tau}dV \tag{11.14}$$

式中,ρ 为热电偶材料的密度,kg/m^3;c 为热电偶材料的比热容,$J/(kg \cdot K)$;τ 为时间,s。

由式(11.11)至式(11.14)可得 dx 段的热平衡方程式为

$$\begin{cases} \rho\mathrm{d}Vc\,\dfrac{\partial t}{\partial \tau}=\lambda\,\mathrm{d}V\,\dfrac{\partial^2 t}{\partial x^2}+hA(t_\mathrm{f}-t)-\varepsilon\sigma A(T^4-T_\mathrm{w}^4) \\[3mm] t_\mathrm{f}-t=\left(\dfrac{\rho\mathrm{d}Vc}{hA}\right)\dfrac{\partial t}{\partial \tau}-\left(\dfrac{\lambda\,\mathrm{d}V}{hA}\right)\dfrac{\partial^2 t}{\partial x^2}+\dfrac{\varepsilon\sigma}{h}(T^4-T_\mathrm{w}^4) \end{cases} \tag{11.15}$$

式(11.15)说明,由于导热、热辐射的存在,热电偶测量的温度 t 和流体的实际温度 t_f 并不相等,即存在误差。

11.2.2　导热对测量误差的影响

用带有保护套的热电偶测量管道内的液体温度时,其装置如图 11.9 所示。因为大多数液体是透明体,所以热电偶装置对其周围流体的辐射换热可以不予考虑。

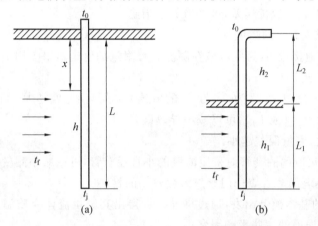

图 11.9　测量管道内流体温度的装置

对图 11.9(a) 中,在稳定状态时 $\dfrac{\partial t}{\partial \tau}=0$,式(11.15) 变为

$$t_\mathrm{f}-t=-\left(\dfrac{\lambda\,\mathrm{d}V}{hA}\right)\dfrac{\partial^2 t}{\partial x^2}$$

设 U 为热电偶丝横截面的周长,将 $\mathrm{d}V=A_\mathrm{c}\mathrm{d}x$,$A=U\mathrm{d}x$ 代入上式并消去 $\mathrm{d}x$ 得

$$\dfrac{\mathrm{d}^2 t}{\mathrm{d}x^2}+\dfrac{hU}{\lambda A_\mathrm{c}}(t_\mathrm{f}-t)=0 \tag{11.16}$$

令 $b=\sqrt{hU/\lambda A_\mathrm{c}}$,则式(11.16)为二阶微分方程,即

$$\dfrac{\mathrm{d}^2}{\mathrm{d}x^2}(t-t_\mathrm{f})-b^2(t-t_\mathrm{f})=0$$

若温度 t 从 t_f 算起,令 $\theta=t-t_\mathrm{f}$,则有 $\dfrac{\mathrm{d}^2\theta}{\mathrm{d}x^2}-b^2\theta=0$。

边界条件为 $X=0,t=t_0$ 或 $\theta=\theta_0=t_0-t_\mathrm{f}$;$X=L,\dfrac{\mathrm{d}t}{\mathrm{d}x}\Big|_{x=L}=0$(热电偶端部绝热边界条件)。

求解方程得

$$\theta=\dfrac{ch[b(L-x)]}{ch(bL)}\theta_0 \quad 或 \quad t-t_\mathrm{f}=\dfrac{ch[b(L-x)]}{ch(bL)}(t_0-t_\mathrm{f})$$

热电偶端部($X=L$) 温度为

$$t_{\text{j}} - t_{\text{f}} = \frac{t_0 - t_{\text{f}}}{ch\,(bL)} \tag{11.17}$$

式(11.17)表明测量误差的大小主要决定于 bL 值。bL 值越大,由导热引起的误差就越小。

图 11.9(b) 所示的安装情况为热电偶套管在流体管道外面有一段露出的长度 L_2,经推证可得测量误差为

$$t_{\text{j}} - t_{\text{f}} = \frac{t_0 - t_{\text{f}}}{ch\,(b_1 L_1)\left[1 + \dfrac{b_1}{b_2}th\,(b_1 L_1)\,cth\,(b_2 L_2)\right]} \tag{11.18}$$

式中,$b_1 = \sqrt{h_1 U / \lambda A_{\text{c}}}$;$b_2 = \sqrt{h_2 U / \lambda A_{\text{c}}}$。

为了减少导热引起的测量误差,可采取如下措施:

(1) 增加 bL(或 $b_1 L_1$) 的数值。

(2) t_0 应尽可能地接近 t_{f},为此应该在测温装置附近的管道器壁上用很好的保温材料保温,使 t_0 与 t_{f} 尽量接近。

(3) L_2 与 h_2 值不宜过大,因为 L_2 与 h_2 的值越大,导热误差就越大。

(4) 增加插入深度 L(或 L_1),可以减小导热误差。

(5) h 与 h_1 越大,测量误差越小。

(6) 增加 b_1,即热电偶的套管应采用薄壁的小直径套管,可以减小测量误差。

(7) 热电偶和热电偶套管应选用导热系数较小的材料。

本节从热电偶的基本模型出发,通过推导计算得出其测量流体介质温度时所产生的误差,并分析产生测量误差的一些影响因素。

11.3　发射率的测量技术

发射率是描述物体热辐射特性的重要参数,在航空航天、国防、科学研究及工农业生产等领域中具有重要的研究意义和应用价值。例如,当航天飞机、卫星在空间飞行时,它们表面的辐射特性数据是其热控制的重要依据。在红外制导武器对抗中,对导弹火焰和蒙皮辐射特性数据的掌握是能否突防的关键,而对军事目标辐射特性的认知又是能否有效攻击和隐身的重要因素。在民用领域,如粮食、油漆、皮革烘干、电采暖中,加热体辐射特性的控制是节能降耗和提高生产效率的重要技术。

材料的热辐射特性在不同波长及不同方向上是不相同的,因此一般按波长范围可分为光谱(或单色)及全波长发射率,按发射方向可分为方向、法向及半球发射率。根据不同的测试原理,通常将发射率测量方法分为量热法、反射率法、辐射能量法和多波长测量法等。发射率测量方法分类图如图 11.10 所示。

1. 量热法

量热法按热流状态可分为稳态量热法及瞬态量热法。其基本原理是:被测样品与其周围相关物体共同组成一个热交换系统,根据传热理论导出系统有关材料发射率的传热方程,再测出样品有关点的温度值,就能确定系统的热交换状态,从而求出样品发射率。热交换系统也可分为稳态系统和瞬态系统两大类。

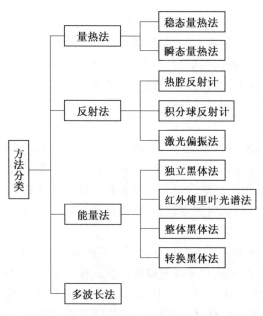

图 11.10　发射率测量方法分类图

（1）稳态量热法。

Worthing 于 1941 年就提出了测量全长波长半球发射率的最为简便的稳态量热法——灯丝加热法。Richmond(1960)、Howl(1962) 及 Cezairliyan(1970) 等也采用了类似的方法。直到近年来,仍然有人采用该方法测量材料的发射率。在装置精密且经过仔细调试后,该方法的测量总精度可达 2%。该方法的温度测试范围较宽(-50～1 000 ℃),但只能测试全波长半球发射率,不能测量光谱或定向发射率。此外,样品制作麻烦、测试时间长,但由于装置简单、测试温度范围较宽、准确度高等优点而得到广泛使用。

（2）瞬态量热法。

瞬态量热法是采用瞬态加热技术(如激光、电流等),使试样的温度急剧升高,通过测量试样的温度、加热功率等参数,再结合辅助设备测量物体的发射率。早在 20 世纪 60 年代 Ramanathan 等人用此法测定了各种温度范围内的铜、铝、银、钨及不锈钢的全波长半球发射率。此方法设备比较简单,测温上限低。

20 世纪 70 年代以后,由于微型计算机技术的发展,瞬态量热技术得到了很好的发展。美国 NIST(原 NBS) 的 Cezairliyan 等人首先建立了基于积分球反射计法的脉冲加热瞬态量热装置,用于包括材料发射率在内的 8 个热物性参数的测试。之后,意大利国家计量院的 Righini 等人也建立了类似的设备,并开始了与 NIST 长达 30 多年的国际比对合作实验,发表了大量的文章。20 世纪 90 年代以后,NIST 的 Cezairliyan 等人又研制了偏振光反射计 (Division of Amplitude Photopolarimeter,DOAP),用于瞬态量热装置中材料发射率测量,使该测量技术几乎达到了完善的程度。

近年来,日本 NMIJ(原 NRLM)、奥地利 Graz 科技大学、奥地利铸造研究所等单位引进了美国 CRI(Containerless Research,Inc.) 的偏振光反射计 DOAP。此方法的特点是:设备较简单,测量速度快,测温上限高(4 000 ℃ 以上),可同时测量多项参数,测量精度较高;缺点是只能测量导体材料。

2. 反射法

根据能量守恒定律及基尔霍夫定律,只要将已知强度的辐射能投射到被测的不透明样品表面上,并用反射计测出表面反射能量,即可求得样品的反射率并进而计算出发射率。通常采用的反射计有热腔反射计、积分球(抛物面、椭球面等)反射计、镜面反射计及测角反射计等。

(1)热腔反射计。

早在 1962 年,Dunkle 等人就建立了热腔反射计,这种方法的测量范围一般为 $1 \sim 15 \ \mu m$,有时可扩展到 $35 \ \mu m$。该方法的精度在很大程度上取决于样品温度必须大大低于热腔壁的温度,所以不适用于高温测量。但由于此法能测出样品的光谱及方向发射率,样品制备简便,设备比较简单,测试周期也较短,故仍得到一定的应用。

(2)积分球反射计。

积分球反射计的主要部分是一个具有高反射率的漫射内表面积分球。其工作原理是:被测样品置于球心处,入射光从积分球开口处投射到样品表面并反射到积分球内表面上,经过球面第一次反射即均匀分布在球表面上,探测器从另一孔口接收球内表面上的辐射能。然后以某一已知反射率的标准样品取代被测样品,重复前述过程。两次测量辐射反射能之比即为反射率系数,被测样品的反射率即为此系数乘以标准样品的反射率。积分球反射计法测量发射率被广泛采用。

(3)激光偏振法。

20 世纪 90 年代,美国国家标准科学研究院(NIST)的 Nordince,利用激光偏振法测量了棒状试样的发射率,测量装置如图 11.11 所示。美国 CRI 公司研制的高速激光偏振仪测量棒状试样的半球光谱反射率,根据 Kirchhoff 定律得出试样的光谱发射率。

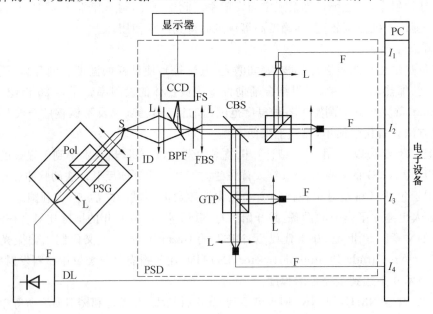

图 11.11　激光偏振发射率测量仪

此种方法发射率的测量精度优于 5%,测量时间为 0.3 s;缺点是只能测量光滑表面材料的发射率。

3. 辐射能量法

辐射能量法的基本原理是直接测量样品的辐射功率，根据普朗克或斯忒藩－玻耳兹曼定律和发射率定义计算出样品的表面发射率值。由于目前辐射的绝对测量尚难达到较高精度，故一般均采用能量比较法，即在同一温度下用同一探测器分别测量绝对黑体及样品的辐射功率，两者之比就是材料的发射率。

从 20 世纪 60 年代开始，国内外学者就开始了该方法的研究，探测器分别为无波段选择的绝对辐射计、热电堆或单个波段的光电探测器、分光光度计等，到近年来国内外广泛采用傅里叶分析光谱仪进行测量。

1984 年上海计量技术研究所的刘宝明等人采用分光光度计研制成功了发射率测量装置，波长范围为 2.5 ～ 25 μm，温度范围为 400 ～ 1 000 ℃，精度为 3% ～ 5%，测量时间(不含加热时间) 仅需几分钟。

20 世纪 90 年代以来，由于傅里叶分析光谱仪的发展和广泛应用，很多学者采用傅里叶分析光谱仪构成了光谱发射率测量系统和装置。这里仅示出了日本 NMIJ 的基于傅里叶分析光谱仪的发射率测量装置，如图 11.12 所示。该发射率测量装置采用了一个简单的 Michelson 干涉仪，光谱范围为 5 ～ 12 μm，探测器为光伏型的 HgCdTe，温度范围为－20 ～ 100 ℃，测量时间仅几秒。

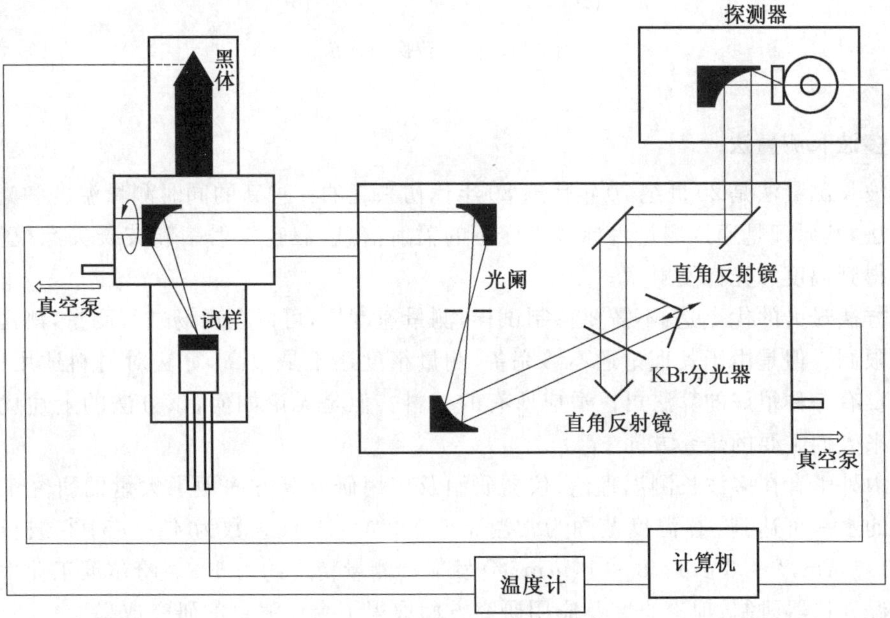

图 11.12　日本 NMIJ 的基于傅里叶分析光谱仪的发射率测量装置

基于傅里叶分析光谱仪的能量法是近年来主要的发展方向，也代表了发射率测量的最高水平。目前该方法可以达到的技术指标：测量的温度范围从－20 ℃ 到 2 000 ℃，测量波段从可见光到 25 μm 以上，测量时间为 1 ～ 3 s，测量精度优于 3%。

实际应用中，还常常采用整体黑体法和转换黑体法两种能量法测量材料的发射率，即在试样上钻孔或加反射罩，使被测材料变为黑体或逼近黑体，进行材料发射率的测量，其原理图分别如图 11.13 和图 11.14 所示。

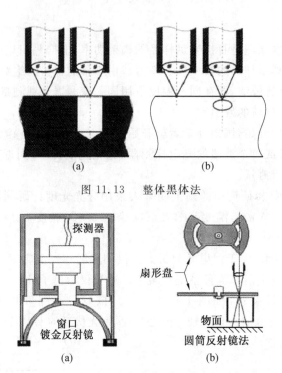

图 11.13　整体黑体法

图 11.14　转换黑体法

4. 多波长测量法

多波长测量法是 20 世纪 70 年代末 80 年代初兴起的一种新的同时测量温度和光谱发射率的方法,其原理是通过测量目标多光谱下的辐射信息,假定发射率和波长关系模型,由理论计算得到温度和光谱发射率。

该方法最大的优点是:不需要特制试样,测量速度快,可以在现场进行测量,测温上限几乎没有限制。但是由于其理论还不够完备,测量精度还不是很高,算法对材料适用性较差,目前还没有一种很好的算法可以适应所有的材料。但是无论如何,该方法的上述优点将会成为未来人们主要的研究方向。

国内外学者在多波长测温理论、仪器研制及应用研究等方面做了大量的研究工作。现在仪器的水平可达到:① 温度范围为常温至 5 000 ℃;② 波长数为 4 ～ 35;③ 波长范围为 0.5 ～ 1.1 μm,1 ～ 3 μm、,8 ～ 14 μm;④ 发射率测量精度约为 5%。哈尔滨工业大学在多波长高温计仪器研制、理论研究及应用研究方面取得了令人瞩目的研究成果。

通过前面对材料发射率测量方法的归纳和总结不难看出,在未来的 10 年到 20 年,在实验室测量方面,用傅里叶光谱分析仪构成测试系统将成为主流。

但是该系统仍存在以下几个难点:① 多种方法并存,没有一种测量方法能够取得主导地位;② 没有国际(国家)的标准建立,缺乏国际之间的比对,缺乏权威数据库的建立;③ 很少有商品化(标准)的设备出售;④ 整体测试水平不高。我国在航空航天飞速发展的今天,对发射率数据提出了迫切的需求,急需具有自己知识产权的测量系统问世。

11.4　热辐射在航天技术领域的应用

11.4.1　梯度折射率热辐射

介质的组成成分、密度、温度分布的非均匀性以及克尔效应、电致伸缩等作用会导致介质折射率的非均匀分布,形成梯度折射率。光的热辐射在梯度折射率介质内传播时呈现出不同于均匀折射率介质中的特性,如自然界中的海市蜃楼、日出日落时太阳形状的变化、星光闪烁等。除自然现象外,在现代工程技术中也存在许多涉及梯度折射率光热辐射效应的过程,如燃烧火焰、强激光器窗口及空间光学窗口中的"热透镜"效应、强激光大气传输中的"热晕"现象等。长期以来,人们比较重视对均匀折射率半透明介质和折射率阶跃变化的半透明介质复合层内的热辐射传递与辐射换热问题的研究。近年来,随着相关技术研究的发展,梯度折射率热辐射传递及耦合换热在许多过程与现象中的重要作用开始引起国际上的重视;同时,利用辐射传递的梯度折射率效应的新技术开发迅速发展。本节将介绍国际上梯度折射率介质层的热辐射特性。

1. 梯度折射热辐射传播的控制方程

对某一辐射光谱而言,其传播特性主要分为表面(界面)传播特性与介质内(容积)传播特性两方面。以图 11.15 所示为例,简要说明半透明梯度折射率介质层的热辐射传播基本特性。图中半透明介质层厚度为 L,介质内折射率分布为 $n(z)$,不透明基底面 $n(z)$ 折射率为 n_w,介质层表面折射率为 n_s,表面外折射率为 n_e。一般情况下

$$n(z) = f(n_w, n_x, z), \quad n_w = n(0), \quad n_s = n(L)$$

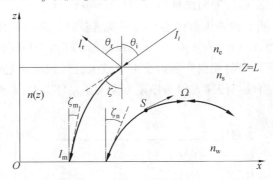

图 11.15　半透明梯度折射率介质内热辐射传播示意图

对平滑的表面,入射光谱的反射与折射分别遵循 Fresnel 反射定律及 Snell 折射率定律,反射、折射光谱与入射光谱的辐射强度关系为

$$I_r = \rho \cdot I_i \tag{11.19}$$

$$I_m = I_i \cdot (1 - \rho) \cdot n_s^3 / n_e^3 \tag{11.20}$$

式中,光谱方向反射率 ρ、折射角 ζ 分别为

$$\rho = \frac{1}{2} \frac{\sin^2(\theta_i - \zeta)}{\sin^2(\theta_i + \zeta)} \left[1 + \frac{\cos^2(\theta_i + \zeta)}{\cos^2(\theta_i - \zeta)} \right] \tag{11.21}$$

$$n_e \cdot \sin \theta_i = n_s \cdot \sin \zeta \tag{11.22}$$

在梯度折射率介质内部，辐射能不再沿直线传播，而是按 Fermat 原理给出如下弯曲光线方程传播：

$$\frac{\mathrm{d}}{\mathrm{d}S}(n\Omega) = \mathrm{grad}\, n \tag{11.23}$$

式中，$\mathrm{d}S$ 为辐射能传递轨迹上点 S 处的一微元段；Ω 为辐射能传递轨迹上点 S 处的切向矢量；n 为介质的折射率。沿该弯曲光线传播的辐射传递方程为

$$\frac{\mathrm{d}}{\mathrm{d}S}\left[\frac{I(S,\Omega)}{n^2}\right] + \kappa\left[\frac{I(S,\Omega)}{n^2}\right] = \kappa(1-\omega)I_\mathrm{b}(S) + \frac{\kappa\omega}{4\pi}\int_{\Omega'} I(S,\Omega')\Phi(\Omega,\Omega')\mathrm{d}\Omega'$$

$$\tag{11.24}$$

式中，κ 为介质的衰减系数，$\kappa = \kappa_a + K_s$；ω 为散射反射率，$\omega = \kappa_s/\kappa$；$\Phi(\Omega,\Omega')$ 为散射相函数；$I(S,\Omega)$ 为 S 处沿 Ω 方向的辐射强度；$I_\mathrm{b}(S)$ 为 S 处温度下的黑体辐射强度。

从上述关于梯度折射率热辐射传播的数学描述可以看出，表面反射、折射、介质内的传播均与折射率有关。在表面处，若 $n_s = n(L) = n_e$，由式(11.21)、式(11.22)容易得出 $\zeta = \theta_i$、$\rho = 0$，此时，表面对入射辐射光谱无反射能力，辐射能可全部进入介质层内。由式(11.23)可以看出，辐射能的传播轨迹取决于介质内的折射率分布，在一定的分布条件下，不仅在表面处，而且在介质内出现全反射现象。式(11.20)和式(11.24)则表明，介质层的表观吸收、发射特性均与折射率分布密切相关。

最近对线性与正弦分布折射率介质层的热辐射研究表明，梯度折射率热辐射传递在一定的条件下使介质层的温度、热流分布及表观辐射行为呈现出不同于均匀折射率介质的特性。

2. 梯度折射率介质层的热辐射传播与辐射能交换特性

图 11.16 是折射率沿厚度方向线性分布($n(z) = n_1 + z(n_2 - n_1)/L$)($z$ 为从界面 1 指向界面 2 的正方向)的介质层内热辐射传递及与环境热辐射交换的典型特征；图 11.17 是折射率沿厚度方向正弦分布($n(z) = n_i + (n_c - n_i)\sin(\pi z/L)$)的介质层内热辐射传递及与环境热辐射交换的典型特征。辐射能由介质内折射率较大的区域向折射率小的区域传播时，不仅传递轨迹是弯曲的，而且当传递方向与厚度方向夹角足够大时，在介质内部发生全反射现象。

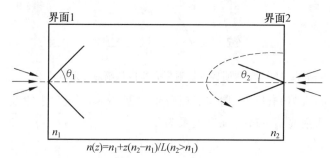

图 11.16   线性折射率介质层热辐射能途径示意图

3. 梯度折射率介质层的温度、热流与表观辐射特性

图 11.18 是光学厚度 $\kappa L = 1.0$(L 为介质层厚度)的吸收性半透明介质层在折射率 $n_e = 1$、温度为 $T_1 = 1\,000\,\mathrm{K}$，$T_2 = 1\,500\,\mathrm{K}$ 的黑体辐射环境下，介质层内的辐射平衡温度分布。

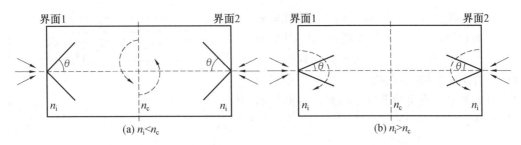

图 11.17 正弦折射率介质层热辐射能途径示意图

该介质层的两边界面均为半透明镜反射界面,介质内折射率分别按线性、正弦与相应的均匀分布考虑。

当介质层具有半透明镜反射边界面、且被置于折射率为 $n_e = 1$ 的热辐射环境中时,除介质内部的全反射作用外,边界面处的辐射换热也对介质内温度场起重要作用,而且界面处的辐射换热与该处的折射率大小密切相关。相对于均匀折射率情况,线性折射率介质层内温度水平表现为整体升高或降低;而正弦折射率分布(半周期)的介质层内温度呈现出较平坦的波状分布。图 11.19 中的情况与图 11.18 类似,只是介质层的光学厚度由 1.0 减小为 0.5 时,折射率分布的影响更加明显。

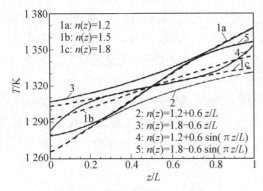

图 11.18 半透明介质层平衡温度场

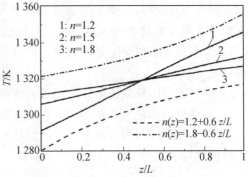

图 11.19 线性介质层平衡温度场

图 11.20 是光学厚度 $\kappa L = 0.01$、辐射导热参数 $N = 0.01$ 的吸收性半透明介质层在折射率 $n_e = 1$,温度为 $T_1 = 1\,000\text{ K}$, $T_2 = 1\,500\text{ K}$ 的黑体辐射环境下(表面温度与环境相同),介质层内的辐射-导热耦合换热热流分布。图中,直线为耦合换热总热流,曲线为辐射热流。可以看出,在相同的辐射环境条件下,与对应的均匀折射率分布(曲线 1)相比,两种线性的折射率分布均使辐射热流与耦合换热总热流有所降低,但幅度不大(曲线 2、3)。两种正弦折射率分布的影响相反,对于自边界处向介质层中心

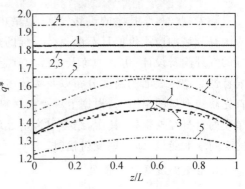

图 11.20 半透明介质层换热热流场

渐增的正弦折射率分布(曲线 4),其辐射热流与耦合换热总热流明显增大;而自边界处向介层中心渐降的正弦折射率分布(曲线 5),导致热流密度明显降低。

图 11.21 是光学厚度 $\kappa L = 0.1$ 的线性折射率半透明介质层（涂层）的表观方向发射率分布情况。图中，曲线 1 ～ 曲线 4 是线性折射率分布下的发射率结果，曲线 5 ～ 曲线 7 是相应的均匀折射率介质层的发射率结果。各曲线的折射率分布参数为

$1: n_s = 1.50 、 n_w = 1.05$

$2: n_s = 1.05 、 n_w = 1.50$

$3: n_s = 2.0 、 n_w = 1.05$

$4: n_s = 1.05 、 n_w = 2.0$

$5: n = 1.05$

$6: n = 1.5$

$7: n = 2.0$

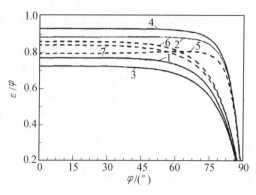

图 11.21   线性介质层表观方向发射率

对于折射率均匀分布的介质层，光学厚度不大时，其表观发射率随折射率的增加，呈先增后减的变化规律，在某一 n 值下取得最大值。对图 11.21 中的光学厚度，其表观发射率取得最大值的 n 值约为 1.54，即曲线 6 的结果极为接近最大值。当折射率线性分布，且由基底面向发射表面递减时，介质层的表观发射率大于这个最大值，如曲线 2 和曲线 4 所示；当折射率由基底面向发射表面线性递增时，表观发射率则小于该最大值，如曲线 1 和曲线 3 所示。这说明，梯度折射率半透明介质层的表观发射率在一定条件下，可突破均匀折射率下的发射极限。

除上述特性外，梯度折射率介质还表现出一些其他的热辐射与耦合换热特性，如在一定条件下，介质层内热流密度的单峰、单谷分布与双峰、双谷分布以及表面的双向反射特性等。随着研究的深入，将会发现更多的新特性，这些将为未来梯度折射率介质及热辐射传递的应用提供理论基础。

11.4.2   卫星的热辐射特性

随着现代科学技术的迅猛发展，卫星热辐射特性的研究在航天技术、通信导航以及目标探测等领域的应用价值日益凸显。目标的热辐射特性研究对于红外热成像系统的研制、目标的红外隐身设计、仿真训练及实战均具有重要意义。由热辐射原理可知，物体表面的热辐射特性与物体表面的温度分布以及物体表面光学性质有关，因此，卫星热辐射特性研究需要首先获知卫星的温度场，根据卫星表面材料的光学性质，可得到卫星表面的净辐射量，即卫星表面自身红外辐射；其次，结合卫星所处环境的空间轨道外热流，可以计算得到卫星反射的空间辐射能量，即卫星反射辐射。

1. 卫星温度场计算模型

（1）温度场控制方程。

根据能量守恒定律和傅里叶定律可建立物体的温度随时间和空间变化的关系式。三维直角坐标系 (x, y, z) 下，瞬态导热方程为

$$\rho c_p \frac{\partial T}{\partial t} = \frac{\partial}{\partial x}\left(k \frac{\partial T}{\partial x}\right) + \frac{\partial}{\partial y}\left(k \frac{\partial T}{\partial y}\right) + \frac{\partial}{\partial z}\left(k \frac{\partial T}{\partial z}\right) + q_v \tag{11.25}$$

式中，T 为卫星某点的瞬时温度；t 为运行时间；k 为材料的导热系数，ρ 为材料的密度，c_p 为材料的定压比热容；q_v 为材料的内热源强度。

当简化的部件结构为圆柱体、圆锥体等轴对称形状时，采用圆柱坐标系 (r,φ,z) 较为方便，此时，瞬态导热方程为

$$\rho c_p \frac{\partial T}{\partial t} = \frac{1}{r}\frac{\partial}{\partial r}\left(kr\frac{\partial T}{\partial r}\right) + \frac{1}{r^2}\frac{\partial}{\partial \varphi}\left(k\frac{\partial T}{\partial \varphi}\right) + \frac{\partial}{\partial z}\left(k\frac{\partial T}{\partial z}\right) + q_v \tag{11.26}$$

（2）辐射边界条件。

卫星在达到热平衡时，其能量进出关系为

$$Q_{Radi} = Q_{sun} + Q_{Refelct} + Q_{Earth} + \overline{Q} \tag{11.27}$$

式中，Q_{sun} 为太阳直接热辐射；$Q_{Refelct}$ 为地球反射太阳热辐射；Q_{Earth} 为地球自身红外辐射；$\overline{Q}$ 为卫星内部热载荷；Q_{Radi} 为卫星外表面与深空环境背景的辐射换热。

将卫星表面划分成 N 个面元进行分析，对于各换热过程，可以采用以下方法计算。

卫星外表面与深空环境背景的辐射换热 Q_{Radi} 为

$$Q_{Radi} = \sum_{i=1}^{N} A_i \cdot \varepsilon_i \cdot X_i \cdot E_i \tag{11.28}$$

式中，i 为单位面元编号；A_i 为第 i 个单元面的面积；ε_i 为第 i 个单元面的发射率；X_i 为第 i 个单元面对深空的辐射角系数，即考虑自身结构遮挡作用后，卫星第 i 个单元面朝深空的辐射换热角系数；E_i 为第 i 个单元面的等温黑体辐射力。

在日照区内，卫星表面受到的太阳热辐射为

$$Q_{sun} = \sum_{i=1}^{N} A_i \cdot \alpha_i \cdot \cos\theta_i \cdot I \tag{11.29}$$

式中，α_i 为第 i 个单元面的太阳短波吸收率；θ_i 为第 i 个单元面的太阳辐射入射角；I 为当地太阳辐射强度。

地球反射的太阳辐射为

$$Q_{Refelct} = \sum_{i=1}^{N} A_i \cdot \alpha_i \cdot \cos\vartheta_i \cdot \overline{I} \tag{11.30}$$

式中，ϑ_i 为第 i 个单元面与当地铅垂线的夹角；$\overline{I}$ 为地球反射的太阳辐射，地球反射太阳辐射的反射率为 0.35，等于行星的平均反射率。

地球自身红外辐射为

$$\overline{Q}_{E-air} = \sum_{i=1}^{N} A_i \cdot \varepsilon_i \cdot \cos\vartheta_i \cdot J \tag{11.31}$$

式中，J 为地球自身红外辐射力。

2. 卫星红外辐射特性计算模型

卫星表面红外辐射通量由两部分组成：① 卫星表面的自身红外辐射；② 卫星对太阳、地球红外辐射、地球反射太阳辐射的反射辐射。

由于卫星是具有漫射表面的灰体，其表面由若干温度互不相同的面元构成，面元表面自身辐射由面元表面温度和面元表面自身发射率决定。

黑体光谱辐射力 $E_{b\lambda}$（W/m^3）的计算可由普朗克定律来描述：

$$E_{b\lambda} = \frac{c_1 \lambda^{-5}}{\exp(c_2/\lambda T) - 1} \tag{11.32}$$

式中，c_1 为第一辐射常量，3.742×10^{-16} W·m^2；c_2 为第二辐射常量，$1.438\ 8 \times 10^{12}$ m·K；T 为面元表面温度。

每个面元的光谱辐射通量可以由普朗克公式在红外波段范围内积分得到，即

$$\Delta E_{\text{self},J}^{\inf} = \int_{\lambda_1}^{\lambda_2} \varepsilon_\lambda E_{b\lambda} \, \mathrm{d}\lambda \tag{11.33}$$

对于反射辐射部分，包括表面元对太阳、地球以及其他面元辐射的反射。其计算表达式为

$$\Delta E_{r,J}^{\inf} = (q_{1,J}^{\inf} + q_{2,J}^{\inf}) \rho_{s,J}^{\inf} + \left(q_{3,J}^{\inf} + \sum_{i=1}^{N} q_{i,J}^{\inf}\right) \rho_J^{\inf} \tag{11.34}$$

式中，$\rho_{s,J}^{\inf}$ 为红外波段的单元表面太阳反射率；$\rho_J^{\inf}$ 为红外波段的单元表面反射率；$q_{1,J}^{\inf}$ 为入射到单元表面的太阳辐射；$q_{2,J}^{\inf}$ 为入射到单元表面的地球反射太阳辐射；$q_{3,J}^{\inf}$ 为入射到单元表面的地球自身红外辐射；$q_{i,J}^{\inf}$ 为入射到单元表面 J 的来自于单元表面 i 的红外辐射。

某表面元的辐射通量为其自身辐射和反射辐射之和。综合各辐射能量，单元表面总辐射通量 $\Delta E_J^{\inf}$ 为

$$\Delta E_J^{\inf} = \Delta E_{\text{self},J}^{\inf} + \Delta E_{r,J}^{\inf} \tag{11.35}$$

3. 空间点源目标成像计算模型

以空间某一点处有一定红外辐射通量的微小面元为例，如图 11.22 所示，设微小面元的面积为 A_s，探测器接受面积为 A_c，面元的辐射度为 M_λ，因为面元距离探测器的距离 L 较大，故可将此微小面元作为点源目标来近似处理。面元表面法线 1 和 L 的夹角为 θ_s，面元辐射在探测器 A_c 上的入射角为 θ_c（即 L 与法线 2 的夹角），则面元目标辐射在探测器入射光瞳上产生的光谱辐射强度为

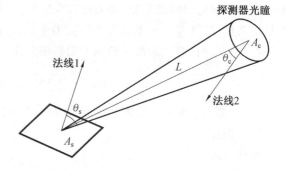

图 11.22　计算实例

$$H_\lambda = \frac{M_\lambda}{\pi} \frac{\cos\theta_s \cos\theta_c}{L^2} A_s \tag{11.36}$$

探测器接收到的光谱辐照通量为

$$P_\lambda = \oint H_\lambda \, \mathrm{d}A_c = \frac{M_\lambda}{\pi} \frac{\cos\theta_s \cos\theta_c}{L^2} A_s A_c \tag{11.37}$$

目标在大气层外的红外辐射主要是自身辐射及反射的太阳和地球的辐射。当探测器对目标进行探测时，同样会受到来自太阳和地球的辐射，这部分辐射同样对目标的辐射特性产生影响。探测器最终能接受到的辐射主要有以下几个部分：① 太阳直接辐射；② 目标反射的太阳辐射；③ 地球—大气背景直接辐射；④ 经过地球反射的太阳辐射；⑤ 经过目标反射的地球辐射；⑥ 经地球反射到目标上又经过目标反射的太阳辐射；⑦ 目标自身辐射。

将这些辐射的光谱辐照度叠加即可得到探测器上总的光谱辐照度。同时，太阳辐射、地球辐射和地球反射的太阳辐射直接照射探测器所产生的辐照度太大，也会掩盖卫星目标自身的辐射特性，所以在进行空间目标的探测时，应控制探测器的位置和姿态，使太阳和地球

位于探测器的视场角之外。

11.4.3　比色测温技术

在很多高温作业的工业生产中,如冶金行业、石油化工行业、电力行业等,温度的测量是十分重要的。随着光电子技术、数字图像处理技术和计算机技术的发展,红外热像检测技术在各个领域中得到广泛应用。利用高温的发光特性,基于红外 CCD 图像传感器的测温技术因其具有独特的优点而成为高温测量领域的研究热点之一。本节就比色测温技术做一些介绍。

比色测温法是非接触测温法的一种,它是通过求解物体在两个不同波长下的光谱辐射强度之比与温度之间的函数关系而进行测量温度的方法。比色测温法又称双色测温,由于在温度测量时是对双波段的信号进行求比值,比值的方法能有效提高测温精度,可较好地消除环境及发射率的影响。在使用比色测温法时,合理地选择工作波段,可以使被测物体的辐射特性接近于灰体,这样就可以最大限度地减小因物体发射率变化等因素导致的测量误差,因此比色测温法应用较为广泛。

比色温度计是通过对物体不同波长的辐射亮度比进行测量而得出物体温度值的温度计。从维恩位移定律可知,辐射强度的最大值将会随着黑体温度的变化向波长增加或减少的方向移动。当两波长下的亮度比值发生变化时,相应的温度值也会发生变化。

设温度为 T_c 的黑体在波长 λ_1 和 λ_2 下的光谱辐射亮度分别为 $L_b(\lambda_1,T_c)$、$L_b(\lambda_2,T_c)$,令 $B_b=\dfrac{L_b(\lambda_1,T_c)\mathrm{d}\lambda}{L_b(\lambda_2,T_c)\mathrm{d}\lambda}$ 为两光谱辐射亮度之比,利用维恩公式可得黑体的比色测温公式为

$$\frac{1}{T_c}=\frac{\ln B_b-5\ln(\lambda_1/\lambda_2)}{c_2(1/\lambda_2-1/\lambda_1)} \tag{11.38}$$

一般测温对象都不是黑体,利用非黑体的维恩公式可得出非黑体的光谱辐射。亮度之比与其温度之间的关系式为

$$\frac{1}{T_c}=\frac{\ln B_b-\ln\left[\varepsilon(\lambda_1,T)/\varepsilon(\lambda_2,T)\right]-5\ln(\lambda_1/\lambda_2)}{c_2(1/\lambda_2-1/\lambda_1)} \tag{11.39}$$

式中,B_b 是温度为 T 的非黑体在波长 λ_1 和 λ_2 下的光谱辐射亮度之比,$B_b=L_b(\lambda_1,T_c)\mathrm{d}\lambda/L_b(\lambda_2,T_c)\mathrm{d}\lambda$,$\varepsilon(\lambda_1,T)$ 和 $\varepsilon(\lambda_2,T)$ 分别是温度为 T 的非黑体在波长 λ_1 和 λ_2 下的比辐射率。按定义,黑体的 $\varepsilon(\lambda,T)=1$,灰体的 $\varepsilon(\lambda_1,T)=\varepsilon(\lambda_2,T)=\varepsilon(T)$,因此对于灰体可简化为式(11.39)进行计算。用比色法测温度时,只有当实际物体是黑体或灰体时所测得的温度才是实际物体的真实温度。从严格意义上说,实际物体不能视作黑体或灰体,在这种情况下,使用比色测温法测量所得的温度是比色温度 T_c,并不等于物体此时的实际温度,因为此时的比辐射率是一个关于温度和波长的函数,不满足 $\varepsilon(\lambda_1,T)=\varepsilon(\lambda_2,T)=\varepsilon(T)$,故无法确定比辐射率。

11.5　太阳辐射能的利用

11.5.1　日照能量的计算

以常规能源为基础的能源结构随着资源的不断耗用将越来越不适应可持续发展的需

要,加速开发利用以太阳能为主体的可再生能源已成为人们的共识。利用洁净的太阳光能,以半导体光生伏打效应为基础的光伏发电技术有着十分广阔的应用前景,本节就太阳能光伏系统中太阳辐射能的计算进行介绍。

1. 一些天文参数的计算

(1)日地距离。

由于地球绕太阳的运行轨迹是一个椭圆,所以地球与太阳之间的距离在一年之内是变化的。日地平均距离及最大最小距离列在表 11.2 中。到达地球表面的太阳辐射强度和距离的平方 $(r/r_0)^2$ 成反比,即

$$(r/r_0)^2 = 1 + 0.033\cos\frac{360n}{365} \tag{11.40}$$

式中,r_0 为日地平均距离;r 为任意时刻日地距离的准确值。

表 11.2 日地距离变化

日期	距离 /km	日期	距离 /km
1 月 1 日	147 001 000	7 月 1 日	152 003 000
4 月 1 日	149 501 000	10 月 1 日	149 501 000

(2)太阳赤纬角 δ。

日地中心的连线与赤道面间的夹角每天(实际是每一瞬间)均处在变化之中,这个角度称为太阳赤纬角太阳赤纬角 δ,其计算公式为

$$\delta = 23.45°\sin\left(360 \times \frac{284 + n}{365}\right) \tag{11.41}$$

式中,n 为一年中的日期序号,从每年 1 月 1 日算起。

2. 水平面太阳位置及日照时间的计算

太阳能的利用必然要涉及太阳高度角、方位角、日照时间等问题。

(1)太阳高度角 α_s。

地球上观测点同太阳中心连线与地平面的夹角称为太阳高度角。太阳高度 α_s 的计算公式为

$$\sin\alpha_s = \sin\delta\sin\varphi + \cos\delta\cos\varphi\cos\omega \tag{11.42}$$

式中,δ 为太阳赤纬角;φ 为当地的地理纬度;ω 为当时的太阳时角,其计算公式为

$$\omega = (T_s - 12) \times 15° \tag{11.43}$$

其中,$T_s(0-24h)$ 为每日时间,其范围为 $0 \sim 24$ h,太阳时角上午为负,下午为正。

(2)太阳方位角 γ_s

地球上观测点同太阳中心连线在地平面上的投影与正南方向之间的夹角称为太阳方位角。太阳方位角 γ_s 的计算公式为

$$\cos\gamma_s = \frac{\sin\alpha_s \cdot \sin\varphi - \sin\delta}{\cos\alpha_s \cdot \cos\varphi} \tag{11.44}$$

太阳辐射能的计算还要涉及日照时间的问题,下面给出它的计算公式。

(3)日出、日没时角 ω_h。

日出时角指当日日出时太阳光线与当地纬度线(东西方向线)所成的夹角。类似地,日

没时角为当日落时太阳光线与当地纬度线所成的夹角。

$$\omega_{\mathrm{h}} = \pm \arccos(-\tan \varphi \tan \delta) \tag{11.45}$$

式中,负值表示日出时角;正值表示日没时角。

(4) 理论日照时间 N。

理论日照时间 N 的计算公式为

$$N = \frac{2}{15} \arccos(-\tan \delta \tan \varphi) \tag{11.46}$$

3. 斜面太阳位置的计算

由于大多数太阳能装置都是倾斜放置的,其朝向可分为朝向赤道和任意方向两种情况,本节只讨论第一种情况。

(1) 入射角 θ_{β}。

斜面上太阳光线的入射角指太阳射线与斜面之法线的夹角。其计算公式为

$$\cos \theta_{\beta} = A \sin \delta + B \cos \delta \cos \omega + C \cos \delta \sin \omega \tag{11.47}$$

式中

$$A = \sin \varphi \cos \beta - \cos \varphi \sin \beta \cos \gamma_{\mathrm{n}} \tag{11.48}$$

$$B = \cos \varphi \cos \beta + \sin \varphi \sin \beta \cos \gamma_{\mathrm{n}} \tag{11.49}$$

$$C = \sin \beta \sin \gamma_{\mathrm{n}} \tag{11.50}$$

式中,β 为倾斜面与水平面的夹角;γ_{n} 为倾斜面方位角,向西(顺时针方向)为正,向东(逆时针方向)为负。

当斜面向正南时,有

$$\gamma_{\mathrm{n}} = 0$$

$$\cos \theta_{\beta} = \sin \delta \sin(\varphi - \beta) + \cos \delta \cos(\varphi - \beta) \cos \omega \tag{11.51}$$

(2) 日出日没角 $\omega_{\mathrm{h}\beta}$。

由几何关系可知,在纬度为 φ、倾角为 β 的太阳入射角和在纬度为 $\varphi - \beta$ 的水平面上的太阳光入射角是相等的,从而对于面向赤道的任意倾斜面上的日出日没角 $\omega_{\mathrm{h}\beta}$ 为

$$\omega_{\mathrm{h}\beta} = \pm \arccos[-\tan(\varphi - \beta) \tan \delta] \tag{11.52}$$

结合考虑水平面上日出时角 ω_{h}、$\omega_{\mathrm{h}\beta}$ 计算公式为

$$\omega_{\mathrm{h}\beta} = -\min\{\arccos[-\tan \delta \tan(\varphi - \beta)], \arccos(-\tan \delta \tan \varphi)\} \tag{11.53}$$

式中,min 为取括号中两个计算结果的小者。

4. 地球大气层外辐射量的计算

这里的地球大气层外是指地球大气上界,那里不存在大气的干扰,计算相对简单。但这些数据是日射计算的基础数据,应用甚为广泛。辐射表面可以分为水平面和斜面两种情况。

(1) 地球大气层外水平面辐射量的计算。

① 小时辐射量的计算。

对于某一给定日期垂直于太阳光线的表面,从太阳获得的辐射强度为

$$I_{\mathrm{n}} = I_{\mathrm{sc}} (r_0/r)^2 \tag{11.54}$$

式中,I_{sc} 为太阳常数,世界气象组织(WMO)1981 年的推荐值为 1367 W/m²;$(r_0/r)^2$ 为当

天日地距离订正系数。

对于水平面而言，不能直接引用太阳常数，而需要进行入射角度订正，即

$$I_c = I_n \sin \alpha_s \tag{11.55}$$

或者

$$I_c = I_n (\sin \delta \sin \varphi + \cos \delta \cos \varphi \cos \omega) \tag{11.56}$$

利用式（11.56）可以得到某一时间段内的曝辐量。对在一个小时的时间进行积分可得该小时曝辐量（I_n）为

$$I_n = I_{sc} (r_0/r)^2 \left(\sin \delta \sin \varphi + \frac{24}{\pi} \sin \frac{24}{\pi} \cos \delta \cos \varphi \cos \omega_i \right) \tag{11.57}$$

式中，ω_i 为该小时中间时刻的太阳时角。

② 日辐射量的计算。

日辐射量（H_d）即从日出到日没时间段内辐照度的积分值，即

$$H_d = 2 \int_0^{\omega_s} I_c \mathrm{d}t \tag{11.58}$$

由此可得

$$H_d = \frac{24}{\pi} I_{sc} (r_0/r)^2 (\omega_s \sin \delta \sin \varphi + \cos \delta \cos \varphi \cos \omega_s) \tag{11.59}$$

式中，ω_s 为日没时角的弧度值。

（2）地球大气层外斜面辐射量的计算。

在太阳能的实际应用中，集热装置基本上都是朝南向的，故这里主要考虑朝向赤道的斜面上各种辐射量的计算。

① 小时辐射量。

参照水平面小时辐射量的计算方法，可得南向斜面小时辐射量 $I_{O\beta H}$ 为

$$I_{O\beta H} = I_{sc} (r_0/r)^2 \cdot \left[\sin \delta \sin(\varphi - \beta) + \frac{24}{\pi} \sin \frac{24}{\pi} \cos \delta \cos(\varphi - \beta) \cos \omega_i \right] \tag{11.60}$$

② 日辐射量。

同水平面日辐射量计算方法，可得南向斜面日辐射量 $H_{O\beta H}$ 为

$$H_{O\beta H} = \frac{24}{\pi} I_{sc} (r_0/r)^2 \left[\omega_s \sin \delta \sin(\varphi - \beta) + \cos \delta \cos(\varphi - \beta) \cos \omega_\beta \right] \tag{11.61}$$

式中，ω_β 为朝向赤道斜面上日没时角的弧度值。

5. 地球表面斜面上辐射量的计算

在太阳能利用中，为了多获得能量，一般将太阳能装置朝南倾斜放置。在无法进行直接测量的情况下，可以利用当地气象站测得的水平面上的数据进行换算。

由式（11.59）和式（11.60）可以得出南向斜面与水平面日辐射量之比 R_d 为

$$R_d = \frac{\omega_\beta \sin \delta \sin(\varphi - \beta) + \cos \delta \cos(\varphi - \beta) \sin \omega_\beta}{\omega_s \sin \delta \sin \varphi + \cos \delta \cos \varphi \sin \omega_s} \tag{11.62}$$

由式（11.57）和式（11.60），可以得出南向斜面与水平面小时辐射量之比 R_b 为

$$R_b = \frac{\sin \delta \sin(\varphi - \beta) + (24/\pi) \sin(24/\pi) \cos \delta \cos(\varphi - \beta) \sin \omega_i}{\sin \delta \sin \varphi + (24/\pi) \sin(24/\pi) \cos \delta \cos \varphi \sin \omega_i} \tag{11.63}$$

虽然上两式是针对地球大气层外得出的，但对于实际地球表面的情况是相同的。因为

R_b 是一个比值,经过或未经过大气的衰减,对于比值来说可以相互抵消,没有什么影响。以上讨论的为直射部分。对于斜面上的辐射来说,除了直射外,还有天空中的散射以及地面的反射部分。为了简化问题,假定散射和反射都为各向同性。

在各向同性的假定下,对于反射辐射,则有

$$H_{r\beta} = \frac{1}{2}H \cdot \rho \cdot (1 - \cos\beta) \tag{11.64}$$

对于散射辐射,则有

$$H_{d\beta} = \frac{1}{2}H_d \cdot (1 + \cos\beta) \tag{11.65}$$

式中,ρ 为地表的反射率;H 为水平面上的总辐射;H_d 为水平面上的散射辐射。

一般情况下,可以从气象站获得水平面上总辐射和散射辐射的数据,这样,斜面上的总辐射为

$$H_\beta = (H - H_d)R_b + H_{r\beta} + H_{d\beta} \tag{11.66}$$

11.5.2　太阳能光伏系统

随着全球经济的发展,新能源发电技术也迅速发展,太阳能以其资源量最丰富、分布广泛、清洁成为最有发展潜力的可再生能源之一。开发利用太阳能光伏技术是我国实行资源节约型社会、节能减排、可持续发展、改善生存环境等的重要举措之一。本节将介绍太阳能光伏系统的组成、应用范围及其优缺点。

1. 光伏系统的组成

光伏系统结构图如图 11.23 所示。

（1）太阳能电池方阵。

太阳能电池方阵一般由多块太阳能电池组件串并联而成,每个支路通过防反充二极管、充电控制器并联向蓄电池充电。太阳能电池方阵分为若干个子阵列,每个阵列由一个电子开

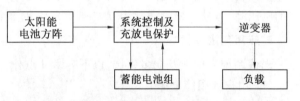

图 11.23　光伏系统结构图

关控制。当蓄电池的充电电压达到设定的最电高压时,自动依次切断一个或数个子阵列,以限制蓄电池的充电电压继续增长确保蓄电池的寿命,并最大限度地利用和储存太阳能电池发出的电能。

（2）蓄电池组。

蓄电池组是太阳能电池方阵的储能装置,其作用是将方阵在有日照时发出的多余电能储存起来,在晚间或阴雨天时供负载使用。蓄电池组由若干蓄电池串并联而成。一般容量要能在无太阳辐射的日子里,满足用户要求的供电时间和供电量。目前常用的是铅酸蓄电池,重要的场合也有用镉镍蓄电池,但它的价格较高,相对来说应用没有前一种广泛。

在光伏发电系统中,蓄电池处于浮充放电状态,夏天日照量大,方阵除了供给负载用电外,还要给蓄电池充电;冬天日照量小,这部分储存的电能逐步放出。在这种季节性循环的基础上还要加上小得多的日循环:白天方阵给蓄电池充电(同时方阵还要给负载供电),晚上负载用电则全部由蓄电池供给。因此要求蓄电池的自放电要小,耐过充放,而且充放电效率

要高,当然还要考虑价格低廉、使用方便等因素。

如前所述,当蓄电池端电压达到设定的最高值时,由电压检测电路得到信号电压,通过控制电路进行开关切换,使系统进入稳压闭环控制,既保持对蓄电池充电,又不致使蓄电池过充,造成电解液中水的大量分解和过热而导致极板损坏,从而使蓄电池得到合理的保护和利用。当过充保护失灵导致蓄电池端电压过高时,系统发出报警指令。当蓄电池端电压下降至过放值时,系统也会发出报警指示,同时逆变器自动关闭,以保证蓄电池不再继续放电。

(3)控制器。

在不同的光伏发电系统中控制器各不相同,其功能的多少和复杂程度差别很大,需要根据发电系统的要求及重要程度来确定。控制器一般由各种电子元器件、仪表、继电器、开关等组成。最简单的系统也可以不用控制器,有些要求有过充放、稳压等功能,而一些复杂的系统,如并网发电的光伏电站(并网发电不在本文的讨论范围内),则要求有自动检测、控制、转换等多种功能。

(4)逆变器。

逆变器将太阳能电池方阵输出和蓄电池放出的直流电转换成负载所需的交流电。逆变器主电路由大功率晶体管构成,采用正弦脉宽调制工作制,抗干扰能力强,还有很强的过载及限流保护功能。

(5)阻塞二极管。

阻塞二极管也称防反充二极管或隔离二极管,其作用是利用二极管的单向导通特性防止无日照时蓄电池通过太阳能电池方阵放电。对阻塞二极管的要求是工作电流必须大于方阵的最大输出电流,反向耐压要高于蓄电池组的电压,在方阵工作时,阻塞二极管两端有一定的电压降,对硅二极管通常为 $0.6 \sim 0.8$ V,对硝特基或锗管为 0.3 V 左右。

2. 应用范围及优缺点

光伏系统应用涉及众多领域,以下列举几点作为例证:

(1)用户太阳能电源。

小型电源 $10 \sim 100$ W 不等,用于边远无电地区如高原、海岛、牧区、边防哨所等军民生活用电,如照明、电视、收录机等;$3 \sim 5$ kW 家庭屋顶并网发电系统;光伏水泵,解决无电地区的深水井饮用、灌溉等。

(2)交通领域。

如航标灯、交通 / 铁路信号灯、交通警示 / 标志灯、宇翔路灯、高空障碍灯、高速公路 / 铁路无线电话亭、无人值守道班供电等。

(3)通信领域。

太阳能无人值守微波中继站、光缆维护站、广播 / 通信 / 寻呼电源系统;农村载波电话光伏系统、小型通信机、士兵 GPS 供电等。

(4)石油、海洋、气象领域。

石油管道和水库闸门阴极保护太阳能电源系统、石油钻井平台生活及应急电源、海洋检测设备、气象 / 水文观测设备等。

(5)家庭灯具电源。

如庭院灯、路灯、手提灯、野营灯、登山灯、垂钓灯、黑光灯、割胶灯、节能灯等。

（6）光伏电站。

10 kW～50MW 独立光伏电站、风光（柴）互补电站、各种大型停车厂充电站等。

（7）太阳能建筑。

将太阳能发电与建筑材料相结合，使得未来的大型建筑实现电力自给，是未来的一大发展方向。

（8）其他领域。

太阳能汽车／电动车、电池充电设备、汽车空调、换气扇、冷饮箱等；太阳能制氢加燃料电池的再生发电系统；海水淡化设备供电；卫星、航天器、空间太阳能电站等。

此外，光伏系统被称为最理想的新能源。它既无枯竭危险，安全可靠，无噪声，无污染排放外，绝对干净，不受资源分布地域的限制，可利用建筑屋面的优势，又无须消耗燃料和架设输电线路即可就地发电供电，能源质量高，且建设周期短，获取能源花费的时间短。但是，它还有自身固有的缺陷。例如，照射的能量分布密度小，需要占用巨大面积，获得的能源同四季、昼夜及阴晴等气象条件有关。利用太阳能来发电，设备成本高，太阳能利用率较低，不能广泛应用，主要用在一些特殊环境下，如卫星等。

11.5.3　太阳能光热系统

太阳能热发电作为一种太阳能高温热利用的技术，是一门综合性的高新技术，涉及太阳能集热、高温热能储存、新型材料技术，高效汽轮机技术和自动控制系统等问题。不少发达国家已投入大量资金和人力进行研究，先后建立了数十座示范性工程，目前该项技术已经处于商业化应用前期、工业化应用的初期。主要的太阳能热发电形式可分为 3 类：塔式太阳能热发电、槽式太阳能热发电及碟式太阳能热发电。本节将分别阐述这几种主要太阳能热发电系统的基本原理以及太阳能光热转换的理论基础。

1. 太阳能发电的主要形式

（1）塔式太阳能热发电。

塔式太阳能热发电的概念在 20 世纪 70 年代就已被提出，其基本原理是利用太阳能集热系统将太阳热能转换为高温热能并储存在导热介质（水、熔盐或空气等）中，再用该高温导热介质加热蒸汽至 10 MPa，500 ℃ 以上，驱动常规 Rankine 循环汽轮发电机组发电（图 11.24）。这种发电方式无须常规能源，其动力的供给完全来自于集热系统所吸收的太阳辐射。

基于这一原理建造的塔式太阳能热发电系统主要是由定日镜阵列、高塔、受热器、导热流体、蓄热系统、控制系统、汽轮机和发电系统等部分组成。定日镜能实时跟踪太阳光，并将太阳光反射到位于高塔顶端的吸热器上，吸热器的主要作用是吸收定日镜反射的高热流密度辐射能，并将其转化为高温热能。高温热能可用于产生高温过热蒸汽用于驱动常规汽轮机转动发电。由于太阳能易受气候变化的影响，所以必须加入蓄热子系统或提供其他辅助能源作为补充能源，使系统能持续稳定地运行。

（2）槽式太阳能热发电。

槽式太阳能热发电于 20 世纪 70 年代末被提出。其工作原理是：大型槽式抛物面聚光器将太阳光反射聚焦到真空管集热器上，将集热器内的导热流体加热到 390 ℃ 以上（入口温度大于 310 ℃），然后泵入中央换热器使水产生过热蒸汽，驱动发电机发电。这种发电方

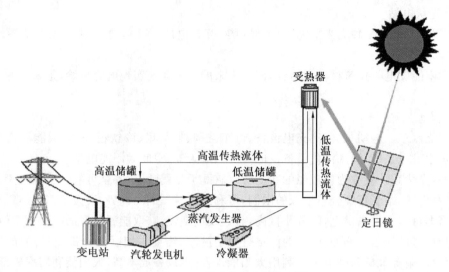

图 11.24   塔式太阳能发电系统

式备有储能系统时,无须常规能源,其动力的供给完全来自于集热系统内因太阳辐射所产生的高温导热介质及储能系统所存储的太阳热能;未备储能系统时,需用常规能源(通常为天然气或油)作为其动力储备。图 11.25 所示为槽式太阳能热发电站工作原理图。

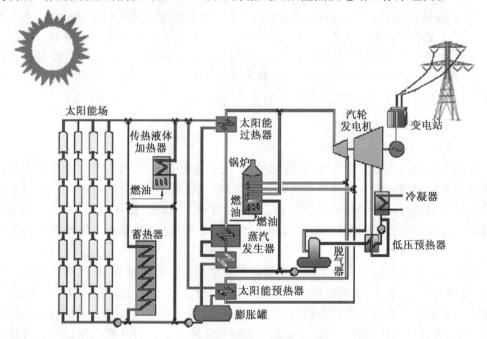

图 11.25   槽式太阳能热发电站工作原理图

基于该原理构建的槽式太阳能热发电系统主要包括大面积的槽式抛物面聚光器、跟踪装置、导热流体、蒸汽发生器、蓄热系统和常规 Rankine 循环蒸汽发电系统。在太阳能热电系统中配置高温蓄热装置是为解决太阳能的间歇性而设计的,它可以在太阳光充裕的时候把热能存储下来,当太阳光不足时放出热能,实现电厂的持续发电。

（3）碟式太阳能热发电。

碟式太阳能热发电的基本原理是利用太阳能集热器加热受热器中闭式循环内的工作介质，驱动斯特林发电机发电，其动力的供给完全来自抛物面聚焦镜对太阳光聚焦所产生的高温热能。基于这一原理构建的碟式太阳能热发电系统由太阳能旋转抛物面聚焦镜、受热器和斯特林发电机等组成，如图 11.26 所示。

2. 太阳能光热转换的理论基础

太阳光谱近似与一个温度为 5 762 K 的黑体的辐射光谱相同，研究太阳辐射能的转换利用问题，有必要研究黑体辐射的特点。将黑体单位面积在单位时间内向半球空间所有方向发射出去的单位波长范围内的波长为 λ 的辐射能定义为黑体光谱辐射力。

（1）光谱的等效温度。

根据 Jeter 给出的热辐射有效能效率的结果，黑体辐射力的有效能表示为

图 11.26　碟式太阳能发电系统

（图中标注：吸热器+发电机、聚光器、跟踪系统）

$$E_{b,u} = \sigma T^4 (1 - T_a/T) \tag{11.67}$$

式中，T 是黑体的温度；T_a 是环境温度。

由式（11.67）可知，黑体辐射的有效能取决于两个因素：一个是本身温度，另一个是环境温度，即能量大小 σT^4 和卡诺效率。根据普朗克提出光的量子说，光子的能量为

$$E_p = h\upsilon \tag{11.68}$$

式中，h、υ 分别为普朗克常数和光子的频率。根据相似对应原理，陈则韶等提出了光子的等效光谱温度 T_λ 来计算光子的有效能，即

$$e_{u,\lambda} = h\upsilon (1 - T_a/T_\lambda) \tag{11.69}$$

其中，光量子等效温度用于表征光子能量的品位，则黑体光谱辐射力的有效能为

$$E_{u,\lambda,T} = E_{\lambda,T} (1 - T_a/T_\lambda) \tag{11.70}$$

假定 T_λ 与波长存在反比关系，即 $\lambda T_\lambda = c_3$，则作为待定参数，光谱等效温度

$$E_{u,\lambda,T} = \sigma T^4 (1 - T_a/T_\lambda) \tag{11.71}$$

由此可得 $c_3 = 5.33 \times 10^{-2}$ m · K。则光量子的光谱等效温度为

$$T_\lambda = \frac{c_3}{\lambda} \tag{11.72}$$

光谱等效温度具有温度的量纲，可用来描述光子能量大小和品质的高低，它是一个十分重要的光谱量子参数，可以方便地计算各种光谱辐射光量子的有效能，以及各种黑体辐射体的辐射有效能。

（2）光谱的有效能。

光谱的有效能定义为光量子有效能与光子能量的比值，即

$$\eta_u = \frac{e_{u,\lambda}}{E_p} = 1 - \frac{\lambda T_a}{c_3} \tag{11.73}$$

　　许多实际问题往往需要确定某一特定波长区段的辐射能量。将黑体在 λ_1 至 λ_2 波长区段所发射出的辐射能表示为某温度下黑体辐射力的百分比,即

$$F_{b,(\lambda_1-\lambda_2)} = \frac{\int_{\lambda_1}^{\lambda_2} E_{b,\lambda} \, d\lambda}{\int_0^{\lambda_\infty} E_{b,\lambda} \, d\lambda} = \frac{1}{\sigma T^4} \int_{\lambda_1}^{\lambda_2} E_{b,\lambda} \, d\lambda = F_{b,(0-\lambda_2)} - F_{b,(0-\lambda_1)} \tag{11.74}$$

式中,$F_{b,(0-\lambda_2)}$、$F_{b,(0-\lambda_1)}$ 分别为波长从 0 至 λ_2 和 0 至 λ_1 的黑体辐射占同温度下黑体辐射力的百分数。对给定温度的黑体引入黑体辐射函数,即

$$F_{b,(0-\lambda)} = \frac{\int_0^{\lambda} E_{b,\lambda} \, d\lambda}{\sigma T^4 \, d\lambda} = \int_0^{\lambda T} \frac{E_{b,\lambda}}{\sigma T^5} d(\lambda T) = f(\lambda T) \tag{11.75}$$

　　(3) 光热转换分析。

　　聚光器的光学效率指到达吸收器末端的太阳辐射能与聚光器所接收的太阳辐射能之比,即

$$\eta_c = \frac{\alpha_e Q_c - \varepsilon_e A_c \sigma T^4}{Q_{solar}} \tag{11.76}$$

式中,Q_{solar} 为入射的太阳总辐射能,W;Q_c 为通光孔径所包含的面积 A_c 内的入射太阳辐射能,W;α_e 为吸收器的有效吸收率;ε_e 为聚光腔的有效发射率。式中的第一项表示聚光腔所能吸收的太阳总辐射能,第二项表示源自聚光腔的总辐射损失。两者之差为吸收器的净吸收率。

　　聚光太阳能系统的聚光能力用平均热流聚光比 C_{av} 来表示,应考虑聚光器本身的缺陷性,如聚光系统所包含的反射性能、加工误差、追踪误差等。平均聚光比定义为通光面积上的实际入射量与理论入射量的比值,即

$$C_{av} = \frac{Q_c}{I_b A_c} \tag{11.77}$$

　　当聚光系统处于理想状态时,有 $Q_c = Q_{solar}$;当吸收器的聚光腔为等温黑体时,有 $\alpha_e = \varepsilon_e$,则

$$\eta_c = 1 - \frac{\sigma T^4}{I_b C_{av}} \tag{11.78}$$

　　把太阳能转化为其他形式的能量,其过程的可用能效率定义为光接收系统的效率 η_c 与能量转换系统卡诺效率的乘积,即

$$\eta_{exergy,ideal} = \eta_c \eta_{carnot} \tag{11.79}$$

　　当接收器用作热源时,则式(11.79) 表示为

$$\eta_{exergy,ideal} = \left(1 - \frac{\sigma T_H^4}{I_b C_{av}}\right)\left(1 - \frac{T_L}{T_H}\right) \tag{11.80}$$

式中,T_H、T_L 分别表示为与聚光太阳能耦合的热机系统的工作温度。

第 12 章　　辐射实验

12.1　　辐射的实验研究

12.1.1　辐射实验研究的内容

辐射换热是非接触式换热,在辐射换热的研究中需要知道参与辐射换热物体的辐射特性,如黑度 ε、反射比 ρ、吸收比 α 以及辐射换热物体之间的辐射角系数 X。对于这些参数,除较简单的几何形体与空间相对位置的辐射角系数外,一般都要依靠实验来确定。因此,实验测定上述参数就构成了辐射实验研究的主要内容。

由于辐射换热是非接触式换热,所以,利用这一特点可以进行非接触式测量,其中包括辐射高温计、比色高温计、红外测温计以及热像仪等非接触式测温技术。对这些测量技术的研究,在辐射实验研究中也占有重要位置。

12.1.2　黑度(表面发射率)的测量

对于辐射换热计算以及利用辐射原理进行温度测量,都受到物体表面黑度值的直接影响。而黑度的影响因素是十分复杂的,一般并不把它作为物性参数,因为它不仅取决于物质的种类、温度,而且还取决于表面状态。所以,到目前为止,黑度数据的来源仍依靠实验测定。

辐射中涉及光谱定向(法向)黑度、全波长法向黑度和全波长半球黑度,而在工程计算中应用最多的是全波长半球黑度。对于工程材料,全波长半球黑度与全波长法向黑度之比存在一定关系(对于金属,该比值为 1.2 ~ 1.3;对于非金属,该比值为 0.9 ~ 1.0),因此,知道其中一个黑度,便可求出另一个黑度。

黑度的测定方法有稳态法和瞬态法。稳态法包括量热计法和辐射法,而瞬态法主要是正常工况法。这里介绍的量热计法测量的是全波长半球黑度,辐射法测量的是全波长法向黑度。

量热计法的基本原理是利用物体在封闭空间的辐射换热计算公式,有

$$\Phi = \frac{c_0\left[\left(\frac{T_1}{100}\right)^4 - \left(\frac{T_2}{100}\right)^4\right]}{\dfrac{1-\varepsilon_1}{A_1\varepsilon_1} + \dfrac{1}{A_1 X_{1,2}} + \dfrac{1-\varepsilon_2}{A_2\varepsilon_2}} \tag{12.1}$$

当采用非凹形物体 1 时(图 12.1),在物体表面积 $A_2 \gg A_1$ 条件下,$X_{1,2}=1$ 且 $A_1/A_2 \to 0$,因此,式(12.1)可简化为

$$\Phi = A_1\varepsilon_1 c_0\left[\left(\frac{T_1}{100}\right)^4 - \left(\frac{T_2}{100}\right)^4\right] \tag{12.2}$$

测量该系统的辐射换热热流 Φ 和辐射换热物体的表面温度 T_1、T_2，便可利用式(12.2)得到物体 1 的表面黑度 ε_1，由于 Φ 为辐射换热热流，故图 12.1 的封闭空腔应为真空，以消除对流换热和导热的影响。

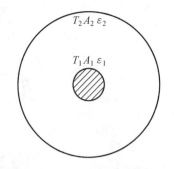

图 12.1　封闭空间的辐射换热

辐射法是通过一个吸收表面对两个同温度的被测物体和人工黑体辐射能的吸收对比得到被测物体表面黑度的。这种方法虽然简单、易行，但由于数据处理过程中的简化和假设以及热损失估算的困难，故该方法有较大的原理性误差和测量误差，精度不高。对于如图 11.2 所示的封闭空腔，$A_3 = A_1$、$T_1 > T_2 > T_3$、$\varepsilon_2 = \varepsilon_3 = 1$，在热平衡条件下，表面 A_3 的辐射热流 Φ_3 为

$$\Phi_3 = \varepsilon_1 A_1 E_{b1} X_{1,3} + \rho_1 A_2 E_{b2} X_{2,1} X_{1,3} + A_2 E_{b2} X_{2,3} - A_3 E_{b3} \qquad (12.3)$$

当其他条件不变时，T_3 取决于 ε_1。可以认为 $\rho_1 = 1 - \alpha_1 = 1 - \varepsilon_1$，并略去 $X_{1,3}$ 的高次项，当 $T_3 - T_2 \ll T_2$ 时，可由式(12.3)导出

$$T_3 - T_2 = K\varepsilon_1 \qquad (12.4)$$

式中

$$K = \frac{X_{3,1}\sigma(T_1^4 - T_2^4)}{h + 4\sigma T_2^3} \qquad (12.5)$$

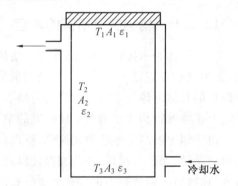

图 12.2　辐射法测量黑度

其中，h 为 A_3 与冷却水的对流换热系数。

可见，当几何关系一定且 T_1、T_2、h 不变时，K 为常数。因此，如果用热电偶测量 T_2 和 T_3，将其热节点布置在 A_3 上，将冷节点布置在 A_2 上，那么，热电偶的输出热电势 ΔU_1 将与 ε_1 成正比，即

$$\Delta U_1 = K'\varepsilon_1 \qquad (12.6)$$

利用式(12.6)进行两次对比实验，便可求出被测表面的黑度。第一次实验，表面 A_1 采用人工黑体，即 $\varepsilon_1 = 1$，这时的热电偶输出为值 ΔU_b，根据式(12.6)，则有

$$\Delta U_b = K' \qquad (12.7)$$

第二次实验，表面 A_1 为被测表面，其热电偶输出值为 ΔU_1，因两次实验保持几何关系以及 T_1、T_2 及 h 不变，所以 K' 为常数，于是可将式(12.7)代入式(12.6)，得到被测表面黑度 ε_1 为

$$\varepsilon_1 = \frac{\Delta U_1}{\Delta U_b} \qquad (12.8)$$

正常工况法测定物体表面黑度的方法是一种非稳态的测试方法，它利用非稳态过程中正常工况阶段冷却率 m 等于常数这一特点来进行物体表面黑度的测定。如果试件在真空条件下进行测试，则称为绝对法；如果试件在大气环境中进行测试，则需将测试结果与标准试件的结果进行比较，得到被测试件的黑度值，这种方法称为相对法。

12.1.3　角系数的测量

测量角系数时要灵活应用角系数的相对性、可加性及完整性，具体计算时有直接积分

法、代数分析法及查图法。角系数测量仪的测量原理可见 12.4 节。

12.1.4　反射率的测量

反射率的测量通常采用的方法有积球法、半球镜法和随球镜法等,这方面的知识,文献[54]做了很好的归纳与介绍。

12.1.5　辐射换热的电阻网络模拟法

辐射换热的电阻网络模拟法是 A. K. Oppenhein 在 1956 年提出的一种辐射换热的分析方法,它是用电阻网络中电压、电流及电阻之间的关系来模拟辐射换热系统中的黑体辐射力、热流和热阻的关系,使复杂的辐射换热计算简化。原则上,这种方法也可以作为模拟实验的方法来研究辐射换热系统中各换热表面的辐射热流与温度。这种电阻网络模拟法在传热学专著中都有论述。

12.2　铂丝表面黑度的测定

12.2.1　实验目的

(1) 巩固已学过的辐射换热知识。
(2) 熟悉测定铂丝表面黑度的实验方法。
(3) 定量测定铂丝表面温度在 $100 \sim 500\ ℃$ 范围内的黑度。
(4) 掌握热工实验技巧以及有关仪表的工作原理和使用方法。

12.2.2　实验原理

在真空腔内,腔内壁 2 面(凹物体)与 1 面(凸物体)组成两灰体的辐射换热系统,如图 12.3 所示。

1、2 面的表面绝对温度、黑度和面积分别为 T_1、T_2、ε_1、ε_2 和 A_1、A_2。1、2 面间的辐射换热量 $\Phi_{1,2}$ 为

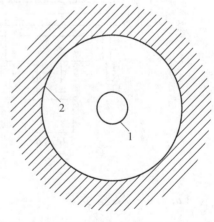

$$\Phi_{1,2} = \frac{A_1(E_{b1} - E_{b2})}{\dfrac{1}{\varepsilon_1} + \dfrac{A_1}{A_2}\left(\dfrac{1}{\varepsilon_1} - 1\right)} \qquad (12.9)$$

如图 12.3 所示,物体 2 的表面积远远大于物体 1 的表面积,即 $A_1/A_2 \approx 0$,则式(12.9)可以简化为

图 12.3　两灰体组成的封闭辐射换热系统

$$\Phi_{1,2} = \varepsilon_1 A_1 \sigma (T_1^4 - T_2^4) \qquad (12.10)$$

式中,σ 为黑体辐射常数,$\sigma = 5.67 \times 10^{-8}\ \mathrm{W/(m^2 \cdot K^4)}$。

根据式(12.10)可得

$$\varepsilon_1 = \frac{\Phi_{1,2}}{A_1 \sigma (T_1^4 - T_2^4)} \qquad (12.11)$$

因此,只要测出 $\Phi_{1,2}$、A_1、T_1、T_2,即可求得物体 1 的表面黑度。

12.2.3　实验设备

实验设备包括辐射实验台本体、直流稳压电源、电位差计、直流电流表及水浴等。

1. 实验台本体构造

如图 12.4 所示,铂丝封闭在真空玻璃腔内,真空度达 5×10^{-4} mmHg。铂丝直径为 $d = 0.2$ mm,实验段长 $L = 100$ mm,故铂丝实验段表面积 $A_1 = 6.28 \times 10^{-5}$ m²,与铂丝两端相连的是与玻璃具有同样膨胀系数的钨丝,钨丝与电源相连。另外,在铂丝实验段两端还引出两根导线做测量电压用。腔外加一层玻璃套,套中通冷却水,分别留有进出水口,循环水温由水浴控制。

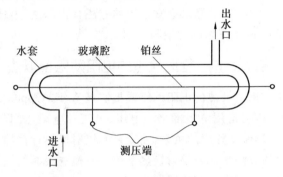

图 12.4　实验台本体构造示意图

2. 实验系统

如图 12.5 所示,本装置的电路系统功率大小是通过稳压源控制的,负载在 $2 \sim 8$ V、$0.5 \sim 1.5$ A 范围内调整,通过铂丝实验段的电压和电流由电位差计及电流表读出。

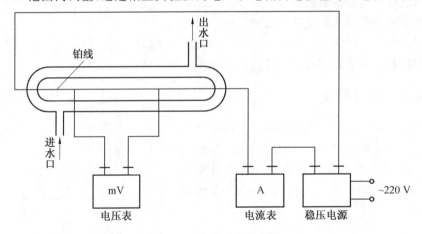

图 12.5　实验系统示意图

12.2.4　实验步骤

(1) 按图连接有关仪表,如稳压电源、电流表及电位差计等。

(2) 按照每个仪表的操作规程进行调试。

(3) 调节稳压电源,控制铂丝的电压 U 与电流 I。

(4) 待铂丝温度稳定后,记录 U、I 及出水口水的温度。

(5) 重复步骤 3 和 4,测量另一温度下的实验数据。

(6) 整理实验数据。

12.2.5 数据处理

1. 铂丝表面温度 t_1 的测定

在实验台上,铂丝本身既为发热元件又是测量元件。测温采用电阻法,铂丝表面温度为

$$t_1 = \frac{R_t - R_0}{R_0 a} \tag{12.12}$$

式中,R_0、R_t 为铂丝在 0 ℃ 和 t ℃ 时的电阻,其中 $R_0 = 0.28\ \Omega$,R_t 可通过测出的实验段电压 U 与电流 I 计算得出,$R_t = U/I$,Ω;a 为铂丝的电阻温度系数,$a = 3.9 \times 10^{-3}\ ℃^{-1}$。

2. 玻璃表面温度 t_2 的测定

由于 2 表面的热流密度小,而水与玻璃的换热系数又较大,故可用冷却水的平均温度代替,又由于冷却水温度变化不大,故可直接用出口水温代替平均温度。出口水温用玻璃管温度计测量。

3. 辐射换热量 $\Phi_{1,2}$ 的测量与计算

用测出的电压 U 与电流 I 值计算铂丝实验段的发热量 Φ,它等于实验段与空腔间的辐射换热量 $\Phi_{1,2}$ 及实验段端部导线的导热损失。由于实验段外的铂丝部分也产生热量,故可认为其表面温度与实验段相近,通过这部分的导热损失可忽略不计。导热损失主要是由电压引线引起的,这部分热量损失主要与导线的导热系数、表面黑度、平均温度、两端温差、表面积、长度及空腔环境有关,由于环境温度、导线材料及几何尺寸已定,所以热量损失主要与两端温差及导线平均温度有关,辐射换热量 $\Phi_{1,2}$ 可写为

$$\Phi_{1,2} = B\Phi \tag{12.13}$$

式中,B 为系数,通过大量实验得

$$B = \exp(0.003\ 77\Delta t - 4.074) \tag{12.14}$$

式(12.14)的适用范围为 $\Delta t = 100 \sim 500$ ℃,冷却水为室温。

4. 黑度计算

物体 1 表面的黑度可根据式(12.11)计算出。

5. 黑度随温度变化的关系式

在 $100 \sim 500$ ℃,铂丝的真实黑度与温度之间近似地呈线性关系,即

$$\varepsilon = a + bt \tag{12.15}$$

在坐标纸上将 $\varepsilon = f(t)$ 的实验数据绘出,如图 12.6 所示,根据直线方程可求出 a 及 b,也可利用计算机用最小二乘法算出 a 及 b。

12.2.6 注意事项

(1) 输入铂丝的电流不得超过 1.5 A。

(2) 实验停止后,应及时切断电源。

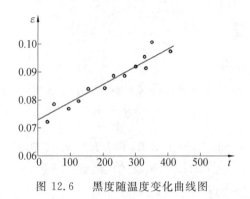

图 12.6　黑度随温度变化曲线图

12.3　中温辐射时物体黑度的测量

12.3.1　实验目的

用比较法定性地测量中温辐射时的物体黑度 ε。

12.3.2　实验原理

由 n 个物体组成的辐射换热系统中，利用净辐射法可以求第 i 个物体的纯换热量 $\Phi_{\mathrm{net},i}$。

$$\Phi_{\mathrm{net},i} = \Phi_{\mathrm{abs},i} - \Phi_{\mathrm{e},i} = \alpha_i \sum_{k=1}^{n} \int_{A_k} E_{\mathrm{eff},k} X_{k,i}\,\mathrm{d}A_k - \varepsilon_i E_{\mathrm{b},i} A_i \tag{12.16}$$

式中，$\Phi_{\mathrm{net},i}$ 为第 i 个面的净辐射换热量，W；$\Phi_{\mathrm{abs},i}$ 为第 i 个面从其他表面的吸收的热流量，W；$\Phi_{\mathrm{e},i}$ 为第 i 个面本身的辐射热流量，W；ε_i 为第 i 个面的黑度；$X_{k,i}$ 为第 k 个面对第 i 个面的角系数；$E_{\mathrm{eff},k}$ 为第 k 个面的有效辐射力，$\mathrm{W/m}^2$；$E_{\mathrm{b},i}$——第 i 个面的黑体辐射力，$\mathrm{W/m}^2$；α_i 为第 i 个面的吸收率；A_i 为第 i 个面的面积，m^2。

本实验辐射换热模型如图 12.7 所示，根据此模型，可以认为：

（1）传导圆筒 2 为黑体。

（2）热源、传导圆筒 2、待测物体（受体）3 三者表面上的温度均匀。

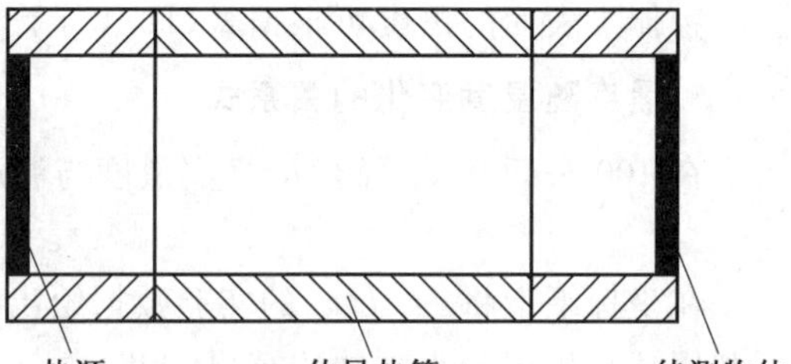

因此，式（12.16）可写成

$$\Phi_{\mathrm{net},3} = \alpha_3 (E_{\mathrm{b}1} A_1 X_{1,3} + E_{\mathrm{b}2} A_2 X_{2,3}) - \varepsilon_3 E_{\mathrm{b}3} A_3 \tag{12.17}$$

因为 $A_1 = A_3$，$\alpha_3 = \varepsilon_3$，$X_{3,2} = X_{1,2}$，又根据角系数的互换性 $A_2 X_{2,3} = A_3 X_{3,2}$ 得

$$\begin{aligned} q_3 = \Phi_{\mathrm{net},3}/A_3 &= \varepsilon_3 (E_{\mathrm{b}1} X_{1,3} + E_{\mathrm{b}2} X_{1,2}) - \varepsilon_3 E_{\mathrm{b}3} \\ &= \varepsilon_3 (E_{\mathrm{b}1} X_{1,3} + E_{\mathrm{b}2} X_{1,2} - E_{\mathrm{b}3}) \end{aligned} \tag{12.18}$$

由于表面 3 与环境主要以自然对流方程换热，因此待系统平衡时有

$$q_3 = h(t_3 - t_{\mathrm{f}}) \tag{12.19}$$

热源　　　　　传导热管　　　　　待测物体

图 12.7　辐射换热简图
1—热源；2—传导圆管；3—待测物体

式中，q_3 为表面 3 的热流密度，$\mathrm{W/m^2}$；h 为自然对流换热系数，$\mathrm{W/(m^2 \cdot K^4)}$；$t_3$ 为待测物体（表面 3）温度，℃；t_f 为环境温度，℃。

由式（12.18）、式（12.19）得

$$\varepsilon_3 = \frac{h(t_3 - t_f)}{E_{b1} X_{1,3} + E_{b2} X_{1,2} - E_{b3}} \tag{12.20}$$

当热源 1 和黑体圆筒 2 的表面温度一致时，$E_{b1} = E_{b2}$，并考虑到实验台的 3 个表面组成了封闭系统，有 $X_{1,3} + X_{1,2} = 1$。

则式（12.20）可写成

$$\varepsilon_3 = \frac{h(t_3 - t_f)}{E_{b1} - E_{b3}} = \frac{h(t_3 - t_f)}{\sigma(T_1^4 - T_3^4)} \tag{12.21}$$

不同待测物体 a、b 的黑度为

$$\varepsilon_a = \frac{h_a(T_{3a} - T_f)}{\sigma(T_{1a}^4 - T_{3a}^4)}, \quad \varepsilon_b = \frac{h_b(T_{3b} - T_f)}{\sigma(T_{1b}^4 - T_{3b}^4)} \tag{12.22}$$

由于 $h_a = h_b$，得

$$\frac{\varepsilon_a}{\varepsilon_b} = \frac{T_{3a} - T_f}{T_{3b} - T_f} \times \frac{T_{1b}^4 - T_{3b}^4}{T_{1a}^4 - T_{3a}^4} \tag{12.23}$$

当 b 为黑体时，$\varepsilon_b = 1$，则

$$\varepsilon_a = \frac{T_{3a} - T_f}{T_{3b} - T_f} \times \frac{T_{1b}^4 - T_{3b}^4}{T_{1a}^4 - T_{3a}^4} \tag{12.24}$$

12.3.3　实验装置

实验装置简图如图 12.8 所示。热源腔体具有一个测温热电偶，传导腔体有两个热电偶，被测元件有一个热电偶，它们都可通过琴键转换开关来切换。

12.3.4　实验方法及步骤

本实验用比较法定性地测定物体的黑度，具体方法是通过对 3 组加热器电压的调整（热源一组，传导体两组），使热源和传导体的测量点恒定在同一温度上，然后分别将"待测"（待测物体，具有原来的表面状态）和"黑体"（仍为待测物体，但表面熏黑）两种状态的受体在恒温条件下测出受到辐射后的温度，就可按公式计算出待测物体的黑度。

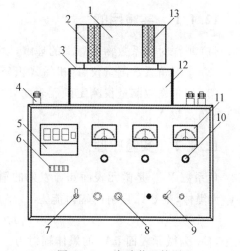

图 12.8　实验装置简图

1— 传导体；2— 热源；3— 导轨；4— 接线柱；5— 数显温度计；6— 测温转换琴键开关；7— 显示仪表与校正电位差计（自备）转换开关；8— 测温接线柱（红为 +）；9— 电源开关；10— 调压旋钮；11— 热源及中间体电压表；12— 导轨支架；13— 被测元件

具体步骤如下：

（1）热源腔体和待测物体（具有原来表面状态）靠紧传导体。

（2）接通电源，调整热源、传导左、传导右的调温旋钮，使热源温度在 $50 \sim 150$ ℃ 范围内，受热约 $40\ \mathrm{min}$，通过测温转换开关及测温仪表测试热源、传导左、传导右的温度，并根据

测得的温度微调相应的电压旋钮,使 3 点温度尽量一致。

(3)也可以用数字电位差计测量温度。用导线将仪器上的测温接线柱 8 与电位差计上的"未知"接线柱正、负极连接好。按电位差计使用方法进行调零、校准并选好量程(×1 挡)。

(4)系统进入恒温后(各测温点基本接近,且在 5 min 内各点温度波动小于 3 ℃),开始测试待测元件温度,当待测元件温度 5 min 内的变化小于 3 ℃ 时,记下一组数据。待测物体(具有原来表面状态)实验结束。

(5)取下待测物体,待其冷却后,用松脂(带有松脂的松木)或蜡烛将待测物体表面薰黑,然后重复以上实验,测得第二组数据。

(6)将两组数据代入公式即可得出待测物体的黑度 ε。

12.3.5　注意事项

(1)热源及传导的温度不可超过 160 ℃。

(2)每次做原始状态实验时,建议用汽油或酒精将待测物体表面擦净,否则,实验结果误差较大。

12.4　微元表面的 $\mathrm{d}A_1$ 到有限表面 A_2 的角系数测量实验

12.4.1　实验目的

(1)加深对角系数物理意义的理解,学习图解法求角系数的原理和方法。

(2)掌握角系数测量仪(即机械式积分仪)的原理和使用方法。

(3)用角系数测量仪测定微元表面 $\mathrm{d}A_1$(水平放置)到有限表面 A_2(A_2 为矩形、垂直放置)的角系数 $X_{\mathrm{d}1,2}$。

12.4.2　实验原理

角系数 $X_{\mathrm{d}1,2}$ 是微元表面 $\mathrm{d}A_1$ 发射的辐射能落到有限面积表面 A_2 上的能量的份额。设 $\mathrm{d}A_1$ 为黑体,则 $\mathrm{d}A_1$ 发射的辐射能为

$$\mathrm{d}\Phi = E_{\mathrm{b}1}\mathrm{d}A_1 \tag{12.25}$$

式中,$E_{\mathrm{b}1}$ 为微元表面 $\mathrm{d}A_1$ 的黑体辐射力。

若落到 A_2 上的辐射能为 $\mathrm{d}\Phi_{\mathrm{d}1,2}$,则有

$$X_{\mathrm{d}1,2} = \frac{\mathrm{d}\Phi_{\mathrm{d}1,2}}{\mathrm{d}A_1 E_{\mathrm{b}1}} \tag{12.26}$$

根据定向辐射强度定义,$\mathrm{d}\Phi_{\mathrm{d}1,2}$ 可表示为

$$\mathrm{d}\Phi_{\mathrm{d}1,2} = I_{\mathrm{b}1} \cdot \cos\theta_1 \mathrm{d}A_1 \cdot \mathrm{d}\Omega_1 \tag{12.27}$$

式中,$I_{\mathrm{b}1}$ 为 $\mathrm{d}A_1$ 的定向辐射强度,$I_{\mathrm{b}1} = E_{\mathrm{b}1}/\pi$,W/($\mathrm{m}^2 \cdot \mathrm{sr}$);$\mathrm{d}\Omega_1$ 为 A_2 上的微元面积 $\mathrm{d}A_2$ 对 $\mathrm{d}A_1$ 空间立体角,sr;$\cos\theta_1 \mathrm{d}A_1$ 为 $\mathrm{d}A_2$ 上所看到的辐射面积(可见辐射面积),m^2;θ_1 为 $\mathrm{d}A_1$ 与 $\mathrm{d}A_2$ 的连线与 $\mathrm{d}A_1$ 的法线间夹角。

图解法求角系数的具体方法是:以 $\mathrm{d}A_1$ 为球心,作一个半径为 R 的半球面(图 12.9),再

从 dA_1 中心向 dA_2 的周线上各点引直线,这些直线与球面的交点形成的面积记为 dA_s,显然 dA_s 对 dA_1 所张的立体角也是 $d\Omega_1$,于是 $d\Omega_1$ 可用球面上的 dA_s 来计算,可得

$$d\Omega_1 = \frac{dA_s}{R^2} \tag{12.28}$$

将式(12.28)代入式(12.27)得

$$d\Phi_{d1,2} = \frac{E_{b1}}{\pi} \cdot \cos\theta_1 dA_1 \cdot \frac{dA_s}{R^2} = E_{b1} \frac{\cos\theta_1 dA_1 dA_s}{\pi R^2} \tag{12.29}$$

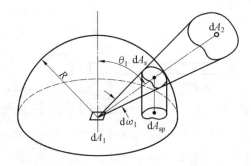

图 12.9　角系数 X_{dA_1,A_2} 图解法原理

从 dA_1 中心到 A_2 的周线上各点作直线,这些直线在球面上截出的面积记为 A_s,则有

$$d\Phi_{d1,2} = \int_{A_s} E_{b1} \frac{\cos\theta_1 dA_1 dA_s}{\pi R^2} = E_{b1} dA_1 \int_{A_s} \frac{\cos\theta_1 dA_s}{\pi R^2} \tag{12.30}$$

式中,$\cos\theta_1 dA_s$ 为球面上的面积 dA_s 在水平面上投影面积 dA_{sp},于是式(12.30)可改为

$$d\Phi_{d1,2} = E_{b1} dA_1 \int_{A_{sp}} \frac{dA_{sp}}{\pi R^2} = E_{b1} dA_1 \frac{A_{sp}}{\pi R^2} \tag{12.31}$$

将式(12.31)代入式(12.26)可得

$$X_{d1,2} = \frac{A_{sp}}{\pi R^2} \tag{12.32}$$

式(12.32)为图解法求角系数的原理式。根据该式,图解法求角系数 $X_{d1,2}$ 时,只要以 dA_1 为球心作一个半径为 R 的半球面,再从 dA_1 中心向 A_2 周线上各点引直线,各直线在球面上截出的面积为 A_s,最后将 A_s 投影到半球底面上得投影面积 A_{sp},测量出 A_{sp} 大小,就可按式(12.32)求出角系数 $X_{d1,2}$。上述推导中曾假定 dA_1 为黑体,实际上在一定条件下式(12.32)对漫灰表面也成立。

12.4.3　实验仪器及使用方法

角系数测量仪是根据图解法原理测微元表面到有限表面角系数的机械式积分仪。本实验中用的是 SM－1 型机械式积分仪,它主要轴立柱、滑杆、平行连杆、镜筒、记录笔、平衡块、镜筒上的瞄准镜、底座、方位角旋钮、高度角旋钮等组成,如图 12.10 所示。

图 12.11 为 SM－1 角系数测量仪示意图。立杆 1 垂直于水平面 MN 于 B 点。立杆可绕其轴线旋转,以带动滑杆 2 旋转。滑杆 2 通过两根长度皆为 R 的平行连杆 a、b 保持与 MN 垂直。连杆 a 即是测量仪的镜筒,A 点为假想的球心(dA_1)。滑杆 2 的下部为记录笔 3。当镜筒上的 C 点对准 A_2 周线扫瞄时,滑杆 2 可以旋转和上、下移动(对 A_2 的水平周线部分扫瞄时,滑杆转动;对 A_2 的垂直周线部分扫瞄时,滑杆上、下移动,这时立杆、滑杆、连杆 a、b 组成

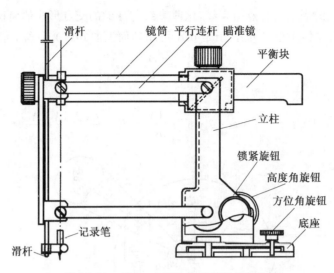

图 12.10　SM－1型角系数测量仪结构图

的四边形发生变形,从而使记录笔沿半径方向移动。测量时仪器放置如图 12.12 所示。

　　瞄准镜是 dA_1,A_2 为垂直放置的 $a \times b$ 的矩形面积。在测量仪底座下放一张大白纸(或方格纸),手握平衡块使镜筒放到水平位置(即将连杆放到最低位置),然后手握平衡块使立柱旋转 $360°$,这时记录笔在白纸上画出一个半径为 R 的圆。再手握平衡块,通过瞄准镜瞄准 A_2 的周线扫瞄一周(瞄准时瞄准镜圆孔中心、十字中心与 A_2 周线上的点要连成一线),这时记录笔在白纸上画出的面积就是 A_{Sp},测量出 A_{Sp} 和圆的面积,两者之比就是角系数 $X_{d1,2}$(对 A_2 周线扫瞄时,也可通过调整方位角和高度角进行)。

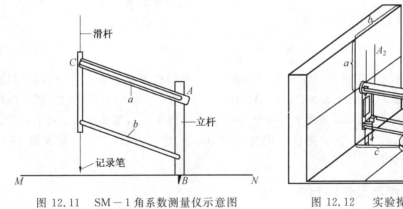

图 12.11　SM－1角系数测量仪示意图　　　　图 12.12　实验操作时仪器放置图
1— 立杆;2— 滑杆;3— 记录笔

12.4.4　实验步骤

　　(1) 将测量仪盖板卸下,并水平地放在桌面上,放置时要把有定位铜圈的一面朝上。在盖板上贴上白纸,注意在盖板的定位铜圈处白纸要开一小孔以使定位铜圈露出。

　　(2) 将测量仪放在盖板上,这时要使测量仪底座上的孔对准盖板上的定位铜圈。

　　(3) 将仪器箱体靠盖板垂直放置(注意盖板上的箭头与箱体上箭头对准)。这时箱体上的 $a \times b$ 的矩形就是 A_2。

（4）将镜筒放到水平位置（即连杆放到最低位置），锁紧连杆，放下记录笔，旋转立杆（通过平衡块来旋转）使记录笔在白纸上画出半径为 R 的圆。

（5）将记录笔抬起，放松锁紧旋钮，调整方位角和高度角，瞄准 A_2 的周线进行扫瞄操作练习（扫瞄练习也可不通过调整方位角和高度角进行，而是直接手握平衡块进行），练习到扫描动作熟练、准确时方可正式测定。

（6）放下记录笔，细心地扫描 A_2 的周线一圈，记录笔这时在白纸上画出的面积即是 A_{sp}。

（7）用求积仪测出 A_{sp} 面积大小，并测量白纸上圆的半径 R，然后按式（12.32）进行计算。注意，对同一个 A_2 一般要测量若干次，以求得平均角系数。

（8）测量 A_2 的尺寸 a、b 及图 12.12 中的尺寸 C，按理论公式（12.33）计算出角系数 $X_{d1,2}$，并与测量的角系数值进行比较。

$$X_{d1,2} = \frac{1}{2\pi}\left(\arctan\frac{1}{y} - \frac{y}{\sqrt{x^2+y^2}}\arctan\frac{1}{\sqrt{x^2+y^2}}\right) \tag{12.33}$$

12.4.5　注意事项

（1）锁紧旋钮通常应处于放松状态。当锁紧旋钮处于锁紧状态时，不得改变仪器的高度角，否则将损坏齿轮。

（2）每次扫描结束时应立即抬起记录笔，以免弄脏记录纸。

本篇参考文献

[1] 杨世铭,陶文铨.传热学[M].4 版.北京:高等教育出版社,2006

[2] 张天孙,卢改林.传热学[M].4 版.北京:中国电力出版社,2014.

[3] 吴永红,夏德宏.气体热辐射机理的研究与热辐射特性的计算[J].热科学与技术,2003,2(4):342-346.

[4] 白心爱,王林年.黑体模型的意义[J].吕梁高等专科学校学报,2002,18(1):34-35.

[5] 陈钟颀.传热学专题讲座[M].北京:高等教育出版社,1989.

[6] 康永强,杨成全,姜晓云,等.黑体辐射定律研究及验证[J].大学物理实验,2010,23(4):18-19.

[7] BEJAN A,KRAUS A D. Heat transfer handbook[M]. New Jersy:John Wiley & Sons,Inc,2003.

[8] 卜满,山其骧.固体壁面红外辐射特性的研究[J].红外技术,1992(5):9-12.

[9] 刘景生.关于基尔霍夫定律的讨论[J].长春理工大学学报(自然科学版),1985(3):89-95.

[10] HOWELL J R,MENGÜ C M P,SIEGEL R. Thermal radiation heat transfer[M]. 6th ed. Boca Ratcn:CRC Press,2016.

[11] 斯帕罗.辐射传热[M].北京:高等教育出版社,1982.

[12] 电机工程手册编辑部.机械工程手册[M].北京:机械工业出版社,1979.

[13] 杨贤荣.辐射换热角系数手册[M].北京:国防工业出版社,1982.

[14] TAO W Q,SPARROW E M. Ambiguities related to the calculation of radiant heat exchange between a pair of surfaces[J]. International Journal of Heat & Mass Transfer,1985,28(9):1786-1787.

[15] 杨理,宣益民,韩玉阁,等. 一维粗糙表面间的近场辐射换热[J]. 工程热物理学报,2010,31(7):1209-1211.

[16] 关洪宇. 多体系统辐射导热耦合换热及表面辐射特性[D]. 哈尔滨:哈尔滨工业大学,2014.

[17] 霍尔曼 J P. 传热学[M].9 版. 北京:机械工业出版社,2005.

[18] 葛新石. 传热学[M]. 北京:科学出版社,2002.

[19] 卞伯绘. 辐射换热的分析与计算[M]. 北京:清华大学出版社,1986.

[20] 王补宣. 工程传热传质学[M]. 北京:科学出版社,1982.

[21] 邹平华,赵丽娜,刘孟军. 辐射采暖房间围护结构表面角系数的计算[J]. 建筑热能通风空调,2005,24(3):1-4.

[22] 刘景生. 黑体空腔辐射理论的讨论[J]. 光学精密工程,1990(6):10-17.

[23] 曹汉鼎,杜荣城. 空间两矩形平面之间辐射角系数的研究[J]. 动力工程学报,1983(3):36-43,59-60.

[24] 孔祥谦,王德明. 计算空间任意两曲面辐射角系数的有限单元法[J]. 哈尔滨工程大学学报,1984(2):85-93.

[25] 尹君驰,薛风. 用热电偶测量流体介质温度的误差分析[J]. 当代化工,2014(8):1524-1526.

[26] 蔡静,杨永军,廖理,等. 导热误差对温度测量的影响[J]. 北京航空航天大学学报,2008,34(11):1353-1355.

[27] 戴景民,宋扬,王宗伟. 光谱发射率测量技术[J]. 红外与激光工程,2009,38(4):710-715.

[28] 张鸿欣. 测量场致发光电功吸收的量热法[J]. 半导体学报,1998(8):591-596.

[29] 乔亚天. 梯度折射率光学[M]. 北京:科学出版社,1991.

[30] 赵立新. 空间相机光学窗口的热光学评价[J]. 光学学报,1998(10):1440-1444.

[31] 夏新林,谈和平,任德鹏. 梯度折射率热辐射的研究现状及在航天器技术中的应用展望[J]. 航天器工程,2005(3):26-33.

[32] 但尚铭,刘放,程万正. 卫星遥感热辐射影响因素以及热辐射信息在地震预测中的应用[J]. 内陆地震,2002,16(4):372-378.

[33] 马伟. 卫星热辐射特性及其空间辐照环境效应研究[D]. 南京:南京理工大学,2011.

[34] 李云红,王瑞华,李禹萱. 双波段比色测温技术及实验测试[J]. 激光与红外,2013,43(1):71-75.

[35] 张培坤. 基于比色原理的高温测量系统研究与实现[D]. 北京:中国科学院,2011.

[36] 李甫,李凤霞,周秉荣,等. 日照时长对青海湖草地能量平衡的影响[J]. 草业科学,2011,28(12):2179-2185.

[37] 王炳忠. 太阳辐射计算讲座(第二讲)相对于斜面的太阳位置计算[J]. 太阳能,1999(3):8-9.

[38] 程雅丽. 独立光伏发电系统优化设计[D]. 天津:天津大学,2003.

[39] 张鹏,王兴君,王松林. 光线自动跟踪在太阳能光伏系统中的应用[J]. 现代电子技术, 2007,30(14):189-191.

[40] 许成木. 槽式聚光太阳能系统光热能量转换利用理论与实验研究[D]. 云南师范大学, 2014.

[41] 毛青松. 碟式太阳能热发电系统中腔式吸热器光热性能的数值研究及优化[D]. 广州: 华南理工大学,2012.

[42] 陈则韶,莫松平. 辐射热力学中光量子等效温度和光谱有效能[C]. 重庆:中国工程热物理学会工程热力学与能源利用学术研讨会,2006.

[43] 高魁明,王玲生,李丽洁,等. 在线黑度测量的研究[J]. 东北大学学报(自然科学版), 1986(3):103-108.

[44] 张鹏,宋福元,张国磊,等. 传热实验学[M]. 哈尔滨:哈尔滨工程大学出版社,2012.

[45] 易亨瑜,吕百达. 反射率测量技术研究的进展[J]. 激光技术,2004,28(5):459-462.

[46] 郭爱华. 精密温度测试装置 —— 中温黑体辐射源的研制[D]. 上海:华东理工大学, 2006.

第四篇　换　热　器

第 13 章　　换热器的类型

在工程中,将某种流体的热量以一定的传热方式传递给他种流体的设备称为换热器。换热器在工业生产中的应用极为普遍,如动力工业中锅炉设备的过热器、省煤器、空气预热器;电厂热力系统中的凝汽器、除氧器、给水加热器、冷水塔;冶金工业中高炉的热风炉,炼钢中轧钢生产工艺中的空气或煤气预热;制冷工业中蒸汽压缩式制冷机或吸收式制冷机中的蒸发器、冷凝器;制糖工业或造纸工业的糖液蒸发器和纸浆蒸发器,都是换热器的应用实例。由于世界上燃煤、石油、天然气资源储量有限而面临着能源短缺的局面,各国都在致力于新能源的开发,而换热器的应用又与能源的开发(如太阳能、地热能、海洋热能)及节约紧密相关。所以换热器的应用遍及动力、冶金、化工、炼油、建筑、机械制造、食品、医药及航空航天等各领域。

随着科学和生产技术的发展,各种工业部门要求换热器的类型和结构与之相适应,流体的种类、流体的运动、设备的压力和温度等也必须满足生产过程的要求。近代尖端科学技术的发展(如高温高压、高速、低温、超低温等),又促使了高强度、高效率的紧凑换热器层出不穷。虽然如此,所有的换热器仍可按照它们的一些特征来加以区分。目前公认的分类方式主要有以下几种:

(1)按用途分类:预热器(或加热器)、冷却器、冷凝器、蒸发器等。

(2)按制造换热器的材料分类:金属换热器、陶瓷换热器、塑料换热器、石墨换热器、玻璃换热器等。

(3)按使用温度状况分类:温度工况稳定的换热器和温度工况不稳定的换热器。

(4)按冷、热流体流动的方向分类:顺流式换热器、逆流式换热器、错流式换热器、混流式换热器等。

(5)按热量传递的方法分类:间壁式换热器、混合式换热器、蓄热式换热器三大类。这是目前最常用的一种分类方法,本章采用这种方法对 3 种类型的换热器的结构特点、工作原理、优缺点以及应用等方面进行介绍。

13.1　间壁式换热器

间壁式换热器在工业制造中的应用最为广泛。间壁式换热器的热流体和冷流体间有一固体壁面,一种流体恒在壁的一侧流动,而另一种流体恒在壁的另一侧流动,两种流体不直接接触,热量通过壁面进行传递。参加换热的流体不会混合,传递过程连续而稳定。间壁式换热器的传热面大多采用导热性能良好的金属制造。在某些场合由于防腐的需要,也有采用非金属(如石墨、聚四乙烯等)制造。间壁式换热器按照传热面的形状与结构特点分类最为普遍,主要可分为:

(1) 管式换热器:如套管式、螺旋管式、管壳式、热管式等。

(2) 板面式换热器:如板式、螺旋板式、板壳式等。

(3) 扩展表面式换热器:如板翅式、管翅式、强化的传热管等。

下面将对几种常见间壁式换热器的结构和工作原理进行详细介绍。

13.1.1　管式换热器

1. 沉浸式换热器

沉浸式换热器的管子常用直管(或称蛇形管)或螺旋状弯管(或称盘香管)组成传热面,将管子沉浸在液体的容器或池内,如图 3.1 所示。此换热器出现年代较早,既可用于流体的预热器和蒸发器,也可用于流体的冷却器或冷凝器。液槽内流体的体积大,流速低,因而管外流体中的传热方式主要是自然对流。由于整个外部流体空间的温度近似相等且与管内流体的温差相对较小,因此传热系数变化也相对较小,同时由于整个流体空间的体积一般都比较大,故这种类型的换热器对工况的改变不够敏感。换热系数低、体积大是其最大的缺点,但由于它具有结构简单,制作、维修、清洗方便,因此可适用于腐蚀性、高压、高温流体等优点,目前在一些场合仍在使用。为了提高这种换热器的换热系数,往往在槽形空间内添加搅拌器。另外,还可以通过使用多头多排螺旋管束或多排蛇形管增加换热面积。

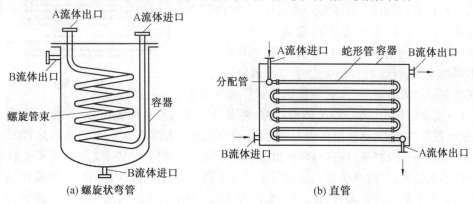

图 13.1　沉浸式换热器

(a) 螺旋状弯管　　　(b) 直管

2. 喷淋式换热器

喷淋式换热器是将换热管成排地固定在钢架上,热流体在管内流动,冷却水从上方喷淋装置均匀淋下,故也称喷淋式冷却器。喷淋式换热器的管外是一层湍流程度较高的液膜,管外换热系数较沉浸式换热器大很多。另外,这种换热器大多放置在空气流通之处,冷却水的蒸发也带走一部分热量,可起到降低冷却水温度、增大传热推动力的作用。因此,与沉浸式换热器相比,喷淋式换热器的传热效果大有改善。图 13.2 所示喷淋式换热器是将冷却水直接喷淋到换热管的外表面,使管内的热流体冷却或冷凝,在上下排列的管子之间可借助 U 型肘管连接在一起。为了分散喷淋水,在管组上部装设了带锯齿形边缘的斜槽,也可以用喷头直接向排管喷淋。在换热器的下面设有水池,收集流下来的水。当喷淋水不够充分时,被喷淋的水会有部分发生蒸发汽化,故这种换热器不宜装置在室外,而且需在其周围设置挡板。喷淋式换热器具有结构简单,制作、检修、除垢方便等优点。与沉浸式换热器相比,表面传热强度有较大的提高,再加上管外的蒸发汽化和空气吸热,使得其整体的换热效果相对较好。该换热器适用于高压腐蚀性流体的冷凝与冷却,因此它常被用于冷却腐蚀性流体,如硫酸工业中浓硫酸的冷却。喷淋式换热器主要缺点是当冷却水较少时,下部的管子不会被润湿,并且几乎不参与热交换,因此对于容易发生事故的石油产品或有机液体的冷凝或冷却,不宜采用这种换热器。另外,它的金属消耗率也比较大,但比沉浸式换热器要少。

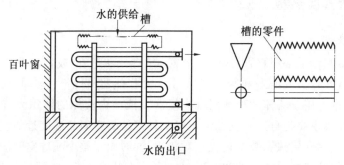

图 13.2 喷淋式换热器

3. 套管式换热器

套管式换热器(图 13.3)是由直径不同的直管制成的同心套管,并由 U 型弯头连接而成,它的内管内径通常在 38 ～ 57 mm 范围内选取,而外管内径在 78 ～108 mm 范围内选取,且每根套管的有效长度一般不超过 5 m,过长的管子会产生很大的弯曲变形,造成环隙间的流动不均匀,影响换热。套管式换热器

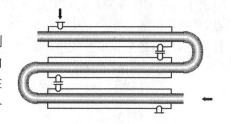

图 13.3 套管式换热器

中,一种流体走管内,另一种流体走环隙,两者皆可得到较高的流速,故传热系数较大。另外,在套管换热器中,两种流体可为纯逆流,故对数平均温差较大。套管式换热器的结构简单,耐压能力强,增减热负荷便利(可根据需要增减管段数目)。特别是由于套管换热器同时具备传热系数大、传热推动力大及能够承受高压强的优点,因此在超高压生产流程中所采用的换热器几乎都是套管式,例如,操作压力为 3 000 标准大气压的高压聚乙烯的生产。套管式换热器的优点是结构简单,适用于高温、高压流体,特别是小容量流体的换热。若工艺条件变动,只需改变套管的根数就可以增减热负荷。另外,只要内套管可拆卸并能够抽出,就可以清除污垢,所以也适用于易生污垢的流体。套管式换热器的主要缺点是流动阻力大,金属消耗量大,而且体积大,占地面积大,故多用于传热面积较小的换热场所。

4. 管壳式换热器

管壳式换热器又称列管式换热器,是最典型的一种间壁式换热器,在工业应用上历史悠久,而且至今仍在所有换热器中占据主导地位。管壳式换热器结构图如图 13.4 所示,主要由壳体、管束、管板和封头等部分组成,壳体多呈圆形,内部装有平行管束,管束两端固定于管板上。在管壳换热器内进行换热的两种流体,一种在管内流动,其行程称为管程;一种在管外流动,其行程称为壳程。管束的壁面即为传热面。为了提高管外流体的换热系数,通常在壳体内安装一定数量的横向折流板。折流板不仅可防止流体短路、增加流体速度,还迫使流体按规定路径多次错流通过管束,使湍流程度大为增加。常用的挡板有圆缺形和圆盘形两种,前者应用更为广泛。流体在管内每通过管束一次称为一个管程,每通过壳体一次称为一个壳程。为提高管内流体的速度,可在两端封头内设置分程隔板,将全部管子平均分隔成若干组。这样,流体每次只通过部分管子而往返管束多次,称为多管程。同样,为了提高管外流速,可在壳体内安装纵向挡板使流体多次通过壳体空间,称为多壳程。在管壳式换热器内,由于管内外流体温度不同,壳体和管束的温度也不同,若两者温差很大,换热器内部将出现很大的热应力,可能导致管子弯曲、断裂或从管板上松脱。因此,当管束和壳体温度差超过 50 ℃ 时,应采取适当的温差补偿措施,消除或减小热应力。

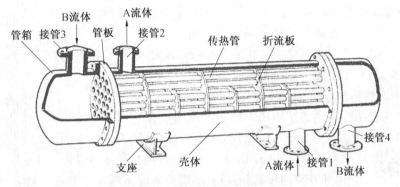

图 13.4 管壳式换热器结构图

管壳式换热器作为一种传统的标准换热设备,在化工、炼油、石油化工、动力、核能和其他工业装置中得到普遍采用,特别是在高温高压和大型换热器中的应用占据绝对优势。一般管壳时换热器的工作压力可达 4 MPa,工作温度在 200 ℃ 以下,特殊设计的换热器可以承受更高的压力和温度。换热器的壳体直径一般在 1 800 mm 以下,管子长度在 9 m 以下,在特殊设计下能够达到更大管径或更长管路。管壳式换热器按照结构的不同一般可分为固定管板式换热器、U 型管式换热器、浮头式换热器及填料函式换热器 4 种类型。

(1)固定管板式换热器。

固定管板式换热器如图 13.5 所示。管子的两端分别固定在与壳体焊接的两块管板上,采用焊接与壳体联成一体,结构简单。由于两个管板被换热管互相支撑,与其他管壳式换热器相比,管板最薄。当管束与壳体之间的温差太大而产生不同的膨胀时,常会使管子与管板的接口脱开,发生介质泄漏,因此它只适用于冷热

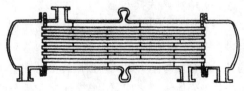

图 13.5 固定管板式换热器

流体温度相差不大,且壳程不需机械清洗时的换热工况。当温度相差较大而壳程压力较低时,可在壳体上安装膨胀节,以减小热应力。因此固定管板式换热器一般只适用于热应力较小、壳程压力较低的场合。固定管板式换热器的结构简单、制造成本低,但参与换热的两流

体的温差受一定限制;换热管间用机械方法清洗困难,须采用化学方法清洗,因此要求壳程流体尽量不易结垢。

(2)U 型管式换热器。

U 型管换热器的每根换热管皆弯成 U 型,如图 13.6 所示,其两端固定在同一块管板上,组成管束。管板夹持在管箱法兰与壳体法兰之间,用螺栓连接。拆下管箱即可直接将管束抽出,便于清洗管间。管束的 U 型端不加固定,可自由伸缩,故它适用于两流体温差较大的场合;又因其

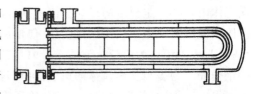

图 13.6　U 型管式换热器

构造较浮头式换热器简单,只有一块管板,单位传热面积的金属消耗量少,造价较低,故也适用于高压流体的换热。U 型管式换热器一般用于高温高压工况,当流体压力较高时,需要增厚 U 型端管路的壁厚,以补偿 U 型端弯曲后管壁的减薄。由于管子 U 型端部分的管内清洗较直管困难,因此要求管程流体清洁且不易结垢。由于管束中心的管子被外层管子遮盖,故损坏时难以更换。相同直径的壳体内,U 型管的排列数目较直管少,因此相应的传热面积也较小。

(3)浮头式换热器。

图 13.7 为浮头式换热器结构图。管子一端固定在一块固定管板上,管板夹持在壳体法兰与管箱法兰之间,用螺栓连接;管子另一端固定在浮头管板上,浮头管板与浮头盖用螺栓连接,形成可在壳体内自由移动的浮头。由于壳体和管束间没有相互约束,即使两流体温差再大,也不会在管子、壳体和管板中产生温差应力。对于图 13.7 中的结构,拆下管箱可将整个管束直接从壳体内抽出。为减小壳体与管束之间的间隙,以便在相同直径的壳体内排列较多的管子,常把浮头管板夹持在用螺栓连接的浮头盖与钩圈之间。其整个管束可从壳体中抽出,便于机械清洗和检修。浮头式换热器结构比较复杂,造价较高;浮头端结构复杂影响排管数;浮头密封面在操作时易产生内漏。浮头式换热器适用于温度波动和温差大的场合。

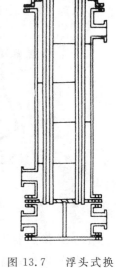

图 13.7　浮头式换热器

(4)填料函式换热器。

填料函式换热器的管板一端与壳体固定,另一端采用填料函密封(图 13.8)。管束的另一端管板与浮头式换热器同样夹持在管箱法兰与壳体法兰之间,用螺栓连接。拆下填料压盖等有关零件后,可将管束抽出壳体外,便于清洗管间。管束可自由伸缩,具有与浮头式换热器相同的优点。由于减少了壳体

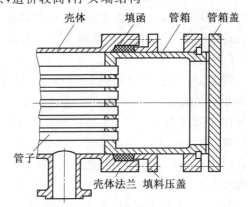

图 13.8　填料函式换热器

大盖,结构较浮头式换热器简单,造价也较低;但填料处容易渗漏,不能用于壳程内易挥发、易燃、易爆和有毒介质的场合;工作压力和温度受一定限制,直径也不宜过大。

13.1.2 板面式换热器

1. 螺旋板式换热器

螺旋板式换热器主要由两张平行的薄钢板卷制而成,构成一对相互隔开的螺旋形流道。冷热两流体以螺旋板为传热面相间流动,两板之间焊有定距柱以维持流道间距,同时也可以增加螺旋板的刚度。在换热器中心设有中心隔板,使得两个螺旋通道隔开。在顶部和底部分别焊有盖板或封头和两流体的出、入接管。一般有一对进出口是设在圆周边上(接管可以为切向或径向),而另外一对则设在圆鼓的轴心上。其主要特点是有一端管板不与外壳相连,可以沿轴向自由伸缩。这种结构不但完全消除了热应力,而且由于固定端的管板用法兰与壳体连接,整个管束可以从壳体中抽出,便于清洗和检修。螺旋板换热器的直径一般在1.6 m以内,板宽200～1 200 mm,板厚2～4 mm。两板间的距离由预先焊在板上的定距撑控制,相邻板间的距离为5～25 mm。常用材料为碳钢和不锈钢。螺旋板式换热器是一种高效换热设备,适用于汽—汽、汽—液、液—液等对流传热。其应用范围非常广泛,适用于化学、石油、溶剂、医药、食品、轻工、纺织、冶金、轧钢、焦化等行业。由于用途不同,螺旋板换热器的流道布置和封盖形式有不可拆型(Ⅰ型)螺旋板式换热器及可拆型(Ⅱ型、Ⅲ型)螺旋板式换热器,如图13.9所示。

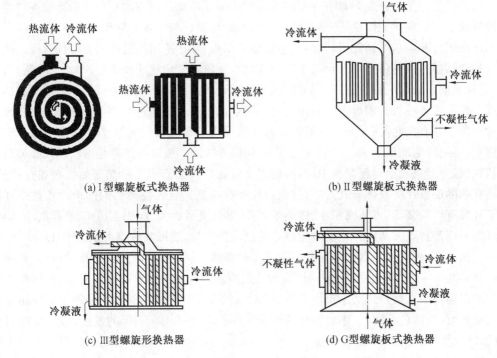

(a) Ⅰ型螺旋板式换热器   (b) Ⅱ型螺旋板式换热器

(c) Ⅲ型螺旋形换热器   (d) G型螺旋板式换热器

图 13.9 螺旋板式换热器分类

(1)Ⅰ型结构[图13.9(a)]。两个螺旋流道的两侧完全焊接密封,因而具有较高的密封性,所以又称不可拆结构。两流体在流道内均做螺旋流动。热流体从外流向中心,冷流体从中心流向外,完全是逆流。由于流体是在单流道中流动,流动分布情况良好,这种形式主要用于液—液换热。

(2)Ⅱ型结构[图 13.9(b)]。一种流体在螺旋流道中进行螺旋流动,另一种则在另一螺旋流道中进行轴向流动。所以轴向流道的两侧是敞开的,螺旋流道两侧则焊接密封。这种形式适用于两种介质流率差别很大的情况,通常用作冷凝器、气体冷却器等。

(3)Ⅲ型结构[图 13.9(c)]。一种流体进行螺旋流动,另一种则进行轴向流动和螺旋流动的组合。这种结构适用于蒸汽的冷凝冷却,蒸汽先进入轴流部分,当冷凝后体积减小时,才转入螺旋流道以进一步冷却。

(4)G 型结构。这种结构安装在塔顶作为冷凝器用,故又称塔上型[图 13.10(d)]。采用立式安装,下部由法兰与塔器顶部法兰相连接。蒸汽上升管道较粗大,从中心管上升至顶部,被平顶盖板折回,然后沿轴向从上至下流过螺旋通道被冷凝。如果要求凝液过冷,可以通过降膜冷却,或在流道中保持一定的冷凝液面以维持共过冷的需要。蒸汽进入中心管后,也可以沿螺旋通道由中心往外周流动,这时,蒸汽和冷却介质在两侧均做螺旋流动。究竟蒸汽沿轴向还是沿螺旋向流动,应以处理量大小和通道的截面大小来决定。冷却介质总是从外周边进入,从中心顶部排出。G 型换热器可以直接安装在塔器或反应器的顶部,不占地方,无须支承结构和管线布置。用于精馏塔顶时,可以省去回流液罐和回流管线,有时还可以省去回流液泵,因此 G 型换热器近年来在国内外得到迅速推广。

2. 板式换热器

板式换热器是由一系列具有一定波纹形状的金属片叠装而成的一种新型高效换热器。各种板片之间形成薄矩形通道,通过板片进行热量交换。与常规的管壳式换热器相比,在相同的流动阻力和泵功率消耗下,其传热系数要高出很多,在适用的范围内有取代管壳式换热器的趋势。板式换热器是用薄金属板压制成具有一定波纹形状的换热板片,然后叠装,用夹板、螺栓紧固而成的一种换热器。如图 13.10 所示,板式换热器主要由框架和板片两大部分组成。板片由各种材料制成的薄板用各种不同形式的磨具压成形状各异的波纹,并在板片的 4 个角上开有角孔,用于介质的流道。板片的周边及角孔处用橡胶垫片加以密封。框架由固定压紧板、活动压紧板、上下导杆和夹紧螺栓等构成。板式换热器是将板片以叠加的形式装在固定压紧板、活动压紧板中间,然后用夹紧螺栓夹紧而成。冷热流体依次通过流道,中间有一隔层板片将流体分开,并通过此板片进行换热。板式换热器的结构及换热原理决定了其具有结构紧凑、占地面积小、传热效率高、操作灵活性大、应用范围广、热损失小、安装和清洗方便等特点。两种介质的平均温差可以小至 1 ℃,热回收效率可达 99% 以上。在相同压力损失下,板式换热器的传热是列管式换热器的 3～5 倍,占地面积为它的 1/3,金属消耗量只占其 2/3。其零部件少、通用性高等特点使其在市场上占有很高的份额,当前板式换热器的市场份额占据换热器总市场份额的 28%,仅次于管壳式换热器。早期主要应用在食品工业方面,包括食品加工、牛奶和啤酒灭菌等行业。经过 100 多年的发展,板式换热器现在已经广泛应用在石油、化工、冶金、电力、食品、医药等诸多领域。板式换热器的形式主要有框架式(可拆卸式)和钎焊式两大类,板片形式主要有人字形波纹板、水平平直波纹板、斜形波纹板、竖直形波纹板和球形波纹板等,如图 13.11 所示。

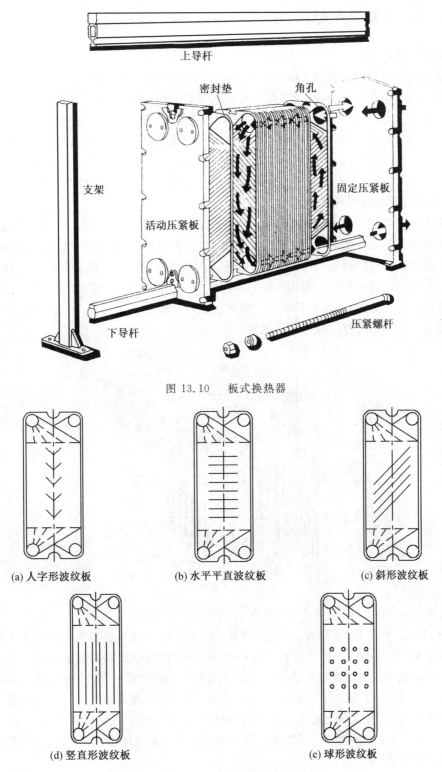

图 13.10 板式换热器

(a) 人字形波纹板   (b) 水平平直波纹板   (c) 斜形波纹板

(d) 竖直形波纹板   (e) 球形波纹板

图 13.11 板式换热器板片的形式

13.1.3　扩展表面式换热器

1. 板翅式换热器

板翅式换热器最早出现在 1930 年,是由英国马尔斯顿·艾克歇尔瑟公司生产的,第一台板翅式换热器由铜合金制成,用于航空发动机散热。20 世纪 40 年代开始出现了铝质钎焊的板翅式换热器,并于 50 年代应用于空分制氧。板翅式换热器的出现把换热器的换热效率提高到了一个新的水平,同时板翅式换热器具有体积小、质量轻、可处理两种以上介质等优点。目前,板翅式换热器已广泛应用于石油、化工、天然气加工等行业。随着钎焊及真空钎焊技术的发展,目前基本上采用铝合金制造,随着工艺的完善以及材料质量的提高,出现了铜、镍等新型材质的板翅式换热器。

一个典型的铝制板翅式换热器结构示意图如图 13.12 所示。一层一层的平隔板之间焊入各种类型的导热翅片和导流翅片,换热器的两边用封条密封,最终形成由流道和隔板相间的结构。其中流道可以根据流体的不同流向来选择排列堆叠方式,然后钎焊固定成一整体便组成最常用的逆流或错流式板翅式换热器组装件,称为板束。最外侧板束有一层比隔板更厚一些的盖板起到支撑、保护等作用。翅片是板翅式换热器的核心,再配以必要的封头、接管等就组成了一个完整的板翅式换热器。

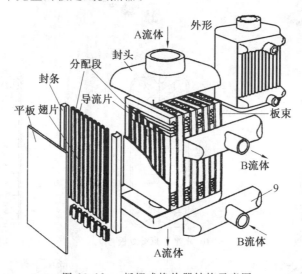

图 13.12　板翅式换热器结构示意图

如图 13.13 所示,翅片、隔板、封条和导流片组成了翅片式换热器的结构基本单元。它是在金属平板上放一翅片,然后在其上放一金属平板,两边以封条密封而组成一个基本单元。板翅式换热器的芯体则是由多个这样的单元组成。如果对各个通道进行不同的叠置和排列并钎焊成整体,即可得到最常用的逆流、错流、错逆流板翅式换热器。板翅式换热器内可组成各种形式的流道,为使流体分布更加均匀,在流道的两端部均设置导流片,在导流片上开设许多小孔,使流体能够相互穿通。在两端配置适当的流体出入口封头,即可组装成完整的板翅式换热器。

翅片是板翅式换热器最基本的元件,传热过程主要是依靠翅片来完成的,少部分直接由板来完成。翅片与隔板的连接均为钎焊,因此大部分热量经翅片,通过隔板传到了冷流体。

由于翅片传热不像隔板是直接传热,故翅片又有"二次表面"之称。二次传热表面一般比一次传热表面的传热效率低。翅片除承担主要的传热任务外,还起着两隔板之间的加强作用,所以尽管翅片和隔板材料都很薄,但其强度很高,故能承受较高的压力。

从传热机理上看,板翅式换热器仍然属于间壁式换热器。其主要特点是,具有扩展的二次传热表面(翅片),所以

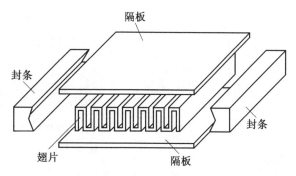

图 13.13　板翅式换热器芯体单元结构示意图

传热过程不仅是在一次传热表面(隔板)上进行,而且同时也在二次传热表面上进行。高温侧介质的热量除了由一次表面导入低温侧介质外,还沿翅片表面高度方向传递部分热量,即沿翅片高度方向由隔板导入热量,再将这些热量对流传递给低温侧介质。由于翅片高度大大超过了翅片厚度,因此,沿翅片高度方向的导热过程类似于均质细长导杆的导热。此时,翅片的热阻就不能被忽略。翅片两端的温度最高等于隔板温度,随着翅片和介质的对流放热,翅片温度不断降低,直至接近翅片中部区域的介质温度。

板翅式换热器突出的紧凑性和高效性及其在工业上的广泛应用,吸引了国内外众多学者对它的制造工艺、表面特性、结构设计、传热过程、优化设计等各方面进行深入研究。随着新技术的发展和对其逐步的深入研究,板翅式换热器的应用范围将逐步拓宽,进而步入全新的发展阶段。

2. 翅片管式换热器

翅片管换热器是一种带翅(也称带肋)的管式换热器,它可以有壳体也可以没有。翅片管换热器在动力、化工、制冷等工业中有广泛的应用。随着工业的发展,工业缺水以及工业用水的环境污染问题日益突出,空气冷却器的应用更引起人们的重视,致使在许多化工厂中有 90% 以上冷却负荷由空冷器负担。与此同时,其传热强化方面研究的进展,使得低肋螺纹管及微细肋管等在蒸发、冷凝方面的相变换热得到广泛应用。

翅片管换热器可以仅由一根或若干根翅片管组成,如室内取暖用翅片管散热器;也可再配以外壳、风机等组成空冷器形式的换热器。翅片管是翅片管换热器中主要换热元件,翅片管由基管和翅片组合而成,基管通常为圆管(图 13.14(a)),也有扁平管(图 13.14(b))和椭圆管(图 13.14(c))。管内、外流体通过管壁及翅片进行热交换,由于翅片扩大了传热面积,使换热得以改善。翅片类型多种多样,翅片可以镶嵌在每根单管上(图 13.14(a)),也可以同时连接数根管子形成翅板(图 13.14(b)(c))。

空冷器是一种常见的翅片管换热器,它以空气作为冷却介质。其组成部分包括管束、风机和构架等(图 13.15)。管束是空冷器中的重要组成部分,它由翅片管、管箱和框架组成,是一个独立的结构整体(图 13.16)。它的基本参数有管束形式(指水平式、斜顶式等)、工作压力、翅片管形式和规格,管箱形式、管束长度和宽度、管排数、管程数等。其型号表示法如下例所示:

管束形式 长度×宽度 — 管排数 换热面积 工作压力 翅片管形式 管程数 法兰形式

即

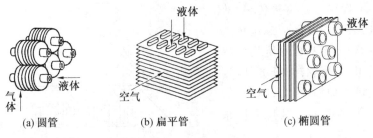

图 13.14　翅片管式换热器

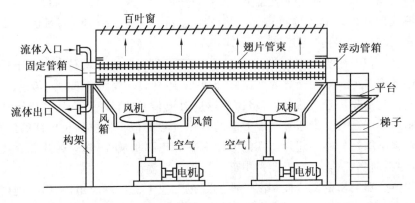

图 13.15　空冷器基本结构

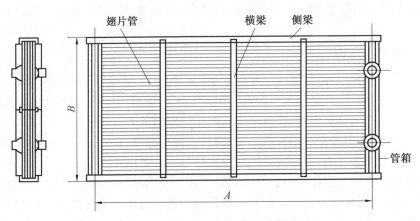

图 13.16　空冷器管束(中、低压)
A— 管束长；B— 管束宽

$$P \quad 9\times3 \quad - \quad 4 \quad \frac{3020}{129} \quad 16 \quad R \quad \text{II}-2 \quad a$$

其中，P为水平式管束，长、宽各名义尺寸分别为 9 m 和 3 m，4 管排，翅片表面积和光管表面积分别为 3020 m² 和 129 m²，压力等级为 16×10^5 Pa，R为绕片式翅片管，II—2 为管程，a 为法兰密封面为平面型。

　　低翅管(低肋螺纹管或螺纹管)换热器是翅片管换热器的另一种形式，它们的翅高约为 2 mm，翅化比相当小，为 3 ～ 5，不适用于空气而适用于低沸点介质的冷凝或蒸发。其基本结构与管壳式换热器相同，即具有管束、折流板、管板、壳体及管箱等部件。近年来还出现了微细肋管，在国内称为 DAC 管(用于冷凝)、DAE 管(用于沸腾)。

翅片管换热器由于在管表面上加翅,不仅传热面积增加(比光管可增大 2 ~ 10 倍),而且可以促进流体的湍流,所以传热系数比光管提高 1 ~ 2 倍,特别是当有翅侧的表面传热系数 h 远低于另一侧时,收效尤其显著。由于传热能力的增强和单位体积的传热面加大,故与光管比,在完成同一热负荷时可用较少管数,壳体直径或高度也相应减小,结构紧凑并使金属消耗量减少。因为翅片的材料可与基管不同,材料的选择与利用就更为灵活。采用翅片管能够使介质与壁面的平均温差降低,减轻结垢,并且在翅片的胀缩作用下,即使已结的硬垢也会自行脱落。翅片管换热器用作空冷器时,虽然比光管时流阻大、造价高、体积与水冷器比也要大得多,但由于节省了工业用水量,避免了工业用水排放所带来的环境污染,维护费用只有水冷系统的 20% ~ 30%,故空冷器得到了广泛应用。

13.2　蓄热式换热器

蓄热式换热器是实现冷、热流体进行热交换的设备,它是利用蓄热体的蓄热和放热实现热交换的。蓄热式换热器在工作过程中,热、冷流体依次交替地流过由蓄热体组成的流道,当热流体流过时,把热量储存于蓄热体内,蓄热体温度逐渐升高,而当冷流体流过时,蓄热体放出热量温度逐渐降低,如此反复进行热量交换。蓄热式换热器通过多孔填料或基质的短暂能量储存,将热量从一种流体传递到另外一种流体。首先,在习惯上称为加热周期的时间内,热气流流过蓄热式换热器中的填料,热量从气流传递到填料,气流温度降低。在这个周期结束时,流动方向进行切换,冷流体流经蓄热体。在冷却周期,流体从蓄热填料吸收热量。因此,对于常规的流向变换,蓄热体内的填料交替性的与冷热流体进行换热,蓄热体内以及气流在任意位置的温度都不断地随时间波动。启动后,经过数个切换周期,蓄热式换热器进入稳定运行状态,蓄热体内某一位置随时间的波动在相继的周期内都是相同的。从运行的特性上很容易区分蓄热式换热器和回转式换热器。回转式换热器中两种流体的换热是通过各个位置的固定边界进行的,在稳定运行时换热器内的温度只与位置有关,而蓄热式换热器热量的传递都是动态的,同时依赖于位置和时间。

13.2.1　固定型(阀门切换型)蓄热式换热器

图 13.17 为一种固定型蓄热式换热器结构原理图,它是由两个相同的充满蓄热体的蓄热室所构成。当双通阀门处于图示位置时,冷流体从蓄热室乙流过,蓄热体释放热量使冷流体受热,热流体则在同时流过蓄热室甲时,将蓄热室甲中蓄热体加热而烟气本身被冷却,在一定时间间隔后,将双通阀门转动 90°,则使冷流体改向流过蓄热室甲,热流体流过蓄热室乙。如此定期不断切换双通阀就可使冷热流体之间进行热交换。蓄热体由耐火砖砌成的"火格子"构成,很适合高温气体的加热。这种阀门切换型蓄热式换热器常用于玻璃窑炉及冶金工业高炉的热风炉。

13.2.2　旋转型(回转式)蓄热式换热器

回转式空气预热器(图 13.18)是一类典型的旋转型(回转式)蓄热式换热器,它是通过回转部件的旋转来完成传热的一种空气预热器。回转式空气预热器内部都设计有旋转部件,工作时会在烟气区和空气区之间回转,吸收烟气区的热量并传递给空气区,达到烟气热

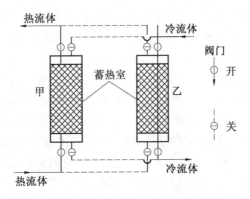

图 13.17　　固定型蓄热式换热器结构示意图

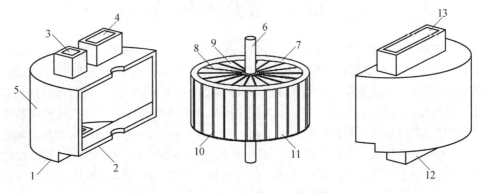

图 13.18　　回转式空气预热器结构示意图

1— 一次风仓冷风入口;2— 二次风仓冷风入口;3— 一次风仓热风入口;4— 二次风仓热风入口;
5— 空预器外部壳体;6— 转子中心转轴;7— 转子法兰面;8— 转子径向密封片;9— 转子内部蓄热单
元;10— 转子轴向密封片;11— 转子壳体;12— 热风仓烟气出口;13— 热风仓烟气入口

能再利用的目的。

　　回转式空气预热器主要分为受热面回转式空气预热器和风罩回转式空气预热器两个大类。这两者的区别在于它们的设计旋转部位不同,受热面回转式空气预热器是受热面本身在烟气区和空气区间回转,而风罩回转式空气预热器的旋转部件为风罩,受热面是固定不动的。

1. 受热面回转式空气预热器(转子回转空气预热器)

　　受热面回转式空气预热器的受热面为由薄钢板制作而成的波形板,安装在可以旋转的圆筒形转子中,随着转子的旋转而交替通过烟气流通区、空气流通区和密封区。受热面回转式空气预热器的受热面在经过烟气流通区时吸收热量,而到空气流通区时释放热量,完成热传递。

　　受热面回转式空气预热器的受热面每旋转一周,就是一次空气与烟气的热交换过程。受热面回转式空气预热器的转动部分为受热面,其质量较大,支撑的轴承负载也较重,因此对支撑轴承的要求较高。

2. 风罩回转式空气预热器

　　风罩回转式空气预热器的受热面也是波形板,但是它的受热面固定不动,被称为静子,静子的上下两端安装有能够旋转的风罩。风罩回转式空气预热器的风罩为"8"字形风道,风罩旋转时烟气与空气流经受热面,完成热量传递。

风罩回转式空气预热器的风罩每旋转一周,是两次空气与烟气的热交换过程。风罩回转式空气预热器的优点在于,它的旋转部件为风罩,质量较轻,降低了轴承的负载,长期运行更为稳定。

13.3 混合式换热器

混合式换热器是依靠冷、热流体直接接触而进行传热的,这种传热方式避免了传热间壁及其两侧的污垢热阻,只要流体间的接触情况良好,就有较大的传热速率。故凡允许流体相互混合的场合,都可以采用混合式换热器,如气体的洗涤与冷却、循环水的冷却、汽 — 水之间的混合加热、蒸汽的冷凝等。它的应用遍及化工和冶金企业、动力工程、空气调节工程以及其他领域。

13.3.1 混合式换热器的分类

混合式换热器的优点是结构简单、消耗材料少、接触面大,并可直接接触,有可能使热量利用比较完全,因此它的应用日渐广泛。

按照用途的不同,混合式换热器有以下几种不同的类型:

(1)冷水塔(也称冷却塔)。在这种设备中,用自然通风或机械通风的方法,用空气将热水进行冷却降温,例如热力发电厂的循环水、合成氨生产中的冷却水,都是经过冷水塔降温之后循环使用以提高经济性。

(2)气体洗涤塔。在工业上用这种设备来洗涤气体有不同目的,例如,用液体吸收气体混合物中的某些组分除净气体中的灰尘,气体的增湿或干燥等。但其最广泛的用途是冷却气体,而冷却所用的液体以水居多。空调工程中广泛使用的喷淋室可以认为是它的一种特殊形式。喷淋室不但可以像气体洗涤塔一样对空气进行冷却,而且可对其进行加热处理。但是,它也有对水质要求高、占地面积大、水泵耗能多等缺点。所以,目前在一般建筑中,喷淋室已不常使用或仅作为加湿设备使用。但是,在以调节湿度为主要目的的纺织厂、卷烟厂等仍大量使用。

(3)喷射式换热器。这种设备可使压力较高的流体由喷管喷出,形成很高的速度,低压流体被引入混合室与射流直接接触进行传热传质,并一同进入扩散管,在扩散管的出口达到同一压力和温度后送给用户。

(4)混合式冷凝器。这种设备一般是利用水与蒸汽直接接触的方法使蒸汽冷凝,最后得到的是水与冷凝液的混合物。可以根据需要,或循环使用,或就地排放。

13.3.2 冷水塔

冷却过程是工业生产全过程的一部分,它的各项参数是根据全过程来确定的。随着工业的发展,对冷却水的需要也在增长。据有关资料统计,一个 10 万 kW 的热力发电厂,冷却水需达 9 000 t/h 左右;一个年产 3 500 t 聚丙烯的化工设备,冷却水用量达 3 000 t/h 左右。一个大型化工企业的用水量甚至超过一些大城市的用水量。由此可见,节省水源对冷却水进行循环利用的重要性。对缺水地区,这一点尤为重要。

冷却水循环利用的关键在于它的温度。例如,热力发电厂汽轮机效率的提高,与循环水温的下降成正比。使用固体燃料发电的中压机组,温度每降低 1 ℃ 能提高效率 0.47%,高

压机组能提高 0.35%，使用核燃料的核电厂约为 0.7%。由此可见，精心设计冷水塔，保证良好的冷却效果有着重要意义。

冷水塔有很多种类，根据循环水在塔内是否与空气直接接触，可分成干式和湿式。干式冷水塔是把循环水送到安装于冷却塔中的散热器内被空气冷却，这种塔多用于水源奇缺而不允许水分散失造成循环水有特殊污染的情况。湿式冷水塔则让水与空气直接接触，把水中的热传给空气，在这种塔中，水因蒸发而造成损耗，蒸发又使循环的冷却水含盐度增加，为了稳定水质，必须排放掉一部分含盐度较高的水，补充一定的新水，因此湿式冷水塔要有补给水源。

图 13.19 为各种类型的湿式冷水塔。在开放式冷水塔中，利用风力和空气的自然对流作用使空气进入冷水塔，其冷却效果要受到风力及风向的影响，水的散失比其他形式的冷水塔高。在风筒式自然通风冷水塔中，利用较大高度的风筒，空气形成的自然对流使空气流过塔内与水接触进行传热，其特点是冷却效果比较稳定。在机械通风冷水塔中，空气以鼓风机送入(图 13.19(c)) 或以抽风机吸入(图 13.19(d))，所以它具有冷却效果好和稳定可靠的特点，它的淋水密度(指单位时间内通过冷水塔的单位截面积的水量) 可远高于自然通风冷水塔。

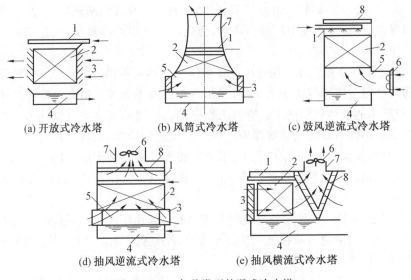

(a) 开放式冷水塔　　　(b) 风筒式冷水塔　　　(c) 鼓风逆流式冷水塔

(d) 抽风逆流式冷水塔　　　(e) 抽风横流式冷水塔

图 13.19　　各种类型的湿式冷水塔

13.4　高效换热器的强化换热技术

科学技术的发展和能源问题的日益突出，对换热器的要求越来越高。在满足一定换热量前提下，要求它紧凑、节省材料、价格便宜、安全可靠、耐用。因而，在换热器研制上应考虑到两方面问题：一是换热器中传热过程的强化。所谓传热强化或增强传热，是指通过对影响传热的各种因素的分析与计算，采取某些技术措施或改进结构以提高换热设备的传热量。或者在满足原有传热量条件下，使它的体积缩小。另一个是研究出某一方面或几方面性能良好的换热器，通过改进换热器的结构或材料，使之同时具备较好传热性能，高耐腐蚀性和低成本等优势。由于强化传热根据热交换条件的不同存在很多种具体方法,而换热器的研究与改进所牵涉的知识结构非常广,除了换热器的传热、流动及结构特性的研究,换热器的结垢与腐蚀特性又是一个研究的专题。因此,本节将综合强化换热方向的文献和应用,对强化换热技术做概括性的叙述。

13. 4. 1 增强传热的基本途径

根据传热的基本公式 $Q=KA\Delta t$ 可见,传热量 Q 的增加可以通过提高传热系数 K、扩展传热面积 A、加大传热温差 Δt 的途径来实现。

1. 扩展传热面积

扩展传热面积以增加传热,不是通过单一地扩大设备体积来增加传热面积或增加设备台数来增加传热量,而是合理地提高设备单位体积的传热面积,如采用翅片管、波纹管、板翅式传热面等。也就是说,从研究如何改进传热面结构和布置出发增大传热面积,以达到换热设备高效紧凑的目的。

2. 增大传热温差

改变热流体或冷流体温度就能改变传热温差 Δt。例如,提高辐射采暖板管内蒸汽的压力;提高热水采暖的热水温度;冷凝器冷却水用温度较低的深井水代替自来水,空气冷却器中降低冷却水的温度等,都可以直接增加传热温差。另外,改变换热流体之间的流动方式,如顺流、逆流或错流等,它们的传热温差也不同。

增大传热温差应考虑实际工艺或设备条件上是否允许。例如,提高辐射采暖板的蒸汽温度,不能超过辐射采暖允许的辐射强度,同时也会受到锅炉条件的限制等。应该认识到,传热温差的增大将使整个热力系统的不可逆性增加,降低了热力系统的可用能。所以,不能一味追求传热温差的增加,而应兼顾整个热力系统的能量合理应用。

3. 提高传热系数

增强传热的积极措施是设法提高传热系数。因为传热过程总热阻是各项分热阻的叠加,所以要改变传热系数就必须分析传热过程的每一项热阻。换热设备中一般都是金属薄壁,壁的热阻很小,可以略去不计,为便于分析也不考虑污垢热阻,则传热系数为

$$K=\left(\frac{1}{h_1}+\frac{1}{h_2}\right)^{-1}=\frac{h_1 h_2}{h_1+h_2}=\frac{h_1}{h_1+h_2}h_2=\frac{h_2}{h_1+h_2}h_1 \qquad (13.1)$$

由式(13.1)可见,K 值比 h_1 和 h_2 值都要小。那么在加大传热系数时,应加大哪一侧的换热系数更为有效?现将 K 对 h_1 和 h_2 分别求偏导得

$$K_1'=\left(\frac{\partial K}{\partial h_1}\right)=\frac{h_2^2}{(h_1+h_2)^2} \qquad (13.2)$$

$$K_2'=\left(\frac{\partial K}{\partial h_2}\right)=\frac{h_1^2}{(h_1+h_2)^2} \qquad (13.3)$$

所得两个偏导数 K_1' 及 K_2' 分别表示传热系数 K 随 h_1 和 h_2 的增长率。如设 $h_1 > h_2$,则可写为 $h_1=nh_2$(其中 $n>1$),得

$$K_2'=n^2 K_1' \qquad (13.4)$$

这表明当 $h_1=nh_2$ 时,K 值随 h_2 的增长率要比随 h_1 的增长率大 n^2 倍。可见,提高 h_2 对

增强传热更为有效。即增大表面传热系数小的一项，才能更有效地增加总的传热系数。翅片强化传热的原理就是通过在表面传热系数小的一侧镶嵌翅片，增加传热面积，相当于提高这一侧的表面传热系数，最终提高以光管表面积为基准的总传热系数。

13.4.2　增强传热的方法

增强传热的方法主要围绕上述 3 种基本途径而采取一系列技术措施。由于扩展传热面积及加大传热温差这两种途径在应用中经常受到条件限制，因而本节只讨论如何通过提高传热系数的途径来增强换热。

对传热系数 K 的计算公式分析可知，提高换热系数较小一侧的换热系数对总传热系数的提高起到决定作用。在表面传热的情况下，影响表面传热强弱的主要因素是流体的流动状态、物性和换热面的形状及尺寸等。这些因素的综合效果反映在表面传热系数的大小上。因此，强化传热就应针对这些影响因素采取相应的措施，如加强扰动以改变流态，加入添加剂以改变流体的热物性等。如果同时存在辐射换热，则在传热系数的计算式中将把辐射换热的影响考虑在表面传热系数中，因此强化传热时还应同时考虑影响辐射换热的因素以采取相应措施。本节主要总结如何通过增强表面传热系数的措施来强化传热，包括改变流体的流动状况、改变流体的物性以及改变流体的表面结构 3 种措施。

1. 改变流体的流动状况

（1）增加流速。增加流速可以改变流动状态，并提高湍流脉动程度。如管壳式换热器中管程、壳程的分程就是加大流速、增加流程长度和扰动的措施之一。前面曾指出管内湍流时增加流速对增强传热能收到较显著的效果，但又必须注意增加流速也受到各种因素的限制。因此，在设计或实际使用中应权衡各种因素，选择最佳流速成为流体输送机械所允许的流速。

（2）射流冲击。射流冲击是使流体通过圆形或狭缝形喷嘴直接喷射到固体表面进行冷却或加热的方法。由于流体直接冲击固体壁面，流程短而边界层薄，所以表面传热系数显著增大。在用液体射流冲击加热面时，若热流密度已高至足以产生沸腾，就成为两相射流冲击换热。实验表明，此时不但可提高沸腾换热系数，而且可使烧毁点推迟，显著提高临界热流值。

（3）加插入物。在管内安放或管外套装如金属丝、金属螺旋圈环、盘状构件、麻花铁、翼形物等多种形式的插入物，可增强扰动、破坏流动边界层而使传热增强。如用薄金属条片扭转而成的麻花铁扰流子插入管内后，使流体形成一股强烈的旋转流而增强换热。插入时若能紧密接触管壁，则尚能起到翅片的作用，扩展传热面。大量的实验研究表明，加插入物对强制对流传热有显著增强的作用，但也会产生流动阻力增加、通道易堵塞与结垢等运行上的问题。在使用插入物时应沿管道的全段流程，以保持全流程上的强化传热。而且，在选择插入物的形式时，应考虑到在小阻力下增强传热。

（4）加旋转流动装置。旋转流动的离心力作用将使流体产生二次环流，因而会强化传热。上述的某些插入物，如麻花铁、金属螺旋丝等，除其本身特点外，也都能产生旋转流动。在此要提及的是一些专门产生旋转流动的元件或装置。例如涡流发生器，它能使流体在一定压力下以切线方向进入管内做剧烈的旋转运动。研究表明，涡旋强化传热的程度与雷诺数有关。在一定的热源温度下，表面传热系数随着 Re 值而增加，且达到某一个最大值后下降。在应用上应控制实际的 Re 值接近于使表面传热系数达最大时的临界 Re 值,以充分利用旋转流动的效果。除了流体转动外,也有传热面转动的情况,当管道绕不同轴线旋转时,利用其离心力、切应力、重力和浮力等所产生的二次环流可促使传热强化。有文献介绍,管道旋转对层流换热的强化效果显著,而湍流时效果不明显。过冷沸腾与大空间沸腾的实验表明,对于带有螺旋斜面和切向槽涡流发生器的管道,可使沸腾换热系数或临界热负荷得到提高。

(5) 依靠外来能量作用。其大体上有 3 方面措施:① 用机械或电的方法使传热表面或流体发生振动或通过搅拌使流体很好地混合。实验表明,振动对于自然对流换热、强制对流换始均有一定效果。对于沸腾换热的效果不明显,但在流体振动时对于旺盛的大空间沸腾,可使临界热负荷显著提高。此法对大型换热设备在具体应用上有一定困难。利用机械传动带动搅拌器,通过流体的良好混合来强化表面传热,效果显著,故应用较广,尤其对于高黏度的流体。② 对流体施加声波或超声波,使之交替地受到压缩和膨胀,以增加脉动而强化传热。综合各研究者的实验研究结果显示,对于液体或气体,只有处于管内层流或过渡流时,声波作用才较明显。对于大空间泡状沸腾的换热影响极微,而对于过渡沸腾或膜态沸腾的换热改善较为显著。对于凝结换热及自然对流换热均有一定效果。在声波强化措施的实用中,要注意解决如何更有效地将声振动或超声振动传送至换热设备内部的问题。③ 电磁场作用。对参与换热的流体加以高电压而形成一个非均匀的径向电场,这样的静电场能引起传热面附近电介质流体的混合作用,因而使表面传热加强。实验表明,这对于自然对流换热、膜状沸腾换热、凝结换热的强化效果均较显著。如果在流体中掺入磁铁粉,则即使在较大的 Re 数下,磁场也能对换热起强化作用。如在水或油中掺入磁铁粉,在磁场作用下,可使换热系数提高 50% 以上。

2. 改变流体的物性

流体的物性对表面传热系数有较大的影响,一般热导系数与比热容较大的流体,其换热系数也较大。例如,冷却设备中用水冷比风冷的体积可减小很多,因为空气与壁面间的表面传热系数在 $1 \sim 60$ W/(m^2 · K) 范围内,而水与壁面间的表面传热系数在 $200 \sim 12\,000$ W/(m^2 · K) 范围内。改变流体某些性能的另一种方法是在流体内加入一些添加剂,这是近二三十年来形成的添加剂强化传热研究的新课题。添加剂可以是固体或液体,它与换热流体组合成气—固、液—固、汽—液以及液—液混合流动系统。例如:

气流中加入少量固体细粒,如石墨、黄沙、铅粉、玻璃球等形成气—固悬浮系统。由于固体颗粒的比热容比气体大几百倍乃至几千倍,大大提高了流体的热容量;固体颗粒能使气流的湍流程度增强;同时固体颗粒具有比气体高得多的热辐射作用等,这些因素使换热系数得到明显增大。其他还有流化床(沸腾床)换热也可归入气—固这一类型。

液体中加入固体细粒,如油中加入聚苯乙烯悬浮物。合理的解释认为,液—固系统的传热类似于搅拌完善的液体传热,因而截面温度分布平均,平均温度较单纯液体时高,层流底层的温度梯度比较大,使传热增强。

在蒸汽或气体中喷入液滴,如在蒸汽中加入硬脂酸、油酸等物质,促使形成珠状凝结而提高换热系数。又如,在管外空气冷却的系统中喷入雾状液滴,可使换热系数明显增大。这是因为当气流中的液雾被固体壁面捕集时,气相换热变为液膜换热,加之液膜表面的蒸发又使换热兼有相变换热的优点,因而换热加强。

　　液体中加入少量液体添加剂。如向水中加入挥发性强的添加剂,可使其大空间沸腾换热系数增加 40% 左右。某些能润湿加热面的液体作为添加剂加入换热液体时,能增强沸腾换热。又如,当传热面被油脂玷污时会使沸腾换热系数严重下降,加入少量碳酸钠则可使换热系数显著上升。

3. 改变流体的表面结构

　　换热表面的性质、形状、大小都对表面传热系数有很大影响,通常可通过以下方法增强传热。

　　(1)增加壁面粗糙度。增加壁面粗糙度不仅有利于管内强制对流换热,也有利于沸腾和凝结换热及管外强制对流换热。同样的粗糙度在不同流动及换热条件下,对传热效果的影响是不同的。增加粗糙度也会带来流动阻力的增加,在工业应用中应予以综合考虑。

　　(2)改变换热面形状和大小。为了增大表面传热系数,也可采用各种异形管和表面开槽等,如椭圆管、螺旋管、波纹管、变截面管及纵槽管等。椭圆管在相同截面积下当量直径小于圆管,故换热系数大。其他异形管除传热面积略有增大外,由于表面形状的变化,流体在流动中将会不断改变方向和速度,促使湍流程度加强,边界层厚度减薄,故能加强传热。对低肋螺纹管,在凝结换热时还具有减薄冷凝膜的作用,对于有机工质的冷凝(氟利昂等)用低肋螺纹管很有利。在低肋管基础上发展而成的微细肋管,则更有利于氟利昂等低沸点有机介质的冷凝换热,如日本的 C 管,我国的 DAC 管。对于垂直凝结时,如使用纵槽管,则由于液体的表面张力把波峰处凝液拉入波谷,在波峰处形成极薄凝液膜,而波谷又排泄凝液,故使凝结换热强化。

　　(3)改进表面结构。对金属管进行烧结、电火花加工或切削,使管表面形成一层很薄的多孔金属层而构成多孔管,可以增强沸腾和凝结换热。例如,用于沸腾换热的美国的高热流管、日本的 E 型管、德国的 T 型管、我国的 DAE 管等。此外还有,如在沸腾换热液体中,把一块多孔物体置于加热表面上,通过这种多孔加热面连续地移走蒸汽,即所谓"吸入"的办法,因而使膜状沸腾换热得到改善。

　　(4)表面涂层。凝结换热时,可在换热表面涂上一层表面张力小的材料,如聚四氟乙烯等以造成珠状凝结,有利于增大换热系数。对于沸腾换热,可根据受热液体的物性,在加热面上涂以适当厚度的某种物质的薄膜,使之成为非润湿表面,则可明显提高沸腾换热系数。在太阳能利用中,在集热面的吸热表面上涂以选择性物质薄层,以提高其对太阳光的吸收率和降低其发射率,达到增强对辐射热的吸收和减少辐射热损失的目的。

　　总之,随着生产和科学技术的发展而提出来的增强传热的方法很多,并且尚在不断改进和发展之中,无法一一列举。大体上来说,可以将这些增强传热的方法按是否消耗外界能量分为两类:一类为被动式,即不需要直接使用外界动力,如加插入物、增加表面粗糙度等;另一类则为主动式,如外加静电场、用机械的方法使传热表面振动等。这些技术可单独使用,也可同时采用两种以上的技术而称之为复合式强化。其中有些强化也可以是系统本身自然形成的,如一般用机械加工出来的表面具有一定的粗糙度;由于机械的转动或流体的振动而引起的表面振动;电子设备中存在的电场;等等。上述的一些方法,有些还不够成熟,有些还待进一步深入探讨其增强传热的机理,有些还没有找到数量上的规律。此外,这些方法在具体实施中也还有设备制造的难易,运行检修是否方便,与工艺要求有否矛盾,以及动力消耗、经济核算等各方面的问题需要考虑。一般来说,采用主动式传热强化技术,常常需要消耗较大的外界动力,因此在某种特殊需要场合应用较为合理,而且在一些大型装置中使用不便。由于工程实际中换热设备多种多样,因此必须对具体的换热设备进行综合分析,抓住其妨碍提高传热的主要矛盾,提出改进措施。

基于流动和传热状况、结构和制造技术的不断研究改进,换热器的性能及结构形式都有了相当大的改善。例如,以折流杆代替折流板或采用螺旋折流板结构的管壳式换热器,均能使 $h/\Delta p$ 的比值有较大的提高;微细肋管的研制成功,使制冷系统用的蒸发器、冷凝器的性能得以较大的改善;焊接和非对称型板式换热器的出现,进一步扩大了板式换热器代替一些低效、不紧凑的换热器的范围;微细结构的换热器的诞生,使换热器的体积大大缩小,其紧凑性高达 6 000 m²/m³,为研制未来的高效、高紧凑性换热器展示了美好的前景。

第 14 章　换热器设计理论

14.1　换热器的热计算

换热器的热计算分为两种类型，一种是设计计算，另一种是校核计算。当需要设计一个新的换热器时，根据工况条件确定换热器所需的换热面积，这类计算称为设计计算。当已知固定换热面积的换热器时，在非设计工况条件下核算它能否胜任规定的换热任务，称为校核计算。下面对两种计算中的已知量及待求量做分析。

换热器热计算的基本公式为传热方程式及热平衡方程式，即

$$\Phi = kA\Delta t_m \tag{14.1}$$

$$\Phi = q_{m1}c_1(t'_1 - t''_1) = q_{m2}c_2(t''_2 - t'_2) \tag{14.2}$$

式中，Δt_m 为对数平均温差，℃；Φ 为换热量，W；k 为表面传热系数，W/$(m^2 \cdot K)$；A 为换热面积，m^2；t'_1、t''_1、t'_2、t''_2 分别为热流体和冷流体的进出口温度，℃，下标 1 表示热流体，下标 2 表示冷流体，"$'$""$''$" 分别表示进口和出口参数；q_{m1}、q_{m2} 分别为热流体和冷流体的质量流量，kg/s；c_1、c_2 分别为热流体和冷流体的比热容，kJ/$(kg \cdot K)$。

式(14.1) 中的 Δt_m 不是独立变量，因为只要确定了冷、热流体的流动布置及其进、出口温度，就可以算出 Δt_m。因此，上述 3 个方程中共有 8 个变量，分别为 k、A、$q_{m1}c_1$、$q_{m2}c_2$ 及 t'_1、t''_1、t'_2、t''_2 中的 3 个和 Φ，必须给定其中 5 个变量才能进行计算。

在设计计算时，给定的是 $q_{m1}c_1$、$q_{m2}c_2$ 和 4 个进、出口温度中的 3 个温度，最终求得 k 及 A。

在校核计算时，给定的是 A、$q_{m1}c_1$、$q_{m2}c_2$ 和 2 个进口温度 t'_1 及 t'_2，待求解的是出口温度 t''_1 及 t''_2。

换热器热计算的方法有两类：平均温差法及传热单元数法。下面首先介绍平均温差法的计算步骤，然后引入换热器效能（ε）、传热单元数（NTU）的概念，再介绍热计算的 ε－NTU 法，最后对换热器运行过程中的结垢问题进行讨论。

14.1.1　换热器热计算的平均温差法

1.流体温度分布

流体在换热器内流动，其温度变化过程以平行流动最为简单。图 14.1 所示为流体平行流动时温度变化示意图。

图 14.1(a) 一侧为蒸汽冷凝，而另一侧为液体沸腾，两种流体都有相变的传热。因为冷凝和沸腾都在等温下进行，故其传热温差为 $\Delta t = t_1 - t_2$，且在各处保持相同的数值。图 14.1(b) 表示的是热流体在等温下冷凝而将其热量传给温度沿着传热面不断提高的冷流

体,其传热温差从进口端的 $\Delta t' = t_1 - t_2'$ 变化到出口端的 $\Delta t'' = t_1 - t_2''$。与此相应的另一种情况是冷流体在等温下沸腾,而热流体的温度沿传热面不断降低,其传热温差从进口端的 $\Delta t' = t_1' - t_2$ 变化到出口端的 $\Delta t'' = t_1'' - t_2$[图 14.1(c)]。

遇到最多的情况是两种流体都没有发生相变,这里又有两种不同情形:顺流和逆流。顺流的情形如图 14.1(d) 所示。两种流体向同一方向平行流动,热流体的温度沿传热面不断降低,冷流体的温度沿传热面不断升高。两者的温差从进口端 $\Delta t' = t_1' - t_2'$ 变化到出口端的 $\Delta t'' = t_1'' - t_2''$。逆流的情形如图 14.1(e) 所示,两种流体以相反的方向平行流动,传热温差从一端的 $(t_1' - t_2')$ 变化的另一端的 $(t_1'' - t_2')$。

图 14.1(f) 所示的冷凝器内的温度变化过程要比图 14.1(b) 所示的更加普遍一些。在这里蒸汽(过热蒸汽)在高于饱和温度的状态下进入设备,在其中首先冷却到饱和温度,然后在等温下冷凝,凝结液离开换热器之前还产生液体的过冷。冷流体可以是顺流方向或逆流方向通过。传热温差的变化要比前面各种情形复杂。与此对应,图 14.1(g) 所表示的是冷流体在液态情况下进入设备吸热、沸腾,然后过热。

当热流体是由可凝蒸汽和非凝结性气体组成时,温度以更为复杂的形式分布,大体上如图 14.1(h) 所示。

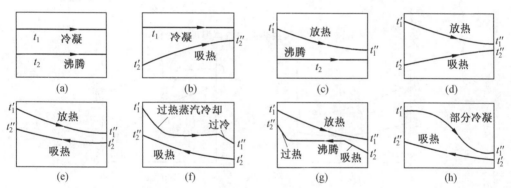

图 14.1　流体平行流动时温度变化示意图

从以上讨论的温度分布可见,在一般情况下,两种流体之间的传热温差在换热器内是处处不等的,所谓平均温差系指整个换热器各处温差的平均值。但是应用不同的平均方法就有不同的名称,如算术平均温差、对数平均温差、积分平均温差等。

2. 顺流和逆流情况下的平均温差

在以下几个假定的基础上,对顺、逆流换热器的传热温差进行分析时:① 两种流体的质量流量和比热容在整个传热面上保持定值;② 传热系数在整个传热面上不变;③ 换热器没有热损失;④ 沿管子的轴向导热可以忽略;⑤ 同一种流体从进口到出口的流动过程中,不能既有相变又有单相表面传热。

分析结果表明,传热温差沿传热面是按式(14.3)所示的指数规律变化的:

$$\Delta t_x = \Delta t' e^{-\mu K A_x} \tag{14.3}$$

当 $A_x = A$ 时,$\Delta t_x = \Delta t''$,故

$$\Delta t'' = \Delta t' e^{-\mu K A} \tag{14.4}$$

以上公式中,$\Delta t'$、Δt_x、A 分别为流体在传热面的起始端($A = 0$)、中间某断面($A = A_x$)、终端

（$A = A$）等处的温差；μ 为常数，其值为

$$\mu = \frac{1}{W_1} \pm \frac{1}{W_2} \tag{14.5}$$

此处，W 代表流体温度每改变 1 ℃ 时所需的热量，$W = q_m c$，"＋"号用于顺流，"－"号用于逆流。

由式（14.5）可见，在顺流时，不论 W_1、W_2 为何值，总有 $\mu > 0$，因而在热流体从进口到出口的方向上，两流体间的温差 Δt 总是不断降低，如图 14.2 所示。而对于逆流，沿着热流体进口到出口的方向上，当 $W_1 < W_2$ 时，$\mu > 0$，Δt 不断降低；当 $W_1 > W_2$ 时，$\mu < 0$，Δt 不断升高，如图 14.3 所示。

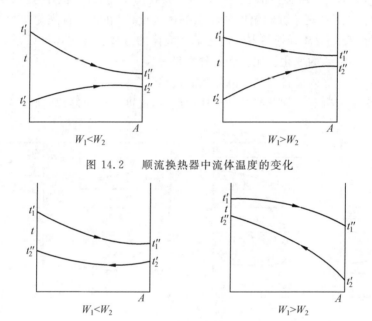

图 14.2　顺流换热器中流体温度的变化

图 14.3　逆流换热器中流体温度的变化

按照式（14.3）所示的温差变化关系，可推导出对于顺流、逆流换热器均可适用的平均温差计算公式为

$$\Delta t_m = \frac{\Delta t'' - \Delta t'}{\ln \dfrac{\Delta t''}{\Delta t'}} \tag{14.6}$$

由于其中包含了对数项，常称这种平均温差为对数平均温差，以 Δt_m 或 LMTD 表示。如不分传热面的始端和终端，而用 Δt_{max} 代表 $\Delta t''$ 和 $\Delta t'$ 中之大者，以 Δt_{min} 代表两者中之小者，则对数平均温差可统一写成

$$\Delta t_m = \frac{\Delta t_{max} - \Delta t_{min}}{\ln \dfrac{\Delta t_{max}}{\Delta t_{min}}} \tag{14.7}$$

如果流体的温度沿传热面变化不太大，当 $\dfrac{\Delta t_{max}}{\Delta t_{min}} \leqslant 2$ 时，可用算术平均的方法计算平均温差，称为算术平均温差，即

$$\Delta t_m = \frac{1}{2}(\Delta t_{max} + \Delta t_{min}) \tag{14.8}$$

算术平均温差恒高于对数平均温差,与式(14.7)给出的对数平均温差相比较,其误差在 $\pm 4\%$ 范围之内,这是工程计算中所允许的。而当 $\Delta t_{\max}/\Delta t_{\min} \leqslant 1.7$ 时,误差可不超过 $\pm 2.3\%$。

对于图 14.1(b) 和图 14.1(c) 所示的换热器,由于其中有一种流体在相变的情况下进行传热,它的温度沿传热面不变,因此无顺流、逆流之分,$\Delta t_{\max}$ 恒在无相变流体的进口处,而 $\Delta t_{\min}$ 恒在无相变流体的出口处。对于图 14.1(f) 和图 14.1(g) 所示的换热器,由于都有一种流体既有相变又有单相表面传热,因此应该分段计算平均温差。对于图 14.1(h) 所示的换热器,由于其热交换过程不同于一般,与之前所做的假定不符,也不能按指数规律计算平均温差。

3. 其他流动方式的平均温差

顺流和逆流属于最简单的流动方式,工程应用上往往由于需要传递大量的热而又受到空间的限制,而要采用多流程的、错流的以及更为复杂方式流动的换热器。

在这里还要对混合流与非混合流加以区别。以图 14.4 所示的错流为例,图 14.4(a) 为带翅片的管束,在管外侧流过的气体被限制在翅片之间形成各自独立的通道,在垂直于流动的方向上(横向)不能自由运动,也就不可能自身进行混合,我们称该气体为非混合流。与此类似,管内的流体也被约束在互相隔开的管子中,所以它也是非混合流。而图 14.4(b) 中的管子不带翅片,管外的气流可以在横向自由地、随意地运动,称为混合流,管内的流体仍属于非混合流。在错流式换热器中,两种流体的流动虽然简单,但是非混合流的温度在流动方向上和垂直于流动的方向上都是变化的。

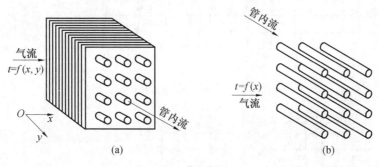

图 14.4　错流换热器

混流和错流流动平均温差的计算要比顺流、逆流复杂,但在附加一些简化的假设条件后,都可用数学方法导出。不过这些公式很烦琐,因而常将这些流动方式的流体进出口温度先按逆流算出对数平均温差,然后乘以考虑因其流动方式不同于逆流而引入的修正系数 ψ,即

$$\Delta t_{\mathrm{m}} = \psi \Delta t_{\mathrm{1m,c}} \tag{14.9}$$

式中 $\Delta t_{\mathrm{1m,c}}$ 为对数平均温差,按逆流方式由式(14.6)计算得到;ψ 为修正系数。

为了求取 ψ 值,可对式(14.6)进行变换,将它写成逆流的方式,即

$$\Delta t_{\mathrm{1m,c}} = \frac{(t_1' - t_2'') - (t_1'' - t_2')}{\ln \dfrac{t_1' - t_2''}{t_1'' - t_2'}} \tag{14.10}$$

若令

$$p = \frac{t_2'' - t_2'}{t_1' - t_2'} = \frac{\text{冷流体的加热度}}{\text{两流体的进口温度}} \quad (14.11)$$

$$R = \frac{t_1' - t_1''}{t_2'' - t_2'} = \frac{\text{热流体的冷却度}}{\text{冷流体的加热度}} \quad (14.12)$$

作为辅助参数,则可将 $\Delta t_{1m,c}$ 表达成 p、R 及 $(t_2'' - t_2')$ 的函数,即

$$\Delta t_{1m,c} = \frac{(R-1) - (t_2'' - t_2')}{\ln \frac{1-P}{1-PR}} \quad (14.13)$$

由 P、R 的定义可知,P 的数值代表了冷流体的实际吸热量与最大可能吸热量的比率,该比率称为温度效率,该值恒小于 1。R 是冷流体的热容量与热流体的热容量之比,可以大于 1、等于 1 或小于 1。

对于某种特定的流动形式,ψ 是辅助参数 P、R 的函数,即 $\psi = f(P,R)$。此函数形式因流动方式而异,由于篇幅所限,下面仅给出工程应用较方便的,将求取 ψ 值的公式绘成线图,根据 P、R 值即可查出 ψ 值的大小,如图 14.5 ~ 14.11 所示。

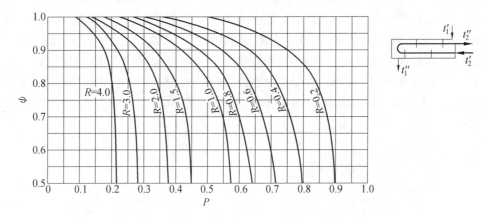

图 14.5   <1－2>型换热器的 ψ 值

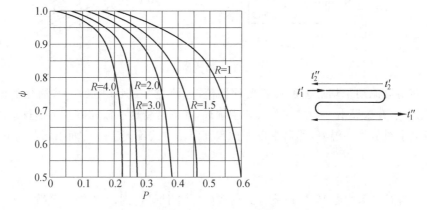

图 14.6   一个流程顺流、两个流程逆流的换热器的 ψ 值

ψ 值总是小于或等于 1 的。从 ψ 值的大小可看出某种流动方式在给定工况下接近逆流的程度。在设计中除非出于降低壁温的目的,否则最好使 $\psi > 0.9$,若 $\psi < 0.75$ 就认为不合理,此时可采用多壳程(如将 <1－2> 型改为 <2－4> 型)或多台串联的方式来代替,因

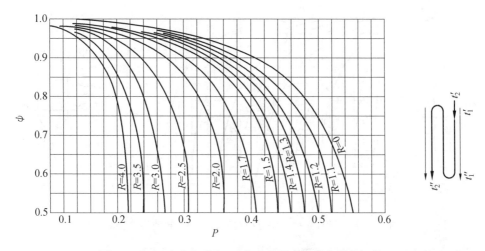

图 14.7 一个流程逆流、两个流程顺流的换热器的 ψ 值

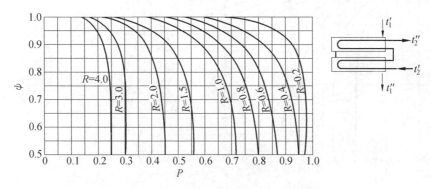

图 14.8 ＜2－4＞型换热器的 ψ 值

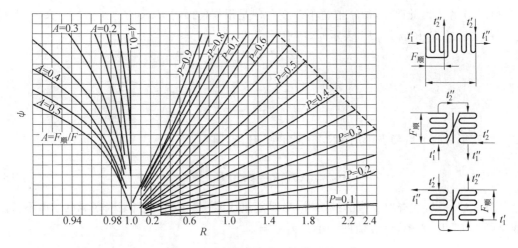

图 14.9 串联混合流型换热器的 ψ 值

为这样可使 ψ 值提高,使流动方式更接近于逆流。

ψ 值是在分析换热器微元面积的热平衡方程和传热方程的基础上获得的,即

$$-W_1 dt_1 = W_2 dt_2 = K(t_1 - t_2) dA \tag{14.14}$$

如果把换热器中的两种流体交换一下,即下标 1 改为冷流体,下标 2 改为热流体,此时

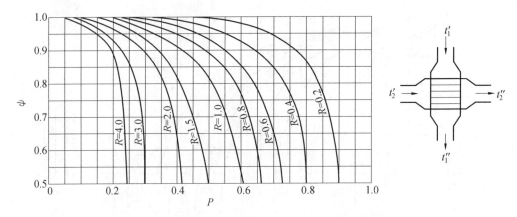

图 14.10　只有一种流体有横向混合的一次错流换热器的 ψ 值

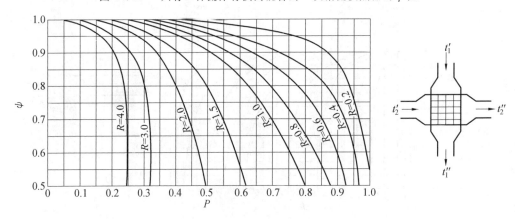

图 14.11　两种流体均无横向混合的一次错流换热器的 ψ 值

式(14.14)并不因此改变,故 ψ 值也不改变。但是根据前面对 P、R 两值所做的定义,在改变了下标之后的 P、R 以 P'、R' 表示时,应有

$$\begin{cases} P' = \dfrac{t''_1 - t'_1}{t'_2 - t'_1} = PR \\ R' = \dfrac{t'_2 - t''_2}{t''_1 - t'_1} = \dfrac{1}{R} \end{cases} \tag{14.15}$$

因而下标改变后相当于用 PR、$\dfrac{1}{R}$ 代替了 P、R,即

$$\psi = f(P, R) = f\left(PR, \frac{1}{R}\right) \tag{14.16}$$

根据这一点,在查取 ψ 值的线图时,当 R 超过线图所示范围或当某些区域的 ψ 值不易读准时可用 P'、R' 查图,对 ψ 值的大小并无影响。

14.1.2　换热器热计算的效能 —— 传热单元数法

1.传热单元数和换热器的效能

换热器的效能 ε 是指换热器的实际换热量与最大可能换热量的比值。在换热器中,流体能够达到的最大温差为 $(t'_1 - t'_2)$,根据热平衡方程,能够达到该最大温差的必为小热容量

流体。因此,换热器效能 ε 的定义式为

$$\varepsilon = \frac{\varphi_s}{\varphi_{max}} = \frac{\varphi_s}{(q_m c)(t_1' - t_2')} \tag{14.17}$$

则用 4 个温度来表示的换热器的效能 ε 为

$$\varepsilon = \begin{cases} \dfrac{t_1' - t_1''}{t_1' - t_2'}, & (q_m c)_{min} = q_{m1} c_1 \\[2mm] \dfrac{t_2'' - t_2'}{t_1' - t_2'}, & (q_m c)_{min} = q_{m2} c_2 \end{cases} \tag{14.18}$$

式中,分母为流体在换热器中可能发生的最大温度差值,而分子则为冷流体或热流体在换热器中的实际温度差值中的大者。已知 ε 后,换热器交换的热量 Φ 即可根据两种流体的进口温度确定:

$$\Phi = (q_m c)_{min} (t' - t'')_{max} = \varepsilon (q_m c)_{min} (t_1' - t_2') \tag{14.19}$$

2. 与效能 ε 有关的变量

先以顺流为例做推导。假定 $q_{m1} c_1 < q_{m2} c_2$,于是按式(14.17)可写出

$$t_1' - t_1'' = \varepsilon (t_1' - t_2') \tag{a}$$

再根据热平衡式(14.2)有

$$\Phi = q_{m1} c_1 (t_1' - t_1'') = q_{m2} c_2 (t_2'' - t_2')$$

于是

$$t_2'' - t_2' = \frac{q_{m1} c_1}{q_{m2} c_2} (t_1' - t_1'') \tag{b}$$

式(a)(b) 相加得

$$(t_1' - t_2') - (t_1'' - t_2'') = \varepsilon \left(1 + \frac{q_{m1} c_1}{q_{m2} c_2}\right) (t_1' - t_2') \tag{c}$$

上式两端同除以 $(t_1' - t_2')$,得

$$1 - \frac{t_1'' - t_2''}{t_1' - t_2'} = \varepsilon \left(1 + \frac{q_{m1} c_1}{q_{m2} c_2}\right) \tag{d}$$

由式(14.3)可知

$$\frac{t_1'' - t_2''}{t_1' - t_2'} = e^{-\mu k A} \tag{e}$$

代入式(d),得

$$\varepsilon = \frac{1 - e^{-\mu k A}}{1 + \dfrac{q_{m1} c_1}{q_{m2} c_2}} \tag{f}$$

将 $d(\Delta t) = -\mu k \Delta t dA$ 代入式(f)得

$$\varepsilon = \frac{1 - \exp\left[-\dfrac{kA}{q_{m1} c_1}\left(1 + \dfrac{q_{m1} c_1}{q_{m2} c_2}\right)\right]}{1 + \dfrac{q_{m1} c_1}{q_{m2} c_2}} \tag{g}$$

当 $q_{m1} c_1 > q_{m2} c_2$ 时,类似的推导可得

$$\varepsilon = \frac{1 - \exp\left[-\dfrac{kA}{q_{m2} c_2}\left(1 + \dfrac{q_{m2} c_2}{q_{m1} c_1}\right)\right]}{1 + \dfrac{q_{m2} c_2}{q_{m1} c_1}} \tag{h}$$

上两式可合并写成

$$\varepsilon = \frac{1 - \exp\left\{-\dfrac{kA}{(q_\mathrm{m}c)_\mathrm{min}}\left[1 + \dfrac{(q_\mathrm{m}c)_\mathrm{min}}{(q_\mathrm{m}c)_\mathrm{max}}\right]\right\}}{1 + \dfrac{(q_\mathrm{m}c)_\mathrm{min}}{(q_\mathrm{m}c)_\mathrm{max}}} \tag{i}$$

令

$$\frac{kA}{(q_\mathrm{m}c)_\mathrm{min}} = \mathrm{NTU} \tag{14.20}$$

式(14.20)成为

$$\varepsilon = \frac{1 - \exp\left\{(-\mathrm{NTU})\left[1 + \dfrac{(q_\mathrm{m}c)_\mathrm{min}}{(q_\mathrm{m}c)_\mathrm{max}}\right]\right\}}{1 + \dfrac{(q_\mathrm{m}c)_\mathrm{min}}{(q_\mathrm{m}c)_\mathrm{max}}} \tag{14.21}$$

类似的推导可得逆流换热器的效能 ε 为

$$\varepsilon = \frac{1 - \exp\left\{-\dfrac{kA}{(q_\mathrm{m}c)_\mathrm{min}}\left[1 + \dfrac{(q_\mathrm{m}c)_\mathrm{min}}{(q_\mathrm{m}c)_\mathrm{max}}\right]\right\}}{1 - \dfrac{(q_\mathrm{m}c)_\mathrm{min}}{(q_\mathrm{m}c)_\mathrm{max}}\exp\left\{(-\mathrm{NTU})\left[1 - \dfrac{(q_\mathrm{m}c)_\mathrm{min}}{(q_\mathrm{m}c)_\mathrm{max}}\right]\right\}} \tag{14.22}$$

式(14.20)所定义的 NTU 称为传热单元数。它是换热器热设计中的一个无量纲参数，在一定意义上可看成是换热器 kA 值大小的一种度量。

当冷、热流体之一发生相变，即 $(q_\mathrm{m}c)_\mathrm{max}$ 趋于无穷大时，式(14.21)、式(14.22)均可简化成

$$\varepsilon = 1 - \exp(-\mathrm{NTU}) \tag{14.23}$$

当冷、热流体的 $(q_\mathrm{m}c)$ 的值(习惯上称为水当量)相等时，式(14.21)、式(14.22)分别简化成：

顺流
$$\varepsilon = \frac{1 - \exp(-2\mathrm{NTU})}{2} \tag{14.24}$$

逆流
$$\varepsilon = \frac{\mathrm{NTU}}{1 + \mathrm{NTU}} \tag{14.25}$$

对于比较复杂的流动形式，ε 的计算式可参阅有关文献。为了便于工程计算，这些 ε 的计算式已被绘成线算图备查。

根据 ε 及 NTU 的定义及换热器两类热计算的任务可知，设计计算是已知 ε 求 NTU，而校核计算则是由 NTU 求取 ε。它们的计算步骤都与平均温差法中对应计算大致相似，故不再细述。这里仅指出一点：在校核计算中，为了算出 NTU，同样需要假定流体的出口温度以获得 k。但 t'' 对 k 的影响是通过定性温度来体现的，显然远不如对热平衡热量或平均温差影响那么大。在这一点上效能－传热单元数法有其一定优越性。采用平均温差法时，通过 ψ 值的大小可以看出流动布置与逆流的差距，有利于改进流动形式的选择，从这点来看存在优势。实际使用时究竟采用哪一种设计法在很大程度上取决于该工程领域中的传统，我国锅炉工程界广泛采用平均温差法设计，而低温换热器则常采用传热单元数法设计。

14.1.3　换热器设计时的综合考虑

换热器设计是一个综合性的课题，必须考虑初投资、运行费用、安全可靠等因素，以得到

最佳的综合技术经济指标。换热器的热计算仅是这个综合性课题的一个局部组成,其他计算还有流动阻力计算、材料强度计算及必要的技术经济分析与比较等。

设计换热器时要对影响传热效果的一些主要因素做全面的考虑。例如,提高流速固然可以增强传热,节省一些初投资,但是往往使压降增加,从而运行费用上升。流速还受到以下两个因素的制约:一方面,为了保证在换热面上不过分快地积垢,流速不能过低;另一方面,为避免引起水蚀或振动不能采用过高流速。在设计能达到最佳综合技术经济指标的具体方案中,选用恰当的传热方案,使之既能较经济、安全地完成换热任务,又能把压降保持在合理的范围,这就需要通晓和灵活应用传热学原理,重要的是要注意避免考虑因素的片面性。

此外,运行中的一些实际问题在换热器设计中也应考虑。例如,应当根据换热介质及运行条件合理地选取污垢热阻,并且应当把积垢严重的流体安排在管壳式换热器的管程,这样就可以用机械清洗法来除垢,否则就不能用简便的机械清洗法,而只能用比较麻烦的化学清洗法,对维护保养不利。又如,管径和节距选得小,固然有利于缩小外形尺寸和传热,但在运行中容易发生堵塞,并且不容易清洗,所以也要根据经验做恰当的选择。还应该指出,随着计算机应用的扩大,换热器的设计计算,包括热计算、压降计算和综合技术经济指标比较计算,都有可能计算得更准确,并在广阔的参数变动范围内进行多种方案的比较和筛选,从而大大提高优化设计的能力。

14.1.4　换热器的结垢及污垢热阻

换热器运行一段时间后,换热面上常会积起水垢、污泥、油污、烟灰之类的覆盖物垢层,有时还由于换热面与流体的相互作用发生腐蚀而引起覆盖物垢层。所有这些覆盖物垢层都表现为附加的热阻,使传热系数减小,换热器性能下降。由于垢层厚度及其传热系数难于确定,通常采用它所表现出来的热阻值计算。这种热阻称为污垢热阻,记为 R_f,并有

$$R_f = \frac{1}{k} - \frac{1}{k_0} \tag{14.26}$$

式中,k_0 为洁净换热面的传热系数;k 为有污垢换热面的传热系数。

污垢的产生增加了换热器设备的冗余面积,对使用中的换热器则增加了其运行费用,因此污垢的抑制、监测及清除问题一直是传热学界与工业界所关心的课题。由于污垢产生的机理复杂,目前尚未找出在换热设备中消除污垢的良策。工程界的一种实用做法是,一方面在设计时适当考虑污垢热阻,同时对运行中的换热器实行定期清洗,以保证污垢热阻不超过设计时的选定值。污垢热阻的值只能通过实验测定。

14.2　常见换热器设计

14.2.1　管壳式换热器设计

1. 换热器的结构

(1) 管程结构。

① 换热管规格和排列的选择。换热管直径越小,换热器单位体积的传热面积越大。因

此,对于洁净的流体管径可取小些。但对于不洁净或易结垢的流体,管径应取得大些,以免堵塞。考虑到制造和维修的方便,加热管的规格不宜过多。目前我国试行的系列标准规定采用 25×2.5 和 19×2 两种规格,对一般流体是适应的。此外,还有 38×2.5、57×2.5 的无缝钢管和 25×2、38×2.5 的耐酸不锈钢管。

按选定的管径和流速确定管子数目,再根据所需传热面积,求得管子长度。实际所取管长应根据出厂的钢管长度合理截用。我国生产的钢管长度多为 6 m、9 m,故系列标准中管长有 1.5 m、2 m、3 m、4.5 m、6 m 和 9 m 六种,其中以 3 m 和 6 m 更为普遍。同时,管子的长度又应与管径相适应,一般管长与管径之比为 $4 \sim 6$。

管子的排列方式有等边三角形和正方形两种(图 14.12)。与正方形相比,等边三角形排列比较紧凑,管外流体湍动程度高,表面传热系数大。正方形排列虽比较松散,传热效果也较差,但管外清洗方便,对易结垢流体更为适用。如将正方形排列的管束斜转 45° 安装,可在一定程度上提高表面传热系数。

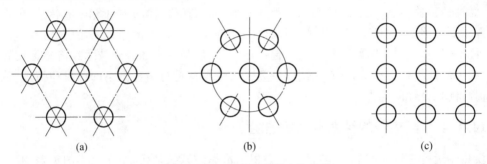

(a)	(b)	(c)

图 14.12　管子在管板上的排列

② 管板。固定管板式换热器的两端管板采用焊接方法与壳体连接固定。管板的作用是将受热管束连接在一起,并将管程和壳程的流体分隔开来。

③ 封头。封头有方形和圆形两种,方形用于直径小的壳体(一般小于 400 mm),圆形用于大直径的壳体。

④ 管箱。列管式换热器管箱即换热器的端盖,也称分配室,用以分配液体并且具有封头的作用。压力较低时可采用平盖,压力较高时则采用凸形盖,用法兰与管板连接。检修时可拆下管箱对管子进行清洗或更换。

管箱的最小内侧深度与长度应符合以下条件:

① 轴向开孔的单管程管箱,开口中心处的最小深度应不小于接管内直径的 1/3。

② 多管程的内侧深度应保证两程之间的最小流通面积不小于每管程换热管流通面积的 1.3 倍;当操作允许时,也可等于换热管的流通面积。

③ 管箱长度还应考虑管程进出管开孔补强的边缘应力影响范围,如果紧挨壳程进出管,还应考虑装卸螺栓螺母,这一点新手特别容易忽视,特别在不按比例制图情况下,个别情况还应考虑人进入管箱维护的空间。

④ 管箱的长度还应考虑接管到封头切线的距离,接管焊缝到法兰密封面之间的距离。管箱的长度应尽量短一些。

(2)壳程结构。

① 壳体。换热器壳体的内径应等于或稍大于(对浮头式换热器而言)管板的直径。根

据计算得出的实际管数、管径、管中心距及管子排列方法等,通过作图法来确定壳体的内径。但是,当管数较多又要进行反复计算时,作图法烦琐且费时,因此一般在初步设计时,可先分别假定两流体的流速,然后计算所需的管程和壳程的流通截面积,最终在系列标准中查出外壳的直径。待全部设计完成后,仍应用作图法画出管子排列图。为了使管子排列均匀,防止流体走"短路",可以适当增减一些管子。

另外,初步设计时也可用下式计算壳体的内径:

$$D = T(n_c - 1) + 2b' \tag{14.27}$$

式中,D 为壳体内径,m;T 为管中心距,m;n_c 为横过管束中心线的管数;b' 为管束中心线上最外层管的中心至壳体内壁的距离,一般取 $b' = (1 \sim 1.5)d_o$,d_o 为传热管外径。

n_c 值可由下列公式计算:

$$n_c = 1.1\sqrt{n} \tag{14.28}$$

式中,n 为换热器的总管数。

② 折流挡板。安装折流挡板的目的是提高管外表面传热系数,为取得良好的效果,挡板的形状和间距必须适当。折流挡板不仅可防止流体短路、增加流体流速,还迫使流体按规定路径多次错流通过管束,使湍动程度大为增加。如图 14.13 所示,常用的折流挡板有圆缺形和圆盘形两种,前者更为常用。切去的弓形高度为外壳内径的 10% ~ 40%,一般取 20% ~ 25%,过高或过低都不利于传热。

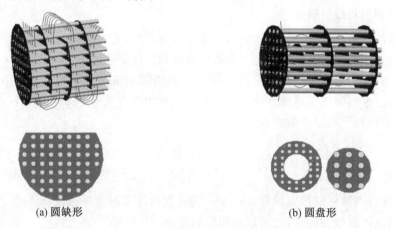

(a) 圆缺形　　　　　　　　　　　　(b) 圆盘形

图 14.13　折流挡板

两相邻挡板的距离(板间距)h 为外壳内径 D 的 $(0.2 \sim 1)$ 倍。板间距过小,不便于制造和检修,阻力也较大。板间距过大,流体就难于垂直地流过管束,使对流传热系数下降。

对圆缺形挡板而言,弓形缺口的大小对壳程流体的流动情况有重要影响。由图 14.14 可以看出,弓形缺口太大或太小都会产生"死区",既不利于传热,又会增加流体阻力。

死区

(a) 切除过少　　　(b) 切除适当　　　(c) 切除过多

图 14.14　挡板切除对流动的影响

　　挡板的间距对壳体的流动也有重要的影响。间距太大,不能保证流体垂直流过管束,使管外表面传热系数下降;间距太小,不便于制造和检修,阻力损失也大。一般取挡板间距为壳体内径的 $0.2 \sim 1.0$ 倍。我国系列标准中采用的挡板间距为:固定管板式有 100 mm、150 mm、200 mm、300 mm、450 mm、600 mm、700 mm 七种;浮头式有 100 mm、150 mm、200 mm、250 mm、300 mm、350 mm、450 mm(或 480 mm)、600 mm 八种。

　　③ 缓冲板。为防止壳程流体进入换热器时对管束的冲击,可在进料管口装设缓冲挡板。

　　④ 导流筒。壳程流体的进、出口和管板间必存在有一段流体不能流动的空间(死角),为了提高传热效果,常在管束外增设导流筒,使流体进、出壳程时必然经过这个空间。

　　⑤ 放气孔、排液孔。换热器的壳体上常安有放气孔和排液孔,以排除不凝性气体和冷凝液等。

　　⑥ 接管尺寸。换热器中流体进、出口的接管直径按下式计算:

$$d = \sqrt{\frac{4V_s}{\pi w}} \tag{14.29}$$

式中,V_s 为流体的体积流量,m^3/s;w 为接管中流体的流速,m/s。

　　流速 w 的经验值为:

　　对液体:$w = 1.5 \sim 2\ m/s$;对蒸汽:$w = 20 \sim 50\ m/s$;对气体:$w = 15 \sim 20\ m/s$。

2. 管程和壳程数的确定

　　当流体的流量较小或传热面积较大而需管数很多时,有时会使管内流速较低,因而对流传热系数较小。为了提高管内流速,可采用多管程。但是程数过多,导致管程流体阻力加大,增加动力费用;同时多程会使平均温差下降;此外多程隔板使管板上可利用的面积减少,设计时应考虑这些问题。列管式换热器的系列标准中管程数有 1、2、4 和 6 程 4 种。采用多程时,通常应使每程的管子数大致相等。

　　管程数 m 可按下式计算:

$$m = \frac{w}{w'} \tag{14.30}$$

式中,w 为管程内流体的适宜速度,m/s;w' 为管程内流体的实际速度,m/s。

　　当壳侧流体流速太低时,也可以采用壳侧多程。如壳体内安装一块与管束平行的隔板,流体在壳体内流经两次,称为两壳程。但由于纵向隔板在制造、安装和检修等方面都有困难,故一般不采用壳侧多程的换热器,而是将几个换热器串联使用,以代替壳侧多程。例如,当需二壳程时,则将总管数等分为两部分,分别安装在两个内径相等且直径较小的外壳中,然后把这两个换热器串联使用,如图 14.15 所示。

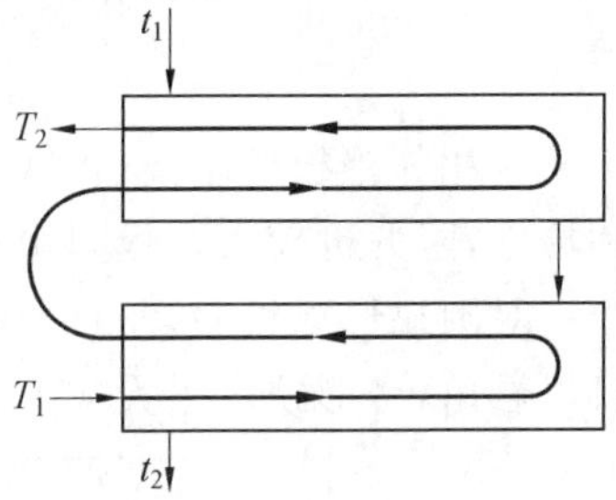

3. 流动空间的选择

　　在管壳式换热器的设计中,首先要决定哪种流体走管程,哪种流体走壳程。这需要遵循一些一般原则。

　　① 应尽量提高两侧传热系数较小的一个,使传热面两侧的传热系数接近。

图 14.15　换热器串联

② 在运行温度较高的换热器中,应尽量减少热量的损失,而对于一些制冷装置,应尽量减少其冷量的损失。

③ 管、壳程的选择应尽量做到易于清洗除垢和修理,以保证运行的可靠性。

④ 应减小管子和壳体因受热不同而产生的热应力。从这个角度来说,顺流式优于逆流式,因为顺流式进出口端的温度比较平均,不像逆流式那样热,冷流体的高温段都集中在一端,低温部分集中于另一端,易于因两端收缩不同而产生热应力。

⑤ 流量小而黏度大($\mu = (1.5 \times 10^{-3}) \sim (2.5 \times 10^{-3})$ Pa·s)的流体一般以壳程为宜,因在壳程 $Re > 100$ 即可达到湍流。但这不是绝对的,如流动阻力损失允许,将这类流体通入管内并采用多管程结构,也可得到较高的表面传热系数。

⑥ 对于有毒的介质或气体介质,必使其不泄漏,应特别注意其密封,密封不仅要可靠,而且还要求方便和简单。

⑦ 应尽量避免采用贵金属,以降低其成本。

以上这些原则有的是相互矛盾的,所以在具体设计时应综合考虑,最终决定哪一种流体走管程,哪一种流体走壳程。

(1) 适于通入管内空间(管程) 的流体。

① 不清洁的流体适于布置于管侧空间,因为在管内空间得到较高的流速并不困难,而流速高时,悬浮物不易沉淀,且管内空间也易于清洁。

② 容积小的流体适于布置于管侧空间,因为管内空间的流通截面往往比管外空间的流通截面小,流体易于获得必要的理想流速,而且也便于做多程流动。

③ 有压力的流体适于布置于管侧空间,因为管子承压能力强,而且简化了壳体的密封要求。

④ 腐蚀性强的流体适于布置于管侧空间,因为只有管子及管箱才需要用耐腐蚀的材料,而壳体及管外空间的所有零件均可用普通材料制造,这样可以降低造价。此外,在管内空间装设保护用的衬里或覆盖层也比较普遍,并容易检查。

⑤ 与外界温差较大的流体适于布置于管侧空间,因为可以减少热量的散失。

(2) 宜于通入壳侧空间(壳程) 的流体。

① 当两流体温度相差较大时,h 值较大的流体走壳侧,这样可以减少管壁与壳壁间的温度差,因而也减少了管束与壳体间的相对伸长量,故温差应力可以降低。

② 当两流体的换热性能相差较大时,h 值较小的流体走壳侧,此时可用翅片管来平衡传热面两侧的换热条件,使之相互接近。

③ 饱和蒸汽宜于通入壳侧空间,以便于及时排除冷凝液,且蒸气较洁净,冷凝传热系数与流速关系不大。

④ 黏度大的液体宜于通入壳侧空间,管间的流动截面与方向都在随时变化,在低雷诺数下,管外表面传热系数比管内大。

⑤ 被冷却的流体宜于通入壳侧空间,可利用外壳向外的散热作用,以增强冷却效果。

⑥ 泄漏后危险性大的流体宜于通入壳侧空间,可以减少泄漏机会,以保证安全。

此外,易析出结晶、沉渣、淤泥以及其他沉淀物的流体,最好通入比较更容易清洗的流动空间,在管壳式换热器中,一般易清洗的是管内空间。但在 U 型管、浮头式换热器中,易清洗的都是管外空间。

4. 流体流速的选择

增加流体在换热器中的流速,将加大表面传热系数,减少污垢在管子表面上沉积的可能性,降低污垢热阻,使总传热系数增大,从而可减小换热器的传热面积。但是流速增加,又使流体阻力增大,动力消耗就增多。所以适宜的流速要通过经济衡算才能定出。

此外,在选择流速时,还需考虑结构上的要求。例如,选择高的流速,使管子的数目减少,对一定的传热面积,不得不采用较长的管子或增加程数。管子太长不易清洗,且一般管长都有一定的标准;单程变为多程使平均温差下降。这些也是选择流速时应予考虑的问题。工程常用的流速范围见表 14.1 与表 14.2。

表 14.1   列管换热器内常用的流速范围

流体种类	流速 /(m·s^{-1})	
	管程	壳程
一般液体	$0.5 \sim 1.3$	$0.2 \sim 1.5$
宜结垢液体	>1	>0.5
气 体	$5 \sim 30$	$3 \sim 15$

表 14.2   液体在列管换热器中流速(在钢管中)

液体黏度 $\mu/(\times 10^3 \text{ Pa·s})$	最大流速 $w_{max}/(\text{m·s}^{-1})$
$>1\,500$	0.6
$1\,000 \sim 500$	0.75
$500 \sim 100$	1.1
$100 \sim 53$	1.5
$35 \sim 1$	1.8
>1	2.4

5. 流动方式的选择

除逆流和顺流之外,在列管式换热器中冷、热流体还可以做各种多管程多壳程的复杂流动。当流量一定时,管程或壳程越多,表面传热系数越大,对传热过程越有利。但是,采用多管程或多壳程必导致流体阻力损失,即输送流体的动力费用增加。因此,在决定换热器的程数时,需权衡传热和流体输送两方面的损失。

当采用多管程或多壳程时,列管式换热器内的流动形式复杂,对数平均温差要加以修正。

6. 加热剂和冷却剂的选择

用换热器解决物料的加热冷却时,还要考虑加热剂(热源)和冷却剂(冷源)的选用问题。

可以用作加热剂和冷却剂的物料很多,列管式换热器常用的加热剂有饱和水蒸气、烟气和热水等。常用的冷却剂有水、空气和氨等。在选用加热剂和冷却剂的时候主要考虑来源方便,有足够的温度,价格低廉,使用安全。

（1）常用的加热剂。

① 饱和水蒸气。饱和水蒸气是一种应用最广泛的加热剂，由于饱和水蒸气冷凝时的表面传热系数很高，可以改变蒸汽的压强以准确地调节加热温度，而且常可利用价格低廉的蒸汽机及涡轮机排放的废气。但饱和水蒸气温度超过 180 ℃ 时，就需采用很高的压强。一般只用于加热温度在 180 ℃ 以下的情况。

② 烟气。燃料燃烧所得到的烟气具有很高的温度，可达 700～1 000 ℃，适用于需要达到高温度的加热。用烟气加热的缺点是它的比热容低、控制困难及表面传热系数很低。

除了以上两种常用的加热剂之外，还可以结合工厂的具体情况，采用热空气作为加热剂，也可应用热水来作为加热剂。

（2）常用的冷却剂。

水和空气是最常用的冷却剂，它们可以直接取自大自然，不必特别加工。以水和空气比较，水的比热容高，表面传热系数也很高，但空气的取得和使用比水方便，所以应根据当地情况进行选用。水和空气作为冷却剂受到当地气温的限制，一般冷却温度为 10～25 ℃。如果要冷却到较低的温度，则需应用低温剂，常用的低温剂有冷冻盐水（$CaCl_2$、$NaCl$ 及其他溶液）。

7. 流体出口温度的确定

若换热器中冷、热流体的温度都由工艺条件所规定，则不存在确定流体两端温度的问题。若其中一流体仅已知进口温度，则出口温度应由设计者来确定。例如，用冷水冷却一热流体，冷水的进口温度可根据当地的气温条件做出估计，而其出口温度则可根据经济核算来确定：为了节省冷水量，可使出口温度提高一些，但是传热面积就需要增加；为了减小传热面积，则需要增加冷水量。两者是相互矛盾的。一般来说，水源丰富的地区选用较小的温差，缺水地区选用较大的温差。不过，工业冷却用水的出口温度一般不宜高于 45 ℃，因为工业用水中所含的部分盐类（如 $CaCO_3$、$CaSO_4$、$MgCO_3$ 和 $MgSO_4$ 等）的溶解度随温度升高而减小，如出口温度过高，盐类析出，将形成传热性能很差的污垢，而使传热过程恶化。如果用加热介质加热冷流体，可按同样的原则选择加热介质的出口温度。

8. 材质的选择

列管换热器的材料应根据操作压强、温度及流体的腐蚀性等选用。在高温下一般材料的机械性能及耐腐蚀性能要下降。同时具有耐热性、高强度及耐腐蚀性的材料是很少的。目前常用的金属材料有碳钢、不锈钢、低合金钢、铜和铝等；非金属材料有石墨、聚四氟乙烯和玻璃等。不锈钢和有色金属虽然抗腐蚀性能好，但价格高且较稀缺，应尽量少用。

14.2.2　列管式换热器的设计计算

列管式换热器的选用和设计计算步骤基本上是一致的，其基本步骤如下：

1. 试算并初选设备规格

① 根据传热任务，计算传热量。

② 计算传热温差，并根据温差修正系数不小于 0.8 的原则，确定壳程数或调整加热介质或冷却介质的终温。

③ 选择流体在换热器中的通道。

④ 确定流体在换热器中的流动途径。

⑤ 根据传热任务计算热负荷 Q。

⑥ 确定流体在换热器两端的温度，选择列管式换热器的形式；计算定性温度，并确定在定性温度下流体的性质。

⑦ 计算平均温度差，并根据温度校正系数不应小于 0.8 的原则，决定壳程数。

⑧ 依据总传热系数的经验值范围，或按生产实际情况，选定总传热系数 K。

⑨ 依据传热基本方程，估算传热面积，并确定换热器的基本尺寸或按系列标准选择换热器的规格。

⑩ 选择流体的流速，确定换热器的管程数和折流板间距。

2. 计算管、壳程压降

根据初定的设备规格，计算管、壳程流体的压降。检查计算结果是否合理或是否满足工艺要求。若压降不符合要求，要调整流速，再确定管程数或折流板间距，或选择另一规格的设备，重新计算压降直至满足要求为止。

3. 计算传热系数，校核传热面积

计算管程、壳程的表面传热系数，确定污垢热阻，计算传热系数和所需的传热面积。一般选用换热器的实际传热面积比计算所需传热面积大 $10\% \sim 25\%$，应使 $K'/K = 1.15 \sim 1.25$，否则另设总传热系数，另选换热器，重新进行校核计算。

通常，进行换热器的选择或设计时，应在满足传热要求的前提下，再考虑其他各项的问题。它们之间往往是互相矛盾的。例如，若设计换热器的总传热系数较大，将导致流体通过换热器的压降（阻力）增大，相应地增加了动力费用；若增加换热器的表面积，可能使总传热系数和压降降低，但却受到安装换热器所能允许的尺寸限制，并且换热器的造价也有所提高。

此外，其他因素（如加热和冷却介质的用量，换热器的检修和操作）也不可忽视。总之，设计者应综合分析考虑上述诸因素，给予细心的判断，以便做出一个适宜的设计。

14.2.3 换热器压降的计算

换热器管程及壳程的流动阻力常常控制在一定的允许范围内。若计算结果超过允许值，则应修改设计参数或重新选择其他规格大的换热器。按一般经验，对于液体常控制在 $10^4 \sim 10^5$ Pa 范围内，对于气体则以 $10^3 \sim 10^4$ Pa 为宜。此外，也可依据操作压力不同而有所差别，具体见表 14.3。

表 14.3　换热器操作允许压降 Δp

换热器操作压力 /Pa	允许压降 /Pa
$p < 10^5$（绝压）	$\Delta p = 0.1p$
$p = 0 \sim 10^5$（表压）	$\Delta p = 0.5p$
$p > 10^5$（表压）	$\Delta p > 5 \times 10^4$ Pa

1. 管程流体阻力

管程阻力可按一般摩擦阻力公式求得。对于多程换热器，其总阻力 Δp_t 等于各程直管

阻力、回弯阻力及进、出口阻力之和。一般进、出口阻力可忽略不计，故管程总阻力的计算公式为

$$\Delta p_t = (\Delta p_i + \Delta p_r) F_t N_s N_p \tag{14.31}$$

式中，Δp_i、Δp_r 为分别为直管及回弯管中因摩擦阻力引起的压降，Pa；F_t 为结垢校正因数，无因次，对于 25×2.5 mm 的管子，取 1.4，对于 19×2 mm 的管子，取 1.5；N_p 为管程数；N_s 为串联的壳程数。

每程直管阻力为

$$\Delta p_i = \lambda \frac{l}{d} \frac{\rho w^2}{2}$$

每程回弯阻力为

$$\Delta p_r = 3 \times \frac{\rho w^2}{2}$$

由式（14.31）可以看出，管程的阻力损失（或压降）正比于管程数 N_p 的三次方，即

$$\Delta p_t \propto N_p^3$$

对于同一换热器，若由单管程改为两管程，阻力损失剧增为原来的 8 倍，而强制对流传热、湍流条件下的表面传热系数只增为原来的 1.74 倍；若由单管程改为四管程，阻力损失增为原来的 64 倍，而表面传热系数只增为原来的 3 倍。由此可见，在选择换热器管程数目时，应该兼顾传热与流体压降两方面的得失。

2. 壳程流体阻力

现已提出的壳程流体阻力的计算公式虽然较多，但是由于流体的流动状况比较复杂，使所得的结果相差很多。下面介绍埃索法计算壳程压强的公式，即

$$\Delta p_s = (\Delta p_0 + \Delta p_{ip}) F_s N_s \tag{14.32}$$

式中，Δp_s 为壳程总阻力损失，Pa；Δp_0 为流过管束的阻力损失，Pa；Δp_{ip} 为流过折流板缺口的阻力损失，Pa；F_s 为壳程阻力结垢校正系数，对液体可取 $F_s=1.15$，对气体或可凝蒸汽取 $F_s=1.0$；N_s 为壳程数。

管束阻力损失为

$$\Delta p_0 = F f_0 N_{Tc} (N_B + 1) \frac{\rho w_0^2}{2}$$

折流板缺口阻力损失为

$$\Delta p_{ip} = N_B \left(3.5 - \frac{2B}{D}\right) \frac{\rho w_0^2}{2}$$

式中，N_B 为折流板数目；N_{Tc} 为横过管束中心的管子数，对于三角形排列的管束，$N_{Tc}=1.1N_T^{0.5}$，对于正方形排列的管束，$N_{Tc}=1.19N_T^{0.5}$，N_T 为每一壳程的管子总数；B 为折流板间距，m；D 为壳程直径，m；w_0 为按壳程流通截面积或按其截面积计算所得的壳程流速，m/s；F 为管子排列形式对压降的校正系数，对三角形排列，$F=0.5$，对正方形排列，$F=0.3$，对正方形斜转 $45°$，$F=0.4$；f_0 为壳程流体摩擦系数，根据 $Re_c=\dfrac{d_0 w_0 \rho}{\eta}$，由图 14.16 可以看出，当 $Re_0 > 500$ 也可由下式求出：

$$f_0 = 5.0 Re_0^{-0.228}$$

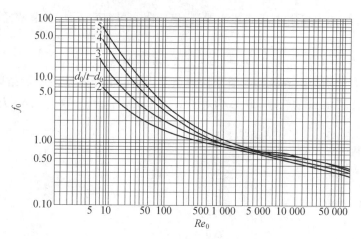

图 14.16 摩擦系数与雷诺数关系图

因 $(N_B + 1) = \dfrac{l}{B}$，w_0 正比于 $\dfrac{1}{B}$，管束阻力损失 Δp_0，基本上正比于 $\left(\dfrac{1}{B}\right)^3$，即

$$\Delta p_0 \propto \left(\frac{1}{B}\right)^3 \tag{14.33}$$

若挡板间距减小一半，Δp_0 剧增 8 倍，则表面传热系数 h_0 只增加 1.46 倍。因此，在选择挡板间距时，应兼顾传热与流体压降两方面的得失。同理，壳程数的选择也应如此。

14.2.4　冷水塔的设计计算

1. 冷水塔构造

各种形式的冷水塔一般包括如下主要部分：

（1）淋水装置。

淋水装置又称填料，其作用在于将进塔的热水尽可能形成细小的水滴或水膜，以增加水和空气的接触面积，延长接触时间，增进水气之间的热质交换。在选用淋水装置的形式时，要求它能提供较大的接触面积并具有良好的亲水性能，制造简单而又经久耐用，安装检修方便，价格便宜等。淋水装置可根据水在其中所呈现的形状分为点滴式、薄膜式及点滴薄膜式 3 种。

① 点滴式。这种淋水装置通常用水平的或倾斜布置的三角形或矩形板条按一定间距排列而成，如图 14.17 所示。在这里，以水滴在下落过程中水滴表面的散热以及在板条上溅散而成的许多小水滴表面的散热为主，占总散热量的 60% ~ 75%，而沿板条形成的水膜的散热只占总散热量的 25% ~ 30%。一般来说，减小板条之间的距离 S_1、S_2 可增大散热面积，但会增加空气阻力，减小溅散效果。通常取 S_1 为 100 mm、300 mm。风速的高低也对冷却效果产生影响，适当增加风速，使水滴降落速度减慢，增加接触时间，提高传热效果，增大填料散热能力；风速过大，使小水滴互相聚结的机会增大，反而降低传热效果，且增加电耗，还会使水滴带出，使水量损失增加。一般在点滴式机械通风冷水塔中风速可采用 1.3 ~ 2 m/s，自然通风冷水塔中风速可采用 0.5 ~ 1.5 m/s。

② 薄膜式。这种淋水装置的特点是利用间隔很小的平膜板或凹凸形波板、网格形膜板所组成的多层空心体，使水沿着其表面形成缓慢的水流，而空气则经多层空心体间的空隙，

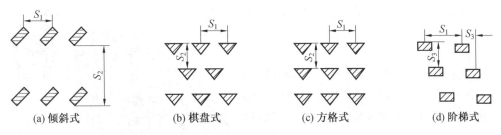

(a) 倾斜式　　　　　(b) 棋盘式　　　　　(c) 方格式　　　　　(d) 阶梯式

图 14.17　　点滴式淋水装置板条布置方式

形成水气之间的接触面。水在其中的散热主要依靠表面水膜、格网间隙中的水滴表面和溅散而成的水滴的散热 3 个部分,而水膜表面的散热居于主要地位,约占 70%。图 14.18 中示出了其中 4 种薄膜式淋水装置结构。对于斜波交错填料,安装时可将斜波片正反叠置,水流在相邻两片的棱背接触点上均匀地向两边分散。其规格的表示方法为"波矩 × 波高 × 倾角 - 填料总高",以 mm 为单位。蜂窝淋水填料是用浸渍绝缘纸制成毛坯在酚醛树脂溶液中浸胶烘干制成六角形管状蜂窝体构成,以多层连续放于支架上,交错排列而成。它的孔眼的大小以正六边形内切圆的直径 d(直径)表示。其规格的表示方法为:d(直径),总高 $H =$ 层数 × 每层高 - 层距,例如:$d20, H = 12 × 100 - 0 = 1\ 200$(mm)。

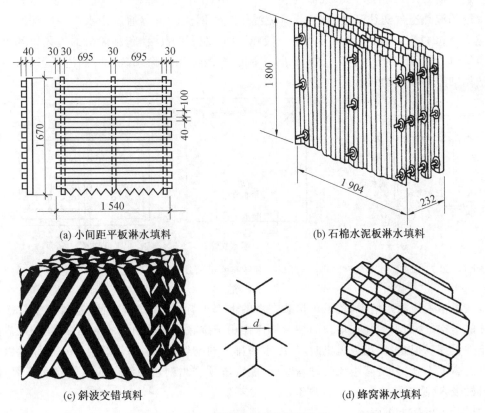

(a) 小间距平板淋水填料　　　　　　　　(b) 石棉水泥板淋水填料

(c) 斜波交错填料　　　　　　　　　　　(d) 蜂窝淋水填料

图 14.18　　薄膜式淋水装置结构图

　　③ 点滴薄膜式铅丝水泥网格板(图 14.19)。它是点滴薄膜式淋水装置的一种,是以 16 mm × 18 mm 铅丝作筋制成的 50 mm × 50 mm × 50 mm 方格孔的网板,每层之间留有 50 mm 左右的间隙,层层装设而成的。热水以水滴形式淋洒下去,故称点滴薄膜式,其表示

方法:G 层数 × 网孔 — 层距,单位为 mm。例如,G16 × 50 — 50。

（2）配水系统。

配水系统的作用在于将热水均匀地分配到整个淋水面积上,从而使淋水装置发挥最大的冷却能力。常用的配水系统有槽式、管式和池式 3 种。

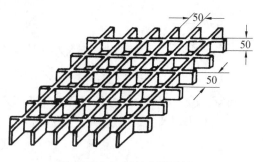

图 14.19　铅丝水泥网板

槽式配水系统通常由水槽、管嘴及溅水碟组成,热水从管嘴落到溅水碟上,溅成无数小水滴射向四周,以达到均匀布水的目的(图 14.20)。

管式配水系统的配水部分由干管、支管组成,它可采用不同的布水结构,只要布水均匀即可。图 14.21 所示为一种旋转布水管式配水系统。

池式配水系统的配水池建于淋水装置正上方,池底均匀地开有 4 ~ 10 mm 孔口(或者装喷嘴、管嘴),池内水深一般不小于 100 mm,以保证洒水均匀。其结构示于图 14.22 中。

（3）通风筒。

通风筒是冷水塔的外壳、气流的通道,其作用在于创造良好的空气动力条件,并将排出冷却塔的湿热空气送往高空,减少或避免湿热空气回流。自然通风冷水塔一般都很高。有的达 150 m 以上,而机械通风冷水塔一般在 10 m 左右的高度,包括风机的进风口和上部的扩散筒,如图 14.23 所示。为了保证进、出风的平缓性和清除风筒口的涡流区,风筒的截面一般用圆锥形或抛物线形。

图 14.20　槽式配水系统

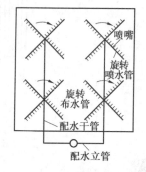

图 14.21　旋转布水的管式配水系统

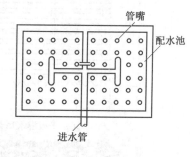

图 14.22　池式配水系统

在机械通风冷水塔中,若鼓风机装在塔的下部位置,操作比较方便,这时由于它送的是较冷的干空气,而不像装在塔顶的抽风机那样用于排除受热而潮湿的空气,因此鼓风机的工作条件较好。但是,采用鼓风机时,从冷水塔排出的空气流速仅有 1.5 ~ 2 m/s,而且由于这种塔的高度不高,只要有微风吹过,就有可能将塔顶排出的热而潮湿的空气吹向下部,以至被风机吸入,造成热空气的局部循环,恶化冷却效果。

2. 冷水塔的工作原理

冷水塔内水的降温主要是由于水的蒸发散热和气水之间的接触传热。因为冷水塔多为封闭形式,且水温与周围构件的温度都不高,故辐射传热量可不予考虑。根据气体动力学理论,处于无规则状态中的水分子,其运动速度差别很大,速度大的分子动能也大,它们能克服内聚力的束缚冲出水面,成为自由蒸汽分子。这些分子中的一部分与空气分子碰撞后可能重新回到水面被水吸收(冷凝),而另一部分可由于扩散和对流的作用进入空气的主流,成为空气中的水分子。上述这种水分子在常温下逸出水面成为自由蒸汽分子的传质现象称为水的表面蒸发。由于逸出水分子的平均动能比其余没有逸出水面的分子大,因而蒸发的结果会使水温下降。单位面积水面上的表面蒸发速度 $[\text{kg}/(\text{m}^2 \cdot \text{h})]$ 与水温和蒸汽分子向空气中扩散的速度有关。之所以与水温有关,是因为它标志着水分子的平均动能以及冲破内聚力的束缚而逸出水面的概率;而之所以蒸汽分子向空气中扩散的速度有关,是因为空气中水分子返回水面的速度与空气中水分的体积分数成比例。当空气中水分子的体积分数达到某个值时,会出现水分子逸出水面的速度与空气中水分子返回水面的速度相等的情况,这时空气中水分子含量达到饱和,蒸发散热就将减弱甚至停止。故在一定温

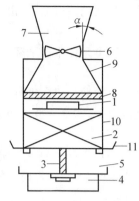

图 14.23　　通风筒结构图
1— 布水器;2— 填料;3— 隔墙;
4— 集水池;5— 进风口;6— 风机;
7— 风筒;8— 收水器;9— 导风伞;
10— 塔体;11— 导风板

度下,蒸发速度取决于水分子由水面附近向空气深处的扩散速度。于是,一般认为当未饱和空气与水接触时,在水与气的分界面上存在极薄的一层饱和空气层,水首先蒸发到饱和气层中,然后再扩散到空气中去。

设水面温度为 t,紧贴水面的饱和空气层的温度与它相同,但其饱和水蒸气的分压力为 p'',而远离水面空气流的温度为 θ,它的蒸汽分压力 p 是空气相对湿度 φ 和空气温度为 θ 时的饱和蒸汽压力 p''_θ 的乘积,即

$$p = \varphi p''_\theta \tag{14.34}$$

式中,p 是温度为 θ 的空气层中的蒸汽分压力,Pa;φ 是空气的相对湿度;p''_θ 是空气温度为 θ 时的饱和蒸汽压力,Pa。

于是在水面饱和气层和空气流之间就形成了分压力差,即

$$\Delta p = p'' - p \tag{14.35}$$

它是水分子向空气中蒸发扩散的推动力。只要 $p'' > p$,水的表面就会产生蒸发,而与水面温度 t 高于还是低于水面上的空气温度 θ 无关。在冷水塔的工作条件下,总是符合 $p'' > p$,因此不论水温高于还是低于周围空气温度,Δp 总是正值,故在冷水塔中总能进行水的蒸发,蒸发所消耗的热量总是由水传给空气,其值可表示为

$$Q_\beta = r\beta_p (p'' - p) A \tag{14.36}$$

式中,Q_β 为由蒸发产生的传热量,kW;r 为汽化潜热,kJ/kg;β_p 为以分压差表示的传质系数,$\text{kg}/(\text{m}^2 \cdot \text{s} \cdot \text{Pa})$;$A$ 为蒸发面积,m^2。

水和空气温度不等导致接触传热是引起水温变化的另一个原因,接触传热的推动力为两者的温差 $(t - \theta)$,接触传热的热流方向可从空气流向水,也可从水流向空气,这要看两者的温度以何者为高,其值为

$$Q_h = h(t - \theta) A \tag{14.37}$$

式中,Q_h 为水气间的接触传热量,kW;h 为接触传热时的表面传热系数,$\text{kW}/(\text{m}^2 \cdot \text{K})$。

在冷水塔中,一般空气量很大,空气温度变化较小。当水温高于气温时,蒸发散热和接

触传热都向同一方向(即由水向空气)传热,因而由水放出的总热量为

$$Q = Q_\beta + Q_h \tag{14.38}$$

其结果是使水温下降。当水温下降到等于空气温度时,接触传热量 $Q_h = 0$。这时

$$Q = Q_\beta \tag{14.39}$$

故蒸发散热仍在进行。而当水温继续下降到低于气温时,接触传热量 Q_h 的热流方向从空气流向水,与蒸发散热的方向相反,于是由水放出的总热量为

$$Q = Q_\beta - Q_h \tag{14.40}$$

如果 $Q_\beta > Q_h$,则水温仍将下降。但是 Q_β 渐趋减小,而 Q_h 渐趋增加,于是当水温下降到某一程度时,由空气传向水的接触传热量等于由水传向空气的蒸发散热量,这时

$$Q = Q_\beta - Q_h = 0 \tag{14.41}$$

从此开始,总传热量等于零,水温也不再下降,这时的水温为水的冷却极限。对于一般的水的冷却条件,此冷却极限与空气的湿球温度近似相等。因而湿球温度代表着在当地气温条件下,水可能冷却到的最低温度。水的出口温度越接近湿球温度 τ,所需冷却设备越庞大,故在生产中要求冷却后的水温比 τ 高 $3 \sim 5 \, ℃$。

当然,在水温 $t = \tau$ 时,两种传热量之间的平衡具有动态平衡的特征,这是因为不论是水的蒸发还是水气间的接触传热都没有停止,只不过由接触传热传给水的热量全部都被消耗在水的蒸发上,这部分热量又由水蒸气重新带回到空气中。

由此可见,蒸发冷却过程中伴随着物质交换,水可以被冷却到比用以冷却它的空气的最初温度还要低的程度,这是蒸发冷却所特有的性质。

当水温被冷却到冷却极限 τ 时,Q_h 和 Q_β 之间的平衡关系为

$$h(\theta - \tau)F = r\beta_p(p_\tau'' - p)A \tag{14.42}$$

式中,τ 为湿球温度,$℃$;P_τ'' 为温度为 τ 时的饱和水蒸气压力,Pa;A 为水气接触面积,m^2。

为了推导和计算的方便,式(14.42)中的分压力差也可用含湿量差代替,但其中的 β_p 应以含湿量差表示的传质系数 β_x 代替,故式(14.42)可写成

$$Q_\beta = r\beta_x(x'' - x)A \tag{14.43}$$

而 Q_h 和 Q_β 间的平衡关系为

$$h(\theta - \tau)A = r\beta_x(x_\tau'' - x)A \tag{14.44}$$

式中,β_x 为以含湿量差表示的传质系数,$kg/(m^2 \cdot s)$;x_τ'' 为与 τ 相应的饱和空气含湿量,kg/kg;x 为空气的含湿量,kg/kg。

关于水在塔内的接触面积 A,在薄膜式中,它取决于填料的表面积;而在点滴式淋水装置中,则取决于流体的自由表面积。然而具体确定此值是十分困难的,对某种特定的淋水装置而言,一定量的淋水装置体积相应具有一定量的面积,称为淋水装置(填料)的比表面积,以 $a(m^2/m^3)$ 表示。因此实际计算中就不用接触面积而改用淋水装置(或填料)体积以及与体积相应的传质系数 β_{xv}[单位为 $kg/(m^3 \cdot s)$]和换热系数 h_v[单位为 $kW/(m^3 \cdot K)$],于是

$$\beta_{xv} = \beta_x h, \quad h_v = ha$$

而总传热量为

$$Q = h_v(t - \theta)V + r\beta_{xv}(x'' - x)V \tag{14.45}$$

3. 冷水塔的热力计算

在冷水塔的热力计算过程中,逆流式与横流式有所不同。由于塔内热量、质量交换的复

杂性,影响因素很多,很多研究者提出了多种计算方法。在逆流塔中,水和空气参数的变化仅在高度方向,而横流式冷却塔的淋水装置中,在垂直和水平两个方向都有变化,情况更为复杂。下面仅对逆流式冷水塔计算中的焓差法做以介绍。

(1) 迈克尔焓差方程。

1925 年,迈克尔(MerKel)首先引用了热焓的概念建立了冷水塔的热焓平衡方程式。利用迈克尔焓差方程和水气的热平衡方程,可比较简便地求解水温 t 和热焓 i,因而至今仍是对冷水塔进行热力计算时所采用的主要方法,称为焓差法。

取逆流塔中某一微段 $\mathrm{d}Z$(图 14.24),设该微段内的水气分布均匀,进入该微段的总水量为 L,其水温为 $t+\mathrm{d}t$,经过该微段的热质交换,出水温度为 t,蒸发掉的水量为 $\mathrm{d}L$。进入该微段的空气量为 G,气温为 θ,含湿量为 x,焓为 i,与水进行热交换后 $\mathrm{d}Z$ 段的温度、含湿量及焓分别为 $\theta+\mathrm{d}\theta$,$x+\mathrm{d}x$,$i+\mathrm{d}i$。在微段内接触传热量与蒸发散热量之和为

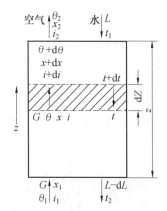

$$\mathrm{d}Q = h(t-\theta)aA\mathrm{d}Z + r\beta_x(x''-x)aA\mathrm{d}Z \quad (14.46)$$

或

$$\mathrm{d}Q = \left[\left(\frac{ht}{\beta_x}+rx''\right)-\left(\frac{h\theta}{\beta_x}+rx\right)\right]\beta_x aA\mathrm{d}Z \quad (14.47)$$

式中,a 为填料的比表面积,$\mathrm{m}^2/\mathrm{m}^3$;$A$ 为塔的横截面积,m^2;Z 为塔内填料高度,m;x'',x 分别为与水温 t 相应的饱和空气含湿量以及与水相接触的空气的含湿量,$\mathrm{kg/kg}$。

图 14.24 逆流式冷水塔中的冷却过程

将路易斯(Lewis)关系式 $h/\beta_x=c_x$(c_x 为湿空气比热容)及含湿量为 x 的湿空气的焓 $i_x=c_x\theta+r_x$,水面饱和空气层(其温度等于水温 t)的焓 $i''=c_x t+rx''$,代入式(14.46) 则得

$$\mathrm{d}Q = \beta_x(i''-i)aA\mathrm{d}Z \quad (14.48)$$

此即迈克尔焓差方程,它表明塔内任何部位水、气之间交换的总热量与该点水温下,饱和空气焓 i'' 与该处空气焓 i 之差成正比。该方程可视为能量扩散方程,焓差正是这种扩散的推动力。但应指出,路易斯关系式只是在特定的绝热蒸发的条件下才是一个常数,因而迈克尔方程存在一定的近似性。

(2) 水气热平衡方程。

在没有热损失的情况下,水所放出的热量应当等于空气增加的热量。在微段 $\mathrm{d}Z$ 内水所放出的热量为

$$\mathrm{d}Q = Lc(t+\mathrm{d}t)-(L-\mathrm{d}L)ct = (L\mathrm{d}t+t\mathrm{d}L)c \quad (14.49)$$

式中,c 为水的比热容。而空气在该微段吸收的热量为

$$\mathrm{d}Q = G\mathrm{d}i \quad (14.50)$$

因而

$$G\mathrm{d}i = c(L\mathrm{d}t+t\mathrm{d}L) \quad (14.51)$$

式中,等号右边第一项为水温降低 $\mathrm{d}t$ 放出的热量,第二项为由于蒸发了 $\mathrm{d}L$ 水量所带走的热量,此项数值与第一项比相对较小。为简化计算,将其影响考虑到第一项中,将第一项乘以系数 $1/K$,因而得

$$G\mathrm{d}i = \frac{1}{K}cL\mathrm{d}t \quad (14.52)$$

此即该微段的热平衡方程。

此处有必要对系数 K 做一些说明：

① 从上引出系数 K 的过程可知，它是一个与蒸发水量有关的系数，应当小于 1。

② 将式(14.52)代入式(14.51)，有

$$G\mathrm{d}i = KG\mathrm{d}i + ct\,\mathrm{d}L$$

整理后成为

$$K = 1 - \frac{ct\,\mathrm{d}L}{G\,\mathrm{d}i} \tag{14.53}$$

其中 $ct\,\mathrm{d}L$ 值(即蒸发散热量)只占总传热量的百分之几，因此 $K \approx 1$，即

$$G(i_2 - i_1) = \frac{cL}{K}(t_1 - t_2) \ \text{或} \ K = \frac{cL}{G}\frac{(t_1 - t_2)}{(i_2 - i_1)} \tag{14.54}$$

又在淋水装置全程内，水气之间有如下热平衡：

$$cLt_1 - (L - \Delta L)ct_2 = G(i_2 - i_1) \tag{14.55}$$

或

$$\frac{cL}{G}\frac{(t_1 - t_2)}{(i_2 - i_1)} = 1 - \frac{c\Delta Lt_2}{G(i_2 - i_1)} \tag{14.56}$$

将式(14.54)和式(14.56)比较后可知

$$K = 1 - \frac{c\Delta Lt_2}{G(i_2 - i_1)} \tag{14.57}$$

式中

$$G(i_2 - i_1) = Q_\mathrm{h} + Q_\beta, \Delta L = Q_\beta/r$$

可得

$$K = 1 - \frac{\dfrac{Q_\beta}{r}ct_2}{Q_\mathrm{h} + Q_\beta} = 1 - \frac{ct_2}{r \times \left(\dfrac{Q_\mathrm{h}}{Q_\beta} + 1\right)} \tag{14.58}$$

在炎热的夏季，接触传热量 Q_h 甚小，故 $\dfrac{Q_\mathrm{h}}{Q_\beta} \approx 0$，所以

$$K = 1 - \frac{ct_2}{r} \tag{14.59}$$

其中的汽化潜热 r 应取淋水装置中与水平均温度相应的数值，但它在一般的水冷却条件下变化不大，故实际计算中可用 t_2 时的汽化潜热。从式(14.59)可见，K 是出口水温 t_2 的函数，此关系示于图 14.25 中。

① 计算冷水塔的基本方程。综合式(14.48)和式(14.59)，可得

$$\beta_x(i'' - i)aA\mathrm{d}Z = \frac{1}{K}cL\,\mathrm{d}t \tag{14.60}$$

对此进行变量分离并加以积分，得

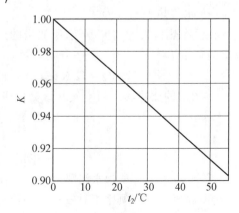

图 14.25　K 值与冷却水温 t_2 的关系

$$\frac{c}{K}\int_{t_2}^{t_1}\frac{\mathrm{d}t}{i''-i}=\beta_x\int_0^Z\frac{aA}{L}\mathrm{d}Z=\beta_x\frac{aAZ}{L} \tag{14.61}$$

式(14.61)是在迈克尔方程基础上以焓差为推动力进行冷却时,计算冷水塔的基本方程,若以 N 代表该式的左边部分,即

$$N=\frac{c}{K}\int_{t_2}^{t_1}\frac{\mathrm{d}t}{i''-i} \tag{14.62}$$

称 N 为按温度积分的冷却数,简称冷却数,它是一个无量纲数。

再以 N' 表示式(14.61)右边部分,即

$$N'=\beta_x\frac{aAZ}{L} \tag{14.63}$$

称 N' 为冷水塔特性数。冷却数表示水温从 t_1 降到 t_2 所需要的特征数数值,它代表着冷却任务的大小。在冷却数中的 $(i''-i')$ 是指水面饱和空气层的焓与外界空气的焓之差 Δi,此值越小,水的散热就越困难。所以它与外部空气参数有关,而与冷水塔的结构和形式无关。在气量和水量之比相同时,N 值越大,表示要求散发的热量越多,所需淋水装置的体积越大。特性数中的 β_x 反映了淋水装置的散热能力,因而特性数反映了淋水塔所具有的冷却能力,它与淋水装置的构造尺寸、散热性能及水、气流量有关。

冷水塔的设计计算问题,就是要求冷却任务与冷却能力相适应,因而在设计中应保证 $N=N'$,以保证冷却任务的完成。

②冷却数的确定。冷却数实际上就是焓差的倒数求积分,上限为进水温度 t_1,下限为出水温度 t_2。但在冷却数定义式中,$(i''-i')$ 与水温之间的关系极为复杂,一般只能近似求解,这里介绍各种近似解法中的辛普逊(Simpson)近似积分法。此法将冷却数的积分式分项计算求得近似解。按辛普逊积分法的要求,将积分区间分成偶数个小段,设段数为 n,每个小段的水温变化值为 $\delta t/n$,从而可知各小段的水温。与每个水温相应的饱和焓 i'' 可在湿空气的温湿图或湿空气表上查到。与每个水温相应的空气的焓 i 也可由式(14.54)改写成

$$i_2=i_1+\frac{cL}{KG}(t_1-t_2) \tag{14.64}$$

于是,就可得到与每个水温相对应的 $1/(i''-i)$ 值,并将它们绘成以 t 为横坐标、以 $1/(i''-i)$ 为纵坐标的点,然后以每 3 个点 0、1、2、2、3、4、4、5、6、… 抛物线连接(图 14.26),于是用辛普逊积分的结论可得出 $t_2-0-10-t_1$ 所包围的面积为

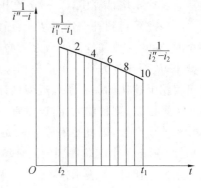

图 14.26　辛普逊积分法求冷却数

$$\int_{t_2}^{t_1}\frac{\mathrm{d}t}{(i''-i)}=$$

$$\frac{\delta t}{3n}\Big(\frac{1}{\Delta i_0}+\frac{4}{\Delta i_1}+\frac{2}{\Delta i_2}+\frac{4}{\Delta i_3}+\frac{2}{\Delta i_4}+\frac{4}{\Delta i_5}+\cdots+$$

$$\frac{2}{\Delta i_{n-2}}+\frac{4}{\Delta i_{n-1}}+\frac{1}{\Delta i_n}\Big)$$

而冷却数为

$$N = \frac{c\delta t}{3nK}\left(\frac{1}{\Delta i_0} + \frac{4}{\Delta i_1} + \frac{2}{\Delta i_2} + \cdots + \frac{1}{\Delta i_n}\right) \tag{14.65}$$

由式(14.64)可知,后一个等分的 i_n 与前一个等分的 i_{n-1} 值的关系为

$$i_n - i_{n-1} = \frac{cL}{KG}\left(\frac{t_1 - t_2}{n}\right) \tag{14.66}$$

在计算时,应从淋水装置底层开始,先算出该层的 i 值,再逐步往上算出以上各段的 i 值。各段的 K 值也应根据相应段的水温按式(14.59)计算。

若对精度要求不高,且 $\delta t < 15\ ℃$,常用下列两段公式简化计算:

$$N = \frac{c\delta t}{6K}\left(\frac{1}{i''_1 - i_1} + \frac{4}{i''_m - i_m} + \frac{1}{i''_2 - i_2}\right) \tag{14.67}$$

式中,i''_1、i''_2、i''_m 分别为与水温 t_2、t_1、$t_m = \dfrac{t_1 + t_2}{2}$ 对应的饱和空气焓,kJ/kg;i_1、i_2 分别为空气进、出口处的焓,kJ/kg;δt 为水在塔内的温降,℃。而

$$i_m = \frac{i_1 + i_2}{2}$$

③ 特性数的确定。为使实际应用方便,常将式(14.63)定义的特性数改写成

$$N' = \beta_{xv}\frac{V}{L} \tag{14.68}$$

式中,β_{xv} 为容积传质系数,$\beta_{xv} = \beta_x a$,kg/(m³·s);V 为填料体积,m³。

可见,特性数取决于容积传质系数、冷水塔的构造及淋水情况等因素。

④ 换热系数与传质系数的计算。在计算冷水塔时要求确定换热系数和传质系数。假定热交换和质交换的共同过程是在两者之间的类比条件得到满足的情况下进行的,由相似理论分析,换热系数和传质系数之间应保持一定的比例关系:

$$\frac{h}{\beta_x} = c_x \tag{14.69}$$

此比例关系与路易斯关系式的结果一致。

在冷水塔计算中,c_x 一般采用 $1.05\ \text{kJ/(kg·K)}$。

由此可得到一个重要结论:当液体蒸发冷却时,在空气温度及含湿量的实用范围变化很小时,换热系数和传质系数之间必须保持一定的比例关系,条件的变化可使某一个量增大或减小,从而导致另外一个量也相应地发生同样的变化。因而,当缺乏直接的实验资料时,就可根据上述比例关系予以近似估计。

可以说,到目前为止,还没有一个通用的方程式可以计算水在冷水塔中冷却时的换热系数和传质系数,因此更有意义的是针对具体淋水装置进行实验,取得资料。图 14.27 和图 14.28 示出了由实验得到的两种填料的 β_{xv} 曲线。图 14.29 则是已经把不同气水比(空气量与水量之比,以 λ 表示)整理成与特性数之间的关系曲线,图中示出了两种填料的特性。

⑤ 气水比的确定。气水比是指冷却每公斤水所需的空气公斤数,气水比越大,冷水塔的冷却能力越强,一般情况下可选 $\lambda = 0.8 \sim 1.5$。

由于空气的焓 i 与气水比有关,因而冷却数也与气水比有关,同时特性数也与气水比有关,因此要求被确定的气水比能使 $N = N'$。为此,可用牛顿迭代法上机计算或者在设计计算中假设几个不同的气水比算出不同的冷却数 N,作如图 14.30 所示的 $N-\lambda$ 曲线。再在同

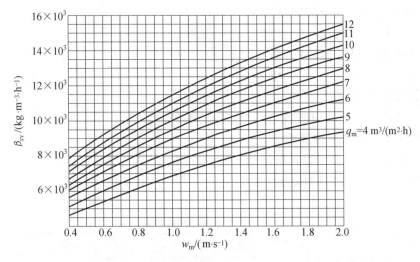

图 14.27　塑料斜波 $55 \times 12.5 \times 60 - 1000$ 型容积传质系数曲线

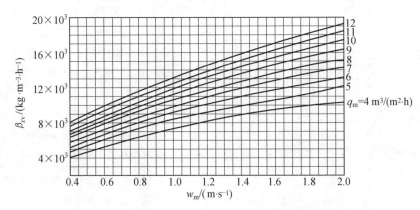

图 14.28　纸质蜂窝 d_{20} , $H = 10 \times 100 = 1000$ 型容积传质系数曲线

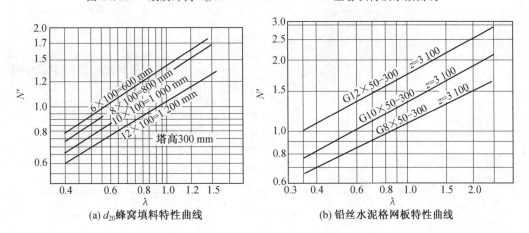

(a) d_{20} 蜂窝填料特性曲线　　　　　　　　(b) 铅丝水泥格网板特性曲线

图 14.29　两种填料的特性曲线

一图上作出填料特性曲线 $N' - \lambda$ 曲线,这两条曲线的交点 P 所对应的气水比 λ_p 就是所求的气水比。P 点称为冷水塔的工作点。

（3）冷水塔的通风阻力计算。

通风阻力计算的目的是在求得阻力之后选择适当的风机（对机械通风冷却塔）或确定自然通风冷却塔的高度。

① 机械通风冷却塔。空气流动阻力包括由空气进口之后经过各个部位的局部阻力。各部位的阻力系数常采用实验数值或利用经验公式计算。表 14.4 列出了冷水塔各部位局部阻力系数的计算公式,在有关文献中列出了多种填料的阻力特性曲线,可供查阅。

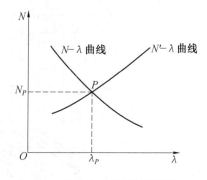

图 14.30 汽水比及冷却数的确定

表 14.4 冷水塔各部位局部阻力系数

部位名称	局部阻力系数	说明
进风口	$\xi_1 = 0.55$	
导风装置	$\xi_2 = (0.1 + 0.000\,025q_w)l$	q_w 为淋水密度,$m^3/(m^2 \cdot h)$; l 为导风装置长度,m,对逆流塔取其长度的一半,对横流塔取总长
淋水装置处气流转弯	$\xi_3 = 0.5$	
淋水装置进口气流突然收缩	$\xi_4 = 0.5\left(1 - \dfrac{f_0}{f_s}\right)$	f_0 为淋水装置的有效截面积,m^2; f_s 为淋水装置的总截面积,m^2
淋水装置	$\xi_5 = \xi_0(1 + K_s q_w)Z$	ξ_0 为单位高度淋水装置阻力系数; K_s 为系数,可查有关手册; Z 为淋水装置的高度,m
淋水装置进口气流突然扩大	$\xi_6 = \left(1 - \dfrac{f_0}{f_s}\right)^2$	
配水装置	$\xi_7 = \left[0.5 + 1.3\left(1 - \dfrac{f_{ch}}{f_s}\right)^2\right]\left(\dfrac{f_s}{f_{ch}}\right)^2$	f_{ch} 为配水装置中气流通过的有效截面积,m^2
收水器	$\xi_8 = \left[0.5 + 2\left(1 - \dfrac{f_g}{f_n}\right)^2\right]\left(\dfrac{f_g}{f_n}\right)^2$	f_g 为收水器的有效截面,m^2; f_n 为收水器的总面积,m^2
风机进风口（渐缩管型）	ξ_9	可查文献
风机扩散口	ξ_{10}	可查文献
气流出口	$\xi_{11} = 1.0$	

塔的总阻力为各局部阻力之和,根据总阻力和空气的容积流量,即可选择风机。

② 自然通风冷水塔。自然通风冷水塔的阻力必须等于它的抽力,由此原则可确定空气流速和塔筒高度。

抽力的计算公式为

$$Z = H_0 g(\rho_1 - \rho_2) \tag{14.70}$$

阻力的计算公式为

$$\Delta p = \xi \frac{\rho_m \theta_m^2}{2} \tag{14.71}$$

以上两式中,Z 为轴力,Pa;ρ_1、ρ_2 分别为塔外的和填料上部的空气密度,kg/m³;H_0 为通风筒的有效高度,m,如图 14.31 所示,$H_0 = h_g + 0.5h_1$;h_g 为淋水装置上配水槽水面到塔顶的高度,m;h_1 为淋水装置底到配水槽水面的高度,m;ρ_m 为淋水装置中的平均空气密度,kg/m³,$\rho_m = (\rho_1 + \rho_2)/2$;$w_m$ 为淋水装置中的平均风速,m/s。

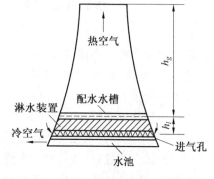

图 14.31 自然通风冷水塔计算

总阻力系数 ξ 等于各部位局部阻力系数之和,即

$$\xi = \frac{2.5}{\left(\dfrac{4H'}{D}\right)^2} + 0.32D + \left(\frac{F_{lin}}{F}\right)^2 + \xi_\beta \tag{14.72}$$

式中,H' 为进风口的高度,m;D 为进风口处塔的直径,m;F_{lin} 为淋水装置的横截面积,m²;F 为塔的出风口的横截面积,m²;ξ_β 为淋水装置及其进、出口的阻力系数。

若已知塔型,可根据 $\Delta P = Z$ 用式(14.70)和式(14.71)确定风速 w_m,即

$$w_m = \sqrt{2H_0 g(\rho_1 - \rho_2)/\xi \rho_m} \tag{14.73}$$

或已知风速也可求出冷水塔有效高度 H_0。

关于出塔空气的状态,除了可以从式(14.64)求出 i_2 之外,还要求得 θ_2 或 φ_2。而出塔空气的相对湿度 φ_2,在气水比小于或等于理论气水比 λ_{li} 的情况下,应当等于1。这里的理论气水比指的是出塔空气的含湿量恰好达到饱和($\varphi = 1$)时的气水比。由式(14.54)可得

$$\lambda_{li} = \frac{c(t_1 - t_2)}{K(i_2 - i_1)} \tag{14.74}$$

根据实测,在 $\lambda = 0.6 \sim 1.4$ 的范围内,出塔空气的相对湿度 $\varphi_2 = 1.0$。由此则可根据 i_2 及 $\varphi_2 = 1.0$ 从焓湿图上查得 θ_2,再由下式算出出塔空气的密度 ρ_2(单位为 kg/m³):

$$\rho_2 = \rho_汽 + \rho_干 = \frac{p''_汽}{461.5(273 + \theta_2)} + \frac{101\,325 - p''_汽}{287(273 + \theta_2)} \tag{14.75}$$

第 15 章　换热器的应用

换热器是一种提高能源利用率的重要设备,被广泛用于石油、化工、冶金、电力、船舶、集中供暖、制冷空调、机械、食品等领域。据《2013—2017 年中国换热器行业发展前景预测与转型升级分析报告》数据显示,2010 年中国换热器产业市场规模在 500 亿元左右。在现代化学工业中换热器的投资大约占设备总投资的 30%,在炼油厂中占全部工艺设备的 40% 左右,海水淡化工艺装置则几乎均由换热器组成,其重要性可想而知。这里所介绍的换热器是指以传热为其主要过程(或目的)的设备。在工业中的有些设备,如制冷设备、干燥设备、精馏设备等,在其完成指定的生产工艺过程的同时,都伴随着热交换,但传热并非它们的主要目的,因此对它们的研究不属于本书的范畴。

换热器在工业生产中的应用极为普遍,如动力工业中锅炉设备的过热器、省煤器及空气预热器;电厂热力系统中的凝汽器、除氧器、给水加热器及冷水塔;冶金工业中高炉的热风炉,炼钢和轧钢生产工艺中的空气或煤气预热;制冷工业中蒸汽压缩式制冷机或吸收式制冷机中的蒸发器、冷凝器;制糖工业和造纸工业的糖液蒸发器与纸浆蒸发器,都是换热器的应用实例。在化学工业和石油化学工业的生产过程中,应用换热器的场合更是不胜枚举。在航空航天工业中,为了及时取出发动机及辅助动力装置在运行时所产生的大量热量,换热器也是不可缺少的重要部件。

由于世界上燃煤、石油、天然气资源储量有限而面临着能源短缺的局面,各国都在致力于新能源开发并积极开展余热回收及节能工作,因而换热器的应用又与能源的开发(如太阳能、地热能、海洋热能)及节约紧密相联系。所以,换热器的应用遍及动力、冶金、化工、炼油、建筑、机械制造、食品、医药及航空航天等各工业部门。它不但是一种广泛应用的通用设备,而且在某些工业企业中占有很重要的地位。例如,在石油化工工厂中,它的投资占建厂投资的 1/5 左右,它的重量占工艺设备总重的 40%;在年产 30 万 t 乙烯装置中,它的投资约占总投资的 25%;在我国一些大中型炼油企业中,各式换热器的装置数达到 300 ~ 500 台以上。就其压力、温度来说,国外的管壳式换热器的最高压力达 84 MPa,最高温度达 1 500 ℃,而最大外形尺寸长达 33 m,最大传热面积达 6 700 m^2,现有实际情况还要远超过以上数据。

在工业领域中,小到微电子芯片,大到核电站、空间站,换热器都被大量地利用,可以说换热器支持着整个工业社会的运转。那么换热器在各个行业中都被用于哪些地方呢?本章将从动力能源、机械冶金、石油化工、暖通空调、高新技术领域、食品制药轻工业等领域举例说明换热器在各个行业中的使用情况。

15.1　换热器在热能动力装置中的应用

由于热能动力装置本身性质的原因,换热器在这一领域有着广泛的应用。热能动力装置可分为燃气动力装置和蒸汽动力装置两大类,其中燃气动力装置主要以内燃机、燃气轮机为主要代表。在这 3 种动力装置系统中换热器都起着关键作用,本节将分别对其进行介绍。

15.1.1　内燃机中换热器的应用

内燃机动力装置根据其所运用燃料的不同可以分为柴油机动力装置和汽油机动力装置。目前,由于柴油机动力装置主要运用在重型机械上,这里以船用柴油动力装置为例介绍柴油机动力装置换热器的应用。汽油机动力装置主要运用于汽车行业,本节关于汽油机动力装置中换热器应用的介绍也主要以汽车为例。

1. 船舶柴油机动力装置中换热器的应用

船舶柴油机动力装置中换热设备的主要作用有主机冷却、中间冷却器、滑油冷却、燃油预热及余热回收。

(1) 冷却系统。

主机冷却器、中间冷却器及滑油冷却器组成了柴油机动力装置的重要组成部分 —— 冷却系统。在柴油机中燃油燃烧放出的热量达 30% ~ 33%,这些热量要经过气缸、气缸盖和活塞等部件散向外界。柴油机工作时的燃气温度高达 1 800 ℃ 左右,使与燃气直接接触的气缸盖、气缸套、活塞、气阀、喷油器等部件严重受热。严重的受热会造成以下后果:① 材料的机械性能下降,产生较大的热应力与变形,导致上述部件产生疲劳裂纹或塑性变形;② 破坏运动部件之间的正常间隙,引起过度磨损,甚至发生相互咬死或损坏事故;③ 燃烧室周围部件温度过高,使进气温度升高,密度降低,从而减少进气量;增压后的空气温度也会升高,并影响进气量;④ 润滑油的温度也逐渐升高,黏度下降,不利于摩擦表面油膜的形成,甚至失去润滑作用。因此,为了保证柴油机可靠工作,必须对柴油机受热机件、滑油及增压后的空气等进行冷却。

船舶柴油机冷却系统一般是用海水强制冷却淡水和其他载热流体(如滑油、增压空气等)。在系统布置上,海水系统属开式循环,淡水及滑油等属于闭式循环,两者组成的冷却系统称闭式冷却系统。

① 开式海水系统。

开式海水系统是利用舷外水(海水或河水)作为冷却剂冷却淡水、滑油、增压空气和空气压缩机等。系统等基本组成是海底阀和大排量海水泵。其系统如图 15.1 所示,使用过的海水排至舷外。在系统中装设感温元件 6 和自动温度调节阀 11,使部分使用过的海水回流至海水泵进口,保证进冷却器的海水温度不低于 25 ℃。

一般设两个以上海底阀,分高位和低位,分设在船舶的两侧舷旁。高位海底阀(门)位于空载水线下约 300 mm 处,低位海底阀(门)设在舱底(靠双层底附近)。船舶进港后,由于水面下泥沙污物较多,多用高位海底阀。而在海上航行时,为防止因风浪造成空吸,多使用低位海底阀。当船舶在码头停靠时,一般停止使用仅靠码头一侧的海底阀,而改用外侧海底阀,以防污物阻塞。

海水泵一般设两台,一台备用。有些船上把备用泵兼作备用淡水泵。海水泵排量很大,通常在吸入管接一应急舱底吸口,以备机舱进水时应急排水用。海水泵一般均采用大排量离心泵。

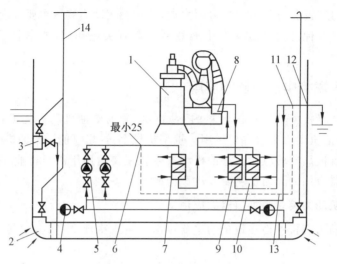

图15.1　　开式海水冷却系统

1— 主机；2— 低位海底阀；3— 高位海底阀；4— 海水滤器；5— 海水泵；6— 感温元件；
7— 滑油冷却器；8— 增压空气冷却器；9— 活塞水冷却器；10— 缸套水冷却器；11— 温
度调节阀；12— 出海阀；13— 温海水回行管；14— 通气管

② 闭式淡水冷却系统。

为了克服开式循环冷却系统的缺点，在闭式循环冷却系统中用经过处理的淡水冷却柴
油机受热部件，并在冷却系统内形成封闭循环线路。作封闭循环的冷却淡水再由一个开式
循环的舷外水通过淡水冷却器进行冷却。

由于受热件工作条件不同，所要求的冷却液温度、压力和基本组成也各不相同。因而各
受热件的冷却系统通常由几个单独的系统组成。一般分为缸套和气缸盖、活塞、喷油器三个
闭式淡水冷却系统。

在缸套水冷却系统中，淡水流动路线可以有两种方案，分别为(a) 方案和(b) 方案。两
者的区别在于淡水泵供应的淡水在(a) 方案中先进主机，然后再去淡水冷却器；而(b) 方案
中则先去淡水冷却器，然后再去主机。一般来说，淡水泵供应的淡水应先进主机，这可以防
止缸套穴蚀和冷却水的汽化，但由于目前冷却水压力较高，两者的区别不大。

图15.2 为 MAN B&W MC 系列柴油机缸套冷却水系统。缸套冷却水出口的淡水由缸
套水进口总管进入各缸套下部，沿缸套、气缸盖、增压器路线进行冷却。各缸出水管汇总后，
一路经造水机和淡水冷却器冷却，重新进口缸套冷却水泵出口；另一路进入淡水膨胀水箱。
在淡水膨胀水箱和缸套冷却水泵之间设有平衡管用于给系统补水并保持淡水泵吸入压头。

系统中有温度传感器检测冷却水出口温度的变化，并通过热力控制阀控制其进口温
度。通常，缸套冷却水泵设有两台，皆为离心泵。

③ 中央冷却系统。

自 20 世纪 70 年代初开始，出现了一种"中央冷却系统"的新型柴油机冷却系统。其特
点是使用不同工作温度的两个单独淡水循环系统，即高温的热淡水和低温的温淡水闭式系
统。前者用于冷却主机，后者用于冷却高温淡水和各种冷却器。受热后的温淡水再在一个
中央冷却器中由开式的海水系统进行冷却。由此，可保证只使用一个用海水作为冷却液的
冷却器，简化了海水管系的布置，并可保证柴油机在工况变化时其冷却水参数变化较小。由

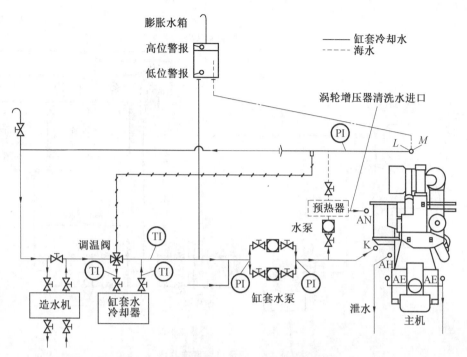

图15.2　MAN B&W MC 系列柴油机缸套冷却水系统

于这种中央冷却系统较前述传统的冷却水系统有明显优点,因而它已陆续在新型柴油机动力装置中得到应用。

(2) 预热系统。

近年来由于高黏度劣质燃油的使用,因此提高燃油的雾化效果燃油预热越来越重要,其预热温度也大大提高。为避免在使用高黏度(700 mm^2/s)重油时因预热温度过高而汽化,出现了一种加压式燃油系统,如图 15.5 所示。重油使用前的预热处理是保证柴油机正常运转的重要措施,通常采用分段预热的方法。

燃油预热的组成和设备。雾化加热器是一个重要的预热设备。根据良好雾化的要求,重油进入喷油泵时其黏度应降低到 12 ~ 25 mm^2/s。在根据此雾化黏度确定雾化加热器的预热温度时,还应再提高 10 ~ 15 ℃,以抵偿喷油压力及散热对黏度的影响。为避免加热后迅速积垢,预热温度不得超过150 ℃。

燃油预热主要采用分级预热方案,以保证低质燃油在输送、净化和雾化等环节中的不同使用要求。预热温度应以满足其黏度要求为准,因而对不同黏度的低质燃油,其预热温度也不同。表15.1 给出了燃油系统中各部位的预热温度推荐值。如重油贮存柜中的预热温度以泵出口为准为 30 ~ 38 ℃;为保证雾化质量要求,喷油泵处的燃油黏度应为 12 ~ 25 mm^2/s,据此可从重油的温度曲线上查出相应的预热温度值。按我国有关规定,燃油预热应使用饱和蒸汽压(饱和蒸汽压力不应超过 0.8 MPa)作为预热热源,以防重油中的焦炭析出而沉淀在加热器中。在小型船舶上也可采用电加热。目前船用柴油机使用的低质燃油其雾化加热温度的上限为 150 ℃。为防止预热温度高使燃油汽化中断供油,在近代船用柴油机中采用加压式燃油系统(提高燃油输送泵压力达 1.6 MPa)。

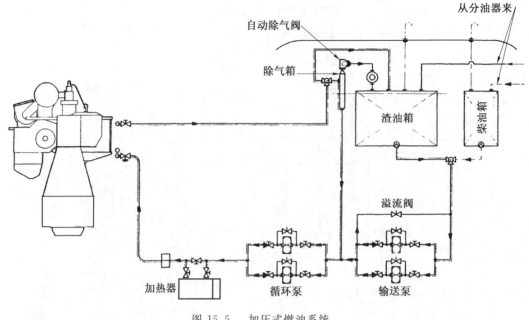

图 15.5　　加压式燃油系统

表 15.1　　预热温度推荐值

名　　称	预 热 温 度 /℃	
	180 mm²/s	400 mm²/s
重油贮存柜	30	38
重油沉淀柜	60	60
重油日用油柜	70 ～ 80	80
分油机加热器	85	90
雾化加热器	90 ～ 115	110 ～ 130

　　燃油预热换热器需要将高黏度的重油预热,使其黏度下降,同时也要保证重油不会因预热温度过高而汽化。目前主要采用蒸汽加热重油,燃油预热换热器类型也主要是压降较小、易于清洗的管壳式换热器,近些年来逐渐使用板式换热器。

　　(3) 余热回收。

　　通过对船舶柴油主机的热平衡分析可知,一般船舶柴油机只有占燃油燃烧总热量30% ～45% 的能量被用作实际有效动力输出的功率。然而占柴油机燃油燃烧总能量55% ～ 70% 的能量却以废气余热的形式排走,这部分热量主要包括柴油机排气带走的热量和主机循环冷却水带走的热量。根据余热利用的原则,常见的船舶主机余热利用途径如图 15.6 所示。船舶柴油机工作时排出的废气温度在柴油机排气管中高达 400 ℃,经过废气锅炉后的出口温度降为 270 ℃ 左右,由此可见,对于船舶行业中所使用的大功率柴油机而言,添加余热回收系统可以节约相当可观的燃料。

　　柴油机的余热主要通过以下方式回收:经过柴油机废气涡轮的高温烟气,进入余热锅炉,在锅炉内与水换热,将水加热至过热蒸汽。一部分过热蒸汽进入汽轮机推动发电机做功,另一部分蒸汽被用于其他使用蒸汽的领域。做功完成的乏汽在凝汽器中冷却后被再次

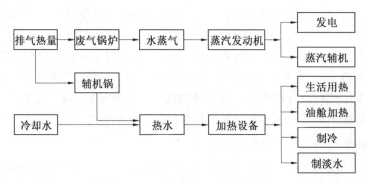

图 15.6 船舶主机余热利用途径

送入余热锅炉,完成这个做功循环。

余热回收系统主要由余热锅炉、汽轮机、发电机、冷凝器、水泵、补水系统、冷水塔及其他用汽设备组成。

余热锅炉是余热回收系统中的一个重要换热设备,它回收柴油机的排气余热,借以产生蒸汽来推动蒸汽轮机做功。通常,余热锅炉的受热面由省煤器、蒸发器、过热器、联箱及锅筒等换热管簇和容器等组成,如图 15.7 所示。在有再热的蒸汽循环中,可以加装再热器。省煤器用来完成对锅炉给水的预热任务,使给水温度升高到接近于饱和温度的水平;蒸发器使给水相变成为饱和蒸汽;在过热器中,饱和蒸汽被加热升温成为过热蒸汽;在再热器中,再热蒸汽被加热升温到所设定的再热温度。为了使柴油机废气的余热能够在余热锅炉中被充分利用,应尽可能地降低排汽离开余热锅炉时的温度水平。但排气温度是不可能降得很低的,因为在余热锅炉的设计中,总要保证锅炉给水的饱和蒸发段的起始点与燃气侧之间具有一定的温差 δ(通称为"节点温差"),否则余热锅炉的受热面积将增大至无穷大。

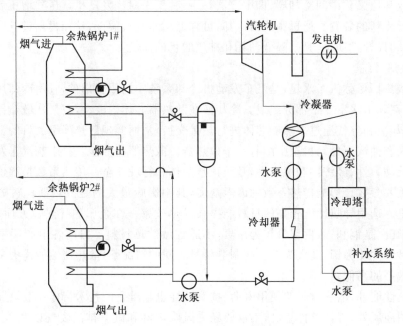

图 15.7 船舶柴油机余热回收系统

余热回收系统中冷凝器、水泵、补水系统等是组成循环的重要组成部分。冷凝器是系统的冷源,其基本功能是接受汽轮机和其他用汽单元的排气将其凝结成水,构成封闭的热力循环。水泵提供了循环的动力,补水系统补充回路中损失的水。

余热回收系统的作用是吸收柴油机排气的热量,因此需要大量的使用换热设备,其中余热锅炉就是一个典型的烟气－水换热器,冷凝器、冷水塔等也都是换热器。柴油机的使用场所大多对设备的结构都有很多限制,如在船舶、汽车等领域,余热回收系统中换热器一般采用结构较为紧凑的高效换热器或较容易制造的管壳式换热器。

2. 汽车汽油机动力装置中换热器的应用

汽车上使用的换热器品种较多,如散热器(俗称水箱)、空气冷却器(中冷器)、冷凝器和蒸发器、暖风散热器(俗称暖风机)、废气再循环(EGR)冷却器等,各种换热器在汽车上分别属于发动机和车身系统。具体见表 15.2。

表 15.2　汽车换热器的使用

总成名称	归属系统名称	换热器名称
发动机	散热系统	散热器
	冷却系统	空气冷却器(中冷器)
	EGR 系统	废气再循环(EGR)冷却器
车身	空调系统	冷凝器和蒸发器
	暖风系统	暖风散热器

换热器在产品设计、匹配、制造和实验等方面具有很高的技术要求,每种换热器产品在汽车或发动机上都能发挥其独特的功用。

(1) 冷却系统。

空气冷却器又称中间冷却器,即中冷器,是一种用来对经发动机增压器增压后的高温高压空气进行冷却的装置。通过中冷器冷却,可降低增压空气温度,从而提高进气密度和燃烧效率,以达到提升发动机功率、降低油耗和排放的目的。

(2) 散热系统。

汽车散热器俗称汽车水箱,是汽车发动机冷却系统中的重要部件,它由冷却用的散热器芯体、进水室和出水室 3 个部分组成。冷却液在散热器芯体内流动,空气从散热器芯体外高速流过,冷却液和空气通过散热器芯体进行热量交换,从而实现散热降温的目的。

每一辆燃油汽车发动机至少配有一个散热器。散热器的性能直接影响汽车发动机的散热效果以及动力性、经济性和可靠性,乃至正常工作和行驶安全。传热系数是评价散热器散热性能的重要参数。影响传热系数的因素众多,其中影响最大的是散热器材料的导热性能和焊接质量。选用导热性能较高的材料能提高导热效率。在金属的导热性方面,银的导热性能最高,其次是铜和铝,但银价较为昂贵,不适宜做散热材料。目前各生产厂家制造散热器的常用材料主要为铝,其次为铜。在制造材料相同的情况下,散热器性能优劣主要取决于生产工艺水平的高低。

除散热性能外,散热材料的使用寿命、抗腐蚀性也是重要的技术指标。散热器通常位于汽车前端的迎风处,工作条件恶劣,不仅要经受风吹雨淋和汽车排出废气以及砂土、泥浆的污染,还要承受反复的热循环和周期性的振动。另外,散热器内长期流动着冷却液,对散热器有锈蚀及腐蚀作用。与铝质散热材料相比,铜质材料在抗冲击、耐腐蚀性等方面具有明显的优势。

近年来,下游整车市场竞争日益激烈,降低成本成为各整车制造商必须考虑的一个问题。与铜质散热器相比,铝质散热器兼具质量轻、价格低的特点,具有相当的成本优势,因此目前散热器运行环境较好的乘用车一般采用铝质散热器,而重型载货车、工程机械、军用车辆等车辆由于散热器运行环境较差,对散热器的抗冲击、耐腐蚀等性能要求较高,一般使用铜质散热器。

(3)EGR 系统。

废气再循环(EGR)冷却器是一种用来冷却返回到发动机气缸内废气的装置。为了降低汽车尾气中氮氧化物的含量,需要将一部分废气返回到发动机气缸内(即废气再循环技术),废气温度高达 600 ℃,在进入发动机进气系统之前必须将其冷却下来,于是废气再循环(EGR)冷却器应运而生。

15.1.2　燃气轮机中换热器的应用

燃气轮机以连续流动的燃气作为工质带动叶轮高速旋转,将燃料的能量转变为有用功的动力机械。它是以燃气而不是以水蒸气作为工质,体积小、功率较大,因此被广泛应用于航空与舰船动力领域。但由于航空燃气轮机发动机对体积要求较高,故在此仅对舰船燃气轮机换热器进行详细的介绍。

继舰船蒸汽轮机和柴油机之后,舰船燃气轮机以其单机功率大、体积小、质量轻、机动性好、污染小、效率高、振动小、可靠性高等一系列优势而成为各海军强国新一代主要的舰船动力,因此得到广泛应用。从数百吨高速小艇到护卫舰、驱逐舰、航母等中、大型舰船,都普遍采用燃气轮机作为主要动力。其使用形式包括全燃及柴燃、燃蒸、燃电等联合动力。据不完全统计,截至 2001 年年底,全世界已有 1 340 艘舰船装有 3 313 台舰船燃气轮机,而截至 2008年,约 3/4 的世界大中型水面舰船均采用了燃气轮机作为主动力装置,可见水面舰船采用燃气轮机推进已是大势所趋。

燃气轮机是集先进设计、材料、制造、工艺等为一体的高科技产品。目前,世界上能生产燃气轮机的公司约有 20 余家,而真正能独立设计、制造舰船燃气轮机的厂商为数极少,主要有美国的通用电气(GE)公司和普拉特·惠特尼(P&W)公司、英国的罗尔斯·罗伊斯(R·R)公司和乌克兰的机器设计科研生产联合体等。除了采用简单循环燃气轮机技术以外,各大公司更重视走复杂循环路线,充分利用燃气轮机排气余热来提高机组的总热效率和总功率。

实际上,国外将复杂循环引入舰船燃气轮机研制由来已久。早在 1946 年,R·R 公司就与英国海军签订了研制舰船间冷回热(ICR)燃气轮机 RM60 的合同,并进行过实船实验。该型号的燃气轮机于 1954 投入使用并装备"灰鹅"号炮艇。为了实现在整个功率范围(特别是低工况)内都能够有较低的油耗,R·R 公司尝试为 RM60 燃气轮机选择了包括 3 个压气机、2 个中间冷却器、1 个回热器、3 个涡轮的复杂循环。这样复杂的装置虽然实现了较好的部分负荷性能,但也使得发动机的成本大大提高,且体积庞大、控制系统复杂,因而未能获得进一步的发展。图 15.8 为船用间冷回热循环动力系统示意图。图 15.9 为间冷回热循环工作原理图。

进入 20 世纪 80 年代中期,鉴于低成本地满足节能以及功率提升需求,IC、ICR 等复杂循

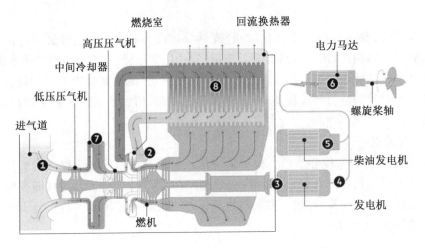

图 15.8　间冷回热循环燃气轮机工作原理图

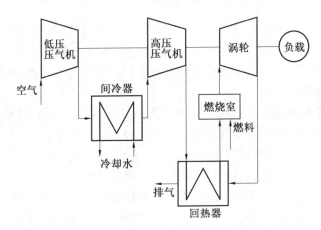

图 15.9　间冷回热循环工作原理图

环舰船燃气轮机再次成为热点,由于新技术的突破和新材料的应用,加之充足的经费投入,复杂循环燃气轮机研制工作取得了迅速发展。目前,IC 和 ICR 燃气轮机已进入产品开发阶段,如 LMS100、SMIC－ICR、WR－21 等。

图 15.10 是 WR－21 燃气轮机实验设施,其目标是,与简单循环燃气轮机相比,在美国海军舰船典型任务模式下节约 25% 以上燃油,以取代当时美国海军大量使用的 LM2500 燃气轮机。1994 年和 1995 年,英国和法国也先后投资参与了 WR－21 燃气轮机的研制。该机以 R·R 公司的 RB211 和 TRENT 航空发动机为基础,通过修改母型机部件并引入间冷回热发展而来。为了减小舰船空间占用、解决运行和应急问题,WR－21 间冷系统最终采用了紧凑的板翅式换热器作为间冷器的设计方案,并且间冷系统由机上间冷器和机外海水换热器单元构成。从 1991 年开始设计到 2000 年完成第 2 个 500 h 耐久性实验,WR－21 燃气轮机研制工作已经全部完成,并已装备在英国 45 型导弹驱逐舰上。

WR－21 是迄今效率最高的船用燃气轮机,这样的经济指标足以与大功率低速船用柴油机相媲美。在部分工况时,比典型的简单循环船用燃气轮机相比,WR－21 也具有较高的推进效率。这样,在使用最为频繁的 21 节和 17 节航速(假设舰的最大航速为 30 节)时,与简单循环船用燃气轮机相比,WR－21 可分别节约燃油 27% 和 30%。即使在约 11 节航速的低

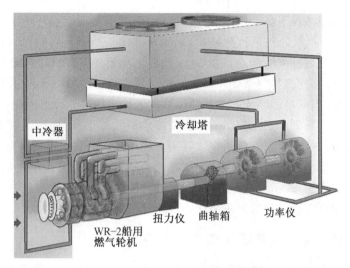

图 15.10　　WR－21 燃气轮机实验设施

负荷时，WR－21 节油竟可高达 40%。对于要求在这种航速游弋或在更低航速的工作状态下的运行，则意味着有可观的节油效果。

　　间冷回热循环的船用燃气轮机，由于其结构过于复杂、体积庞大，动力方面是存在缺陷的。其回热污染严重，效率逐渐退化且不可恢复，长寿命不好保证。2016 年 6 月，英国防务部门高级官员承认，45 型驱逐舰会在中东发生故障，因为这些军舰的发动机无法应付波斯湾温暖的海水。他们还告诉议会下院国防委员会，这些 45 型驱逐舰上的 WR－21 燃气涡轮发动机在极端气温条件下无法运转，因此将会为其配备柴油发电机。英国国防部起初曾把这些发动机的问题称为"暂时性问题"。这些问题最早被发现是在"果敢号"驱逐舰 2010 年在中大西洋海面失去动力并且不得不送到加拿大修理。这艘由 BAE 系统公司建造的军舰在 2012 年又发生了发动机故障，需要再次修理。由此可见，间冷回热循环虽然具有诸多优势，但目前仍无法有效地保证其可靠性。

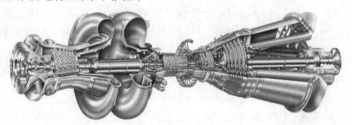

图 15.11　　LMS100 燃气轮机的本体部分

　　另一款具有划时代意义的复杂循环燃气轮机是美国 GE 公司推出的 LMS100 燃气轮机，如图 15.11 所示。该间冷燃气轮机以高性能母型核心机为基础，通过低压系统选配、加入间冷器而成。LMS100 燃气轮机提供了两种可供选择的间冷系统，分别是使用蒸汽冷却塔的湿式间冷系统（水冷）和使用空气的干式间冷系统（气冷），其中湿式间冷系统的冷却效果稍好，干式间冷系统的应用范围更为广泛。采用间冷循环，极大地提高了 LMS100 燃气轮机的性能，其功率达到 100 MW，效率达到 44.5%，达到了简单循环燃气轮机联合循环的技术水平，尽管目前该燃气轮机主要用于工业领域，但其在间冷循环领域做出的成功的工程实践表明，通过合理的热力学参数匹配，间冷燃气轮机可以大幅度提升燃气轮机的输出功率，只要有效地解决舰船条件下高紧凑度间冷系统，完全可以实现舰船环境下间冷燃气轮机的工程实践。LMS100 燃气轮机可每分钟在 50 MW 速率进行调整，具有负载跟踪、循环能力和高温天气下具有良好性能的特点。在 50% 的低工况条件下，效率仍可达 36%。

事实表明，国外在间冷等复杂循环燃气轮机研制方面已经取得巨大进展，并形成了比较成熟的技术与产品，但间冷循环或间冷回热循环燃气轮机也并非没有问题，其可靠性还需要进一步论证与改进。特别是燃气侧烟灰沉积使回热器效率下降、中冷器凝出的水滴对压气机叶片产生侵蚀等问题一直没有得到有效解决。利用控制装置根据入口空气的温度和相对湿度以及低压压气机出口空气压力自动控制冷却剂绕过海水换热器的旁通度，虽然可以防止在高压压气机中产生冷凝，但是却大大牺牲了换热器的效率。因此，找到一种能够便捷、有效地控制间冷循环冷凝过程的方法势在必行。

15.1.3 蒸汽动力装置中换热器的应用

蒸汽动力装置主要可分为常规蒸汽动力装置和核动力装置。其中常规蒸汽动力装置目前主要运用于热力发电领域，在船舶动力领域已经很少被采用，但是仍有部分较大吨位的船舶采用燃油锅炉作为动力装置。核动力装置在热力电厂和交通船舶动力领域都越来越受人们的青睐。下面就以热力电厂为例介绍常规蒸汽动力装置中换热器的结构及应用。

1. 常规蒸汽动力装置中换热器的应用

如图 15.12 所示，常规蒸汽动力装置发电厂中，经过省煤器的近饱和锅炉给水被送入汽包，由下降管进入下降管集箱，从下降管集箱中经水冷壁被加热为汽水混合物，进入汽包由汽包内汽水分离器将饱和蒸汽和水分离，被分离出的水经过下降管继续进行上述循环，分离出的饱和蒸汽被送入过热器。在过热器内，饱和蒸汽被加热至过热，过热蒸汽被送入蒸汽母管，在蒸汽母管内过热蒸汽被分配至各个用汽单元（汽轮机、高温加热器、除氧器等），流入汽轮机的蒸汽在汽轮机高压缸内膨胀做功，温度压力降低。为了提高过热蒸汽的干度，由高压缸流出的蒸汽被送入锅炉再热器内，在再热器内蒸汽温度升高后被送入汽轮机中低压缸，蒸汽继续做功变成乏汽被送入冷凝器（绝大部分蒸汽在汽轮机中完成做功过程，但仍有部分被送入汽轮机的蒸汽被抽出用于加热给水的加热器以提高循环效率）被来自冷水塔的冷却水冷凝，被冷凝后的过冷水（即主凝结水）经过凝水泵进入轴封加热器和低压加热器被加热，在热力除氧器内排出空气和其他不凝结气体后被送入高温加热器，而后送入省煤器完成循环。在热力发电厂的水循环中所使用的换热器主要有冷凝器、冷水塔、低压加热器、除氧器、高压加热器、燃油预热器、冷却器、锅炉等。为了提高燃烧效率，一般热力发电厂还装备了空气预热器。下面将对这些换热器进行分别介绍。

（1）凝汽器。

凝汽器是使驱动汽轮机做功后排出的蒸汽变成凝结水的热交换设备。在凝结过程中，排汽体积急剧缩小，原来被蒸汽充满的空间形成了高度真空。凝结水则通过凝结水泵经给水加热器、给水泵等输送进锅炉，从而保证整个热力循环的连续进行。为防止凝结水中含氧量增加而引起管道腐蚀，现代大容量汽轮机的凝汽器内还设有真空除氧器。其主要作用：① 在汽轮机排汽口造成较高真空，使蒸汽在汽轮机中膨胀到最低压力，增大蒸汽在汽轮机中的可用焓降，提高循环热效率；② 将汽轮机的低压缸排出的蒸汽凝结成水，重新送回锅炉进行循环；③ 汇集各种疏水，减少汽水损失。凝汽器也用于增加除盐水（正常补水）量。

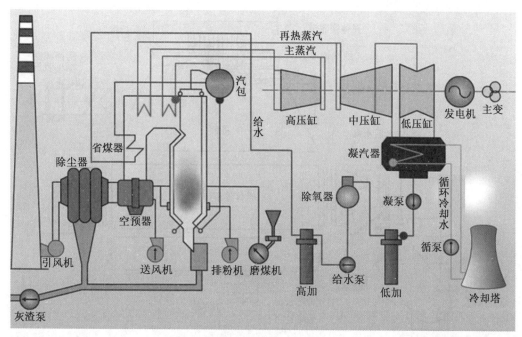

图15.12　　热电厂系统简图

　　目前最常用的凝汽器为表面式凝汽器,其结构图如图 15.13 所示。表面式凝汽器主要
由壳体、管束、热井、水室等部分组成。汽轮机的排汽通过喉部进入壳体,在冷却管束上冷凝
成水并汇集于热井,由凝结水泵抽出。循环冷却水从进口水室进入冷却管束并从出口水室
排出。为保证蒸汽凝结时在凝汽器内维持高度真空和良好的传热效果,还配有抽气设备,它
不断将漏入凝汽器中的空气和其他不凝结气体抽出。抽气设备主要由水环真空泵构成。
　　凝汽器中装有大量的钢管,并通以循环冷却水。当汽轮机的排汽与凝汽器钢管外表面
接触时,因受到钢管内水流的冷却,放出汽化潜热变成凝结水,所放潜热通过钢管管壁不断
地传给循环冷却水并被带走。这样排汽就通过凝汽器不断地被凝结。排汽被冷却时,其比
容急剧缩小,如当蒸汽在绝对压力为 4 kPa 时,蒸汽的体积比水的体积大 3 万多倍。当排汽
凝结成水后,体积就大为缩小,使凝汽器内形成高度真空。凝汽器运行时,冷却水从前水室
的下半部分进入,通过冷却水管进入后水室,向上折转,再经上半部分冷却水管流向前水室,
最后排出。低温蒸汽则由进汽口进入,经过冷却水管之间的缝隙向下流动,向管壁放热后凝
结为水。
　　(2) 回热加热器。
　　高压给水加热器是热电厂汽轮机系统最重要的辅助设备之一,由上述可知,它是利用从
汽轮机抽出的蒸汽加热锅炉给水,以提高热电厂的循环热效率,对电厂的安全、经济运行及
环保都起到重要的作用。如果一旦高压加热器发生故障停运,势必使给水只能通过旁通管
道进入锅炉,这将大大降低进入锅炉的给水温度,增加燃料消耗量,增加发电成本;如果进入
锅炉的给水温度过低,还将会威胁到锅炉和汽轮机的安全运行,缩短设备的使用寿命。电厂
运行中若高压加热器停运,往往要降低 10% ～ 12% 的发电负荷。在热电厂中存在回热加
热系统循环热效率将会有 10% ～ 12% 的提高,有的甚至可达 15% 以上,其中高温加热器所
占增益为 3% ～ 6%。在电厂,凡属于给水泵出口以后的加热器都称为高压加热器;对制造

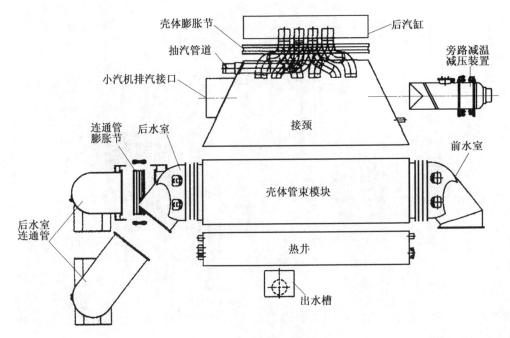

图 15.13　　表面式冷凝器结构图

厂而言,管侧设计压力大于 9.8 MPa 的加热器均归属于高压容器类。目前,亚临界发电机组高压加热器给水侧设计压力为 31 MPa,设计温度为 290 ℃;壳侧为 7 MPa,设计温度为480 ℃。超临界发电机组高压加热器给水侧设计压力为 35 MPa,设计温度为 320 ℃;壳侧为 9 MPa,设计温度为 490 ℃。超超临界发电机组高压加热器给水侧设计压力已超过35 MPa,达到 40 MPa,管侧的部件如水室、管板等按分析设计进行强度计算。

　　高压加热器的性能及其技术即指高压加热器传热的分段性和温度端差、加热器壳体内空气的排放、设计参数的确定等。确定排放空气管道上装设节流孔板和截止阀以控制流量;确定壳体内蒸汽的流动方向及其凝结水的合理分布以及抽空气管位置以保证换热管的任何部位都能被蒸汽吹扫到;确定换热管内水流速和给水接管的最大流速;等等。加热器的给水加热性能则表示为加热给水在给定流量下的能力,它用给水端差(上端差)和疏水冷却段端差(下端差)来表示。高压加热器的传热面设置为 3 部分,即过热蒸汽冷却段、凝结段及疏水冷却段。过热蒸汽冷却段布置在给水出口流程侧,它利用具有一定过热度的加热蒸汽显热加热较高温度的给水,给水吸收了蒸汽部分过热热量,其温度可升高到接近或等于、甚至超过加热蒸汽压力下的饱和温度,即指传热端差(疏水冷却段端差)可降为负值。为此我国的高压加热器的传热端差,一般当无过热蒸汽冷却段时,端差 θ 为 3～6 ℃,当有过热蒸汽冷却段时,θ 为 -1～2 ℃。机组容量大,减小端差 θ 值,效益增加,大容量机组一般可取 $\theta =$ 2.8 ℃。传热面的凝结段是高压加热器的主要换热段,是高压加热器的主体。

　　高压加热器的结构如图 15.14 所示,高压加热器的使用寿命与设备本身的基本结构有关,特别是与传热管的壁厚、材质、管端连接焊缝以及受到介质冲击和冲刷有关,同时还与运行工况有关。目前,高压加热器的管子和管板连接处发生泄漏仍然是高压加热器的主要故障之一。高压加热器管侧是高压给水,壳侧是压力相对低得多的中压蒸汽,壳侧空间经由进汽接管、抽汽接管与汽轮机本体相连接。一旦高加传热管破裂或管端焊缝泄漏,高压给水将大量冲入汽侧壳体,导致壳体内疏水水位急剧上升,壳侧蒸汽压力迅速升高,壳体内高压给水将沿着抽汽管道倒灌入汽轮机。从高压加热器倒灌来的压力水极具危害性,它使汽轮机叶片受到冲击而产生机械损伤,并产生因水冲击而引起的其他后果,有可能引起汽轮机超速运转,造成严重的停机事故。而壳侧是按中压强度设计制造,迅速升高的蒸汽压力可导致高压加热器壳体因超压甚至会产生爆破事故。因此对高压加热器必须采取各种保护措施,相应的措施有:设置保护装置(它由高压加热器的给水进口、出口阀门及其系统组成)、报警装置、安全阀、抽气阀连锁动作及危急疏水管系等。当任何一个电动隔离阀关闭抽汽管道时,连锁迅速打开抽汽管道低点相应的疏水阀,将抽汽管内可能积聚的凝结水疏至扩容器,防止汽轮机倒灌进水。

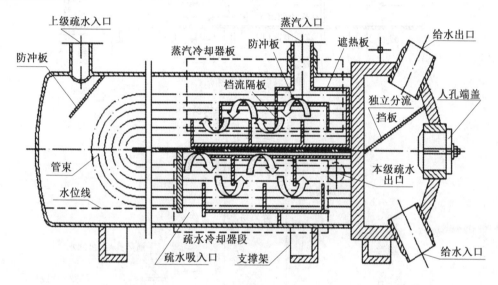

图15.14　高压加热器

总之,在高温高压下工作的高温加热器虽然就是一台换热器,是火力发电厂汽轮机发电机组的辅机,但是高压加热器设计得好坏,结构是否合理,运行是否安全正常,还牵扯到整个机组的安全运行和效益。

低压给水加热器结构原理图如图 5.15 所示。它与高压给水加热器同属于给水加热器。以给水流向而言,低压加热器布置在凝结水泵出口之后,除氧器之前,经低压加热器加热的主凝结水(锅炉给水)流向除氧器,然后流向给水泵;高压加热器布置在给水泵之后。高压加热器和低压加热器两者管侧所受压力不同,低压加热器管侧压力很低(如亚临界机组管侧设计压力为 5 MPa,设计温度为 170 ℃;壳侧设计压力为 1.0 MPa,设计温度为 360 ℃。超临界机组和超超临界机组与此相同),高压加热器压力很高,但它们在工作性质、结构等方面相近,故本节对低压加热器不做过多阐述。

(3) 除氧器。

除氧器是给水回热系统中的一个混合式加热器,其结构图如图 15.16 所示。它的主要作用是除去给水中的氧气,保证给水的品质。水中溶解了氧气,就会使与水接触的金属腐蚀,在换热器中若有气体聚集,则会妨碍传热过程的进行,降低设备的传热效果。因此水中溶解有任何气体都是不利的,尤其是氧气,它将直接威胁设备的安全运行。

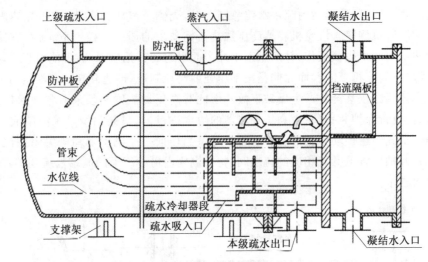

图15.15　低压加热器

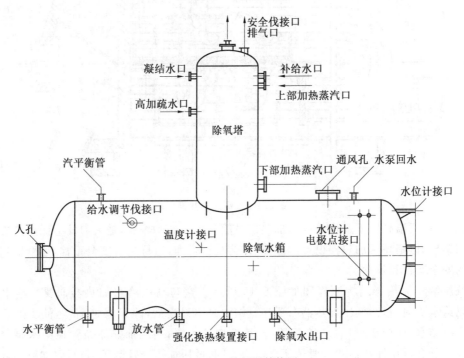

图 15.16　除氧器结构图

（4）冷却器。

①板式冷却器。

热电的厂中冷却器大多属板式换热器（密封油冷却器、滑油冷却器），板式换热器的悬挂式结构由波纹板片、密封垫、固定压紧板、中间板、活动压紧板、支架、上下定位导杆、压紧螺栓等主要零件组成。板上有 4 个角孔，供传热的两种液体通过，传热板片安装在一个侧面有固定板和活动板的框架内，用夹紧螺栓夹紧。相邻板片具有反方向的波纹沟槽，沟槽的交叉点相互支撑形成接触点，介质流动时形成湍流，从而获得很高的传热效率。

② 冷水塔。

冷水塔指将循环冷却水在其中喷淋,使之与空气直接接触,通过蒸发和对流把携带的热量散发到大气中去的冷却装置。冷却塔是利用空气同水的接触(直接或间接)冷却水的设备。它是以水为循环冷却剂,从系统中吸收热量并排放至大气中,从而降低塔内的空气温度,制造冷却水可循环使用的设备。

2. 核动力装置中换热器的应用

(1) 核动力装置中的换热器。

利用核能产生动力的装置称为核动力装置。由于核反应堆的类型不同,核动力装置的系统和设备也不同。压水堆核动力装置主要由压水反应推、反应堆冷却剂系统(又称一回路)、蒸汽和动力转换系统(又称二回路)、循环水系统、发电机和输配电系统及其辅助系统组成,其原理如图 15.17 所示。通常将一回路及核岛辅助系统、专设安全设施和厂房称为核岛。二回路及其辅助系统和厂房与常规蒸汽动力装置的系统和设备相似,称为常规岛。核动力装置的其他部分,统称为配套设施。从生产角度讲,核岛利用核能生产蒸汽,常规岛用蒸汽生产电能和动力输出。由于核动力装置中常规岛系统和常规蒸汽动力装置相同,因此这里仅介绍核岛中换热器的应用。

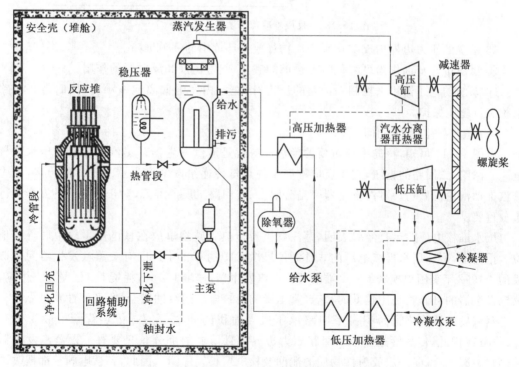

图15.17 核动力装置原理图

核岛冷却剂系统流程示意图如图 15.18 所示。反应堆冷却剂系统又称一回路系统,其主要功能如下:

① 在按核动力装置正常功率运行时将堆内产生的热量载出,并通过蒸汽发生器传给二回路工质,产生蒸汽驱动汽轮发电机组发电。

② 在停堆后的第一阶段,经蒸汽发生器带走堆内的衰变热。

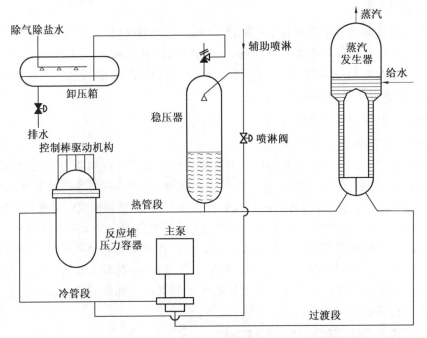

图 15.18　　反应堆冷却剂系统流程示意图

③ 系统的压力边界构成防止裂变产物释放到环境中的一道屏障。

④ 反应堆冷却剂作为可溶化学毒物硼的载体,起慢化剂和反射层的作用。

⑤ 系统的稳压器用来控制一回路的压力,防止堆内发生偏离泡核沸腾,同时对一回路系统实行超压保护。

(2) 蒸汽发生器的工作原理。

由图 15.17 可知,核岛中最重要的换热设备就是蒸汽发生器。蒸汽发生器是压水堆核电厂一回路、二回路的枢纽,它将反应堆产生的热量传递给蒸汽发生器二次侧的给水,产生蒸汽推动汽轮机做功。蒸汽发生器又是分隔一、二回路工质的屏障,对于核电厂的安全运行十分重要。

压水堆核电厂的运行经验表明,蒸汽发生器传热管破裂事故在核电厂事故中居首要地位。据报道,国外压水堆核电厂的非计划停堆次数中约有 1/4 是因有关蒸汽发生器问题造成的。1992 年美国更换磨石—2 堆的两台蒸汽发生器,停堆 192 天,耗资 1.9 亿美元。可见,蒸汽发生器的可靠性是比较低的,它严重地影响着核电厂运行的安全性、经济性及可靠性。

蒸汽发生器传热管面积占一回路承压边界面积的 80% 左右,传热管壁一般为 $1 \sim 1.2$ mm。因此,传热管是整个一回路压力边界中最薄弱的部分。只要有一根蒸汽发生器传热管破裂,就可能造成放射性物质的泄漏及核电厂长期停闭。因此,各核电国家都把改进和研究蒸汽发生器技术作为完善压水堆核电厂技术的重要环节,并制订了庞大的改进研究计划,其中包括蒸汽发生器热工水力分析、腐蚀与传热管材料的研制以及蒸汽发生器结构设计的改进、无损探伤技术、传热管振动、磨损疲劳研究和二回路水质控制等。这些课题涉及多个学科。

蒸汽发生器可按工质流动方式、传热管形状、安放形式及结构特点分类。按照二回路工质在蒸汽发生器中的流动方式,可分为自然循环蒸汽发生器和直流(强迫循环)蒸汽发生器;按传热管形状,可分为 U 型管蒸汽发生器、直管蒸汽发生器、螺旋管蒸汽发生器;按设备的安放形式,可分为立式蒸汽发生器和卧式蒸汽发生器;按结构特点,分为带预热器的蒸汽发生器和不带预热器的蒸汽发生器。尽管核电厂采用的蒸汽发生器形式繁多,但在压水堆核电厂使用较广泛的只有 3 种,分别是立式 U 型管自然循环蒸汽发生器、卧式自然循环蒸汽发生器和立式直流蒸汽发生器,其中尤以立式 U 型管自然循环蒸汽发生器应用最为广泛。表 15.3 给出了几种主要蒸汽发生器的特征。

表 15.3　几种主要蒸汽发生器的特征

类别	放置方式	传热管	蒸汽
自然循环	立式	U 型管	饱和蒸汽
	卧式	U 型管	饱和蒸汽
直流	立式	直管	微过热蒸汽

图 15.19 给出了核电厂普遍采用的立式自然循环 U 型管蒸汽发生器结构图,其主要参数见表 15.4。蒸汽发生器由下封头、管板、U 型管束、汽水分离装置及筒体组件等组成。来自反应堆的高温冷却剂经进口接管进入入口水室,然后进入 U 型管束,流经传热管时,将热量传给二次侧,冷却剂经出口水室离开蒸汽发生器。二次侧给水由给水泵输送至给水接管,通过给水环分配到管束套筒与蒸汽发生器外筒体之间的环形下降通道内,在这里与由汽水分离器分离出来的再循环水混合后向下流动,在底部经管束套筒缺口折流向上,进入传热管束区,沿管间流道向上吸收一次侧的热量,被加热至沸腾,再进入由人字形板组成的第二级汽水分离器。分离出的水向下经疏水管,与其他再循环水混合。经二次分离的蒸汽湿度降至 0.25% 以下,经出口管道送往汽轮机。

表 15.4　立式自然循环 U 型管蒸汽发生器的主要设计参数

参　　　数	数　　　值
一次侧设计压力 / MPa	17.23
一次侧设计温度 / ℃	343
二次侧设计压力 / MPa	8.3
传热管材料	Inconel － 690
传热管尺寸 /(mm × mm)	19.05 × 1.09
传热管数目 / 根	4 474
传热面积 /m²	5 435
上筒体外径 /m	4.48
总高 /m	20.8

（3）立式蒸汽发生器的结构。

①U 型管束。如前所述,传热管对保障核电厂安全运行极为重要。20 世纪 60 年代后期,美国采用 Inconel － 600 合金 (Cr15Ni74Fe),近几年改用经热处理的 Inconel － 690 合金 (Cr30Ni60)。该材料的抗腐蚀能力有显著改善。然而,大量研究实践表明,任何材料都只有在一定的条件下才具备优良的抗腐蚀性能。传热管的损坏还与蒸汽发生器的热工水力特

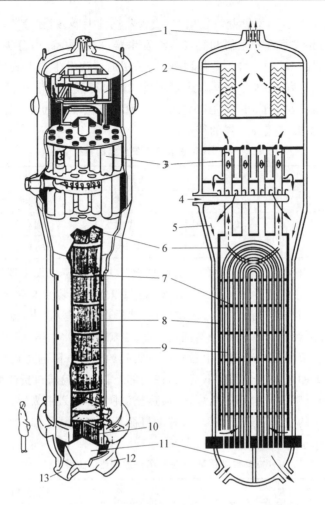

图 15.19　立式自然循环 U 型管蒸汽发生器结构图

1— 蒸汽出口管嘴；2— 蒸汽干燥器；3— 旋叶式汽水分离器；4— 给水管嘴；5— 水流；
6— 防振条；7— 管束支撑板；8— 管束围板；9— 管束；10— 管板；11— 隔板；12— 冷却
剂出口；13— 冷却剂入口

性和水质条件密切相关。因此，只有从蒸汽发生器的结构设计、管材、水质控制等方面综合
研究改进，才能收到预期效果。此外，对于同种管材，采取适当的热处理及表面处理工艺对
提高其抗腐蚀性能有重要意义。

② 管板。管板是二次侧压力边界的一部分，用低合金高强度钢锻造而成。蒸汽发生器
的管板厚度达 500 ～ 700 mm，属超厚锻件，要求材料具有优良的塑韧性及淬透性。大型管
板的管孔达近万个，而且对孔径公差、节距公差、形位公差及管孔光洁度都有很高要求。因
而，深钻孔成为蒸汽发生器制造的关键工艺，也是决定管板制造加工周期的重要因素。

管板下方即与冷却剂接触的表面，应堆焊镍基合金。管板二次侧表面附近是发生传热
管腐蚀最严重的区域之一。在管板表面的杂质淤积及管子与管板间隙的干湿交替现象，可
能引起化学物质的浓集。所以，现代蒸汽发生器一般采用管板全长度涨管工艺加端部密封
焊接，由此来保证管子与管板之间的密封性，消除管子与管板的间隙。管板上表面水平地装
设有两根多孔的管道供连续排污用。

③ 下封头。下封头是蒸汽发生器中承受压差最大的部件,通常呈半球形。其表面开有 4 个大孔,应力状态十分复杂,通常采用冲压成型制造,技术难度大,也有的采用低合金钢铸造,工艺较简单,但须严格控制铸件质量。

④ 管束组件。管束是呈正方形排列的倒 U 型管。管束直段分布有若干块支撑板,用以保持管子之间的间距。在 U 型管的顶部弯曲段有防振杆以防止管子振动。支撑板结构的设计应考虑二次侧流体的通过能力、流体的流动阻力、限制流动引起的振动及管孔间隙中的化学物质的浓缩。早期的支撑板采用圆形管孔和流水孔结构,导致在缝隙区出现局部缺液传热状态,因此产生化学物质浓缩。在电厂冷态工况下,管子和支撑板之间的间隙因二者的膨胀差而扩大,腐蚀产物沉积在间隙内。高温时,膨胀差使间隙减小,这时管子被压凹,造成传热管凹陷及支撑板破裂。新的设计普遍采用四叶梅花形孔(图 15.20)。

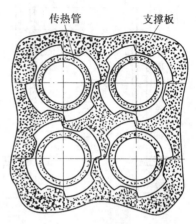

图 15.20　支撑板四叶梅花形孔

AP1000 的蒸发器 U 型传热管采用三角形排列,用三叶梅花孔做支撑板。这种开孔将支撑孔和流通孔道结合在一起,增加了管孔之间的流速,减少了腐蚀产物和化学物质的沉积,使得该区的腐蚀状况大为改善。传热管四周用套筒包围,从而将二次侧分隔为下降通道及上升通道,形成二次侧自然循环回路。

⑤ 筒体组件。蒸汽发生器筒体组件包括上封头、上筒体、下筒体、锥形过渡段等。上封头呈椭球形,蒸汽出口管嘴中设有由若干文丘里管组成的限流器,用来限制主蒸汽管道破裂时的蒸汽流量,防止事故时对一次侧的过度冷却,以避免反应堆在紧急停堆后重返临界。

上筒体设有给水管嘴,并与给水环管相连。上筒体还设有人孔,必要时可以进入更换干燥器。下筒体在靠近管板处设有若干检查孔,以便检查该区域内的传热管表面和管板二次侧表面。必要时可用高压水冲洗管板上表面的淤渣。

⑥ 二次侧流量分配装置。给水环管的位置稍低于第一级汽水分离器,运行时它淹没在水面以下。给水经焊接在环管上的倒 J 形管分配到下降通道。采用这种焊有倒 J 形管的给水分配环是为了避免水排空,防止给水再次进入时,过冷水使蒸汽迅速凝结而发生水锤现象。

给水环管上倒 J 形管沿周边是不均匀分布的。大亚湾核电厂的蒸汽发生器给水环 80% 的给水流向热侧,20% 的给水流向冷侧。这种布置使蒸发器两侧的含汽率大致相等,从而避免两侧之间发生热虹吸现象。

在管束下部略高于管板处有一块流量分配板。板上钻的管孔比传热管的直径大,在中心处钻一大孔用于分配流量。流量分配板与 U 型管束中间设置的挡块相结合,保证径向给水分布大致均匀并以足够大的流速冲刷管板表面。

⑦ 汽水分离装置。蒸汽发生器的上部设有两级汽水分离器。汽水混合物离开传热管束后经上升段首先进入旋叶式分离器除掉大部分水分,然后进入第二级分离器进一步除湿,第二级分离器一般是人字形板式干燥器。

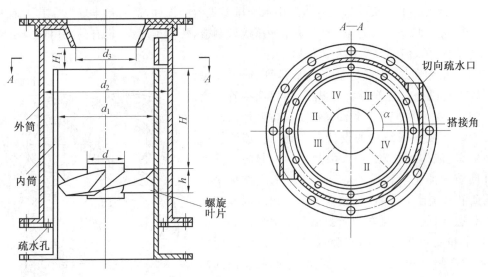

图 15.21　　具有切向疏水口的旋叶式分离器

具有切向疏水口的旋叶式分离器结
构如图 15.21 所示。在分离筒内装有一
组固定的螺旋叶片。当汽水混合物流过
时,旋叶式分离器由做直线运动变为做
螺旋线运动,由于离心力作用使汽水分
离,在中心形成汽柱而在筒壁形成环状
水层。水沿壁面螺旋上升至阻挡器,然
后折返流经分离筒与外套筒构成的疏水

图 15.22　　带钩波纹板分离器的工作原理

通道而进入水空间。当出口管内径与汽水两相充分分层时的蒸汽柱大致相同时,能取得良
好的分离效果。第二级汽水分离一般采用带钩波纹板分离器。其作原理如图 15.22 所示。
汽水混合物在波纹板间流动过程中多次改变流动方向,从而使夹带的小水滴被分离出来。
波纹板上的多道挡水钩收集板面水膜并捕集蒸汽流中的水滴,分离出的水汇集后沿凹槽流
入疏水装置。

汽水分离器是自然循环蒸汽发生器的重要部件。这不仅体现在合格的蒸汽品质是汽轮
机安全经济运行的重要条件之一,还体现在自然循环蒸汽发生器的尺寸在很大程度上取决
于汽水分离装置的结构和工作特性。

汽水分离器的主要性能指标如下:

a.出口的蒸汽湿度。欧美各国规定,自然循环蒸汽发生器的蒸汽湿度为 0.25。这就要
求分离器具有高的分离效率。

b.分离器的阻力。在蒸汽发生器二次侧自然循环的总压降中,分离器的阻力占有重要
份额。目前倾向于提高循环倍率,要解决的重要课题之一是降低分离器的阻力。但是这通
常与提高分离效率是相矛盾的。

c.单位面积的蒸汽负荷。提高单位面积的蒸汽负荷意味着减小蒸汽发生器上筒体直径
的重要指标,目前已达到 100 kg/(m² · s) 以上的水平。

d.蒸汽下携带量。在分离过程中,少量蒸汽难免会被疏水卷入而进入再循环。被夹带

的蒸汽可能使水位发生波动,蒸汽进入下降通道影响水循环等。因此,分离器的疏水结构应能防止蒸汽回流。蒸汽下携带量定义为一次分离后疏水中所含蒸汽的质量百分数。正常运行时,此值应小于1%。

以上介绍的立式 U 型管自然循环蒸汽发生器没有设置预热器。为了充分利用一次侧出口区的传热面,许多厂家设计了带预热器的蒸汽发生器,即在 U 型管束一回路侧出口布置了一体化预热器。在预热器中设有横隔板,使工质横向冲刷管束。部分给水由下部筒体进入预热器,在预热区被加热至接近饱和温度。图 15.23 给出了蒸汽发生器中预热器的结构。

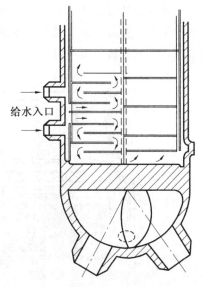

图 15.23　蒸汽发生器中预热器的结构

设置预热器可以提高二次侧压力,这一点可以通过图 15.24 予以说明。图中给出了 U 型管蒸汽发生器的温度随管长的变化曲线。图中实线表示没有预热器的情况。其中的蒸汽温度受拐点 P_1 处温度的限制。虚线表示加了预热器后二次侧流体温度的变化。热段的二次侧流体温度按 A 曲线变化,而在预热器的二次侧流体温度则按 B 曲线变化,流体在距离管板较远处才达到饱和温度,所以拐点移到 P_2 处,从而提高蒸汽温度。

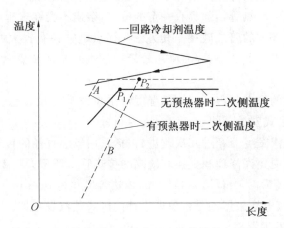

图 15.24　U 型管蒸汽发生器的温度随传热管长的变化曲线

(4) 卧式 U 型管蒸汽发生器。

俄罗斯和一些东欧国家的压水堆核电,广泛采用卧式自然循环蒸汽发生器。这种卧式蒸汽发生器为水平放置的单壳体结构(图 15.25)。给水预热、二次侧蒸汽的产生,汽水分离及蒸汽干燥都在同一个外壳内进行。壳体由圆柱形筒体和封头组成。壳体沿高度方向分成两部分:上部为汽水分离器,下部为淹没在水面以下的 U 型管加热区。U 型管束固定在两个立式圆柱形联箱上。传热管束采用奥氏体不锈钢,管子内表面进行电化学抛光,外表面进行研磨,以提高管材的抗腐蚀能力。给水通过管束上方的给水总管进入蒸汽发生器。为了防止壳体产生过大的热应力,在给水总管贯穿壳体部位设有保护衬套。装在联箱上的给水分配短管垂直插入到 U 型管束中间,从给水总管来的给水通过这些多孔配水管进入换热器区域。这样附近的管排间隙就成为下降通道。其他管排间隙与管束及筒体的间隙即为上升通道。这里的上升与下降通道不像立式自然循环蒸汽发生器那样分明。正常水位一般控制在最上一排传热管以上 300 ～ 400 mm 范围内。设置在汽空间的百叶窗式汽水分离器用来提高蒸汽干度。在百叶窗汽水分离器的上方装备有集汽顶板。它是一块多孔隔板,用来使流向蒸汽母管的汽流变得均匀、稳定。为保证水质,在壳体最低点设有连续排污管。

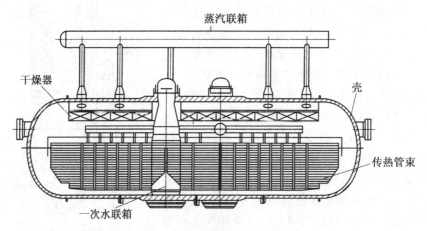

图 15.25　俄罗斯的卧式蒸汽发生器

这种蒸汽发生器的最大优点是没有水平管板,取而代之的是立式圆柱形联箱。在联箱表面不会形成滞流区。传热管根部具有一定的流速,杂质不会在这里沉积和浓缩,因而可避免传热管与联箱结合部位的腐蚀破裂。其另一个优点是它具有较大的蒸汽空间,单位蒸发面的负荷较立式蒸汽发生器的小,因而采用较简单的汽水分离装置就能保证蒸汽质量满足标准。

卧式蒸汽发生器的缺点是出口蒸汽的湿度对水位波动比较敏感,因而对水位控制要求较高;另一个缺点是卧式安放不便于在安全壳内布置。

俄罗斯的这种蒸汽发生器经过几次改进,包括采用较小直径的传热管使受热面积增加,联箱内腔结构改进以便允许修理和更换有缺陷的传热管。新型大功率蒸汽发生器的蒸发量为 1 470 t/h,壳体直径为 4.4 m,长为 14.5 m,传热管尺寸为 16 mm×1.5 mm,共有传热管9 157 根。我国田湾核电站采用的是俄罗斯设计的卧式蒸汽发生器。

(5)直流式蒸汽发生器。

在直流式蒸汽发生器中,二次侧工质的流动靠强迫循环。由给水泵输送给水流经传热管,在热侧流体的加热下,给水经预热、蒸发、过热而达到所要求的温度。尽管由于压水堆核电厂一次侧温度的限制,核电厂的直流蒸汽发生器只能产生微过热的蒸汽,但是这对于提高汽轮机工作的可靠性和提高循环热效率还是有利的。

直流蒸汽发生器有管外直流和管内直流两类。管内直流指二次侧工质在传热管内流动,这种类型多用于核动力舰船。在压水堆核电厂中均采用管外直流蒸汽发生器,即二次侧工质在传热管之间流动。

美国巴布科克 — 威尔科克公司设计的直流蒸汽发生器是一种直管管壳式蒸汽发生器。一次侧冷却剂由上封头入口进入,流经传热管后由下封头出口流出。二次侧给水通过环形给水管进入传热管束,相继被预热、沸腾,最后成为过热蒸汽。这种直管蒸汽发生器必须解决的一个问题是管束与筒体热膨胀差的补偿。这个设计采用的是使用过热蒸汽加热筒体,即将过热蒸汽引到管束套筒与外筒体之间,并向下流动,适当选择蒸汽出口位置,可使管束与筒体的热膨胀差达到允许水平。

直流蒸汽发生器不能像自然循环蒸发器那样连续排污,给水带入的盐分将沉淀在传热管表面,导致传热热阻增加及传热管腐蚀问题。因此,直流蒸汽发生器对传热管管材抗腐蚀性能和给水水质要求较高;又因储水量少,热容小,故对自动控制要求高。此外,对直流蒸汽发生器,还存在水动力不稳定和整体脉动等问题,需注意解决。

15.2　石油化工换热器

石油、化工行业是换热器最主要的应用领域,约占换热器 30% 的市场份额。石油、化工生产中几乎所有的工艺过程都有加热、冷却或冷凝过程,都需要用到换热器。换热器的性能对石化产品质量、热量利用率以及系统的经济性和可靠性起着重要作用。石油化工换热器主要包括管壳式换热器、螺旋板式换热器、板翅式换热器(冷箱)、热管式换热器、板壳式换热器、高压螺纹锁紧环式换热器、高压空冷器和废热锅炉等。目前,石油化工换热器正朝着大型化、高效率、高合金化、低温差、低压力损失方向发展。下面将对几种典型的换热器在石油工业和化工领域的应用进行介绍。具体见表 15.5 和表 15.6。

表 15.5　换热器在石油工业的应用

应用行业	主要用途
石油工业	各种油品的加热及冷却、乙烯冷箱 塔顶气体的冷凝、冷却 工厂冷却水、循环水系统 天然气体净化、工厂气体净化 工厂酸性水处理 余热回收 海洋钻井平台用海水冷却、循环淡水冷却、脱盐装置、淡水蒸馏、三甘醇脱水时进行热回收

表 15.6　换热器在化工领域的应用

应用行业	主要用途
化工领域	各种浓度的碱液及电解液的加热冷却 硫酸、氢氧化钠、氢气、氧气的加热、冷却、蒸发、冷凝 甲醛、甲醇、乙醇的冷却 脱盐工艺、热回收装置 酒精发酵及提炼 人造纤维工业、丙烯腈纤维、树脂、各种聚合物的加热冷却 农药、染料、涂料 各种添加剂、生物制剂、化妆品的生产

1. 管壳式换热器

管壳式换热器是石油工业和化工领域中最常用的一种换热器,它主要用于液 — 液换热、液 — 气换热、气 — 气换热等多个领域。管壳式换热器是石油化工生产中重要的单元设备,根据统计,换热器的吨位约占整个工艺设备的 20%,有的甚至高达 30%,其重要性可想而知。

2. 板式换热器

在石油工业和化工领域上,随着生产工艺的不断改进,板式换热器在天然气的液化、分离装置及合成氨工业中逐步获得应用,在化工领域板式换热器在重油催化裂化装置中得到了应用。板式换热器在石油工业的应用主要是在各种油品的加热及冷却、塔顶气体的冷凝和冷却、工厂冷却水系统、工厂酸性水的处理、海洋钻井平台用于海水冷却循环淡水或乙二醇冷却、脱盐装置、淡水蒸馏、三甘醇脱水时进行热回收及冷却气体等方面。在石油工业和化工领域中,使用板式换热器的优点是由于温差小,不仅可以充分利用冷量,减少因存在温差造成的不可逆损失,而且可以改变制冷的级别,从而使制冷所需的功率降低。

3. 板翅式换热器

在化工领域中,利用板翅式换热器作为反应器的研究已进行多年,使用板翅式换热器除了起换热作用外,还同时完成其他功能,如传热反应等一直是工业界关心的问题。在核能、宇航、超导等尖端技术中应用板翅式换热器还遇到不少问题。随着板翅式换热器技术的进一步发展与完善,可以预期其应用领域将不断拓宽。

4. 热管式换热器

热管式换热器近年来在石油化工中的应用已愈来愈受到人们的重视。它具有体积紧凑、压力降小、可以控制露点腐蚀、一端破坏不会引起两种换热流体互混等优点,不仅提高了设备的热效率,而且可靠性也大为增加,减少了停车次数。这些特点使热管式换热器在余热回收利用方面具有广阔的前景,然而作为热管本身的其他方面的特点,如均温性、热流密度可变性、可变导性、可异形化等特性更加引人注意。

5. 热管乙苯脱氢反应器

烃类脱氢反应是吸热反应,其平衡常数随温度升高而加大,脱氢反应的速度也随温度升高而加快,因此脱氢反应应选择在最佳反应温度内进行,工业上的脱氢反应器一般有热管等温反应器及绝热反应器两种。

(1) 热管乙炔脱氢反应器。

它是在绝热反应器的催化剂床层内插入若干热管,乙炔脱氢的反应热由热管供给,热管的热源可以是烟气、蒸汽或电加热。由于热管具有良好的等温性,因此可以为脱氢反应提供良好的温度条件和足够的热量。

(2) 热管氧化反应器。

气固相非均匀氧化反应在石化工业中占有很重要的地位。氧化反应是一强放热反应,同时涉及的影响因素很多,但对反应器本身来讲温度条件是最关键的因素,因此氧化反应设计首先应考虑如何能保证在最佳的反应温度条件下进行。一般氧化反应有固定床和流化床两种形式。这两种反应器各有优缺点,也都可以应用热管来达到移走热量的目的。固定床一般采用管式反应器,优点是管细长,反应物流速高,有利于传热,径向温差小;缺点是温度不易控制,热稳定性差,易产生热点,催化剂装填要求高。流化床的优点是气固相接触面积大,传热速率快,床层温度分布均匀,热稳定性好,反应温度易控制,但催化剂易磨损,有气体反混现象,影响转化率和吸收率。近年来提出的热管氧化反应器力求保证以上两种反应器的优点,克服其缺点。

该反应器的催化剂喷涂在反应器的内壁上形成一层薄的催化层。反应器的管壁外侧是径向热管的空间,空间内有"幅条"状的热管吸液芯,反应管内催化剂所放出的热量直接通过管壁传导到热管,使吸液芯中的液体汽化,汽化了的蒸汽在径向热管的环形空间内沿半径方向流向外层管壁,并冷凝放出热量,传给热管外部的冷却介质(水或空气),冷凝后的液体再通过"幅条"状吸液芯回流到热管的内环壁内再次吸收催化反应热。其特点是:

① 催化剂直接喷涂在反应器内壁上,化学反应热直接由管壁导出,消除了反应气体与内壁的对流传热阻力。

② 径向热管的外管比反应管直径大,增大了散热面积,因而可以不用熔盐或联苯等高温载热体而直接用水或空气冷却。

③ 可以在较高的温度下进行反应,以获得最大的反应速度及最高的产率。

④ 可以得到最小的尺寸、质量和压力降。

(3) 催化裂化再生取热器。

在石油化工生产中往往需要从高温设备中取出热量,这样既可满足生产工艺需要,又可综合使用能源。例如,炼油厂催化裂化装置的再生取热器,它需从 700 ℃ 左右的催化剂床层中取出热量,产生蒸汽并入 0.8 MPa 的蒸汽网。传统的取热方式分为内、外取热两种。外取热器存在着设备复杂、催化剂输送易磨损、循环设备要求高等缺点;内取热器虽然其结构简单,传热效率高,但取热难以调节,一旦取热管破裂,只能停车检修,同时造成大量催化剂跑损,既影响系统生产,又造成严重的经济损失。如采用热管技术,选择分离式热管,既可避免外取热新增设备的麻烦,又安全可靠。

再生器内热管取热器工作流程图如图 15.26 所示。分离式热管的蒸发段置于再生器内需取热的部位,冷凝段置于再生器外。此冷凝段为一蒸汽发生器,用蒸发段从床层中取出热量,加热蒸发从汽包来的给水,所产生的蒸汽由上升管送至汽包并入蒸汽管网。此结构操作简单,无须循环泵,即使一组热管失效,极易与系统切断,不会造成汽包水泄漏而引起的催化剂损失和停车。该设备已在某炼油厂进行了工业化实验研究。催化床层温度为 670 ~ 710 ℃,蒸发段内表面积热流密度为 330 kW/m²。结果表明,热管技术用于此类设备是可行的、正确的,并具有很好的应用前景。

(4) 热管化学反应釜。

带搅拌的化学反应釜是石油化工的常用设备,在釜内反应过程中总是要有化学反应热的移出或输入,常规反应釜热量的传递是靠外夹套的传热或伴管来完成的,在强放热或吸热的反应中,仅靠反应釜外夹套的传热面积往往不能满足传热的要求。在这种情况下热管的应用具有很多优点,首先热管可以做成各种形状插入釜内,既可增加釜内换热面积,也可起到挡板的作用。此外,热管可以从反应釜内导出热量,也可以从反应釜外向釜内供给热量。

6. 气 — 气型换热器

气 — 气型热管换热器在石油化工中得到了成功的应用。一方面,由于在石油化工厂中

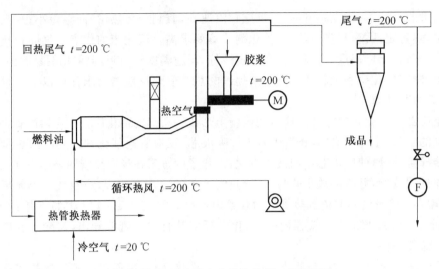

图 15.26　再生器内热管取热器工作流程图

有大量的余热资源,很多加热炉的排气温度在 200 ℃ 以上,很有回收价值;另一方面,由于石油化工厂中烟气大多是轻质燃料或瓦斯气的燃烧排气,一般都比较干净,没有严格的积灰问题,因此比较容易回收。

15.3　暖通空调换热器

15.3.1　供暖系统换热器

1. 传统的管壳式热网加热器

在以水为介质的城市集中供热的热力系统中,换热是决定性的一环。随着科学技术的进步,换热器这种起着热量传递作用的关键性设备,结构不断改善,品种不断更新。

对火力发电厂来说,换热器一直在回热系统中应用,结构大多是管壳式,它为提高汽轮发电机组的热效率发挥了重要的作用。在发电厂中,锅炉给水都经过严格的软化及除氧处理,所以换热器中的换热管大多数是普通的碳钢管,因水质好,不腐蚀、不结垢,强度高,所以一般很少出现泄漏。自 20 世纪 70 年代末、80 年代初开始,一种新的供热方式——发电厂汽轮机组循环水供热在很多城市出现,推动了城市集中供热走上了一个新的阶段。它是利用降低凝汽器的真空度,提高汽轮机的排汽温度,把自热网返回的循环水加热,然后再用泵把加热后的循环水送回热网采暖。在这过程中充分运用了汽轮机排汽的凝结热,降低了热力发电厂的冷源损失,从而提高了发电厂的热效率;又可免于建设区域性锅炉房,对节省建设资金、减少环境污染带来了直接的经济效益。与此同时,由于利用了余热,可以较低供热价格得到社会的一致认同。但是一个明显的不足是低温大流量,只有低温才能使发电厂得到尽可能多的电力,只有大流量才能做到低温。这就使整个的供热过程几乎在一个近似于恒定的参数下进行,天气较冷时,温度提不高,天气较暖时,温度也降不下。为了解决循环水提温的问题,在实行循环水供热的电厂内都准备了高峰加热器,意在供热高峰时使用。在辽宁省的气候条件下,一般在 11 月末到第二年 1 月初投入运行,以解决尖峰时温度不高、热量不足的问题。因为循环水低温大流量,所以在所供热的区域内不易调解,常常造成水量的大量流失,使补水量增大。一般在大型热网内系统补水量从每小时几百吨到数千吨不等。这样大的补水量从经济上、技术设备能力上决定了只能补进未经处理的工业水。

从循环水供热这种供热方式产生起,在供热的电厂内采用的均是传统的管壳式热网加热器,换热管多为 H68 黄铜管。由于与电厂回热系统相比运行条件发生了变化,所以这种加热器从使用开始就伴随着换热管的泄漏,给供热电厂带来了维修的麻烦。20 世纪 80 年代初期,北京热电厂、沈阳热电厂、阜新发电厂、抚顺发电厂、大连发电总厂的加热器都存在着程度不同的泄漏。抚顺发电厂泄漏最严重的加热器泄漏率超过 10% 以上。

(1) 管壳式热网加热器泄漏原因分析。

管壳式热网加热器泄漏在于自身的材质和结构以及外部条件的变化。其主要原因有 4 个方面。

① 管系的材质问题。H68 即含铜量达 68 %,其余主要为锌。铜有较好的塑性,在常温下还有较高的强度,但其高温强度差。当温度在 120 ℃ 以内时,黄铜管的允许压力为 40 MPa,随着温度的升高,其允许压力降低。当温度升高到 250 ℃ 时,黄铜管的允许压力已降至 25 MPa,而在此温度下的 A3 钢材的允许压力为 115 MPa,相差近 5 倍。除部分电厂使用 0.12 MPa、200 ℃ 蒸汽外,不少电厂使用压力为 0.78～1.27 MPa、温度为 300 ℃ 的过热蒸汽。温度过高,使黄铜管允许压力下降,是造成加热器泄漏的原因之一。

② 管壳式加热器结构方面的原因。管壳式加热器由外壳和管系组成。管系由铜管、固定铜管的两端管板及隔板所组成(图 15.27)。

隔板在迫使汽流曲折前进充分换热的同时又起到支撑铜管的作用。由于铜管和隔板孔之间都有 0.5 mm 左右的间隙,而隔板与隔板之间又有一定距离,所以当蒸汽在铜管外吹过后,铜管和隔板孔之间就会发生位移,当汽流不稳定时,压力会不断变化,铜管就会在隔板中振动,特别当蒸汽温度较高、铜管强度下降时,就会在铜管外侧与隔板孔的结合部刻上一道深深的印痕,直至穿孔泄漏。事实上,在泄漏的铜管中 80% 是这样造成的。

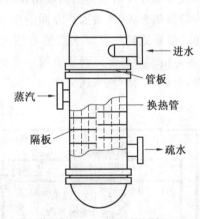

图 15.27　管壳式加热管网换热器结构图

③ 循环水水质不好。由于低温大流量,热源厂家因为大量的补水而被迫采用工业水。有的地方为防止管道腐蚀,还在循环水中投进了防腐剂。防腐剂属于碱性物质,虽然在水溶液中产生的沉淀物减少了金属的腐蚀,但却在加热器中形成一定的垢层。它不但增大了循环水在加热器中运行的阻力,而且由于这种沉淀物都是热的不良导体而严重影响了换热器中换热管内外的热传递,使铜管内外壁温差悬殊,扩大了铜管内外壁的高温区,严重削弱了铜管的强度,增加了铜管泄漏的倾向。通过加热器解体后的观察发现,结垢最严重的部位垢层的厚度达 10 mm。泄漏使结垢现象加重,并使泄漏现象进一步恶化。

④ 运行方式的影响。加热器的不正确运行也会导致泄漏,这一点应格外注意。在加热器启动时,应首先开启出入口水门,使管程中的循环水投入运行,然后再缓慢开启蒸汽门,以免换热管因过热而损坏。另外,还应注意加热器启动过程中的排气,以免在空气未排尽之

时,空气团受运行中压力的影响被压缩,而后受热膨胀而产生水击,破坏加热器。在加热器停止运行的操作中,首先关闭蒸汽门,而后关闭出入口水门。在加热器运行过程中,如凝结水水位升高迅速,在开大疏水门时仍无效果,那就是换热管泄漏了,应尽快停止加热器运行,检查泄漏点,处理缺陷。

（2）管壳式热网加热器的改进。

为解决汽水换热器中铜管泄漏问题,在加热器使用过程中不断加以改进。首先加大蒸汽入口处的挡汽板,避免蒸汽直接冲刷。还在蒸汽入口处加装节流措施以降低蒸汽压力。这些措施在一定程度上使换热器铜管的泄漏得以减缓,但并没有从根本上使加热器的泄漏问题得以解决,加热器的泄漏仍然时有发生。后来把铜管换成不锈钢管,这种方法既防止了管系的结垢和腐蚀,又根治了加热器的泄漏。这是加热器在使用过程中最有成效的改进措施,但是由于价格较高,不便于加热器管系的整体更换。在电厂中,不锈钢管的更换多在容易泄漏的部位进行。但即使采用这样的方式,由于管材不同,其膨胀系数不同,泄漏也时有发生。

2. 板式换热器的应用

管壳式热网加热器解决了供热高峰提高水温的问题。但是换热器的泄漏又迫使加热器的制造厂家不断进行技术改造,加速更新换代。20世纪80年代中后期,有着较高传热效率的板式换热器开始在换热领域出现（图15.28）,它多用于水 — 水换热。板式换热器采用全逆流的换热方式,使被加热介质的出口温度接近或高于加热介质的出口温度,换热效果相当理想。但板式换热器对水质要求较为严格,不允许液体中有较大的颗粒,也不允许大的流量,这是由于换热片之间缝隙较小的缘故。另外,换热片之间的垫片也容易损坏,并且不耐高温,所以在用于汽水热交换时,特别是用于高温蒸汽时就不适用了。

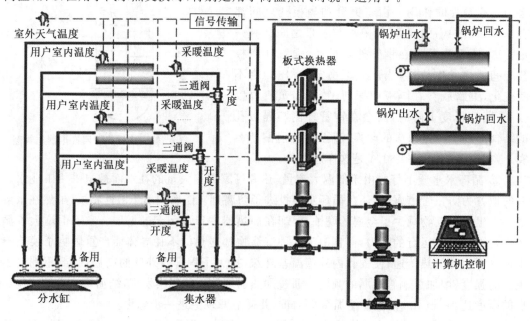

图 15.28　板式换热器加热管网

3. 波纹管式换热器的应用

从 20 世纪 90 年代初开始,一种新型加热器 —— 波纹管式换热器逐渐得到推广和使用。它把传统的换热器由直管做成波纹状,利用波峰波谷处流速、压力的变化,使流体产生涡流,冲刷流体的边界层,传热系数比直管提高一倍以上。由于波纹管做成流线型,阻力增加的幅度不大,又由于波纹本身具有补偿的功能,所以不易泄漏。波纹管通径一般相对较大(最小为 φ32),采用不锈钢材料,所以不堵、不结垢。由于换热效率高,交换同样的热量所需换热面积较小,所以其价格没有提高。抚顺发电厂 1994 年购进的 LBH288 − QS − G 型热网加热器,替代泄漏严重的 GR − 500 型管壳式加热器,几年来保持了稳定安全的运行。它和原加热器相比,换热面积小了一倍,体积没有增大,造价几乎相当,换热效果有了明显提高,而且具有不堵、不漏的特点。1994 年,为适应小面积供热的需要,该厂还安装了 3 台 WBH27−QS−G 型卧式汽水换热器,也取得了较为满意的效果,在运行过程中蒸汽温度经常超过 300 ℃,有时达到 350 ℃,但加热器至今没有泄漏。

15.3.2 空调系统换热器

1. 中央空调换热器

根据在空调上的作用不同,可分为冷凝器和蒸发器。下面详述冷凝器和蒸发器的分类与区别。

(1)冷凝器。

冷凝器的作用是将压缩机排出的高温高压的制冷剂过热蒸汽冷凝成液体或气液混合物。制冷剂在冷凝器中放出的热量由冷却介质(水或空气)带走。冷凝器按其冷却介质和冷却的方式,可以分为水冷式、空气冷却式、水和空气混合冷却式 3 种类型。

① 水冷式冷凝器。冷凝器中制冷剂的热量被冷却水带走。冷却水可以一次流过,也可以循环使用。当循环使用时,需设置冷却塔或冷却水池。水冷式冷凝器分为壳管式、套管式、板式、螺旋板式等类型。

② 空气冷却式冷凝器。冷凝器中制冷剂放出的热量被空气带走,制冷剂在管内冷凝。这种冷凝器有自然对流空气冷却式冷凝器和强制对流空气冷却式冷凝器。通常,空气冷却式冷凝器也叫风冷冷凝器。

③ 水和空气联合冷却式冷凝器。冷凝器中制冷剂放出的热量同时由冷却水和空气带走,冷却水在管外喷淋蒸发时,吸收气化潜热,使管内制冷剂冷却和冷凝,因此耗水量少。这类冷凝器有淋水式冷凝器和蒸发式冷凝器两种类型。

(2)蒸发器。

蒸发器的作用是利用液态低温制冷剂在低压下易蒸发,转变为蒸气并吸收被冷却介质的热量,达到制冷目的。

蒸发器按冷却介质的不同,分为冷却液体载冷剂、冷却空气或其他气体两大类型。

在冷却液体载冷剂的蒸发器中,有水箱式(沉浸式)蒸发器(包括立管式、螺旋管式、蛇形式)、板式蒸发器、螺旋板式蒸发器、壳管式蒸发器(包括卧式蒸发器、干式蒸发器)等。

在冷却空气蒸发器中,有空调用翅片蒸发器、冷冻冷藏用空气冷却器(冷风机)及排管蒸发器等。

　　小型别墅式及模块化风冷热泵冷热水机组的水侧换热器的形式有套管式换热器、板式换热器及立式盘管式换热器。整体式机组一般使用干式壳管式换热器。套管式换热器的优点为结构简单、价格低、传热性能好；缺点是阻力损失大，水垢不易清除，加工时特别注意不应使内管破裂或损伤，否则水进入制冷系统，导致系统故障和压缩机损坏。立式盘管式换热器的结构简单、价格便宜，但要特别注意制冷时的回油问题。板式换热器传热效率高，一般为壳管式的 3 倍，所以体积小、结构紧凑。使用中要注意的问题是，板片间隙小，容易结垢；对水质要求高，若水阻塞，会造成蒸发器温度下降；板间结冰、冻裂；由于板壁薄，也容易产生机械损伤；在水质差的地方，板式换热器的问题较多；价格也比较高。中大型整体式机组使用的干式壳管式换热器，管内走制冷剂，管外走水，夏季运行时水冻结的危险性小，结构紧凑，腐蚀缓慢，但冬季作为冷凝器使用时，制冷剂在管内冷凝，其传热系数比制冷剂在管外冷凝小。热泵型冷水机组中的制冷剂 —— 水换热器以采用波纹状的内螺纹管比较合适。各种水侧换热器各有其特点，对于套管式和立式盘管式换热器，注意在设计与制造时要解决其主要问题，使用板式换热器还应使用户了解其特点，重视水质问题。水侧换热器要有有效的防冻保护。

2. 家用空调换热器

　　空调作为日常生活中必不可少的家用电器之一，其工作原理图如图 15.29 所示。压缩机将制冷剂压缩成高压的气态制冷剂，进入换热器内冷凝，然后经过节流阀节流膨胀后在另一换热器内蒸发，最终将低压的制冷剂气体输送回压缩机进行下一次循环。在室内换热器内制冷剂发生相变时，潜热和显热的总和即为空调的工作能力。在制冷空调领域，换热器主要包括冷凝器、蒸发器、蒸发 — 冷凝器。

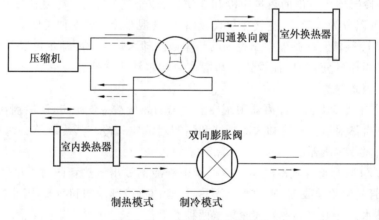

图 15.29　家用空调工作原理

　　① 冷凝器。冷凝器是一种把压缩机排出的高温、高压制冷剂气体冷凝成高压液体的换热器。它是制冷系统中主要的换热装置之一，其作用是将压缩机排出的高压、高温的制冷剂过热蒸汽，通过其将热量传给低温介质（即空气或水），使气态制冷剂冷凝成液态的制冷剂。冷凝器按其冷却介质不同可分为水冷式、空气冷却式和水空气冷却式 3 类。水冷式冷凝器效果好，但需要冷却水循环设备，成本高，占地大。空气冷却式冷凝器效果较差，但安装方便，结构简单，故广泛用于空调器中。一般空调器中使用的是强制空冷式翅片盘管形冷凝器。

② 蒸发器。蒸发器是一种依靠制冷剂液体在蒸发器内蒸发,从需要冷却的物体中吸取热量而蒸发成气体,使需要冷却的物体降温的换热器。它也是制冷系统中一个主要的换热装置,其作用是使低温、低压的液态制冷剂在其内迅速蒸发(沸腾)为蒸汽,吸收被冷却的物体的热量使其温度下降,从而达到制冷的目的。蒸发器按其被冷却介质的不同可分为冷却液体的蒸发器和冷却空气的蒸发器两类。空调中使用的是机械吹风式翅片盘管式蒸发器。

值得注意的是,随着换热器节能要求的提高,翅片式蒸发和冷凝器越来越受到空调换热器厂家的重视。它是由翅片、管簇、侧板、分液器(或分液管)、集管和毛细管组成。这种换热器相对于一般换热器来说换热更高效,也更受大家的青睐。

③ 蒸发 — 冷凝器。蒸发 — 冷凝器是一种利用蒸发器内流出的制冷剂气体把节流前的制冷剂液体过冷并把压缩机吸入前的制冷剂蒸气过热的换热器。它主要应用在制冷系统的回热循环回路中。

15.4　微电子领域换热器

目前电子器件的散热主要是采用翅片式散热器,利用强制风冷方式进行散热,而由于电子器件空间尺寸的限制,电子器件翅片式散热器的尺寸也受到限制。若采用提高散热器风扇风速来提高换热量,必然造成耗电量的增加和噪声增大,且不一定能够达到很好的换热效果。若采用其他的散热方式,如采用液体冷却、热管散热或微通道散热技术,必然要对电子器件设备整体结构做调整,造成成本的大量增加,且对已经投入使用的产品来说不易更改。而本节给出的金属泡沫填充式电子器件散热器不会改变原有散热器的总体尺寸,因此对其他电子设备空间尺寸等各方面没有影响,成本低、结构简单且操作易行。

热量的传递有导热、对流和辐射 3 种基本方式,电子元器件散热技术的关键在于如何有效地组合这 3 种换热方法,提高设备的散热效率。表 15.7 总结了现有冷却技术及对应的热负荷能力。目前国内外高功率电子元器件的冷却方法主要有液冷、喷雾冷却、热管冷却和射流冲击沸腾冷却等,现分别简要介绍。

表 15.7　现有冷却技术及对应热负荷能力

类型	热负荷能力 /(W·cm^{-2})	温升	备注
单相液冷	$50 \sim 100$	高	
两相液冷	> 100	高	
微通道液冷	1 000	高	
毛细泵热管	$5 \sim 10$	高	
浸润式池沸腾	20	高	
过冷流动沸腾	500	高	

续表15.7

类型		热负荷能力 /(W·cm⁻²)	温升	备注
喷雾冷却	压力雾化沸腾	1 000	60 ℃	水,26.5 L/h
	蒸汽雾化沸腾	1 300	5 ℃	水,5.7 L/h
		300	低	R72
射流冲击沸腾	普通表面	100 ~ 300	低	
	微尺度表面	500	低	
半导体制冷		1		
热电离子冷却		100		
热管		25 ~ 100	高	
微热管回路		50	高	
热泵		——	低	

15.4.1　液冷

　　单相液冷、微通道液冷、相变液冷均为液冷,其优点是冷却效果好,噪声小。非消耗性工质液冷利用循环泵作为动力,驱动管中的冷却工质循环并将电子器件产生的热量带走。

　　单相液冷,其热负荷能力不高,与微通道液冷相比,泵功率小。水冷散热装置大致可分为吸热盒、散热片、循环管和微型水泵 4 部分。图 15.30 所示是一个密闭的液体循环系统,利用水泵产生动力推动密闭系统的工质循环,同时芯片工作产生的热量被吸热盒吸收,循环流动的工质吸收吸热盒的热量,将其通过散热面积大的散热片释放到大气环境。工质被冷却后再次回流到吸热盒,循环往复。

　　两相液冷是有相变的冷却方式,液体工质释放相变潜热带走热量,其热负荷能力很高,可

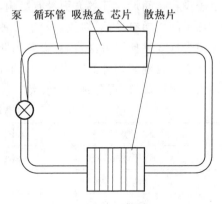

图 15.30　水冷原理示意图

大于 10^6 W/m² ,由于其高的热负荷能力,可用于激光器冷却。

　　微通道液冷一般是指在微尺度空间的两相液冷,微通道液冷的热阻非常低,且有很高的传热系数,受重力影响很小。这种优势可应用于与芯片接触的热沉结合,小尺度通道的沸腾传热系数高达 2×10^6 W/m² ,微通道内的沸腾传热系数高达 3×10^6 W/m² 。但微通道液冷尺寸小,使得液体在微通道内的压降非常大,通道内易形成污垢和堵塞。同时液体在微通道内流动时其温度逐渐升高,使得通道内的液体有很大的温度梯度,微通道材料有很大的热应力。Tuekerman 和 Pease 首次在 VLSI(Very Large Scale Integration) 硅芯片背部刻蚀微通道,并在微通道顶部封上盖板,使微通道密封,冷却液在密封的管道内流动,构造了新型微通

道散热结构,作为高效紧凑型换热器非常有优势。

15.4.2　喷雾冷却

如图 15.31 所示,喷雾冷却通过工质自身压力,或者借助高压气体,将微量液体与压力气流混合,形成雾状气液两相流体,通过压力雾化喷嘴产生射流并喷射到高温表面,使高温表面充分冷却。此传热过程分为液膜层内的导热和气液相界面处的相变复合传热。液膜厚度,液膜层内的温度梯度,以及流体热物性均会影响热量传递的速度。喷雾冷却是很有发展前景的冷却技术,其热负荷能力高,冷却温度均匀,换

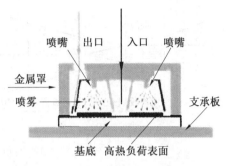

图 15.31　喷雾冷却原理

热系数高。美国肯塔基州大学 Jidong Yang 等人实验证实了射流冲击冷却最高热流密度为 6×10^{6} W/m^2,喷雾冷却的最高热流密度高于 10^{7} W/m^2,过冷沸腾的最高热流密度为 1×10^{6} W/m^2;而且在相同热流密度下,过冷沸腾和射流冲击冷却发生相变所需的过热度均比喷雾冷却高很多。实验表明,采用水工质,热流密度最高可达到 10^{7} W/m^2 以上。

喷雾冷却的流体系统极为复杂,其主要影响因素有流体速度、喷嘴速度、喷射角、雾化压力、液滴尺寸、工质过冷度、雾化工质热物性等。目前已有的研究大多通过实验进行定性分析和半定量观测,对其换热过程基于一些经验公式进行相关理论分析,但是结果均不太满意。同时,雾化液体各参数间相互耦合,其他参数会随着任意参数的变化而变化,这些因素为喷雾冷却的理论研究和实验验证带来困难,有待进一步深入研究。微通道液冷与喷雾冷却都是高效的冷却方式,但目前国内对其机理及流动特性的研究有限,没有最终统一的实验验证结果,在工程设计和应用上不能提供必要的技术指导依据。

15.4.3　热管冷却

热管技术起源于 20 世纪 60 年代,由于它具有极高的导热性、优良的等温性、热流密度可变性、流动方向的可逆性、恒温特性(可控热管)和良好的环境适应性等优点,可以满足电子电气设备对散热装置紧凑、可靠、控制灵活、高散热效率等要求。但它必须有主动散热方式作为辅助,而且此被动散热方式受环境的制约(如环境温度、外部传导、空气对流等)。所以其使用条件比较苛刻,需改善环境温度,使温差保持在比较大的水平上。通过对以上冷却散热方式的比较可知,利用空气冷却散热器进行散热的强制对流的主动散热方式最为广泛。强制风冷的散热效果远好于自然风冷,复杂性大大低于水冷,散热工作可靠、易于维修保养、成本相对较低,所以在需要散热的电子设备冷却系统中常被采用,同时也是高功率器件采取的主要冷却形式。通常情况下,选用散热面积较大的散热器和风量较大的风机可以降低散热器到环境的热阻,提高散热效果。但散热面积的增加和风机风量的提高均受散热器的加工工艺、装置体积、质量以及噪声指标等的限制。

15.4.4　射流冲击沸腾冷却

所谓射流就是流体从一细小孔口或者狭窄缝隙中喷流而出的流动现象。水的射流一般

都是湍流状态的流动,其流体运动的机理非常复杂。下面先来介绍自由射流的流动特性。
自由射流在沿着射流发展方向上一般要经历紧密段、核心段、破裂段及水滴段这 4 个阶段,
如图 15.32 所示。

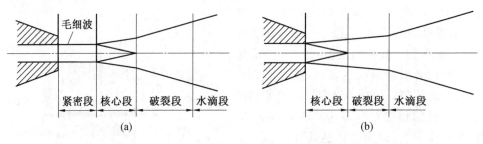

图 15.32　　自由射流结构随压力的变化图

由图 15.32 可以看出,自由射流在紧密段流体仍处于较为紧密的状态,而随着其与空气
进行摩擦,在紧密段结束之后,射流到达核心段,从射流喷出到核心段结束,这一部分也可以
称为起始段。其次是射流破裂段。由于与空气不断摩擦以及水流自身的重力、惯性力、水体
表面张力等多种力综合作用下,流体到达其发展的最后一个流态 —— 水滴段。在这个阶
段,射流已经与外界环境进行了充分的混合,其速度与压力都渐渐衰减。重力作用再次主导
流体的运动形态,而由于在流动过程中,吸卷入了一定量的空气,因而在射流末端会出现一
定程度的雾化现象。

射流最重要的特点在于它能够通过冲刷换热表面的温度边界层与速度,大大提高换热
系数,强化换热效果,由于其具备这种特性,在工程中也常常应用各种射流来提高换热效
率。国内外学者对这一领域也做了很多的工作:在本篇参考文献[67]中作者对某圆形换热
实体进行自由射流冲击实验,以考察射流对换热面换热能力的影响。该实验对流体的工质
类型、喷嘴直径与类型、射流出口雷诺数等因素进行变化,以考察换热系数的分布状况以及
平均壁面换热系数的变化规律。结果表明,射流可以明显强化换热效果,射流流速较高地
方,换热系数明显增大。由于冲击射流流动原理复杂,单一采用实验的方式进行研究又往往
受限于实验条件不允许、经验公式选取不合理等因素,无法得到令人满意的结果。因而国内
外相关学者往往采用实验结合数值模拟的方式对其冲击射流增强换热展开研究。

15.4.5　微通道冷却技术

微通道散热器是用光刻、蚀刻及精确切削等方法,在很薄的硅片金属或其他合适的基片
上加工成截面尺寸仅有几十到上百微米的槽道,换热介质在这些小槽道中流过换热器基体
并通过基体与换热介质进行换热。目前,单层微槽道散热器已趋于成熟,为进一步减少压力
降,提高芯片温度均匀性进而减少热应力,相关研究人员已对双层微槽道进行研究。迄今为
止,该领域尚无系统的机理与理论研究,许多问题如低雷诺数下微流体的流动问题及边界条
件下流体动力学特性的热流分析都需要进一步研究探讨。

15.4.6　其他冷却方法

其他冷却方式还有集成热路和热电制冷。

集成热路实际上是一个模块化微机械硅散热系统,由微通道冷凝器、微泵驱动、微喷射

蒸发器组成,能有效地解决集成电路及其电路器件的散热问题。

热电制冷又称半导体制冷,它的理论依据是利用半导体材料(如 Bi_2Te_3)的佩尔捷(Peltier)效应。当直流电通过两种不同半导体材料串联成的电偶时,在电偶的两端可分别吸收热量和放出热量,从而实现制冷的目的。

第 16 章　　换热器实验

上述各章从传热学的角度出发论述了不同类型换热器的设计问题。由于设计过程中采用某些简化或近似的方法以及实际换热器过程的复杂性等因素，对于设计制造而成的新的换热器必须测定其实际的热性能，对于使用过的旧的换热器更需如此。所以，了解与掌握换热器的实验与掌握换热器的设计同样重要。此外，作为一个从事与热交换有关的工作者，不仅要了解设计与实验，而且要了解如何改善和研究其性能，如何使设计更合理。为此，本章将阐述换热器的传热与阻力特性实验、结垢与腐蚀、传热强化、优化及设计性能评价等方面的问题。

16.1　　传热特性实验

在工程上，对于一台尚未使用或已使用过的换热器，一般都要直接测定它的传热系数。但更完善的办法是同时再确定换热器冷、热两侧流体的表面传热系数，以便找出问题所在进行改进。本节除阐述测定传热系数的实验方法外，还将详细讨论表面传热系数的测定。

16.1.1　　传热系数的测定

为了鉴定一台新设计的换热器能否达到预定的传热性能，或检验一台已运行一段时期的换热器的实际性能有何变化，或确定在改变运行条件下（如改变参数与换热器的介质）的传热性能，或为了比较不同形式和种类换热器的传热性能好坏，常常需要测定换热器的传热系数。

根据传热计算的基本方程式，可以得出传热系数 K 为

$$K = \frac{Q}{A \Delta t_{\mathrm{m}}} \tag{16.1}$$

对于一台已有的换热器，传热面积 A 是已知值。传热量 Q 在不计热损失的条件下可以通过热平衡方程式计算。在非顺流或逆流的情况下，Δt_{m} 可以按逆流时对数平均温差 $\Delta t_{\mathrm{1m,c}}$ 再乘以修正系数 φ 求得。因而，只要在实验中测得冷、热流体的流量和进、出口温度，并利用流体的热物性数据表查得它们的比热容，即可求得在相应运行条件下的传热系数 K。

今以某一实验装置为例，说明实验测定 K 值的方法和步骤。图 16.1 为水－水套管式换热器实验系统。电热水箱 1 中的水在被加热到一定温度后，经水泵 2 送入套管式换热器的内管，与套管 6 的夹层空间中流过的冷却水换热后返回热水箱。冷水从冷却水池（或其他来源）进入冷水箱 8，被水泵 9 抽出后，通过阀门 12 和温度测点 18（构成逆流工况），或通过阀门 11 和温度测点 17（构成顺流工况），进入套管 6 夹层空间，再由温度测点 17、阀门 13（逆流时），或温度测点 18、阀门 14（顺流时）排入冷却水池。冷、热水温度可用玻璃温度计或热电偶等方法测量，分别在温度测量点 17、18 及 15、16 处读取。冷、热水流量可用孔板流量计，

转子流量计或涡轮流量计（配频率计数仪）等方法测量，分别在流量计 10、4 处读取。热水箱的水温用可控硅电压调节装置控制，将其维持在某一稳定的数值上。

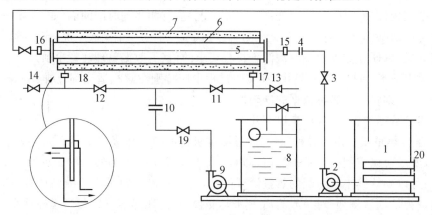

图 16.1　水－水套管式换热器实验系统

1— 电热水箱；2— 水泵；3、11、12、13、14、19— 阀门；

4、10— 流量计；5— 内管；6— 套管；7— 保温套；8— 冷水箱；9— 水泵；

15、16、17、18— 温度测点；20— 电加热器

实验可按以下步骤进行：

① 了解实验系统、操作方法及测量仪表使用方法。

② 接通热水箱电加热器的电源，将水加热到预定温度。

③ 启动冷、热水泵。

④ 根据预定的实验要求，分别调节冷、热水流量达到预定值。

⑤ 当冷、热水的进、出口温度均达稳定时，测量并记录冷、热水流量及各项温度值。

⑥ 改变冷水（或热水）流量若干次，即改变运行工况，再进行步骤 ⑤ 的测量。

⑦ 如需要，调节加热功率，将水加热到另一预定温度，重复步骤 ④ ～ ⑥。

⑧ 实验中如有必要，可以改变任一侧流体的流向，重复步骤 ⑤、⑥。

⑨ 实验完毕依次关闭电加热器、热水泵及冷水泵等。

为使实验正确而又顺利地进行，实验中应注意以下几点：

① 实验前必须校验所使用的仪器仪表在系统中的安装位置与校验方法是否适当，以保证测量数据的准确性。

② 实验中，如流体进出口温差不大，应特别注意测温的准确性。其方法有：采用高一级精度的温度计，如用 0.10 ℃ 刻度的玻璃温度计，在温度测点处接入一个混合器（图 16.2）使流体充分地混合，同时在管径较小时仍能保证玻璃温度计有相当大的插入深度；对温度测点加以保温。

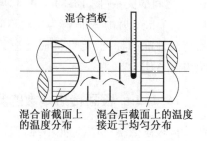

图 16.2　测温混合器

③ 当换热器的散热面较大，或换热器的外壳温度与室温相差较大时，应将换热器的外壳保温，以减少热平衡误差。

④ 为了提高流量测量的精度，对于液体流量的测量，在有条件的测量系统中可考虑采

用直接称重法测定(特别是在流量较小时)。

⑤ 每一个实验工况应在稳定条件下测定。但绝对的稳定是不可能的,只能要求被测量值在允许范围内波动。所以,每改变一个实验工况,应有相当的时间间隔(如 20 min 左右),并视各点温度值基本不变时才测取。在测定过程中,对于同一个实验工况,应连续同时测取各点数值 3 次,以便在数据整理时淘汰不符合要求的值(见数据整理注意事项)。

⑥ 在利用蒸汽加热的换热器中,在实验过程中应特别注意在适当部位排放非凝结性气体(如空气),否则将严重影响数据的准确性。

对于实验数据的整理,应注意以下几点:

① 关于传热量 Q。由于种种原因,通过测试求得的冷流体吸热量不会完全等于热流体的放热量,所取应以它们的算术平均值,即 $Q = (Q_1 + Q_2)/2$ 作为实际的传热量。在某些情况下,如果可以确认其中某一侧的热量计算可靠,而另一侧的热量难于准确计算,则可以以该侧的热量为依据。例如,对一般的油—水热交换,水的比热容可以相当准确地得出,但油的比热容如未经专门的实验测定,仅凭一般手册上为数据是不可靠的,此时就可以水侧的换热量作为传热量。

② 关于数据点的选取。在实验过程中,误差总是避免不了的。为了保证结果的正确性,在数据整理时应舍取一些不合理的点。通常,工程上以热平衡的相对误差

$$\delta = \frac{|Q_1 - Q_2|}{(Q_1 + Q_2)/2} \leqslant 5\% \tag{16.2}$$

为标准。所有 $\delta > 5\%$ 的点,应予舍弃。在实验中进行的测定属于非工程性实验,此相对误差还可以取得稍微小一些。

③ 关于传热面积。前述各章中已经指出,对于大多数换热器,计算传热系数时,有一个以哪一种表面积为基准的问题,在整理实验数据时同样应注意这一问题。

④ 为了较直观地表示换热器的传热性能,通常要用曲线或图表示传热系数 K 与流体流速 w 之间的关系(图 16.3)。并且,常常选取流速 $w=1$ m/s 时的 K 值作为比较不同形式换热器传热性能的标准(与此同时还应比较它们的阻力降 ΔP)。

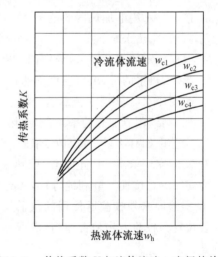

图 16.3　传热系数 K 与流体流速 w 之间的关系

16.1.2　表面传热系数的测定

传热系数 K 的测定并不准,但不能从传热系数值的大小直接分析出影响传热系数的原因。若能同时分别确定两侧的表面传热系数及污垢热阻,就可进一步找出问题所在,提出改进的措施。

关于表面传热系数的确定,对于一些常规定型结构的换热器,可以通过现有的准则关系式来计算。如管壳式换热器,对于在光滑管内湍流流动而且是受热的流体,存在下列关系式:

$$Nu_f = 0.023Re_f^{0.8}\ Pr_f^{0.4} \tag{16.3}$$

式中，$Nu_f = \dfrac{hd}{\lambda_f}$，其中，$Nu_f$ 为努谢尔特数；h 为表面传热系数，W/（m² · K）；d 为管的内径，m；λ_f 为流体的导热系数，W/（m · K）；Re_f 为雷诺数；$Re_f = \dfrac{ud}{\nu_f}$，其中 ν_f 为流体的运动黏度，m²/s；u 为管内流体的流速，m/s。Pr_f 为普朗特数。

可见，只要测得管内流体温度、流速及查得有关热物性参数，即可求得管内流体的表面传热系数 h。但是也存在如下问题：① 对于新型结构的换热器，有时无现成的计算公式可用。例如，在管内加某些插入物，式（16.3）就不能用，必须设法确定这种特殊情况下的计算公式。② 对于某些工质，特别是一些新的混合工质，它们的热物性数据还无处可查。③ 在已知壁温条件下，表面传热系数可由牛顿公式 $Q = h(t_w - t_f)A$ 求解。但是通过测定得到正确的壁温值并非易事，特别是对于紧凑式换热器，如板式换热器，安装热电偶极其困难。

至于污垢热阻问题，虽然已有一些垢阻的数据可查，但真正的垢阻值往往与实际运行情况，如流体种类、流道结构、流体流速、换热器使用时间的长短等紧密相关，所以几乎可以说没有真实的垢阻值可查，应该实际测定。

基于上述原因，应当寻求其他较为简单可靠的办法来确定表面传热系数及污垢热阻。下面讨论几种不需要测量壁温，进行间接确定表面传热系数的方法，并着重阐明在稳态条件下如何确定表面传热系数。

1. 估算分离法

根据传热过程总热阻与分热阻之间的关系式

$$\frac{1}{K_0} = r_0 + r_w + r_s + r_i \tag{16.4}$$

可以看出，在稳态条件下，式中的传热系数 K_0 可用前述方法测定，壁面热阻 r_w 和污垢热阻 r_s 可认为在实验期间变化不多，此时如能有条件将 r_i（或 r_0）做比较准确的估算，则可将 r_w、r_s、r_i（或 r_0）3 项在整个实验中作为已知数，因而如果

$$r' = r_w + r_s + r_i \quad 或 \quad r' = r_w + r_s + r_0 \tag{16.5}$$

则待测定的

$$r_0（或\ r_i） = \frac{1}{K_0} - r' \tag{16.6}$$

这样就把待测的 r_0（或 r_i）从总热阻中分离出来，从而测定出换热系数。这种方法比较适合于一侧为蒸汽冷凝放热，而另一侧是待测的气体的换热系数的汽—气系统。根据对相关文献的分析，这种系统中蒸汽侧的放热热阻通常只有待测气侧热阻的 3% ～ 10%。如果换热面间接接触热阻可略而不计，又将它的可测工况限制在 $0.2 \leqslant \text{NTU} \leqslant 3$ 的范围内，用此法求得的换热系数的相对误差可小于 ±4%，结果比较可靠。它是测定紧凑式换热器换热性能比较通用的方法。

2. 威尔逊（E. E. Wilson）图解法 —— 拟合曲线分离法

现以管式冷凝器为例，水蒸气在管外冷凝，冷却水流过管内。许多实验已经证明，当管内冷却水处于旺盛湍流时，表面传热系数与管内流速的 0.8 次方成正比，即

$$h_i = c_i w_i^{0.8} \tag{16.7}$$

式中，c_i 为待定系数。

将式(16.7)代入传热系数的公式

$$\frac{1}{K_0} = \frac{1}{h_0} + r_w + r_s + \frac{1}{h_i}\frac{A_0}{A_i} \tag{16.8}$$

得

$$\frac{1}{K_0} = \frac{1}{h_0} + r_w + r_s + \frac{1}{c_i w_i^{0.8}}\frac{A_0}{A_i} \tag{16.9}$$

若在实验中保持式(16.9)右边前 3 项不变，而在不同管内水流速 w_i 下分别测出相应的 K_0，则式(16.9)成为

$$\frac{1}{K_0} = \text{定数} + \frac{1}{c_i}\frac{A_0}{A_i}\frac{1}{w_i^{0.8}} \tag{16.10}$$

式(16.10)相当于一个直线方程

$$y = a + bx \tag{16.11}$$

它的截距 a 即代表了定数 $\left(\frac{1}{h_0} + r_w + r_s\right)$。因而，可获得系数 c_i 为

$$c_i = \frac{1}{b}\frac{A_0}{A_i} \tag{16.12}$$

并由式(16.7)求得管内表面传热系数 h_i。如果壁面热阻 r_w 及垢阻 r_s 均已知，同时还可得出管外的凝结换热系数

$$h_0 = \frac{1}{a - r_w - r_s} \tag{16.13}$$

可见，这种方法要通过图 16.4 所示图线的途径才能求解，常称为威尔逊图解法。显然，从数学上来说，这是通过曲线对一系列实验点的拟合，求得 $\frac{1}{K_0}$ 的函数式(16.10)或式(16.11)，从中分离出换热系数，所以是一种曲线拟合的分离法。

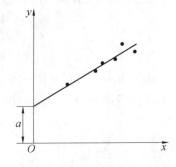

图 16.4　　威尔逊图解法

在应用本法时，实验中除了要求正确测量蒸汽及水的温度和流量(或流速)外，重要的是应保持 $\left(\frac{1}{h_0} + r_w + r_s\right)$ 为定值。对于本例的水

蒸气管外冷凝换热而言，管外的凝结换热系数 h_0 与管子几何尺寸、冷凝液膜平均温度(影响到物性参数值)、冷凝压力及冷凝温差(冷凝温度与壁温之差)有关。管子几何尺寸是一定的，实验时的冷凝温度及其相应的冷凝压力可以维持不变，但冷却水流速变化会引起壁温变化，也就影响到液膜平均温度和冷凝温差。因而，严格来说，实验过程中 h_0 并非常数。但是从努塞尔的冷凝放热公式可知，由壁温变化所引起的冷凝温差变化，以及由液膜平均温度变化所引起的物性参数值的变化都是以 $\frac{1}{4}$ 次方的关系影响 h_0，所以影响都不大。加之水蒸气的冷凝换热系数比一般水流速时的表面传热系数大得多，相对来说，因水流速变化而产生对 h_0 的影响要比对 h_i 的影响小得多，因此，实验中只要保持冷凝温度不变，就可以认为 h_0 是一

个定数。至于污垢热阻，只要使同一组实验在一两天内完成，即可认为在该组实验中基本不变。壁温的变化对管壁热阻虽也有影响，但一般都比较小。因此，总体来说，对于本例在实验中保持 $\left(\dfrac{1}{h_0}+r_w+r_s\right)$ 是可以做到的。

对于水侧的表面传热系数 h_i，本例中把它仅看成是水流速 w_i 的函数，也是近似的。实际上，它还与因水的平均温度变化而引起的热物性变化有关。当水流速变化时，水的换热条件改变，水的平均温度也必随之改变，进一步引起了水的黏度、导热系数等变化，从而使 h_i 发生变化。一些学者建议，对于水可以认为 h_i 与 $(1+0.015)\bar{t}_i$ 成正比（式中 $\bar{t}_i$ 为水的平均温度）。这样，应以 $A_0/A_i c_i^{-1}\left[(1+0.015)\bar{t}_i w_i^{0.8}\right]^{-1}$ 来代替式(16.8)中最后一项。同时，图16.4中横坐标也应改为 $x=\left[(1+0.015)\bar{t}_i w_i^{0.8}\right]^{-1}$。但由此也可见，对水来说，如 $\bar{t}_i$ 变化不大，温度的影响可以不予考虑。对于其他介质，若无已知的温度修正式，则实验中应保持它的平均温度不变，以免引起过大的误差。

应用威尔逊图解法，在一定条件下还可以求取总污垢热阻 r_s。如在本例中，能在传热面清洁状态时（刚投试的新的换热器或刚经清洗过的换热器）进行实验，则可由威尔逊图解法得直线1(图16.5)，这时的垢阻为零。经一段时间运行后，在蒸汽冷凝温度和冷却水平均温度与前次基本相同的条件下（即两次实验中同样流速下的 h_0 基本不变）再由威尔逊图解法得直线2，则两条直线的截距之差 (a_2-a_1) 即为所求壁面两侧总污垢热阻 r_s。

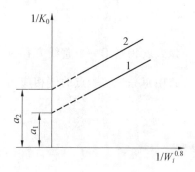

图16.5　威尔逊解法求垢阻

从以上讨论可见，应用威尔逊图解法应具备以下条件：① 对所需要测定一侧的表面传热系数与实验变量的方次关系必须已知。如上例中，水侧表面传热与流速的0.8次方成正比。② 在同一组实验中必须保持另一侧流体的换热情况基本不变。③ 在同一组实验中应使污垢热阻基本不变。第一个条件使我们难以将这种方法用到基本规律还不很清楚的换热场合，而第二个条件则对实验提出了较高的要求，因此出现了修正的威尔逊图解法。它能在不满足 ①、② 条件下，求得某一侧的表面传热系数。

3. 修正的威尔逊图解法

现以套管式换热器为例，讨论在污垢热阻已知条件下，如何应用修正的威尔逊图解法分离出换热系数。

① 由《传热学》知，湍流时管内流体的表面传热准则关系式为

$$Nu_1=c_1\,Re_1^{0.8}\,Pr_1^{1/3}\left(\frac{\eta_1}{\eta_{w1}}\right)^{0.14} \tag{16.14}$$

假设套管环隙流体的表面传热准则关系式为

$$Nu_2=c_2\,Re_2^{m_2}\,Pr_2^{1/3}\left(\frac{\eta_2}{\eta_{w2}}\right)^{0.14} \tag{16.15}$$

将上两式改写成

$$h_1=c_1\,Re_1^{0.8}\,\frac{B_1}{\eta_{w1}^{0.14}} \tag{16.16}$$

$$h_2 = c_2 \, Re_2^{m_2} \, \frac{B_2}{\eta_{w2}^{0.14}} \tag{16.17}$$

式中，$B_1 = Pr_1^{1/3} \lambda_1 \dfrac{\mu_1^{0.14}}{d_1}$；$B_2 = Pr_2^{1/3} \lambda_2 \dfrac{\mu_2^{0.14}}{d_2^2 - d_1^2} d_2$，其中 d_2、d_1 分别为外管径及内管径。

现采用平均面积计算传热系数 K，它与各项热阻间关系为

$$\frac{1}{K} = \frac{1}{h_1} + r_w + r_s + \frac{1}{h_2} \tag{16.18}$$

以码"i"表示实验点的序号，并将式(16.16)、式(16.17)代入式(16.18)，则得

$$\frac{1}{K_i} = \frac{1}{c_1 \, Re_{1,i}^{0.8} \, \dfrac{B_{1,i}}{\eta_{w1,i}^{0.14}}} + r_w + r_s + \frac{1}{c_2 \, Re_{2,i}^{m_2} \, \dfrac{B_{2,i}}{\eta_{w2,i}^{0.14}}} \tag{16.19 a}$$

再将它改写为

$$\left(\frac{1}{K_i} - r_w - r_s \right) Re_{2,i}^{m_2} \frac{B_{2,i}}{\eta_{w2,i}^{0.14}} = \frac{Re_{2,i}^{m_2} \dfrac{B_{2,i}}{\eta_{w2,i}^{0.14}}}{c_1 \, Re_{1,i}^{0.8} \dfrac{B_{1,i}}{\eta_{w1,i}^{0.14}}} + \frac{1}{c_2} \tag{16.19 b}$$

该式就相当于一个直线方程 $y = a + bx$，截距 $a = \dfrac{1}{c_2}$ 及斜率 $b = \dfrac{1}{c_1}$ 可通过线性回归求得。式中每一个实验点的值相应为

$$y_i = \left(\frac{1}{K_i} - r_w - r_s \right) Re_{2,i}^{m_2} \frac{B_{2,i}}{\eta_{w2,i}^{0.14}} \tag{16.20}$$

$$x_i = \frac{Re_{2,i}^{m_2} \dfrac{B_{2,i}}{\eta_{w2,i}^{0.14}}}{c_1 \, Re_{1,i}^{0.8} \dfrac{B_{1,i}}{\eta_{w1,i}^{0.14}}} \tag{16.21}$$

② 求解步骤。在本例中，由于式(16.19b)包括 c_1、c_2 及 m_2 3 个未知数，所以必须选择其中某一个数，假设它的初值，通过试算来求解。其步骤如下：

a. 假设 c_1 的初始值为 c_{10}。

b. 确定壁温 $t_{w1,i}$ 及 $t_{w2,i}$。

c. 由于壁温未知，式(16.16)、式(16.17)来确定 h_1 及 h_2，求解式(16.19b)均成为不可能，可通过假设壁温 $t_{w1,i}$，用牛顿迭代法来确定壁温值。

d. 求 m_2 值。由式(16.18)求出 h_2，再利用式(16.17)，通过线性回归求取 m_2。对式(16.17)两边取对数，得

$$\lg h_{2,i} = \lg c_2 + m_2 \lg Re_{2,i} + \lg \left(\frac{B_{2,i}}{\eta_{w2,i}^{0.14}} \right) \tag{16.22 a}$$

式中的下标 i 表示相当于某一个实验点。该式可改写为

$$\lg h_{2,i} - \lg \left(\frac{B_{2,i}}{\eta_{w2,i}^{0.14}} \right) = \lg c_2 + m_2 \lg Re_{2,i} \tag{16.22 b}$$

此即相当于一直线方程 $y = a' + b'x$，式中，$a' = \lg c_2$，为了与下面由式(16.19b)所得 c_2 比较，令在此所得 c_2 为 c_{20}，即

$$c_{20} = c_2 = 10^{a'}$$

$$m_2 = b'$$

$$x = \lg Re_{2,i}$$

$$y = \lg h_{2,i} - \lg \left(\frac{B_{2,i}}{\eta_{w2,i}^{0.14}} \right)$$

f. 求 c_1 值因 m_2 已经求得,故由式(16.19b)线性回归得

$$c_1 = \frac{1}{b}, \quad c_2 = \frac{1}{a}$$

比较 c_1 与 c_{10} 及 c_2 与 c_{20} 是否满足

$$|c_1 - c_{10}| < \varepsilon_1, \quad |c_2 - c_{20}| < \varepsilon_2$$

式中,ε_1、ε_2 分别为预先规定的所允许的差值。

如这两不等式成立,则 c_1、c_2 及 m_2 即为所求。否则,重设 c_{10},并重复上述计算过程,直至满足要求为止。

要完成上述计算过程,工作量较大,故宜于用计算机求解,其计算程序框图可按图16.6进行。

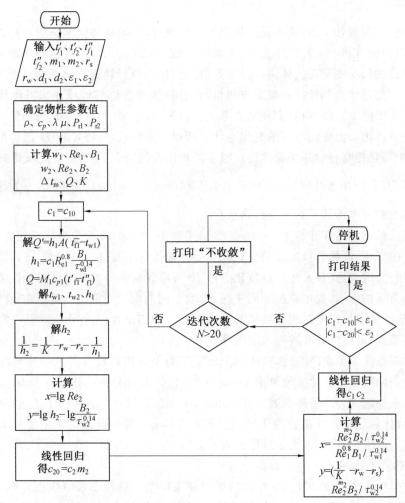

图 16.6　修正威尔逊图解法套管换热器流体表面传热系数程序框图

综上可见,在修正的威尔逊图解法中,当污垢热阻已知或为零时,威尔逊图解法的两个

条件已被完全舍弃。在实验时应使影响两侧换热的主要因素同时在相当大的范围内变化，以便获得较为满意的结果。但是还应注意到，在换热规律关系式中，系数与指数过多未知的条件下，即使用修正的威尔逊图解法也是难于求解的。

在某些条件下，运用修正的威尔逊图解法，不仅可以确定发生热交换的两种流体的放热规律，而且可以确定污垢热阻。在修正的威尔逊图解法中，如果迭代计算的初始值选取不合理，则会使计算工作量过大。为此，在某些情况下，可运用非线性回归来获得较合理的初始值，使计算量减少。

4. 其他方法

（1）瞬态法。

威尔逊图解法要求能凭经验预先确定反映换热规律的数学模型（函数形式），这在一定程度上影响了结果的正确性。而且，实验要在达到热稳定情况下进行。瞬态法与这些方法同样不需要测量壁温，也不必预先确定反映换热规律的数学模型，而要求在非热稳定下进行。

瞬态法的原理如下：在流体流入换热器的传热面时，对流体突然进行加热（或冷却）。这时，流体进口温度将按某种规律变化（如指数函数），流体的出口温度也相应地发生变化。流体出口温度的瞬时变化是流体进口温度条件和流体与该传热面之间的传热单元数 NTU 的单值函数。通过建立热交换的微分方程组，由分析解或数值解可预先求得流体的出口温度与时间 τ 及传热单元数 NTU 间函数关系 $t_{f,2}(\tau, \mathrm{NTU})$。由于 NTU 是未知值，所以，要将实验测得的流体出口温度随时间的变化与计算所得的曲线簇 $t_{f,2}(\tau, \mathrm{NTU})$ 进行配比。通过配比，与实测值最相吻合的那条流体出口温度的理论曲线的 NTU 值，就是该传热面在测定工况下的 NTU 值。由于此时的 NTU 定义为 $\mathrm{NTU} = \dfrac{hA}{m_f c_p}$（$m_f$ 为质量流率，c_p 为流体质量定压比热），因而就可求得其平均表面传热系数 h。

瞬态法的研究工作开始于 20 世纪 30 年代。几十年来，不少学者从配比方法、固体纵向导热效应的考虑、流体进口温度的变化规律等方面进行了改进。近年来，国内学者在配比方法上做了较大的改进，在采用选点配比方法中，考虑到流体出口温度的测量误差对配比结果（即 NTU 数）的影响，提出根据不同工况，选取不同的配比时间点，即所谓"最佳配比时间"的概念，从而使测量误差对配比结果的影响最小。瞬态法现已应用于确定一些换热器中的表面传热系数，可望今后有进一步的发展。

上述瞬态法为单吹瞬态法，只能用于确定平均表面传热系数。另一种与此同时发展的瞬态法为周期瞬态法。此法最早由 Hausen 提出，他通过分析回热器中气体温度按线性变化的规律来确定其表面传热系数。几十年来，不少学者对这一方法做了改进，如将换热器的进、出口流体温度按正弦函数变化处理。最近，Roetzel 等将此法进一步发展为可用于测定管内局部表面传热系数，为实际应用带来了方便。

（2）热质类比法。

热质类比法是在 20 世纪 50 年代后期国外采用萘升华技术求取表面传热系数的方法，70 年代，开始用于确定局部表面传热系数。国内，近年来也开始了这方面的研究。热质类比法的原理是：先将萘在模型中浇铸成型，再按实际的换热器结构组合成试件。将与试件温度相同的、不含萘的空气流过试件，由于萘的升华作用，构成传热面的萘片的质量和厚度都将发生变化。通过测定实验前后萘片的质量及沿萘片表面各处的厚度变化、气流温度、实验持续时间及空气流量等,计算出萘与空气的总质量交换率及局部质量交换率,再根据热质交换的类比关系即可求得平均及局部的表面传热系数。这种方法的主要优点是能确定局部的表面传热系数,同时无须测量壁温,所以对进一步研究对流热交换的强化会有很大的帮助。此法不足之处是,它对试件的制作、数据的测定等都要求十分高,稍有不慎将对结果的准确度造成很大影响。而且,利用萘升华技术的热质类比法目前只限于用在空气换热器,进一步的扩展应用还有待于研究。

除以上一些方法外,还有一些在特殊条件下可以应用的方法,如等雷诺数法。对于具有冷热通道几何相似的换热器,如套管换热器、板式换热器等,在无相变换热条件下,可应用等雷诺数法分离表面传热系数。它在换热器冷热两侧流体服从相同的换热规律前提下,按照冷热流体的雷诺数相等的条件进行实验,从而求得准则关系式中的系数与雷诺数的指数。读者如有需要可参阅相关文献。

16.2 阻力特性实验

一台换热器的性能好坏,不仅表现在传热性能上,而且表现在它的阻力性能上。假如两台换热器的传热性能相同,则显然是阻力小的换热器更好。因此,应对一台换热器进行阻力特性实验,一方面测定流体流经换热器的压降,以比较不同换热器的阻力特性,并寻求减小压降的改进措施;另一方面为选择泵或风机的容量提供依据。

流体在流动中所遇到的阻力通常为摩擦阻力 ΔP_f 和局部阻力 ΔP_1。在气体非定温流动时,由于气体的密度和速度都将随之改变,因而还有引起消耗于气体加速度上的附加阻力 ΔP_a,其计算公式为

$$\Delta P_a = \rho_2 w_2^2 - \rho_1 w_1^2 \tag{16.23}$$

式中,ρ_1、ρ_2 分别为进出口截面的气体密度,kg/m^3;w_1、w_2 为分别为进出口截面的气体流速,m/s。

在非定温流动情况下,还应考虑受热流体的受迫运动在流道下沉的一段区域内受到向上浮升力的反抗而引起的内阻力。在数值上它等于浮升力,可由下式计算:

$$\Delta P_s = \pm g(\rho_0 - \rho) l \tag{16.24}$$

式中,ρ、ρ_0 分别为流体的平均密度和周围空气的密度,kg/m^3;l 为流体进出口间的垂直距离,m。

在流体下沉流动时,压力降 ΔP_s 为正;上升流动时,压力降 ΔP_s 为负。如换热器连接在一个闭式系统中,即流体不排向周围空气,则 ΔP_s 为零。

因而总的流动阻力为

$$\Delta P = \Delta P_f + \Delta P_1 + \Delta P_a + \Delta P_s \tag{16.25}$$

应注意,在设计计算中可以认为串联各段的总流动阻力等于各段流动阻力之和,但实际情况并非如此。每段的流动阻力取决于该段的上游地区流体流动的性质。如弯头后面一段直流道的阻力就远超过弯头前面同样一段直流道的阻力。此外,在实际应用中如要考虑非定温流动而按式(16.25)求取总阻力,也是非常困难的。所以,较为合适的方法应该通过实验来确定阻力的大小。在设计计算时,可查有关手册做近似计算。此外,需特别指出的是,

对于气(汽)— 液两相流的流动阻力计算,从概念上来说,其总的流动阻力仍可用式(16.25),但其中每一项的阻力产生机理及其计算方法均与单相流时有所不同,读者可参阅有关两相流的著作。

测定阻力时,应先估计阻力的大小,再选用 U 型压差计或精度较高的压力表。根据测得的总阻力 ΔP,整理成压降和流速的关系 $\Delta P = f(w)$ 或 $Eu = f(Re)$ 的关系,并绘成图线,如图 16.7 和图 16.8 所示。

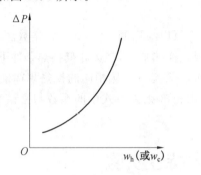

图 16.7　$\Delta P = f(w)$ 曲线　　　　　图 16.8　$Eu = f(Re)$ 曲线

根据计算或测试求得的 ΔP,再由下式确定所需要的泵或风机的功率 N(单位为 kW):

$$N = \frac{V\Delta P}{1\ 000\eta} \tag{16.26}$$

式中,V 为体积流量,m^3/s;ΔP 为总阻力,N/m^2;η 为泵或风机效率。

16.3　经典换热器实验

16.3.1　管式烟气 – 空气换热器的实验研究

用高温烟气加热空气向室内供热风,一般都采用间壁式换热器。而管式烟气 – 空气换热器易于制造,适应性较强。本实验采用管式换热器,烟气走管内,依靠自身的热浮力自然流动,空气走管外,在风机的作用下横向冲刷管束。实验主要研究光管式烟气 – 空气换热器的各项热工性能,并进行强化传热对比。以便与板式、板翅式或其他类型换热器进行比较,为热风机换热器部分的优化制造提供依据,也可对其他具有相同换热机换热器的设计及应用设备的研究提供一定价值的参考。

1. 实验概述

实验在换热器实验台上进行,如图 16.9 所示,实验系统包括:

(1)空气预处理段。

实验由于条件限制,仅通过调节新、回风比来对空气进行预处理,近似控制进口空气的温、湿度。

(2)实验段。

从整流栅至风机均为实验段,实验段的核心部件管式换热器的尺寸是以重庆市某一面积为 65 m^2 的住宅为例进行设计与样机制作的,其结构尺寸如图 16.10 所示,其中管长为 200 mm。

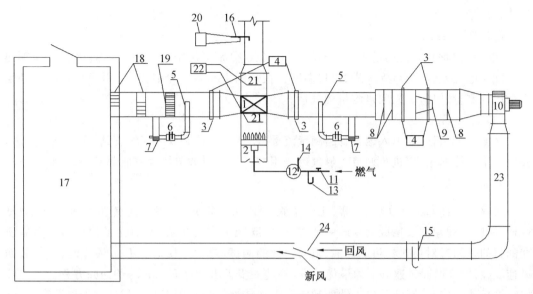

图 16.9　管式换热器实验系统图

1— 管式换热器;2— 燃烧器;3— 静压环;4— 倾斜式微压计;5— 取样管;6— 干湿球温度计;7— 取样风机;8— 整流网;9— 流量喷嘴;10— 离心通风机;11— 手动旋塞阀;12— 湿式流量计;13—U 型压力计;14— 水银温度计;15— 风量调节阀;16— 毕托管;17— 风洞;18— 混合栅;19— 整流栅;20— 补偿式微压计;21— 热电偶;22— 电位差计;23— 回风管;24— 调节阀门

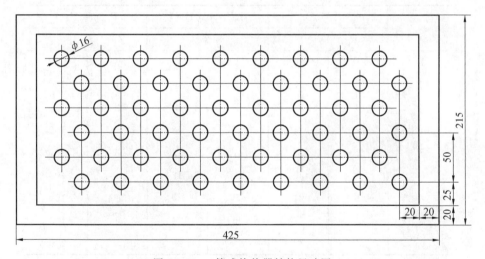

图 16.10　管式换热器结构尺寸图

如图 16.9 所示,在离心通风机 10 的作用下,空气经混合栅 18、整流栅 19,进入管式换热器 1。空气被高温烟气加热后进入回风管 23,回风管上的风量调节阀 15 与风机调节阀配合用以调节空气系统阻力,从而控制空气的流量。

本装置采用取样法测量换热器进口空气的干、湿球温度。由取样风机 7 通过取样管 5 从进风管抽取部分进风,通过干湿球温度计 6 测定其干湿球温度,再送回进风管使之循环。

实验段采用在换热器试件前后风管断面上设置静压环,配合倾斜式微压计,测量空气通过试件的阻力。同样由一组取样装置测量回风干湿球温度。利用流量喷嘴配合倾斜式微压计测量风量。

(3) 烟气系统。

在换热器垂直方向的进出口各布置 6 个测点,分别采用铂铑－铂热电偶和铜－康铜热电偶配合电位差计,测量烟气进、出口温度。在烟囱上布置 3 个测点,采用毕托管配合补偿式微压计测量动压,从而间接测量烟气量。

(4) 燃气系统。

将湿式流量计 12 串入燃气管路测量流量,U 型压力计并联入燃气管路,测量燃气压力,并通过手动旋塞阀 11 进行调节。燃气燃烧用空气量通过调节燃烧室底部阀门控制。

2. 实验方法

实验采用回归正交实验法,集"正交实验"与"回归分析"两者的优点,将实验安排、数据处理、回归方程建立及精度检验统一考虑,这样既减少实验次数,又简化了计算。本实验研究的目的是通过对换热器热工性能、阻力特性的测试,寻找出使 K、ΔP、η 最优时,空气迎面风速 w_{KY}、烟气迎面风速 w_{YY} 的最优方案,并进一步求出计算 K、ΔP、η 的回归方程。当换热器结构尺寸一定时,影响其热工性能和空气阻力特性的主要因素有空气进口干球温度 t_1、烟气进口温度 t_{Y1} 以及 w_{KY} 和 w_{YY}。结合实验装置用流量喷嘴 9 前后静压差 ΔP_n 来代替 w_{KY},由燃气压力 P_r 代替 w_{YY}。因此确定 t_1、ΔP_n、P_r 3 个因素,实验中 3 个因素根据实验条件均选为三类,用正交表安排实验,见表 16.1。

表 16.1　实验计划表

因素 实验号	$t_1/℃$		$\Delta P_n/\mathrm{mmH_2O}$		$P_r/\mathrm{mmH_2O}$	
	1		2		3	
1	1	24	1	4	3	200
2	2	27	1	4	1	100
3	3	30	1	4	2	150
4	1	24	2	12	2	150
5	2	27	2	12	3	200
6	3	30	2	12	1	100
7	1	24	3	20	1	100
8	2	27	3	20	2	150
9	3	30	3	20	3	200

实验时按上述实验计划表安排每组工况各因素的水平对应值,每组工况必须各自在所有水平值调整完后稳定 10 min 以上,才能进行测量记录。每组工况连续读取 3 次各测量值,每次间隔 10 min,最后取 3 次算术平均值作为测量结果。

通过这些数据,可间接求出换热器的 w_{KY}、w_{YY} 等其他参数及换热器的效率。对光管式烟气－空气换热器进行测试后,在管内加入金属螺旋环插入件,同样方法测得强化传热后的 9 组工况。

1. 实验结果及性能分析

传热系数 K 是 t_1、t_{Y1}、w_{KY}、w_{YY} 的函数。通常 t_1、t_{Y1} 对其影响较小,可按常规方法把 K

整理成如下形式：

$$K = \left(\frac{1}{Aw_{KY}^{m}} + \frac{1}{Bw_{YY}^{n}} \right)^{-1}$$

对于换热器的热效率可将其整理为

$$\eta = A_1 w_{KY}^{m1} w_{YY}^{n1}$$

对于空气侧阻力可将其整理成

$$\Delta P = A_2 w_{KY}^{m2}$$

根据实验数据求适合实验范围的回归系数 A、B、m、n 等,使由它们建立的经验公式与实验有较好的吻合。这里采用最小二乘法把目标函数归结为数学中的求极小值问题,所谓最小二乘法,就是使含有随机误差的各实测值与回归值的偏差达到最小从而确定回归系数 A、B、m、n 的方法。

令

$$\hat{K} = \left(\frac{1}{Aw_{KY}^{m}} + \frac{1}{Bw_{YY}^{n}} \right)^{-1}$$

式中,$\hat{K}$ 为称为变量 K(实测值)的回归值。

则对应于实验的九组工况有

$$\varepsilon_1 = K_1 - \hat{K}_1 = K_1 - \left(\frac{1}{Aw_{KY}^{m}} + \frac{1}{Bw_{YY}^{n}} \right)^{-1}$$

$$\varepsilon_2 = K_2 - \hat{K}_2 = K_2 - \left(\frac{1}{Aw_{KY2}^{m}} + \frac{1}{Bw_{YY2}^{n}} \right)^{-1}$$

$$\varepsilon_9 = K_9 - \hat{K}_9 = K_9 - \left(\frac{1}{Aw_{KY9}^{m}} + \frac{1}{Bw_{YY9}^{n}} \right)^{-1}$$

式中,ε_1,ε_2,$\cdots$,ε_9 为实测值与回归值的偏差。

则

$$q_K = \varepsilon_1^2 + \varepsilon_2^2 + \cdots + \varepsilon_9^2 = \sum_{i=1}^{9} \left[K_i - \left(\frac{1}{Aw_{KYi}^{m}} + \frac{1}{Bw_{YYi}^{n}} \right)^{-1} \right]^2$$

由上式可知,要找出一组 A、B、m、n 值,使 $q_K = (A, B, m, n)$ 趋于最小。这就归结为数学中求极小值的问题,采用单纯形加速法在计算机上运算并进行回归方程的显著性检验,求解得到表 16.2。

表 16.2 实验结果一览表

	光管管式换热器	管内插入金属螺旋环插入件
传热系数 /(W·m^{-2}·K^{-1})	$K = \left(\dfrac{1}{33.47 w_{KY}^{0.57}} + \dfrac{1}{21.82 w_{YY}^{0.51}} \right)^{-1}$ 误差为 0.562	$K = \left(\dfrac{1}{36.55 w_{KY}^{0.61}} + \dfrac{1}{28.19 w_{YY}^{0.45}} \right)^{-1}$ 误差为 0.440
空气侧阻力 /mmH$_2$O	$\Delta P = 0.48 w_{KY}^{1.755}$ 误差为 0.085	$\Delta P = 0.498 w_{KY}^{1.734}$ 误差为 0.120
换热器的效率 %	$\eta = 51.97 w_{KY}^{0.108} w_{YY}^{-0.042}$ 误差为 1.267	$\eta = 58.25 w_{KY}^{0.104} w_{YY}^{-0.09}$ 误差为 1.214

4. 结论

实验中的管式烟气 — 空气换热器,加工简单,适应性强;但结构不紧凑,材料消耗大。

　　根据传热学知识,对管式换热器两流体中换热系数较小的一项即烟气侧插入金属螺旋环强化传热后,实验结果表明:传热系数提高 20% ～ 30%,换热效率提高 11.24% ～ 16.41%,传热性能明显改善。同时对空气侧流动阻力影响较小,是一种行之有效的强化传热措施。相比而言,增大空气流速,不仅 K 值提高效果不明显,还导致空气侧阻力按指数大于 1 的规律增加。同样增大烟气侧流速,不仅 K 值提高缓慢,而且会导致热效率降低。

　　实验采用单纯形加速法回归,得到的回归公式与实验数据的拟合性较好,见表 16.2。

16.3.2　套管换热器对流传热系数测定实验

　　换热器是由各种不同的传热元件组成的换热设备,冷热流体借助换热器中的传热元件进行热量交换而完成加热或冷却任务。换热器的传热系数是衡量换热器换热效果好坏的标准,不同传热元件组成的换热器的性能存在着较大的差异。确定换热器换热性能(主要是指传热系数)的有效途径是通过实验进行测定。

1. 设备性能与主要技术参数

　　本实验装置主要由套管换热器、蒸汽发生器、风机、气体流量计、压力表、安全阀、智能温控仪表、柜体、开关指示灯等组成,如图 16.11 所示。

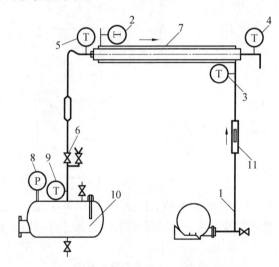

图 16.11　套管换热器实验流程图

1— 风机;2— 冷流体出口温度;3— 冷流体入口温度;4— 热流体出口温度;5— 热流体入口温度;6— 调节器;7— 套管换热器;8— 压力表;9— 蒸汽温度;10— 蒸汽发生器;11—6 ～ 60 m³/h 气体流量计

　　(1)套管换热器。换热段长度为 1 000 mm,换热面积为 0.142 m²。换热器外部包有保温层,并用不锈钢皮包好,外表美观,可以减少实验的热损失,也可以防止实验人员的意外烫伤。

　　(2)热流体通过的紫铜管为 φ20×1.5 mm,长为 1 000 mm。冷流体通过的不锈钢管为 φ50×1 mm。

　　(3)蒸汽发生器为不锈钢制成,最大加热功率为 2.2 kW。其上装有液位计,正常液位要维持在 2/3 处,最多加至液位计所能指示的范围最高处。必要时加水,以免电热管干烧(加水时需注意,水位超过液位计指示时若仍往蒸汽发生器内加水,液位计将无法显示液位）。其表面也包有保温层。

（4）风机为旋涡风机。输入功率为 550 W，转速为 2 800 r/min，风压为 11.7 kPa，风量为 90 m³/h。

（5）温度仪表。本装置上配置一块 AI－518 温度控制仪表，用于控制蒸汽发生器温度；两块 AI－702M 温度巡检仪，可以直接显示所对应各点的温度。

（6）风量测量。转子流量计，测量范围为 6 ～ 60 m³/h。

（7）柜体可以控制整个实验的全过程。仪表开关下部都有对应的标识。

（8）开关、指示灯：按下开关指示灯亮，表明对应的工作正在运行，关闭时则按开关上箭头的方向旋转即可。

2. 实验目的

（1）熟悉传热实验的实验方案设计及流程设计。

（2）了解换热器的基本构造与操作原理。

（3）掌握热量衡算与传热系数 K 及对流表面传热系数 h 的测定方法。

（4）掌握热电偶的测温原理及电位差计的使用。

3. 实验原理

传热实验是在实验室条件下的教学实验，用仪表考察冷热流体在套管式换热器中的传热过程，其理论基础是传热基本方程、牛顿冷却定律及热量平衡关系。

由传热基本方程得

$$Q = K \cdot A \cdot \Delta t_{\mathrm{m}}$$

式中，K 为传热系数，$W/(m^2 \cdot K)$；A 为换热器的传热面积，m^2；Δt_{m} 为平均温度差，K；Q 为传热量，W。

由上式可得

$$K = \frac{Q}{A} \Delta t_{\mathrm{m}}$$

由实验测定 Q、A、Δt_{m} 即可求得 K 值。

由传热系数 K 亦可确定换热面内外两侧的对流表面传热系数。

对薄壁圆管（$d_0 / d_i < 2$），传热系数 K 与表面传热系数之间有如下关系：

$$\frac{1}{K} = \frac{1}{h_0} + \frac{1}{h_i} + \frac{\delta}{\lambda} + r_{d0} + r_{di}$$

式中，K 为传热系数，$W/(m^2 \cdot K)$；h_0 为加热管外壁面的对流表面传热系数，$W/(m^2 \cdot K)$；h_i 为加热管内壁面的对流表面传热系数，$W/(m^2 \cdot K)$；δ 为加热管壁厚，m；λ 为加热管的导热系数，$W/(m \cdot K)$；r_{do} 为加热管外壁面的污垢热阻，$m^2 \cdot K / W$；r_{di} 为加热管内壁面的污垢热阻，$m^2 \cdot K/W$。

实验室条件下考虑忽略污垢热阻，则

$$K = \frac{1}{\dfrac{1}{h_o} + \dfrac{1}{h_i}}$$

若有 $h_i \gg h_o$，则有 $K \approx h_o$。

实验中冷流体采用空气，热流体采用水蒸气。通过测取冷热流体在换热器进出口的流量及温度变化来进行总传热系数 K 和表面传热系数 h 与相关准数关系的测定。

4.实验操作步骤

(1) 实验前应熟悉实验流程,做好实验的准备工作。

(2) 检查电源连接是否正确,风机、加热装置工作是否正常,设备密封是否良好。

(3) 检查蒸汽发生器内水位是否符合要求,必要时加水,以免烧坏热管。

(4) 检查热电偶接触是否良好,看热电偶插入处有无脱落。

(5) 实验正常操作前应打通冷却水,打开放空阀排除换热器内的不凝性气体。

(6) 启动电源开关后,电源指示灯亮;打开蒸汽发生器加热开关。将蒸汽发生器加热温度仪表设定至所需温度值,然后调节电流表旋钮,顺时针旋转,电流表显示数值将逐步加大;大约 85 ℃时把两个调节旋钮调小一点(防止热惯性所造成的温度不稳定现象)。

由于测量时热电偶存在一定的误差,故蒸汽温度显示 90 ℃ 左右时蒸发器内的水已经沸腾。此时可以打开风机并关调节风量调节阀,开始进行传热实验。

在实验过程中热流体出口温度有可能高于蒸汽温度,其原因是:一方面,换热器内部结垢严重;另一方面,传热过程中给的热量大,导致热流体出口温度高于蒸汽温度。

读取实验数据时应待操作稳定后开始进行,一组实验数据应连续进行测定,两组数据间应有一定的稳定时间,每组实验数据的测温点应始终保持不变,以减少系统误差。各组实验数据间操作状态的改变可通过调节风机出口阀的开度实现,开大阀门则增加冷流体进料量;反之则减少冷流液进料量。

实验最后,应先关掉蒸发器开关,将电流表调至零,停止加热;风机继续工作一段时间,待蒸发器温度降至 50 ℃ 以下再排水,结束实验。

5.注意事项

蒸发器加水一般加到液位计的 2/3 即可,若水位超过此高度,那么不管再加多少水,液位计的指示都不会改变。液位最少时也不能低于蒸汽发生器的 1/2,否则电热管极易烧坏。

实验操作时应注意安全,不能开蒸发器上的灌水阀门,防止热气冲出烫伤。

测量时应逐步加大气相流量,记录数据,否则实验数值误差较大。

16.3.3 换热器整体性能实验

1.实验目的

通过本实验加深学生对水－水换热器的认识,了解该类型换热器的测试方法。

2.实验的主要内容

本实验通过测量以下数据计算传热系数:① 冷、热流体的体积流量;② 冷、热流体的进、出口温度;③ 冷、热流体的进出口压力降。然后分析水－水换热器的传热性能。

3.实验设备和工具

冷水机组、冷却塔、水－水换热器、涡轮流量计、水泵、冷媒泵、恒温器、温度传感器及压力传感器。

4.实验原理

如图 16.12 所示,通过平壁的传热过程,平壁左侧的高温流体经平壁把热量传递给平壁

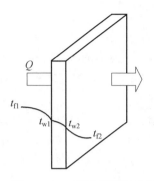

图 16.12 平壁的传热过程

右侧的低温流体。

一般来说,传热过程中传递的热量正比于冷、热流体的温差及传热面积,它们之间的关系可用传热方程式表示为

$$Q = K \cdot A \cdot \Delta t_m$$

式中,Q 为单位时间通过平壁的传热量,W;A 为传热面积,m^2;Δt_m 为冷、热流体间的平均温差,℃;K 为传热系数,$W/(m^2 \cdot K)$。

当 $A = 1\ m^2$,$\Delta t_m = 1\ ℃$ 时,$Q = K$,表明传热系数在数值上等于温差为 1 ℃,面积为 1 m^2 时的传热量。传热系数是热交换设备的一个重要指标,传热系数越大,传热过程越激烈。

实验原理图如图 16.13 所示。

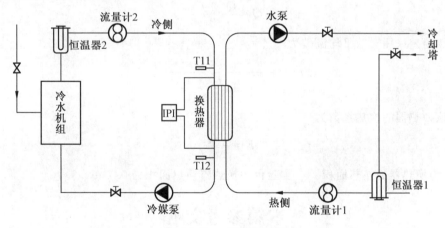

图 16.13 实验原理图

5. 实验方法

实验开始前应检查设备、管线及测量仪表的可靠性。

开始运行后,应及时排净设备内的气体,使设备在完全充满实验流体的条件下运行并调节至实验工况(或指定工况),即需要调节换热器两侧流体的进口温度,使其稳定在设定值附近,这两个参数允许的偏差为 ±1 ℃。

实验中,冷侧流体进口温度通过恒温器 2 电加热器控制,热侧流体进口温度通过恒温器 1 电加热器控制。

在每个测定工况(或指定工况)下,均应稳定运行 30 min 后,方可测定数据。

在每个测定工况(或指定工况)下,热平衡的相对误差均不得大于 5%。

热侧流体换热量为

$$Q_1 = c_{p1} V_1 \rho_1 (t_{13} - t_{14})$$

式中，Q_1 为换热器热侧换热量，kW；c_{p1} 为热侧流体的比热容，kJ/(kg·K)；V_1 为由涡轮流量计 1 测得的热侧流体体积流量，m³/s；ρ_1 为热侧流体密度，kg/m³；t_{13} 为热侧流体进口温度，℃；t_{14} 为热侧流体出口温度，℃。

其中计算某一温度 t 时冷却水比热容 c_{p1} 和密度 ρ_1 公式如下：

$$c_{p1} = 4.206 - 0.001\,305\,9t - 0.000\,013\,789\,82t^2$$

$$\rho_1 = 1\,000.83 - 0.083\,883\,76t - 0.003\,727\,955t^2 + 0.000\,003\,664\,106t^3$$

冷侧流体换热量为

$$Q_2 = c_{p2} V_2 \rho_2 (t_{12} - t_{11})$$

式中，Q_2 为换热器冷侧换热量，kW；c_{p2} 为冷侧流体的比热容，kJ/(kg·K)；V_2 为由涡轮流量计 2 测得的冷侧流体体积流量，m³/s；ρ_2 为冷侧流体密度，kg/m³；t_{11} 为冷侧流体进口温度，℃；t_{12} 为冷侧流体出口温度，℃。

其中计算某一温度 t 时载冷剂（质量分数为 35% 的乙二醇溶液）比热容 c_{p2} 和密度 ρ_2 公式如下：

$$c_{p2} = 4.091\,76 + 0.001\,063\,75t$$

$$\rho_2 = 1\,001.44 - 0.1\,949t - 0.002\,43t^2$$

取两者平均值作为换热器的换热量 Q：

$$Q = \frac{Q_1 + Q_2}{2}$$

传热温差采用对数平均温差为

$$\Delta t_m = \frac{(t_{14} - t_{11}) - (t_{13} - t_{12})}{\ln \dfrac{t_{14} - t_{11}}{t_{13} - t_{12}}}$$

则该换热器的换热系数为

$$K = \frac{Q}{\Delta t_m A}$$

式中，A 为换热器的换热面积。本实验台中换热器换热面积为 0.4 m²。

本篇参考文献

[1] 史美中.换热器原理与设计[M].4 版.南京:东南大学出版社,2012.

[2] 杨世铭.传热学[M].4 版.北京:高等教育出版社,2006.

[3] 臧希年.核电厂系统及设备[M].北京:清华大学出版社,2010.

[10] 高原.国外小型低温换热器的发展概况[J].低温工程,1994(2):45-52.

[11] 张侨禹,赵红利,侯予.间壁式筛网网格换热器的性能分析[J].西安交通大学学报,2012,46(1):24-29.

[12] 王永红.列管式换热器强化传热研究及发展[J].低温与超导,2012(5):53-57.

[13] 旷仲和.电厂闭式冷却水系统板式换热器与管式换热器比较及选型优化[J].电力建设,2008,29(8):77-80.

[14] 张贤安,陈永东,王健良.缠绕管式换热器的工程应用[C].大连:第十六届全国大型合成氨装置技术年会,2003:9-11.

[17] 马学虎,林乐,兰忠,等.低 Re 下板式换热器性能的实验研究及热力学分析[J].热科学与技术,2007,6(1):38-44.

[18] 史秀丽,张宏峰.板壳式换热器发展现状及优越性[J].化学工程师,2006,20(2):30-31.

[19] 凌祥,周帼彦,邹群彩,等.板翅式换热器新技术及应用[J].石油化工设备,2002,31(2):1-4.

[20] 李革,王丽欣,刘世君,等.强化翅片管式换热器换热性能的方法及应用[J].制冷与空调,2005,5(4):79-82.

[21] 封红燕.蓄热式换热器蓄热体强化传热的研究[D].广州:华南理工大学,2012.

[22] 任泽霈,王斯永.迴转蓄热式换热器的传热特性[J].工程热物理学报,1985(4):373-377.

[23] 杨万青.回转型蓄热式换热器的设计及其换热与阻力特性研究[D].长沙:中南大学,2013.

[24] 王维刚.蓄热式换热器的优化设计[J].化工机械,2010,37(4):412-414.

[25] 邓祖诚.混合式加热器热交换的研究[J].热力发电,1985(5):59-62.

[26] 李德兴.冷却塔[M].上海:上海科学技术出版社,1981.

[27] 武际可.大型冷却塔结构分析的回顾与展望[J].力学与实践,1996,18(6):1-5.

[28] 马最良,孙宇辉.冷却塔供冷系统运行能耗影响因素的研究与分析[J].暖通空调,2000,30(6):20-22.

[29] 周兰欣,蒋波,陈素敏.自然通风湿式冷却塔热力特性数值模拟[J].水利学报,2009,40(2):208-213.

[30] 方书起,祝春进,吴勇,等.强化传热技术与新型高效换热器研究进展[J].化工机械,2004,31(4):249-253.

[31] 李尔国,俞树荣,何世权.管壳式换热器新型强化传热技术[J].石油化工设备,1999,28(6):42-45.

[32] 沈家龙,李晓欣,蒋翔,等.新型换热器与强化传热技术[J].化工进展,2003,22(z1):71-75.

[33] 蔡业彬,胡智华.一种高效壳程强化传热换热器及其工程应用[J].石油化工设备技术,2006,27(1):18-22.

[34] 路广遥,王经,孙中宁.换热器热力学计算中平均温差计算方法[J].核动力工程,2008,29(1):76-80.

[35] 张强.对数平均温差法计算制冷冷凝器和蒸发器的合理性分析[J].西安建筑科技大学学报(自然科学版),2000,32(4):360-363.

[36] 杨肖曦,许康.气—气热管换热器的传热有效度传热单元数设计方法[J].中国石油大学学报(自然科学版),1998(5):71-72.

[37] 冯踏青,屠传经.热管换热器传热校核计算的有效度—传热单元数(ε—NTU)法[J].节能技术,1997(5):1-3.

[38] 吴小舟,赵加宁.U 型翅片管换热器传热单元数计算式[J].哈尔滨工业大学学报,2012,

44(4):71-74.

[39] 倪晓华,夏萧渊. 板式换热器的换热与压降计算[J]. 流体机械,2002,30(3):22-25.

[40] 周云龙,孙斌,张玲,等. 多头螺旋管式换热器换热与压降计算[J]. 化学工程,2004,
　　　32(6):27-30.

[41] 郭予伟. 折流板型管壳式换热器壳程传热和压降计算方法(贝尔法)[J]. 化工炼油机械
　　　通讯,1977(2):81-86.

[42] 许光第,周帼彦,朱冬生,等. 管壳式换热器设计及软件开发[J]. 流体机械,2013,
　　　41(4):38-42.

[43] 丁玉龙,王娟. 管壳式换热器设计相关问题的分析研究[J]. 广东化工,2008,35(10):
　　　133-137.

[44] 黄伟昌,王玉. 管壳式换热器设计要点综述[J]. 管道技术与设备,2009(6):32-34.

[45] 王永平. 列管式换热器的设计计算[J]. 内蒙古石油化工,2009,35(7):95-96.

[46] 张武军. 冷却水塔的优化设计[J]. 职业,2013(8):128-129.

[47] 薛宗柏. 换热器设计中提高传热系数 K 值的分析探讨及其当前的发展[J]. 船海工程,
　　　1983(4):1-8.

[48] 许淑惠,周明连. 强化管壳式换热器传热的实验研究[J]. 北京建筑工程学院学报,
　　　2001,17(3):15-19.

[49] 杨宗明. 扩展受热面换热器阻力特性实验研究[D]. 哈尔滨:哈尔滨工程大学,1989.

[50] 黄蕾,黄庆军. 板式换热器板片参数的分析研究[C]. 武汉:第四届全国换热器学术会
　　　议.2011.

[51] 杨延萍,郑志敏,邹峰. 管式烟气－空气换热器的实验研究[J]. 煤气与热力,2005,
　　　25(1):15-17.

[52] 唐刚志. 整体针翅管式相变蓄热换热器性能实验[D]. 重庆:重庆大学,2009.

[53] 赵俊豪,陈兴华,徐庆新. 热管技术及其在船舶柴油机余热回收中的应用前景[J]. 中国
　　　科技论文在线,2006:1-6.

[54] 杨锋,林贵平. 热管换热器在汽车尾气采暖中的应用[J]. 汽车工程,2002,24(2):
　　　157-159.

[55] 赵志强. 套片式换热器在燃气轮机进气冷却中的应用[J]. 中国新技术新产品,
　　　2009(19):150-151.

[56] 程峏. 内外表面熔焊管强化凝结传热实验研究与机制分析[D]. 济南:山东大学,2014.

[57] 何厥桢. 膜式除氧器旋流管的传热研究[J]. 中国电机工程学报,1987,7(5):24-33.

[58] 刘世平,刘丰,郭宏新. 高效特型管换热器在石油化工中的应用[J]. 化工进展,2006,
　　　25(z1):421-425.

[59] SJOGREN S,GRUEIRO W,王远鹏. 板式换热器在炼油和石油化工工业中的应用
　　　[J]. 石油化工设备,1985(3):56-60.

[60] 张俊红,韩非. 立式直混换热器在供暖系统中的应用分析[J]. 暖通空调,2002,32(5):
　　　119-120.

[61] 高芳. 波纹管换热器的应用[J]. 炼油与化工,2001,12(3):31-33.

[62] 裴庆峰,杨士清,陈华. 船舶中央空调系统换热器效果差的原因分析[J]. 新技术新工